LEHRBUCH DER
PFLANZENPHYSIOLOGIE

VON

Dr. S. KOSTYTSCHEW

ORDENTLICHES MITGLIED DER RUSSISCHEN AKADEMIE DER
WISSENSCHAFTEN · PROFESSOR DER UNIVERSITÄT LENINGRAD

ZWEITER BAND

STOFFAUFNAHME · STOFFWANDERUNG
WACHSTUM UND BEWEGUNGEN

UNTER MITWIRKUNG VON

Dr. F. A. F. C. WENT

PROFESSOR DER UNIVERSITÄT
UTRECHT

MIT 72 TEXTABBILDUNGEN

BERLIN
VERLAG VON JULIUS SPRINGER
1931

ISBN 978-3-642-89481-7   ISBN 978-3-642-91337-2 (eBook)
DOI 10.1007/978-3-642-91337-2

Vorwort.

Die Herausgabe des zweiten Bandes des „Lehrbuchs der Pflanzenphysiologie hat sich bedeutend verzögert, da ich in der letzten Zeit
durch andere Arbeiten stark in Anspruch genommen war.

Glücklicherweise hat mein hochverehrter Kollege, Professor Dr.
F. A. F. C. WENT die Verfassung der Abschnitte Wachstum und Bewegungen übernommen, wodurch nicht nur das schnellere Erscheinen des
Buches ermöglicht, sondern auch der wissenschaftliche Wert des Inhaltes erhöht wurde.

Leningrad, im Januar 1931.

S. KOSTYTSCHEW.

Als Kollege KOSTYTSCHEW mich bat die Bearbeitung der Kapitel
Wachstum und Bewegungen für den zweiten Band seines Lehrbuchs
der Pflanzenphysiologie zu übernehmen, habe ich diese Frage bejahend
beantwortet. Ich wußte zwar, daß diese Bearbeitung nicht leicht sein
würde, besonders weil es fast unmöglich ist, die Literatur auf diesem
Gebiete vollkommen zu bewältigen. Indessen habe ich die Arbeit dennoch übernommen, weil sie mir Veranlassung gab, zwei Sachen in
den Vordergrund zu stellen: 1. daß die Pflanzenphysiologie sich nicht
verlieren darf in ein Detailstudium von vielen einzelnen Fällen, sondern
versuchen muß, immer die großen Linien im Auge zu behalten, und 2. weil
ich dadurch Gelegenheit hatte, die Auffassungen, welche allmählich im
Utrechter Botanischen Institut zur Geltung gekommen waren und welche
vielleicht aus den Spezialpublikationen nicht so leicht heraus zu lesen
waren, der wissenschaftlichen Welt mitzuteilen.

Utrecht, im Oktober 1931.

F. A. F. C. WENT.

Inhaltsverzeichnis.

Die Kapitel 9—13 sind von Professor Dr. S. KOSTYTSCHEW, Leningrad,
die Kapitel 14 u. 15 von Professor Dr. F. A. F. C. WENT, Utrecht, bearbeitet.

Neuntes Kapitel

Die Grundlagen der Physiologie der Stoffaufnahme und Stoffwanderung.

Der Energieumsatz im Protoplasma. Eine beständige Umformung der Energie ist das Kennzeichen des Lebens. Hierbei ist vor allem der Umstand zu betonen, daß sämtliche Hauptsätze der Thermodynamik in Lebensvorgängen ihre Gültigkeit behalten. Bereits LAVOISIER versuchte den Zusammenhang zwischen Atmung und einfacher Oxydation durch quantitative Wärmemessungen zu begründen. In neuerer Zeit hat namentlich RUBNER[1] durch genaue calorimetrische Messungen nachgewiesen, daß die Verbrennungswärme verschiedener organischen Stoffe in und außerhalb der lebenden Zelle eine und dieselbe bleibt. Im vorigen Kapitel wurde dargelegt, daß RUBNER auch bezüglich der Energieproduktion bei der alkoholischen Gärung zu demselben Resultat gelangte.

Andererseits wurde im vorigen Kapitel der Umstand erwähnt, daß die Wärmeproduktion bei der Pflanzenatmung nach den neueren genauen Messungen von DOYER[2] nicht immer der Verbrennungswärme des Atmungsmaterials entspricht: bei gewaltigen Wachstumsvorgängen wird die Menge der organischen Stoffe und hiermit auch die Verbrennungswärme der jungen Pflanze vermehrt; ein Teil der Verbrennungswärme der Nährstoffe wird also im Organismus aufgespeichert. Bei grünen Pflanzen wird direkt die Sonnenenergie assimiliert.

Nun ist im Auge zu behalten, daß organische Stoffe in einem Lebewesen nicht nur einfach angehäuft, sondern auch zu Strukturen angeordnet werden. Es ist bekannt, daß eine Herstellung von Strukturen in der menschlichen Technik mit einem Energieaufwand verbunden ist. Es fragt sich, ob derselbe Sachverhalt auch in biologischen Gestaltungsvorgängen wahrgenommen wird. Dies ist nach den Resultaten MEYERHOFS[3] nicht der Fall. Dieser Forscher hat die Wärmeproduktion von zwei Portionen der befruchteten Seeigeleier verglichen, wobei die eine Portion durch schwache Vergiftung an der Zellfurchung verhindert wurde. Beide Portionen lieferten gleiche Energiemengen pro Einheit des veratmeten Materials. Eine einfache Überlegung zeigt, daß

---

[1] RUBNER, M.: Z. Biol. **30**, 137 (1894).

[2] DOYER, L. C.: Meded. d. Akad. Wetensch. Amsterd. **17**, 62 (1914); Réc. Trav. bot. néerl. **12**, 372 (1915).

[3] MEYERHOF, O.: Biochem. Z. **35**, 246, 280, 316 (1911).

obiges Resultat durchaus begreiflich ist, indem die in unserer Technik zur Herstellung von Strukturen verwendete Energie nur dazu dient, um die uns notwendigen, in der Natur aber nicht vorhandenen Strukturen aufzubauen. Die Arbeit besteht in mechanischen Leistungen, die bei spontanen Organisationen natürlich wegfallen oder so gering sind (Überwinden der Schwerkraft usw.), daß sie durch unsere Meßmethoden nicht verzeichnet werden können. Wir kommen also zum allgemeinen Schluß, daß zur Herstellung der biologischen Strukturen keine Energie verbraucht wird. Im Zusammenhange damit sind auch die von einigen Forschern ausgesprochenen Zweifel darüber, ob der zweite Hauptsatz der Thermodynamik in Lebewesen seine Gültigkeit beibehält, als unbegründet zu bezeichnen. Chlorophyllhaltige Pflanzen arbeiten im Sinne einer Verlangsamung der Entropiezunahme, doch besteht auch hier kein prinzipieller Unterschied von einigen Erscheinungen der unbelebten Natur (Kreislauf des Wassers, Erhöhung des elektrischen Potentials).

Im vorigen Kapitel wurde darauf hingewiesen, daß zwischen der Intensität des Wachstums und der Atmung ein weitgehender Parallelismus besteht. Dies ist ein direkter Beweis dafür, daß die Lebensfunktionen einer Zufuhr der kinetischen Energie bedürfen. Daß namentlich kinetische Energie als treibende Kraft der Lebensvorgänge anzusehen ist, leuchtet besonders deutlich bei der Betrachtung der Chemosynthese und der Gärungen ein. Bei chemosynthetischen Vorgängen werden Oxydationen eingeleitet, welche zu den für die in Frage kommenden Bakterien vollkommen unnötigen Produkten führen. Die Oxydationsreaktion ist in diesen Fällen nichts anderes als Energiequelle. Auch die Produkte der echten Gärungen (alkoholische Gärung, Milchsäuregärung, Buttersäuregärung) sind für die betreffenden Gärungsorganismen nicht nur unnötig, sondern in größeren Mengen sogar schädlich. Der gesamte Gärungsvorgang dient also zu nichts anderem als zum Gewinn der kinetischen Energie, die als treibende Kraft sämtlicher Lebensvorgänge fungiert. Hier liegt eines der interessantesten und geheimnisvollsten Rätsel der Biologie: der Mechanismus der Energieausnutzung ist uns vollkommen unbekannt. Selbstverständlich ist die zuletzt abgeschiedene Wärme nur das Endprodukt verschiedener Energieumwandlungen. Die einfachste Annahme wäre die Auffassung der gesamten Vorgänge der Gestaltung als eines komplizierten chemischen Vorgangs: in diesem Falle dürfte nur die chemische Energie in Betracht kommen. Aus den weiter unten zu besprechenden Gründen ist aber eine derartige Voraussetzung wenig wahrscheinlich und müssen wir vielmehr annehmen, daß die chemische Energie der Betriebsvorgänge auf eine uns unbekannte Weise die uns unbekannten Mechanismen der lebenden Materie tätig macht und in verschiedene andere Energieformen umgewandelt wird. Zuletzt transformieren sich diese sämtlichen Energieformen in Wärme unter Entropiezunahme.

Es ist in der Tat bekannt, daß in allen lebenden Geweben elektrische Potentialdifferenzen entstehen, und die Elektrophysiologie der Pflanzen hat sich jetzt zu einem stattlichen Zweig der allgemeinen Physiologie ausgebildet[1]. Als die wahrscheinlichste Erklärung der Entstehung elektrischer Ströme wird gegenwärtig die ungleiche Durchlässigkeit der Membranen für einzelne Kationen angesehen. Die mechanische Energie kommt zum Vorschein in sämtlichen Vorgängen des Wachstums, der Zellstreckung und besonders deutlich in Pflanzenbewegungen. Das einfachste und verbreitetste Beispiel der mechanischen Leistung ist die osmotische Arbeit (siehe unten), welche in einer jeden lebenden Zelle vollbracht wird. Das im ersten Band besprochene Leuchten der Pflanzen ist ein Beweis davon, daß die chemische Energie der Betriebsvorgänge (Atmung und Gärung) auch in Licht umgewandelt werden kann.

Diese außerordentlich wichtigen Vorgänge sind experimentell vollkommen unerforscht und existiert bisher überhaupt keine Methode, um das Wesen der Energieumwandlungen in lebenden Zellen zu untersuchen. Immer dringender wird die Notwendigkeit einer Schaffung der Methoden zur experimentellen Erforschung der physikalischen und chemischen Vorgänge innerhalb einer einzigen Zelle. WARBURG nimmt mit Recht an, daß Oberflächenerscheinungen mit den Vorgängen der Energieumwandlungen höchstwahrscheinlich zusammenhängen.

Zum Schluß ist noch die folgende Tatsache zu erwähnen: Die meisten Forscher betrachten das Leben als eine Summe der Reizerscheinungen, die ihrerseits (wohl unter verschiedenen Einschränkungen) kleinen Explosionen analog sind. Es ist jedenfalls zweifellos, daß sämtliche Reizerscheinungen von plötzlichen Energieauslösungen begleitet sind. Somit müssen in lebenden Zellen Vorrichtungen zur Regulierung der Bildung der kinetischen Energie vorhanden sein. Auch diese Mechanismen sind uns vollkommen unbekannt.

Die Temperaturkonstante und der Temperaturkoeffizient der Lebensvorgänge. Im ersten Kapitel wurde dargetan, daß sämtliche Reaktionen organischer Stoffe durch Temperatursteigerung in der Weise beschleunigt werden, daß in einem Intervall von 10^0 die Reaktionsgeschwindigkeit mindestens verdoppelt wird. Auch die meisten in lebenden Zellen stattfindenden Stoffumwandlungen zeigen einen Temperaturkoeffizienten 2—3 bei mittleren Temperaturen. Eigentümlich ist jedoch eine sehr starke Erhöhung des Temperaturkoeffizienten und gar der Temperaturkonstante A (Bd. I, S. 35) der Lebensvorgänge bei den nahe 0^0 liegenden Temperaturen. Andererseits wird der Temperaturkoeffizient der Lebensvorgänge herabgesetzt bei den Temperaturen von 50 bis 60^0, die auf das Plasma überhaupt koagulierend einwirken. Diese Eigentümlichkeiten sind auf folgende Weise erklärlich: Die Lebensvorgänge finden in einem organisierten Medium (Protoplasma) statt, das bei niederen Temperaturen in einen inaktiven Zustand versetzt wird. Der auffallend hohe Wert der Temperaturkonstante im Intervalle $0—5^0$ bzw. $0—10^0$ bedeutet den beschleunigenden Einfluß der Temperatur nicht auf den chemischen Vorgang sensu stricto, sondern auf die Lebensfähigkeit des Protoplasmas im allgemeinen. Solange das Zellplasma

---

[1] STERN, K.: Elektrophysiologie der Pflanzen. 1924.

sich in einem Zustande der Kältestarre befindet, werden die in ihr stattfindenden Stoffumwandlungen gehemmt, auch wenn letztere nichts anderes als Fermentwirkungen sind, die außerhalb des Plasmas eine bei niederen Temperaturen normale Temperaturkonstante besitzen. Solange das Zellplasma nicht vollkommen getötet ist, können Fermentwirkungen in reiner Form nicht erforscht werden. Dies gibt uns ein Mittel, die durch lebende Zellen bewirkten Vorgänge von den einfachen Fermentwirkungen zu unterscheiden.

Als anschauliche Beispiele der hohen Temperaturkoeffizienten der Lebensvorgänge bei niederen Temperaturen können folgende dienen: SLATOR[1] hat für die alkoholische Hefegärung bei Temperaturen 15—30⁰ einen normalen Temperaturkoeffizienten ermittelt. Hingegen erwies sich der Temperaturkoeffizient der Gärung im Intervall 5—10⁰ als gleich 7,0 und im Intervall 10—15⁰ noch immer gleich 4,5. Im Intervall 35—40⁰ war hingegen der Temperaturkoeffizient gleich 1,5. WARBURG[2] hat für die Photosynthese der Alge Chlorella sp. bei 10⁰ einen Temperaturkoeffizienten von 5,0 bzw. 4,7 gefunden, was besonders auffallend ist, indem es sich hier um einen zum großen Teil photochemischen Vorgang handelt.

Teleologie und Vitalismus. Der Begriff der Kausalität bildet die Grundlage unseres wissenschaftlichen Denkens, wobei zu betonen ist, daß man heutzutage die Kausalität auf folgende Weise definiert: Befinden sich zwei Dinge regelmäßig in einer bestimmten Reihenfolge, so besteht zwischen ihnen höchst wahrscheinlich eine funktionelle Abhängigkeit (früher wurde der Begriff der Kausalität in roherer Weise durch „post hoc ergo propter hoc" bestimmt). Die biologischen Wissenschaften unterscheiden sich aber von der reinen Chemie und Physik dadurch, daß sie genötigt waren, den Begriff der Teleologie einzuführen, der nur für Lebewesen gilt, da nur auf diesem Gebiet wir in der Lage sind, nicht nur von organisierten Strukturen im allgemeinen zu sprechen, sondern auch bestimmte Strukturänderungen mit voller Gewißheit vorauszusagen. Daß aber hierdurch keine neuen Begriffe von neuen Naturkräften postuliert werden, wie es einige biologisch Ungebildete annehmen, erhellt aus der Analyse des Begriffs „Zweckmäßigkeit", die bereits von KANT[3] mit bewunderungswürdigem Scharfsinn ausgeführt worden war.

Die Zweckmäßigkeit kann nach KANT subjektiv und objektiv sein. Erstere wird durch das Gefühl der Lust oder Unlust beurteilt und bildet die Grundlage unserer ästhetischen Empfindungen. Sie kommt also hier nicht in Betracht, ihre Erläuterung bildet aber eine der genialsten Leistungen des großen Denkers. Die objektive Zweckmäßigkeit wird hingegen durch den Verstand beurteilt und bildet in gewissen Fällen die Grundlage unserer logischen Vorstellungen von den Naturerscheinungen.

---

[1] SLATOR: J. chem. Soc. Lond. **89**, 136 (1906).
[2] WARBURG, O.: Biochem. Z. **100**, 230 (1919).
[3] KANT: Kritik der Urteilskraft. Ges. Schr. **5**, 165—487 (1908).

Sie betrifft namentlich organisierte Dinge, das ist planmäßige Schöpfungen des Menschen und Lebewesen. Uns interessieren hier selbstverständlich nur letztere.

KANT unterscheidet zwei Arten der objektiven Zweckmäßigkeit: die relative und die innere. Die relative Zweckmäßigkeit betrifft Relationen zwischen separaten Lebewesen und ist häufig illusorisch. Namentlich diese Art von Zweckmäßigkeit wird jedoch in der sogenannten Biologie der Pflanzen nur zu oft in Mitleidenschaft gezogen, und Mißbräuche auf diesem Gebiete sind wohl die Ursache des schlechten Rufs des Begriffs Teleologie. Im vierten Kapitel (S. 243ff.) wurden schon derartige den Grundlagen der exakten Wissenschaft widersprechenden Betrachtungen der Symbiose und des Parasitismus erwähnt. Überhaupt sind die meisten Erklärungen des Wesens verschiedener Anpassungen problematisch und nicht selten unwahrscheinlich. Experimentelle Arbeiten auf diesem Gebiet sind eine Seltenheit.

Hingegen ist die innere Zweckmäßigkeit der Organisation der Lebewesen zweifellos. Dies erhellt aus dem Vergleich der Lebewesen mit den Produkten der zielbewußten schöpfenden Tätigkeit des Menschen, wo die innere Zweckmäßigkeit von vornherein vorausgesehen wird. So kann z. B. ein Laie nicht immer die Korrelationen verschiedener Teile einer Maschine oder eines Apparats ohne weiteres begreifen. Nichtsdestoweniger zweifelt er nicht daran, zu erkennen, daß die in Frage kommende Maschine zweckmäßig gebaut ist. Ebensowenig dürfen wir die innere Zweckmäßigkeit der Organisation der Lebewesen bezweifeln. Der schlagendste Nachweis der zweckmäßigen Organisation der Lebewesen besteht in der Betrachtung ihrer ontogenetischen Entwicklungsgeschichte, worauf hier nicht näher eingegangen werden darf. Es sei nur darauf hingewiesen, daß wir z. B. die Tatsache nicht bezweifeln können, daß die Reservestoffe des Samens der künftigen Entwicklung des Embryos dienen sollen. Es wird uns wohl nicht einfallen anzunehmen, daß umgekehrt die Vorgänge der Entwicklung des Embryos durch die Ablagerung der Reservestoffe hervorgerufen werden.

Diese Ähnlichkeit zwischen den Kunstprodukten und den lebenden Organismen ist gegenwärtig die hauptsächlichste Grundlage des modernen Vitalismus: die Anhänger dieser Lehre argumentieren auf folgende Weise. Ist die Organisation der lebenden Pflanzen und Tiere eine derartige, daß sie nicht bloß nach den allgemeinen physikalisch-chemischen Gesetzen entstehen kann, so sind wir genötigt auch die Existenz von Kräften anzunehmen, die nur innerhalb des Protoplasmas tätig sind und teleologisch wirken. Die in der letzten Zeit fortschreitenden Erfolge des Vitalismus sind nach der Ansicht des Verfassers dieses Buches dem Umstande zuzuschreiben, daß die Gegner der vitalistischen Lehre sich meistens dadurch entkräften, daß sie das Vorhandensein der inneren Zweckmäßigkeit im Bau der Lebewesen ablehnen. Hierdurch wird ihre Position unhaltbar, indem sich der Streit darauf beschränkt, ob alles Geschehen im Innern der Lebewesen ausschließlich nach dem Gesetz der Kausalität erklärt werden kann. Dies ist denn auch nicht der Fall. In diese schwere Lage geriet auch MEYERHOF, dessen Ansichten bezüglich Vitalismus mit denjenigen des Verfassers dieses Buches beinahe übereinstimmen. Doch versucht MEYERHOF das Leben rein chemisch zu erklären, indem er in den Lebewesen nur eine höhere Organisationsform der Materie erblickt. Dies ist wohl unwahrscheinlich; es ist kaum denkbar, daß die planmäßige Organisation eine Folge der chemischen Zusammensetzung sein dürfte.

Eine Widerlegung des Vitalismus erfolgt aber aus der Analyse des Begriffs Teleologie. Sind wir in der Tat berechtigt, aus diesem Begriffe bestimmte physikalisch-chemische Schlußfolgerungen, wie z. B. die Annahme besonderer Kräfte, zu ziehen? Diese Frage liegt im Gebiete der Erkenntnistheorien und wird von KANT auf folgende Weise beantwortet: „Eine besondere Art der Gesetzmäßigkeit nach Zwecken kann weder a priori gedacht, noch aus der Erfahrung geschlossen werden, da wir uns die Natur doch nicht als ein intelligentes Wesen vorstellen dürfen ... Gleichwohl wird die teleologische Beurteilung, wenigstens problematisch, mit Recht zur Naturforschung gezogen, aber nur um sie nach der Analogie mit der Zweckmäßigkeit unter die Prinzipien der Beobachtung und Naturforschung zu bringen, ohne sich anzumaßen sie dadurch zu erklären. Der Begriff von Verbindungen und Formen der Natur nach Zwecken ist doch wenigstens ein Prinzip mehr die Erscheinungen derselben unter Regeln zu bringen, wo die Gesetze der Kausalität nach dem bloßen Mechanismus derselben nicht zulassen"[1]. Nach dieser Auffassung ist also der Begriff der Teleologie in der Wissenschaft nichts anderes als ein konventionelles Prinzip zur bequemeren Klassifizierung unserer Vorstellungen über die Naturerscheinungen. Daher ist es unstatthaft, den Begriff Teleologie den aprioristischen Grundlagen der Erkenntnis gleichzustellen und aus diesem Prinzip Schlußfolgerungen bezüglich des Wesens der Dinge zu ziehen. Eine ausführliche Begründung dieses Standpunktes ist bei KANT nachzusehen. Hier kann diese Frage nicht weiter besprochen werden.

Der Vitalismus wirkte in verschiedenen Fällen hemmend auf die experimentelle Forschung ein, aber wohl nicht infolge seines inneren Inhaltes, sondern wegen der Annahme unkontrollierbarer und angeblich allmächtiger Kräfte. Auf diese Kräfte werden nur zu oft verschiedene unerklärte Erscheinungen zurückgeführt. Eine experimentelle Prüfung derartiger Annahmen ist freilich unausführbar, und somit findet eine Belastung der Wissenschaft mit willkürlichen Schlußfolgerungen statt.

Es muß allerdings darauf hingewiesen werden, daß überhaupt die Bedingungen der genauen experimentellen Methode nicht immer eingehalten werden und unkontrollierbare Kräfte unter Umständen auch von den vermeintlichen Gegnern des Vitalismus herangezogen werden.

---

[1] KANT: Kritik der Urteilskraft. Ges. Schriften. Ausgabe der Preuß. Akad. d. Wissenschaften 5, 360 (1908). Nach der Ansicht des Verfassers dieses Buches hat H. DRIESCH, der hervorragende Vertreter des modernen Vitalismus, in seinen Auseinandersetzungen mit KANT den hier zitierten Absatz ungenügend beachtet. Vgl. DRIESCH: Der Vitalismus als Geschichte und Lehre, S. 62 ff. 1905.

So entstand z. B. die experimentell unbewiesene Lehre von den „lebendigen" Eiweißstoffen, die sich sowohl durch Konstitution als durch chemische Eigenschaften von den bisher bekannten „toten" Eiweißstoffen erheblich unterscheiden sollen. Kein geringerer als PFLÜGER[1] hat sich dahin ausgedrückt, daß die Eiweißstoffe des Zellplasmas lebendig seien. Es ist ohne weiteres einleuchtend, daß die Annahme einer lebendigen chemischen Substanz nicht minder gefährlich ist als die Annahme einer lebendigen Kraft, und zu denselben willkürlichen unkontrollierbaren Schlußfolgerungen führen kann. Überall, wo ein bestimmter biochemischer Begriff ungenügend definiert ist, können dieselben Gefahren entstehen. Der Verfasser dieses Buches wies in mehreren Schriften ausdrücklich darauf hin, daß der Begriff „Ferment" und namentlich „Fermentwirkung" heutzutage ungenügend klar ist. Hieraus können dieselben unerwünschten Folgen hervorgehen. Einige Forscher halten in der Tat, ohne sich dessen bewußt zu sein, Fermente für gewissermaßen allmächtige Faktoren und glauben schließen zu dürfen, daß es einen Fortschritt bedeutet, wenn man eine biochemische Reaktion auf eine Fermentwirkung zurückführt, ohne eine allgemeine zuverlässige Charakteristik der Fermentwirkungen zu besitzen. In Wirklichkeit bedeutet solch ein Fall nicht einen Fortschritt, sondern eine neue Unsicherheit. Solange keine allgemeinen Merkmale einer fermentativen Reaktion existieren, droht der Begriff „Ferment" ebenso gefährlich zu werden als der Begriff „vitale Kraft", indem er eine Verwirrung sämtlicher chemischer Vorstellungen herbeiführen kann. Es genügt darauf hinzuweisen, daß die alkoholische Gärung durch ein angebliches Ferment hervorgerufen wird, dessen Eigenschaften sich von denjenigen der besser erforschten Fermente in manchen Beziehungen scharf unterscheiden. Alle diese beachtenswerten Eigentümlichkeiten waren aber bis zur letzten Zeit kein Gegenstand der experimentellen Forschung, da die unbegründete Annahme verbreitet war, daß die „Erklärung" als Fermentreaktion erschöpfend ist und keine weitere Ergründung erheischt. Der offene Vitalismus ist wohl weniger gefährlich als eine derartige im Grunde genommen ebenfalls vitalistische, aber scheinbar physikalisch-chemische Erklärung einiger biochemischen Vorgänge.

Zusammenfassend ist der Schluß zu ziehen, daß der Begriff Teleologie in den biologischen Wissenschaften zulässig ist und wir somit eine zweckmäßige Organisation der Lebewesen annehmen müssen. Selbstverständlich kann eine derartige Organisation auch im Zellplasma existieren, und es ist somit unsere nächste Aufgabe, die Zusammensetzung und die Struktur des Protoplasmas näher zu betrachten.

Die chemische Zusammensetzung des Protoplasmas. REINKE u. RODEWALD[2] haben die ersten Analysen der protoplasmatischen Masse der Plasmodien von Myxomyceten ausgeführt. Sie wählten dieses Objekt aus dem Grunde, weil es die beste Gelegenheit zur Gewinnung einer

---

[1] PFLÜGER: Arch. f. Physiol. **10**, 251, 641 (1875).
[2] REINKE u. RODEWALD: Unters. bot. Inst. Göttingen **2**, 1 (1881).

erheblichen Menge des zellfreien Plasmas darbot. Die Resultate der Analysen von REINKE und RODEWALD sind in folgender Tabelle zusammengefaßt.

Gefunden in Prozenten der Trockensubstanz:

Phosphorproteide (Plastin und Nuclein, davon letzteres sehr wenig) 40
Eiweiß und Fermente (Pepsin) 15
Nucleinbasen, Ammoniumcarbonat, Asparagin und Lecithin . . . 2
Kohlenhydrate 12
Fette 12
Cholesterin 2
Harz 1,5
Calciumacetat, -formiat und -oxalat 0,5
Anorganische Salze 6,5
Andere Substanzen 6,5

Es zeigte sich also, daß phosphorhaltige Eiweißstoffe nur 40 vH der Trockensubstanz des Plasmodiums ausmachen. Bereits die ersten Analysen ergaben, daß das Protoplasma nicht „zum größten Teil" aus den Eiweißstoffen besteht, wie man früher auf Grund vollkommen aprioristischer Betrachtungen angenommen hatte. Der von REINKE und RODEWALD eingeführte Begriff „Plastin" bedeutet nicht eine einheitliche Substanz. Sie enthält nur 12 vH Stickstoff und wurde daher bereits von O. LOEW[1] als ein Gemisch verschiedener Stoffe betrachtet. N. IWANOFF[2] kommt auf indirektem Wege zum Schluß, daß REINKES Plastin nur 38,5 vH Eiweiß enthält. Dieser Eiweißstoff ist nach IWANOFF denjenigen der Hutpilze[3] vollkommen analog und enthält eine bedeutende Menge von Hexonbasen. Bereits im sechsten Kapitel (S. 385) wurde darauf hingewiesen, daß die Eiweißstoffe des Zellplasmas scheinbar eine besondere Gruppe bilden und mit anderen Stoffen labile Verbindungen eingehen. Plastin enthält nach IWANOFF eine große Kohlenhydratgruppe.

LEPESCHKIN[4] meint, daß die genannte Kohlenhydratgruppe nicht so erheblich ist, wie es IWANOFF angibt, da ein großer Teil des Kohlenhydrats in IWANOFFs Versuchen nicht als chemischer Bestandteil, sondern nur als eine Verunreinigung des Plastins anzusehen wäre. Nach LEPESCHKINS Ansicht ist Plastin nichts anderes als eine Verbindung des Eiweißstoffs mit Lipoiden, deren Menge in den Analysen von REINKE und RODEWALD zu niedrig gefunden wurde. Auch H. WALTER[5] kommt auf Grund indirekter Beobachtungen zum Schluß, daß im lebenden Plasma eine Verbindung von Eiweißstoffen mit Lipoiden enthalten ist. Diese Verbindung dürfte aber nicht durch chemische Kräfte, sondern auf dem Wege der Adsorption bewerkstelligt werden. LEPESCHKIN gibt die folgende Tabelle der Analysen des Plasmodiums von Fuligo varians an.

---

[1] LOEW, O.: Bot. Z. **42**, 273 (1884).
[2] IWANOFF, N. N.: Biochem. Z. **162**, 441 (1925).
[3] IWANOFF, N. N.: Ebenda **137**, 331 (1923).
[4] LEPESCHKIN, W.: Ber. dtsch. bot. Ges. **41**, 179 (1923); Biochem. Z. **171**, 126 (1926).
[5] WALTER, H.: Biochem. Z. **122**, 86 (1921).

Gefunden in Prozenten der Trockensubstanz:

Monosaccharide	14,2
Eiweißkörper (wasserlösliche)	2,2
Aminosäuren und Purinbasen	24,3
Nucleoproteide	32,3
Freie Nucleinsäuren	2,5
Globulin	0,5
Lipoproteide	4,8
Neutrale Fette	6,8
Phytosterin und Phosphatide	4,5
Andere organische Stoffe	3,5
Mineralstoffe	3,4

Seine Annahme einer Verbindung von Eiweißstoffen mit Lipoiden sucht LEPESCHKIN noch dadurch zu begründen, daß beim Tode der Pflanzen (Hefezellen) ein positiver thermischer Effekt festgestellt werden kann[1]. Derselbe könnte allerdings von verschiedenen Ursachen herrühren.

In großen Zügen zeigen die Analysenresultate von REINKE und LEPESCHKIN keine bedeutenden Diskrepanzen. Beide Forscher haben ein und dasselbe Plasmodium analysiert.

Neuerdings hat KIESEL[2] umfangreiche Untersuchungen über die chemische Zusammensetzung der Plasmodien verschiedener Myxomyceten veröffentlicht. Bezüglich des Plastins kommt KIESEL zum Schluß, daß sowohl IWANOFF als LEPESCHKIN mit unreinen Präparaten zu tun hatten, und daß im Protoplasma keine Verbindungen der Eiweißstoffe mit Kohlenhydraten oder Lipoiden nachweisbar sind. Es läßt sich hingegen ohne jede Schwierigkeit ein Nucleoproteid isolieren. KIESEL betrachtet Plastin als einen mit Kohlenhydraten verunreinigten albuminoidartigen Eiweißstoff. KIESELS Analysen führen zur wichtigen Schlußfolgerung, daß die Zusammensetzung verschiedener Plasmodien ungleich ist. Dies ist z. B. aus der folgenden Tabelle zu ersehen.

KIESEL hat außerdem eine quantitative Hydrolyse von Plastin aus verschiedenen Myxomyceten ausgeführt und erhielt die für Eiweißstoffe üblichen Zahlen. Die elementare Zusammensetzung verschiedener Präparate war ungleich. Der N-Gehalt schwankte von 13,58 zu 15,22 vH, der Phosphorgehalt von 0,11 zu 0,12 vH und der Schwefelgehalt von 0,15 zu 0,38 vH. Auch die Fette der Myxomyceten wurden von KIESEL eingehend untersucht.

Alle oben angeführten Analysen beweisen, daß Eiweißstoffe nicht einmal die Hälfte der Trockensubstanz der Plasmodien ausmachen. Außerdem ist es wichtig hervorzuheben, daß die chemische Zusammensetzung verschiedener Plasmodien ungleich ist, und zwar namentlich der Gehalt an solchen Stoffen, welche einstimmig als wichtige Bestandteile

---

[1] LEPESCHKIN, W.: Ber. dtsch. bot. Ges. **46**, 591 (1928). Der thermische Effekt ist nach LEPESCHKIN eine Folge der Spaltung der Verbindung Eiweiß + Lipoid.

[2] KIESEL, A.: Hoppe-Seylers Z. **150**, 102 (1925); ebenda, S. 149; **164**, 103 (1927); **167**, 141 (1927); **173**, 169 (1928). — Planta (Berl.) **2**, 44 (1926). — Protoplasma (Berl.) **6**, 332 (1929).

Gefunden in Prozenten der Trockensubstanz:

	Reticularia lycoperdon Plasmodium	Lycogala epidendron Plasmodium	Unreife Fruchtkörper
Eiweiß (außer Plastin)	20,65	18,37	18,19
Plastin	8,42	11,96	16,91
Nucleinsäure (frei u. gebunden)	3,68	—	—
N-haltige Extraktivstoffe	12,00	5,20	4,30
Öl	17,85	37,51	31,22
Lecithine (nach P berechnet)	4,67	—	0,12
Cholesterine	0,58	1,16	1,31
Öl der Lipoproteide (?)	1,20	0,66	2,39
Ein polycyclischer Alkohol	—	0,26	0,21
Harzartige Stoffe (z. T. Artefakte)	—	4,29	9,04
Unbekannte Lipoide	—	1,20	2,29
Flüchtige Säuren	—	0,26	0,14
Reduzierende Kohlenhydrate	2,74	0,53	0,46
Nichtreduzierende Kohlenhydrate	5,32	1,06	1,06
Glykogen	15,24	13,10	5,98
Myxoglykosan	1,78	1,79	4,87
Unbekannte Substanzen	5,87	2,65	2,15

des Protoplasmas angesehen werden, großen Schwankungen unterworfen ist. Dies führt zur Schlußfolgerung, daß chemische Analysen für sich uns kaum über die Eigenschaften des Protoplasmas unterrichten können. Der Begriff Protoplasma ist denn auch kein chemischer, sondern eher ein morphologischer. Es ist in der Tat sehr schwer, sich vorzustellen, daß die im Zellplasma stattfindenden Energieumwandlungen nicht durch bestimmte organisierte Strukturen reguliert werden. Ist es aber der Fall, so können chemische Analysen keine ausschlaggebenden Resultate liefern. Stellen wir uns vor, daß wir verschiedene Uhren im Mörser zerreiben und alsdann analysieren. Die Resultate der Analysen würden je nach der Konstruktion einer Uhr verschiedenartig ausfallen. Bleiben wir am Beispiel der Uhr, so ist es ebenso klar, daß wir uns eine Uhr denken können, welche aus ganz anderen Materialien hergestellt ist, als sie bei der Uhrenfabrikation üblich sind. Glas könnte z. B. durch Bergkrystall, Stahl durch Iridium usw. ersetzt werden. Es läßt sich nicht leugnen, daß eine derartige, allerdings äußerst kostspielige Uhr vielleicht besser funktioniert hätte als eine gewöhnliche Uhr. Diese einfache Betrachtung zeigt deutlich, daß die chemische Analyse keine Anhaltspunkte zur Beurteilung der Wirkung eines Apparats liefern kann. Die auffallende Ähnlichkeit zwischen der Wirkung der Lebewesen und der Apparate wurde aber bereits von DESCARTES hervorgehoben und darf heutzutage kaum mehr bezweifelt werden.

Der kolloide Zustand des Protoplasmas. Aus der obigen Betrachtung ist einleuchtend, daß namentlich die Struktur des Protoplasmas bei allen Lebenserscheinungen eine wichtige Rolle spielt. Eine bestimmte Struktur ist bereits durch die physikalisch-chemischen Bedingungen der Plasmaexistenz vorgeschrieben: Das Protoplasma besteht zum großen Teil aus kolloiden Stoffen und muß also eine kolloide Beschaffenheit besitzen. GAIDUKOV[1] hat als erster eine ultramikroskopische Untersuchung des Protoplasmas ausgeführt. Es zeigte sich, daß die Grundmasse des Protoplasmas zweifellos ein heterogenes Medium darstellt. Durch die nachfolgenden Beobachtungen anderer Forscher wurde die kolloide heterogene Natur des Zellplasmas bestätigt[2]. Da im Protoplasma verschiedenartige kolloide Stoffe enthalten sind und das Protoplasma auch bei Betrachtung mittels des gewöhnlichen Mikroskops als nicht homogen erscheint und grob-disperse Phasen aufweist, so müssen wir annehmen, daß hier ein äußerst kompliziertes heterogenes System mit mehreren dispersen Phasen von ungleicher Stabilität vorliegt. In der Tat ändern sich die physikalischen Eigenschaften des Protoplasmas unter dem Einflusse von verhältnismäßig schwachen Einwirkungen.

Bereits ältere Autoren nahmen an, daß die Grundmasse des Protoplasmas flüssig ist[3]. Die Hauptgründe zu dieser Annahme sind die folgenden: 1. In vielen Zellen gelingt es eine flüssige Bewegung des Zellplasmas zu beobachten, wobei zahlreiche Körnchen und die mit der Grundmasse des Plasmas nicht mischbaren Tröpfchen mitgeschleppt werden. Auch die Plasmodien vieler Myxomyceten sind verhältnismäßig dünnflüssig[4]. 2. Wird das Protoplasma freigelegt, so bestrebt es sich kugelige Gestalt anzunehmen. Auch die Vakuolen haben immer kugelige Gestalt. Eine Ausnahme von dieser Regel machen Pflanzen und Pflanzenteile, welche getrocknet und wieder aufbelebt werden können, ohne daß hierbei das Leben sistiert wird. In trockenem Zustande besitzen sie freilich ein festes Plasma, welches auch auf den anfänglichen Stufen der Quellung beim Aufsaugen von Wasser keine kugelige Form aufnimmt.

Die Hauptmasse des Zellkerns stellt zweifellos ebenfalls eine Flüssigkeit dar. Es sind zahlreiche Fälle einer Kernwanderung durch die Poren der Zellwandungen bekannt[5], die bei der Annahme einer festen, wenn auch gallertartigen Konsistenz des Zellkernes schwer erklärbar sind. Andere Forscher haben mehrmals Strömungen und BROWNsche Bewegung im Kerninnern wahrgenommen[6]. Auch eine leichte Verschmelzung der Kerne in mehrkernigen Zellen spricht für die flüssige Beschaffenheit des Kerninhalts[7]. Besonders überzeugend sind vielleicht die Versuche LEPESCHKINS[8] über die Verschmelzung der Kernsubstanz mit dem Protoplasma.

---

[1] GAIDUKOV, N.: Die Dunkelfeldbeleuchtung in der Biologie und Medizin. 1910. — Kolloid-Z. **6**, 267 (1910).

[2] MARINESCO, G.: Kolloid-Z. **11**, 209 (1912). — MEYER, A.: Physiologische und morphologische Analyse der Zelle, S. 410. 1920. — LEPESCHKIN: Kolloidchemie des Protoplasmas. 1924.

[3] NAEGELI u. CRAMER: Pflanzenphysiologische Untersuchungen **1** (1855) u.a.

[4] CIENKOWSKI: Jb. Bot. **3**, 400 (1863). — HOFMEISTER: Die Lehre von der Pflanzenzelle, S. 17 ff. 1867.

[5] Literatur bei NEMĚC: Das Problem der Befruchtungsvorgänge. 1910.

[6] MATRUCHOT et MOLLIARD: Rev. gén. Bot. **14**, 401 (1902). — GROSS, R.: Arch. Zellforschg **14**, 320 (1917).

[7] NEMĚC, B.: Jb. Bot. **39**, 645 (1904).

[8] LEPESCHKIN, W.: Kolloidchemie des Protoplasmas, S. 72—75. 1924.

Die pflanzlichen Chromatophoren wurden von verschiedenen Forschern als feste Körper angesehen, und es wurden selbst in denselben Höhlungen angenommen, welche mit ölartigen Pigmenttröpfchen erfüllt sein sollen[1]. Derartige Annahmen sind wohl nicht mehr stichhaltig. Es liegen verschiedenartige Gründe vor zur Annahme einer flüssigen Konsistenz der Grundmasse der Chromatophoren[2]. Interessant sind die Beobachtungen Ponomarews[3], welche zur Schlußfolgerung führen, daß auch die großen Chloroplasten von Spirogyra zweifellos flüssig sind. Es gelingt nämlich die Chloroplasten von Spirogyra mit dem Protoplasma zu vermischen, wobei die Chloroplastensubstanz Tropfenform einnimmt.

Die flüssige Grundmasse des Protoplasmas, der Zellkerne und der Chromatophoren enthält freilich verschiedene disperse Phasen, unter denen einige fest sein können. Außerdem sind selbstverständlich verschiedene Stoffe im Protoplasma molekular gelöst. Das Vorhandensein von grob-dispersen Phasen im Protoplasma haben Gaidukov, A. Meyer u. Lepeschkin[4] auf Grund ultramikroskopischer Beobachtungen außer Zweifel gestellt. Hingegen sollen keine kolloidal-dispersen Phasen im Protoplasma vorhanden sein[5], und auch die Verteilung von grob-dispersen Phasen ist ungleichmäßig. Man unterscheidet gewöhnlich die hyaline, körnchenfreie Außenschicht und die körnige Innenschicht des Plasmas. Es ist ausdrücklich davor zu warnen, daß man die äußere Schicht mit der weiter unten zu besprechenden Hautschicht oder Plasmamembran verwechselt. Die hyaline Schicht kann unmittelbar unter dem Mikroskop wahrgenommen werden, die Plasmamembran ist hingegen unsichtbar und wird ihre Existenz selbst von einigen Forschern in Zweifel gezogen. Lepeschkin[6] kommt zum Schluß, daß die hyaline Schicht nicht unbedingt notwendig ist, indem sie bei Hydrocharis und Elodea vollkommen fehlt. Bei Spirogyra ist aber nach Lepeschkin die hyaline Schicht mindestens doppelt so dick als die körnige Masse.

Im Protoplasma sind nach den ultramikroskopischen Beobachtungen von Gaidukov und Lepeschkin (siehe oben) sowohl flüssige als zweifellos feste disperse Phasen vorhanden, desgleichen in Chromatophoren. Im Zellkern konnten hingegen bisher keine festen dispersen Phasen entdeckt werden[7].

Mit dem kolloiden Zustande der Grundmasse des Zellplasmas stehen ihre elektrischen Eigenschaften und ihre erhebliche Viscosität im Zusammenhange. Die Ladung des Protoplasmas kann je nach den Umstän-

---

[1] Pringsheim: Jb. Bot. 12, 288 (1879—1881). — Tschirch: Untersuchungen über das Chlorophyll, S. 9. 1884.

[2] Küster, E.: Ber. dtsch. bot. Ges. 29, 369 (1911). — Scherrer: Flora (Jena), N. F. 7, 46 (1914). — Senn: Z. Bot. 1919, 111 ff. u. a.

[3] Ponomarew, A.: Ber. dtsch. bot. Ges. 32, 483 (1914).

[4] Gaidukov, N. a. a. O.; Lepeschkin, W. a. a. O.; Meyer, A., a. a. O.

[5] Mayer, A. u. Schäffer, G.: C. r. Soc. Biol. Paris 64, 681 (1908). — Faure-Fremiet: Archives Anat. microsc. 11, 249 (1910) u. a.

[6] Lepeschkin, W.: Kolloidchemie des Protoplasmas, S. 93—94 (1924).

[7] Marinesco, G.: Kolloid-Z. 11, 209 (1912). — Lepeschkin, W. a. a. O.

den entweder positiv oder negativ sein[1]. Sie hängt offenbar von der ungleichen Adsorption verschiedener Ionen durch die Plasmakolloide (vgl. dazu Band I, S. 10—11) ab. Zur Bestimmung der Viscosität des Protoplasmas wurden einige sinnreiche Methoden vorgeschlagen, die von Fr. Weber[2] zusammengefaßt sind. Die empfehlenswerten Methoden sind die folgenden: 1. Man bestimmt die Fallgeschwindigkeit fester Körnchen, am besten Stärkekörner im Protoplasma und im Wasser und nimmt an, daß dieselbe der inneren Reibung umgekehrt proportional ist: 2. Eine andere Methode, die vorläufig nur auf Plasmodien der Myxomyceten angewendet werden konnte, besteht darin, daß man in Plasmodien kleine Eisenkörnchen einführt und die Stromstärke mißt, die gerade ausreicht, um dieselben im magnetischen Felde in Bewegung zu setzen.

Die Viscositätsmessungen dürften von der größten Bedeutung sein für die Beurteilung des Mechanismus der verschiedenen Lebensvorgänge im Protoplasma, doch sind leider bisher nur wenige diesbezüglichen Versuche ausgeführt worden. Nach Heilbronn[3] ist die Fallgeschwindigkeit der Stärkekörner im Plasma der Coleoptilen von Hafer und Bohne etwa 24 mal geringer als im reinen Wasser und im Zellsaft derselben Objekte etwa zweimal geringer als im Wasser. Die von demselben Forscher ausgeführten Bestimmungen ergaben an Hand der elektrometrischen Methode, daß die innere Reibung des Protoplasmas des Myxomyceten Physarum mindestens 10—11 mal größer als diejenige des reinen Wassers ist. Bei dem Myxomyceten Reticularia erwies sich die innere Reibung gar 16—18 mal größer als diejenige des Wassers. Heilbronn teilt mit, daß äußere Plasmodiumschichten verschiedene Übergänge zwischen dem flüssigen und dem gallertartigen Zustande zeigen. Alle diese Resultate beweisen, daß das Protoplasma zum größten Teil aus hydrophilen Kolloiden besteht, denn nur diese besitzen in Lösungen eine so große innere Reibung.

Der Aggregatzustand des Protoplasmas verändert sich leicht unter der Einwirkung verschiedener Umstände, und diese leichte Veränderlichkeit des kolloiden Zustandes spielt wohl eine wichtige Rolle bei den Regulationsvorgängen. Vor allem ist der Umstand zu betonen, daß wenigstens die äußere Schicht des Protoplasmas nicht selten zu einer Gallerte erstarrt und also als ein fester Körper erscheint. Bei den Plasmodien der Myxomyceten und den Foraminiferen ist dies eine verbreitete Erscheinung. Orbitolites complanatus hebt z. B. sein ziemlich schweres Kalkgehäuse an seinen Pseudopodien in die Höhe. Diese Pseudopodien müssen also wohl fest sein. Lepeschkin (a. a. O.) beobachtete feste Protoplasmastränge in jungen Haaren der Brennessel und in einigen Haarzellen von Primula obconica. Solche Fäden können nicht mit dem übrigen Protoplasma zusammenfließen und werden beim leichten Andrücken des Deckglases abgebrochen. Nach Lepeschkin

---

[1] Hardy: J. of Physiol. 47, 108 (1914). — Meier: Bot. Gaz. 72, 113 (1921).
[2] Weber, F.: Handbuch der biologischen Arbeitsmethoden von Abderhalden, Liefg. 121 (1914).
[3] Heilbronn, A.: Jb. Bot. 53, 357 (1914).

können also auch innere Protoplasmaschichten zu einer festen Gallerte erstarren. Daß die Nerven- und die Muskelfibrillen der Tierzellen fest sind, scheint allgemein anerkannt zu sein. Auf der Oberfläche des Plasmas bildet sich häufig eine kolloide Haut, wie es in kolloiden Lösungen infolge Verminderung der Oberflächenspannung nicht selten der Fall ist (vgl. Band I, S. 7—9). Es genügt aber diese Haut in das flüssige innere Plasma zu versenken, um dieselbe wieder aufzulösen[1]. Hieraus ist ersichtlich, daß die genannte Haut tatsächlich durch eine Anhäufung der dispersen Phasen an der Plasmaoberfläche entsteht. Genau ebenso verflüssigt sich eine Gallerte beim Vermischen mit dem Dispersionsmittel.

Durch Verbrauch der dispersen Phasen beim Hungern, schnellen Wachstum sowie bei Temperatursteigerung wird die innere Reibung des Protoplasmas vermindert, wobei unter Umständen auch die etwa entstandene feste Oberflächenhaut wieder aufgelöst wird. Die Plasmaviscosität der embryonalen und sehr jungen Zellen ist immer größer als diejenige der im Zustande schneller Streckung befindlichen Zellen. Durch Temperaturerniedrigung kann die innere Reibung des Plasmas künstlich gesteigert werden[2]; die umgekehrte Wirkung übt eine Temperatursteigerung aus[3], doch bewirkt die andauernd hohe Temperatur wiederum eine Steigerung der Viscosität, wohl infolge der anfänglichen Koagulation der Plasmakolloide. Sehr wichtig ist der Umstand, daß einige Reizwirkungen auffallende Änderungen der Plasmaviscosität hervorzurufen scheinen. So wirken Erschütterung, geotropische Reizung[4], elektrische Ströme[5], Kohlendioxyd[6], Äther[7] und einige Elektrolyte. Besonders eigenartig scheint in dieser Hinsicht die Wirkung der Aluminiumsalze zu sein[8]. In einigen Fällen scheint es hierbei gar zu einer Erstarrung des Plasmas zu einer Gallerte zu kommen. Wenigstens hört in einigen Fällen der außerordentlichen Viscositätssteigerung die BROWNsche Bewegung auf und ist es unmöglich, eine Plasmolyse der Zellen hervorzurufen. Sehr interessant ist die folgende Beobachtung von NEMÉC[9]: Beim Zentrifugieren werden die Chromosomen in den sich teilenden Zellen gemeinsam mit den Spindelfäden an die Zellwand geschleudert ohne Änderung der gegenseitigen Anordnung und der Form der Spindel. Dies bedeutet jedenfalls, daß die genannten Zellbestandteile entweder eine feste Konsistenz, oder mindestens einen sehr hohen Grad der Viscosität besitzen.

---

[1] PFEFFER, W.: Zur Kenntnis der Plasmahaut und Vakuolen, S. 231 256, 1890. — RHUMBLER: Z. Zool. 83, 1 (1905). — LEPESCHKIN, a. a. O.

[2] WEBER, F.: Ber. dtsch. bot. Ges. 41, 198 (1923).

[3] HEILBRONN, A.: Jb. Bot. 54, 337 (1914); 61, 319 (1922).

[4] WEBER, F. u. G.: Jb. Bot. 57, 187 (1916). Vgl. jedoch ZOLLIKOFER, C.: Beitr. allg. Bot. 4, 449 (1918).

[5] BAYLISS: Proc. roy. Soc. Lond. (B) 91, 196 (1920). — WEBER, F. u. E. BERSA: Ber. dtsch. bot. Ges. 40, 254 (1922).

[6] JACOBS, M. H.: Amer. J. Physiol. 50, 451 (1922).

[7] HEILBRONN, a. a. O. — WEBER, F.: Ber. dtsch. bot. Ges. 40, 212 (1922).

[8] SZUEKS: Jb. Bot. 52, 269 (1913).

[9] NEMÉC, B.: Bull. internat. Acad. Sci. de Bohème 1915, 1.

Nach einigen Forschern sollen in der Tat die Chromosomen ein Entmischungsprodukt sein[1]. Eine Koagulation unter dem Einfluß von Elektrolyten ist die allgemeine Eigenschaft der Kolloide (vgl. Kapitel I, S. 16ff.). Hierbei muß darauf aufmerksam gemacht werden, daß Eiweißstoffe und andere Zellkolloide leicht aus dem Zustande der hydrophilen in denjenigen der hydrophoben Kolloide übergehen und dann durch ganz geringe Salzmengen ausgeflockt werden können. Im fünften Kapitel wurde darauf hingewiesen, daß die regulierende Wirkung der Mineralionen auf das Zellplasma wahrscheinlich auf eine Änderung der Viscosität und teilweise Ausflockung der Kolloide zurückzuführen ist. Es wurden in der Tat Koagulationen im lebenden Plasma wahrgenommen, die durch Mineralsalze bewirkt werden und allem Anschein nach keine schädliche Wirkung ausüben. Bei dauernder Wirkung können allerdings die erwähnten reversiblen Zustandsänderungen in irreversible übergehen[2].

Derartige irreversible Zustandsänderungen können auch unter normalen Lebensverhältnissen vorkommen. Viele Forscher neigen sich zur Ansicht, daß Chondriosomen durch eine nicht umkehrbare Ausflockung entstehen[3]. Eine nicht umkehrbare Zustandsänderung führt auch zur Bildung von Fetttropfen und namentlich zur Bildung der Zellwand. Nach STRASBURGER[4] bildet sich nach erfolgter Kernteilung vor der Entstehung der eigentlichen Zellwand, die sogenannte primäre Zellplatte, die aus den in einer Ebene angehäuften Körnchen besteht. Später zeigte NAWASCHIN[5], daß in jungen Zellen die Wandungen bei entsprechender Bearbeitung als durch reihenweise gelagerte Chondriosomen besetzt erscheinen. Es scheint also, daß eine Anhäufung von Chondriosomen der eigentlichen Membranbildung vorausgeht. Es bleibt vorläufig dahingestellt, ob die Zellwandbildung ein chemischer Vorgang oder eine Entmischung darstellt.

Es ist schon längst bekannt, daß der Zellinhalt bei hohen Temperaturen koaguliert wird. LEPESCHKIN[6] unterscheidet drei Stufen der Hitzekoagulation. Die erste Stufe wird nur durch eine erhöhte Permeabilität für Wasser und gelöste Stoffe gekennzeichnet. Auf der zweiten Stufe wird eine sichtbare Koagulation der äußeren Protoplasmaschicht wahrgenommen, wo gleichzeitig eine bedeutende Menge von Körnchen entsteht. Die dritte Stufe bedeutet eine vollständige Koagulation des Plasmas, wobei die Chloroplasten oft früher als die Grundsubstanz des Plasmas erstarren. Merkwürdig ist der Umstand, daß die beiden ersten Stufen nach LEPESCHKIN reversibel sind; nur die dritte Stufe ist mit

---

[1] Vgl. J. SPEK: Arch. Entw.mechan. **46**, 537 (1920).

[2] GIERSBERG, H.: Arch. Entw.mechan. **42**, 208 (1922). — SPEK, J.: Arch. Protistenkde **46**, 181 (1923).

[3] SCHERRER: Ber. dtsch. bot. Ges. **31**, 496 (1913). — Flora (Jena) **107**, 10 (1914). — MEYER, A.: Morphologische und physiologische Analyse der Zelle, S. 120. 1920. — HIDEGARD, L.: Arch. Zellforschg **16**, 70 (1921).

[4] STRASBURGER, E.: Jb. Bot. **31**, 511 (1898).

[5] NAWASCHIN, S.: J. russ. bot. Ges. **1**, 22 (1916).

[6] LEPESCHKIN, W.: Stud. from the Labor. of Plant Physiology of Charles University. Prague, S. 5—44 (1923).

Absterben der Zelle verbunden. Die Koagulation des Zellplasmas unter dem Einfluß solcher Stoffe, die eine Ausflockung und Denaturierung der Eiweißstoffe bewirken, ist allgemein bekannt und braucht hier nicht besprochen zu werden.

LEPESCHKIN[1] nimmt an, daß die ununterbrochene Phase des Protoplasmas aus einer labilen Verbindung der Eiweißstoffe mit Lipoiden besteht. Oben wurde bereits darauf hingewiesen, daß diese Annahme bisher rein hypothetisch bleibt. Nach LEPESCHKIN ist die ununterbrochene Phase des Plasmas nicht eine wässerige Lösung; vielmehr soll Wasser in der Eiweiß-Lipoidverbindung gelöst sein. Auch der Zellkern, die Chromatophoren und die Chondriosomen sollen dieselbe chemische Zusammensetzung, aber eine ungleiche physikalisch-chemische Beschaffenheit besitzen. Nach HANSTEEN-CRANNER[2] besteht die ununterbrochene Phase des Protoplasmas aus hydrophilen, aber wasserunlöslichen Kolloiden, die disperse Phase aber aus wasserlöslichen Phosphatiden. Diese Lösung soll auch die Zellwand imbibieren.

Sehr interessant wäre es, eine zuverlässige Methode zur Bestimmung der Oberflächenspannung des Protoplasmas zu erfinden. Die von CZAPEK[3] vorgeschlagene Methode besteht darin, daß man die Grenzkonzentrationen der Lösungen einiger Stoffe ermittelt, die gerade noch dazu ausreichen, um einige Bestandteile des Zellsaftes herausdiffundieren zu lassen. Diese Methode ist nach den Angaben BARANOVS[4] nicht zuverlässig.

Annahmen über die Struktur des Protoplasmas. Bezüglich der mikroskopisch sichtbaren Struktur des Plasmas muß auf das grundlegende Werk A. MEYERS[5] verwiesen werden. Hier interessieren uns hauptsächlich solche Strukturen, welche die weiter unten zu besprechenden physiologischen Leistungen erklären könnten. Es bedarf kaum der Erwähnung, daß die sichtbare Organisation der Zelle keine Anhaltspunkte zur Beurteilung der regulierenden Tätigkeit des Protoplasmas gibt. Auch die merkwürdigen, bei der Mitose stattfindenden Vorgänge sind teleologisch unerklärbar, und man begnügt sich gewöhnlich mit der Annahme, daß die genannten Vorgänge eine vollkommen gleichmäßige Verteilung des Chromatins zwischen den Tochterzellen bezwecken.

Ältere Forscher legten dem Protoplasma fibrilläre, netzartige, wabenartige und andere Strukturen zu. Alle diese Annahmen sind zur Zeit so überholt, daß sie kaum Erwähnung verdienen. Sie beziehen sich entweder auf den allgemeinen kolloiden Zustand, oder auf künstliche Erscheinungen, die in kolloiden Medien nach der Ausflockung hervortreten. Hauptsache ist hierbei, daß alle älteren Annahmen nur einzelne Fälle

---

[1] LEPESCHKIN, W.: Kolloidchemie des Protoplasmas. 1924. — Biochem. Z. **171**, 126 (1926).

[2] HANSTEEN-CRANNER: Meld. fra Norges Landbruckshogskola **2**, 1 (1922).

[3] CZAPEK, F.: Über eine Methode zur direkten Bestimmung der Oberflächenspannung der Plasmahaut von Pflanzenzellen. 1911. — KISCH, B.: Biochem. Z. **40**, 152 (1912).

[4] BARANOV, W.: Arb. Naturforscherges. Univ. Kazan **46**, 1 (1914) (Arbeit aus dem Laboratorium von W. LEPESCHKIN [russ.]).

[5] MEYER, A.: Morphologische und physiologische Analyse der Zelle. 1920.

des Zustandes des Zellplasmas berücksichtigen. Sie sind gegenwärtig aufgegeben, aber durch keine andere Annahme ersetzt.

Als lebende Bestandteile der Pflanzenzelle werden die Grundmasse des Zellplasmas, der Zellkern, die Chromatophoren und die Chondriosomen betrachtet. Alles übrige stellt leblose Einschlüsse dar. Nun ist aus der obigen Darstellung zu ersehen, daß die genannten lebenden Bestandteile der Zelle meistens eine flüssige Konsistenz aufweisen. Dieser Umstand erschwert auf den ersten Blick das Verständnis einer Organisation des Plasmas. Namentlich aus diesem Grunde hatten ältere Autoren einen gallertartigen, das ist festen Zustand des Zellplasmas angenommen, ungeachtet der schlagenden Beweisgründe, die gegen eine derartige Annahme sprachen. In neuerer Zeit sucht z. B. SCARTH[1] darzutun, daß wenigstens ein Teil des Zellplasmas immer in einem gallertartigen Zustande verbleibt. In diesem Zusammenhange ist der folgende interessante Befund von GICKLHORN u. WEBER[2] zu erwähnen: Der Zellsaft des Mesophylls der Blütenblätter von Echium und Anchusa erwies sich als eine feste gallertartige Substanz.

Doch hat JOST in seiner Pflanzenphysiologie noch lange vor der Entdeckung der Chondriosomen darauf hingewiesen, daß eine Organisation des Protoplasmas auch bei deren flüssigem Zustande denkbar ist. Hierbei kann natürlich nicht von einer Struktur, sondern namentlich von einer Organisation die Rede sein. JOST machte darauf aufmerksam, daß eine Armee, die doch eine sehr vollkommene Organisation besitzt, mit einer Flüssigkeit in der Beziehung verglichen werden kann, daß ihre einzelnen Bestandteile ohne Änderung der gesamten Konstitution sich leicht verschieben lassen. Es ist ohne weiteres einleuchtend, daß Chondriosomen und andere möglicherweise unsichtbare Partikelchen, die in der flüssigen Masse des Protoplasmas leicht verschiebbar sind, individuelle Funktionen besitzen können. Wollten wir eine innere Organisation des Protoplasmas verneinen, so würde uns nichts anderes übrigbleiben, als eine Regulation der Lebensvorgänge durch Kräfte anzunehmen, die in der leblosen Natur ohne Analogien sind. Dies wäre aber eine vitalistische Betrachtungsweise gewesen.

Übrigens ist die innere Reibung des Protoplasmas, besonders an der Oberfläche, häufig so groß, daß eine Verschiebung der einzelnen Teile beinahe unmöglich ist, und in derartigen Fällen auch eine Struktur im üblichen Sinne bestehen kann. Dafür spricht der Umstand, daß eine mechanische Behandlung oft den Tod des Plasmas wohl infolge Zerstörung der normalen Struktur herbeiführt. So können Pflanzenzellen und selbst Schleimpilze durch Pressen, Anschneiden und analoge Einwirkungen, welche die räumliche Anordnung der Protoplasmabestandteile verändern, schnell getötet werden. Im selben Sinne wirkt die Eisbildung im Zellsafte. Nach den Resultaten von BARTETZKO[3], MÜLLER-THURGAU[4],

---

[1] SCARTH, G. W.: Protoplasma (Berl.) **2**, 189 (1927).
[2] GICKLHORN, G. u. F. WEBER: Protoplasma (Berl.) **1**, 427 (1926).
[3] BARTETZKO: Jb. Bot. **47**, 55 (1909).
[4] MÜLLER-THURGAU: Landw. Jb. **15**, 453 (1886).

Molisch[1] und namentlich Maximow[2] ist der Kältetod der Zelle immer eine Folge der Eisbildung. Gelöste Stoffe, welche die Eisbildung verhindern, sind nach Maximow zugleich Schützstoffe gegen Erfrierung. Auch der Hitzetod ist wohl eine Folge der Koagulation der Plasmakolloide und der damit zusammenhängenden Veränderung der Organisation des Plasmas[3]. Iljin[4] zeigte, daß vegetative Pflanzenzellen beim vorsichtigen Entwässern nicht getötet werden, falls die genuine Plasmakonstitution unverändert bleibt. Die Ursache des Todes ist somit nicht der Wasserverlust an sich, sondern die damit verbundene Störung der normalen Organisation des Protoplasmas.

Auch die Plasmolyse führt häufig zum Absterben des Plasmas[5], namentlich wenn ein Teil der äußeren Plasmaschicht bei der Plasmolyse an der Zellwand kleben bleibt und beim Zusammenballen der plasmatischen Masse in dünne Fäden ausgezogen wird. Bleibt die Zelle nach der Plasmolyse noch am Leben, so wird sie durch Wiederholung dieser „Umrührung" des Plasmas bei der Deplasmolyse immer getötet. In diesen interessanten Beobachtungen erblicken wir eine schwerwiegende Stütze der Ansicht, daß eine gewisse Struktur des Protoplasmas für das Leben unentbehrlich ist. Diejenigen, die eine morphologische Struktur des flüssigen Protoplasmas ablehnen, beachten nicht den Umstand, daß ein Zusammenmischen des zweifellos flüssigen Zellkerns oder der ebenfalls flüssigen Chromatophoren mit der Grundmasse des Zellplasmas stets den Tod herbeiführt. Die mikroskopisch sichtbaren Strukturen im Protoplasma, denen einstimmig eine hervorragende Bedeutung im Zelleben zugelegt wird, existieren also im flüssigen Medium.

Gaidukov[6] kommt aber in seinen letzten Schriften zum Schluß, daß im Protoplasma gar keine Strukturen existieren, welche für das Leben im allgemeinen Sinne des Wortes notwendig seien. Er betrachtet das Protoplasma nicht als Ursache, sondern als Folge der Lebensvorgänge. Der Begriff des Protoplasmas ist nach Gaidukov ein dynamischer und existieren nach diesem Forscher keine Merkmale, die allen Protoplasmen gemeinsam seien. Hierbei wird allerdings wiederum die mikroskopische Struktur und vor allem das allgemeine Vorfinden des Zellkerns nicht in Betracht gezogen. Die primäre Ursache der maschinenartigen Tätigkeit der Lebewesen und namentlich der Regulierung verschiedener Lebensvorgänge wird von Gaidukov nicht angegeben. Diese Anschauung ist wohl als vitalistisch zu bezeichnen, da sie sämtliche Regulationen

---

[1] Molisch, H.: Untersuchungen über das Erfrieren der Pflanzen (1897).

[2] Maximow, N.: Ber. dtsch. bot. Ges. **30**, 52, 293, 504 (1912). — Jb. Bot. **53**, 327 (1914). — Erfrieren und Kälteresistenz der Pflanzen (russ.) (1913).

[3] Literatur: Lepeschkin: Kolloidchemie des Protoplasmas (1924).

[4] Iljin, W.: Jb. Bot. **66**, 947 (1927). — Protoplasma (Berl.) **10**, 379 (1930).

[5] Küster, E.: Z. Bot. **2**, 689 (1910). — Hecht, K.: Beitr. Biol. Pflanz. **11**, 137 (1912). — Hansteen-Cranner, B.: Meld. Norges Landbruksh. **2**, 1 (1922). — Lepeschkin, a. a. O. — Cholodny, N.: Biochem. Z. **147**, 22 (1924). — Karzel, R.: Jb. Bot. **65**, 551 (1926).

[6] Gaidukov, N.: Beitr. Biol. Pflanz. **15**, 357 (1927). — Protoplasma (Berl.) **6**, 162 (1929).

auf Kräfte zurückführt, die mit keinen organisierten Strukturen im Zusammenhange stehen und somit unerklärbar sind.

Aus obiger Darlegung ist ersichtlich, daß unsere Kenntnisse auf dem Gebiete der Plasmastruktur sehr beschränkt sind. Die mikroskopisch studierten Strukturen sind im Sinne der Vorrichtungen zur Regulation des Stoff- und des Energiewechsels vorläufig unerklärbar; andererseits sind keine feineren Strukturen beschrieben worden, denen die soeben erwähnte Rolle zugeschrieben werden könnte.

Die Plasmahaut. Eine ausführlichere Besprechung verdient die Frage der Existenz einer unsichtbaren Plasmahaut, welche nach der Ansicht der meisten Forscher das Protoplasma allseitig umkleidet und also sowohl von der Zellwand, als von den Vakuolen abtrennt. Diese Plasmahaut ist nicht zu verwechseln mit der äußeren, sogenannten hyalinen mikroskopisch deutlich sichtbaren Plasmaschicht. Nehmen wir die Existenz einer unsichtbaren Plasmahaut an, so müssen wir bei der Erklärung der Stoffaufnahme durch das Plasma eine wichtige Rolle dem Vorgang der Osmose zuschreiben. Wenn wir hingegen eine derartige Annahme ablehnen, so kommt namentlich den Vorgängen der Quellung und Adsorption (Bd. I, S. 6, 8ff.) eine hervorragende Bedeutung bei der Erklärung der Stoffaufnahme zu.

Als Pfeffer[1] seine klassischen Untersuchungen über die Osmose ausführte, hat er eine auffallende Ähnlichkeit zwischen dem Verhalten des plasmatischen Wandbelegs der erwachsenen Pflanzenzellen und den künstlich hergestellten semipermeablen Niederschlagsmembranen hervorgehoben. Weiter unten wird dargelegt werden, daß die osmotischen Eigenschaften einer erwachsenen Pflanzenzelle mit dünnem plasmatischen Wandbeleg und einer Zentralvakuole in der Tat von diesem Standpunkte aus erklärt werden können, aber ganz unabhängig von der Existenz einer Plasmahaut; in diesem Falle verhält sich vielmehr der gesamte Plasmaschlauch als eine semipermeable Membran. Dasselbe betrifft auch das Durchdringen verschiedener gelösten Stoffe in den Zellsaft. Hinsichtlich des Hineindiffundierens verschiedener gelöster Stoffe in das Protoplasma selbst ist es hingegen nicht gleichgültig, ob wir die Existenz einer semipermeablen Plasmahaut annehmen oder ablehnen. Dieser grundlegende Unterschied zwischen Zellen mit einer Zentralvakuole und Zellen, welche mit dem Protoplasma vollständig gefüllt sind und also keinen Zellsaft enthalten, wurde lange Zeit ungenügend beachtet und erst neuerdings von Stiles[2] betont.

Exakte Nachweise der Existenz einer Plasmahaut gibt es nicht, doch wurden verschiedene mehr oder weniger wahrscheinliche Gründe zugunsten deren Annahme angeführt. Zuerst hat de Vries[3] die folgende Beobachtung gemacht: Wenn man Spirogyrazellen mit einer durch Eosin gefärbten Salpetersäurelösung plasmolysiert und allmählich tötet, so

---

[1] Pfeffer, W.: Osmotische Untersuchungen (1877).
[2] Stiles, W.: Permeability (1924).
[3] de Vries, H.: Jb. Bot. **16**, 465 (1885).

wird das Protoplasma rot gefärbt, die Vakuolen bleiben aber ungefärbt und treten als weiße Kugeln aus dem rotgefärbten Zellinhalte deutlich hervor (Abb. 1). Erst nach längerer Zeit färbt sich auch der Inhalt der Vakuolen. In diesem Falle ist die Existenz einer semipermeablen Membran an der Grenze der Vakuolen zwar zweifellos, doch handelt es sich hier nach LEPESCHKIN[1] um eine postmortale Erscheinung. Zu derselben Schlußfolgerung gelangt auch BAYLISS[2]. LEPESCHKIN (a. a. O.) behauptet, daß die Hautschicht des Plasmas ebenso wie die Kernhaut, welche die Hauptmasse des Zellkerns vom Protoplasma abtrennen soll, bei vielen Pflanzen und einzelnen Pflanzenzellen überhaupt fehlt. Ist aber eine derartige Plasmahaut vorhanden, so stellt sie nichts anderes dar, als diejenige feste Schicht, die an der Oberfläche der kolloiden, besonders aber eiweißhaltiger Lösungen dadurch entsteht, daß die Oberflächenspannung der kolloiden Lösung herabsetzende Stoffe sich an der Oberfläche anhäufen (vgl. Bd. I, S. 7ff.). LEPESCHKIN wehrt sich besonders gegen die Annahme einer sich vom übrigen Plasma scharf unterscheidenden semipermeablen Haut, welche nach PFEFFER eine allgemeine Beschaffenheit des Protoplasmas darstellt. Diese Annahme steht LEPESCHKINs Meinung nach im Widerspruche mit der folgenden Tatsache: Wird die Plasmahaut in die Grundmasse des Protoplasmas versenkt, so löst sie sich vollkommen. Auch LAPICQUE[3] äußert sich scharf gegen die Annahme einer semipermeablen Plasmahaut.

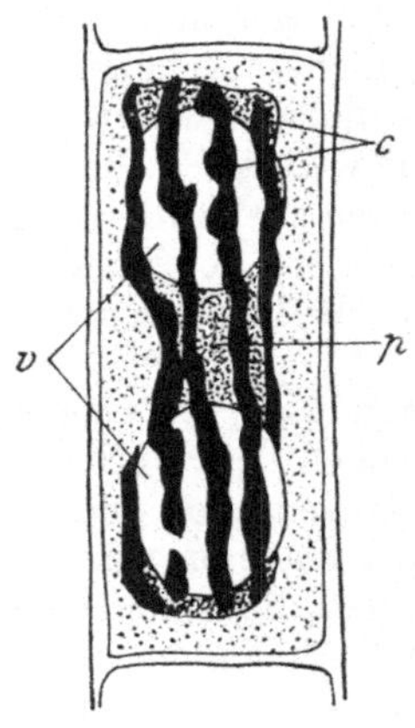

Abb. 1. Eine gefärbte Spirogyrazelle. (Erklärung im Text.) *p* Protoplasma, *c* Chlorophyll, *v* Vakuolenbänder. (Nach DE VRIES.)

Die meisten Forscher neigen sich aber zur Annahme der Existenz einer beständigen Plasmahaut, die auch beim Heraustreten des nackten Protoplasten aus einer Zelle sich schnell bilden soll. Die wichtigsten Gründe zugunsten einer solchen Annahme sind die folgenden.

Die ultramikroskopischen Beobachtungen von GAIDUKOV[4] und namentlich von PRICE[5] zeigen, daß die äußerste Plasmaschicht sich von der Grundmasse deutlich unterscheidet. Diese äußere dünne Schicht wird laut der Aussage von PRICE nach außen gespannt an den Stellen, wo Plasmafäden, welche die Zentralvakuole durchsetzen, mit der Grundmasse des Plasmas verschmelzen. PRICE nimmt an, daß eine Haut-

[1] LEPESCHKIN, W.: Kolloidchemie des Protoplasmas (1924). — Ber. dtsch. bot. Ges. **44**, 7 (1926). — Science (N. Y.) **68**, 45 (1928).

[2] BAYLISS, W. M.: Principles of General Physiology (1920). — Vgl. auch KITE, G. L.: Biol. Bull. Mar. biol. Labor. Wood's Hole **25**, 1 (1913). — Amer. J. Physiol. **32**, 146 (1913); **37**, 282 (1915).

[3] LAPICQUE, L.: Ann. de Physiol. **1**, 85 (1925).

[4] GAIDUKOV, N.: Dunkelfeldbeleuchtung und Ultramikroskopie in der Biologie und Medizin (1910).

[5] PRICE, S. R.: Ann. of Bot. **28**, 601 (1914).

schicht schon aus dem Grunde postuliert werden muß, weil nach der Plasmolyse die kolloiden Partikelchen bei der Plasmabewegung in die umgebende Flüssigkeit nicht übergehen.

Seifriz[1] kommt auf Grund seiner Versuche über Mikrosektion zum Schluß, daß eine Hautschicht des Plasmas wohl existiert, und zwar aus einem hydrophilen Kolloid von sehr großer innerer Reibung besteht. Diese Substanz befindet sich im Zustande eines Gels, wird aber gelöst bei der Plasmabewegung. Hört dieselbe auf, so entsteht wieder eine feste Hautschicht. Laut dieser Auffassung hat die Hautschicht mit der beständigen Plasmahaut von Pfeffer und de Vries nichts gemeinsam. Es ist einleuchtend, daß eine Plasmahaut im Sinne Seifrizs und Lepeschkins sich weder in chemischer Zusammensetzung noch in kolloidaler Beschaffenheit von der Grundmasse des Protoplasmas unterscheiden kann. Ist es aber der Fall, so sind wir nicht berechtigt, prinzipielle Unterschiede der Durchlässigkeit zwischen dem Grundplasma und der Hautschicht anzunehmen. Wir dürfen nur voraussetzen, daß die äußerste Plasmaschicht konzentrierter ist und eine größere innere Reibung besitzt als die Grundmasse des Protoplasmas. Infolgedessen könnte die Hautschicht größere Widerstände der Diffusion der gelösten Stoffe leisten. Der Unterschied mit dem Grundplasma bleibt aber hierbei nur ein quantitativer.

Als die zuverlässigsten Nachweise der Existenz der Plasmahaut werden gewöhnlich die Resultate der elektrometrischen Bestimmungen angesehen. So haben verschiedene Forscher gefunden, daß lebende Zellen dem elektrischen Strome einen großen Widerstand entgegensetzten[2]. Dieser Widerstand wird unmittelbar nach dem Tode erheblich herabgesetzt, was auf eine Zerstörung der Hautschicht zurückgeführt wird. Es bedarf kaum der Erwähnung, daß die genannte Erscheinung auch anders erklärt werden könnte. Späterhin berichteten Osterhout, Domon u. Jacques[3] darüber, daß die Vakuolenschicht des Plasmas der Alge Valonia gegenüber der äußeren Plasmaschicht positiv geladen ist. Die maximale Potentialdifferenz betrug in Versuchen der genannten Forscher 38 Millivolt. Diese Beobachtung soll beweisen, daß die beiden Hautschichten ungleich sind und also nicht auf allgemeine Eigenschaften der Kolloide zurückgeführt werden dürfen. Demgegenüber ist darauf zu verweisen, daß die Eigenschaft der Haut auf der Oberfläche der kolloiden Lösungen nicht nur von der Zusammensetzung der kolloiden Lösung selbst, sondern auch von der Zusammensetzung der angrenzenden Phase abhängt. Nun ist die Zusammensetzung des Zellsaftes mit derjenigen des Seewassers nicht identisch. Weis[4] kommt auf Grund seiner Beobachtungen über Kataphorese zum Schluß, daß eine Hautschicht des Plasmas wohl existiert, und zwar aus dem Grunde, weil eine Hautschicht bei der

---

[1] Seifriz, W.: Ann. of Bot. **35**, 269 (1921).

[2] Stewart, G. N.: Zbl. Physiol. **11**, 332 (1897). — McClendon: Amer. J. Physiol. **27**, 240 (1910). — Osterhout, W. J. V.: Science (N. Y.) **36**, 350 (1912). — Stiles, W. a. I. Jörgensen: New Phytologist **13**, 226 (1914).

[3] Osterhout, W. J. V., Domon, E. B. u. A. J. Jacques: J. gen. Physiol. **11**, 193 (1927).

[4] Weis, A.: Planta (Berl.) **1**, 145 (1925).

Kataphorese nur an der Vakuolengrenze, nicht aber an der äußeren Oberfläche des Protoplasmas entsteht. Weis weist außerdem darauf hin, daß Plasmafäden, die wohl eine größere Menge der Substanz der Plasmahaut enthalten, gegenüber Temperaturänderungen und Wirkung der proteolytischen Fermente resistenter als die Grundmasse des Plasmas sind.

Fassen wir das oben Erörterte zusammen, so sehen wir, daß die Existenz der Plasmahaut durch keinerlei direkte Beweise bekräftigt wird. Für das Verständnis des Wesens der osmotischen Vorgänge in den Pflanzenzellen ist dieser Umstand allerdings belanglos, da wir den gesamten plasmatischen Wandbeleg der erwachsenen Zellen als eine gewissermaßen semipermeable Membran betrachten dürfen, indem die vorhandenen Messungen des osmotischen Druckes am Zellsaft ausgeführt worden sind. Dasselbe gilt für die Diffusion verschiedener Stoffe aus dem Außenmedium in den Zellsaft. Bei der Beschreibung der diesbezüglichen Vorgänge wird also die Frage der Existenz der Plasmahaut überhaupt nicht diskutiert werden. Was nun die Aufnahme verschiedener Stoffe durch das Protoplasma selbst anbelangt, so müssen alle Theorien der Stoffaufnahme der Existenz oder Nichtexistenz einer selbständigen Plasmahaut Rechnung tragen. Bisher haben fast alle Forscher leider keine scharfe Grenze gezogen zwischen dem Eintritt verschiedener gelösten Stoffe in das Plasma und in den Zellsaft, was zu manchen Mißverständnissen geführt hat.

Diffusion. Eine allgemeine Eigenschaft der Gase besteht darin, daß ihre Moleküle sich in gleichem Abstande voneinander befinden. Wird dieses Gleichgewicht gestört, so stellt es sich nach einiger Zeit spontan wieder her. Lassen wir z. B. einen mit beständigem Gas gefüllten Behälter mit einem anderen ganz leeren Behälter kommunizieren, so wird das Gas in den leeren Raum so lange einströmen, bis eine vollkommen gleichmäßige Verteilung der Gasmoleküle in den beiden miteinander verbundenen Behältern zustande kommt. Genau dasselbe Verhalten zeigen zwei verschiedene Gase, wenn sie zuerst in gesonderten Behältern verschlossen sind und alsdann eine Verbindung zwischen den beiden Behältern hergestellt wird. Die beiden Gase verteilen sich ganz unabhängig voneinander (natürlich wenn sie miteinander chemisch nicht reagieren) gleichmäßig in gesamtem Raume der beiden Behälter. Dieser Vorgang heißt Diffusion.

Derselbe Vorgang findet auch in Flüssigkeiten statt. Auch die in flüssigen Medien gelösten Stoffe verhalten sich wie Gase, nur ist die Diffusion in diesem Falle wegen der inneren Reibung eine erheblich langsamere. Überhaupt ist die Geschwindigkeit der Diffusion gelöster Stoffe von der physikalisch-chemischen Natur derselben, der Konzentration und der Temperatur abhängig[1]. Nach Fick[2] kann die Diffusionsgeschwindigkeit durch die folgende Gleichung ausgedrückt werden:

$$dC = -D\frac{dc}{dx}\,dt.$$

---

[1] Graham, T.: Philosophic. Trans. roy. Soc. Lond. **140**, 1 (1850).
[2] Fick: Poggend. Ann. **94**, 59 (1855).

Hier ist C die Menge des gelösten Stoffes, welche in einem Punkt x, wo das Konzentrationsgefälle gleich $\frac{dc}{dx}$ ist, in der Zeit dt eine lineare Einheit durchwandert. D ist die Diffusionskonstante; sie bedeutet die Substanzmenge, die beim Konzentrationsgefälle gleich 1[1] in der Zeiteinheit eine lineare Einheit durchwandert.

Die Diffusionskonstante verschiedener Stoffe ist sehr ungleich. Sie verändert sich außerdem sehr stark in Abhängigkeit von der Temperatur und der Konzentration der Lösung. Sie ist gewöhnlich groß bei Elektrolyten und Stoffen von niedrigem Molekulargewicht. Bei Zuckerarten und namentlich bei kolloiden Stoffen ist die Diffusionskonstante sehr gering. Für Gase hat man schon längst die Abhängigkeit der Diffusionskonstante vom Molekulargewicht durch die folgende Gleichung ausgedrückt:[2]

$$D \cdot \sqrt{m} = K,$$

wo m das Molekulargewicht des Gases ist. Für gelöste Nichtelektrolyte hat HERZOG[3] die folgende Gleichung vorgeschlagen:

$$D \cdot \eta \cdot \sqrt[3]{mv} = K,$$

wo η die innere Reibung des Lösungsmittels und v das spezifische Volumen ist. In diesem Falle muß also der inneren Reibung Rechnung getragen werden. Obige Gleichung wurde für verschiedene Stoffe als zutreffend gefunden[4].

Findet eine Diffusion in heterogenen Medien statt, so gilt die folgende Regel: Bleibt die Molekülgröße eines bestimmten Stoffes in beiden angrenzenden Phasen eine und dieselbe, so besteht beim eingetretenen Gleichgewicht ein konstantes Verhältnis zwischen den Konzentrationen des in Frage kommenden Stoffes in den beiden Phasen:

$$\frac{C_1}{C_2} = K.$$

Diese Größe heißt „Verteilungskoeffizient". Sie verändert sich nicht in Gegenwart von anderweitigen Stoffen.

Findet hingegen in einer bestimmten Phase Polymerisation des gelösten Stoffes statt, so verändert sich die obige Gleichung in:

$$\frac{C_1}{C_2^{1/n}} = K,$$

wo n die Anzahl der zu einem Komplex assoziierten Moleküle des ge-

---

[1] Dies ist der Fall wenn zwei Flüssigkeitsebenen (im Durchschnitt um eine lineare Einheit voneinander entfernt) ein Konzentrationsgefälle von 1 aufweisen.

[2] EXNER, F.: Sitzgsber. Akad. Wiss. Wien, Math.-naturwiss. Kl. **70**, 465 (1874); **75**, 263 (1877).

[3] HERZOG, R. O.: Z. Elektrochem. **16**, 1003 (1910).

[4] PADOA, M. e F. CORSINI: Atti Accad. Lincei, Rendic., ser. 5, **24**, 461 (1915).

lösten Stoffes bedeutet. Beachtenswert ist die Ähnlichkeit dieser Gleichung mit derjenigen der Adsorption:

$$\frac{x}{m} = KC^{1/n}\,,$$

wo $\frac{x}{m}$ die Menge der adsorbierten Substanz auf der Oberflächeneinheit des Adsorbens bedeutet und also durch C_1 ausgedrückt werden kann. Dann haben wir genau dieselbe Gleichung, wie im Falle einer mit Polymerisation kombinierten Diffusion.

Der Temperaturkoeffizient der Diffusion ist niedrig und schwankt von 1,2 zu 1,3.

Der Diffusionskoeffizient der Elektrolyte wird häufig durch verschiedene Nichtelektrolyte erheblich herabgedrückt. Dies ist z. B. aus dem folgenden Beispiel zu ersehen[1]:

Diffusion von KCl in Zucker- und Glycerinlösungen.

Substanz	Konzentration (Grammoleküle im Liter)	Diffusionskoeffizient
Keine	—	1,53
Rohrzucker	1,5	0,49
,,	2,0	0,25
Glycerin	5,0	0,50
,,	7,5	0,20

Diese mächtige Einwirkung der Nichtelektrolyte auf die Diffusion der Elektrolyte hat eine große physiologische Bedeutung, wurde aber bisher ungenügend beachtet.

In diesem Zusammenhange ist auch der folgende Umstand zu erwähnen: Ältere Autoren behaupteten, daß die Diffusionsgeschwindigkeit in Gelatine und anderen Gelen dieselbe ist wie in reinem Wasser. Diese Annahme wurde jedoch durch die neueren Untersuchungen nicht bestätigt; es zeigte sich vielmehr, daß Kolloide die Diffusionsgeschwindigkeit der Salze ebenso wie Zuckerarten und andere Nichtelektrolyte herabsetzen[2]. Noch stärker wird die Diffusion der Kolloide selbst durch die Gegenwart von anderen Gelen gehemmt; dieselbe kommt meistens praktisch überhaupt nicht zustande.

Die Methoden der quantitativen Bestimmung der Diffusion sind in den Handbüchern der allgemeinen Physik beschrieben. Meistens benutzt man folgende Verfahren: 1. Eine direkte chemische Analyse verschiedener Lösungsschichten nach bestimmten Zeitintervallen. 2. Eine Leitfähigkeitsbestimmung verschiedener Lösungsschichten (bei der Diffusion der Elektrolyte). 3. Eine Bestimmung der Farbenveränderung von geeigneten Indicatoren, die mit der Diffusionsgeschwindigkeit der die Farbenveränderung hervorrufenden Substanz gleichen Schritt hält.

---

[1] OEHOLM, L. W.: Meddel. Vetenskapsakad. Nobelinst. 2, Nr 22/23 (1912).
[2] COLEMAN, J. J.: Proc. Roy. Soc. Edinburgh 15, 249 (1888). — H. BECHHOLD, u. J. ZIEGLER: Z. physik. Chem. 56, 105 (1906). — STILES, W. a. G. S. ADAIN: Biochem. J. 15, 620 (1921).

Osmose. Als Osmose bezeichnet man eine Diffusion durch Membranen. Dieselben sind für verschiedene Stoffe in sehr ungleichem Grade durchlässig. Schon längst unterscheidet man mit GRAHAM[1] Kolloide, welche durch solche Membranen wie Pergamentpapier, Tierblase, Kollodiumhaut praktisch nicht diffundieren, von den Krystalloiden, welche durch die genannten Membranen verhältnismäßig leicht eindringen. Übrigens permeieren auch verschiedene Krystalloide sehr ungleich und zwar meistens schwerer als reines Wasser. Es ist also ohne weiteres klar, daß eine und dieselbe Lösung sich bei der Diffusion anders als bei der Osmose verhält.

Stellen wir uns zunächst vor, daß eine konzentrierte Zuckerlösung vom reinen Wasser durch eine der oben erwähnten Membranen getrennt ist. Dem Bestreben der Zuckermoleküle, in gleiche Abstände voneinander zu gelangen, wird zunächst in einem größeren Maße durch Diffusion des reinen Wassers durch die Membran als durch die Diffusion der Zuckermoleküle selbst Folge geleistet, da die Membran reines Wasser bedeutend schneller als Zucker durchläßt. Doch wird schließlich ein Konzentrationsausgleich des Zuckers zu den beiden Seiten der Membran hergestellt, da die Zuckermoleküle durch die Membran ebenfalls eindringen. Dieser Sachverhalt wird im sogenannten Osmometer von DUTROCHET (Abb. 2) veranschaulicht. Der genannte Forscher hat als Erster die osmotischen Vorgänge regelmäßig studiert[2]. Aus der Abbildung ist zu ersehen, daß das DUTROCHETsche Osmometer aus einem umgekehrt gestellten Trichter mit Steigrohr

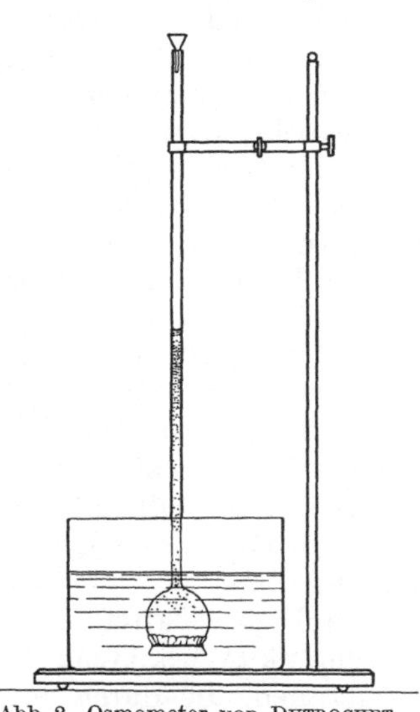

Abb. 2. Osmometer von DUTROCHET.
(Erklärung im Text.)

besteht. Die breite Seite des Trichters ist mit Tierblase oder Pergamentpapier verschlossen und in eine Schale mit reinem Wasser versenkt. Im Innern des Trichters befindet sich eine konzentrierte Zuckerlösung. Anfänglich erfolgt die Endosmose des Wassers in den Trichter mit einer größeren Geschwindigkeit als die umgekehrte Exosmose des Zuckers in die Schale; infolgedessen vergrößert sich das Flüssigkeitsvolumen im Trichter, die Lösung steigt im Rohr und es entsteht zunächst ein erheblicher hydrostatischer Druck im Trichter. Da aber auch Zucker langsam aber unaufhörlich ins äußere Wasser gelangt, so wird das Konzentrationsgefälle und mithin auch der hydrostatische Druck zu den beiden Seiten der Membran allmählich ausgeglichen. In diesem Moment ist

[1] GRAHAM, T.: Liebigs Ann. **121**, 1 (1861).
[2] DUTROCHET, R.: Ann. Chim. et Phys., sér. 2, **35**, 393 (1827); **37**, 191 (1828); **49**, 411 (1832); **51**, 159 (1832).

auch kein Unterschied im Flüssigkeitsniveau innerhalb und außerhalb des Trichters bemerkbar.

Dieser einfache Versuch zeigt, daß bei der ungleichen Permeabilität der Membran für Wasser und die darin gelösten Stoffe ein hydrostatischer Druck entsteht. Derselbe ist zwar vorübergehend, aber nur deswegen, weil das Konzentrationsgefälle sich allmählich ausgleicht. Wäre die Membran für den in Wasser gelösten Stoff vollkommen impermeabel, so sollte ein andauernder Druck entstehen. Oben wurde bereits erwähnt, daß Kolloide durch Tierblase und Pergamentpapier praktisch nicht diffundieren, doch sind die durch kolloide Lösungen hervorgerufenen Drucke aus den weiter unten zu erörternden Gründen sehr gering und entsprechen durchaus nicht denjenigen hydrostatischen Drucken, die in Pflanzenzellen gemessen werden.

Es existieren aber Membranen, welche nicht nur für Kolloide, sondern auch für krystallinische Stoffe, darunter auch für Elektrolyte, so wenig permeabel sind, daß die durch Lösungen dieser Stoffe bewirkten hydrostatischen Drucke sehr lange Zeit fortbestehen und also gemessen werden können. Es sind dies die sogenannten semipermeablen Membranen. Als semipermeabel werden theoretisch solche Membranen bezeichnet, welche nur das Lösungsmittel, aber keinerlei gelöste Stoffe durchlassen. In der Praxis sind jedoch derartige Membranen bisher unbekannt: die experimentell erforschten „semipermeablen" Membranen unterscheiden sich von den permeablen (wie Tierblase, Pergamentpapier u. a.) nicht qualitativ sondern nur quantitativ, indem sie gelöste krystallinische Stoffe viel weniger durchlassen. Doch ist dieser Unterschied sehr bedeutend und praktisch bleibt häufig das Konzentrationsgefälle tagelang unverändert, wodurch eine genaue Messung des entstandenen Drucks ermöglicht wird.

Die Eigenschaften der semipermeablen Membranen (unter obiger Einschränkung) besitzen in erster Linie die sogenannten Niederschlagsmembranen, die durch Ionenumtausch aus Kupfersalzen und Ferrocyankalium, Chlorcalcium und Dinatriumphosphat, Eisensalzen und Ferrocyankalium u. a. entstehen[1]. Trägt man in Ferrocyankaliumlösung einen kleinen Krystall von einem löslichen Kupfersalz ein, so bemerkt man alsbald an Stelle des Krystalls einen mit der Lösung des verwendeten Kupfersalzes gefüllten Beutel. Die Membran des Beutels besteht aus unlöslichem Ferrocyankupfer und bildet sich auf folgende Weise. Als der Krystall sich aufzulösen beginnt und allseitig von einer Lösung des Kupfersalzes umgeben wird, bildet sich an der Grenze dieser Lösung und der äußeren Ferrocyankaliumlösung ein Niederschlag von Ferrocyankupfer. Die entstandene Membran ist sowohl für Kupfersalz, als für Ferrocyankalium schwer, für Wasser hingegen leichter permeabel. Das Wasser dringt demnach ins Innere des Beutels ein und es entsteht also ein Druck im Beutel. Die sehr dünne und nicht elastische Membran birst an Stelle des geringsten Widerstandes und die Kupfersalzlösung

---

[1] Traube, M.: Zbl. Med. Wiss. **1864**, 609; **1866**, 97, 113. — Arch. f. Physiol. **87**, 129 (1867).

fließt aus dem entstandenen Loch heraus. Doch tritt diese Lösung sofort mit der Ferrocyankaliumlösung in Kontakt, und es bildet sich an dieser Stelle wiederum eine semipermeable Membran, welche die entstandene Spalte verschließt. Der Schlauch hat sich infolgedessen etwas vergrößert. Der gesamte Vorgang wiederholt sich; der Schlauch wächst ruckweise und nimmt je nach den Bedingungen des Außenmilieus verschiedenartige Formen ein. Es sind dies die sogenannten TRAUBEschen Zellmodelle, die nach der Ansicht einiger Forscher das Wachstum der Zelle erläutern sollen.

Für quantitative osmotische Untersuchungen sind die in obiger Weise entstandenen Membranen wegen ihrer Labilität unbrauchbar, und direkte Messungen des osmotischen Drucks wurden erst durch die klassischen Untersuchungen PFEFFERS[1] ermöglicht. An Hand der folgenden sinnreichen Versuchsanordnung hat PFEFFER die TRAUBEsche Niederschlagsmembran gegen eine feste aber leicht permeable Widerlage gelegt (Abb. 3). Er benutzte Cylinder aus porösem Ton, welche zu Elementen benutzt werden. Diese Cylinder wurden zunächst mit Wasser injiziert und dann in eine Lösung von Kupfersulfat gestellt, während in das Innere der Zylinder sogleich oder nach einiger Zeit Ferrocyankaliumlösung gebracht wurde. Unter diesen Verhältnissen dringen die beiden Membranogene in die sie trennende Tonscheidewand ein und bilden innerhalb der Poren eine Niederschlagsmembran aus Ferrocyankupfer. Noch besser bewähren sich nach PFEFFER Toncylinder mit Membranen, die der Innenfläche aufgelagert sind. Zu diesem Zwecke imbibiert man zunächst die porösen Toncylinder allseitig mit Kupfersulfat, wäscht sie mit Wasser aus und füllt mit Ferrocyankaliumlösung.

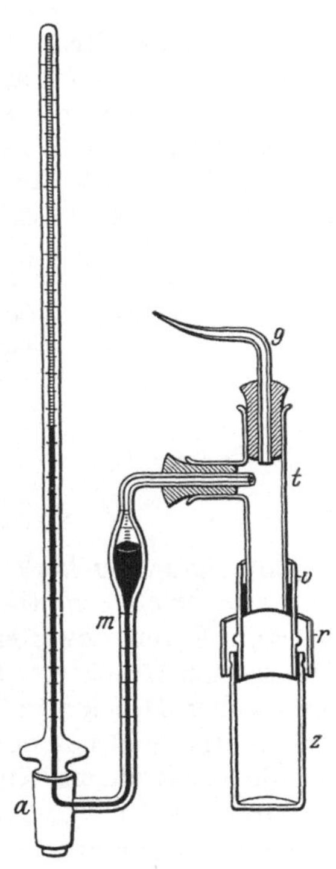

Abb. 3. Osmometer von PFEFFER. *z* Tonzelle, *r*, *v*, *t* Glasansatz, *m* Manometer, *a* Verschlußstück. (Nach PFEFFER.)

Nachdem sich die Niederschlagsmembran gebildet hat, wäscht man den Cylinder gründlich aus, um die letzten Spuren der zur Membranbildung verwendeten Salze zu entfernen, füllt ihn mit der zu untersuchenden Lösung, verbindet ihn mittels des auf der Abbildung dargestellten Ansatzes mit einem Quecksilbermanometer und stellt ihn in reines Wasser. Nach mehreren Stunden erreicht der innere hydrostatische Druck eine bestimmte Höhe, die dann tagelang unverändert bleibt und in verschiedenen Osmometern eine und dieselbe ist. Diesen Druck

---

[1] PFEFFER, W.: Osmotische Untersuchungen (1877).

bezeichnet man als osmotischen Druck der betreffenden Lösung. Der osmotische Druck der krystallinischen Stoffe kann folglich im PFEFFERschen Osmometer direkt gemessen werden, und zwar deshalb, weil die Niederschlagsmembran im Verlaufe langer Zeit nur ganz unbedeutende, praktisch belanglose Mengen der gelösten Stoffe durchläßt. Das Manometerrohr muß capillar sein, sonst würde die Druckmessung ungenau ausfallen. Ist das Manometerrohr weit, so kann es sich teilweise mit Wasser füllen; infolgedessen wird das Volumen der inneren Lösung vergrößert und ihre Konzentration herabgesetzt.

Osmotischer Druck und VAN 'T HOFFsche Theorie der Lösungen. Bereits die ersten PFEFFERschen Versuche ergaben das folgende überraschende Resultat: Ganz geringe Konzentrationen verschiedener wasserlöslichen Stoffe besitzen einen hohen osmotischen Druck, der im direkten Verhältnis zur Konzentration wächst. Dies ist z. B. aus der folgenden Tabelle PFEFFERS zu ersehen:

Rohzuckerlösungen bei 13,7⁰—14,7⁰.

Nr. des Osmometers	Konzentration in Gew.-Proz.	Druckhöhe in cm Quecksilber
1	1	53,8
2	1	53,2
3	2	101,6
4	4	208,2
5	6	307,5
6	1	53,5

Eine 2proz. Zuckerlösung, die in Pflanzenzellen oft vorkommt, besitzt also einen osmotischen Druck von über 1 Atm. Die hier nicht zitierten Daten beweisen, daß eine 1proz. Traubenzuckerlösung den osmotischen Druck von 1,25 Atm. und eine 1proz. NaCl-Lösung gar den osmotischen Druck von 7 Atm. ausübt. Zweitens ist es ersichtlich, daß der osmotische Druck der Konzentration der Lösung direkt proportional ist; die vorhandenen Abweichungen von dieser Regel liegen innerhalb der Grenzen der Versuchsfehler.

Es war dem großen Chemiker VAN 'T HOFF vorbehalten, aus den PFEFFERschen Resultaten wichtige Schlußfolgerungen hinsichtlich der Natur der Lösungen zu ziehen. Obiger Zusammenhang zwischen Druck und Konzentration der Lösung erinnert an das Gesetz von BOYLE und MARIOTTE. Nachdem VAN 'T HOFF andere Resultate PFEFFERS auf molare Konzentrationen umrechnet hat, zeigte es sich, daß der osmotische Druck auch den Gesetzen von GAY LUSSAC, AVOGADRO und des Partialdrucks gehorcht. Hieraus zog VAN 'T HOFF den Schluß, daß gelöste und gasförmige Stoffe sich in einem und demselben molekularen Zustande befinden. Um sich dies zu vergegenwärtigen, muß man sich an die Formulierung der wichtigsten Gasgesetze erinnern.

1. Das Gesetz von BOYLE und MARIOTTE. Bei konstanter Temperatur ist der Gasdruck p einer bestimmten Gasmasse dem Volumen v umgekehrt proportional:

$$pv = K.$$

2. Das Gesetz von Gay-Lussac. Bei konstantem Volumen steigt der Druck p einer bestimmten Gasmasse bei Temperaturerhöhung um einen von der Natur des Gases unabhängigen Betrag, der bei jeder Temperatur konstant ist. Dasselbe gilt für die Volumenvergrößerung des Gases beim konstanten Druck. Der genannte Betrag hat den Wert $0,00367 = 1/273$ für Änderung der Temperatur um 1^0. Dies läßt sich durch folgende Gleichungen ausdrücken:

$$p_t = p_0 \,(1 + 0,0367\,t) \text{ oder } p_t = p_0 \,(1 + 1/273\,t),$$
$$v_t = v_0 \,(1 + 0,00367\,t), \text{ oder } v_t = v_0 \,(1 + 1/273\,t),$$

wo pt und vt den Druck und das Volumen bei der Temperatur t, p_0 und v_0 den Druck und das Volumen bei der Ausgangstemperatur bedeuten.

Die beiden Gleichungen lassen sich in allgemeiner Form auf folgende Weise zusammenfassen:

$$pv = p_0 v_0 \,(1 + 1/273\,t) = \frac{p_0 v_0}{273}\,(273 + t).$$

Mißt man die Temperatur vom absoluten Null, das ist von -273^0 ab, so verwandelt sich $273 + t$ in T und die gesamte Gleichung in

$$pv = \frac{p_0 v_0}{273} \cdot T.$$

[3. Das Gesetz von Avogadro. Die Massen der Gase, die bei gleicher Temperatur und gleichem Druck das gleiche Volumen einnehmen, verhalten sich wie ihre Molekulargewichte. Mit anderen Worten, nimmt das Grammolekül eines beständigen Gases bei 0^0 und 760 mm immer einen und denselben Raum ein. Dieser Raum ist gleich $22,42$ Liter. Umgekehrt ist der Druck eines Grammoleküls des auf 1 Liter bei 0^0 zusammengepreßten Gases gleich $22,42$ Atm. Führen wir diese Größe in die obige Gleichung $pv = \frac{p_0 v_0}{273} \cdot T$ ein, so erhalten wir die Größe pv in Zahlen:

Bei 0^0 und $p = 1$ Atm.

$$\frac{p_0 v_0}{273} = \frac{1 \cdot 22,42}{273} = 0,0821 = R \text{ und } pv = RT = 0,0821\ T.$$

R ist die Gaskonstante, erhalten durch Kombination der Gasgesetzte.

Aus den Pfefferschen Versuchsdaten bezüglich des Einflusses der Konzentration und der Temperatur auf den osmotischen Druck hat van 't Hoff berechnet: $R = 0,0817$.

Diese Größe stimmt mit derjenigen der Gaskonstante innerhalb der Grenzen der Versuchsfehler überein. Somit wird bewiesen, daß die gelösten Stoffe den Gasgesetzen gehorchen. Hieraus zog van 't Hoff den folgenden Schluß: „Der osmotische Druck einer Lösung entspricht dem Druck, den die gelöste Substanz bei gleicher Molekularbeschaffenheit als Gas oder Dampf im gleichen Volumen und bei gleicher Temperatur ausüben würde"[1]. Es zeigte sich in der Tat, daß alle Nichtelektrolyte in einer Konzentration von 1 Mol. in 1 Liter den osmotischen Druck von $22,4$ Atm. ausüben. Löst man dagegen 1 Mol. irgendeiner Substanz in $22,4$ Liter Wasser, so erhält man den osmotischen Druck gleich 1 Atm. unabhängig von der chemischen Natur des Nichtelektrolyts.

In diesem Zusammenhange ist noch der folgende Umstand zu erwähnen: Auch das den Gasdruck beherrschende Gesetz des Partial-

---

[1] van 't Hoff: Z. physik. Chem. 1, 488 (1887).

drucks behält seine Gültigkeit für gelöste Stoffe. Der osmotische Druck ist immer so groß, wie die Summe der osmotischen Partialdrucke, die jeder gelöste Stoff für sich ausüben würde, wenn er allein im gegebenen Volumen des Lösungsmittels verteilt wäre. Wir sehen also, daß die gelösten Stoffe sich. den gasförmigen wirklich in jeder Beziehung analog verhalten.

Es ist dies ein beachtenswerter Fall in der Geschichte der exakten Wissenschaften: eine neue wichtige Theorie der Lösungen wurde auf Grund von Untersuchungen festgestellt, welche ausschließlich biologische Zwecke verfolgten: PFEFFER hatte nämlich vorerst nur die Absicht, ein Modell der Pflanzenzelle zur Messung des hydrostatischen Drucks des Zellsaftes aufzubauen. Die poröse feste Tonwand seines Osmometers sollte der Cellulosewand der Pflanzenzelle entsprechen, die mit Poren versetzt und als Regel für allerlei gelöste Stoffe leicht permeabel ist. Die semipermeable Niederschlagsmembran des PFEFFERschen Osmometers sollte dem protoplasmatischen Wandbelag der erwachsenen Zellen und die innere Lösung der Zentralvakuole, die mit Zellsaft, d. i. mit einer Lösung verschiedener Stoffe gefüllt ist, entsprechen.

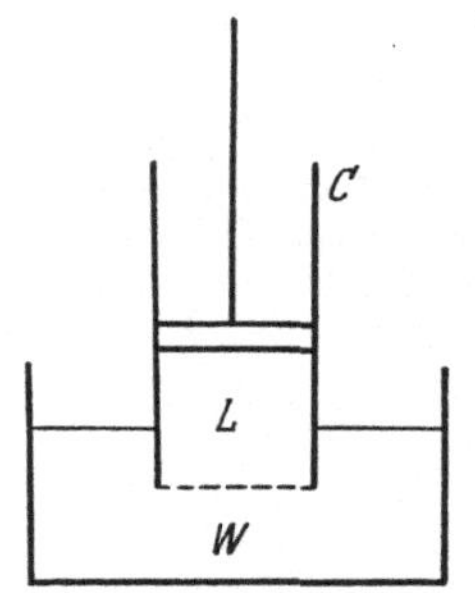

Abb. 4. Schema des osmotischen Drucks. (Erklärung im Text.) (Nach VAN 'T HOFF.)

Der osmotische Druck ist eine wichtige physikalisch chemische Konstante der Lösungen, die mit anderen Konstanten unmittelbar zusammenhängt. Darüber wird noch weiter unten die Rede sein. Hier sei nur der Umstand erwähnt, daß der osmotische Druck genau dieselbe Arbeit leisten kann, wie der entsprechende Gasdruck bei gleicher Temperatur. Diese Arbeit wird in lebenden Pflanzenzellen in der Tat geleistet; sie äußert sich im Turgordruck, Dehnung der Gewebe, Überwinden der Schwerkraft durch Aufheben verschiedener Pflanzenorgane (z. B. bei Reizwirkungen) usw. Eine Steigerung des osmotischen Drucks durch Konzentrieren der Lösung verbraucht umgekehrt ebenso viel Arbeit, wie die Kompression einer entsprechenden Gasmenge. Dies kann durch ein einfaches Modell illustriert werden (Abb. 4). Denken wir uns einen Cylinder C, der an seinem unteren Ende mit einer semipermeablen Membran verschlossen und mit einer Lösung L gefüllt ist. Der Cylinder taucht ins Wasser W und als oberer Deckel dient ein luftdichter Stempel. Übt man nun auf den Stempel einen Druck, der größer ist als der osmotische Druck der Lösung, so wird reines Wasser durch die semipermeable Membran herausgepreßt, das Volumen der Lösung im Cylinder vermindert sich, die Konzentration steigt und ein Gleichgewicht stellt sich schließlich ein als der osmotische Druck, der bei Konzentrationssteigerung natürlich ebenfalls steigt, dem mechanischen Druck des Stempels gleich geworden ist. Die verbrauchte Arbeit verwandelt sich in Wärme und die Analogie mit der Gaskompression ist also eine vollkommene. Es bedarf kaum der Erwähnung, daß die Verdünnung der Lösung umgekehrt mit einer Wärmeaufnahme verbunden ist.

Theorien des osmotischen Drucks. Die einfachste Erklärung des osmotischen Drucks ist identisch mit derjenigen des Gasdrucks. Die kinetische Gastheorie erklärt den Gasdruck als eine Summe der Stöße, welche die nach allen Richtungen fliegenden Gasmoleküle den Wandungen des Gefäßes versetzen. Da die gelösten Moleküle sich mit den Gasmolekülen vollkommen analog verhalten, so können wir uns vorstellen, daß auch die Wände des mit einer Lösung gefüllten Gefäßes Stöße von den nach allen Richtungen schnellenden Molekülen der gelösten Stoffe erhalten. Die Anzahl dieser Stöße wächst mit Konzentrationssteigerung und die von ihnen geleistete Arbeit vergrößert sich bei Temperaturzunahme laut den oben dargelegten Gesetzen.

Ein Gasdruck kann nur in einem geschlossenen Raume zustandekommen. Der osmotische Druck soll aber auf Grund der kinetischen Theorie auch in offenen Gefäßen existieren. Auf den ersten Blick erscheint es als unbegreiflich, daß ein Druck auch auf die Oberfläche einer Lösung ausgeübt wird. Es wird aber angenommen, daß dies tatsächlich der Fall ist. Es existiert nämlich in Flüssigkeiten ein einwärts gerichteter Binnendruck, der Tausende von Atmosphären beträgt; dieser Druck wirkt also dem osmotischen Druck entgegen. Der Binnendruck ist selbstverständlich noch größer an der Oberfläche des reinen Wassers, wo ihm kein osmotischer Druck entgegenwirkt. Unter diesem Überdruck wird Wasser durch die semipermeable Membran eines oben nicht verschlossenen Osmometers hineingepreßt. Es muß hieraus eine Volumenzunahme im Osmometer erfolgen, deren Größe vom äußeren Überdruck abhängt. Dies ist denn auch in einem oben nicht verschlossenen Osmometer der Fall. Eine andere Erklärung des osmotischen Druckes besteht darin, daß Wasser ins Osmometer aktiv einströmt, da es einen Konzentrationsausgleich zu bewirken strebt. Analoge Erscheinungen wurden auch bei Gasen wahrgenommen. Sind z. B. zwei Gase durch eine Scheidewand getrennt, die nur für das eine Gas durchlässig ist, so strömt das nämliche Gas so lange durch die Wand, bis sein Druck zu den beiden Seiten der Scheidewand gleich geworden ist.

Die sogenannte Hydrattheorie der Lösungen erklärt den osmotischen Druck durch die Affinität der gelösten Stoffe zum Wasser. Dieses „Wasseranziehungsvermögen" bewirkt den osmotischen Druck, falls eine weitere Endosmose des Wassers durch die semipermeable Membran in das Osmometer ausgeschlossen ist. Die Hydrattheorie wird im zwölften Kapitel, bei der Besprechung der Saftbewegung in den Siebröhren, ausführlicher erläutert werden. In diesem Kapitel werden wir uns vorläufig an die kinetische Theorie halten, weil dieselbe das anschaulichste Bild der osmotischen Vorgänge ermöglicht.

Osmotischer Druck der Elektrolyte und Kolloide. Die oben geschilderten Regelmäßigkeiten beziehen sich auf die Nichtelektrolyte. Die Elektrolyte lieferten sowohl in Versuchen von PFEFFER, als in denjenigen seiner Nachfolger solche Resultate, die der VAN 'T HOFFschen

Theorie scheinbar widersprachen. Auch bei einem und demselben Elektrolyten wurde kein konstantes Verhältnis zwischen Konzentration und osmotischem Druck gefunden. Dieser scheinbare Widerspruch wurde durch ARRHENIUS[1] nicht nur aufgeklärt, sondern zur Unterstützung seiner Theorie der elektrolytischen Dissoziation verwertet. Diese Theorie besteht bekanntlich darin, daß nur ein bestimmter Teil der Gesamtmenge eines gelösten Elektrolyten als Stromleiter fungiert. Dieser aktive Teil des Elektrolyten entsteht durch Spaltung seiner Moleküle. Letztere geht bei der Auflösung der Substanz spontan vor sich und ihre Produkte sind nichts anderes als die Ionen von FARADAY. Nur Ionen tragen eine elektrische Ladung und sind an der Stromleitung beteiligt. Darum ist es möglich, den Dissoziationsgrad eines Elektrolyten durch direkte Messung der Leitfähigkeit seiner Lösung zu ermitteln. Der Dissoziationsgrad ist von der Konzentration der Lösung abhängig und zwar vergrößert sich die Dissoziation bei der Verdünnung der Lösung (vgl. dazu Bd.1, S. 72). Der Dissoziationsgrad α wird durch die folgende Gleichung ausgedrückt:

$$\alpha = \frac{i-1}{n-1},$$

wo i der Dissoziationsfaktor ist, d. i. die Summe von undissoziierten Molekülen und Ionen, falls man die Anzahl der Moleküle vor der Dissoziation gleich 1 setzt. n ist die Anzahl von Ionen, die aus einem Molekül der in Frage kommenden Substanz entstehen.

Infolge der elektrolytischen Dissoziation muß der osmotische Druck der Elektrolyte größer sein, als der auf Grund der Gasgesetze berechnete. Dasselbe Verhalten zeigen auch die ganz oder teilweise dissoziierten Gase. Nach der kinetischen Theorie muß der osmotische Druck proportional dem Dissoziationsgrad zunehmen, da der mechanische Effekt von Stößen, welche der Gefäßwand versetzt werden, in weit größerem Grade von der außerordentlichen Bewegungsgeschwindigkeit als von der winzigen Masse der bombardierenden Partikelchen abhängt; auf diese Weise ist der Unterschied zwischen den Massen der ganzen Moleküle und der einzelnen Ionen praktisch belanglos. Da nun der Dissoziationsgrad von der Verdünnung der Lösung abhängt, so muß die durch Dissoziation bewirkte Zunahme des osmotischen Drucks der Elektrolyte bei ungleichen Konzentrationen verschieden sein.

Diese Theorie vermochte ARRHENIUS auf folgende Weise zu bekräftigen. Der Dissoziationsgrad eines Elektrolyts kann entweder auf Grund der direkten Bestimmung der Leitfähigkeit oder durch Ermittelung seines osmotischen Drucks bestimmt werden (weiter unten wird dargelegt, daß der osmotische Druck am besten indirekt auf kryoskopischem Wege bestimmt wird; namentlich dieses Verfahren hat auch ARRHENIUS benutzt). Beide Methoden lieferten übereinstimmende Resultate, wodurch bewiesen wurde, daß die elektrische Leitfähigkeit der Ionenanzahl quantitativ entspricht. Andererseits lieferten Untersuchungen über das

---

[1] ARRHENIUS, S.: Z. physik. Chem. 1, 631 (1887).

Verhalten der Elektrolyte eine neue Stütze für die VAN 'T HOFFsche Theorie der Lösungen.

Daß Kolloide bei der Berechnung auf Gewichtsprozente einen sehr niedrigen osmotischen Druck besitzen, erscheint als theoretisch begreiflich: aus obiger Darlegung ist ersichtlich, daß der Druck von der Anzahl der Moleküle in der Einheit der Flüssigkeit, aber nicht von der Größe der einzelnen Moleküle abhängt. Es zeigte sich[1], daß der osmotische Druck der Kolloide ihrem Molekulargewicht durchaus entspricht und also auf Gewichtseinheit sehr niedrig ist.

Physikalische Methoden zur Bestimmung des osmotischen Drucks. Die zuerst von PFEFFER (a. a. O.) ausgearbeitete Methode der direkten Bestimmung des osmotischen Drucks ist sehr umständlich und schwierig. Es war allerdings notwendig, an Hand dieser Methode die Grundlagen der Osmose zu erforschen; späterhin wurden aber andere indirekte, aber bequemere Methoden vorgeschlagen. Die Herstellung der PFEFFERschen Osmometer erfordert große Mühe; oft gelingt sie überhaupt nicht, da die Poren der Tongefäße so angeordnet sein können, daß eine ununterbrochene Niederschlagsmembran nicht entsteht. Durch elektrischen Strom wird die Reaktion zwischen Kupfersalz und Ferrocyankalium zwar gefördert[2], doch führt auch diese Methode nicht immer zum Ziele. Die Bestimmung der Osmose im PFEFFERschen Osmometer ist zeitraubend und erfordert allergrößte Vorsicht. Daher wird die direkte Methode nur selten verwendet und zwar meistens in solchen Fällen, wo die bequemeren indirekten Methoden versagen.

Oben wurde gezeigt, daß der osmotische Druck eine Funktion der molaren Konzentration ist. Er steht daher mit anderen Konstanten der Lösungen im Zusammenhange und kann aus denselben berechnet werden.

Folgende indirekte physikalische Methoden sind gebräuchlich.

1. Bestimmung des osmotischen Drucks auf Grund des Dampfdrucks der Lösung. Es ist bekannt, daß die in Wasser gelösten Stoffe den Dampfdruck des Wassers erniedrigen. Der Dampfdruck ist also ebenso wie der osmotische Druck eine Funktion der Molekülzahl der gelösten Stoffe, und es besteht ein quantitatives Verhältnis zwischen den beiden Konstanten, das von ARRHENIUS[3] auf folgende Weise dargestellt wird:

$$P = \frac{p - p_1}{p_1} \cdot \frac{1000\, SRT}{M},$$

worin P der osmotische Druck, p der Dampfdruck des Lösungsmittels, p_1 der Dampfdruck der Lösung, S das spezifische Gewicht der Lösung, R die Gaskonstante und T die absolute Temperatur

---

[1] HÜFNER, G. u. E. GANSSER: Arch. f. Physiol. 1907, 205. — REID, E. W.: J. of Physiol. 33, 12 (1905).

[2] MORSE, H. N. a. D. W. HORN: Amer. chem. J. 26, 80 (1901). — MORSE, H. N. a. J. C. W. FRAZER: Ebenda 28, 1 (1902); 34, 1 (1905).

[3] ARRHENIUS, S.: Z. physik. Chem. 3, 115 (1889).

ist. Die Begründung dieser Gleichung ist im Original nachzusehen. Für praktische Zwecke genügt die folgende vereinfachte Gleichung[1]:

$$P = \frac{Sp}{Vs}\ \log_e\ \frac{p}{p_1},$$

worin P der osmotische Druck, S das spezifische Volumen des Dampfes, p der Dampfdruck des Lösungsmittels, p_1 der Dampfdruck der Lösung und Vs die Volumenzunahme einer großen Lösungsmenge nach Zusatz einer Einheit des Lösungsmittels ist. Der Dampfdruck wird meistens dadurch bestimmt, daß man einen Strom von einem inerten Gas durch die Flüssigkeit leitet und dabei annimmt, daß die vom Gas mitgerissene Dampfmenge dem Dampfdruck proportional ist. Die Schattenseite dieser Methode besteht darin, daß die in der Versuchslösung bereits gelösten Gase die Bestimmung etwas beeinträchtigen.

2. Ermittelung des osmotischen Drucks durch Siedepunktsbestimmung. Der Dampfdruck des Wassers ist bei 100⁰ gleich 1 Atm. Für wässerige Lösungen ist der Dampfdruck bei 100⁰ geringer als 1 Atm.; mit anderen Worten, eine wässerige Lösung siedet nicht bei 100⁰, sondern bei einer höheren Temperatur und zwar erhöht 1 Mol irgendeiner in 1 Liter Wasser gelösten undissoziierten Substanz den Siedepunkt um 0,52⁰. Für andere Lösungsmittel ist freilich die molekulare Siedepunktserhöhung eine andere, in Abhängigkeit von der Verdampfungswärme des jeweiligen Lösungsmittels. Nun ist es leicht zu berechnen, daß, wenn eine Siedepunktserhöhung um 0,52⁰ dem osmotischen Druck von 22,4 Atm. entspricht, ein Bruchteil von 0,52⁰ mit einem proportional geringeren molekularen Gehalte der gelösten Substanz und dem entsprechenden osmotischen Druck zusammenhängt. Auf die Einzelheiten kann hier nicht eingegangen werden, weil die Siedepunktsmethode für die meisten physiologischen Untersuchungen ungeeignet ist. Die osmotisch wirksamen Stoffe müssen nämlich nicht flüchtig, bei der Siedetemperatur der Lösung beständig und nicht koagulierbar sein. Namentlich letztere Forderung wird selten erfüllt, wenn man mit Pflanzensäften zu tun hat.

3. Ermittelung des osmotischen Drucks durch Gefrierpunktsbestimmung. Dies ist diejenige physikalische Methode, welche bei osmotischen Untersuchungen fast ausschließlich Verwendung findet. Sie fußt auf demselben Prinzip wie die Siedepunktsbestimmungsmethode, ist aber frei von deren hauptsächlichsten Mängeln. Die gelösten Stoffe erniedrigen den Gefrierpunkt des Lösungsmittels. Die molekulare Gefrierpunktserniedrigung für Wasser ist $\triangle = 1,85^0$; sie entspricht also einem osmotischen Druck von 22,4 Atm.; Bruchteile von 1,85⁰ sind Bruchteilen von 22,4 Atm. proportional. Die Bestimmung des Gefrierpunkts der Lösung wird im allgemein bekannten BECKMANschen Apparate ausgeführt und ist der kryoskopischen Molekulargewichtsbestimmung vollkommen analog. Die Genauigkeit der Methode beträgt durchschnittlich 0,02 Atm., während für physiologische Zwecke eine

---

[1] SPENS, W.: Proc. roy. Soc. Lond. (A) **77**, 234 (1906).

Genauigkeit von 0,1 Atm. ausreicht. Es existieren Methoden, welche eine Kryoskopie von 1—1,5 ccm mit einer Genauigkeit von 0,005⁰ er-möglichen[1]. Nach einem anderen Mikroverfahren, das der Schmelz-punktbestimmung analog ist, wird die zu untersuchende Lösung in einer Capillare am Thermometer befestigt, zuerst zum Gefrieren gebracht und dann im Kühlbad langsam aufgetaut. Auf diese Weise gelingt es, den Gefrierpunkt von 0,005 ccm Lösung mit einer Genauigkeit von 0,01⁰ (0,1 Atm.) zu ermitteln[2].

Die kryoskopische Methode besitzt eine für physiologische Zwecke mehr als ausreichende Genauigkeit, erfordert aber ein Arbeiten mit aus-gepreßten Säften. Erstens wird hierbei nur der durchschnittliche os-motische Druck von mehreren Tausenden von Zellen ermittelt, zweitens bleibt es dahingestellt, ob beim Vermischen der Zellsäfte verschiedener Zellen nicht chemische Stoffumwandlungen stattfinden, welche den os-motischen Wert des Preßsaftes etwas verändern könnten. Ist es aber erwünscht, den durchschnittlichen osmotischen Wert einer Pflanze zu er-mitteln, was häufig von Belang ist, so muß man nur die kryoskopische Methode benutzen. Es existiert andererseits eine physiologische Methode, welche einen Einblick in die osmotischen Verhältnisse einzelner Zellen gestattet.

Die plasmolytische Methode zur Bestimmung des osmotischen Drucks. Oben wurde bereits erwähnt, daß eine erwachsene Pflanzen-zelle gewissermaßen ein Osmometer darstellt. Sie ist von einer festen, elastischen, meistens porösen Cellulosewand umgeben, welche der Diffu-sion verschiedener Stoffe gewöhnlich keinen Widerstand entgegenstellt. Der innere Wandbeleg einer erwachsenen Pflanzenzelle besteht aus lebendem Protoplasma, das in einigen Beziehungen der semipermeablen Membran analog ist. Der Zellraum ist mit dem Zellsaft d. i. mit einer wässerigen Lösung verschiedener Stoffe gefüllt. Bei normalen Lebens-verhältnissen befindet sich eine Pflanzenzelle gewöhnlich im Zustande des Turgors: der protoplasmatische Wandbeleg ist fest an die Zellwand gepreßt und diese mehr oder weniger elastisch gespannt. Die Ursache des Turgors ist der osmotische Druck des Zellsaftes. Dieser osmotische Druck kann auf folgende Weise bestimmt werden[3]. Man bereitet eine Serie von Lösungen eines bestimmten Stoffes. Sämtliche Lösungen müssen ungleich konzentriert sein und der Konzentrationsunterschied zwischen zwei benachbarten Lösungen einen konstanten Wert, z. B. 0,1 m darstellen. Man legt Schnitte aus dem zu untersuchenden Pflanzen-gewebe in die verschiedenen Lösungen und beobachtet sie unter dem Mikroskop. Diejenigen Lösungen, deren molare Konzentration niedriger ist als diejenige des Zellsaftes, rufen keine merkbaren Änderungen in den Zellen hervor; man nennt sie hypotonisch; hingegen bewirken Lö-sungen, welche konzentrierter als der Zellsaft sind, die sogenannte Plas-molyse der Zellen. Dem Zellsaft wird Wasser entzogen, die Zentral-

---

[1] BURIAN u. DRUCKER: Zbl. Physiol. **23** (1910) u. a.
[2] DRUCKER u. SCHREINER: Biol. Zbl. **33**, 99 (1913).
[3] DE VRIES, H.: Jb. Bot. **14**, 427 (1884).

vakuole vermindert sich und der protoplasmatische Schlauch zieht sich zusammen, indem er sich von der Zellwand ablöst. Lösungen, welche Plasmolyse hervorrufen, nennt man hypertonisch. Zwischen beiden Konzentrationsgrößen findet sich jedoch eine solche, die eben nur den Beginn der Plasmolyse und zwar, ein Ablösen des Protoplasmas von den Zellwandungen in den Zellecken bewirkt (Abb. 5). Diesen Zustand bezeichnet man als Grenzplasmolyse. Wir sind berechtigt anzunehmen, daß der osmotische Druck dieser Lösung demjenigen des Zellsaftes annähernd gleich ist, und zwar denselben nur um einen winzigen Wert übertrifft. Diese Lösung nennt man isotonisch. Auf diese Weise hat man den Saftdruck des untersuchten Pflanzengewebes ermittelt und kann alsdann das nämliche Gewebe als Muster zum Vergleich verschiedener Lösungen verwerten.

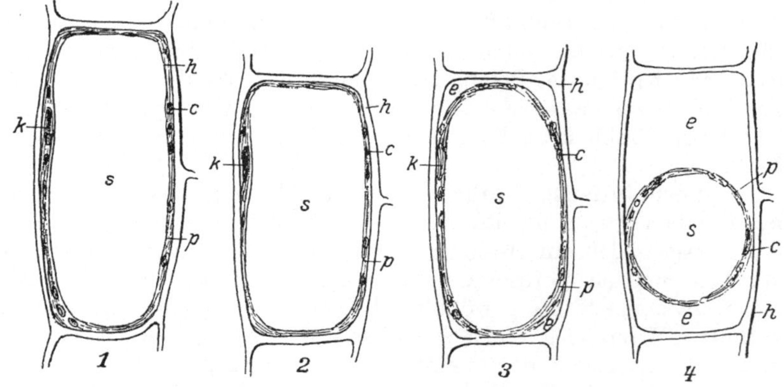

Abb. 5. Verschiedene Stufen der Plasmolyse. Zelle 3 zeigt den Zustand der Grenzplasmolyse an. *s* Zellsaft, *p* Protoplasma, *k* Zellkern, *h* Zellhaut, *e* Zellecken. (Nach DE VRIES.)

Diese von DE VRIES (a. a. O.) ausgearbeitete sinnreiche Methode wird am meisten verwendet, ihre Fehlerquellen sind jedoch nicht zu vernachlässigen. Erstens diffundieren die meisten plasmolysierenden Stoffe zum Teil durch das Protoplasma, gelangen in den Zellsaft und vergrößern dessen osmotischen Wert. Zweitens ist die Zellwand im Zustande des Turgors elastisch gespannt und wirkt dem osmotischen Druck entgegen. Wird die Zelle in eine nur wenig hypertonische Lösung gelegt, so wird die elastische Spannung der Zellwand beseitigt und das Volumen der Zelle nimmt ab, indem Wasser aus der Vakuole heraustritt; wir müssen somit annehmen, daß in diesem Falle der osmotische Druck der Außenlösung größer ist, als derjenige des Zellsaftes, obgleich es zu keiner Abhebung des protoplasmatischen Wandbelegs von der sich zusammenziehenden Zellwand kommt (Abb. 5, 2). Erst nachdem die elastische Zellwand vollkommen entspannt worden ist, kann Plasmolyse eintreten. Auf diese Weise liefert die Bestimmung des osmotischen Drucks bei Zellen mit gespannter Zellwand zu hohe Werte. Es zeigte sich, daß die Zellwandungen des Mesophylls von Helianthus annuus und Solanum tuberosum außerordentlich elastisch sind: es gelingt 30 vH Wasser dem Zellsaft zu entnehmen, ohne daß der Turgorzustand aufhört. In diesem Falle könnte also die plasmolytische Methode in ihrer ursprünglichen Form erhebliche Fehler liefern[1].

Drittens klebt der protoplasmatische Wandbeleg häufig so fest der Zellwand an, daß er durch schwach hypertonische Lösungen nicht abgelöst wird; zum Erzielen der Plasmolyse bedarf es in diesem Falle konzentrierterer Lösungen, und der osmotische Wert solcher Zellen wird daher ebenfalls zu hoch gemessen.

Neuerdings bestrebt man sich, die genannten Fehlerquellen durch entsprechende Kunstgriffe zu beseitigen. Als Plasmolytikum verwendet man nicht den von DE VRIES ursprünglich bevorzugten Kalisalpeter, sondern den Rohrzucker, der auch nach tagelangem Stehenlassen in den Zellsaft praktisch nicht eindringt. Rohrzucker ist auch deshalb empfehlenswert, weil die osmotischen Werte seiner Lösungen bei verschiedenen Temperaturen von MORSE und dessen Mitarbeitern[2] mit großer Genauigkeit ermittelt worden sind. Eine kleine Tabelle von MORSE über die bei osmotischen Untersuchungen häufig verwendeten Zuckerkonzentrationen bei Temperaturen 0—30⁰ ist hier angegeben.

Osmotischer Druck der wässerigen Rohrzuckerlösungen.

Konzentration	Osmotischer Druck bei Temperaturen:			
	0⁰	10⁰	20⁰	30⁰
0,1 n	2,462	2,498	2,590	2,474
0,2 n	4,723	4,893	5,064	5,044
0,3 n	7,085	7,335	7,605	7,647
0,4 n	9,443	9,790	10,137	10,295
0,5 n	11,895	12,297	12,748	12,978
0,6 n	14,381	14,855	15,388	15,713
0,7 n	16,886	17,503	18,128	18,499
0,8 n	19,476	20,161	20,905	21,375
0,9 n	22,118	22,884	23,717	24,226
1,0 n	24,826	25,693	26,638	27,223

Bei Anwendung von Rohrzuckerlösungen wird der durch Endosmose des Plasmolytikums bewirkte Fehler so gut wie ausgeschlossen.

HÖFLER[3] hat an Stengelzellen von Majanthemum bifolium, welche langsam plasmolysiert werden, die Geschwindigkeit der Plasmolyse gemessen. Es zeigte sich, daß dieselbe fortwährend abnimmt und durch die folgende Gleichung ausgedrückt wird:

$$\frac{dg}{dt} = -k\,(C-c) = -k\left(C - \frac{O}{g}\right),$$

[1] KRASNOSSELSKY-MAXIMOW, T.: Ber. dtsch. bot. Ges. **43**, 527 (1925).

[2] MORSE, H. N. a. J. S. W. FRASER: Amer. chem. J. **34**, 1 (1905). — MORSE, H. N., J. S. W. FRASER, a. W. W. HOLLAND: Ebenda **37**, 425 (1907). — MORSE, H. N. a. H. V. MORSE: Ebenda **39**, 667 (1908). — MORSE, H. N. a. B. MEARS: Ebenda **40**, 194 (1908). — MORSE, H. N. a. W. W. HOLLAND: Ebenda **41**, 1 (1909). — MORSE, H. N., W. W., HOLLAND, C. N., MYERS, G. CASH, a. J. B. ZINN: Ebenda **48**, 29 (1912). — Vgl. besonders die zusammenfassende Mitteilung von MORSE in Publ. Carnegie Inst. Washington **198** (1914).

[3] HÖFLER, K.: Jb. Bot. **73**, 350 (1930).

worin g die Maßzahl des Plasmolysegrades, d. h. des jeweiligen Protoplasmavolumens, bezogen auf den Zellraum als Einheit ist, t die Zeit, C die Konzentration des Plasmolyticums, c die variable Konzentration des Zellsaftes, O den osmotischen Wert der Zelle bedeutet. Durch Integration gelangt man zur Gleichung:

$$K = \frac{1}{C(t_2 - t_1)}\left\{ g_1 + g_2 + G \ln \frac{g_1 - G}{g_2 - G}\right\},$$

$$\text{worin } G = \frac{O}{C}.$$

Maßgebend für die Geschwindigkeit ist nicht der Widerstand der Zellwand für den Durchtritt gelöster Stoffe, sondern in allererster Linie der Widerstand des Plasmas gegen den Durchtritt von Wasser. Die Konstante K aus obiger Gleichung kann daher ein Maß für die Wasserpermeabilität des Protoplasmas liefern.

Den durch die elastische Dehnung der Zellwand und das zähe Anhaften des Protoplasmas verursachten Fehler sucht HÖFLER[1] auf folgende Weise zu beseitigen: Er schlägt vor, zuerst das Volumen der Zelle zu messen, dann mit einer stark hypertonischen Lösung zu plasmolysieren und das Volumen des protoplasmatischen Schlauches wieder zu ermitteln. Aus der Abnahme des Volumens läßt sich die ursprüngliche Konzentration des Zellsaftes berechnen. Ist z. B. das Protoplasma auf $^3/_4$ seines Volumens reduziert, so ist die Konzentration des Zellsaftes dementsprechend gestiegen und die isotonische Konzentration für den ursprünglichen Zellsaft beträgt $^3/_4$ der verwendeten hypertonischen Konzentration. Es wird also die Voraussetzung gemacht, daß die Volumenabnahme des Plasmaschlauches der Konzentrationssteigerung proportional ist. Doch ist es nicht immer möglich, das Volumen des Protoplasmas genau zu messen; dies läßt sich bequem ausführen nur bei regelmäßigen Zellformen, die übrigens häufig vorkommen.

Obige Annahme ist von vornherein berechtigt und wird durch folgende Messungen bestätigt, in denen die isotonische Konzentration aus der Gleichung berechnet wird:

$$\text{Isot. Konz.} = c \cdot v,$$

worin c die Konzentration der plasmolysierenden Lösung und v das relative Volumen der plasmolysierten Zellen bedeutet.

c	v	Isot. Konz.
0,30	0,585	0,175
0,35	0,494	0,173
0,45	0,382	0,172
0,60	0,287	0,172

Auf eine analoge Weise wird der osmotische Wert der Hefezellen

---

[1] HÖFLER, K.: Ber. dtsch. bot. Ges. **35**, 706 (1917). — Sitzgsber. Akad. Wiss. Wien, Math.-naturwiss. Kl. **95**, 99 (1918).

ermittelt[1]. Es wird die Anzahl der Hefezellen in 1 g vor und nach dem Verweilen in hypertonischen Lösungen bestimmt. Dann berechnet man den osmotischen Wert nach HÖFLER, indem man anstatt des Volumens, das Gewicht der Hefezelle in Rechnung zieht. Auf diese Weise wurde für Preßhefe der recht ansehnliche osmotische Wert, gleich demjenigen einer 0,75—0,85 n NaCl-Lösung gefunden. Die Methode ist freilich zu Untersuchungen über verschiedene einzellige Organismen brauchbar.

Ungeachtet der oben angezeigten Fehlerquellen liefert die plasmolytische Methode in geübten Händen zuverlässige Resultate. Daß sie nicht nur zu physiologischen, sondern auch, gleich anderen Methoden, zu physikalisch-chemischen Zwecken brauchbar ist, ersieht man aus Folgendem. An Hand dieser Methode hat DE VRIES als erster das Molekulargewicht der Raffinose ermittelt[2]. DE VRIES hat auf Grund der plasmolytischen Versuche mit Epidermiszellen von Tradescantia discolor gefunden, daß eine 3,42 proz. Röhrzuckerlösung mit einer 5,96 proz. Raffinoselösung isotonisch ist. Da nun die isotonischen Konzentrationen sich offenbar wie die Molekulargewichte verhalten, so ergab sich für Raffinose das Molekulargewicht 596, indem das Molekulargewicht des Rohrzuckers gleich 342 ist. Das gefundene Molekulargewicht 596 stimmt mit dem berechneten Molekulargewicht 594 innerhalb der üblichen Fehler der Molekulargewichtsbestimmung überein.

Osmotischer Druck konzentrierter Lösungen. Die Analogie zwischen dem gelösten und dem gasförmigen Zustand der Stoffe ist eine weitgehende. Wie bekannt versagen die Gasgesetze, wenn die Gase unter sehr hohen Drucken stehen. Noch mehr versagen die Gasgesetze für gelöste Stoffe in sehr hohen Konzentrationen. Dies hängt allerdings zum großen Teil von der Art der Konzentrationsberechnung ab. Will man eine vollkommene Analogie mit Gasen beibehalten, so muß man die Konzentration nicht auf Einheit der Lösung, sondern auf Einheit des reinen Lösungsmittels berechnen. Bei niedrigen Konzentrationen ist der Unterschied zwischen den beiden Berechnungsarten ziemlich belanglos, bei hohen Konzentrationen fällt er aber schwer ins Gewicht, denn hier wird meistens das Volumen 1 Liter mit viel weniger, als 1 Liter Lösungsmittel erreicht. Nach Analogie mit Gasen müssen wir uns aber die molekularen Konzentrationen in 1 Liter Lösungsmittel gelöst denken. Andererseits ist der osmotische Druck auch vom spezifischen Gewicht der Lösungen abhängig, was nur zu oft außer Acht gelassen wird. Bei niedrigen Konzentrationen steht das spezifische Gewicht verschiedener Lösungen demjenigen des Lösungsmittels nahe, bei hohen Konzentrationen ist dies aber nicht der Fall. Der wichtigste Umstand besteht aber darin, daß bei hohen Konzentrationen der osmotische Druck allmählich in

---

[1] SELIBER, G. et R. S. KATZNELSON: C. r. Soc. Biol. Paris **97**, 347 (1927). — Bull. Inst. Lesshaft **14**, 49 (1928).

[2] DE VRIES: Bot. Ztg **46**, 393 (1888). Zu jener Zeit war es unentschieden, ob Raffinose die Zusammensetzung $C_{12}H_{22}O_{11} + 3H_2O$ (Molekulargewicht 396) $C_{18}H_{32}O_{16} + 5H_2O$ (Molekulargewicht 594) oder $C_{36}H_{64}O_{32} + 10H_2O$ (Molekulargewicht 1188) besitzt.

den Quellungsdruck übergeht, der wie bekannt (Bd. I, S. 18) einen viel höheren Wert erreichen kann. Deshalb erhält man bei sehr hohen Konzentrationen auch bei deren Berechnung auf Einheit des Lösungsmittels erhebliche Abweichungen von den theoretischen Größen und zwar im Sinne eines übermäßig hohen Druckes. Diesem Umstande wurde bis auf die letzte Zeit hin wohl ungenügend Rechnung getragen. Im Zellsafte wird es selten zu einer Quellung kommen, das Protoplasma selbst kann aber häufig eine so konzentrierte Lösung verschiedener Stoffe sein, daß Quellungsvorgänge hierbei in den Vordergrund treten. Diesen wichtigen Umstand hat neuerdings H. WALTER[1] hervorgehoben. Es ist in der Tat einleuchtend, daß der osmotische Druck des Zellsaftes besonders für den Wasserhaushalt der Pflanze von Belang sein kann; die Ernährung im engeren Sinne des Wortes, das ist die Aufnahme und Assimilation verschiedener Stoffe vollzieht sich aber im Zellplasma, wo den Quellungsvorgängen, speziell dem Quellungsdruck, eine wichtige Rolle zukommt. Inwiefern dieser mächtige Druck bei den katalytischen Vorgängen in lebenden Zellen eine Rolle spielt, bleibt einstweilen dahingestellt. Aus den Darlegungen H. WALTERS geht außerdem hervor, daß das Protoplasma sein Volumen bei Quellung und Entquellung fortwährend ändert, was bei den Bestimmungen des osmotischen Wertes der Zellen nicht zu vernachlässigen wäre.

Negative Osmose. Bereits DUTROCHET[2] wies ausdrücklich darauf hin, daß in einigen Fällen die Osmose in umgekehrter Richtung verläuft, das ist die Strömung durch die Membran von der Lösung eines Stoffes ins reine Wasser geht. Nachdem VAN 'T HOFF seine Theorie der Lösungen vorgeschlagen hat, wurden die alten Angaben von DUTROCHET und anderen Forschern vergessen, da dieselben der so überzeugend dargelegten Theorie auf den ersten Blick widersprachen. In neuerer Zeit haben jedoch verschiedene Forscher die Existenz der negativen Osmose wiederum außer Zweifel gestellt und dieselbe auch theoretisch zu erklären versucht.

Die Flüssigkeitsbewegung vollzieht sich z. B. von einer Oxalsäurebzw. Weinsäurelösung von bestimmter Konzentration durch Schweinsblase ins Wasser, oder von einer Rohrzuckerlösung vom osmotischen Druck gleich 3 Atm. in eine Natriumcarbonatlösung von 1,3 Atm. hinein. In anderen Fällen verläuft im Gegenteil die Osmose in Richtung auf die höhere Konzentration, ist aber dabei abnorm stark. BARTELL[3] GIRARD[4], J. LOEB[5] und andere Forscher haben die negative Osmose

---

[1] WALTER, H.: Jb. Bot. **62**, 146 (1923).

[2] DUTROCHET: Ann. Chim. et Phys. sér. 2, **35**, 393 (1827).

[3] BARTELL, F. E.: J. amer. chem. Soc. **36**, 646 (1914). — BARTELL, F. E. a. C. D. HOCKER: Ebenda **37**, 1029, 1036 (1916). — BARTELL, F. E. a. O. E. MADISON: J. physic. Chem. **24**, 444, 593 (1920).

[4] GIRARD, P.: C. r. Acad. Sci. Paris **146**, 927 (1908); **148**, 1047, 1186 (1909); **150**, 1446 (1910). **151**, 99 (1910); **153**, 401 (1911); — J. Chim. physique **17**, 383 (1919). — C. r. Acad. Sci. Paris **168**, 1335 (1919); **169**, 94 (1919). — GIRARD, P. et V. MORAX: Ebenda **170**, 821 (1920).

[5] LOEB, J.: J. gen. Physiol. **1**, 717 (1920); **2**, 173, 255, 273, 387, 577, 659, 673; **4**, 213 (1921).

durch elektrostatische Kräfte erklärt. Es wurden solche Membranen verwendet, die durch Adsorption der Elektrolyte eine bestimmte Ladung annehmen können, wie z. B. Schweinsblase, unglasiertes Porzellan, Goldschlägerhaut und die namentlich von Loeb bevorzugte mit Gelatinefilm überzogene Collodiummembran (nicht überzogene Collodiummembran zeigt nach Loeb keine Erscheinungen der negativen Osmose, indes Bartell und Madison behaupten, daß negative Osmose unter geeigneten Bedingungen bei allen Membranen zum Vorschein kommt. Es ist allerdings zweifellos, daß in dieser Beziehung quantitative Unterschiede zwischen einzelnen Membranen bestehen).

Die mit diesen Membranen erhaltenen Abweichungen von den allgemeinen Gesetzen der Osmose sind zwar recht beträchtlich, aber vorübergehend, da die nämlichen Membranen nicht semipermeabel, sondern für alle Stoffe in mehr oder weniger hohem Grade durchlässig sind. Infolgedessen kommt es schließlich zu einem Konzentrationsausgleich zu beiden Seiten der Membran, wie es auch bei der normalen Osmose unter denselben Bedingungen der Fall ist.

Obige Membranen werden nicht nur in alkalischen Lösungen, son-

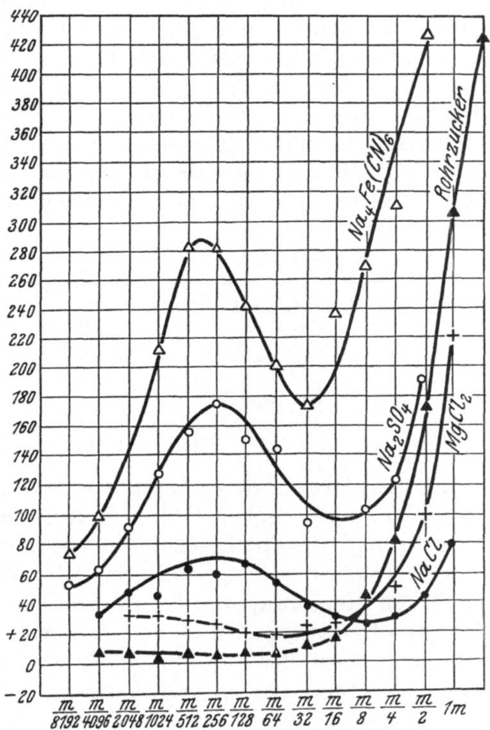

Abb. 6. Kurven der normalen und anomalen Osmose. Auf der Abszisse sind die Logarithmen der Konzentrationen, auf der Ordinate die Steighöhen in Millimeter nach 20 Minuten Versuchsdauer aufgetragen. Die Kurven für Rohrzucker und $MgCl_2$ zeigen nur die normale Osmose, weil die Membran in diesen Lösungen ladungsfrei ist. Die Kurven für Natriumsalze zeigen von m/250 bis m/16 die negative Osmose. (Nach J. Loeb.)

dern auch in Lösungen der neutralen Alkalisalze elektronegativ; sie erhalten hingegen elektropositive Ladung in Lösungen von Säuren und Salzen der drei- und vierwertigen Metalle. In Lösungen der Erdalkalisalze sind diese Membranen entweder elektroneutral oder negativ.

Für das Zustandekommen der anomalen Osmose ist die Konzentration der obigen Stoffe maßgebend. Nach Loebs Ergebnissen liegt die optimale Konzentration meistens zwischen m/300 und m/16 oder m/8. Wenn man den Vorgang graphisch darstellt, und zwar auf der Abszisse die Logarithmen der Konzentrationen, auf der Ordinate aber die Steighöhen abträgt, so erhält man eigenartige Kurven, die auf der Abb. 6 dargestellt sind. Während Rohrzucker und andere elektroneutrale Stoffe sich ganz normal verhalten, offenbart sich die anomale Osmose bei den Natriumsalzen dadurch, daß die Wasserströmung bei sehr niedrigen Salzkonzentrationen normal ist, von der Konzentration $n/300$—$m/250$ ab beginnt aber der osmotische Druck bei Zunahme der Konzentration überraschend schnell zu fallen; er steigt wiederum und zwar entgültig von der Konzentration $m/16$ oder $m/8$ ab. Es ist somit begreiflich, daß die negative Osmose bei hohen Konzentrationen immer vermißt wird. Der osmotische Druck konnte bei der negativen Osmose nur auf indirektem Wege bestimmt werden, und zwar hat J. LOEB das folgende Verfahren verwendet: Er ermittelte diejenige Rohrzuckerkonzentration, welche die anfängliche Osmose gerade verhinderte. Einige Ergebnisse dieser Messungen sind in der folgenden Tabelle zusammengestellt:

Substanz	Konzentration	Anomaler osmotischer Druck in Atm.
Kaliumcitrat	$m/256$	etwa 16,8
$LaCl_3$	$m/256$	„ 8,4
Na_2SO_4	$m/192$	„ 5,6
KOH	$m/128$	5,6
NaCl	$m/128$	2,4
HCl	$m/128$	0,7
$CaCl_2$	$m/192$	0

Eine Erklärung dieser Resultate wird auf Grund der elektrokinetischen Vorgänge gegeben (Bd. I, S. 10). Die sogenannte Elektroosmose ist im Prinzip dieselbe Erscheinung wie die Kataphorese. Versuche über anomale Osmose zeigen, daß wenn die Membran negativ geladen ist, das in den Membranporen befindliche Wasser eine positive Ladung erhält. Infolgedessen wird es von den Anionen angezogen und von den Kationen abgestoßen. Bei umgekehrter Ladung der Membran und des Wassers wirken Anionen und Kationen auf das Wasser selbstverständlich im entgegengesetzten Sinne ein. Von diesem Standpunkte aus erscheinen die folgenden von LOEB mit Collodium-Gelatinemembran erhaltenen Resultate als begreiflich:

1. Natriumcitrat, Natriumchlorid, Natriumsulfat. Ladungen der Porenwandungen und der Membran an der Seite der Lösung negativ, Ladung des Wassers positiv. Das Wasser wird daher in die Lösung hineingesogen; die normale und die anomale Osmose wirken im gleichen Sinne; Steighöhe und Druck der Lösung abnorm groß.

2. $CeCl_3$. Ladung der Porenwandungen und der Membran positiv, Ladung des Wassers negativ. Dasselbe Resultat.

3. Phosphorsäure, Citronensäure. Ladung der Porenwandungen und der Membran positiv, Ladung des Wassers negativ. Das Wasser wird von der Säurelösung abgestoßen; die anomale und die normale Osmose wirken in entgegengesetztem Sinne und bei bestimmten Konzentrationen, welche der Membranladung besonders günstig sind (über-

wiegende Adsorption bestimmter Ionen bei genügender Ionenkonzentration) ist die anomale Osmose stärker als die normale.

4. $Ca(OH)_2$. Ladung der Porenwandungen und der Membran negativ, Ladung des Wassers positiv. Dasselbe Resultat wie im Fall 3.

5. $Mg(NO_3)_2$, $SrCl_2$, Alluminiumcitrat. Keine Ladung der Membran und der Porenwandungen. Keine anomale Osmose.

Daß die Erklärung der negativen Osmose als Elektroosmose plausibel ist, erhellt daraus, daß beim Anlegen einer äußeren elektromotorischen Kraft genau dieselben Erscheinungen wie bei der anomalen Osmose hervorgerufen werden. Nun fragt es sich, auf welche Weise die zur anomalen Osmose notwendigen Potentialdifferenzen zustande kommen. Hierbei muß man bedenken[1], daß eine Spannungsdifferenz an sich noch nicht genügt, um eine anhaltende Strömung zu bewirken; es muß vielmehr in der Membran eine Energiequelle, wie z. B. eine Konzentrationskette, entstehen. GIRARD (a. a. O.), sowie BARTELL und seine Mitarbeiter (a. a. O.) nehmen in der Tat die Existenz einer Konzentrationskette an, welche durch die Potentialdifferenz an den beiden Membranseiten und durch andere Ursachen, auf die wir hier nicht näher einzugehen brauchen, bedingt ist. Zusammenfassend ist der Schluß zu ziehen, daß der Ursprung der die negative Osmose hervorrufenden elektromotorischen Kraft zwar experimentell noch nicht festgestellt, die Analogie der negativen Osmose mit der Elektroosmose aber eine so weitgehende ist, daß die Anteilnahme einer elektromotorischen Kraft am ersteren Vorgang als naheliegend erscheint.

Zur Erklärung der osmotischen Vorgänge in lebenden Pflanzenzellen, wurde die negative Osmose nur in der letzten Zeit herangezogen[2]. Es ist indes höchstwahrscheinlich, daß der genannte Vorgang in Pflanzenzellen ziemlich verbreitet ist, da er namentlich solche Konzentrationen der Elektrolyte erheischt, die in lebenden Zellen häufig zustande kommen, und elektromotorische Kräfte können in lebenden Geweben leicht entstehen; jedenfalls sind sie hier leichter erklärbar als in einer Collodiummembran. Mit einer semipermeablen Membran könnte außerdem eine dauernde negative Osmose erreicht werden.

Die Bedeutung der Osmose für lebende Pflanzenzellen. Der osmotische Druck des Zellsaftes ist die Ursache des Turgors der lebenden Pflanzenzellen. Der Turgor bewirkt den steifen und straffen Zustand der aus zarten Zellen bestehenden Organe. Die gespannten Zellwandungen sind im Zustande des Turgors fest aneinander gepreßt und das ganze Gebilde ist also einem mit Luft gefüllten Gummischlauch ähnlich, der in gespanntem Zustande straff und fest, bei Abwesenheit des inneren Druckes aber schlaff und weich ist. Diese Bedeutung der Osmose für die Erhaltung des Turgors hat DE VRIES[3] durch folgenden Versuch illustriert (Abb. 7). Spaltet man die hohlen Blütenschäfte des

---

[1] FREUNDLICH: Kolloid-Z. **18**, 11 (1916).
[2] BLACKMAN, V. N.: New Phytologist **20**, 106 (1921).
[3] DE VRIES, H.: Jb. Bot. **14**, 427 (1884).

Löwenzahns der Länge nach in schmale Streifen, so rollen sie sich zusammen, wobei die innere Fläche des Hohlcylinders auf der konvexen Seite gelegen ist. Dies wird dadurch verursacht, daß die freigelegten inneren Zellen durch den Turgordruck noch weiter gedehnt werden, während die Zellen der äußeren Fläche durch das dort entwickelte mechanische Gewebe an der Dehnung gehindert werden. Legt man den zerspaltenen Blütenschaft in reines Wasser, so nimmt die Krümmung noch zu, weil die freigelegten Zellen der inneren Fläche Wasser aufnehmen und sich dadurch noch stärker spannen. Legt man aber den Blütenschaft in eine hypertonische Lösung, so entrollen sich die Streifen, indem sie den Turgor verlieren und dabei schlaff werden. Ein anderer anschaulicher Versuch besteht darin, daß man ein saftiges turgeszentes Organ, z. B. einen Blattstiel von Rheum oder Petasites der Länge nach in zwei Teile spaltet und alsdann den einen Teil in reines Wasser, den anderen Teil aber in eine hypertonische Lösung taucht. Nach einiger Zeit kann man sich davon vergewissern, daß der in hypertonischer Lösung belassene Teil sich bedeutend verkürzt hat. Außerdem ist er infolge Turgorverlustes weich und schlaff geworden, während der in Wasser versenkte Teil fest und straff geblieben ist. Der Turgor ist aber nicht nur zur Erhaltung der normalen Form weicher Pflanzenteile notwendig; er spielt außerdem eine wichtige Rolle beim Wachstum und bei den Bewegungen der Pflanzen. Der osmotische Druck bildet auch die Grundlage der Wasserversorgung der Pflanzen und der Bewegung organischer Stoffe in der Pflanze. Daß durch Osmose die mechanische Arbeit beim Wachstum und Bewegungen geleistet wird, wurde bereits oben erwähnt.

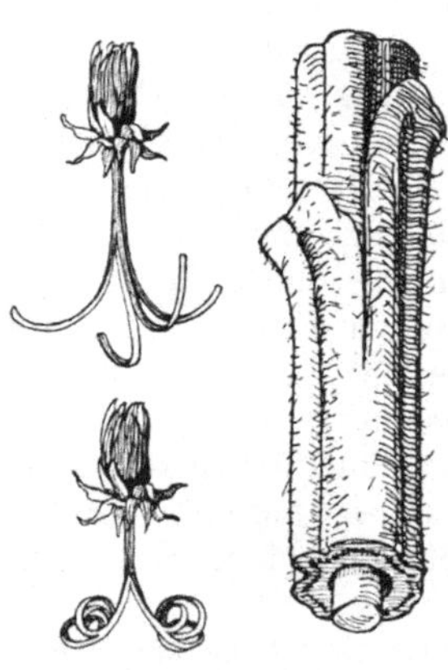

Abb. 7. Gewebespannungen bei Turgor und Plasmolyse. (Erklärung im Text.) (Nach DE VRIES.)

Isotonische Koeffizienten. Die plasmolytische Methode von DE VRIES hat der Wissenschaft unschätzbare Dienste geleistet. Sie bildet auch die Grundlage verschiedener Methoden zur Bestimmung sowohl der Permeabilität des Plasmas für verschiedene Stoffe, als der Saugkraft, welche das Wasser in die Zellen hineintreibt. Es ist also ersichtlich, daß die plasmolytische Methode bei Untersuchungen über den Wasserhaushalt der Pflanze vielseitig benutzt wird. Sie ist außerdem eine der wenigen Methoden, welche einen Einblick in die Lebensverhältnisse der einzelnen Zellen gestatten. Die Methode lieferte in den Händen ihres Erfinders mit den Nichtelektrolyten sehr genaue Resultate. Mit Elektrolyten erhielt hingegen DE VRIES abweichende Resultate. Da die Theorie der elektrolytischen Dissoziation zu jener Zeit noch nicht ausgearbeitet worden war, so konnte sie von DE VRIES nicht benutzt werden; der genannte Forscher hat vielmehr angenommen, daß die geringen Diskrepanzen der einzelnen Bestimmungen durch die unvermeidlichen Fehlerquellen der Methode bedingt sind und daß man z. B. für Kalisalpeter annehmen kann, daß dessen osmotischer Wert $1\frac{1}{2}$-mal so groß ist, wie derjenige des Rohrzuckers bei gleicher molarer Konzentration. Für andere Elektrolyte wurden andere abgerundete Zahlen angenommen. Die osmotische Wirkung des Rohrzuckers setzte DE VRIES gleich 2 und glaubte schließen zu dürfen, daß der osmotische Wert verschiedener Elektrolyte durch 3, 4 oder 5 ausgedrückt werden könne. Diese Zahlen bezeichnete DE VRIES als isotonische Koeffizienten; dieselben sollen bedeuten, in welchem Verhältnis zueinander die durch gleiche molare Konzentrationen verschiedener Stoffe erzeugten osmotischen Drucke stehen.

Gegenwärtig wissen wir, daß DE VRIES nicht berechtigt war, die mit verschiedenen Elektrolyten erhaltenen Zahlen abzurunden, da der isotonische Koeffizient eines jeden Elektrolyten vom jeweiligen Grad der elektrolytischen Dissoziation abhängt und der Sachverhalt noch dadurch verwickelt wird, daß der protoplasmatische Wandbeleg keine echte semipermeable Membran darstellt und zwar verschiedene Elektrolyte in ungleichem Grade durchläßt. Die abgerundeten isotonischen Koeffizienten bieten also zur Zeit nur ein geschichtliches Interesse dar.

In neuerer Zeit hat FITTING[1] die isotonischen Koeffizienten verschiedener Stoffe noch einmal mit großer Sorgfalt an demselben Versuchsobjekt (Epidermis von Tradescantia discolor) bestimmt, den auch DE VRIES benutzt hatte. Es zeigte sich, daß die isotonischen Koeffizienten keineswegs durch einfache Zahlen ausgedrückt werden können. Es stellte sich vielmehr heraus, daß die nach der plasmolytischen Methode ermittelten Koeffizienten durchwegs niedriger sind, als die nach der kryoskopischen Methode gefundenen, was wohl wenigstens zum Teil darauf zurückzuführen ist, daß die meisten Elektrolyte während des Versuchs in den Zellsaft eindringen und zwar in sehr ungleichem Grade, während Rohrzucker praktisch nicht eindringt. Doch sollen noch andere Faktoren existieren, welche die an Hand der plasmolytischen Methode bestimmten Koeffizienten beeinflussen[2]; so ist z. B. der isotonische Koeffizient des Glycerins bei verschiedenen Pflanzen ungleich und diese Differenzen sollen nicht durch ungleiche Permeabilität verschiedener Gewebe gegenüber Glycerin erklärbar sein. Da aber die meisten bisher ausgeführten quantitativen Messungen der Permeabilität nicht sehr genau sind, so scheint obige Schlußfolgerung doch nicht genügend festgestellt zu sein. Auch andere Forscher[3] erhielten an Hand der kryoskopischen Methode Resultate, welche sich von den nach der plasmolytischen Methode gewonnenen wesentlich. unterscheiden[4]. Nach WALTER ist es bei kryoskopischen Bestimmungen notwendig, das Pflanzenmaterial zur Zerstörung der Zellstruktur bei 100^0 am Wasserbade zu töten,

---

[1] FITTING, H.: Jb. Bot. **57**, 553 (1917); **59**, 1 (1920).

[2] FITTING, H. a. a. O. — STOPPEL: Z. Bot. **12**, 256 (1922).

[3] HARRIS a. LAWRENCE: Bot. Gaz. **64** (1917). — KUNDSON a. GINSBURG: Amer. J. Bot. **8**, 164 (1921). — SPRECHER: Rev. gén. Bot. **38**, 11 (1921) u. a.

[4] WALTER, H.: Ber. dtsch. bot. Ges. **46**, 536 (1928).

und erst nachher abzupressen, sonst erhält man unrichtige Resultate. Diese Vorsichtsmaßregel wurde von den meisten früheren Forschern außer acht gelassen. DIXON u. ATKINS[1] empfehlen zur Zerstörung der Zellstruktur das Pflanzenmaterial in flüssiger Luft zu erfrieren. Dieselbe Methode verwendeten GORTNER, LAWRENCE u. HARRIS[2].

Die osmotischen Werte der Pflanzen. Bereits die grundlegenden Untersuchungen PFEFFERS lehrten, daß der osmotische Druck in Pflanzenzellen mehrere Atmosphären erreichen kann. Dieses überraschende Resultat wurde durch die nachfolgenden Untersuchungen bestätigt und erweitert. Nach PFEFFERS Angaben erreicht der durchschnittliche osmotische Wert der Pflanzenzellen 5—11 Atm. Die neueren Untersuchungen[3] lieferten erheblich höhere Werte: es wurden selten Drucke unter 11 Atm. gefunden. Die osmotischen Werte sind sehr ungleich selbst in einzelnen Geweben einer und derselben Pflanze; noch größer sind die Differenzen zwischen verschiedenen Pflanzen an verschiedenen Standorten. So ist z. B. der durchschnittliche osmotische Wert der Blätter desto höher, je höher das Blatt am Stamme inseriert ist[4]. Die folgende Tabelle von URSPRUNG u. BLUM[5] enthält die osmotischen Werte verschiedener Gewebe von Fagus sylvatica. Leider sind diese Werte nicht in Atmosphären, sondern in molaren Konzentrationen des Kalisalpeters angegeben. 1 Mol Kalisalpeter in 1 Liter entspricht dem osmotischen Druck von etwa 37 Atm.

Blattepidermis	0,371	Leptomparenchym des Stammes	0,562
Palisaden	1,017	Cambium	0,638
Schwammparenchym	0,571	Holzparenchym	0,963
Rinde des Stammes	0,696	Markstrahlen in der Rinde	0,924
		Markstrahlen im Holzzylinder	0,921

Auffallend sind sowohl die durchschnittlich sehr hohen Werte, als die bedeutenden Schwankungen des osmotischen Druckes innerhalb eines Laubblattes. ILJIN[6] wies nach, daß der osmotische Wert der Schließzellen der Spaltöffnungen sich bei deren Bewegungen ungemein stark verändert. Derselbe soll bei geschlossenen Spalten demjenigen einer 0,15 molaren NaCl-Lösung gleich sein. Die Epidermiszellen zeigen durchschnittlich denselben Druck wie die Schließzellen bei geschlossenen Spalten. In Blättern der Schmarotzerpflanzen ist der osmotische Druck ge-

---

[1] DIXON, H. H. a. W. R. G. ATKINS: Sci. Proc. roy. Dublin Soc., N. s., **13**, 422 (1913).

[2] GORTNER, R. A., J. V. LAWRENCE, a. J. A. HARRIS: Biochem. Bull. 5, 139 (1916).

[3] DIXON, H. H. a. W. R. G. ATKINS: Sci. Proc. roy. Dublin Soc., N. s. **13**, 434 (1913). — LAMBRECHT, E.: Cohns Beitr. Biol. Pflanz. **17**, 87 (1929) u. a.

[4] ZALENSKI, W.: Mitt. Versuchsstat. Saratow 1, 1 (1918 russ.) — HARRIS, J. A., R. A. GORTNER, a. J. V. LAWRENCE: Bull. Torrey bot. Club **44**, 267 (1917). — BLAGOWESTSCHENSKI, A.: Jb. Bot. **69**, 191 (1928). — LAMBRECHT, E.: Cohns Beitr. Biol. Pflanz. **17**, 87 (1929).

[5] URSPRUNG, A. u. G. BLUM: Ber. dtsch. bot. Ges. **34**, 88 (1916).

[6] ILJIN, W.: Beih. z. Bot. Zbl. (I) **32**, 15, 36 (1915). — Vgl. auch WIGGANS: Amer. J. Bot. 8, 30 (1921). — STEINBERGER: Biol. Zbl. **42**, 405 (1922).

wöhnlich höher als in Blättern der Wirtspflanze[1]; hingegen besitzen die Epiphyten einen auffallend niedrigen osmotischen Druck[2].

FITTING[3] hat zuerst darauf hingewiesen, daß der osmotische Wert einiger Wüstenpflanzen enorm hoch sein kann. Derselbe war größer, als derjenige einer 3-molaren KNO_3-Lösung (also größer als 100 Atm.) bei Traganum undatum, Zygophyllum cornutum, Haloxylon scoparium, Mesembryanthemum nodiflorum und vielen anderen Pflanzen der Sahara: Selbst Phoenix dactylifera zeigte häufig einen osmotischen Wert von 55 Atm.

Analoge Beobachtungen wurden seitdem mehrmals gemacht[4]. Wüstenpflanzen, besonders aber die Bewohner der salzhaltigen Böden, besitzen häufig außerordentlich hohe Drucke. Dies ist für die genannten Pflanzen deshalb notwendig, weil die Bodenlösung in trockenen Gegenden sehr konzentriert ist, also einen hohen osmotischen Wert besitzt und bei einem niedrigeren osmotischen Werte der Pflanzenzellen deren Plasmolyse hervorrufen könnte. KELLER[5] hat bei Salicornia herbacea auf stark salzhaltigen Böden ebenfalls einen osmotischen Wert von etwa 100 Atm. festgestellt. Beachtenswert ist der Umstand, daß dieser Wert von demjenigen der Bodenlösung in hohem Grade abhängt und an einigen Standorten viermal kleiner sein kann. Unter natürlichen Verhältnissen ist der höchste osmotische Wert wahrscheinlich bei Atriplex confertifolia in Nordamerika gefunden[6]. Derselbe war gleich 153 Atm. Unter künstlich hergestellten Bedingungen gelang es allerdings noch höhere osmotische Werte hervorzubringen. So hat z. B. RUHLAND Statice in 10 proz. NaCl-Lösung gezüchtet und hierdurch den osmotischen Wert der Zellen mindestens auf 165 Atm. gebracht. Niedere Organismen besitzen im allgemeinen einen ziemlich niedrigen osmotischen Wert, doch gelang es Schimmelpilze auf sehr konzentrierten Zuckerlösungen zu kultivieren, wobei sich in denselben ein osmotischer Druck von etwa 200 Atm. entwickelt hat[7]. Wenn man den Pilz von der konzentrierten Lösung, auf welcher er einen so starken Turgordruck besitzt, auf reines Wasser überträgt, so platzen die Zellen unter der Einwirkung des einseitigen Turgordruckes, während dieser Druck in der Zuckerlösung durch den osmotischen Druck der Außenlösung kompensiert worden war.

Der Verfasser dieses Buches beobachtete eine Entwicklung verschiedener Bodenbakterien in der Lehmwüste von Buchara, wo der osmoti-

---

[1] HARRIS, J. A. a. J. V. LAWRENCE: Amer. J. Bot. 3, 438 (1916). — HARRIS, J. A. a. A. T. VALENTINE: Proc. Soc. exper. Biol. a. Med. 18, 95 (1920).

[2] HARRIS, J. A.: Amer. J. Bot. 5, 490 (1918).

[3] FITTING, H.: Z. Bot. 3, 209 (1911).

[4] HARRIS, J. A., J. V. LAWRENCE, a. R. A. GORTNER: Physiologic. Res. 2, 1 (1916). — HENRICI, M.: Reports of the Direktor of Veterin. Educat. and Res. Rep. 11/12, Part. I, 619 (1927) u. a.

[5] KELLER, B.: Bodenkunde Nr 4 (1913); Nr 1/2 (1914). — Mém. Inst. Agronomique à Voroneje 2, 1 (1916). — J. russ. bot. Ges. 5, 84 (1920) (russ.).

[6] HARRIS, J. A., R. A. GORTNER, W. F. HOFMAN, a. A. T. VALENTINIE: Proc. Soc. exper. Biol. a. Med. 18, 106 (1921).

[7] ESCHENHAGEN: Diss. Leipzig 1898. — PANTANELLI, E.: Jb. Bot. 40, 303 (1904) u. a.

sche Wert der mit NaCl und KNO_3 übersättigten Bodenlösung etwa 200 Atm. betrug[1].

Daß die Konzentration der Bodenlösung den osmotischen Wert der Pflanzen direkt beeinflußt, ist kaum zweifelhaft. Außer den oben angeführten Tatsachen sind noch folgende Angaben verschiedener Forscher von Interesse. Der durchschnittliche osmotische Wert der in feuchten Gegenden wachsenden Pflanzen ist erheblich niedriger, als bei Pflanzen der trockenen Standorte[2].

ILJIN[3] betont aber den von ihm bereits früher[4] erwähnten Umstand, daß der Grad der Bodenfeuchtigkeit nur den osmotischen Wert der Wurzel, nicht aber denjenigen der Blätter beeinflußt.

In einer Reihe ausführlicher Untersuchungen sucht BLAGOWEST-SCHENSKI[5] darzutun, daß die Höhe des osmotischen Wertes ein systematisches Merkmal bildet, also für eine jede Pflanzenart charakteristisch ist. Schwankungen des osmotischen Wertes liegen bei sämtlichen Pflanzen innerhalb bestimmter Grenzen, wobei die untere Grenze „diejenige ist, die bei optimalen Feuchtigkeitsverhältnissen des Bodens beobachtet wird. Diese untere Grenze kann eben als ein charakteristisches Merkmal der Pflanze gelten" ... Der Unterschied zwischen verschiedenen Pflanzentypen besteht nach BLAGOWESTSCHENSKI darin, daß einige Pflanzenarten ihren osmotischen Wert den Bodenverhältnissen anpassen, andere aber dies nicht tun. Beachtenswert ist BLAGOWEST-SCHENSKIs Kritik der Resultate FITTINGS, KELLERS und anderer bezüglich der außerordentlich hohen osmotischen Werte einiger Pflanzen, die 100 Atm. und darüber erreichen sollen. BLAGOWESTSCHENSKI erklärt alle diese Zahlen für ungenau; sie wurden seiner Ansicht nach erhalten durch Verwendung von sehr konzentrierten Lösungen eines einzigen Salzes, welche das Protoplasma schädigen, in den Zellsaft eindringen, und dessen osmotischen Wert vortäuschen. Solche osmotische Werte wurden in der Tat an Hand der kryoskopischen Methode niemals erhalten. Auch HENRICI (a. a. O.), die mit Rohzuckerlösungen arbeitete, vermochte in der südafrikanischen Wüste nur geringere osmotische Werte zu erhalten (höchster Wert 59 Atm.). Eigene Versuche BLAGOWEST-SCHENSKIs, die gleichzeitig an demselben Objekt sowohl mit Lösungen eines einzigen Salzes, als mit isotonischen Lösungen ausgeglichener Salzgemische (vgl. Bd. 1, S. 256) ausgeführt wurden, lieferten ganz ein-

---

[1] KOSTYTSCHEW, S. u. W. CHOLKIN: Mitt. Inst. Landw. Mikrobiol. u. Gärungen **4**, 71 (1930) (russ. u. engl.).

[2] ILJIN, V., P. NAZAROVA, u. M. OSTROVSKAJA: J. Ecology **4**, 160 (1916). — McCOOL, M. M. a. C. E. MILLER: Soil Sci. **3**, 113 (1917). — HARRIS, J. A., J. V. LAWRENCE, a. R. A. GORTNER: Physiologic. Res. **2**, 1 (1916). — HARRIS, J. A. a. J. V. LAWRENCE: Bot. Gaz. **64**, 285 (1917). — Amer. J. Bot. **4**, 268 (1917) und viele andere.

[3] ILJIN, W.: Planta (Berl.) **71**, 45 (1929).

[4] ILJIN, NAZAROVA a. OSTROVSKAJA: a. a. O.

[5] BLAGOWESTSCHENSKI, A. W.: J. russ. bot. Ges. **10**, 71 (1925). (russ,) — BLAGOWESTSCHENSKI, A., V. A. BOGOLIUBOWA u. T. A. TSCHERNOWA: Bull. Univ. Asie Centr. **14**, 3 (1926) (russ.). — Jb. Bot. **65**, 279 (1926); **69**, 191 (1928).

deutige Resultate: der mittels des Salzgemisches bestimmte osmotische Wert war stets bedeutend niedriger, als der mittels eines einzigen Salzes erhaltene. H. WALTER[1] und GEBHARDT[2] haben sich gegen die Existenz von bestimmten, den einzelnen Pflanzen eigenen osmotischen Werte ausgesprochen. Später hat aber WALTER[3] seinen Standpunkt insofern verändert, als er bei jeder Pflanze einen minimalen, einen optimalen und einen maximalen osmotischen Wert unterscheidet. Jede Erhöhung über den optimalen Wert hinaus bedeutet nach WALTER für die Pflanze eine Hemmung ihrer Entwicklung. Die Überschreitung des maximalen Wertes führt zum Tode. H. und E. WALTER betonen außerdem den Umstand, daß bei ökologischen Untersuchungen die kryoskopische Methode der plasmolytischen entschieden vorzuziehen ist, indem erstere den durchschnittlichen osmotischen Wert der gesamten Pflanze, nicht aber der willkürlich gewählten Zellgruppen ergibt und namentlich bei hohen Drucken frei von den oben erwähnten Fehlerquellen der plasmolytischen Methode ist. Freilich hat man hierbei dafür zu sorgen, daß wirklich der durchschnittliche Zellsaft der Pflanze untersucht wird; dies erreicht man am besten durch Erwärmen der Pflanze auf 100⁰ vor der Saftbereitung (in früheren Untersuchungen wurde diese äußerst wichtige Vorsichtsmaßregel oft vernachlässigt). Mit diesen Ausführungen ist auch der Verfasser dieses Buches einverstanden.

Die neueste Arbeit von LAMBRECHT[4] bestätigt die Tatsache, daß bestimmte osmotische Werte als systematische Merkmale dienen könnten.

Licht steigert im allgemeinen den osmotischen Druck[5]. URSPRUNG und BLUM[6] haben auch eine tägliche und jährliche Periodizität der Größe der osmotischen Werte bei verschiedenen Pflanzen beobachtet; hingegen haben sowohl H. und E. WALTER (a. a. O.) als LAMBRECHT (a. a. O.) keine nennenswerten periodischen Änderungen des osmotischen Wertes wahrgenommen. Auch sollen beträchtliche Unterschiede zwischen dem osmotischen Werte der jungen und alten Pflanzen bzw. Pflanzenorgane existieren[7]. Nach LAMBRECHT (a. a. O.) haben ganz junge Blätter außerordentlich hohe osmotische Werte; überhaupt soll beim schnellen Wachstum der osmotische Wert und somit der Turgordruck besonders hoch sein.

Anpassungen zur Regulation des osmotischen Drucks. Nach dem oben erörterten müssen wir annehmen, daß eine jede Pflanze ihren Turgor und also den osmotischen Wert ihrer Zellen innerhalb bestimmter Grenzen konstant zu erhalten strebt. Es kommt in der Tat nie zu einem vollständigen Konzentrationsausgleich zwischen dem Zellsaft und dem

---

[1] WALTER, H.: Die Anpassungen der Pflanzen an Wassermangel, (1926).
[2] GEBHARDT, A. G.: Bull. Inst. rech. biol. Univ. Perm. **4**, 77 (1928) (russ.).
[3] WALTER, H. u. E. WALTER: Planta (Berl.) **8**, 571 (1928).
[4] LAMBRECHT, E.: Cohns Beitr. Biol. Pflanz. **17**, 87 (1929).
[5] BUCHHEIM: Diss. Bern 1915. — MEYER, J.: Diss. Freiburg 1915. — URSPRUNG, A. u. G. BLUM: Ber. dtsch. bot. Ges. **34**, 123 (1916). — LAMBRECHT, E.: a. a. O., u. a.
[6] URSPRUNG, A. u. G. BLUM: Ber. dtsch. bot. Ges. **34**, 105 (1916).
[7] OHGA, J.: Botanic. Mag. Tokyo **40**, 587 (1926).

umgebenden Medium; weiter unten wird dargelegt werden, daß die Pflanzen zwar auch unter natürlichen Verhältnissen den Turgor verlieren können, aber nur für kurze Zeit. Normalerweise muß der Turgor erhalten bleiben und zu diesem Zwecke existiert eine Reihe von Anpassungen. Unter diesen ist der Übergang der löslichen Zuckerarten in unlösliche Kohlenhydrate (Stärke und andere) sowie der umgekehrte Vorgang sehr verbreitet[1]. Auch hat VAN RYSSELBERGHE[2] in Zellen, wo Oxalsäure an der Erzeugung des Turgordrucks beteiligt ist, eine Ausfällung von Calciumoxalat unter solchen Verhältnissen beobachtet, unter denen eine Herabsetzung des Turgors von Belang ist. Dieser Vorgang heißt Katatonose. Die umgekehrten Stoffumwandlungen, bei denen der Turgor gesteigert wird, heißen Anatonose; dieselbe tritt ein, wenn z. B. Stärke zu löslichen Zuckerarten hydrolysiert wird. Dies ist nach ILJIN[3] namentlich in Schließzellen der Spaltöffnungen beim Öffnen der Spalte (siehe oben) der Fall. Anatonose kommt auch in hypertonischen Lösungen zustande und wirkt dem Eintritt der Plasmolyse entgegen. Eine andere Anpassung gegen Turgorverlust in hypertonischen Lösungen besteht darin, daß die osmotisch wirksamen Stoffe der Außenlösung in erheblicher Menge vom Protoplasma aufgenommen und in den Zellsaft eingeführt werden. Hierdurch gleicht sich das Konzentrationsgefälle wesentlich aus. Die beiden letztgenannten Vorgänge d. i. Anatonose und Einwanderung der plasmolysierenden Substanz haben bei Bestimmungen des osmotischen Wertes mehrmals schwere Fehler verursacht, worüber zum Teil bereits oben die Rede war.

Osmotisch wirksame Stoffe im Zellsaft der Pflanzen. Bereits DE VRIES hat in seiner grundlegenden Arbeit[4] die Frage aufgeworfen nach der chemischen Natur der Stoffe, welche zur Erhaltung des Turgors dienen. Um der Lösung dieser Frage näher zu kommen, hat DE VRIES Preßsäfte aus verschiedenen Pflanzen analysiert. Diese Analysen führen zum Schluß, daß in den meisten Fällen Zuckerarten, organische Carbonsäuren bzw. deren Salze, oder mineralische Salze den osmotischen Wert der Zellsäfte bedingen. Einige DE VRIESschen Resultate sind in der folgenden Tabelle zusammengestellt.

Osmotische Werte verschiedener Bestandteile der Zellsäfte.

Pflanzenmaterial	Org. Säuren u.deren Salze	Traubenzucker	Chlorkalium	Chlornatrium	Kaliumphosphat.
Heracleum spondilium Blattstiel	0,033	0,152	—	0,014	—
Gunnera Scabra, Blattstiel	0,032	0,021	0,090	—	0,003
Rheum officinale, Stengel	0,075	0,085	—	—	0,012
Rheum hybridum, Blattstiel	0,137	0,052	—	—	0,007
Rochea falcata, Blatt	0,059	0,030	—	0,015	—
Rosa hybrida, Kronenblatt	0,035	0,218	—	—	—

---

[1] BENDER: Diss. Münster 1916 u. a.
[2] VAN RYSSELBERGHE: Mém. Acad. Belg. 58, 1 (1899).
[3] ILJIN, W.: Biochem. Z. 132, 494 (1922).
[4] DE VRIES, H.: Jb. Bot. 14, 427 (1884).

Daß die in der Tabelle angegebenen Stoffe in den untersuchten Pflanzenorganen tatsächlich den größten Teil des osmotischen Wertes bedingen, ist aus der folgenden DE VRIESschen Berechnung zu ersehen: er verglich den plasmolytisch bestimmten osmotischen Wert der von ihm untersuchten Pflanzenteile mit dem osmotischen Wert, der sich als Summe der osmotischen Werte der in seiner Tabelle angegebenen Stoffmengen ergibt. Er erhielt folgende Resultate.

Pflanzenmaterial	Osmot. Wert plasmolytisch gefunden	Osmot. Wert berechnet aus den Analysenresultaten
Heracleum spondilium, Blattstiel	0,22	0,20
Gunnera scabra, Blattstiel	0,16	0,15
Rheum officianle, Stengel	0,20	0,17
Rheum hybridum, Blattstiel	0,22	0,20
Rochea falcata, Blatt	0,13	0,10
Rosa hybrida, Blumenblätter	0,27	0,25

Es ist aber klar, daß obiges Pflanzenmaterial keine Vorstellung von der allgemeinen Bedeutung bestimmter osmotisch wirksamen Stoffe geben kann. DE VRIES hat vielmehr meistens säureführende Pflanzen gewählt und nur bestimmte Pflanzenteile analysiert. Im allgemeinen sollten lösliche Zuckerarten, wenigstens in Blättern, die verbreitetsten osmotisch wirksamen Substanzen sein. In Pflanzen der salzhaltigen Standorte stellen häufig anorganische Salze, besonders aber Chlornatrium und Kalisalpeter turgorerhaltende Stoffe dar. In diesem Zusammenhange ist jedoch der Umstand zu erwähnen, daß FABER[1] bei vielen Mangrovepflanzen Chlornatrium nicht als den hauptsächlichsten Turgorerreger gefunden hat. Dieselbe Beobachtung hat A. RICHTER[2] mit den Pflanzen der salzhaltigen Böden gemacht.

Zusammenfassend ist also der Schluß zu ziehen, daß die osmotisch wirksamen Stoffe verschiedenartig sind. In Zellen mit hohem Turgordruck kann letzterer jedoch nur von solchen Stoffen herrühren, die im Zellsaft in großen Mengen vorkommen. Als die verbreitetsten osmotisch wirksamen Stoffe sind demnach Zuckerarten, organische Säuren sowie deren Salze und (namentlich auf salzhaltigen Böden) Mineralstoffe anzusehen.

Der allgemeine Begriff der Permeabilität. Oben wurde darauf hingewiesen, daß man im Verhalten der Elektrolyte zunächst Unstimmigkeiten mit den allgemeinen Gesetzen der Osmose erblickte; die genannten Stoffe schienen einen übermäßig hohen osmotischen Druck zu besitzen. Später wurde dieser Umstand durch die elektrolytische Dissoziation in befriedigender Weise aufgehellt. Doch existieren auch andere Stoffe, welche zunächst in der Beziehung rätselhaft waren, daß sie in plasmolytischen Versuchen einen scheinbar zu niedrigen osmoti-

---

[1] v. FABER, F. C.: Ber. dtsch. bot. Ges. **31**, 277 (1913).
[2] RICHTER, A.: Arb. landw. Versuchsstat. Saratow, Nr 38 (1926) (russ.).

schen Druck hervorriefen. Diese Beobachtung haben bereits DE VRIES und seine nächsten Nachfolger gemacht. Eine richtige Erklärung des Sachverhalts wurde aber erst von OVERTON[1] geliefert.

In erster Linie zeigte es sich, daß einige Stoffe, wie z. B. Glycerin und Harnstoff keine dauernde Plasmolyse zu bewirken vermögen: nach einiger Zeit erfolgt immer Deplasmolyse und der Turgordruck wird von neuem hergestellt. OVERTON wies nach, daß diese Erscheinung auf ein Eindringen der genannten Stoffe in den Zellsaft zurückzuführen ist: die Pflanzenzelle ist also in derartigen Fällen nicht einem PFEFFERschen, sondern einem DUTROCHETschen Osmometer analog: oben wurde dargelegt, daß der osmotische Druck oder das Flüssigkeitsvolumen in einem Osmometer von DUTROCHET zunächst zunimmt, nach einiger Zeit aber infolge des Konzentrationsausgleichs zu den beiden Seiten der Membran wieder abnimmt. Die Richtigkeit dieser Annahme hat OVERTON für Glycerin auf folgende Weise dargetan: wenn man Pflanzenzellen in eine hypotonische Glycerinlösung hineinbringt und dann durch langsames Verdunsten des Wassers die Glycerinlösung allmählich konzentriert, so tritt niemals Plasmolyse ein, auch wenn die Glycerinlösung äußerst konzentriert geworden ist. Legt man aber nachher die Zellen in reines Wasser, so platzen die Zellwände infolge des hohen inneren Drucks; derselbe wird durch das eingedrungene Glycerin verursacht, das nur allmählich wieder herausdiffundieren kann.

Gegen diese Versuche könnte man einwenden, daß der hohe osmotische Druck hierbei durch Anatonose (siehe oben) entsteht; diese Erklärung ist aber deshalb unwahrscheinlich, weil Zucker eine dauernde Plasmolyse hervorruft, die von keiner erheblichen Steigerung des osmotischen Wertes begleitet wird. Außerdem zeigte OVERTON, daß einige Stoffe wie z. B. Äthylalkohol mit solcher Geschwindigkeit eindringen, daß sie überhaupt keine Plasmolyse bewirken. Dies ist nicht einem plötzlichen Tode der Zelle zuzuschreiben, denn setzt man derselben Alkohollösung eine entsprechende Zuckermenge hinzu, so erfolgt die normale Plasmolyse.

Zwischen den augenblicklich und den langsam eindringenden Stoffen existieren verschiedene Zwischenstufen. So dringen nach OVERTON Glykol, Azetamid, Succinimid nach wenigen Minuten in die Spirogyrazellen ein; Glycerin verlangt 2 Stunden, Harnstoff 5 Stunden, Erythrit 20 Stunden. Auch Äthyläther, Chloralhydrat, Sulfonal, Coffein, Antipyrin und einige andere Stoffe dringen nach OVERTON leicht in den Zellsaft ein. Schließlich zeigte OVERTON, daß ein Durchdringen verschiedener Alkaloide in den Zellsaft direkt unter dem Mikroskop sichtbar ist, falls der Zellsaft Gerbstoffe enthält; diese bilden mit Alkaloiden charakteristische Niederschläge. In Form von gerbsauren Salzen sind einige Alkaloide praktisch unschädlich; sie häufen sich daher in beträchtlichen Mengen im Zellsaftraum an. Späterhin wurde eine andere analoge

---

[1] OVERTON, E.: Vjschr. naturforsch. Ges. Zürich 40, 159 (1895); 41, 383 (1896); 44, 88 (1899). — Z. physik. Chem. 22, 189 (1897).

Methode vorgeschlagen[1]. In den Blattzellen des Mooses Fontinalis antipyretica ist Fett in Form von fadenförmigen Gebilden im Zellsaftraum enthalten. Beim Eindringen von verschiedenen Basen, Alkoholen und Phenolen werden die genannten Gebilde zu feinen Tröpfchen emulgiert.

Auf diese Weise entstand der Begriff der Permeabilität. Es zeigte sich, daß eine Pflanzenzelle meistens doch nicht direkt mit einem PFEFFERschen Osmometer verglichen werden darf; eine derartige Analogie könnte denn auch zu verschiedenen irrigen Schlußfolgerungen führen. OVERTON hat einige allgemeine Regeln der Permeabilität gegeben. Das Vermögen in den Zellsaft einzudringen verringert sich nach OVERTON mit wachsender Zahl der Hydroxylgruppen im Molekül: so dringen einwertige Alkohole schnell ein, zweiwertige schon etwas langsamer. Noch langsamer permeiert das dreiwertige Glycerin. Das vierwertige Erythrit dringt sehr langsam ein. In gleichem Sinne wirkt eine Anhäufung von Aminogruppen. Hingegen soll das Eindringen durch Halogensubstition befördert werden, desgleichen durch Alkylierung und Acetylierung an den Hydroxyl- oder Aminogruppen. Im einzelnen sind aber manche Ausnahmen von den obigen Regeln zu verzeichnen, denn späterhin zeigte es sich, daß verschiedene Pflanzen bezüglich der Permeabilität eigenartige Merkmale aufweisen[2]. Auch die neueren Angaben von SCHÖNFELDER[3] stimmen mit denjenigen OVERTONS nicht ganz überein.

Methoden zur Bestimmung der Permeabilität. Bevor wir zu einer Besprechung der Einzelheiten des Permeabilitätproblems schreiten, empfiehlt es sich, die vorhandenen Methoden zur Bestimmung der Permeabilität darzulegen, denn nur nach der Beurteilung des Genauigkeitsgrades der vorhandenen ·Permeabilitätsmessungen ist eine Schätzung der Zuverlässigkeit der erhaltenen Resultate möglich. Es muß sogleich bemerkt werden, daß die Methoden der Permeabilitätsmessung zwar zahlreich, aber nicht einwandfrei sind, somit die quantitativen Permeabilitätsmessungen eher als Schätzungen erscheinen. Vor allem ist aber der folgende Umstand zu betonen, weil derselbe in den meisten Untersuchungen über Permeabilität nicht genügend hervorgehoben worden war. OVERTON und seine nächsten Nachfolger behandelten das Permeabilitätsproblem zu dem Zwecke, eine Erklärung der Abweichungen von den allgemeinen Gesetzen der Osmose zu geben. Es wurde nur das Eindringen verschiedener Stoffe aus der Außenlösung durch das Plasma in den Zellsaft studiert und das gesamte Problem stand namentlich mit den Fragen des Turgordrucks und der Wasserbilanz der Pflanzenzelle im Zusammenhange. Später hat man jedoch das Permeabilitätsproblem mit demjenigen der Aufnahme verschiedener Stoffe bei der Ernährung der Zelle verbunden, ohne die Untersuchungsmethoden zu ändern. Hieraus entstand eine ganze Reihe von Un-

[1] BORESCH: Biochem. Z. **101**, 146 (1919).
[2] FITTING, H.: Jb. Bot. **59**, 1 (1920).
[3] SCHÖNFELDER, S.: Planta (Berl.) **12**, 414 (1930).

genauigkeiten: es ist denn klar, daß ein Eindringen verschiedener Stoffe durch das Plasma direkt in den Zellsaft mit der Ernährung der Zelle, d. i. mit der Assimilation der nämlichen Stoffe nichts zu tun hat. Es wurde jedoch z. B. die Frage aufgeworfen, wie es zu erklären wäre, daß einige Zuckerarten, die als notwendige Nährstoffe gelten, in den Zellsaft außerordentlich langsam gelangen. Dies brauchen sie aber normaler Weise nicht zu tun, denn als Nährstoffe müssen sie im protoplasmatischen Wandbeleg bleiben und dort assimiliert werden.

Dieses Mißverständnis entstand wohl dadurch, daß die Lehre von einer Plasmahaut als selbständigem Zellbestandteil, die von PFEFFER nur als eine Hypothese ausgesprochen worden war, späterhin als die Grundlage sämtlicher Betrachtungen über die Osmose und Permeabilität erschien. Oben wurde jedoch dargetan, daß die Richtigkeit der Plasmahauttheorie problematisch ist, indem dieselbe durch keine beweiskräftigen Tatsachen unterstützt wird; vielmehr mit verschiedenen Beobachtungen im Widerspruche steht.

Jedenfalls ist es vollkommen unstatthaft, den Zellinhalt, d. i. das Protoplasma samt dem Zellsaft gegen die Außenwelt aus dem Grunde abzugrenzen, weil dasselbe von einer hypothetischen Zellhaut umgeben sein soll. Auch von diesem Standpunkte aus muß man aber dem Umstande Rechnung tragen, daß sämtliche Anhänger der Zellhaut die Existenz derselben auch zwischen dem Protoplasma und dem Zellsaft annehmen und somit sich das Protoplasma als beiderseits abgegrenzt denken. Selbst auf Grund der alten Ansichten erscheint also eine Diffusion der Bestandteile der Außenlösung direkt in den Zellsaft als ein pathologischer Vorgang. Vorsichtiger wäre also wohl eine solche Erklärung der Permeabilität, die auf rein sachlicher Grundlage fußt und die Existenz einer Plasmahaut überhaupt nicht berücksichtigt.

Aus der nachfolgenden Beschreibung der Methoden der Permeabilitätsbestimmung wird ersichtlich werden, daß einige Methoden zur Ermittelung des Eindringens der gelösten Stoffe in den Zellsaft dienen, während andere Methoden ein Eindringen der nämlichen Stoffe sowohl ins Protoplasma als in den Zellsaft berücksichtigen. Er ist also einleuchtend, daß die mit verschiedenen Methoden erhaltenen Resultate miteinander nicht immer vergleichbar sind.

1. Methode der direkten Beobachtung der in der Zelle stattfindenden Vorgänge. Diese Methode kann verwendet werden, wenn die zu untersuchende Substanz bei ihrem Eintritt in die Zelle sichtbare Veränderungen im Zellinhalt hervorruft. Sie kam zuerst für verschiedene Farbstoffe in Anwendung. Bereits PFEFFER[1] zeigte, daß einige Farbstoffe von den lebenden Pflanzenzellen aufgenommen und aufgespeichert werden. Ihre Konzentration wird nach der Färbungsintensität beurteilt und ist häufig bedeutend höher im Zellinnern, als in der Außenlösung. Dies ist namentlich der Fall, wenn der Farbstoff von irgendwelchen Bestandteilen des Zellinhalts chemisch gebunden, bzw. ad-

---

[1] PFEFFER, W.: Unters. bot. Inst. Tübingen **2**, 179 (1886).

sorbiert wird. Methylenblau bewirkt hierbei gar keine Färbung des Protoplasmas; die Gesamtmenge des Farbstoffs befindet sich im Zellsaft. Rosolsäure wird im Gegenteil nur im Zellplasma aufgespeichert, der Zellsaft bleibt aber farblos. Andere permeierende Farbstoffe werden sowohl im Protoplasma, als im Zellsaft aufgespeichert. Auch OVERTON (a. a. O.) benutzte Farbstoffe zum Nachweis der Permeabilität des Zellplasmas. COLLANDER[1] suchte sogar die Farbstoffmethode auf colorimetrischem Wege zu quantitativen Bestimmungen zu verwenden. Als qualitative Probe ist diese Methode freilich das einzige unanfechtbare Verfahren, die Existenz der Permeabilität des Zellplasmas nachzuweisen und den wesentlichen Unterschied zwischen diesem und den semipermeablen Membranen sensu stricto zu erläutern.

In einigen Fällen können Farbenveränderungen der Außenlösung zur Beurteilung der Aufnahme einiger gefärbter Stoffe benutzt werden[2]; im allgemeinen ist aber dieses Verfahren weniger bequem, als die Farbenveränderung des Zellinhaltes.

Auch die Endosmose von Säuren und Alkalien kann bequem beobachtet werden, falls der Zellsaft Farbstoffe enthält, welche als Indicatoren dienen[3]. Bereits früher haben andere Forscher versucht, auch Zellen mit farblosem Zellsaft mit Neutralrot zu färben und dann wie die natürlich gefärbten Zellen zu untersuchen, wobei Neutralrot als Indicator diente.

Der Eintritt von Neutralsalzen in die Zelle kann in analoger Weise studiert werden, falls hierbei Farbenumschlag oder Fällung entsteht, wie z. B. beim Eintritt von einem Kalksalz in Zellen, deren Saft lösliche Oxalate enthält[4], beim Eintritt von Eisensalzen in tanninhaltige Zellen[5], oder bei der Aufspeicherung von Gold in Zellwandungen[6].

In anderen Fällen kann das Permeieren durch nachfolgende Behandlung der Zellen mit entsprechenden Reagenzien dargetan werden. Die Endosmose der Nitrate wird z. B. dadurch dargetan, daß Pflanzengewebe nach einem Verweilen in Nitratlösungen und nachfolgendem Auswaschen mit Diphenylamin und starker Mineralsäure bearbeitet werden, wobei Tiefblaufärbung entsteht. Auf analoge Weise kann die Endosmose vieler Stoffe durch mikrochemische Proben verfolgt werden, allerdings nur in qualitativer Form.

Sämtliche obenerwähnten Methoden sind als qualitative Proben vollkommen zuverlässig, können aber zu quantitativen Messungen oder gar Schätzungen nur selten benutzt werden. Eine Vervollkommnung in dieser Richtung ist wohl erwünscht, da andere quantitative Schätzungen qualitativ nicht immer sicher sind.

---

[1] COLLANDER, R.: Jb. Bot. 60, 354 (1921).
[2] REDFERN, G. M.: Ann. of Bot. 36, 511 (1922).
[3] HAAS, A. R.: J. of biol. Chem. 27, 225 (1916). — BRENNER, W.: Ofversigt Finska Vetensk.-Soc. Forh. 60 (1918).
[4] OSTERHOUT, W. J. V.: Z. physik. Chem. 70, 408 (1910).
[5] WILLIAMS, M.: Ann. of Bot. 32, 591 (1918).
[6] WILLIAMS, M.: Ann. of Bot. 32, 531 (1918).

2. Plasmolytische Methoden der Permeabilitätsbestimmung. Oben wurde erwähnt, daß die permeierenden Stoffe sich durch eine scheinbar anomale Osmose kennzeichnen: die Grenzplasmolyse der Zellen erfolgt durch Lösungen dieser Stoffe bei solchen Konzentrationen, welche nach der Berechnung auf Grund der allgemeinen Gesetze als zu hoch erscheinen. Dies rührt davon her, daß ein Teil des Plasmolytikums während des Versuchs in die Zellen eindringt. Darauf haben LEPESCHKIN[1] und TRÖNDLE[2] eine quantitative Messung der Permeabilität begründet.

Als „Permeabilitätsfaktor" wird hierbei die folgende Größe bezeichnet: nehmen wir an, daß P^0 der osmotische Druck einer nicht permeierenden und P derjenige einer permeierenden Substanz bei der Grenzplasmolyse ist. P ist freilich größer als P^0 und zwar im selben Maße, wie der experimentell ermittelte isotonische Koeffizient der permeierenden Substanz größer als der theoretisch berechnete ist. Wenn wir den auf Grund der physikalisch-chemischen Daten berechneten isotonischen Koeffizienten mit i und den experimentell gefundenen mit i' bezeichnen, so ergibt sich die folgende Gleichung:

$$\mu = \frac{i - i'}{i},$$

wo μ der Permeabilitätsfaktor ist, der zum Vergleich des Permeabilitätsvermögens verschiedener Stoffe dienen kann. Hierbei ist allerdings zu bedenken, daß die Größe von i' leider von der Versuchsdauer abhängt.

Die Bestimmung selbst wird auf folgende Weise ausgeführt. Zunächst wird das zu untersuchende Gewebe mit Rohrzuckerlösungen verschiedener Konzentration behandelt und auf diese Weise die molekulare Zuckerkonzentration C_0 ermittelt, welche die Grenzplasmolyse hervorruft. Nach 1 Stunde wird das Volumen der Zellen (V_1) gemessen. Dann überträgt man die Zellen in die theoretisch isotonische Lösung C der zu untersuchenden Substanz und mißt die Zellvolumina zuerst nach 30 Minuten (V_2), dann nach 2 Stunden (V_3). In einer Stunde hat also die Volumenzunahme

$$\frac{V_3 - V_2}{2}$$

stattgefunden. Somit ist das Zellvolumen unmittelbar nach dem Einlegen in die zu untersuchende Lösung gleich

$$V_2 - \frac{V_3 - V_2}{4}$$

und die Konzentration C_x der nämlichen Substanz, die mit derjenigen der Rohrzuckerlösung scheinbar isotonisch ist, läßt sich so berechnen:

$$C_x = C_0 \cdot \frac{V_2 - \dfrac{V_3 - V_2}{4}}{V_1}$$

[1] LEPESCHKIN, W.: Ber. dtsch. bot. Ges. 26 a, 198 (1908); 27, 129 (1909).
[2] TRÖNDLE, A.: Ber. dtsch. bot. Ges. 27, 71 (1909). — Jb. Bot. 48, 171 (1910). — Biochem. Z. 112, 259 (1920).

Da 1,88 der isotonische Koeffizient des Rohrzuckers ist, so erhalten wir die Größe des isotonischen Koeffizienten der zu untersuchenden Substanz:

$$i' = 1{,}88 \cdot \frac{C_0}{C_x}.$$

Diese Berechnung wird dadurch ermöglicht, daß Rohrzucker in den Zellsaft der Pflanzenzellen praktisch nicht eindringt.

Gegen obige Methode wurden verschiedene Einwände gemacht; vor allem weist FITTING[1] darauf hin, daß die LEPESCHKINsche Methode sich auf die isotonischen Koeffizienten gründet, letztere aber durch verschiedene Faktoren beeinflußt sind. FITTINGs eigene Methode der Permeabilitätsmessung besteht darin, daß man die zur Deplasmolyse notwendige Zeit bestimmt. Ist z. B. eine durch 0,1 Mol. Kaliumnitratlösung hervorgerufene Grenzplasmolyse nach 15 Minuten zurückgegangen und wird nun eine neue Grenzplasmolyse nur durch 0,1025 Mol. Kaliumnitrat bewirkt, so sei der Schluß zu ziehen, daß in 15 Minuten 0,0025 Mol. Kaliumnitrat hereindiffundiert ist.

Auch gegen diese Methode wurden verschiedene Einwände gemacht[2], worauf wir hier nicht näher einzugehen brauchen, weil alle in denselben hervorgehobenen Ungenauigkeiten nach der Ansicht des Verfassers dieses Buches unwesentlich sind gegenüber demjenigen Hauptmangel, der sämtlichen plasmolytischen Methoden eigen ist: in hypertonischen und isotonischen Konzentrationen verschiedener Stoffe, namentlich aber der Elektrolyte, wird die Durchlässigkeit des Plasmas so stark verändert, daß eine genaue Messung der Permeabilität kaum möglich ist. Dieser Umstand wird weiter unten ausführlicher besprochen werden. Die plasmolytische Methode liefert zwar zuverlässige Resultate bei Bestimmungen des osmotischen Wertes der Pflanzenzellen, ist aber zu Permeabilitätsmessungen weniger zu empfehlen; jedenfalls sollten die nach der genannten Methode erhaltenen Resultate mit Vorsicht verwendet werden. Diese Bemerkung betrifft freilich auch die plasmometrische Methode von HÖFLER[3]. Der genannte Forscher sucht die FITTINGsche Methode dadurch zu verbessern, daß er die Zellen unter Volumenmessung durch stark hypertonische Lösungen plasmolysiert. Man mißt das Protoplasmavolumen vor der Plasmolyse und zweimal nach der Plasmolyse. Das Zeitintervall zwischen den beiden letzten Messungen sei gleich t, die molare Konzentration der Außenlösung gleich C, die osmotischen Werte der Zelle nach der Plasmolyse gleich C_1 und C_2, der Grad der Plasmolyse bei der ersten Messung gleich p_1 und bei der zweiten Messung gleich p_2. Nun ist

$$C_1 = Cp_1 \quad \text{und} \quad C_2 = Cp_2$$
$$C_2 - C_1 = C\,(p_2 - p_1).$$

---

[1] FITTING, H.: Jb. Bot. **56**, 1 (1915); **57**, 533 (1917); **59**, 1 (1919).
[2] STILES, W.: Permeability, S. 176 (1924).
[3] HÖFLER, K.: Ber. dtsch. bot. Ges. **36**, 414, 423 (1918); **37**, 314 (1919).

Die Veränderung des osmotischen Wertes in der Zeiteinheit ist somit ein Maß der Aufnahme der zu untersuchenden Substanz. Hierbei bleibt freilich der Geschwindigkeitsfaktor, der seinerseits von dem Konzentrationsgefälle abhängt, unbestimmt. Bei sämtlichen plasmolytischen Methoden bleibt außerdem die etwa vorhandene Exosmose nicht berücksichtigt.

Zusammenfassend ist der Schluß zu ziehen, daß plasmolytische Methoden nicht sehr zuverlässig sind und künftighin durch andere Verfahren ersetzt werden sollen. Der Versuch von BÄRLUND[1] die plasmolytische Methode der Permeabilitätsmessung zu verteidigen, ist wohl nicht als erfolgreich zu bezeichnen. Doch wurden an Hand der genannten Methode zahlreiche Resultate erhalten, welche trotz den der Methode anhaftenden Mängeln so eindeutig sind, daß sie zur Erklärung der Permeabilität benutzt werden können, besonders aber wenn sie an Hand anderer Methoden bestätigt sind. In den letzten Jahren werden die plasmolytischen Methoden nur selten verwendet.

3. Messung der Volumen- bzw. Gewichtsveränderung in hypotonischen Lösungen. Eine wesentliche Verbesserung der Methoden der Permeabilitätsmessung wird dadurch erzielt, daß man die Permeabilität in hypotonischen Lösungen ermittelt. LUNDEGARDH[2] hat die Länge der Wurzelchen von Vicia Faba unter dem Mikroskop in verschiedenen Salzlösungen gemessen; dieselbe nimmt natürlich zuerst auch in hypotonischen Lösungen etwas ab und vergrößert sich nachher wieder bei der allmählichen Salzaufnahme. Hierbei wird angenommen, daß die Permeabilitätsgeschwindigkeit der verstrichenen Zeit umgekehrt proportional ist. Dieses Verfahren ist nur mit Versuchsobjekten von einer bestimmten Struktur brauchbar.

Eine analoge makroskopische Methode wurde von BROOKS[3] ausgearbeitet. Streifen des Blütenstiels von Löwenzahn oder andere analoge Gewebe werden so fixiert, daß die freien Enden in wagerechter Richtung beweglich bleiben. Zunächst werden die Streifen in eine Lösung versenkt, in welcher die Krümmung unverändert bleibt. Dann erhöht man die Konzentration der Außenlösung; die Streifen werden zuerst weniger stark gebogen, aber nach einiger Zeit, die BROOKS als die Permeabilitätszeit betrachtet, wird die ursprüngliche Krümmung wieder hergestellt. Die Methode wird empfindlicher, wenn man den inneren Raum von hohlen Organen wie Blütenstände von Löwenzahn oder Zwiebelblätter mit Lösungen füllt und die Längenzunahme bzw. -abnahme mittels des „Lichthebels", das ist durch Reflexion an einer Skala vergrößert[4]. Auch diese Methode ist nur in einem beschränkten Maße brauchbar, da sie eine geeignete Struktur des Versuchsmaterials erheischt.

4. Diffusionsmethode der Permeabilitätsmessung. Die-

---

[1] BÄRLUND, H.: Acta bot. Fennica 5, 117 (1929).
[2] LUNDEGARDH, H.: Sv. Vetenskapsakad. Handl. 47, 1 (1911).
[3] BROOKS, S. C.: Amer. J. Bot. 3, 562 (1916).
[4] DELF, E.: Ann. of Bot. 30, 283 (1916).

selbe wurde ebenfalls von Brooks[1] vorgeschlagen. Thallusplatten von Laminaria werden zwischen zwei offenen Glasröhren gelegt und den Röhren luftdicht angepaßt. Beide Röhren füllt man mit ungleich konzentrierten Lösungen des zu untersuchenden Stoffes oder schlechthin des Seewassers. Man mißt alsdann die Diffusion durch die Gewebeplatte. Diese Methode ist nur zur Untersuchung von membranartigen Geweben brauchbar und es bleibt außerdem unbekannt, ob der Konzentrationsausgleich lauter durch Diffusion durch das Gewebe oder, wenigstens zum Teil, durch Exosmose aus dem Gewebe selbst stattfindet.

5. **Elektrometrische Methoden der Permeabilitätsmessung.** Osterhout[2] betrachtet die elektrische Leitfähigkeit der Gewebe als Maß der Permeabilität. Der größte Teil der Versuche dieses Forschers wurde mit Laminaria ausgeführt. Runde Thallusscheiben werden so aufeinandergelegt, daß ein Cylinder entsteht. An beiden Enden des Cylinders befinden sich in einem kleinen Abstand von den Scheiben platinierte Platinelektroden, und die Leitfähigkeitsbestimmung erfolgt nach der gebräuchlichen Methode von Kohlrausch. Die Methode ist offenbar nur zu Untersuchungen über die Aufnahme von Elektrolyten brauchbar. Ob die Leitfähigkeit tatsächlich in einem konstanten Verhältnis zur Permeabilität steht, ist nicht festgestellt[3].

Eine andere Methode besteht darin, daß man die Leitfähigkeit der Außenlösung mißt und aus deren Herabsetzung den Schluß zieht, daß eine entsprechende Menge von Elektrolyten von dem zu untersuchenden Pflanzenmaterial aufgenommen wurde[4]. Diese Methode darf freilich ebenfalls nur beim Arbeiten über die Aufnahme von Elektrolyten benutzt werden; sie ist aber allen obenbeschriebenen vorzuziehen, weil sie ein Arbeiten mit stark hypotonischen Lösungen ermöglicht und die erhaltenen Resultate weder durch Exosmose, noch durch Anatonose beeinflußt werden, während bei sämtlichen oben dargelegten Methoden, besonders bei den plasmolytischen, weder die Exosmose, noch die Anatonose berücksichtigt sind, wodurch schwere Fehler entstehen können. Die Methode der Leitfähigkeitsmessung der Außenlösung ist besonders bequem für das Studium der Exosmose und wurde auch zu diesem Zwecke verwendet[5]. Es zeigte sich in der Tat, daß in manchen Fällen eine ziemlich erhebliche Exosmose existiert.

Eine Fehlerquelle der Methode der Leitfähigkeitsbestimmung in der Außenlösung besteht darin, daß ein Teil der gelösten Elektrolyte an der äußeren Fläche der Zellwandungen adsorbiert sein kann.

6. **Chemische Methoden der Permeabilitätsbestimmung.**

---

[1] Brooks, S. C.: Botanic. Gaz. **64**, 306, 509 (1917).

[2] Osterhout, W. J. V.: Science (N. Y.), N. s., **35**, 112 (1912); **37**, 111 (1913). — Biochem. Z. **67**, 273 (1914). — J. of biol. Chem. **36**, 557 (1918). — J. gen. Physiol. 1, 299 (1919); 4, 1 (1921); 5 (1923).

[3] Stiles, W. a. I. Jörgensen: Botanic. Gaz. **65**, 526 (1918).

[4] Stiles, W. a. F. Kidd: Proc. roy. Soc. Lond. (B) **90**, 448, 487 (1919). — Redfern, G. M.: Ann. of Bot. **36**, 167, 511 (1922).

[5] True, R. H. a. H. H. Bartlett: U. S. Dept. Agricult. Bureau Plant Ind. Bull. **231** (1912). — Stiles, W. a. I. Jörgensen: Ann. of Bot. **31**, 47 (1917).

Dieselben bestehen darin, daß man durch direkte chemische Analyse die Mengen der zu untersuchenden Stoffe entweder im Zellsaft, oder in der Außenlösung ermittelt. Letzteres Verfahren ist demjenigen der Leitfähigkeitsbestimmung der Außenlösung analog; es bietet dieselben Vorzüge dar und ist mit derselben Fehlerquelle verbunden. Es ist aber klar, daß die Methode der chemischen Analyse auch bei Untersuchungen über Nichtelektrolyte verwendet werden darf; sie wurde schon längst von mehreren Forschern benutzt.

Eine Analyse des Zellsaftes der Pflanzen vor und nach dem Verweilen in Lösungen der zu untersuchenden Stoffe sollte eigentlich eine tadellose Lösung der Frage nach dem Permeieren einzelner Stoffe liefern. Leider ist die Gewinnung einer ausreichenden Saftmenge aus einem einheitlichen Gewebe mit erheblichen Schwierigkeiten verbunden. Man benutzt meistens niedere Organismen, oder Riesenzellen einiger Algen[1].

Neuerdings sucht SABININ[2] nachzuweisen, daß die beste Methode der Permeabilitätsmessung darin besteht, daß man Pflanzen in Wasserkulturen (Bd. I, S. 262) züchtet, dann in die zu untersuchenden Lösungen überträgt, den Stengel abschneidet und den herausfließenden Saft analysiert. Auf diese Weise wird die Permeabilität der Zellen der Wurzelrinde ermittelt und zwar in hypotonischen Lösungen. Nach dieser Methode kann selbstverständlich nur die Permeabilität der Wurzelrinde bestimmt werden, doch ist namentlich dieses Gewebe besonders interessant. Das Prinzip der Methode ist demjenigen der Diffusionsmethode (siehe oben) analog. Die von SABININ erhaltenen Resultate werden weiter unten besprochen werden.

Es ist im Auge zu behalten, daß die plasmolytischen Methoden namentlich die in den Zellsaft eingedrungenen Stoffe berücksichtigen, während nach den elektrometrischen und chemischen Methoden auch die vom Protoplasma aufgenommenen Stoffe mitbestimmt werden.

Die Permeabilität des Plasmas für Elektrolyte. Unsere Ansichten über diese Frage waren Gegenstand einer merkwürdigen Evolution. OVERTON (a. a. O.) behauptete, daß Mineralsalze überhaupt nicht permeieren und diese Ansicht war eine Zeitlang die vorherrschende. Erst OSTERHOUT[3] zeigte, daß OVERTON bei seinen lange dauernden Versuchen wahrscheinlich durch den folgenden Umstand getäuscht war: Nach wenigen Minuten tritt in plasmolytischen Versuchen Deplasmolyse ein, die auf das Eindringen der Salze in den Zellsaft hindeutet. Nach längerer Zeit erfolgt aber wiederum eine „Pseudoplasmolyse", welche nicht zurückgeht.

Spätere Forscher haben die Durchlässigkeit des Plasmas für Mineralsalze bestätigt. Doch findet in hypertonischen, besonders aber nicht ausgeglichenen Lösungen der Mineralsalze eine starke Permeabilitäts-

---

[1] WODEHOUSE, R. P.: J. of biol. Chem. **29**, 453 (1917). — IRWIN, M.: Amer. J. Physiol. **59** (1922). — J. gen. Physiol. **10**, 927 (1927) u. a.

[2] SABININ, D.: Bull. Inst. rech. biol. Univ. Perm. **4**, Erg.-H. 2 (1925) (russ.).

[3] OSTERHOUT, W. J. V.: Science (N. Y.) **34**, 187 (1911). — The Plant World **16**, 129 (1913).

änderung statt, die häufig so weit schreitet, daß der plasmatische Wandbeleg sich gegen einige Salze als vollkommen undurchlässig erweist. FITTING (a. a. O.) hat an Hand der plasmolytischen Methode gefunden, daß Alkalisalze in die Epidermiszellen mit einer meßbaren Geschwindigkeit eindringen, und zwar in der Reihenfolge der lyotropen Reihe; zu denselben Ergebnissen gelangten auch andere Forscher[1], ebenfalls mittels der plasmolytischen Methode. Später hat aber LUNDEGÅRDH[2] an Hand der chemischen Permeabilitätsmessung die Beobachtung gemacht, daß die lyotrope Reihe nur bei Anwendung von konzentrierten Lösungen sich erhält. Nun wirken hypertonische Salzlösungen schädlich auf das Plasma ein und es entstehen daher anormale Verhältnisse. WEIS[3] hat z. B. dargetan, daß Mineralsalze in Konzentrationen von etwa 0.1 n eine Veränderung des dispersen Zustandes des Plasmas bewirken, wobei sich dessen Permeabilität stark vermindert.

Die Erdalkalisalze dringen nach FITTING[4], KAHHO[5] und anderen Forschern viel langsamer ein, als die Alkalisalze. Ca-Salze sollen nach Angaben der genannten Forscher überhaupt nicht permeieren. Diese Resultate wurden aber nach der plasmolytischen Methode und zwar mit nicht ausgeglichenen Lösungen erhalten. Unter diesen Verhältnissen ist nur eine annähernde Schätzung möglich. STILES u. KIDD[6], REDFERN[7] und namentlich SABININ[8] zeigten, daß Ca-Salze in geringen Konzentrationen in die Zelle schnell eindringen und daß auch für andere Salze die Permeabilitätswerte von FITTING und KAHHO den natürlichen Verhältnissen durchaus nicht entsprechen. Es seien hier einige Zahlen aus der Arbeit SABININS angeführt. Wie bereits oben erwähnt ist, bestimmte der genannte Forscher die Permeabilität der Wurzelparenchymzellen auf folgende Weise: Er züchtete Pflanzen in Wasserkulturen, schnitt den Stengel ab und analysierte sowohl die Außenlösung, als die aus der Schnittfläche herausfließende Flüssigkeit nach zuverlässigen Mikromethoden. Im nächsten Kapitel wird dargetan werden, daß die bei obigen Verhältnissen gesammelte Flüssigkeit aus den Leitungsbahnen des Holzkörpers heraustritt, in dieselben aber vom Außenmedium durch das äußere Wurzelparenchym gelangt. SABININ verwendete sehr verdünnte Lösungen, die immer Salzgemische enthielten und auf diese Weise vollkommen ausgeglichen waren. Mit einer Wasserkultur von Mais ergab sich folgendes Resultat:

---

[1] LUNDEGÅRDH, H.: Sv. Vetensk. Akad. Handl. **47**, Nr 3, 1 (1911). — PANTANELLI, E.: Jb. Bot. **56**, 689 (1915). — TRÖNDLE, A.: Arch. Sci. Phys. et Natur, Genève, 4. sér., **45**, 38, 117 (1918). — KAHHO, H.: Biochem. Z. **123**, 284 (1921).

[2] LUNDEGÅRDH, H.: u. V. MORAVEK: Biochem. Z. **151**, 296 (1924).

[3] WEIS, A.: Planta (Berl.) **1**, 145 (1925).

[4] FITTING: a. a. O.

[5] KAHHO: a. a. O. und „Über die physiologische Wirkung der Neutralsalze auf das Pflanzenplasma (1924)".

[6] STILES, W. a. F. KIDD: Proc. roy. Soc. Lond. (B) **90**, 448, 487 (1919).

[7] REDFERN, G. M.: Ann. of Bot. **36**, 167 (1922).

[8] SABININ: a. a. O.

Ca in der Außenlösung . . . . 0,0041 n
Ca im Saft . . . . 0,0034 n
Ca im Saft nach weiteren 24 Stunden . . . . 0,0033 n

Auf diese Weise ist die Konzentration des Ca im endosmotischen Strome gleich 82 vH derjenigen der Außenlösung. Auch in anderen Versuchen wurden Ca-Konzentrationen im Blutungssafte gefunden, die denjenigen der Außenlösung nahe waren. Hieraus ist ersichtlich, daß Ca durch die Zellen des Wurzelparenchyms mit großer Geschwindigkeit hineindiffundiert. Auch für NH_4 und andere Ionen wurde eine analoge Geschwindigkeit gefunden, die nach SABININS Berechnungen die von FITTING für KNO_3 ermittelte ums 458fache übertrifft. Für andere Mineralstoffe erwies sich das Wurzelparenchym ebenfalls als leicht durchlässig.

Es muß allerdings darauf hingewiesen werden, daß die Frage der Permeabilität des Plasmas für Ca vielleicht den einzigen Fall darstellt, wo die plasmolytische Methode versagte. In anderen Fällen lieferte sie qualitativ dieselben Resultate, wie andere Methoden. Auch bei der Beurteilung der quantitativen Seite des Permeabilitätsproblems ist darauf hinzuweisen, daß obiger Vergleich der mittels verschiedener Methoden erhaltenen Permeabilitätsgeschwindigkeiten mit einiger Reserve anzunehmen ist, da SABININ die von ihm für Wurzelparenchym, ein speziell zur Stoffaufnahme angepaßtes Gewebe, gewonnenen Werte mit denjenigen vergleicht, welche mit den zum Stofftransport nicht dienenden Epidermiszellen erhalten worden waren.

Nun sollen einige wichtigsten Regeln der Permeabilität des Zellplasmas für Elektrolyte kurz dargelegt werden. Diese Regeln wurden an Hand verschiedener Methoden festgestellt und sind so eindeutig, daß deren Richtigkeit kaum bezweifelt werden kann.

Erstens zeigte es sich, daß in manchen Fällen die Ionen eines Salzes mit ungleicher Geschwindigkeit aufgenommen werden[1]. Dies wird z. B. durch die folgende Tabelle von REDFERN erläutert:

Wurzeln von Pisum sativum

Anfängliche Konzentration von $CaCl_2$	Ca absorbiert	Cl absorbiert
0,1n	17,74	3,58
0,01n	19,61	12,47
0,001n	23,10	15,09

Es ist also ersichtlich, daß bei Konzentrationssteigerung auch die Differenz zwischen den aufgenommenen Ionenmengen zunimmt.

---

[1] RUHLAND, W.: Z. Bot. 1, 747 (1909). — MEURER, R.: Jb. Bot. 46, 503 (1909). — PANTANELLI, E.: a. M. TELLA Atti Accad. Lincei, Rendic., sér. 5, 18, 481 (1909). — PANTANELLI, E.: J. Bot. 56, 189 (1915). — JOHNSON, H. X.: Amer. J. Bot. 2, 250 (1915). — HOAGLAND, D. R.: Science (N. Y.), N. s., 48, 422 (1918). STOKLASA, J., ŠEBOR, J., TÝMICH, F. u. J. CWACHA: Biochem. Z.128, 35 (1922).— Vgl. besonders REDFERN, G. M.: Ann. of Bot.36, 511 (1922). — RIPPEL, A.: Jb. Bot. 65, 819 (1926).

Die ungleiche Aufnahme von verschiedenen Ionen kann nur auf Ionenaustausch zurückgeführt werden, denn einzelne Ionen permeieren praktisch gar nicht, da eine Überwindung der mächtigen elektrostatischen Kräfte, welche zwischen den entgegengesetzt geladenen Ionen eines Salzes bestehen, unmöglich ist. Im oben angeführten Falle der ungleichen Aufnahme von Ca und Cl muß also eine entsprechende Menge eines anderen Salzes in die äußere Lösung hinausdiffundieren, oder wird das Calcium in Hydratform aufgenommen. Im letzteren Falle wird die äußere Lösung sauer. Eine Ansäuerung der äußeren Lösung oder gar des Bodens durch die Pflanzen wurde in der Tat mehrmals wahrgenommen. Wenn nun das Anion des Salzes scheinbar in größerem Maße eindringt, so muß ein anderes Anion in Salzform heraustreten, oder ein Überschuß von OH-Ionen in der äußeren Lösung entstehen. In diesem Falle wird die äußere Lösung alkalisch. PANTANELLI (a. a. O.) hat wahrgenommen, daß die Exosmose immer ziemlich langsam vor sich geht; infolgedessen wird die Reaktion des Außenmediums bei ungleicher Ionenaufnahme zunächst entweder alkalisch, oder sauer. Nach einiger Zeit erfolgt aber eine Neutralisation der äußeren Lösung. In den sorgfältig ausgeführten Versuchen von REDFERN (a. a. O.) blieb hingegen die äußere Lösung bei überschüssiger Calciumaufnahme neutral und eine simultane Exosmose von Kalium und Magnesium konnte direkt analytisch dargetan werden. Auch STOKLASA und dessen Mitarbeiter (a. a. O.) teilen mit, daß eine überschüssige Aluminiumendosmose mit einer gleichzeitigen Exosmose des Natriums, Magnesiums und Calciums im Zusammenhange steht.

Verschiedene Tatsachen beweisen in der Tat, daß die Permeabilität des Zellplasmas für Elektrolyte in umgekehrtem Verhältnis zu deren Dissoziation steht. Dies ist dadurch erklärlich, daß nur die undissoziierten Moleküle zu permeieren vermögen, während das Eindringen der Ionen praktisch ganz zu vernachlässigen ist[1]. Die oben dargelegten Erscheinungen sind also wohl auf den Ionenaustausch zurückzuführen. Die Ionen sind nicht oberflächenaktiv und werden außerdem durch ihre elektrische Ladung und Wasserhülle am Eindringen durch das Protoplasma verhindert.

Nach RIPPEL[2], WRANGEL[3], PANTANELLI[4] und anderen, erfolgt die

---

[1] RUHLAND, W.: Jb. Bot. **54**, 391 (1914). — TRÖNDLE, A.: Biochem. Z. **112**, 259 (1920). — OSTERHOUT, W. J. V.: J. gen. Physiol. **8**, 131 (1925). — OSTERHOUT, W. J. V. a. M. Y. DORCAS: Ebenda **9**, 255 (1925). — OSTERHOUT, W. J. V., DORCAS, M. Y. a. W. J. COOPER jun.: Ebenda **12**, 427 (1929). — BRINLEY, F. J.: Protoplasma (Berl.) **2**, 385 (1927). — NIKLEWSKI, A., KRAUSE, A. u. K. SEMANCZYK: Jb. Bot. **69**, 101 (1928). — POIJARVI, A. P.: Acta Bot. Fennica **4**, 1 (1928). — Diesen Angaben widersprechen allerdings KELLER, R.: Biochem. Z. **195**, 14 (1928) und GELLHORN, E.: Das Permeabilitätsproblem, seine physiologische und allgemein pathologische Bedeutung (1929). — SCHÖNFELDER, S.: Planta (Berl.) **12**, 414 (1930) kommt zum Schluß, daß diese scheinbar widersprechenden Angaben auf Nichtbeachtung des Ionenaustausches zurückzuführen sind.

[2] RIPPEL, A.: Jb. Bot. **65**, 819 (1926).

[3] WRANGEL. M.: Z. physik. Chem. **139**, 351 (1928).

[4] PANTANELLI, E.: Protoplasma (Berl.) **7**, 129 (1929).

Aufnahme der Mineralsalze mittels Adsorption an der Oberfläche des Plasmas.

Sehr wichtig ist die folgende sicher begründete Gesetzmäßigkeit: Die Permeabilität des Plasmas für Elektrolyte wird nicht durch die einfachen Diffusionsgesetze geregelt, wie man es früher ohne jegliche experimentelle Nachweise angenommen hatte. Es zeigte sich, daß Elektrolyte unabhängig vom Lösungsmittel, also von Wasser aufgenommen werden und ein Gleichgewicht sich stets bei ungleicher Konzentration des Elektrolytes im Zellsaft und in der äußeren Lösung einstellt. In älteren, besonders an Hand der plasmolytischen Methode ausgeführten Versuchen, wurde manchmal die Beobachtung gemacht, daß ein Gleichgewicht sich bei einer Salzkonzentration im Zellsafte einstellte, die bedeutend niedriger war, als die Konzentration desselben Salzes in der äußeren Lösung. Dies wurde so gedeutet, daß der plasmatische Wandbeleg unter dem Einflusse des Salzes für dasselbe undurchlässig wird[1]. Neuerdings sind zahlreiche Versuche mit hypotonischen Lösungen ausgeführt worden; dieselben führen zum Schluß, daß in lebenden Pflanzenzellen auch eine erhebliche Anhäufung verschiedener Ionen stattfinden kann[2].

In der folgenden Tabelle sind die von SABININ (a. a. O.) durch chemische Analysen des Blutungssaftes erhaltenen Zahlen angegeben. Die Versuche wurden mit ausgeglichenen hypotonischen Lösungen ausgeführt.

Zea Mays.

Konzentration von PO_4 in der Außenlösung . . . . 0,00014 n
    ,,   ,, PO_4 im Safte . . . . 0,00215 n
Das Verhältnis der inneren zur äußeren Konzentration ist gleich 15,1
Konzentration von K in der Außenlösung . . . . 0,000322 n
    ,,   ,,   K im Safte . . . . 0,00325 n
Das Verhältnis der inneren zur äußeren Konzentration ist gleich 10,1

Das Verhältnis der inneren zur äußeren Konzentration wurde von STILES und KIDD (a. a. O.) „absorption ratio" d. i. Absorptionsverhältnis genannt. Dieses Verhältnis kann eine quantitative Vorstellung von der selektiven Aufnahme verschiedener Stoffe liefern.

Konzentration von K in der Außenlösung	Absorptionsverhältnis
0,00490	2,3
0,00220	3,1
0,00100	11,7
0,00023	15,1
0,00019	24,3
0,00011	70,7

Das Absorptionsverhältnis verändert sich unter dem Einfluß verschiedener Faktoren; bei Verdünnung der äußeren Lösung steigt das Absorptionsverhältnis, wie es besonders

---

[1] FITTING, H.: Jb. Bot. **56**, 1 (1915). **57**, 553 (1917). — WODEHOUSE, R. P.: J. of biol. Chem. **29**, 453 (1917) u. a.

[2] STILES, W. a. F. KIDD: Proc. roy. Soc. Lond. (B) **90**, 448, 487 (1919). — BROWN, A. J. a. TINKER: Ebenda **89**, 119 (1916). — COLLANDER, R.: Jb. Bot. **60**, 354 (1921). — OSTERHOUT, W. J. V.: J. gen. Physiol. **4**, 225, 275 (1922). — HOAGLAND, D. R. a. DAVIS: Ebenda **5** (1923). — SABININ, D.: a. a. O.

deutlich durch vorstehende Zahlen von TRUBETSKOVA[1] aus SABININS Laboratorium illustriert wird.

STILES und KIDD (a. a. O.) kommen zum Schluß, daß wenn man den Sachverhalt graphisch darstellt und zwar auf der Abszisse die Logarithmen der äußeren, auf der Ordinate aber die Logarithmen der inneren Konzentration eines Salzes abträgt, so erhält man eine Gerade. Auch kann das Absorptionsverhältnis nach STILES und KIDD durch die folgende Gleichung dargestellt werden:

$$i = K : e^n,$$

wo i die innere, e die äußere Konzentration und K eine Konstante ist. Diese Gleichung ist mit derjenigen der Adsorption identisch, wodurch allerdings noch nicht nachgewiesen wird, daß der gesamte Vorgang der Salzaufnahme nichts anderes als eine Grenzflächenerscheinung ist.

Außerdem ist die chemische Natur des Salzes und seine physiologische Bedeutung[2], ebenso wie die Reaktion des äußeren Mediums[3] maßgebend. In alkalischen Lösungen erfolgt eine gesteigerte Aufnahme der Kationen irgendeines Salzes, während die Aufnahme der Anionen herabgesetzt ist. In sauren Lösungen wird im Gegenteil die Aufnahme der Anionen gesteigert. Dies wird z. B. durch folgende Zahlen von SABININ erläutert:

Zea Mays.

1. Eine 0,0141 n Lösung von $(NH_4)H_2PO_4$. $p_H = 4,3$.
   Absorptionsverhältnis für PO_4 = 0,765
         „   „ NH_4 = 0,185
2. Dieselbe Lösung wurde durch NH_3-Zusatz alkalisch gemacht. $p_H = 8,5$.
   Absorptionsverhältnis für PO_4 = 0,432
         „   „ NH_4 = 0,233

Interessant ist der Befund GUREWITSCHS[4], daß ein Gleichgewicht bei ungleicher Konzentration der Innen- und Außenlösung auch an einer leblosen semipermeablen Membran, und zwar an der Hülle des Weizenkorns, beobachtet wird.

Die Geschwindigkeit der Endosmose von Salzen, die früher als Maß der Permeabilität angesehen worden war, ist keine konstante Größe. Auch unter ganz normalen Verhältnissen ist die Geschwindigkeit der Endosmose bedeutend größer am Anfang des Versuches, als kurz vor dem Eintritt des Gleichgewichts; in vielen Fällen gesellt sich dazu noch eine Änderung der Permeabilität unter dem Einfluß erheblicher Salzkonzentrationen. Nach STILES und KIDD (a. a. O.) wird der zeitliche Verlauf der Endosmose graphisch durch eine logarithmische Kurve dargestellt. Die anfängliche Geschwindigkeit der Endosmose ist außerdem von der Konzentration der äußeren Lösung abhängig, und zwar wächst sie mit steigender Konzentration.

---

[1] TRUBETSKOVA, O. M.: Bull. Inst. rech. biol. Univ. Perm. **5**, 259 (1927) (russ.).

[2] STILES a. KIDD: a. a. O.

[3] SABININ, D.: Mitt. Forschgsinst. Univ. Perm. **1**, 1 (1923); **4**, Erg.-H. 2 (1925) (russ.). — USPENSKY, E.: J. Mosk. Abt. russ. bot. Ges. **1** (1922) (russ.).

[4] GUREWITSCH, A.: Jb. Bot. **70**, 657 (1929).

Bisher war unsere Aufmerksamkeit hauptsächlich den Neutralsalzen gewidmet, weil die Endosmose der Neutralsalze die Grundlage der Wurzelernährung der Pflanzen bildet. Was nun die Frage der Permeabilität des Protoplasmas für Säuren und Basen anbelangt, so hat bereits OVERTON (a. a. O.) darauf hingewiesen, daß starke Basen und Säuren nicht oder wenig, schwache Basen hingegen ziemlich leicht eindringen. Diese Beobachtungen wurden durch spätere Untersuchungen bestätigt[1]. Oben wurde bereits erwähnt, daß die Nichtpermeabilität starker Basen und Säuren durch ihre Dissoziation erklärbar ist. Die Ionen dringen nicht in die Zellen ein; daher werden die stark dissoziierten Stoffe von den Zellen praktisch nicht aufgenommen. Nach BRENNER (a. a. O.) ist bei Untersuchungen über Säuren und Basen außerdem der Umstand von Bedeutung, daß die Permeabilität des Plasmas durch Koagulation der Plasmakolloide bedeutend zunehmen kann, was freilich als ein anormales Verhalten anzusehen ist. Infolgedessen ist das von einigen Forschern beschriebene Eindringen von starken Säuren und Basen in Pflanzenzellen nur als eine pathologische Erscheinung zu betrachten. Als Kriterium der Lebensfähigkeit der mit Säuren und Basen behandelten Zellen empfiehlt BRENNER den Eintritt der Deplasmolyse unter normalen Bedingungen.

Zahlreiche Beobachtungen wurden mit verschiedenen basischen und sauren Farbstoffen ausgeführt. An dieser Stelle muß nur darauf hingewiesen werden, daß die obigen allgemeinen Regelmäßigkeiten der Endosmose von Elektrolyten auch für Farbstoffe gültig sind. Speziell bezüglich des Gleichgewichtes hat schon PFEFFER[2] festgestellt, daß manche Farbstoffe in den Zellen aufgespeichert werden. Nach neueren Forschungen[3] werden einige Farbstoffe in sehr hohen Konzentrationen aufgespeichert, und zwar ist das Absorptionsverhältnis ein größeres bei niederen Farbstoffkonzentrationen der Außenlösung. Dieses Verhalten ist demjenigen der Neutralsalze analog. Folgende Zahlen von REDFERN sind recht interessant.

Wurzel von Daucus Carota.

Neutralrotkonzentration in der Außenlösung	0,06
„ im Gewebe	2,00
Absorptionsverhältnis 33,3	
Neutralrotkonzentration in der Außenlösung	0,0005
„ im Gewebe	0,475
Absorptionsverhältnis 950	
Neutralrotkonzentration in der Außenlösung	0,000125
„ im Gewebe	0,244
Absorptionsverhältnis . . . . 1950.	

Eine so große Konzentrationssteigerung wird mit Mineralsalzen auch annähernd nicht erreicht; übrigens nehmen einige Forscher an, daß die

[1] HARVEY, N.: Amer. J. Physiol. **31**, 335 (1913). — RUHLAND, W.: Jb. Bot. **54**, 391 (1914). — BRENNER: Ofversigt Finska Vetensk. Soc. Forhändl. **60**, Nr. 4 (1918). — HAAS, A. R.: J. of biol. Chem. **27**, 225 (1916).

[2] PFEFFER, W.: Unters. Bot. Inst. Tübingen **2**, 179 (1886).

[3] REDFERN, G. M.: a. a. O.

Anhäufung der Farbstoffe in Pflanzenzellen auf der Bildung chemischer Verbindungen mit verschiedenen Komponenten des Zellplasmas oder des Zellsaftes beruht.

Zum Schluß sei eine kurze Übersicht der Resultate der Permeabilitätsmessungen mit den verbreitetsten Basen und Säuren gegeben. Nach Harvey (a. a. O.) dringen NaOH, KOH und Ca(OH)[1] äußerst langsam ein; viel schneller erfolgt die Endosmose von Monomethyl- und Dimethylamin; noch schneller dringt Ammoniak ein. Alkaloide dringen in Form freier Basen ziemlich schnell ein, während Alkaloidsalze äußerst langsam aufgenommen werden und daher eine dauernde Plasmolyse bewirken[2]. Brenner (a. a. O.) teilt mit, daß Salzsäure, Salpetersäure, Schwefelsäure, Ortophosphorsäure, Citronensäure und Oxalsäure äußerst langsam permeieren; Milchsäure, Äpfelsäure und Weinsäure dringen etwas schneller ein; die Endosmose von Essigsäure und Ameisensäure soll so schnell vor sich gehen, daß keine merkliche Plasmolyse erfolgt. Allerdings wurden nur ziemlich hohe Konzentrationen der genannten Säuren geprüft, die möglicherweise schädliche Wirkungen ausübten.

Donnansche Gleichgewichte. Die oben dargelegte Tatsache, daß die Ionen je eines Salzes in ungleichen Mengen in die Zelle eindringen, scheint auf den ersten Blick etwas paradox zu sein; ihre Grundlage bilden aber die bereits längst von Donnan[3] beschriebenen Erscheinungen. Obgleich Donnan selbst bereits vor etwa 20 Jahren die hervorragende physiologische Bedeutung der von ihm bewiesenen Gesetzmäßigkeiten betont hat, wurden dieselben nur in der neueren Zeit richtig gewürdigt und zur Erklärung der Permeabilitätsvorgänge herangezogen.

Stellen wir uns vor, daß eine Lösung von zwei Salzen mit einem gemeinsamen Ion vom reinen Wasser durch eine Membran getrennt ist, die für das eine Salz durchlässig, für das andere aber undurchlässig ist. Welches Gleichgewicht wird in diesem Falle in beiden durch die Membran getrennten Lösungen eintreten? Wir wollen dies zunächst am folgenden Beispiele erläutern. Es sei das Natriumsalz von Kongorot und NaCl in einen Kollodiumschlauch eingeschlossen und der Schlauch in Wasser getaucht. Die Kollodiummembran ist für NaCl durchlässig, für Kongorot und daher für das Kongorotsalz aber undurchlässig, da das Kongorot kolloide Eigenschaften hat; übrigens ist der Umstand ausdrücklich zu betonen, daß bei der Betrachtung der Donnanschen Gleichgewichte die kolloide Natur der Ionen keine Rolle spielt; eine Membran, die in gewissen Beziehungen als semipermeabel angesehen werden darf und einige krystallinische Stoffe nicht durchläßt (zu solchen Membranen ist auch der plasmatische Wandbeleg zu rechnen), kann in voller Abwesen-

---

[1] Redfern, G. M.: a. a. O.

[2] Ruhland, W.: Jb. Bot. **54**, 391 (1914). — Nach Boresch: Biochem. Z. **101**, 110 (1919) sind Ausnahmen von dieser Regel möglich.

[3] Donnan, F. G.: Z. Elektrochem. **17**, 572 (1911). — Donnan, F. G. a. J. T. Barker: Proc. roy. Soc. Lond. (A) **85**, 557 (1911). — Donnan, F. G. a. Harris: J. of chem. Soc. **99**, 1154 (1911). — Donnan, F. G. a. Allnand: Ebenda **105**, 194 (1914). — Donnan, F. G. a. Garner: Ebenda **115**. 1313 (1919).

heit von kolloiden Ionen DONNANsche Gleichgewichte hervorrufen, denn nur die Undurchlässigkeit der Membran für Salze mit einem bestimmten Ion ist im vorliegenden Falle maßgebend.

Im obigen Beispiele wird die Gesamtmenge des Kongorotnatriumsalzes selbstverständlich im Kollodiumbeutel bleiben. Was nun Chlornatrium anbelangt, so scheint es auf den ersten Blick, daß dieses Salz aus dem Kollodiumschlauch ins Wasser nur bis zum Eintritt des Konzentrationsausgleichs austreten muß. Dies ist jedoch nicht der Fall: Beim Eintritt des Gleichgewichtes ist die NaCl-Konzentration in der Außenlösung immer größer als im Kollodiumschlauch; mit anderen Worten, das Kongorot verdrängt Chlornatrium durch die Membran in die Außenlösung. Dies kann durch folgende Überlegung erklärt werden. Beim Gleichgewicht muß nur die Konzentration der undissoziierten NaCl-Moleküle im Kollodiumschlauch und in der Außenlösung eine und dieselbe sein, weil nur diese Moleküle die Membran passieren können. Da nun das Kongorotnatriumsalz ziemlich stark dissoziiert ist, so muß dadurch die Dissoziation von NaCl im Schlauch herabgesetzt werden (vgl. Bd. 1, S. 73). Es ist also ersichtlich, daß die Gesamtkonzentration von NaCl in der Außenlösung beim Gleichgewicht größer sein muß als im Schlauch, da Chlornatrium in der Außenlösung in einem höheren Grade dissoziiert ist, als im Kollodiumschlauch; daher wandert eine gewisse Menge von undissoziierten Molekülen vom Schlauch in die Außenlösung hinüber.

Es ist ohne weiteres begreiflich, daß bei Zunahme der Konzentration des Kongorotnatriumsalzes auch die Menge des in die Außenlösung verdrängten Chlornatriums gesteigert wird; wir können uns daher leicht ein Verhältnis der Mengen des Kongorotnatriumsalzes und des Chlornatriums denken, bei welchem praktisch die Gesamtmenge des Chlornatriums sich in der Außenlösung befindet. In der folgenden Tabelle von DONNAN und HARRIS sind die relativen Gesamtkonzentrationen des Kongorotnatriumsalzes und des Chlornatriums, sowie die Verteilung von NaCl in Innen- und Außenlösung angegeben. Kongorot wird der Kürze wegen durch R bezeichnet.

Relative Konzentrationen		NaCl in der Innenlösung in vH	NaCl in der Außenlösung in vH
NaR	NaCl		
0,01	1,0	49,7	50,3
0,1	1,0	47,6	52,4
1,0	1,0	33	67
1,0	0,1	8,3	91,7
1,0	0,01	1	99

Ist also die molare Konzentration von Kongorotnatrium 100 mal größer als diejenige von Chlornatrium, so bleiben 99 vH der Gesamtmenge des letzteren Salzes in der Außenlösung. Im allgemeinen wird die Verteilung des permeierenden Salzes durch die folgende Gleichung ausgedrückt:

$$\frac{(NaCl) - x}{x} = \frac{(NaR) + (NaCl)}{NaCl}.$$

In dieser Gleichung bedeutet NaR die Kongorotnatriumsalzkonzentration und NaCl die ursprüngliche Chlornatriumkonzentration zu den beiden Seiten der Membran, x die Konzentration des in den Kollodium schlauch eingedrungenen Chlornatriums. Es wird der Einfachheit wegen vorausgesetzt, daß beide Salze vollständig dissoziiert sind; da dies aber doch nicht der Fall ist, so muß eine entsprechende Korrektur eingeführt werden, die allerdings den allgemeinen Sinn der Gleichung nicht verändert und daher hier nicht besprochen wird.

Nehmen wir jetzt an, daß im obigen Beispiele Chlornatrium durch Chlorkalium, welches ebenfalls permeiert, ersetzt wird. Da Kalium und Natrium sich gegenseitig austauschen können, so müssen alle drei permeierende Ionen zu den beiden Seiten der Kolodiummembran vorhanden sein. Der Versuch liefert folgende quantitativen Verhältnisse:

Relative Konzentration		Innere Lösung			Äußere Lösung		
		K	Na	Cl	K	Na	Cl
NaR	KCl	in vH der Gesamtmenge			in vH der Gesamtmenge		
0,1	1	50	50	50	50	50	50
1	1	67	67	33	33	33	67
1	0,1	90	92	10	10	8	10
1	0,01	99	99	1	1	1	99

Bei einem erheblichen Überschuß des nicht permeierenden Salzes befindet sich also das Kalium zum größten Teil im Kollodiumschlauch, da die absolute Na-Menge bedeutend größer als die absolute K-Menge ist. Die allgemeine Regel besteht darin, daß in Gegenwart eines nicht permeierenden Anions das Kation des permeierenden Salzes von demselben angezogen, das permeierende Anion dagegen abgestoßen wird. Dies ist eine Folge des Massenwirkungsgesetzes beim Ionenaustausch. Die obige Regel kann in allgemeiner Form durch die folgende Gleichung dargestellt werden:

$$\frac{x}{(KCl)-x} = \frac{(Na^i)}{(Na^a)} = \frac{(K^i)}{(K^a)} = \frac{(Cl^a)}{(Cl^i)} = \frac{(NaR)+(KCl)}{(KCl)}.$$

In dieser Gleichung bedeuten Na^i und Na^a die Konzentrationen des Natriumions in der inneren und der äußeren Lösung. Dieselbe Bezeichnung gilt auch für andere Ionen. Die übrigen Bezeichnungen sind dieselben wie in der obigen Gleichung.

In diesem Zusammenhange ist der folgende Umstand zu erwähnen: ist das Anion eines Salzes durch die vorhandene Membran diffusionsunfähig, das Kation aber diffusionsfähig, so wird durch die Gegenwart der nämlichen Membran die Hydrolyse des Salzes befördert, falls dieselbe überhaupt vor sich gehen kann. Ist z. B. das NaR das Salz einer schwachen Säure HR, so wird dieses Salz in wässeriger Lösung bei genügender Verdünnung zum Teil in HR und NaOH hydrolysiert. In Gegenwart einer für R impermeablen und für NaOH permeablen Membran diffundiert NaOH heraus, wodurch neue Salzmengen hydrolysiert werden. Wird nun die Außenlösung fortwährend gewechselt, so kann durch die Gegenwart der Membran eine vollständige Hydrolyse des Salzes NaR in einer Konzentration herbeigeführt werden, in welcher sie in Abwesenheit der Membran nicht stattfinden könnte. Diese Erscheinung ist möglicherweise die Ursache des Reaktionswechsels in Pflanzensäften und in dem die Pflanzenwurzeln umgebenden Medium, die allerdings nur durch schwächere Säuren und Basen hervorgerufen werden kann, da stark dissoziierte Säuren und Basen nicht permeieren[1].

Das Interesse der Physiologen wurde auf die DONNANschen Gleichgewichte nach dem Erscheinen des grundlegenden Werkes von J. LOEB[2] gelenkt. Die oben erörterten Gesetzmäßigkeiten der Endosmose verschiedener Ionen in die Pflanzenzellen können durch DONNANs Regeln in befriedigender Weise erklärt werden. Oben wurden die Versuchsresultate SABININs angeführt, welche zeigen, daß bei der Endosmose von PO_4 und K in die Zellen der Wurzelrinde ein Gleichgewicht sich bei solchen Konzentrationen dieser Ionen im Zellinnern einstellt, die 10- bis 15fach höher sind, als die Konzentrationen der nämlichen Ionen in der Außenlösung. In voller Übereinstimmung mit DONNANschen Gesetzmäßigkeiten hat SABININ gefunden, daß die soeben erwähnte Erscheinung nur bei einer Außenkonzentration der in Frage kommenden Ionen stattfindet, die geringer als 0,01 n ist. Dies ist leicht begreiflich, denn eine Anhäufung von Ionen kann nur bei solchen Konzentrationen der Außenlösung erfolgen, die mehrmals geringer sind, als die Konzentration der entgegengesetzt geladenen nicht permeierenden Ionen im Zellinnern. Folgende SABININsche Zahlen zeigen, daß bei höheren Konzentrationen der Außenlösung keine nennenswerte Anhäufung von PO_4 im Pflanzensafte zu verzeichnen ist.

Impatiens Balsamina

Konzentration von PO_4 in der Außenlösung . . . . 0,00146 n
   ,,   ,, PO_4 im Safte . . . . 0,00213 n
Das Verhältnis der inneren zur äußeren Konzentration ist gleich 1,5
Konzentration von PO_4 in der Außenlösung . . . . 0,01271 n
   ,,   ,, PO_4 im Safte . . . . 0,00302 n
Das Verhältnis der inneren zur äußeren Konzentration ist gleich 0,24.

Die analogen von GUREWITSCH (a. a. O.) mit der toten Samenhülle erhaltenen Resultate sprechen deutlich zugunsten der SABININschen Erklärung obiger Resultate auf Grund der DONNANschen Gleichgewichte.

Eine Anhäufung bestimmter Ionen in den Zellen kann nicht nur durch Anziehen seitens der im Zellinnern befindlichen nicht permeierenden Ionen von entgegengesetzter Ladung, sondern auch durch Verdrängen aus dem umgebenden Medium in die Zellen durch die nicht permeierenden Ionen von derselben Ladung stattfinden. So wird die Aufnahme des Phosphations aus sehr verdünnten Lösungen durch die

----

[1] Näheres bezüglich dieser Frage findet man in der Arbeit von D. SABININ u. E. MININA: Mitt. Biol. Inst. Univ. Perm **6**, 165 (1928) (russ.).
[2] LOEB, J.: Proteins and the Theorie of Colloidal Behaviour (1922).

Wurzeln von Zea Mays nach den Angaben von W. S. und W. W.
BUTKEWITSCH[1] sehr befördert, wenn die Außenlösung eine gewisse
Menge von Kieselsäure enthält, wobei letztere selbst in die Wurzeln
nicht eindringt. Dieselben Resultate wurden von den genannten Ver-
fassern an einem künstlichen Modell mit Kollodiummembran erhalten.
Auch der mit einer Exosmose verbundene Ionenaustausch, der ebenfalls
als eine allgemeine Gesetzmäßigkeit der Salzaufnahme anzusehen ist
(siehe oben), kann ungezwungen als eine Folge der DONNANschen Gleichgewichte interpretiert werden. Es fehlt bisher noch eine systematische
Übersicht der mit DONNANschen Gleichgewichten zusammenhängenden
Fragen auf dem Gebiete der Endosmose und Exosmose, doch ist es kaum
zweifelhaft, daß die DONNANschen Gesetzmäßigkeiten nach kurzer Zeit
die Grundlage unserer sämtlichen Vorstellungen auf dem genannten
Gebiete bilden werden. BRIGGS u. PETRIE[2] glauben schließen zu dürfen, daß die Ionenaufnahme durch Pflanzenzellen auf einem noch komplizierteren Wege vor sich geht, indem eine jede Phase des Zellinhaltes
im DONNANschen Gleichgewichte mit dem umgebenden Medium steht.

Die Permeabilität des Plasmas für Nichtelektrolyte. Daß Zuckerarten, mehrwertige Alkohole und andere Stoffe in die Zellen eindringen,
ist vor allem daraus ersichtlich, daß viele niedere und höhere Pflanzen
unter Lichtabschluß auf Lösungen verschiedener organischer Stoffe
gezüchtet werden können (vgl. Bd. 1, S. 224). Oben wurde bereits dargelegt, daß OVERTON gar einen Zusammenhang der Geschwindigkeit der
Endosmose mit der chemischen Zusammensetzung der in Frage kommenden Substanzen aufgestellt hat.

Im einzelnen muß bemerkt werden, daß namentlich die besten Nährstoffe, wie Aminosäuren und Zuckerarten langsam eindringen; unter
letzteren permeieren nur Monosen mit einer nennenswerten Geschwindigkeit. Rohrzucker dringt in den Zellsaft äußerst langsam ein[3]. Daß
aber Zuckerarten in das Zellplasma eindringen, ist aus der intensiven Stärkebildung auf Zuckerlösungen zu ersehen[4]. Dieselbe findet
auf Lösungen von Raffinose, Rohrzucker, Maltose, Glucose, Fructose,
Galaktose, Mannose, Sorbose und Rhamnose statt. Auch mehrwertige
Alkohole dringen in das Plasma vieler Pflanzenzellen ein. Überhaupt
sollte man das Eindringen der organischen Stoffe in das Zellplasma von
ihrer Diffusion durch den plasmatischen Wandbeleg in den Zellsaft
schärfer unterscheiden, als es bisher getan worden war, da die Geschwindigkeiten der beiden genannten Vorgänge sehr ungleich sein
können. FITTING (a. a. O.) teilt mit, daß die Permeabilität der Blattepidermis verschiedener Pflanzen für Glycerin und Harnstoff ungleich
ist. In diesem Zusammenhange ist die ungemein große Permeabilität

---

[1] BUTKEWITSCH, W. S. u. W. W.: Biochem. Z. **161**, 468 (1925).

[2] BRIGGS, G. S. a. A. H. PETRIE: Biochemic. J. **22**, 1071 (1928).

[3] Nach HÖFLER, K.: Planta (Berl.) **2**, 454 (1925), dringt Rohrzucker bei sehr
starker Plasmolyse in geringen Mengen in den Zellsaft ein, was aber wohl als eine
Folge der abnormen Veränderungen des Zellplasmas anzusehen ist.

[4] RUHLAND, W.: Jb. Bot. **50**, 250 (1911).

der Epidermiszellen von Gentiana Sturmiana für Harnstoff zu erwähnen[1]. Hierdurch ist noch ein Beweis dafür geliefert, daß organische Stoffe in den Zellsaft verschiedener Pflanzen mit ungleicher Geschwindigkeit eindringen.

Der Einfluß verschiedener Stoffe auf die Endosmose anderer Stoffe. Auf diesem Gebiete liegt eine Fülle von Beobachtungen vor, die noch ungenügend kritisch behandelt sind; auch wurden anomale Zustände von den normalen nicht immer genügend scharf unterschieden. Einige Stoffe verhindern in hypertonischen Konzentrationen ihre eigene Endosmose, worauf FITTING (a. a. O.) ausdrücklich hinweist. Hier liegt wohl eine pathologische Erscheinung vor, die auch in hypertonischen Mischlösungen verschiedener Stoffe beobachtet wird. Pathologische Verhältnisse treten außerdem überhaupt in sämtlichen nicht ausgeglichenen Lösungen ein. In anderen Fällen scheint aber eine direkte Beeinflussung der Permeabilität beim vollkommen gesunden Zustande der Zelle vorzuliegen. Wir werden einige Beispiele letzterer Art besprechen.

In erster Linie ist der Ionenantagonismus (Bd. 1, S. 253) nach der Annahme der meisten Forscher nicht auf die gegenseitige Beeinflussung der Ionen im Plasma, sondern darauf zurückzuführen, daß die Endosmose des einen Salzes durch das andere verhindert wird. Diese Erklärung wird dadurch bekräftigt, daß GUREWITSCH (a. a. O.) dieselben Resultate bezüglich des Ionenantagonismus auch an einer toten Membran beobachtet hat. Dieselbe Erklärung gilt für den Antagonismus zwischen Mineralsalzen und Alkaloiden, sowie zwischen Mineralsalzen und Salzsäure[2]. In manchen Fällen ist zwar die Annahme einer Verhinderung der Endosmose unbewiesen, doch liegen anderseits Beobachtungen vor, welche eine derartige Deutung gebieterisch erheischen. Schon längst hat z. B. BENECKE[3] darauf hingewiesen, daß die an der Bildung einer blaugrünen Verbindung mit Tannin unmittelbar sichtbare Endosmose von Eisensalzen in die Spirogyrazellen durch Calciumsalze verhindert wird. Diese Beobachtung wurde von SZÜCZ[4] bestätigt und erweitert. OSTERHOUT[5] und CHIEN[6] haben die gegenseitige Verhinderung der Endosmose bei Salzen der zweiwertigen Metalle wahrgenommen; auch in diesem Falle war die Endosmose an charakteristischen Veränderungen der Chloroplasten von Spirogyra unmittelbar zu erkennen. Die Verhinderung der Aufnahme und Aufspeicherung von Kupfersalzen und Eisensalzen durch die Wurzeln verschiedener Pflanzen konnte an Hand einer direkten chemischen Analyse dargetan werden[7]. Analoge analy-

---

[1] HÖFLER, K. u. STIEGLER: Ber. dtsch. bot. Ges. **39**, 157 (1921).

[2] BRENNER, W.: Ber. dtsch. bot. Ges. **38**, 277 (1920).

[3] BENECKE, W.: Ebenda. **25**, 322 (1907).

[4] SZÜCZ, J.: Sitzgsber. Akad. Wiss. Wien, Math.-naturwiss. Kl. (I) **119**, 737 (1910).

[5] OSTERHOUT, W. J. V.: Amer. J. Bot. **3**, 481 (1916).

[6] CHIEN, S. S.: Bot. Gaz. **63**, 406 (1917).

[7] SZÜCZ, J.: Jb. Bot. **52**, 85 (1912). — STOKLASA, J.: ŠEBOR, J., TÝMICH, F. u. J. CWACHA: Biochem. Z. **128**, 35 (1922).

tische Nachweise einer Verhinderung der Endosmose von Elektrolyten durch andere Elektrolyte wurden auch von anderen Forschern geliefert[1].

Der Antagonismus zwischen Alkaloiden und Mineralionen sowie zwischen diesen und verschiedenen anderen organischen giftigen Stoffen wurde an Hand einer direkten mikroskopischen Beobachtung der in Gegenwart der genannten Stoffe stattfindenden Vorgänge ebenfalls als eine Verhinderung der Endosmose gedeutet[2]. Szücz äußert die Ansicht, daß es sich hier um einen capillaren Vorgang handelt. Beachtenswert sind auch die Beobachtungen über die Endosmose von Farbstoffen, die man bequem unter dem Mikroskop verfolgen kann. Hier hat man wiederum eine Beeinflussung der Endosmose durch Mineralsalze sowie durch H- und OH-Ionen[3] wahrgenommen.

Es zeigte sich, daß geringe Mineralsalzmengen die Endosmose von Methylenblau und Neutralrot befördern, größere Mengen aber hemmen. Die Endosmose von basischen Farbstoffen wird durch saure Reaktion gehemmt, durch alkalische aber befördert. Saure Farbstoffe zeigen das entgegengesetzte Verhalten. Es scheint, daß Farbstoffe ebenso wie Alkaloide in freiem Zustande besser permeieren[4]. Neuerdings hat Iljin[5] gefunden, daß verschiedene Mineralsalze, namentlich Chloride der einwertigen und zweiwertigen Metalle, sowie basische Alkaliphosphate die Permeabilität des Plasmas für Zucker und Kalium herabsetzen, in starken Konzentrationen aber steigern. Diese Veränderungen der Permeabilität sucht Lepeschkin[6] dadurch zu erklären, daß die Plasmakolloide zuerst zum Teil ausgeflockt werden, wobei im protoplasmatischen Wandbelege Poren entstehen; schließlich kommt es aber zu einem Übergang der Gerbstoffe des Zellsaftes aus dem kolloiden Zustande in den molekularen, wodurch die Permeabilität herabgesetzt wird. Nach Scarth[7] sind die Spirogyrazellen im normalen Zustande für saure Farbstoffe undurchlässig, im plasmolysierten Zustande aber leicht durchlässig.

Aus obiger Darlegung ist ersichtlich, daß verschiedene Stoffe die Permeabilität des Plasmas für andere Stoffe zweifellos beeinflussen, doch ist es vorläufig schwer, bestimmte Regelmäßigkeiten auf diesem Gebiete zu erblicken, denn erstens wird unter dem Begriff „Permeabilität" nicht immer eine und dieselbe Eigenschaft gemeint, zweitens wurden neben den normalen auch manche pathologischen Vorgänge beschrieben und drittens sind die verschiedenen Methoden der Permeabilitätsmessung miteinander nicht direkt vergleichbar. Überhaupt fehlen

---

[1] Osterhout, W. J. V.: J. gen. Physiol. **4**, 275 (1922). — Brooks, M. M.: Ebenda **4**, 347 (1922).

[2] Szücz, J.: a. a. O. — Weevers, T.: Rec. Trav. bot. néerl. **11**, 312 (1914).

[3] Endler, J.: Biochem. Z. **42**, 440 (1912). — Collander, R.: Jb. Bot. **60**, 354 (1921).

[4] Vgl. dazu auch Irwin, M.: J. gen. Physiol. **10**, 927 (1927).

[5] Iljin, W. S.: Protoplasma (Berl.) **3**, 558 (1928).

[6] Lepeschkin, W.: Ebenda **2**, 239 (1927). — Amer. J. Bot. **15**, 422 (1928).

[7] Scarth, G. W.: Protoplasma **1**, 204 (1926).

noch auf diesem Gebiete quantitative Messungen, die aber zur Gewinnung eindeutiger Resultate unbedingt notwendig sind.

Nichtsdestoweniger haben einige Forscher versucht, allgemeine Gesetzmäßigkeiten der Beeinflussung der Permeabilität durch verschiedene Stoffe zu präzisieren. So kommt z. B. BROOKS[1] zum Schluß, daß einwertige Kationen die Permeabilität des Plasmas steigern, zweiwertige Kationen aber dieselbe herabsetzen. OSTERHOUT[2] meint, daß Salze der zwei- und dreiwertigen Metalle zuerst eine Abnahme, später aber ebenfalls eine Zunahme der Permeabilität bewirken. Derselbe Forscher teilt mit, daß geringe Alkalimengen die Permeabilität vergrößern, geringe Säuremengen aber dieselbe herabsetzen[3]. TRÖNDLE[4] glaubt aus seinen Versuchen den Schluß ziehen zu dürfen, daß geringe Säuremengen die Permeabilität für Chlornatrium steigern und Giftstoffe dieselbe entweder vermindern oder gar vollkommen aufheben.

Alle diese allgemeinen Schlußfolgerungen sind jedoch zur Zeit noch ungenügend begründet; daher stimmen sie auch nicht immer gut miteinander.

Die Permeabilität der Bakterien und Hefezellen. In Bakterien sind meistens keine Vakuolen sichtbar; in Hefezellen nehmen die Vakuolen jedenfalls einen relativ weit geringeren Raum ein, als bei höheren Pflanzen. Daher hat der Begriff Permeabilität bei Bakterien und Hefepilzen nicht denselben Sinn, wie bei Samenpflanzen, wo man meistens das Eindringen der gelösten Stoffe durch den protoplasmatischen Wandbeleg in den Zellsaft studiert.

Infolgedessen ist es leicht begreiflich, daß plasmolytische Methoden mit Bakterien und Hefen noch weniger zuverlässig sind als mit Samenpflanzen[5]. Die mit Hefe nach chemischen Methoden ausgeführten Untersuchungen zeigten, daß Äthylalkohol schnell, Mineralsalze aber äußerst langsam eindringen[6]. Beachtenswert ist der Umstand, daß hexosediphosphorsaures Natrium, das aus Zucker durch Hefetätigkeit entstehen soll, in die Hefezellen ebenfalls äußerst langsam eindringt. Übrigens sind unsere Kenntnisse über die Permeabilität der Bakterien und Hefezellen so lückenhaft, daß auf diesem Gebiete vorläufig noch keine allgemeinen Regelmäßigkeiten aufgestellt werden können.

Der Einfluß von äußeren Faktoren auf die Permeabilität. Aus obiger Darlegung ist ersichtlich, daß die Permeabilität des Plasmas für gelöste Stoffe nicht schlechthin als ein einfacher Diffusionsvorgang anzusehen ist. Dies ist vor allem aus dem ungleichen Verhalten lebender und getöteter Zellen zu ersehen. Oben wurden zwei wichtige

---

[1] BROOKS, S. C.: Amer. J. Bot. **3**, 483 (1916).

[2] OSTERHOUT, W. J. V.: Science (N. Y.), N. s., **35**, 112 (1912); **36**, 350 (1912); **37**, 111 (1913). — Bot. Gaz. **59**, 317, 464 (1915); **63**, 77 (1917). — Science (N. Y.), N. s., **43**, 857 (1916). — J. gen. Physiol. **1**, 299 (1919); **3**, 15, 145 (1920).

[3] OSTERHOUT, W. J. V.: J. of biol. Chem. **19**, 335, 493 (1914).

[4] TRÖNDLE, A.: Biochem. Z. **112**, 259 (1920).

[5] SHEARER: Proc. Cambridge philos. Soc. **19**, 263 (1919).

[6] PAINE, W.: Proc. roy. Soc. Lond. (B) **84**, 289 (1912). — SÖHNGEN, N. L. u. K. T. WIERINGA: Proc. Akad. Wetensch. Amsterd. **39**, 353 (1926).

Gesetzmäßigkeiten der Endosmose dargelegt, und zwar erstens die nicht immer gleiche Aufnahme einzelner Ionen je eines Salzes, zweitens aber der Eintritt des Gleichgewichtes bei sehr ungleichen Konzentrationen des permeierenden Stoffes in der Innen- und der Außenlösung. Folgende Zahlen MEURERS[1] zeigen, daß nur lebende Zellen der Mohrrübenwurzel eine ungleiche Aufnahme von einzelnen Ionen zeigen, während tote Zellen die beiden Ionen des Magnesiumchlorids in gleichen Mengen aufnehmen:

Wurzel von Daucus Carota.

Konzentration von $MgCl_2$	Zustand des Gewebes	Endosmose von Mg	Endosmose von Cl
		in Bruchteilen der Außenkonzentration	
n/24	lebend	0,286	0,377
n/22	tot	0,953	0,953

Diese Tabelle zeigt außerdem, daß totes Gewebe das Salz beinahe bis zum Konzentrationsausgleich aufnimmt. Auch der Eintritt des Gleichgewichts bei ungleichen Konzentrationen ist also wohl eine Eigenschaft der lebenden Zellen. Nach Angaben von REDFERN[2] ist die Anhäufung von Farbstoffen in toten Zellen eine mehrmals geringere als in lebenden Zellen; das Gleichgewicht tritt in toten Zellen bei erheblich niedrigeren Konzentrationen der Innenlösung, als in Versuchen mit lebenden Zellen ein. Auch die Form der zeitlichen Kurve der Endosmose ist bei lebenden und toten Zellen eine ungleiche: nur bei lebenden Zellen beobachtet man eine schnelle Abnahme der anfänglichen Geschwindigkeit der Endosmose. In Anbetracht dieser Resultate scheint die neuere Behauptung BÄRLUNDS[3], daß die Permeabilität vom Leben des Plasmas nicht abhänge, kaum begründet zu sein. Anderseits ist aus den Resultaten HOFFMANNS[4] der Schluß zu ziehen, daß die Permeabilität der kernfreien Spirogyrazellen derjenigen der normalen Zellen gleich ist. Somit scheint der Zellkern die Permeabilität nicht zu beeinflussen.

Schwere Beschädigungen des Protoplasmas haben immer eine starke Permeabilitätssteigerung zur Folge, was nach LEPESCHKIN und anderen Autoren auf eine Koagulation der Plasmakolloide zurückzuführen ist. Hierbei ist immer eine bedeutende Exosmose bemerkbar. Die so erheblichen Veränderungen der Eigenschaften des Zellplasmas sind meistens irreversibel und führen schließlich zum Tode. Doch treten unter dem Einfluß verschiedener äußerer Faktoren auch geringere Änderungen der Permeabilität ein, welche umkehrbar sind, die Lebensfähigkeit der Zelle nicht beeinträchtigen und nicht eine Zunahme, sondern zuweilen eine Abnahme der Endosmose herbeiführen.

Bei Temperatursteigerung in solchen Grenzen, in denen das Leben der Zelle nicht unterdrückt wird, erfolgt eine Zunahme der Permeabili-

<hr>

[1] MEURER, R.: Jb. Bot. **46**, 503 (1909).
[2] REDFERN, G. M.: a. a. O.
[3] BÄRLUND, H.: Acta Bot. Fennica **5**, 117 (1929).
[4] HOFFMANN: Planta (Berl.) **4**, 584 (1927).

tät. Hierbei entspricht der Temperaturkoeffizient durchaus nicht demjenigen der Diffusion, der sehr niedrig ist. Hingegen ist der Temperaturkoeffizient der Permeabilität, auf Grund der vorhandenen Messungen, demjenigen der chemischen Vorgänge analog. So hat der Temperaturkoeffizient der Endosmose von Wasserstoffionen in die Zellen der Kartoffelknollen nach STILES u. JØRGENSEN[1] zwischen 0^0 und 30^0 folgende Werte:

$$0\text{—}10^0 \quad \ldots \ldots \ldots \ldots \ldots \ldots \ldots \quad 2{,}2$$
$$10\text{—}20^0 \quad \ldots \ldots \ldots \ldots \ldots \ldots \ldots \quad 2{,}1$$
$$20\text{—}30^0 \quad \ldots \ldots \ldots \ldots \ldots \ldots \ldots \quad 2{,}2.$$

Beachtenswert ist der Umstand, daß bei niederen Temperaturen keine Steigerung des Temperaturkoeffizienten stattfindet.

Licht erhöht die Permeabilität des Plasmas für gelöste Stoffe[2]. Diese durch verschiedene Methoden bestätigte Schlußfolgerung kann freilich durch die negativen Resultate anderer Forscher[3] nicht in Zweifel gezogen werden; diese negativen Resultate sind wohl wie auch in manchen anderen analogen Fällen durch verschiedene Nebenumstände bedingt.

Nach TRÖNDLE[4] wird die Permeabilität durch Wundreiz herabgesetzt. Nach einiger Zeit stellt sich jedoch die ursprüngliche Permeabilität wieder her. Nach BUENNING[5] erfolgt hingegen nach der Verwundung eine Koagulation des Plasmas, die eine Steigerung der Permeabilität bedingt. Der Wundreiz soll sich von Zelle zu Zelle in meßbarer Weise fortpflanzen.

FITTING[6] beobachtete periodische Schwankungen der Permeabilität im Laufe des Jahres: im Winter tritt eine Abnahme, im Sommer aber eine Zunahme der Permeabilität ein. Bei der Darlegung der mit der Wasserbilanz der Pflanzen zusammenhängenden Tatsachen wird von den Permeabilitätsschwankungen abermals die Rede sein.

Theorien der Permeabilität. Es wurden mehrere Erklärungen der Permeabilität vorgeschlagen, die einander zum Teil widersprechen, indem eine jede Theorie auf ganz bestimmten Voraussetzungen bezüglich der Zusammensetzung und Struktur des Protoplasmas fußt; in letzterer Hinsicht herrscht aber keine Einigkeit, wie es bereits oben dargelegt worden war. Außerdem berücksichtigen einige Permeabilitätstheorien hauptsächlich das Eindringen der gelösten Stoffe durch den plasmatischen Wandbeleg in den Zellsaft, während andere Theorien eigentlich

---

[1] STILES, W. a. J. JØRGENSEN: Ann. of Bot. **29**, 611 (1915).

[2] LEPESCHKIN, W.: Béih. z. Bot. Zbl. (1) **24**, 308 (1909). — TRÖNDLE, A.: Jb. Bot. **48**, 171 (1910). — Vjschr. naturforsch. Ges. Zürich **63**, 187 (1918). — BLACKMAN, V. H. a. S. G. PAINE: Ann. of Bot. **32**, 69 (1918). — KAHHO, H.: Biochem. Z. **120**, 125 (1921). — BRAUNER, L.: Z. Bot. **14**, 497 (1922). — LWOW, S.: Mitt. Bot. Gart. Leningrad **25**, 1 (1925) (russ.). — LINDSBAUER, K.: Planta (Berl.) **3**, 527 (1927). — HOFFMANN: Ebenda **4**, 584 (1927). — HOAGLAND, D. R. a. A. K. DAVIS: Protoplasma (Berl.) **6**, 610 (1929).

[3] ZYCHA, H.: Jb. Bot. **68**, 499 (1928) u. a.

[4] TRÖNDLE: Beih. z. Bot. Zbl. (2) **38**, 353 (1921).

[5] BUENNING, E.: Bot. Arch. **14**, 138 (1926).

[6] FITTING, H.: Jb. Bot. **56**, 1 (1915); **59**, 1 (1919).

als Theorien der Stoffaufnahme im allgemeinen Sinne des Wortes anzusehen sind. Wir wollen hier nur die wichtigsten Permeabilitätstheorien kurz besprechen.

Die Lipoidtheorie ist die älteste Permeabilitätstheorie, die von
OVERTON (a. a. O.) selbst vorgeschlagen wurde. Der genannte Forscher
wies darauf hin, daß namentlich solche Stoffe leicht eindringen, die in
fetten Ölen und Lipoiden löslich sind. Diese Regel soll sich nach OVER
TON besonders gut mit den Farbstoffen bewähren: basische Farbstoffe
sind meistens in Cholesterin und anderen Lipoiden leicht löslich; dieselben permeieren auch ziemlich gut. Saure Farbstoffe sind in Lipoiden
meistens unlöslich und permeieren schlecht. Dieselbe Bemerkung betrifft nach OVERTON auch verschiedene andere organische Stoffe. Für
Mineralsalze betrachtete OVERTON das Plasma als praktisch undurchlässig.

Auf Grund dieser Beobachtungen nimmt OVERTON an, daß die Plasmahaut aus Lipoiden bestehe, was für die Endosmose maßgebend sein
soll.

Die Lipoidtheorie ist zur Zeit wohl als überholt anzusehen. Erstens
erfordert sie die Existenz einer spezifischen Plasmahaut, was keineswegs
bewiesen ist. Zweitens erwies es sich später, daß viele lipoidunlösliche
Stoffe, in erster Linie Mineralsalze, leicht permeieren. Auch bezüglich
der Farbstoffe hat RUHLAND (siehe unten) erwiesen, daß die von OVER
TON aufgestellte Regel nicht stichhaltig ist. Drittens zeigte es sich, daß
die Löslichkeit verschiedener Stoffe in Cholesterin sich in Gegenwart von
Wasser bedeutend verändert[1]. NATHANSON (a. a. O.) nimmt daher an,
daß die Plasmahaut eine veränderliche „Mozaikstruktur" besitzt, und
zwar an einigen Stellen aus Lipoiden, an anderen aber aus lebendem
Plasma besteht.

Hierdurch wird die Lipoidtheorie noch verwickelter, ohne an Wahrscheinlichkeit zu gewinnen. Auch die interessanten Resultate von BOAS[2],
der gefunden hat, daß die Hefegärung durch geringe Saponinmengen
stimuliert wird, dürfen kaum als eine Stütze der Lipoidtheorie verwertet
werden, denn es sind verschiedenartige Erklärungen dieses Verhaltens
denkbar.

HANSTEEN-CRANNER[3] hat gefunden, daß nicht ausgeglichene Mineralsalzlösungen aus den Zellwandungen der Wurzelspitzen eine erhebliche Menge von Phosphatiden auswaschen. Der Verfasser nimmt an,
daß Phosphatide namentlich in äußeren Plasmaschichten und in der
Zellwand in großen Mengen enthalten sind. Trotzdem schließt sich
HANSTEEN-CRANNER nicht der Lipoidtheorie in ihrer ursprünglichen
Form, sondern der Adsorptionstheorie (siehe unten) an. STEWARD[4] ver

---

[1] NATHANSON, A.: Jb. Bot. **38**, 249 (1903); **39**, 60 (1904); **40**, 403 (1904).

[2] BOAS, F.: Ber. dtsch. bot. Ges. **38**, 350 (1921); **40**, 249 (1922).

[3] HANSTEEN-CRANNER, B.: Ebenda **37**, 380 (1919). — Med. Norges Lands
brukh. **2**, 1 (1922).

[4] STEWARD, F. C.: Biochem. J. **22**, 268 (1928). — Brit. J. exper. Biol. **6**, 32
(1928). — Proc. Leads philos. Soc. **1**, 258 (1928).

mochte die experimentellen Resultate HANSTEEN-CRANNERS nicht zu bestätigen.

Die Ultrafiltertheorie wurde von RUHLAND[1] entwickelt. RUHLAND hat die Endosmose von 89 sauren und etwa 30 basischen Farbstoffen untersucht und zum Schluß gekommen, daß die Löslichkeit in Lipoiden hierbei keine Rolle spielt, wogegen ein auffallender Parallelismus zwischen Permeabilitätsgeschwindigkeit und Molekülgröße besteht. Dringen basische Farbstoffe durchschnittlich schneller als saure ein, so ist dies nach RUHLAND darauf zurückzuführen, daß erstere mit den Gerbstoffen des Zellsaftes Verbindungen eingehen und infolgedessen aufgespeichert werden. Auf Grund dieser Ergebnisse kommt RUHLAND zum Schluß, daß die Plasmahaut als ein Molekülsieb, d. i. als ein Ultrafilter fungiert. Es ist besonders zu beachten, daß hierbei namentlich das Eindringen der Farbstoffe in die Zentralvakuole berücksichtigt wird; somit können die etwas abweichenden Resultate von HÖBER u. NAST[2], die mit tierischen, zellsaftlosen Zellen erhalten wurden, mit denjenigen RUHLANDS nicht direkt verglichen werden. Auch ist der Umstand im Auge zu behalten, daß die Ultrafiltertheorie sich in erster Linie auf die Endosmose von organischen Stoffen bezieht. Bezüglich der Mineralsalze hielt sich RUHLAND ursprünglich an die Adsorptionstheorie (siehe unten).

Besonders interessant sind die neueren Untersuchungen von RUHLAND u. HOFFMANN[3] über die Permeabilität von Beggiatoa, deren Resultate ganz unzweideutig zugunsten der Ultrafiltertheorie sprechen. Auch ergab es sich, daß Beggiatoazellen für Mineralsalze in hohem Grade permeabel sind.

Einige Forscher erhielten Resultate, welche der Ultrafiltertheorie zu widersprechen scheinen[4]. COLLANDER u. BÄRLUND[5] nehmen an, daß die eindeutigen Resultate von RUHLAND u. HOFFMANN (a. a. O.) eine Ausnahme bilden. Doch hat die neue ausführliche Arbeit von SCHÖNFELDER[6] aus RUHLANDS Laboratorium zu Resultaten geführt, welche die Ultrafiltertheorie auf Grund von Versuchen mit Beggiatoa mirabilis nicht nur stark unterstützen, sondern auch die scheinbaren Abweichungen von dieser Theorie erklären. Die hauptsächlichsten Resultate SCHÖNFELDERS lassen sich auf folgende Weise zusammenfassen.

1. Die indifferenten (d. i. in Äther unlöslichen und oberflächeninaktiven) Anelektrolyte zeigten einen ganz auffallenden Parallelismus zwischen Permeiervermögen und Molekülgröße. Die Anzahl der geprüften Stoffe ist eine recht ansehnliche.

2. Bei den ätherlöslichen und oberflächenaktiven Stoffen ist das

---

[1] RUHLAND, W.: Jb. Bot. **51**, 376 (1912). **54**, 391 (1914). — Ber. dtsch. bot. Ges. **30**, 139 (1912); **31**, 304 (1913). — Biochem. Z. **54**, 59 (1913). — Biol. Zbl. **33**, 337 (1913).

[2] HÖBER, R. u. O. NAST: Biochem. Z. **50**, 418 (1913).

[3] RUHLAND, W. u. C. HOFFMANN: Planta (Berl.) **1**, 1 (1925).   -

[4] COLLANDER, R.: Jb. Bot. **60**, 345 (1921). — IRWIN, M.: J. gen. Physiol. **9**, 561 (1926). — POIÄRVI, L. A.: Acta Bot. Fennica **4**, 1 (1928) u. a.

[5] COLLANDER, R. u. H. BÄRLUND: Comm. Biol. Soc. Fenn. **2**, 9 (1926).

[6] SCHÖNFELDER, S.: Planta (Berl.) **12**, 414 (1930).

Permeiervermögen nicht nur von der Molekülgröße, sondern auch von der Adsorption abhängig. Alle diese Stoffe zeigen daher ein größeres Permeiervermögen, als es ihrer Molekülgröße entsprechen sollte. Der befördernde Einfluß der Adsorption im Sinne WARBURGS (vgl. Bd. 1, S. 550), läßt sich innerhalb homologer Reihen regelmäßig beobachten.

3. Elektrolyte zeigen das umgekehrte Verhalten. Im allgemeinen gehorchen auch diese Stoffe der Ultrafiltertheorie, wenn man nur den undissoziierten Teil der gelösten Moleküle berücksichtigt, da nur undissozierte Moleküle permeieren. Bei der Berechnung auf molare Konzentrationen ist also das Eindringen der Elektrolyte geringer als dasjenige der Anelektrolyte, da die entstandenen Ionen überhaupt nicht permeieren.

Auf diese Weise kann die Ultrafiltertheorie durch Versuche mit Beggiatoa als erwiesen gelten und es bleibt nur zu entscheiden, inwieweit die erhaltenen Resultate verallgemeinert werden dürfen und nicht auf die spezifischen Eigenschaften von Beggiatoa zurückzuführen sind. Letztere Annahme wurde von COLLANDER und seinen Mitarbeitern gemacht (siehe oben); sowohl RUHLAND u. HOFFMANN, als SCHÖNFELDER halten aber diesen Einwand aus verschiedenen Gründen für nicht stichhaltig.

Ein Zusammenhang zwischen Molekülgröße und Permeabilitätsgeschwindigkeit kann aber nicht als ein direkter Nachweis der Existenz einer festen Plasmahaut gelten; auch im Falle einer Diffusion durch den gesamten plasmatischen Wandbeleg in die Zentralvakuole dürfte die Molekülgröße eine ganz analoge Rolle spielen (siehe unten). Auf diese Weise scheint auch LEPESCHKIN die RUHLANDschen Resultate zu interpretieren. Jedenfalls ist ein Zusammenhang zwischen Molekülgröße und Diffusionsgeschwindigkeit namentlich im Falle einer Endosmose in den Zellsaft naheliegend.

Die Adsorptionstheorie. Daß die normale Aufnahme verschiedener Stoffe durch das Protoplasma auf dem Wege der Adsorption vor sich geht, scheint kaum zweifelhaft zu sein. Hierbei kann selbstverständlich unter Umständen auch eine labile chemische Bindung angenommen werden; ist es doch zuweilen schwer, die Adsorption von der chemischen Bindung zu unterscheiden. Diese Theorie wurde schon längst ausgesprochen[1]. Ihr Vorzug besteht darin, daß sie von der Existenz einer hypothetischen Plasmahaut unabhängig ist[2]. Im folgenden Kapitel werden verschiedene zugunsten dieser Theorie sprechende Tatsachen beschrieben werden.

Doch geht J. TRAUBE[3] wohl zu weit, als er behauptet, daß die Permeabilität verschiedener Stoffe mit ihrem Vermögen die Oberflächen-

[1] PAULI, W.: Sitzgsber. Akad. Wiss. Wien, Math.-naturwiss. Kl., Abt. III, **113**, 15 (1904). — SZÜCS, J.: a. a. O. — PANTANELLI, E.: Jb. Bot. **56**, 689 (1915). — Protoplasma (Berl.) **7**, 129 (1929) u. a.

[2] MOORE, B.: Biochemistry (1921).

[3] TRAUBE, J.: Pflügers Arch. **105**, 541, 559 (1901); **123**, 419 (1908); **132**, 511 (1901); **140**, 109 (1911); **153**, 276 (1913). — Biochem. Z. **54**, 306, 316 (1913); **98**, 177 (1919).

spannung an der Grenze von Wasser und Luft zu erniedrigen, gleichen Schritt hält. So permeieren z. B. basische und saure Farbstoffe, mit ungleicher Geschwindigkeit, obwohl beide Farbstoffgruppen die Oberflächenspannung ihrer Lösungen an der Grenze mit Luft in annähernd demselben Grade erniedrigen.

Nach LEPESCHKIN[1] sind Änderungen der Permeabilität auf eine Koagulation der dispersen Phasen des Plasmas und auf eine Spaltung der Verbindungen zwischen Eiweißstoffen und Lipoiden zurückzuführen. Hierzu soll sich in einigen Fällen noch eine Änderung des molekularen Zustandes der Gerbstoffe gesellen. KAHHO[2] nimmt ebenfalls an, daß namentlich die durch Mineralsalze hervorgerufenen Permeabilitätsänderungen auf eine Koagulation der lipoiden Bestandteile der äußeren Protoplasmaschichten zurückzuführen sind. Hiergegen behauptet SCARTH[3], daß die Permeabilität unter dem Einfluß der Plasmolyse auch bei hoher Viscosität des Plasmas zunimmt. Hieraus zieht SCARTH den Schluß, daß die Permeabilität durch einen organisierten Zustand der Moleküle an der Oberfläche des Plasmas reguliert wird. TRÖNDLE[4] meint, daß Permeabilitätsänderungen regelrechte Reizerscheinungen sind.

Überblicken wir die auf den vorstehenden Seiten nur unvollkommen dargestellten zahlreichen Resultate verschiedener Forscher über die Permeabilität, so können wir zwar manche Unstimmigkeiten und Ungenauigkeiten verzeichnen, doch sind immerhin einige Regelmäßigkeiten der Endosmose wohl als festgestellt zu betrachten. Hierzu gehört das Nichteindringen der freien Ionen, der Gleichgewichtszustand bei ungleichen Konzentrationen der inneren und der äußeren Lösung nach DONNAN und die zuweilen recht erheblichen quantitativen Änderungen der Permeabilität. Vor allem ist aber festgestellt worden, daß lebende Pflanzenzellen sich von einem PFEFFERschen Osmometer in manchen Beziehungen unterscheiden.

Nun werden wir versuchen, den Verlauf der Stoffaufnahme und Stoffausscheidung bei den Pflanzen auf Grund der in diesem Kapitel mitgeteilten Tatsachen zu erklären.

---

[1] LEPESCHKIN, W.: Protoplasma (Berl.) **2**, 239 (1927). — Amer. J. Bot. **15**, 422 (1928) u. a.

[2] KAHHO, H.: Biochem. Z. **123**, 284 (1921).

[3] SCARTH, G. W.: Protoplasma (Berl.) **1**, 204 (1926).

[4] TRÖNDLE, A.: Biochem. Z. **112**, 259 (1920).

Zehntes Kapitel.

Stoffaufnahme und Stoffausscheidung.

Allgemeine Betrachtungen über die Wasseraufnahme durch Pflanzen. In erster Linie wollen wir die Wasseraufnahme durch die Pflanzen betrachten. Weiter unten wird dargelegt werden, daß die Pflanze namentlich Wasser aus dem Boden in enorm großen Mengen aufnimmt; das Wasser bildet mindestens 75—80 vH des Frischgewichtes einer lebenden Pflanze; sowohl die Zellwand als das Protoplasma sind mit Wasser durchtränkt, und die Zentralvakuole der erwachsenen Zellen ist nichts anderes als eine wässerige Lösung verschiedener anorganischen und organischen Stoffe. Dazu kommt auch der Umstand, daß die Pflanze mit dem aufgenommenen Wasser verschwenderisch umgeht, indem sehr große Wassermengen bei der Transpiration (siehe unten) in Dampfform abgegeben werden. Dies ist ja auch leicht begreiflich, denn das Laubwerk der Pflanze stellt eine bedeutende feuchte Fläche dar, welche sich in der Luft ausbreitet und fortwährend Wasser verdunstet. Nach den vorhandenen Berechnungen[1] wird etwa $^1/_{20}$—$^1/_{40}$ der zur Wasserverdunstung auf unserem Planeten verwendeten Sonnenenergie bei der Transpiration der Pflanzen verbraucht!

Eine nicht zu unterschätzende Wassermenge wird auch bei der Photosynthese zum Aufbau organischer Stoffe verwendet. Die Photosynthese ist aber quantitativ allen übrigen chemischen Vorgängen in der Pflanze weit überlegen. Somit ist es einleuchtend, daß die Wasseraufnahme durch Pflanzenzellen in einem mehrmals größeren Umfange vor sich geht, als die Aufnahme sämtlicher anderen Stoffe.

Um in den Zellsaft zu gelangen, muß das Wasser erstens die Zellwand, zweitens aber den plasmatischen Wandbeleg passieren. Im vorigen Kapitel wurde dargelegt, daß letzterer für das Wasser permeabel ist; die etwa stattfindenden Schwankungen der Permeabilität des Protoplasmas für Wasser werden weiter unten beschrieben werden. Die Zellwand stellt meistens eine poröse Membran dar, welche dem Wassereintritt nicht den geringsten Widerstand entgegenstellt, doch trifft man auch Ausnahmen von dieser Regel. So sind bekanntlich verkorkte und cutinisierte Zellwände für das Wasser praktisch impermeabel; die äußeren Hüllen einiger Samen enthalten wahrscheinlich noch andere Stoffe, welche die Wasserdiffusion verhindern[2]. Es existieren auch semipermeable Zell-

---

[1] SCHRÖDER, H.: Naturwiss. **7**, 976 (1919).
[2] DENNY, F. E.: Bot. Gaz. **63**, 373, 468 (1917).

wände, welche das Wasser ziemlich leicht, die darin gelösten Stoffe aber schwer durchlassen[1]. Ein Unterschied von der Semipermeabilität des protoplasmatischen Wandbelegs besteht hier darin, daß gelöste Stoffe auch nach Vergiftung der Zellen in dieselben nicht eindringen, während der in lebendem Zustande semipermeable plasmatische Wandbeleg nach dem Abtöten leicht durchlässig wird. Es zeigte sich, daß die semipermeablen Samenhüllen ziemlich verbreitet sind[2]; diese Hüllen sind auch für reines Wasser weniger durchlässig, als permeable Membranen.

Solche Zellwände, welche der Wasserdiffusion einen Widerstand entgegensetzen, bilden allerdings eine Ausnahme: Sie dienen besonderen Zwecken in solchen Geweben, die speziell dazu bestimmt sind, einen Wasserverlust durch die darunter liegenden Organe einzuschränken. Als Regel ist die Zellwand für Wasser leicht durchlässig.

Die permeable Zellwand ist elastisch; im Zustande des Turgors ist sie gedehnt, bei der Plasmolyse aber entspannt. Infolgedessen ist das Zellvolumen im Zustande des Turgors größer als bei der Plasmolyse; dieser Umstand hat eine große Bedeutung für die Wasseraufnahme. Die Zellen der submersen Pflanzen befinden sich fortwährend im Zustande des Turgors, bei den Landpflanzen kommt es hingegen unter Umständen vor, daß der Wasserverlust durch Transpiration erheblicher ist als die Wasserzufuhr; infolgedessen findet Turgorverlust statt und die Zellwand entspannt sich. Wir werden gleich sehen, daß dieses Verhalten bei der Wasseraufnahme der Landpflanzen eine außerordentlich wichtige Rolle spielt.

Die Saugkraft. Sind zwei Lösungen von ungleicher Konzentration durch eine semipermeable Membran getrennt, so muß nach dem im vorigen Kapitel Erörterten Wasser in der Richtung nach der größeren Konzentration bis zum Konzentrationsausgleich diffundieren.

Da nun der Zellsaft der Pflanzenzellen meistens konzentrierter ist als die umgebende Lösung, so ist es klar, daß der osmotische Überdruck des Zellsaftes die Grundlage der treibenden Kraft bei der Wasseraufnahme bildet. Bei der Besprechung der Osmose wurde aber darauf hingewiesen, daß Wasser in ein Osmometer nur so lange eindringt, bis im letzteren freier Raum vorhanden ist; bei Raummangel findet nicht Wasserendosmose, sondern Drucksteigerung statt. Übertragen wir diese Verhältnisse auf die lebende Zelle, so ergibt sich folgendes. Im Zustande der Plasmolyse wird das Wasser unter einem Druck eingesogen, der dem osmotischen Werte des Zellsaftes gleich ist. Im Zustande des vollen Turgors, als das Bestreben der gedehnten Zellwand sich elastisch zusammenzuziehen mit dem osmotischen Druck im Gleichgewichte steht, ist offenbar keine Saugkraft vorhanden und Wasser kann nicht ein-

---

[1] BROWN, A. J.: Ann. Bot. **21**, 79 (1907). — Proc. roy. Soc. Lond. (B) **81**, 82 (1909). — COLLINS: Ann. of Bot. **32**, 381 (1918). — GUREWITSCH, A.: Jb. Bot. **70**, 657 (1929). — BRAUNER, L.: Ebenda **73**, 513 (1930).
[2] SCHRÖDER, H.: Flora (Jena), N. F., **2**, 186 (1911). — GASSNER, G.: Z. Bot. **7**, 609 (1915). — SHULL, S. A.: Bot. Gaz. **56**, 169 (1913). — RIPPEL, A.: Ber. dtsch. bot. Ges. **36**, 202 (1918).

dringen. Zwischen diesen extremen Fällen können solche Turgorverhältnisse zustande kommen, bei welchen zwar keine Plasmolyse erfolgt, doch der osmotische Druck größer bleibt, als der elastische Zellwandgegendruck. In diesen Fällen erfolgt die Wasseraufnahme unter einem Druck, der durch die Differenz zwischen dem Turgordruck und dem elastischen Gegendruck der gedehnten Zellwand bestimmt wird.

URSPRUNG u. BLUM[1] haben den oben dargelegten Begriff der Saugkraft zuerst entwickelt. Die früheren Vorstellungen waren unklar und es wurde sogar nicht selten angenommen, daß die Wasseraufnahme direkt durch die Höhe des osmotischen Druckes geregelt sei. Wir haben soeben gesehen, daß dies durchaus nicht der Fall ist. Somit müssen wir den osmotischen Wert der Zelle vom Turgordruck scharf unterscheiden. Der osmotische Wert ist bei der Plasmolyse größer als im Zustande des Turgors und wird durch den osmotischen Druck einer isotonischen Lösung ausgedrückt. Es ist aber ohne weiteres begreiflich, daß im plasmolysierten Zustande der Zelle kein hydrostatischer Druck auf die Zellwand bestehen kann. Der Turgordruck ist hingegen der tatsächliche hydrostatische Druck, der durch den Zellsaft und den protoplasmatischen Wandbeleg auf die Zellwand ausgeübt wird. Bei der Plasmolyse ist der Turgordruck gleich 0, obgleich der osmotische Wert beim Turgor geringer als bei der Plasmolyse ist. Im turgescenten Zustande ist der Turgordruck offenbar gleich dem Gegendruck der gespannten Zellwand, falls das Zellvolumen unverändert bleibt. Daher ist die Saugkraft nichts anderes als die Differenz zwischen dem osmotischen Werte und dem Turgordruck der Zelle:

$$S = P - T$$

wo S die Saugkraft, P der osmotische Wert und T der Turgordruck ist. Der Ausdruck „Saugkraft" ist physikalisch ungenau, da die Saugkraft in Atmosphären ausgedrückt wird. Die Benennung „Saugdruck" sollte richtiger sein, doch hat sich der Ausdruck Saugkraft bereits eingebürgert und eine Änderung ist daher unerwünscht.

Methoden zur Bestimmung der Saugkraft. Alle diese Methoden sind von URSPRUNG u. BLUM (a. a. O.) ausgearbeitet worden. Die erste Methode besteht darin, daß man sowohl den osmotischen Wert, als den Turgordruck der Zelle mißt. Zu diesem Zwecke wird das Volumen der Zelle zunächst in flüssigem Paraffin unter dem Mikroskop bestimmt. Dies ist das unveränderte Volumen. Dann wird das Volumen derselben Zelle in Wasser d. i. beim maximalen Turgor ermittelt. Schließlich mißt man das Zellvolumen in einer isotonischen Zuckerlösung, wo der Turgordruck gleich 0 ist. Man setzt voraus, daß die elastische Dehnung der Zellwand und somit der Turgordruck der Veränderung des Zellvolumens proportional ist und berechnet hieraus leicht die Größe von T. Das folgende Muster einer derartigen Bestimmung ist der Arbeit von URSPRUNG u. BLUM entnommen:

---

[1] URSPRUNG, A. u. G. BLUM: Ber. dtsch. bot. Ges. **34**, 525, 539 (1916). — Vgl. dazu auch HÖFLER, K.: Ebenda. **38**, 288 (1920).

Das Volumen der Zelle in Paraffin 31,509

„   „   „   „   „ Wasser 34,779

„   „   „   „ bei der Plasmolyse 21,799

Isotonische Rohrzuckerlösung . . . . 0,78 n

Hieraus der osmotische Wert in Wasser . . . . 0,49 n

Desgleichen in Paraffin . . . . 0,54 n

Gegendruck der Zellwand bei der Plasmolyse . . . . . . 0,0 n

„   „   „ in Wasser . . . . 0,49 n

$$\text{„ \quad „ \quad „ \quad in Paraffin } \quad 49 \text{ n} \frac{(31{,}509 - 21{,}799)}{(34{,}779 - 21{,}799)} = 0{,}37 \text{ n.}$$

Somit ist die Saugkraft der untersuchten Zelle gleich 0,54—0,37 n = 0,17 n Rohrzuckerlösung oder gleich 4,49 Atm.

Diese ziemlich komplizierte Methode wurde alsbald durch eine einfachere ersetzt, die der Bestimmung des osmotischen Wertes analog ist. Man ermittelt diejenige Zuckerkonzentration, in welcher sich das Zellvolumen gar nicht verändert. Man mißt zuerst das Zellvolumen in flüssigem Paraffin und überträgt dann die Schnitte in Zuckerlösungen verschiedener Konzentration. Der osmotische Wert derjenigen Lösung, in welcher das Zellvolumen sich weder vergrößert noch verkleinert, ist gleich der Saugkraft.

Später hat URSPRUNG[1] eine vereinfachte Methode der Saugkraftmessung vorgeschlagen, die bei Felduntersuchungen brauchbar ist und immerhin genügend zuverlässige Resultate liefern soll. Diese Methode erfordert nicht die Benutzung des Mikroskops. Es werden Streifen aus Blättern oder anderen Organen herausgeschnitten und deren Länge wird mittels einer starken Lupe und eines Mikrometers zunächst in Paraffin dann in Zuckerlösungen verschiedener Konzentration gemessen. Der osmotische Wert derjenigen Lösung, in welcher die Länge des Streifens unverändert bleibt, drückt die durchschnittliche Größe der Saugkraft der im Streifen befindlichen Zellen aus. Es ist empfehlenswert die Streifen aus Blättern nicht parallel, sondern senkrecht zur Richtung der Gefäßbündel herauszuschneiden, da letztere sonst die Verkürzung des Streifens hemmen dürften. Für steife Blätter wurde neuerdings[2] eine andere Methode angegeben: Man mißt nicht die Länge, sondern die Dicke der Streifen.

Auf die interessanten Resultate der von URSPRUNG und BLUM mit bewunderungswürdiger Energie ausgeführten zahlreichen Saugkraftmessungen werden wir später eingehen. Hier seien einige Fehlerquellen der soeben dargelegten Methoden besprochen.

Erstens wird bei der Bestimmung der Saugkraft vorausgesetzt, daß nur die Zentralvakuole Wasser aufnimmt und ausscheidet. In Wirklichkeit können aber die Kolloide des Protoplasmas und des Zellsaftes quellen und entquellen; dieser Vorgang geht unter Umständen ziemlich langsam vor sich[3]. Zweitens sind einige Zellwände nicht elastisch[4], was bei der

---

[1] URSPRUNG, A.: Ber. dtsch. bot. Ges. 41, 338 (1923). — Flora (Jena) 118, 119, 566 (1925).

[2] URSPRUNG, A. u. G. BLUM: Jb. Bot. 67, 334 (1927); 72, 1 (1930).

[3] ULEHLA, V.: Planta (Berl.) 2, 618 (1926).

[4] KRASSNOSSELSKY-MAXIMOW, T.: Ber. dtsch. bot. Ges. 43, 527 (1925).

Bestimmung der Saugkraft und gar des osmotischen Wertes Fehler herbeiführen kann. Solche Zellwände scheinen allerdings nur selten vorzukommen.

Schließlich ist dem Umstande Rechnung zu tragen, daß der Turgordruck von isolierten Zellen demjenigen der zu Geweben kombinierten Zellen nicht gleich ist. In letzterem Falle muß eine Sättigung mit Wasser schneller erfolgen, denn zu dem normalen Druck der elastisch gedehnten Zellwand muß man den Druck der benachbarten Zellen, der nur an bestimmten Punkten ausgeübt wird, addieren[1]. Die Zellen werden hierdurch deformiert. Bei Verminderung des Turgors wächst nun die Saugkraft schneller, als es bei isolierten Zellen der Fall gewesen wäre. Die Saugkraft kann sich daher bei relativ unbedeutenden Schwankungen des Turgordruckes erheblich verändern.

OPPENHEIMER[2] hat die von URSPRUNG u. BLUM vorgeschlagenen Methoden einer scharfen Kritik unterzogen und ist zum Schluß gekommen, daß viele von URSPRUNG u. BLUM beschriebenen Saugkraftdifferenzen innerhalb der Fehlergrenzen der verwendeten Methoden liegen. Auch DIXON[3] äußert schwere Bedenken gegen die gebräuchlichen Methoden der Saugkraftmessung und macht vor allem darauf aufmerksam, daß bei der Bereitung der Schnitte bereits erhebliche Veränderungen der Saugkraft stattfinden können. Eine Lösung all dieser Kontroversen bleibt noch aus.

Der Einfluß verschiedener Faktoren auf die Wasseraufnahme. Besonders eingehend wurde der Einfluß der Temperatur auf die Wasseraufnahme studiert. Ältere Untersuchungen, namentlich die an Hand der plasmolytischen Methoden ausgeführten, werden hier nicht besprochen, da deren Resultate nicht ganz zuverlässig sind. In neuerer Zeit hat DELF[4] sorgfältige Bestimmungen an Hand der sogenannten Lichthebelmethode[5] vollbracht. Das Wesen der Methode besteht darin, daß ein abgeschnittenes hohles Organ wie z. B. ein Lauchblatt oder ein Blütenstand von Löwenzahn an seinem unteren Ende mit einem capillaren Glasrohr in Verbindung gebracht wird, an seinem oberen Ende aber ein Glashäkchen trägt, das seinerseits mittels eines seidenen Fadens mit dem beweglichen Arm des optischen Hebels kommuniziert; letzterer ist mit einem kleinen Spiegel versehen, der das Bild eines Drahtkreuzes auf eine Millimeterskala reflektiert. Der hohle Raum des zu untersuchenden Organs wird mit Wasser oder verschiedenen Lösungen gefüllt und die Längenveränderung des Organs nach der Bewegung des Kreuzbildes an der Skala mit einer großen Genauigkeit verfolgt. Bezüglich der Einzelheiten muß auf das Original verwiesen werden.

Die von DELF erhaltenen Werte des Temperaturkoeffizienten bei

---

[1] HÖFLER, K.: Ber. dtsch. bot. Ges. **38**, 288 (1920).
[2] OPPENHEIMER, H. R.: Ber. dtsch. bot. Ges. **48**, Generalvers. 1930, S. 130.
[3] DIXON, H. H.: Ebenda **48**, 428 (1930).
[4] DELF, E. M.: Ann. of Bot. **30**, 283 (1916).
[5] BOSE, J. C.: Plant Response as a Means of Physiological Investigation (1906).

verschiedenen Temperaturen sind in der folgenden Tabelle zusammengestellt.

Temperatur	Temperaturkoeffizient	
	Lauchblätter	Blütenstände von Löwenzahn
5—15⁰	1,4	—
10—20⁰	1,5	2,3
15—25⁰	2,0	3,3
20—30⁰	2,6	3,8
25—35⁰	2,9	3,0
30—40⁰	3,0	2,6

STILES u. JØRGENSEN[1] haben die Wasseraufnahme durch Scheiben von Kartoffelknollen und Mohrrübenwurzeln an Hand der Gewichtsänderung untersucht. Die von diesen Forschern erhaltenen Resultate sind in der folgenden Tabelle zusammengestellt.

Temperatur	Temperaturkoeffizient	
	Kartoffel	Mohrrübe
10—20⁰	3,0	1,3
15—25⁰	2,7	1,4
20—30⁰	2,7	1,6

Es wurden außerdem auch Untersuchungen mit Keimpflanzen durch BROWN u. WORLEY[2], SHULL[3], DENNY[4] und andere ausgeführt und zwar mit dem Ergebnis, daß der Temperaturkoeffizient gleich 1,5—2 gefunden war.

Aus allen diesen Resultaten ist ersichtlich, daß die Wasseraufnahme bei Temperatursteigerung unaufhörlich zunimmt; bei 40⁰ ist allerdings nach einiger Zeit eine plötzliche Wasserausscheidung bemerkbar, welche wahrscheinlich auf den Eintritt anomaler Zustände hindeutet. Die Temperaturkoeffizienten sind durchwegs größer als diejenigen eines physikalischen Vorganges und zwar sind sie ungleich bei verschiedenen Pflanzen und gar verschiedenen Geweben einer und derselben Pflanze. Selbstverständlich wäre es voreilig hieraus zu schließen, daß die Wasseraufnahme einen chemischen Prozeß darstellt.

Der Einfluß der in Wasser gelösten Stoffe auf die Wasseraufnahme wurde von verschiedenen Forschern untersucht und die Ansichten über den Sachverhalt sind nicht eindeutig. Folgende Resultate von STILES u. JØRGENSEN (a. a. O.) sowie von THODAY[5] scheinen zuverlässiger als die anderen zu sein, da in denselben hypotonische Lösungen in Anwendung kamen.

Rohrzucker und Natriumchlorid rufen bei allmählicher Konzentra-

---

[1] STILES, W. a. F. JØRGENSEN: Ann. of Bot. **31**, 415 (1917).
[2] BROWN, A. J. a. F. P. WORLEY: Proc. roy. Soc. Lond. (B) **85**, 546 (1912).
[3] SHULL, C. A.: Bot. Gaz. **69**, 361 (1920).
[4] DENNY, E. E.: Bot. Gaz. **63**, 373 (1917).
[5] THODAY, D.: New Phytologist **17**, 57 (1918).

tionssteigerung eine regelmäßige Herabsetzung der Wasseraufnahme hervor, die wohl auf eine Abnahme der Saugkraft nach Steigerung des Außendruckes zurückzuführen ist. Giftstoffe wie Äthylalkohol, Octylalkohol, Chloroform und Quecksilbercyanid üben eine eigenartige Wirkung aus: ganz niedrige Konzentrationen dieser Stoffe verhalten sich ebenso wie niedrige Zuckerkonzentrationen, höhere Konzentrationen rufen aber anfänglich eine Steigerung der Wasseraufnahme hervor, die alsbald durch eine bedeutende Wasserausscheidung ersetzt wird. Sehr hohe Konzentrationen bewirken sofort eine Wasserausscheidung. Die Verfasser erklären diesen Sachverhalt dadurch, daß die von ihnen untersuchten Stoffe ins Zellinnere eindringen und die Saugkraft zunächst durch Steigerung des osmotischen Wertes erhöhen. Nach einiger Zeit findet aber infolge Änderung der normalen Dispersität der Plasmakolloide eine Exosmose verschiedener im Zellsaft gelöster Stoffe statt, was eine Wasserausscheidung zur Folge hat. In sehr konzentrierten Lösungen der Giftstoffe soll die Schädigung des Protoplasmas so schnell erfolgen, daß die erste Stufe der Giftstoffeinwirkung ausbleibt. Etwa dasselbe Resultat wurde mit solchen Stoffen wie Schwefelsäure, Osmiumsäure und Sublimat erhalten. In einer n/5000 Schwefelsäurelösung ist die Wasseraufnahme noch größer als in reinem Wasser, was wohl durch Nebenumstände bewirkt wird. Auch mit anderen giftigen Stoffen waren analoge Resultate zu verzeichnen.

Die Wasserversorgung der niederen Pflanzen und Wasserpflanzen. Das oben Dargelegte genügt dazu, die Wasserversorgung bei einzelligen Pflanzen und submersen Wasserpflanzen zu erklären. Die Zellen der Wasserpflanzen befinden sich fortwährend im Zustande des vollen Turgors und besitzen also keine Saugkraft. Obgleich der osmotische Wert der einzelnen Zellen einer höheren Wasserpflanze in weiten Grenzen schwankt, findet dennoch keine Wasserbewegung von Zelle zu Zelle statt; da sämtliche Zellen mit Wasser gesättigt sind und also keine Saugkraft besitzen. In diesem Zusammenhange ist der Umstand zu betonen, daß, nach den Untersuchungen von H. WALTER[1], der normale Zustand der Zelle auch bei niederen Pflanzen mit einem bestimmten Quellungsgrade der Plasmakolloide zusammenhängt; die Plasmaquellung steht aber selbstverständlich mit dem allgemeinen Zustande der Wasserversorgung in Verbindung. Interessant ist die Beobachtung WALTERS, daß Bakterien eine größere Feuchtigkeit des umgebenden Mediums verlangen, als Schimmelpilze. Bezüglich der Austrocknungsfähigkeit einiger niederen Pflanzen wird noch weiter unten die Rede sein.

Die Wasseraufnahme durch die Wurzeln. Das Wurzelsystem der höheren Pflanzen ist speziell dazu angepaßt, die enorm großen Wassermengen, die der Pflanze notwendig sind, selbst aus verhältnismäßig trockenen Böden zu gewinnen. Nach der vorherrschenden Ansicht, ist namentlich der mit Wurzelhaaren versehene Wurzelteil (Abb. 8) zur Wasseraufnahme aus dem umgebenden Medium bestimmt. Die Wurzel-

---

[1] WALTER, H.: Jb. Bot. **62**, 145 (1923). — Z. Bot. **16**, 353 (1924).

haare sind lange Auswüchse einzelner Zellen der Wurzelepidermis, die
zarte Wandungen haben und sowohl Wasser als die darin gelösten Stoffe
mit großer Geschwindigkeit aufnehmen. Das vom Absorptionsgewebe
der Wurzel aufgenommene Wasser, muß dann einige Zellschichten der
parenchymatischen Wurzelrinde passieren und schließlich durch die

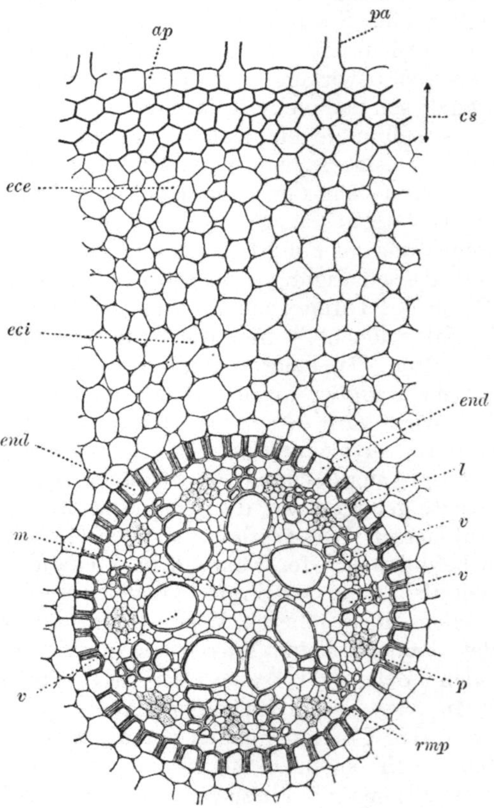

Abb. 8. Querschnitt durch eine junge Wurzel von Iris germanica. *pa* basale Teile der Wurzelhaare,
ap Epidermis der Wurzel, *cs*, *ece*, *eci* Wurzelrinde, *end* Endodermis, *p* Pericambium, *l* Leptom,
v Hadrom des Zentralzylinders, *m* Mark, *rmp* Markstrahlen. (Nach Bonnier.)

Endodermis und das Pericambium in das Gefäßsystem des zentralen
Gefäßbündels der Wurzel gelangen. Die Saugkraft der Wurzel muß also
genügend stark sein, um den Gegendruck der Bodenlösung zu überwinden; auch muß die Saugkraft der einzelnen Zellschichten in der Richtung
zum Zentrum der Wurzel zunehmen. Die von Ursprung u. Blum[1] ausgeführten Messungen ergaben die folgende radiale Verteilung der Saugkraft bei Phaseolus:

---

[1] Ursprung, A. u. G. Blum: Ber. dtsch. bot. Ges. **39**, 70 (1921).

Zellschicht	Saugkraft Atm.	Osmotischer Wert in n Rohrzuckerlös.
Epidermis	0,9	0,31
1. Rindenreihe	1,3	0,30
2. „	1,7	0,32
3. „	2,0	0,34
4. „	2,6	0,34
5. „	3,2	0,33
6. „	3,6	0,32
7- „	4,2	0,32
Endodermis	1,3	0,32
Pericambium	0,9	0,31
Bündelparenchym	0,8	0,31

Dasselbe Bild gewährt die Bohne.

Wir sehen also, daß der osmotische Wert sämtlicher Zellschichten ein und derselbe ist, während die Saugkraft von der Epidermis bis zur Endodermis fortwährend steigt, in den endodermalen Zellen aber plötzlich sinkt. Die zwischen Endodermis und Gefäßen gelegenen Zellen besitzen eine noch geringere Saugkraft als die endodermalen Zellen. Dieser unerwartete „Endodermissprung" ist ziemlich rätselhaft und wird von Dixon[1] auf folgende Weise erklärt: Der Endodermissprung ist eine anormale Erscheinung, welche dadurch verursacht wird, daß bei der Anfertigung der Schnitte die Endodermiszellen, die mit den Tracheen in nahem Kontakt stehen, beim Durchschneiden der Tracheen plötzlich einen erheblichen Wasservorrat erhalten, wodurch ihre Saugkraft selbstverständlich sofort herabgesetzt wird. Diese einfache und naheliegende Erklärung wird jedoch von Ursprung abgelehnt.

Nun fragt es sich, auf welche Weise das Wasser aus den lebenden Zellen des Pericambiums und des Bündelparenchyms in die toten Gefäße mit ihren verholzten Wandungen gelangt? Dieser Vorgang ist auf den ersten Blick überhaupt paradox, denn Wasser wird vom umgebenden Medium durch die äußeren Wurzelzellen eingesogen und genau derselbe Vorgang sollte sich scheinbar auch an der Grenze der lebenden Parenchymzellen und der toten, mit Wasser gefüllten Gefäße abspielen. In Wirklichkeit beobachten wir den umgekehrten Vorgang: das Wasser wird von lebenden Zellen in die Gefäße herausgepreßt, und zwar unter einem bestimmten Druck.

Der Wurzeldruck und das Bluten der Pflanzen. Hales[2] hat vor 200 Jahren den folgenden Versuch ausgeführt. Er schnitt den Stengel einer Weinrebe dicht über dem Boden ab und beobachtete den Ausfluß der Flüssigkeit aus dem Stumpf. Als Hales die Oberfläche des Stumpfes mit Tierblase zuband, platzte letztere unter dem Druck des herausfließenden Saftes. Das an die Oberfläche des Stumpfes angebrachte Manometer zeigte eine Drucksteigerung an (Abb. 9). Der Saft wird also

---

[1] Dixon, H. H.: Ebenda **48**, 428 (1930).
[2] Hales: Statical Essays (1727).

unter Druck herausgetrieben. Dieser Vorgang wurde das Bluten der Pflanzen genannt.

Schon längst hat man sich davon vergewissert, daß nicht nur das in der Wurzel selbst enthaltene, sondern auch das dem Boden entnommene Wasser mit dem Blutungssafte herausfließt. Dies ist daraus ersichtlich, daß die Menge des ausgetretenen Saftes das Wurzelvolumen häufig bedeutend übertrifft, wie es z. B. die folgenden Zahlen von HOFMEISTER[1] zeigen:

Utrica urens.

Zeit in Stunden	Blutungssaft in cmm	Wurzelvolumen in cmm
99	3025	1350
40	11260	1450

Bereits ältere Resultate beweisen also, daß die von der Wurzel aufgenommene Bodenlösung in das Gefäßsystem des Stengels unter Druck

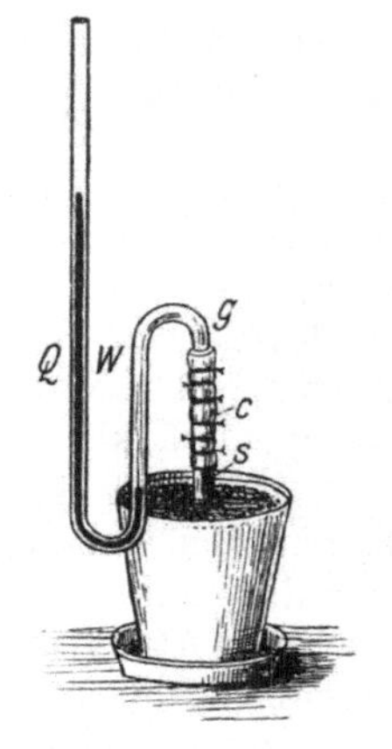

Abb. 9. Pflanzenstumpf mit Quecksilbermanometer. Der Überdruck von Q zeigt den Wurzeldruck an. (Aus „Bonner Lehrbuch“).

getrieben wird, denn eine nähere Untersuchung zeigt, daß der Blutungssaft nur aus den offenen Wasserleitungsbahnen herausfließt. Bei größeren Gewächsen beobachtet man häufig eine allmähliche Zunahme der Geschwindigkeit des Blutens, die nach einigen Tagen ein Maximum erreicht und dann allmählich abnimmt. Bei einigen Palmen und Agaven dauert das Bluten mehrere Monate und liefert sehr bedeutende Saftmengen. Übrigens werden bei einzelnen Exemplaren einer und derselben Pflanze große Unterschiede sowohl in den Gesamtmengen des ausgeschiedenen Saftes, als in den beobachteten Drucken verzeichnet. Aus der von WIELER[2] gemachten Zusammenstellung ergibt sich, daß in älteren Arbeiten die maximalen manometrischen Drucke 2 Atm. nicht überstiegen und auch diese Größe nur ausnahmsweise erreichten. Einzelne Manometer, auch die an einem Baumstamm in verschiedenen Höhen angebrachten, zeigen zuweilen hohe Drucke, die mehrere Atmosphären betragen[3], doch ergibt in derartigen Fällen die anatomische Untersuchung, daß die genannten Drucke einen durchaus lokalen Charakter haben; sie werden von einzelnen Zellengruppen entwickelt, die bei Verwundung des Stammes während des Anbringens des Manometers von den benachbarten Geweben durch Wundkork isoliert worden waren[4].

---

[1] HOFMEISTER: Flora (Berl.) **45**, 97 (1862).
[2] WIELER: Cohns Beitr. Biol. Pflanz. **6**, 122 (1893).
[3] BOEHM: Ber. dtsch. bot. Ges. **10**, 539 (1892).
[4] MOLISCH, H.: Bot. Ztg **60**, 45 (1902). — Es existieren auch andere Ursachen der hohen Manometerdrucke; vgl. das folgende Kapitel.

Diese Drucke können also nicht die geringste Vorstellung von dem wirklichen Blutungsdruck geben.

Schon längst unterscheidet man, namentlich bei Holzgewächsen, das Frühjahrsbluten vom Sommerbluten. Ersteres kommt nur vor dem Entfalten des Laubwerkes bei Bäumen zustande. Zu dieser Zeit ist der Blutungsdruck immer hoch und der Saft selbst enthält eine bedeutende Menge der organischen Stoffe, die offenbar als Material zum Aufbau des Laubwerkes dienen. Als die hauptsächlichsten Bestandteile des Frühjahrsblutens sind Zuckerarten und Äpfelsäure zu nennen. Letztere könnte vielleicht als eine Vorstufe der Asparaginbildung angesehen werden. Auch einige Fermente, nämlich Amylase, Katalase und Oxydasen wurden im Blutungssafte nachgewiesen[1], aber ebenfalls nur im Frühjahr. Im Sommer ist die Menge der organischen Stoffe im Blutungssafte unbedeutend; derselbe enthält dann hauptsächlich Mineralsalze[2]. Ein anderer Unterschied besteht darin, daß im Frühjahr das Bluten nach dem Abschneiden des oberirdischen Teiles der Pflanze regelmäßig einsetzt, während dies im Sommer nicht immer der Fall ist; häufig bemerkt man nicht nur keine Saftausscheidung aus dem Stumpf, sondern im Gegenteil ein Aufsaugen des auf die Oberfläche des Stumpfes angebrachten Wassers. Dies ist aber dadurch erklärlich, daß im Sommer die Pflanze wegen der gesteigerten Transpiration nicht selten an Wassermangel leidet, worüber weiter unten die Rede sein wird. Die Transpiration erfordert nämlich solche Wassermengen, die von der Wurzel nicht immer mit der gleichen Geschwindigkeit dem Boden entnommen werden können; nur die Transpiration selbst liefert in diesen Fällen die zur Wasseraufnahme aus dem Boden nötige Kraft. Nach einem reichlichen Begießen setzt daher auch im Sommer das Bluten regelmäßig ein[3]. Nach den Resultaten Sabinins kann das Bluten auch bei krautartigen Pflanzen während der ganzen Vegetationsperiode nachgewiesen werden.

Eine rätselhafte Erscheinung bilden die periodischen Schwankungen des Blutens[4], die allerdings von einigen Forschern vermißt wurden[5].

Bereits früher wurde das Bluten als ein osmotischer Vorgang gedeutet; durch die neueren Untersuchungen wurde diese Annahme bestätigt. Werden die lebenden Zellen in der Umgebung der Gefäße getötet, oder gar durch Sauerstoffabschluß in ihrer Lebenstätigkeit gehemmt, so hört das Bluten auf (Wieler, a. a. O.). Durch Begießen wird die Geschwindigkeit des Blutens gesteigert, die Saugkraft aber herabgesetzt[6]. Eine Aufnahme von Salzlösungen bewirkt zunächst eine Abnahme, später aber eine Zunahme des Blutens[7], was wohl durch eine Salzendosmose

<hr>

[1] Wotschal, E.: C. r. Soc. natur. Kiew, 3. Mai 1914 (russ.).
[2] Sabinin, D.: Bull. Inst. rech. biol. Univ. Perm 4, Suppl. 2 (1925) (russ.).
[3] Schaposchnikow, W.: Beih. z. Bot. Zbl. 28, 487 (1912).
[4] Baranetzky, O.: Abh. naturforsch. Ges. Halle 13, 3 (1873). — Molisch, H.: Sitzgsber. Akad. Wiss. Wien, Math.-naturwiss. Kl. (I) 107, 1247 (1898). — Rommel: Sv. bot. Tidskr. 12, 446 (1918). — Stoppel: Z. Bot. 12, 529 (1920).
[5] Wieler: a. a. O. — Schaposchnikow: a. a. O. — Sabinin: a. a. O.
[6] Schaposchnikow, W.: Beih. z. Bot. Zbl. 43, 133 (1926).
[7] Montfort: Jb. Bot. 59, 501 (1920). — Sabinin: a. a. O.

und Steigerung sowohl des osmotischen Wertes als der Saugkraft des Wurzelparenchyms erklärlich ist.

In Anbetracht dieser Ergebnisse ist die von LEPESCHKIN[1] neuerdings gegebene Erklärung der Ursache des Blutens kaum annehmbar. Der genannte Forscher behauptet, daß das Bluten durch die besonderen ökologischen Verhältnisse im Frühjahr bedingt ist. Hierbei wird dem Umstande nicht Rechnung getragen, daß das Bluten nicht nur im Frühjahr, sondern während der ganzen Vegetationsperiode existiert. Den überzeugenden Beweis davon, daß das Bluten ein osmotischer Vorgang ist, hat SABININ (a. a. O.) geliefert. Seine Versuche wurden mit krautartigen Pflanzen nach der folgenden sehr empfindlichen Methode ausgeführt: Der Stengel einer in Wasserkultur gezüchteten Pflanze wurde abgeschnitten und der Stumpf mit einem Capillarrohr verbunden. Das Rohr wurde mit Wasser gefüllt, das Wurzelsystem der Pflanze aber entweder in reines Wasser, oder in verschiedene Lösungen getaucht. Das Bluten wurde nach der Lage des Wassermeniscus im kalibrierten Capillarrohr quantitativ ermittelt.

Erstens zeigte es sich, daß der osmotische Wert des Blutungssaftes immer beträchtlich ist und auch im Sommer die früher nur beim Frühjahrsbluten wahrgenommenen maximalen Größen regelmäßig erreicht. Dies rührt davon her, daß die Mineralstoffe der Bodenlösung im Safte der Wurzelzellen konzentriert werden, worüber bereits im vorigen Kapitel die Rede war. Zweitens legt SABININ einen besonderen Wert auf die folgende Regelmäßigkeit, die er an verschiedenem Versuchsmaterial festgestellt hat: Die treibende Kraft des Blutens in Atmosphären ist gleich dem osmotischen Werte des Blutungssaftes, wie es z. B. aus folgender Tabelle zu ersehen ist.

Pflanze	Treibende Kraft des Blutens in Atm.	Osmotischer Wert des Blutungssaftes in Atm.
Impatiens Balsamina	0,36	0,35
„ Zea Mays. „	0,42	0,38
„Zea Mays.	1,46	1,53

Der osmotische Wert des Blutungssaftes wurde an Hand der kryoskopischen Methode ermittelt, die treibende Kraft des Blutens aber nach der folgenden Formel berechnet:

$$Px = \frac{A \cdot Pe}{A - B}.$$

In dieser Formel ist Px die treibende Kraft, A die Geschwindigkeit des Blutens in reinem Wasser und B die Geschwindigkeit des Blutens in einer während des Versuches praktisch nicht permeierenden Lösung, deren osmotischer Wert gleich Pe ist. Bezüglich der Begründung der Formel muß auf das Original verwiesen werden. Ihre Grundlage bildet die Voraussetzung, daß die Geschwindigkeit der Wasserfiltration in das Gefäßsystem dem dieselbe treibenden Druck direkt proportional ist.

---

[1] LEPESCHKIN, W.: Planta (Berl.) 4, 113 (1927).

Das erhaltene Resultat spricht deutlich dafür, daß das Bluten einen osmotischen Vorgang darstellt. Beachtenswert ist der Umstand, daß die treibende Kraft des Blutens bei verschiedenen Exemplaren einer und derselben Pflanzenspezies unbedeutend variiert. Renner[1] hat durch Eintauchen der Wurzel in Zuckerlösungen einen verkehrten Wasserstrom von der Schnittfläche zur Wurzel und in die Lösung erzielt, falls an der Schnittfläche reines Wasser geboten war.

Die Annahme, daß der Wurzeldruck, der sich im Vorgange des Blutens offenbart, eine abnorme Erscheinung darstellt, ist nicht stichhaltig. Erstens setzt das Bluten unter geeigneten Verhältnissen regelmäßig ein, zweitens besteht nach Sabinin ein konstantes Verhältnis zwischen dem osmotischen Werte der Bodenlösung einerseits und der treibenden Kraft des Blutens, sowie dem osmotischen Werte des Blutungssaftes anderseits[2]. Drittens, was besonders wichtig ist, offenbart sich der Wurzeldruck auch unter vollkommen normalen Verhältnissen im Vorgange der sogenannten Guttation, d. i. Ausscheidung des flüssigen Wassers durch die sogenannten Hydathoden bzw. Wasserspalten, die speziell dem genannten Zwecke dienen. Die Guttation als physiologischer Vorgang wird weiter unten beschrieben werden; hier genügt es darauf hinzuweisen, daß bei der genannten Erscheinung, die nur in Abwesenheit der Transpiration und bei vollkommener Wassersättigung der Pflanze zum Vorschein kommt, das Wasser aus den Leitungsbahnen oder aus einzelnen lebenden Zellen unter Druck herausgepreßt wird. In einigen Fällen ist es reines Wasser, in anderen Fällen aber eine ziemlich konzentrierte Lösung von Mineralsalzen. Der Wurzeldruck genügt meistens nur bei krautartigen Pflanzen zur Herstellung der Guttation, doch wurde in Ausnahmefällen eine Wasserausscheidung auch bei baumartigen Gewächsen wahrgenommen. So hat Hartig[3] schon längst die Beobachtung gemacht, daß bei einem ausnahmsweise hohen Blutungsdruck an den Knospen der Hainbuche und anderer Bäume Blutungssaft vor dem Austreiben ohne jegliche Verletzung aus den Narben vorjähriger Blätter ausgetreten war.

Fragen wir nun nach dem Mechanismus der Saftausscheidung, so kann zur Zeit eine eindeutige Antwort nicht gegeben werden. Es ist dies vielmehr vielleicht das geheimnisvollste Problem auf dem gesamten Gebiete der Pflanzenphysiologie, was wohl auf unsere ungenügende Kenntnis des Wesens der osmotischen Vorgänge zurückzuführen ist.

Vorherrschend war bis auf die letzte Zeit hin die von Pfeffer[4] ausgesprochene und von Lepeschkin[5] entwickelte Ansicht, laut welcher der

---

[1] Renner, O.: Jb. Bot. **70**, 805 (1929).

[2] Litwinow, L.: Bull. Inst. rech. biol. Univ. Perm **4**, 447 (1926); **6**, 91 (1928). — Gebhardt, A.: Ebenda **6**, 77 (1928).

[3] Hartig, Th.: Bot. Ztg **11**, 478 (1853); **20**, 85 (1862). — Strasburger, E.: Bau und Verrichtungen der Leitungsbahnen (1891).

[4] Pfeffer, W.: Osmotische Untersuchungen (1877). — Zur Kenntnis der Plasmahaut und der Vakuolen (1890).

[5] Lepeschkin, W.: Beih. z. Bot. Zbl. (I) **19**, 409 (1906).

protoplasmatische Wandbeleg in verschiedenen Teilen einer und derselben Zelle für Wasser und namentlich für die in demselben gelösten Stoffe in ungleichem Grade durchlässig ist. Unter dieser Voraussetzung soll Wasser mit den darin gelösten Stoffen infolge des ungleichartigen Turgordrucks aus demjenigen Ende der Zelle heraustreten, wo die Permeabilität eine größere ist. Diese Annahme schien durch einige experimentelle Resultate bekräftigt zu sein[1], doch ist sie wegen der wichtigen Einwände BLACKMANS immerhin nicht sehr wahrscheinlich. BLACKMANN[2] weist darauf hin, daß die LEPESCHKINsche Ansicht an einem inneren Widerspruch leidet, da eine Zelle von bestimmtem osmotischen Druck nicht im Gleichgewichte mit dem umgebenden Wasser sein und zu gleicher Zeit Wasser sezernieren kann, wie es LEPESCHKIN annimmt. Übrigens entwickelt auch URSPRUNG zur Erklärung des Endodermissprungs (siehe oben) Ansichten, welche denjenigen LEPESCHKINS nahe stehen.

Bei allen Annahmen einer ungleichen Durchlässigkeit der beiden Zellenden für Wasser ist es wahrscheinlicher vorauszusetzen, daß nicht der Plasmaschlauch, sondern die Zellwand polare Permeabilität besitzt. BRAUNER[3] hat dargetan, daß die leblose Samenschale von Aesculus Hippocastanum das Wasser in normaler Richtung um 52vH schneller durchläßt, als in umgekehrter Richtung, was des Verfassers Meinung nach durch eine elektrostatische Triebkraft verursacht wird. Auch die folgende Beobachtung BRILLIANTS[4] ist wohl am einfachsten durch die polare Permeabilität der Zellmembran erklärlich. Die Plasmolyse der Blattzellen von einigen Mniumarten und Catharinea undulata erfolgt nach BRILLIANT einseitig. Der Plasmaschlauch befindet sich bei der Plasmolyse nicht in der Mitte der Zelle, sondern schmiegt sich einem Ende der Zelle an (Abb. 10). Daß dies nicht auf zufällige Umstände zurückgeführt werden kann, erhellt daraus, daß sämtliche Zellen der rechten Blatthälfte nach rechts, diejenigen der linken Blatthälfte nach links plasmolysiert werden. Selbstverständlich ist die ungleiche Permeabilität nicht die einzige mögliche Erklärung dieser beachtenswerten Beobachtung.

Auf einem ganz anderen Wege sucht PRIESTLEY[5] den Wurzeldruck und das Eindringen des Wassers in das Gefäßsystem zu erklären. Dieser Forscher nimmt mit Recht an, daß wassergesättigte Zellen sich bei jedem osmotischen Werte vollkommen passiv verhalten, und den durch ein Konzentrationsgefälle zu den beiden Seiten dieser Zellen bewirkten Wasserstrom ungehindert durchlassen. Besteht also ein Konzentrations-

---

[1] WEIS, A.: Planta (Berl.) **2**, 241 (1926). — Vgl. dazu noch URSPRUNG u. BLUM: Jb. Bot. **65**, 1 (1926). — SCHRÖDTER: Flora (Jena) **20**, 18 (1925).
[2] BLACKMAN, V. H.: New Phytologist **20**, 106 (1920).
[3] BRAUNER, L.: Jb. Bot. **73**, 513 (1930).
[4] BRILLIANT, W.: C. r. Acad. Sci. Russie Jg. **1927**, 155.
[5] PRIESTLEY, J. H.: New Phytologist **19**, 189 (1920); **21**, 41 (1922). — PRIESTLEY, J. H. a. D. ARMSTEAD: Ebenda **21**, 62 (1922). — PRIESTLEY, J. H. a. E. NORTH: Ebenda **21**, 113 (1922). — PRIESTLEY, J. H. a. R. M. TUPPER-CAREY: Ebenda **21**, 210 (1922). — Vgl. auch BLACKMAN, V. H.: a. a. O.

gefälle zwischen der Bodenlösung einerseits und dem Inhalte der Gefäße anderseits und sind die Zellen von Wurzelepidermis, Wurzelrinde, Endodermis, Pericambium und Bündelparenchym wassergesättigt, so entsteht ein regelmäßiger Strom und freilich ein bestimmter Gradient der Saugkraft auf dem Wege dieses Stroms: die größte Saugkraft müssen die den Gefäßen anliegenden Zellen besitzen; die geringste Saugkraft muß in den Zellen der Wurzelepidermis vorhanden sein. Aus den Messungen von Ursprung u. Blum (a. a. O.) geht hervor, daß ein Gradient der Saugkraft in der Zone zwischen Epidermis und Endodermis tatsächlich besteht; der Sachverhalt verwickelt sich aber durch den Endodermissprung. Aus den Resultaten Sabinins (a. a. O.) ist außerdem ersichtlich, daß der osmotische Wert der in Gefäßen enthaltenen Flüssigkeit infolge Konzentrationssteigerung der Mineralstoffe der Boden-

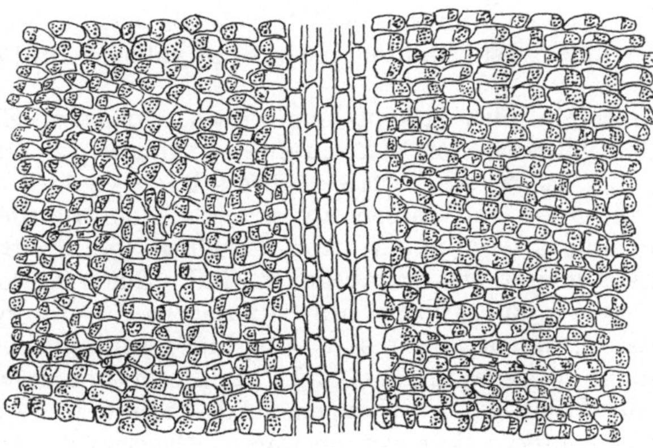

Abb. 10. Einseitige Plasmolyse der Blattzellen von Catharinea undulata. Erklärung im Text. (Nach Brilliant.)

lösung überraschend hoch ist und durchschnittlich 2 Atm. erreicht. Die Resultate Sabinins können auch in einer anderen Beziehung die Priestleysche Hypothese bekräftigen; es zeigte sich, daß die treibende Kraft des Blutens durch den osmotischen Wert des Blutungssaftes ausgedrückt wird; dies läßt sich dahin deuten, daß die aktive Wasseraufsaugung nicht durch die Epidermiszellen und Wurzelhaare, sondern in erster Linie durch den Inhalt der Gefäße bewirkt wird. Neuerdings behaupten Scott u. Priestley[1], daß namentlich die Endodermis als wasseraufsaugender Apparat fungiert, indes Wurzelhaare nur in trockenen Böden von Bedeutung sind. Auch Popesco[2] äußert sich dahin, daß die Bedeutung der Wurzelhaare im Vorgange der aktiven Wasseraufsaugung problematisch ist. Anderseits zeigt es sich, daß die aufsaugende Kraft der Wurzel nach Übertragen in reines Wasser schnell abnimmt und auch unter natürlichen Verhältnissen nach einem starken

[1] Scott, L. I. a. J. H. Priestley: New Phytologist **27**, 125 (1928).
[2] Popesco, S.: Bull. Agron. Bucarest **7**, 59 (1926).

Regen auffallend herabgesetzt wird[1]. Dies scheint zugunsten der Annahme zu sprechen, das lebende Zellen der Wurzel an der Wasseraufnahme aktiv beteiligt sind.

Daß die PRIESTLEYsche Theorie nicht alle Schwierigkeiten beseitigt, ist übrigens aus folgenden Betrachtungen ersichtlich. Die osmotisch wirksamen Stoffe, die in den Gefäßen oder in der Endodermis für die Wasseraufnahme und den Wurzeldruck verantwortlich sind, werden durch den aufsteigenden Wasserstrom fortwährend ausgewaschen und müssen erneuert werden. Auf welche Weise wird dies bewerkstelligt? PRIESTLEY[2] nimmt an, daß die den Gefäßen anliegenden Zellen große Permeabilität besitzen und in das Gefäßinnere verschiedene Stoffe ausscheiden. Dies ist jedoch keine erschöpfende Erklärung, denn es muß noch ein Ersatz der ausgeschiedenen Stoffe in den nämlichen Zellen stattfinden, damit der gesamte Vorgang der Wasseraufnahme ununterbrochen vor sich geht. SHULL[3] meint, daß die Quellung der Gefäßwandungen allein zur Wasseraufnahme aus den anliegenden Parenchymzellen ausreicht.

Es wurde bereits oben darauf hingewiesen, daß eine befriedigende Erklärung des Vorgangs der Wasseraufnahme durch die Wurzel noch fehlt. Nach der Ansicht des Verfassers dieses Buches sollten die Grundlagen der Endosmose des Wassers an verschiedenen Modellen studiert werden, denn es liegt die Annahme nahe, daß einige wichtige theoretische Gesetzmäßigkeiten uns bisher unbekannt sind. Einen analogen Sachverhalt können wir im Problem des Saftsteigens im Holzzylinder erblicken. Dieses Problem war eine Zeitlang nicht weniger verwickelt als das Problem der Wasseraufnahme, und zwar namentlich deswegen, weil die Gesetze der Wasserkohäsion ungenügend studiert, und andere Tatsachen unrichtig interpretiert worden waren. Gegenwärtig besitzen wir aber eine zusammenhängende eindeutige Theorie des Saftsteigens an Stelle der früheren einander widersprechenden und meistens unbegründeten Voraussetzungen.

Das Bodenwasser und dessen Aufnahme durch die Wurzeln. Der Boden ist ein sehr kompliziertes Medium, welches aus verschiedenartigen Teilchen besteht. Einzelne Bodenpartikelchen besitzen ein ungleiches Adsorptionsvermögen; von der Struktur und Zusammensetzung des Bodens hängt also seine Wasserkapazität ab. Das Bodenwasser ist teils das Quellungswasser der Bodenkolloide, teils ist es an der Oberfläche der Bodenpartikelchen adsorbiert, teils ist es capillares Wasser, welches die Zwischenräume zwischen den einzelnen Bodenpartikelchen einnimmt und sich in diesen Räumen nach den Gesetzen der Capillarität bewegt. Nur dieses bewegliche Wasser kommt für die Versorgung der Pflanzen in Betracht[4] und die Verhältnisse, unter denen die Wasser-

---

[1] URSPRUNG, A.: a. a. O. — SABININ, D.: a. a. O. — MOLZ, F. J.: Amer. J. Bot. **13**, 433 (1926).

[2] PRIESTLEY, J. H. a. D. ARMSTEAD: New Phytologist **21**, 62 (1922).

[3] SHULL, CH. A.: Ecology **5**, 230 (1924).

[4] Das „Gravitationswasser", welches bei vollkommenem Durchtränken des

aufnahme durch die Wurzel vor sich geht, wurden schon längst von
SACHS durch sein bekanntes Schema (Abb. 11) dargestellt: „Die dunkel-
schraffierten Körper T sind mikroskopisch kleine Bodenteilchen, zwischen denen sich die völlig weißen Luftlücken befinden. Jedes Boden-
körnchen ist mit einer Wasserschicht umhüllt, die von seinen Flächen-
kräften festgehalten wird; diese Wasserschichten sind in der Zeichnung
durch geschwungene Linien angedeutet. Auch die Oberfläche des Wur-
zelhaares ist z. B. bei α mit einer dünnen Wasserschicht bekleidet und
seine Wand mit Wasser durchtränkt. Sämtliche Wassersphären der
Bodenteilchen stehen untereinander nicht nur in Berührung, sondern
auch in einem Gleichgewicht. Nehmen wir nun an, das Wurzelhaar hh
sauge das Wasser bei α auf und dieses dringe durch das Haar ins Innere

Abb. 11. Wurzelhaare im Boden. Erklärung im Text. (Nach SACHS.)

des Haares, so wird die Oberfläche der Wandung des Haares bei α
weniger Wasser haben, als ihrer Anziehungskraft entspricht; sie entzieht es der Stelle τ, diese nimmt sodann Wasser von β auf und die
Bewegung setzt sich nach γ, δ fort usw., bis das molekulare Gleichgewicht
aller Wassersphären wieder hergestellt ist; dabei werden diese sämtlich
dünner und der Boden als Ganzes trockener. Diese Austrocknung er-
greift gleichzeitig die vom Wurzelhaar entfernten Teile, indem bei der
Aufsaugung durch das Wurzelhaar bei α oder τ eine beständige Strömung
des adhärierenden Wassers von δ nach γ, β und α hin eintritt. Die Bewegung des Wassers an den Bodenoberflächen beschränkt sich daher
nicht bloß auf mikroskopische Distanzen[1].“

Bodens nicht festgehalten wird, sondern allmählich in die unteren Bodenschichten
abfließt, hat offenbar eine geringere Bedeutung für die Pflanzen.

[1] SACHS, J.: Vorlesungen über Pflanzenphysiologie, S. 308 ff. (1882).

Es ist nun einleuchtend, daß je mehr Wasser das Haar bereits aufgenommen hat, desto kräftiger es festgehalten wird, desto langsamer sich eine Störung von α aus bis β, γ, δ fortpflanzt. Es kann endlich ein Zustand der Wasserhüllen eintreten, wobei die noch übrigen Wasserschichten von den Bodenteilchen so festgehalten werden, daß kein Wasser mehr in das Wurzelhaar eindringt. Steht nun die Wurzel mit einem oberirdischen belaubten Stamm in Verbindung, so wird die Transpiration nach wie vor Wasser aus der Pflanze entfernen; dieser Verlust kann aber unter den angegebenen Umständen nicht mehr durch Aufsaugung seitens der Wurzel ausgeglichen werden; das Innere der Pflanze wird wasserarm und die Blätter welken. Dieses Welken kann als Kriterium davon dienen, in welchem Grade die adsorbierende Kraft des Bodens der Wasseraufnahme durch die Wurzel entgegenwirkt. Es kann freilich ein vorübergehendes Welken der Pflanze auch bei fortdauernder Wasseraufnahme und zwar wegen der übermäßig gesteigerten Transpiration eintreten; ein derartiges Welken findet aber nur während der heißesten Tagesstunden statt, und gegen Abend wird die normale Turgescenz der Pflanze wieder hergestellt. Uns interessiert hier aber ein andauerndes Welken („permanent wilting" der amerikanischen Forscher), welches schließlich zum Tode der Pflanze führt und namentlich auf einen Mangel der Wasseraufnahme durch die Wurzel hindeutet.

Aus obiger Darlegung ist ohne weiteres ersichtlich, daß verschiedene Böden infolge ungleicher Adsorptionskraft der Wasseraufnahme durch eine und dieselbe Pflanze in verschiedenem Grade entgegenwirken. Die ersten derartigen Bestimmungen verdanken wir bereits SACHS; von den späteren ausführlicheren Untersuchungen seien hier diejenigen von CLEMENTS u. HEDGKOCK[1] erwähnt. Die mit verschiedenen Böden erhaltenen Resultate sind in der folgenden Tabelle zusammengestellt, in der W die gesamte Wasserkapazität des Bodens, U das für die Pflanzen nicht verfügbare Wasser und A diejenige Wassermenge bedeutet, die von den Wurzeln aufgenommen werden kann. Die gesamten Wassermengen sind in Prozenten des Trockengewichts des Bodens ausgedrückt.

Boden	W	U	A
Sandboden	14,3	0,3	14,0
Leichter Lehmboden	47,4	9,3	38,1
Löß	59,3	10,1	49,2
Lehmboden	64,1	10,9	53,2
Humusboden	65,3	11,9	53,4
Salzhaltiger Boden	68,5	16,2	52,3

Aus diesen Zahlen ist ersichtlich, daß verschiedene Böden bei einem und demselben Wassergehalt sich ungleich verhalten. Bei einer Feuchtigkeit von 10 vH, die im Sommer nicht selten vorkommt, enthält der Sandboden noch 9 vH des für Pflanzen verfügbaren Wassers, indes Lehmboden und Humusboden bei demselben Wassergehalte nur solches

---

[1] CLEMENTS, F. E.: Plant Physiology and Ecology, S. 14 (1907).

Wasser enthalten, das von den Pflanzen überhaupt nicht aufgenommen wird.

Die mit einer außerordentlich großen Anzahl der Pflanzen und Böden ausgeführten sorgfältigen Untersuchungen von BRIGGS und SHANTZ[1] zeigen, daß sämtliche Pflanzen einem bestimmten Boden immer nur eine und dieselbe Wassermenge zu entnehmen vermögen: die Adsorptionskraft und die Quellung der Bodenkolloide ist nämlich so groß, daß individuelle Schwankungen der Saugkraft bei verschiedenen Pflanzen quantitativ belanglos sind: nach Erschöpfung des beweglichen Wassers hört die Wasserversorgung sämtlicher Pflanzen auf; der Prozentgehalt des beweglichen Wassers ist aber nur von den Eigenschaften des in Frage kommenden Bodens abhängig. Als Kriterium der Sistierung der Wasserabsorption durch die Pflanzen diente in Versuchen von BRIGGS und SHANTZ das andauernde Welken („permanent wilting"); als „Koeffizienten des Welkens" bezeichnen die Verfasser denjenigen Feuchtigkeitsgehalt des Bodens (in Prozenten des Trockengewichtes), bei welchem das andauernde Welken der Pflanzen erfolgt; dieser Ausdruck ist wohl genauer als die etwas unbestimmte Bezeichnung „das von den Pflanzen nicht absorbierbare Wasser". Einige von BRIGGS und SHANTZ erhaltenen Resultate sind in der folgenden Tabelle zusammengestellt.

Die Koeffizienten des Welkens verschiedener Pflanzen auf einem und demselben Boden.

Pflanze	Anzahl der Beobachtungen	Durchschnittlicher Koeffizient
Mais	75	1,03
Adropogon	66	0,98
Chaetochloa	48	0,97
Weizen	653	0,99
Hafer	46	0,99
Gerste	60	0,97
Roggen	19	0,94
Reis	21	0,94
Andere Gramineen	77	0,97
Leguminosen	138	1,01
Cucurbitaceen	17	0,99
Tomate	20	1,06
Colocasia	19	1,13
Hygrophyten	8	1,10
Mesophyten	35	1,02
Xerophyten	16	1,06

Andere Forscher haben in einigen Fällen gewisse Unterschiede zwischen einzelnen Pflanzen erhalten[2], was aber wohl auf den folgenden

---

[1] BRIGGS, L. J. a. H. L. SHANTZ: Bot. Gaz. **51**, 210 (1911); **53**, 20, 229 (1912). — FLORA (Jena) **105**, 224 (1913).

[2] CRUMP, W. B.: J. of Ecol. **1**, 96 (1913). — New Phytologist **12**, 125 (1913). SHIVE, J. W. a. B. E. LIVINGSTON: Plant World **17**, 81 (1914). — CALDWELL, J. S.: Physiologic. Res. **1**, 1 (1913).

Umstand zurückzuführen ist. Die beständigen Zahlen von Briggs und Shantz können nur bei einer langsamen Transpiration erhalten werden; bei übermäßiger Transpiration treten Nebenerscheinungen ein, welche das Gesamtresultat entstellen und namentlich ein vorzeitiges Welken herbeiführen können. Neuerdings hat Lobanow[1] die Resultate von Briggs und Shantz bestätigt.

Nun ist es aber freilich unzureichend, den Widerstand des Bodens gegen Wasserentzug nur durch das Welken der Pflanzen zu ermitteln. Es wurden daher verschiedene Versuche gemacht, die Saugkraft des Bodens direkt zu bestimmen. Zu diesem Zwecke wurden sowohl physiologische, als rein physikalische Methoden verwendet.

Ursprung u. Blum[2] benutzten die Pflanze selbst zur Messung der Saugkraft des Bodens und weisen darauf hin, daß die Saugkraft der Wurzel in wässerigen Lösungen mit derjenigen der Außenlösung immer übereinstimmt, wenn die aufgenommene Wassermenge im Vergleich mit der absorbierenden Wurzelfläche verschwindend klein ist. Doch scheint die Schlußfolgerung der Verfasser, daß die Saugkraft des Bodens einfach durch diejenige der Wurzelhaare bestimmt wird, aus verschiedenen Gründen nicht stichhaltig zu sein[3]. Litwinow hat z. B. die Saugkraft einiger Pflanzen größer als diejenige der Außenlösung gefunden; die Saugkraft der Wurzel wurde hierbei allerdings nach der oben dargelegten Methode von Sabinin bestimmt und die erhaltenen Zellen sind also mit denjenigen von Ursprung u. Blum nicht direkt vergleichbar. Briggs u. McCall[4], Livingston[5], König, Hasenbäumer u. Grossman[6] und Korneff[7] haben versucht, die Saugkraft des Bodens durch direktes Einbringen von Osmometern verschiedener Konstruktion in den Boden zu ermitteln. Alle diese Bestimmungen sind aber eher als Schätzungen anzusehen, vor allem deswegen, weil ein vollkommener Kontakt des Osmometers mit dem Boden nicht zu erzielen ist.

Boujoucos[8] bestimmte die Gefrierpunktserniedrigung verschiedener Böden, die sich in manchen Fällen als recht ansehnlich erwies. Doch können diese Resultate nicht die Gegenwart einer entsprechenden Menge der in Bodenlösung gelösten Stoffe beweisen, da eine Gefrierpunktserniedrigung in heterogenen Medien auch in Abwesenheit von gelösten Stoffen stattfinden kann.

---

[1] Lobanow, N. W.: J. landw. Wiss. Moskau 2, 243 (1925) (russ.).

[2] Ursprung u. Blum: Ber. dtsch. bot. Ges. 39, 139 (1921).

[3] Vgl. dazu Bachmann, F.: Planta (Berl.) 4, 140 (1927).

[4] Briggs, L. I. a. McCall: Science (N. Y.), N. s., 20, 566 (1904).

[5] Livingston, B. E.: Carnegie Inst. Washington Publ. 50, 1 (1906). — Pulling, H. E. a. B. E. Livingston: Ebenda, Publ. 204, 49 (1915). — Livingston, B. E. a. R. Koketsu: Soil Sci. 9, 469 (1920). — Vgl. auch Mason, T. G.: West Indian Bull. 19, Nr 2, 137 (1922).

[6] König, J., Hasenbäumer, J. u. H. Grossmann: Landw. Versuchsanst. 69, 1 (1908).

[7] Korneff, V. G.: C. r. Acad. Sci. Paris 182, 862 (1926).

[8] Boujoucos, G. S. a. McCool: Michigan Agricult. Exper. Stat., Bull. 31 (1916). — Boujoucos, G. S.: Ebenda, Bull. 36 (1917). — Bull. 42 (1918). — Soil. Sci. 11, 33 (1921); 41, 431 (1922).

Eine sehr eigenartige Methode verwendete SHULL[1]. Oben wurde erwähnt, daß einige Samen semipermeable Hüllen haben. Diesen Umstand hat SHULL benutzt, um ein lebendes Osmometer zu verwenden, welches viel leichter als künstliche Osmometer in statisches Gleichgewicht mit dem Boden gebracht werden kann. SHULL verwendete Samen von Xanthium pennsylvanicum, die verhältnismäßig schnell quellen und deren wasseranziehende Quellungskraft mit dem osmotischen Druck der umgebenden Lösung im Gleichgewichte steht. Dieser Umstand gestattet die eigenartigen lebenden Osmometer durch Lösungen von bekanntem osmotischen Wert zu kalibrieren. Die folgende Tabelle enthält die Resultate einer solchen Kalibrierung; sie ist auch als eine Erläuterung des Quellungsvorganges interessant; sie liefert eine Erläuterung zu der im I. Kapitel (Bd. 1, S. 19) dargelegten Regel, laut welcher der Quellungsdruck namentlich bei einem geringen Wassergehalt enorm groß ist, bei weiterer Wasseraufnahme aber schnell fällt und die Größenordnung des osmotischen Drucks annimmt.

Quellung der Samen von Xanthium pennsylvanicum

Konzentration der Außenlösung	Osmotischer Wert in Atm.	Wasseraufnahme durch die Samen in 24 Stunden
LiCl gesättigt	965,0	spur
NaCl gesättigt	375,0	6,2
„　　4 n	130,0	11,0
„　　2 n	72,0	18,6
„　　1 n	38,0	26,2
„　　0,7 n	26,6	32,8
„　　0,5 n	19,0	38,7
„　　0,1 n	3,8	46,4
Wasser	0,0	51,2

Die „kalibrierten" Xanthiumsamen wurden mit den zu untersuchenden Böden vermischt und unter häufigem Umrühren für 15 Tage in geschlossenen Gefäßen gelassen. Dann wurde der Wassergehalt der Samen und des Bodens bestimmt. Einige Resultate dieser Messungen sind in der folgenden Tabelle zusammengestellt.

Wassergehalt des Bodens in Prozenten des Trockengewichtes	Saugkraft des Bodens in Atmosphären
5,83 (lufttrocken)	965
6,23	697
8,68	418
9,36	375
11,79	130
13,16	72
14,88	38
17,10	19
17,93	11,4
18,87	3,8
20,04 (volle Kapazität)	0,0

---

[1] SHULL, C. A.: Bot. Gaz. **62**, 1 (1916).

Dieser Versuch wurde mit einem schweren Lehmboden ausgeführt. Es ist ersichtlich, daß der Boden sich wie ein quellender Körper verhält, denn namentlich auf den Anfangsstufen der Wasseraufnahme fällt seine im lufttrockenem Zustande enorm große Saugkraft sehr schnell ab; bei Verdoppelung des ursprünglichen Wassergehaltes fiel die Saugkraft des Bodens von 965 zu 13 Atmosphären.

SHULL war in der Lage die absoluten Werte der von BRIGGS und SHANTZ aufgestellten relativen Koeffizienten des Welkens zu ermitteln. Es zeigte sich, daß die Saugkraft des Bodens bei dem Wassergehalt des Welkenskoeffizienten in verschiedenen Bodenarten unwesentlich schwankt und durchschnittlich 3—4 Atm. beträgt.

Die sinnreiche von SHULL verwendete Methode kann offenbar nur eine beschränkte Verwendung finden. Neuerdings hat aber BACHMANN[1] eine rein physikalische Methode ausgearbeitet, die unter beliebigen Verhältnissen verwendet werden kann. Die Beziehung zwischen Dampfdruckerniedrigung und Wassergehalt des Bodens wurde von ODEN[2], THOMAS[3], HANSEN[4] und einigen anderen Forschern untersucht. BACHMANN hat eine wichtige Vervollkommnung dieser Methode erzielt durch Verwendung eines Vakuumölmanometers, dessen genaue Beschreibung im Original nachzusehen ist.

BACHMANN erhielt Kurven der Saugkraft des Bodens, welche denjenigen SHULLs analog sind. Die sowohl für Sandböden als für humushaltige Böden ermittelten Werte liegen auf der Exponentialkurve.

$$\triangle = 100 \cdot {}^1/_2{}^{x/h},$$

wo $\triangle$ die relative Dampfdruckerniedrigung, x der Wassergehalt des Bodens, bezogen auf die Kapazität und h der Wert von x ist, bei dem $\triangle$ gleich 50 wird. Berechnet man den Wassergehalt, welcher der Pflanze von der Kapazität bis zu solchem Wassergehalte zur Verfügung steht, bei dem die Dampfdruckerniedrigung 0,1vH beträgt, so ergeben sich Werte von 22,34—53,58 Volumprozenten. Eine bessere Ausnutzung des Wassergehaltes war durchwegs in Böden aus organischem Material zu verzeichnen.

Es wurde kein deutlicher Zusammenhang zwischen dem Wassergehalt der Blätter und der Saugkraft des Bodens wahrgenommen.

STOCKER[5] verwendet neuerdings mit Erfolg eine bedeutend einfachere Methode, die darin besteht, daß man Papierstreifen mit Zuckerlösungen verschiedener Konzentrationen durchtränkt, auswiegt, und in einem geschlossenen Gefäß über dem zu untersuchenden Boden aufhängt. Nach 24 Stunden wird das Gewicht der Papierstreifen abermals bestimmt. Da isotonische Lösungen denselben Dampfdruck besitzen, so bleibt der osmotische Wert derjenigen Lösung unverändert, deren

---

[1] BACHMANN, F.: Planta (Berl.) **4**, 140 (1927). — Vgl. auch GRADMANN, H.: Jb. Bot. **69**, 1 (1928).

[2] ODEN, S.: Die Huminsäuren (1919).

[3] THOMAS, M. D.: Soil Sci. **11**, 409 (1921).

[4] HANSEN, H. C.: J. Ecology **14**, 111 (1926).

[5] STOCKER, O.: Z. Bot. **23**, 27 (1930).

Konzentration der Saugkraft des Bodens entspricht. Letztere wird hierbei mit einer Genauigkeit von $\pm$ 1 Atm. ermittelt, was für die meisten Untersuchungen ausreicht.

URSPRUNG u. BLUM[1] benutzen in ihren neuesten Untersuchungen die folgende Methode: in der Höhlung eines Glasklotzes befindet sich der zu untersuchende Boden. An der inneren Seite des Glasdeckels über der Höhlung sind mehrere dünnwandige mit Rohrzuckerlösungen verschiedener Konzentration gefüllte Glascapillaren befestigt. Man mißt die Längen der Flüssigkeitssäulen in den Capillaren im Anfang und am Ende des Versuchs. Die Länge derjenigen Flüssigkeitssäule, die der Bodenlösung isotonisch ist, bleibt unverändert, schwächere Lösungen erfahren eine Verkürzung, stärkere aber eine Verlängerung der Säule. Hierbei werden Korrekturen auf den Einfluß der Meniscuskrümmung, der Entfernung des Meniscus vom Rohrende, der Weite und Länge der Capillaren, der Zusammensetzung und des Drucks des Gasraumes usw. angebracht, worüber auf das Original verwiesen werden muß.

Diese Methode ist also eine Vervollkommnung der vorstehend beschriebenen.

Oben wurde darauf hingewiesen, daß SABININ die treibende Kraft des Blutens, die er der durchschnittlichen Saugkraft der Wurzel gleich setzt, unter natürlichen Verhältnissen durch etwa 2 Atm. ausgedrückt. Die in SABININS Laboratorium ausgeführten Versuche von LITWINOW[2] zeigen, daß bei Züchtung der Pflanzen in konzentrierteren Lösungen die Saugkraft des Wurzelsystems bedeutend zunimmt und zwar bei Mais etwa 10 Atm., bei Impatiens Balsamina etwa 5 Atm. erreichen kann. Dies sind aber Grenzwerte, die nicht überschritten werden. Es ist also einleuchtend, daß bei der Konzentrierung der Salze der Bodenlösung beim Austrocknen des Bodens die Saugkraft der Wurzel zunehmen muß. Die Messungen BLUMS[3] zeigen in der Tat, daß die Saugkraft an verschiedenen Standorten bedeutend variiert. Doch wird die Wasserversorgung der Pflanzen bei einem solchen Wassergehalte des Bodens sistiert, wo die Saugkraft der Pflanze zur Wasseraufnahme noch ausreichen dürfte. Dies hat seinen Grund allem Anschein nach darin, daß nach einem bestimmten Wasserverlust keine zusammenhängende Wassermasse im Boden bleibt: das Wasser zerfällt in separate Menisken, welche durch die absorbierenden Kräfte des Bodens festgehalten werden. Nun ist es nach dem SACHSschen Schema einleuchtend, daß die Wasserversorgung der Pflanzen nur bei Vorhandensein von zusammenhängenden Wassersphären im Boden möglich ist. Bei Nichterfüllung dieser Forderung muß die Wasseraufnahme der Pflanzen nach Erschöpfung des den Wurzelhaaren unmittelbar anliegenden Vorrats aufhören. Hieraus ist ersichtlich, daß die Wasseraufnahme aus dem Boden nicht schlechthin durch die osmotischen Verhältnisse der Pflanze und des Bodens re-

---

[1] URSPRUNG, A. u. G. BLUM: Jb. Bot. **72**, 254 (1930).
[2] LITWINOW, L.: Bull. Inst. rech. biol. Univ. Perm **4** (1926) (russ.).
[3] BLUM, G.: Mém. Soc. Sci. Natur. Fribourg **4**, 110 (1926).

guliert wird; eine hervorragende Rolle spielen hierbei auch die Beweglichkeit des Wassers im Boden und sowohl die Größe als die Anordnung der wasserabsorbierenden Oberfläche des Wurzelsystems.

Die ökologische Seite der Wasseraufnahme durch die Wurzeln. Die quantitativen Verhältnisse der Wasseraufnahme werden im nächsten Kapitel bei der Besprechung der gesamten Wasserbilanz der Pflanze dargelegt werden. Hier genügt es zu erwähnen, daß die Transpiration der oberirdischen Organe enorm große Wassermengen beansprucht. So berechnet KISSELBACH[1], daß eine Maispflanze in seinen Versuchen unter natürlichen Verhältnissen 100—180 kg Wasser im Laufe der Vegetationsperiode verbrauchte. In Versuchen von MAXIMOW[2] verdampften die nicht vollkommen entwickelten Mais- bzw. Sonnenblumenpflanzen 75 bzw. 55 kg Wasser im Laufe der Vegetationsperiode. Die Pflanze verwendet höchstens 0,2 vH der Gesamtmenge des aufgenommenen Wassers zur Photosynthese; die übrigen 99,8 vH werden im Vorgange der Transpiration in Dampfform in die Luft abgegeben. Diese Wasseraufnahme durch die Wurzeln wird unter natürlichen Verhältnissen in erster Linie durch Temperatur des Bodens und chemische Zusammensetzung der Bodenlösung beeinflußt. Bereits die älteren Versuche von SACHS[3], VESQUE[4] und KOSAROFF[5] lehrten, daß die Wasserversorgung der Pflanzen bei Temperaturabnahme erheblich herabgesetzt wird.

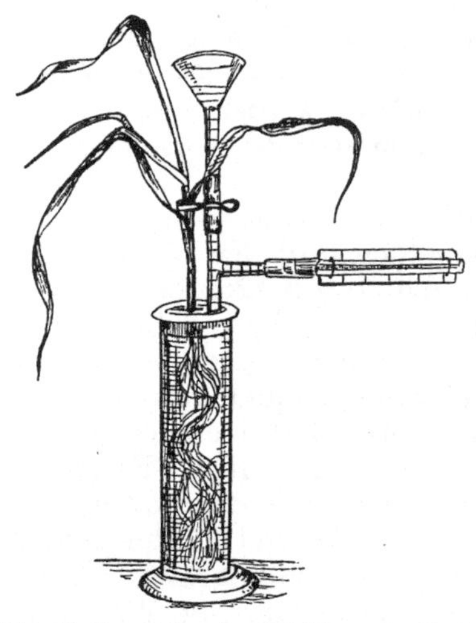

Abb. 12. Das Potometer. Erklärung im Text.
(Nach BENECKE - JOST, Pflanzenphysiologie.)

Die Untersuchungen der beiden letztgenannten Forscher wurden an Hand der potometrischen Methode ausgeführt. Das Potometer (Abb. 12) besteht aus einem Gefäß, in welchem die zu untersuchende Pflanze mittels eines durchbohrten Korkes befestigt ist. Die zweite Bohrung des Korkes trägt ein kalibriertes capillares Glasrohr mit Skala. Das Gefäß und das Rohr werden auf die aus der Abbildung leicht zu ersehende Weise mit Wasser gefüllt, und die Wasseraufnahme der Wurzel nach dem Verschieben des Meniscus im Capillarrohr verfolgt.

[1] KISSELBACH, T.: Agricult. Exper. Stat. Nebrasca. Res. Bull. Nr 6, 216 (1916).

[2] MAXIMOW, N. A.: Die physiologischen Grundlagen der Dürreresistenz der Pflanzen, S. 11 (1926) (russ.).

[3] SACHS, J.: Bot. Ztg 18, 121 (1860).

[4] VESQUE, J.: Ann. des Sci. natur. 6. sér.: Bot., 6, 169 (1878).

[5] KOSAROFF: Diss. Leipzig 1897.

Die Verwendung dieses einfachen Apparates erfordert die Einhaltung einiger Vorsichtsmaßregeln. Vor allem dürfen nur die in Wasserkulturen gezüchteten Pflanzen im Potometer untersucht werden, da es nie gelingt, das Wurzelsystem einer Pflanze auf dem Boden ohne jede Beschädigung auszustechen; beschädigte Wurzelsysteme können aber im Potometer ungenaue Resultate liefern. Dann ist es selbstverständlich, daß keine Luftblasen im Potometer vorhanden sein müssen, da sonst Ablesungen an der Skala infolge der elastischen Eigenschaften der Luft unrichtig ausfallen. Schließlich muß man bedenken, daß ein Potometer seiner Form nach nichts anderes ist als ein mit Wasser gefülltes Thermometer; man hat daher darauf zu achten, daß im Laufe des Versuchs nur vorhergesehene Temperaturschwankungen stattfinden. Bei der Beurteilung der mittels Potometer erhaltenen quantitativen Werte muß man im Auge behalten, daß dieselben keineswegs die aufsaugende Kraft der Wurzel erläutern, da als Hauptfaktor der Wasseraufnahme der transpirierende Sproß fungiert. Nur bei sistierter Transpiration darf man die erhaltenen Resultate zur Schätzung der durchschnittlichen Saugkraft der Wurzel verwenden; besser benutzt man jedoch zu diesem Zwecke die Messung des Blutens (siehe oben).

Bei Untersuchungen über den Einfluß äußerer Verhältnisse auf die Wasserabsorption ist es allerdings gleichgültig, welche Kräfte die Wasseraufnahme bewirken, und das Potometer kann bei diesen Forschungen mit Erfolg verwendet werden.

Die neueren Untersuchungen[1] haben die Tatsache bestätigt, daß bei Temperatursteigerung die Geschwindigkeit der Wasseraufnahme schnell wächst; bei etwa 36⁰ erfolgt aber eine plötzliche Abnahme der Wasserversorgung.

Alle diese Verhältnisse werden leicht begreiflich, wenn man das über die allgemeinen Regelmäßigkeiten der Wasseraufnahme durch Pflanzenzellen Erörterte berücksichtigt. Nach sorgfältigen Messungen von DELF, STILES und JØRGENSEN, sowie anderer Forscher (a. a. O.) zeigte es sich, daß bei Temperatursteigerung die Wasseraufnahme in auffallender Weise zunimmt, bei 40⁰ aber wohl infolge einer Exosmose verschiedener Stoffe aus der Zelle Wasserausscheidung einsetzt, die eine Änderung der Saugkraft herbeiführt.

SCHIMPER[2] glaubt schließen zu dürfen, daß die Bodentemperatur eine hervorragende ökologische Bedeutung besitzt. Die zwar feuchten aber kalten Böden, wie diejenigen der Torfmoore und Alpenwiesen bezeichnet er als physiologisch trocken und nimmt an, daß namentlich die physiologische Trockenheit der genannten Standorte manche Struktureigentümlichkeiten der sie bewohnenden Gewächse bedingt. Ist es doch auffallend, daß z. B. alpine Pflanzen einige xerophytische Merkmale aufweisen. Diese Frage wird noch im nächsten Kapitel besprochen werden.

---

[1] GAWRILOFF, L. G.: Mitt. Bot. Gart. Petersburg **22**, 56 (1923); **23**, 20 (1924).
[2] SCHIMPER, A. F.: Pflanzengeographie auf physiologischer Grundlage (1898).

Auch die Durchlüftung des Bodens spielt eine wichtige Rolle im Vorgang der Wasseraufnahme. Vor allem entwickelt sich das Wurzelsystem bei Sauerstoffmangel unzureichend[1], wobei auch die Vergiftung durch CO_2 von Bedeutung ist[2]. Auch die Wasseraufnahme durch das bereits entwickelte Wurzelsystem wird bei Sauerstoffmangel stark herabgesetzt[3]. Diese Umstände spielen nach der Ansicht einiger Forscher die Hauptrolle im Leben der Sumpfpflanzen, welche daher in ihren Wurzelsystemen Luftbehälter entwickeln; die mit Luftvorrat nicht versehenen Pflanzen können auf Sumpfböden nicht gedeihen. Nicht so wichtig scheint der Einfluß der im Sumpfwasser vorhandenen Giftstoffe zu sein (siehe unten).

Die Resultate RYBINS[4] zeigen, daß schwache Konzentrationen der freien Säuren eine erhebliche Herabsetzung der Wasseraufnahme bewirken und der genannte Verfasser ist geneigt, die entgegengesetzten Resultate der früheren Forscher durch die von ihnen verwendeten allzu hohen Konzentrationen der untersuchten Säuren zu erklären. In RYBINS eigenen Versuchen kamen nur Konzentrationen von etwa 0,2 n in Anwendung, die sich als vollkommen unschädlich erwiesen; dies ist daraus ersichtlich, daß die Versuchswurzeln nach Übertragung in reines Wasser wieder die ursprüngliche Wasseraufnahme zeigten. Die Versuche wurden mit bewurzelten Weidenzweigen ausgeführt; inwiefern eine Verallgemeinerung der erhaltenen Resultate statthaft ist, bleibt einstweilen dahingestellt. Übrigens hat LUNDEGÅRDH[5] bereits früher gefunden, daß schwache Säuren die Wasseraufnahme durch Pflanzenzellen herabsetzen.

SCHIMPER (a. a. O.) betrachtet Sumpfböden als physiologisch trocken, da die Wasserversorgung der Pflanzen auf diesen Böden durch saure Reaktion und Wirkung von Giftstoffen bedeutend gehemmt werden soll. Andere Forscher haben auch den Einfluß der niederen Temperatur herangezogen, um die Herabsetzung der Wasseraufnahme durch Sumpfpflanzen zu erklären. Die Gegenwart von nicht näher erforschten giftigen Stoffen, der sogenannten „Bodentoxine" in ungenügend aerierten Böden ist in der Tat festgestellt[6], doch verschwindet die schädliche Einwirkung

---

[1] HOWARD, A.: Crop production in India (1924). — KROEMER, K.: Landw. Jb. **51**, 731 (1918). — OSWALD, H.: Fühl. Landw. Ztg **68**, 321 (1919). — BERGMANN, H. F.: Ann. of Bot. **34**, 13 (1920). — CANNON, W. A.: Amer. J. Bot. **2**, 211 (1915). — Carnegie Inst. Washington, Year Book **16**, 82 (1917); Y. B. **17**, 81 (1918); Y. B. **18**, 92 (1919); Y. B. **19**, 59 (1920); Y. B. **22**, 56 (1924). — CANNON, W. A. a. E. E. FREE: Ebenda Y. B. **19**, 62 (1920). — KNIGHT, R. C.: Ann. of Bot. **38**, 305 (1924) u. a.

[2] NOYES, H. A.: Science (N. Y.) **40**, 792 (1914). — NOYES, H. A., TROST, J. T. a. L. YODER: Bot. Gaz. **66**, 364 (1918). — NOYES, H. A. a. J. H. WEGHORST: Ebenda **69**, 332 (1920). — FREE, E. E.: John Hopkins Univ. Circ. Plant Physiol., S. 198 (1917). — HOLE, R. S.: Agricult. J. India **13**, 430 (1918) u. a.

[3] KOSAROFF, a. a. O. — LIVINGSTON, B. D. a. E. E. FREE: John Hopkins Univ. Circ. Plant Physiol., S. 182 (1917). — BERGMANN, H. F.: a. a. O. u. a.

[4] RYBIN, W.: Arb. naturforsch. Ges. Petersburg **53**, 149 (1923) (russ.).

[5] LUNDEGÅRDH, H.: Kon. Sv. vet. Akad. Hdl. **47**, 254 (1911).

[6] DACHNOWSKI, A.: Bot. Gaz. **46**, 130 (1908); **47**, 389 (1909); **49**, 375 (1910). — RIGG, G. R.: Ebenda **55**, 314 (1913); **61**, 295 (1916). — Amer. J. Bot. **3**, 436 (1916). — MONTFORT, C.: Jb. Bot. **60**, 184 (1921) u. a.

der genannten Stoffe sehr schnell unter dem Einfluß der guten Durchlüftung des Bodens[1].

MONTFORT[2] zeigte durch eine Reihe von ausführlichen Untersuchungen, daß die vermeintliche Herabsetzung der Wasseraufnahme auf Moorböden nicht existiert. Dieser Forscher arbeitete nach der von ihm ersonnenen Guttationsmethode. Die Pflanze wird in eine wassergesättigte Atmosphäre gebracht, wobei als Resultat der Wasseraufnahme durch die Wurzel Guttation, d. i. Ausscheidung der Wassertröpfchen aus Blattspitzen und Blattzähnen an Stellen, wo die wasserszernierenden Organe (siehe unten) sich befinden, stattfindet. Die Geschwindigkeit der Tropfenausscheidung kann daher als Maß der aktiven Wasseraufsaugung durch die Wurzel dienen. MONTFORT arbeitete sowohl im Laboratorium, als unter natürlichen Verhältnissen und erhielt folgende Resultate. Maispflanzen zeigten auf Hochmoorwasser gar keine Abnahme der Guttation; nur nach einem dauernden Verweilen auf Hochmoorwasser erfolgt bei Mais eine allmähliche Herabsetzung der Guttation, wohl infolge Schädigung der zu diesem Medium nicht angepaßten Wurzeln. Mit Sumpfpflanzen waren die Resultate noch eindeutiger; so zeigte Eriophorum vaginatum nach längerem Verweilen auf Hochmoorwasser nicht die geringste Abnahme der Guttation. Dieselben Resultate wurden auch an den natürlichen Standorten der untersuchten Pflanzen erhalten. Auf Grund dieser Ergebnisse lehnt MONTFORT die SCHIMPERsche Theorie der physiologischen Trockenheit der Sumpfböden entschieden ab.

Die Konzentration der Bodenlösung spielt selbstverständlich eine wichtige Rolle im Vorgange der Wasseraufnahme durch die Wurzeln; ist doch die Saugkraft nichts anderes als die Differenz zwischen dem osmotischen Werte des Zellsaftes und dem Außendruck, der zum Teil auch durch den osmotischen Wert der Außenlösung bedingt wird (bei der Besprechung der Saugkraft wurde der Einfachheit wegen angenommen, daß der osmotische Wert der Außenlösung gleich 0 ist). Doch existieren Anpassungen, welche die Wasseraufnahme selbst aus ziemlich konzentrierten Salzlösungen ermöglichen. Schon längst hat RENNER[3] die Beobachtung gemacht, daß ein Zusatz von 1 vH NaCl zu der KNOPschen Nährlösung eine vorübergehende Abnahme der Wasseraufsaugung herbeiführt. MONTFORT (a. a. O.) hat an Hand der Guttationsmethode erwiesen, daß die Verlangsamung der Wasseraufnahme auf Herabsetzung der Saugkraft der Wurzel zurückzuführen ist; nach einiger Zeit erneuert sich in der Tat die Guttation mit gesteigerter Kraft, wohl infolge der Salzaufnahme durch die Wurzel und die damit verbundene Erhöhung der Saugkraft. Dieselbe Erscheinung beobachteten RYBIN (a. a. O.) und SABININ (a. a. O.). Der letztgenannte Forscher führte zum Beweis der soeben gemachten Erklärung dieser Erscheinung direkte Analysen des

---

[1] BERGMANN, H. F.: a. a. O.

[2] MONTFORT, C.: Z. Bot. **10**, 257 (1918). — Jb. Bot. **59**, 467 (1920); **60**, 184 (1921). — Z. Bot. **14**, 98 (1922).

[3] RENNER, O.: Ber. dtsch. bot. Ges. **30**, 576, 642 (1912).

Blutungssaftes aus. Oben wurden auch die Resultate LITWINOWs erwähnt, der bei Züchtung der Pflanzen auf Lösungen von höherem osmotischen Werte auch Blutungssäfte von einem gesteigerten osmotischen Werte erhielt. Dies zeigt, daß eine hohe Saugkraft der äußeren Lösung eine Erhöhung der Saugkraft der Wurzel bewirkt und also eine für die Pflanzen viel weniger gefährliche Erscheinung darstellt, als z. B. die Unterbrechung der Kontinuierlichkeit der capillaren Wasserfäden im Boden, worüber bereits oben die Rede war.

Die vorliegenden Untersuchungen zeigen, daß Wüstenpflanzen und Bewohner der namentlich in Wüsten häufig vorkommenden salzhaltigen Böden, sehr hohe osmotische Drucke aufweisen (siehe oben). Es ist klar, daß diese zuweilen außerordentlich hohen Drucke dazu bestimmt sind, die Existenz der Saugkraft bei hohem osmotischen Werte der Bodenlösung zu ermöglichen. Es zeigte sich in der Tat, daß Pflanzen, welche hohe osmotische Drucke besitzen, auch hohe Saugkräfte aufweisen[1]. HENRICI[2] maß in der südafrikanischen Wüste Saugkräfte von 15 bis 50 Atm. im Blattparenchym. HARDER[3] hat in Wüstenböden von Algerien außerordentlich hohe Saugkräfte gemessen, und zwar von mehr als 100 Atm. im Dünnsand. Bei Zollikoferia arborescens ging aber die Saugkraft sogar über 137 Atm. hinaus. In sterilen Wüstenböden wurden Saugkräfte von 250—300 Atm. gefunden. STOCKER[4] hat bei ungarischen Steppenpflanzen Saugkräfte von etwa 40 Atm. ermittelt; dieselben fallen aber nach Regenfällen bis auf 7 Atm. ab. Das Sauggefälle Wurzel-Boden liegt nach STOCKER zwischen 2 und 7 Atm.

Die Wurzelsysteme sind an verschiedenen Standorten ungleich entwickelt: Bei Pflanzen der schattigen Standorte, wo die Transpiration gering ist, bilden sich unbedeutende, wenig verzweigte Wurzelsysteme, welche die Bedürfnisse derselben Pflanze an einem sonnigen Standort nicht decken könnten.

Hingegen besitzen Wüstenpflanzen mächtig entwickelte und verzweigte Wurzeln; als Regel ist der unterirdische Teil der Wüstengewächse bedeutend größer als der oberirdische. Die Untersuchungen WEAVERS[5] zeigen, daß selbst die üblichen Kulturpflanzen, wie Weizen und Hafer, mächtige Wurzelsysteme besitzen, die metertief in den Boden eindringen und sich stark verzweigen. Überhaupt beträgt die Gesamtlänge der Wurzeln selbst bei kleinen einjährigen Pflanzen Hunderte von Metern; größere Pflanzen wie Mais besitzen kilometerlange Wurzelsysteme. Hierbei muß man bedenken, daß die Oberfläche der absorbierenden Zone der Wurzel durch Wurzelhaare 6—7fach vergrößert wird. Die Wurzel-

---

[1] HENRICI, M.: Report of the Direktor of Veterin. Educat. a. Res. Rep **11/12**, Part 1, 619 (1927). — WALTER, H. a. E. WALTER: Planta (Berl.) **8**, 571 (1928) u. a.

[2] HENRICI, M.: Mitt. naturforsch. Ges. Bern **1928**, 30.

[3] HARDER, R.: Jb. Bot. **72**, 665 (1930).

[4] STOCKER, O.: Z. Bot. **23**, 27 (1930).

[5] WEAVER, J. E.: Carnegie Inst. Washington, Publ. **286**, 1 (1919); Publ. **292**, 1 (1920). — Amer. J. Bot. **12**, 502 (1925).

systeme der Wüstenpflanzen gehören nach Cannon[1] zu zwei Typen. Die Pflanzen der ersten Gruppe besitzen plastische Wurzelsysteme, die je nach den Umständen entweder in die Tiefe eindringen, oder sich in wagerechter Richtung verbreiten. Die Pflanzen der zweiten Gruppe besitzen spezifisch angepaßte Wurzelsysteme, die sich entweder nur in wagerechter oder nur in senkrechter Richtung entwickeln. Für die Entwicklungsart der Wurzelsysteme und die Ansiedelung der obigen ökologischen Pflanzentypen ist oft das Wesen des Bodens und der darunterliegenden Formationen maßgebend. In felsigen Wüsten, wie in manchen Gebieten von Nordamerika, in Sahara und anderen Gegenden ist die Bodenschicht dünn, die darunterliegende felsige Masse aber wasserfrei und für die Wurzeln unpassierbar. Unter derartigen Verhältnissen entwickeln sich die Wurzeln wagerecht, um durch reichliche Verzweigung und möglichst große Gesamtlänge eine bedeutende Bodenmasse durchzusetzen und auszunutzen. In der mittelasiatischen Lehmwüste trifft man andere Verhältnisse. Der Boden im engeren Sinne des Wortes ist hier von den darunterliegenden aus feinsten kolloiden Partikelchen bestehenden Lößschichten kaum zu unterscheiden; letztere sind gut aeriert und selbst in einer Tiefe von 20—30 m trifft man nicht nur zahlreiche Pflanzenwurzeln, sondern auch eine bedeutende Menge von Insekten und anderen Tieren.

Einige Pflanzen der mittelasiatischen Lehmwüste besitzen senkrecht abwärtswachsende Wurzeln, die oft in großen Tiefen Bodenwasser erreichen. Die merkwürdigste unter allen diesen Pflanzen ist Alhagi camelorum, das Wahrzeichen der mittelasiatischen Lehmwüste. Der oberirdische Teil dieser Pflanze ist eine Staude mit vielen steifen Stacheln und winziger Entwicklung des Laubwerkes. Die Wurzel ist aber ein oft armdicker Holzstrang, der schnurgerade in die Tiefe geht, oft 30 bis 40 m dicke Lößschichten durchsetzt und schließlich immer Grundwasser erreicht. Auf diese Weise ist die Pflanze nicht nur mit Wasser im Überschuß versorgt, sondern bleibt auch von der oft sehr starken Versalzung der oberen Bodenschichten nicht beeinflußt. Man trifft in der Tat Bestände von Alhagi camelorum auf stark salzhaltigen trockenen Böden, wo keine andere Vegetation existieren kann. Obgleich Regen in der Periode Mai—Oktober im Gebiete von Buchara so gut wie ausgeschlossen sind, gedeiht Alhagi camelorum in dieser Gegend ausgezeichnet ohne jegliche Anpassungen zur Herabsetzung der Transpiration. Das Trockengewicht des unterirdischen Teiles dieser Pflanze ist oft mindestens tausendmal größer als dasjenige des oberirdischen Teiles.

Die richtigen Vorstellungen über die Größe der Wurzelsysteme haben sich nur in der letzten Zeit entwickelt. Früher hat man die Wurzeln mit ungenügender Sorgfalt ausgestochen und ihre Gesamtlänge daher zu klein gemessen.

Wasseraufnahme durch oberirdische Pflanzenteile. Es ist ohne weiteres klar, daß eine jede Zelle, die sich nicht im Zustande vollen

---

[1] Cannon, W. A.: Carnegie Inst. Washington, Publ. **131**, 1 (1911).

Turgors befindet, Saugkraft besitzt und daher Wasser aus dem umgebenden Medium aufnehmen kann. Bereits HALES (a. a. O.) hat dargetan, daß beblätterte Sprosse Wasser aufnehmen. Er tauchte das obere Ende eines beblätterten Zweiges in Wasser und überzeugte sich davon, daß solch ein Zweig viel länger im frischen Zustande verbleibt, als ein anderer Zweig, der mit Wasser nicht in Berührung kam. Es sind aber verschiedenartige Anpassungen gegen die Benetzbarkeit der Blätter mit Wasser vorhanden; auch existieren manche Vorrichtungen zum möglichst schnellen Ablaufen des Regen- und Tauwassers von den Blättern. Die äußeren Zellwandungen der Blattepidermis sind mit Cuticula überzogen, welche die Cellulosewand für Wasser impermeabel macht, an Zellen der Wurzelepidermis aber fehlt. Trotzdem scheint namentlich für Wüstenpflanzen die Aufnahme des Tauwassers durch Laubblätter nicht ohne Bedeutung zu sein[1]. Was die Mesophyten des gemäßigten Klimas anbelangt, so ist die Wasseraufnahme durch Blätter bei diesen Pflanzen nach den ausführlichen Untersuchungen WETZELS[2] trotz der Anwesenheit der Cuticula sehr verbreitet. Nur beim Vorhandensein eines Wachsüberzuges oder einer dichten Behaarung, wird nicht die geringste Wassermenge von den Blättern aufgenommen.

Doch äußert sich der Einfluß einer ausgebildeten Cuticula nach WETZEL darin, daß nur junge Blätter nennenswerte Wassermengen aufsaugen: So haben in einem Versuche junge Blätter von Polygonum tataricum im Verlaufe von 5 Stunden 87 vH, alte Blätter aber im Verlaufe derselben Zeit nur 9 vH ihres Wasserbedarfes durch direktes Aufsaugen gedeckt. Im allgemeinen erwies sich die Geschwindigkeit der Wasseraufnahme durch Blätter der Mesophyten als unbedeutend und praktisch belanglos. Die untere Fläche der Blätter nimmt das Wasser durchschnittlich schneller als die obere auf, obgleich die Spaltöffnungen hierbei nach WETZEL keine Rolle spielen, indem sie beim Eintauchen der Blätter in Wasser geschlossen werden. Die Existenz einer Wasseraufsaugung durch speziell dazu dienende Haare der Epidermis, vermochte WETZEL nicht zu bestätigen[3]. Unter natürlichen Verhältnissen soll die Aufnahme von Tau- und Regenwasser selbst bei welkenden Pflanzen höchstens 5—10 vH des Gesamtverlustes bei der Transpiration ersetzen.

Die Einrichtungen zur Verhinderung einer dauernden Benetzung der Blätter mit Regen und Tauwasser sind daher nicht überflüssig: Der Wassergewinn durch Blätter kann, wie soeben dargelegt ist, praktisch keine Rolle spielen, feuchte Blätter transpirieren aber stärker als trockene; es ist also ersichtlich, daß die Benetzung der Blätter den gesamten Wasserverlust nur erhöhen kann.

Ganz andere Verhältnisse treffen wir bei den tropischen Epiphyten, die in feuchter Luft vegetieren und Wasserdampf zu kondensieren ver-

---

[1] VOLKENS: Flora der ägyptisch-arabischen Wüste (1887). — SPALDING: Bot. Gaz. **41**, 262 (1906) u. a.

[2] WETZEL, K.: Flora (Jena) **117**, 221 (1924).

[3] Vgl. aber MARLOTH, R.: Ber. dtsch. bot. Ges. **44**, 448 (1926).

mögen. Viele Araceen und Orchideen entwickeln lange Luftwurzeln, deren Struktur von derjenigen der gewöhnlichen unterirdischen Wurzeln in manchen Beziehungen abweicht (Abb. 13); Wurzelhaare fehlen den Luftwurzeln vollkommen; hingegen verlieren mehrere äußere Schichten der Wurzelrindezellen frühzeitig ihr Protoplasma und bilden hohle Räume, die miteinander durch Poren kommunizieren. Regentropfen werden von diesem toten Mantel, dem sogenannten Velamen der Luftwurzeln wie von einem Schwamm aufgesogen und durch spezifische Zellen der Exodermis an die inneren Wurzelschichten abgegeben. Das Velamen besitzt gewöhnlich eine reichliche Algenvegetation: einzellige

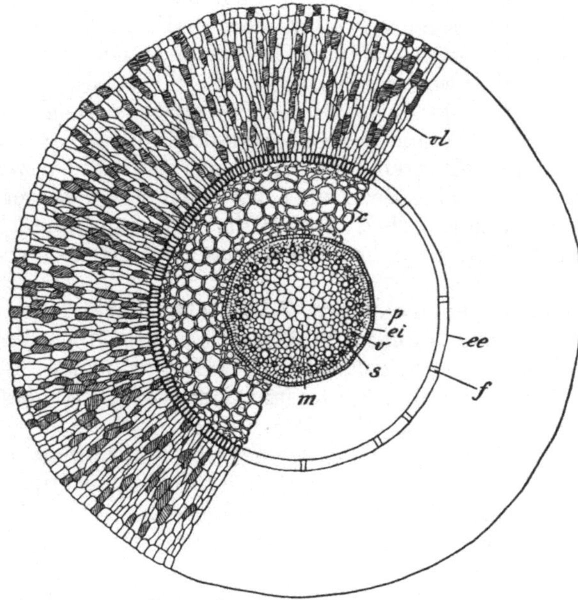

Abb. 13. Querschnitt durch die Luftwurzel von Dendrobium nobile. *vl* Velamen, *ee* Exodermis, *c* Rinde, *ei* Endodermis, *p* Perizykel, *s* Gefäßteile, *v* Siebzeile, *m* Mark. (Nach STRASBURGER.)

Algen siedeln sich als Regel in den toten Zellen des Velamens an. Die Bedeutung der Luftwurzeln erhellt daraus, daß die gesamte Wasserversorgung der epiphytischen Orchideen und Araceen durch ihre Luftwurzeln aus der Luft gedeckt wird.

Andere Epiphyten erhalten Wasser nicht durch Luftwurzeln, sondern durch Blätter, die so angeordnet sind, daß eigenartige Zisternen entstehen, in denen sich das Regenwasser ansammelt. Aus diesen Behältern wird das Wasser durch eigenartige Haare aufgesogen. Dies ist der Fall bei manchen Bromeliaceen.

Nach SCHIMPERS Angaben[1] wird die Wasserversorgung der genannten Pflanzen auf die soeben geschilderte Weise vollkommen gesichert. Die

---

[1] SCHIMPER, A. F.: Die epiphytische Vegetation Amerikas (1888).

berühmteste Bromeliacee ist Tillandsia usneoides, welche aber das Wasser aus der Luft auf eine andere Weise gewinnt. Diese Pflanze bildet lange schweifförmige Bündel, deren äußere Gestalt lebhaft an Flechten erinnert. Die ganze Pflanze ist mit ventilähnlichen Haaren bedeckt, die das Wasser, zum größten Teil Tauwasser, überraschend schnell aufsaugen. Die Blätter dieser Pflanze sind klein und spielen bei der Wasserversorgung keine Rolle.

Die Epiphyten der trockeneren Gegenden sind ausschließlich niedere Pflanzen, nämlich Flechten, Moose und Algen. Diese Epiphyten, die auch in Europa allgemein verbreitet sind, besitzen die Fähigkeit, das zeitweilige Austrocknen zu vertragen. Sehr beachtenswert ist der Umstand, daß diese Pflanzen so viel Wasser verlieren können, ohne die Lebensfähigkeit einzubüßen, daß sie zu einem feinen Pulver zerrieben werden können. Wir wollen hier nicht auf die weitgehenden Schlußfolgerungen bezüglich der Struktur des Protoplasmas eingehen, die von einigen Forschern auf Grund des soeben erwähnten eigenartigen Verhaltens der Moose und Flechten gezogen worden sind; es sei hier nur der Umstand betont, daß eine Benetzung der vollkommen ausgetrockneten Pflanzen sie sofort zum Leben wiederruft. Im getrockneten Zustande sind sämtliche Zellen der epiphytischen Moose und Flechten vollkommen geschrumpft.

Die Aufnahme mineralischer Nährstoffe durch die Pflanzen. Bei höheren Pflanzen erfolgt die Absorption der Mineralsalze durch die Wurzelepidermis, dann gelangen die aufgenommenen Salze in das Gefäßsystem der Wurzel und werden mit dem Transpirationsstrom nach allen Teilen der Pflanze transportiert.

Die wichtigste Errungenschaft der neueren Forschungen auf diesem Gebiete besteht in der Begründung der Tatsache, daß Mineralstoffe in weitem Grade unabhängig vom Wasser aufgenommen werden. Darüber war zum Teil schon oben bei der Besprechung der Permeabilität des Protoplasmas die Rede.

Bereits DEMOUSSY[1] hat die Mengen des von den Pflanzen absorbierten Wassers und der aufgenommenen Salze bestimmt und gefunden, daß Salze in größeren Mengen aufgenommen werden, als es der einfachen Diffusion der Außenlösung entsprechen sollte. Diese Resultate wurden alsdann von verschiedenen anderen Forschern bestätigt und erweitert. KISSELBACH[2] zeigte, daß seine Versuchspflanzen, welche teils in einem trockenen, teils aber in einem feuchten Gewächshaus sich entwickelten, sehr ungleiche Wassermengen durch Transpiration verloren, aber ziemlich gleiche Mengen der Mineralsalze im Laufe der Vegetationsperiode aufspeicherten. Setzt man die durch die Pflanzen im trockenen Gewächshause auf eine Gewichtseinheit der Asche verdunstete Wassermenge gleich 100, so ist die entsprechende Wassermenge im feuchten Gewächshause gleich 57. Ganz analoge Resultate erhielt MUENSCHER[3]

---

[1] DEMOUSSY: Ann. Agronom. **25** (1899).
[2] KISSELBACH, T.: Agricult. Exper. Stat. Nebraska, Res. Bull. **6** (1916).
[3] MUENSCHER, W. C.: Amer. J. Bot. **9, 311** (1922).

mit Hafer. Einige Resultate dieses Forschers sind in der folgenden Tabelle zusammengestellt.

	Feuchtes Gewächshaus	Trockenes Gewächshaus	Pflanzen im vollen Lichte	Pflanzen beschattet
Transpirationswasser g	170	350	833	400
Asche in Prozenten des Trockengewichtes	19,5	20,6	21,1	20,3
Transpirationswasser auf 1 g Asche	1259	2380	2586	3208

Es ist ersichtlich, daß der Gehalt an Asche bei sämtlichen Versuchsbedingungen konstant bleibt und die Transpirationsgröße keinen Einfluß auf die Menge der aufgenommenen Mineralsalze ausübt. Hierbei ist aber der Umstand zu beachten, daß diese Unabhängigkeit der Salzaufnahme von der Wasserbilanz namentlich bei niedrigen Konzentrationen der Außenlösung prägnant hervortritt, wie es bereits im vorigen Kapitel bei der Besprechung der Permeabilität des Plasmas erwähnt worden ist. Die neueren Arbeiten von HOAGLAND[1], sowie von PARKER u. PIERRE[2] liefern neues Material zur Bestätigung der Unabhängigkeit der Salzaufnahme von der Wasseraufnahme.

Es ist also ersichtlich, daß die frühere Ansicht, laut welcher die Wurzel bei der Aufnahme der Bodenlösung sich passiv verhält, als unbegründet erscheint. Die Wasseraufnahme wird allerdings meistens durch Transpiration geregelt, wie es im nächsten Kapitel erörtert wird. Die Saugkraft der Wurzel kommt bei intensiver Transpiration wohl kaum in Betracht. Bei der Salzaufnahme spielt hingegen die Wurzel eine aktive Rolle nicht nur in den Fällen, wo wasserunlösliche Stoffe durch saure Wurzelausscheidungen in Lösung gebracht werden (Bd. 1, S. 280), sondern auch bei der direkten Absorption der im Bodenwasser gelösten Salze. Ein weites Feld eröffnet sich für neue experimentelle Untersuchungen auf dem Gebiete der selektiven Aufnahme und Konzentrierung der Nährsalze der Bodenlösung durch die Wurzel. Dieses Gebiet ist zur Zeit noch unerforscht und es fehlen selbst direkte Hinweise auf den Mechanismus der Salzaufnahme. Auf Grund der beim Studium der Permeabilität erhaltenen Resultate ist es sehr wahrscheinlich, daß Salze auf dem Wege der Adsorption aufgenommen werden.

KOSTYTSCHEW u. BERG[3] haben gefunden, daß ein beträchtlicher Teil der Calciumsalze in der Pflanze sich in einem solchen Zustande befindet, daß diese Salze durch Wasser nicht, durch neutrale Salzlösungen aber leicht extrahiert werden. Auf Grund dieser Beobachtung wäre die Annahme möglich, daß die Pflanze dem absorbierenden Komplex des Bodens ihren eigenen entgegensetzt, dessen Wesen vorläufig unbekannt bleibt.

---

[1] HOAGLAND, D.: J. Agricult. Res. 18 (1919).
[2] PARKER a. PIERRE: Soil. Sci. 25 (1928).
[3] KOSTYTSCHEW, S. u. BERG, V.: Planta (Berl.) 8, 55 (1929).

Anderseits zeigte es sich, daß die Konzentration der Nährsalze in der Bodenlösung, die früher in der Landwirtschaft als ein wichtiger Faktor der Pflanzenernährung angesehen worden war, in Wirklichkeit keine große Rolle spielt, indem die Pflanze sowohl sehr verdünnten als ziemlich konzentrierten Lösungen etwa dieselben Salzmengen entnimmt.

Man soll allerdings die Gültigkeit dieser Regel nicht übertreiben: Wir können uns so niedrige Salzkonzentrationen denken, bei denen die Salzaufnahme doch herabgesetzt wird. Auch scheint ein Minimum der Transpiration zu existieren, bei welchem die Aufnahme der gelösten Stoffe bereits gestört wird. Die Unabhängigkeit der Salzaufnahme wird aber innerhalb sehr weiter Konzentrationsgrenzen wahrgenommen.

Ein anderes noch ungelöstes Problem betrifft die selektive Salzaufnahme durch die Wurzel. Die interessanten Resultate DE RUFZ DE LAVISONS[1] zeigen, daß einige Stoffe, welche vom Absorptionsgewebe der Wurzel aufgenommen werden, in der Endodermis zurückgehalten sind und in die Gefäße nicht gelangen. Auch die neueren Untersuchungen von SCOTT u. PRIESTLEY[2] beweisen die zweifellose regulierende Tätigkeit der Endodermis: verschiedene Stoffe, welche von den Wurzelhaaren aus der umgebenden Lösung aufgenommen werden, vermögen nicht die Endodermis zu passieren. Erinnern wir uns noch des oben erwähnten Endodermissprunges, so kommen wir zum Schluß, daß die Endodermis wohl das wichtigste Gewebe der Wurzel darstellt und ausführliche Untersuchungen über die physiologische Tätigkeit dieses Gewebes, sowie über die in demselben bestehenden physikalisch-chemischen Verhältnisse als höchst erwünscht erscheinen. Gegenwärtig sind wir sogar über die relative Permeabiltiät verschiedener Wandungen der Endodermiszellen für Wasser und die darin gelösten Stoffe sehr ungenügend unterrichtet. Indes ist eine erschöpfende Erklärung der Wurzeltätigkeit ohne allseitige Erforschung der Endodermis wohl ausgeschlossen.

Aus obigem ersehen wir, daß in methodischer Hinsicht eine analytische Untersuchung der Veränderungen in der Zusammensetzung der Außenlösung zum Studium der Versorgung von oberirdischen Pflanzenteilen mit Nährsalzen unzureichend ist, da eine nicht zu unterschätzende Menge der genannten Stoffe die Endodermis nicht passiert und in das Gefäßsystem überhaupt nicht gelangt. SABININ[3] empfiehlt die chemische Analyse des Blutungssaftes, und solche Analysen wurden von SABININ und seinen Mitarbeitern in großer Anzahl ausgeführt. Als Beispiel möge die folgende Analyse des Sommersaftes des Kürbis dienen[4].

Lösliche Zuckerarten	Nicht vorhanden
Äpfelsäure	0,39 g
Weinsäure (?)	0,29 „
Oxalsäure	0,01 „
Aminosäuren	0,10 „

[1] DE RUFZ DE LAVISON, J.: Rev. gén. Bot. **22**, 225 (1910).
[2] SCOTT, L. J. a. J. PRIESTLEY, J.: New Phytologist **27**, 125 (1928).
[3] SABININ, D.: Mitt. Abt. Ackerbau Inst. exper. Landw., Bull. **15** (1928) (russ.).
[4] LITWINOW, L.: Bull. Inst. rech. biol. Univ. Perm **4** (1926) (russ.).

Es zeigte sich also, daß der Sommersaft zum Unterschiede vom Frühlingssafte keine Zuckerarten, wohl aber erhebliche Mengen der organischen Säuren enthält. Diese permeieren sehr wenig (siehe oben); bei der elektrolytischen Dissoziation ihrer Salze entstehen also die für DONNANsche Gleichgewichte notwendigen Bedingungen. Namentlich dieser Umstand ist nach SABININ für die Konzentrierung der Kationen im Blutungssafte maßgebend. OSTERHOUT[1] kam früher zum Schluß, daß in Pflanzenzellen ein Mechanismus zur Konzentrierung der Kaliumionen existiert. Vom gegenwärtigen Standpunkte aus findet aber die Konzentrierung der Kationen in der Wurzel statt und ihre Grundlage bilden die DONNANschen Gleichgewichte.

Bei den Analysen des Blutungssaftes ist dem Umstande Rechnung zu tragen, daß die chemische Zusammensetzung des Gefäßinhaltes auf verschiedenen Höhen des Stammes nicht unverändert bleibt. Nur dicht am Boden enthält der Blutungssaft erhebliche Mengen der Mineralsalze und gar der organischen Stoffe. Die Hauptmenge des in den Gefäßen enthaltenen Wassers wird durch Transpiration des Laubwerkes emporgehoben, während die Mineralsalze unabhängig vom Transpirationsstrom durch die Wurzel aufgenommen und auf ihrem Wege zu den oberen Pflanzenteilen von verschiedenen Geweben allmählich absorbiert werden. Nun ist die Menge des Transpirationswassers unbeständig; im folgenden Kapitel wird dargelegt werden, daß unter dem Einflusse verschiedener Außenfaktoren enorm große Schwankungen der Transpiration stattfinden können; infolgedessen ist auch die Konzentration der Mineralstoffe im Stamm unbeständig. Außerdem ist die Konzentration der Mineralsalze im allgemeinen größer in tieferen als in höheren Pflanzenteilen[2]; im Zusammenhange damit ist auch der Gehalt an Aschestoffen geringer in höher als in tiefer inserierten Blättern eines Baumstammes[3].

Es ist also ersichtlich, daß der Gehalt an Mineralsalzen im Gefäßsystem des Stengels durch verschiedenartige Nebenumstände beeinflußt wird und keine eindeutigen Schlußfolgerungen gestattet. Nur die Analyse des im Gefäßsystem der Wurzel selbst oder in dem der Wurzel unmittelbar anliegenden Stengelteil enthaltenen Saftes, kann eine richtige Vorstellung von der Versorgung der Pflanze mit Mineralstoffen liefern.

Im neunten Kapitel wurden Analysen des Blutungssaftes angeführt, welche zeigen, daß Mineralstoffe in das Gefäßsystem der Wurzel außerordentlich schnell eindringen und namentlich bei niederen Konzentrationen der Außenlösungen sich dort anhäufen; ist doch ihre Konzentration im Blutungssafte bedeutend höher[1] als im umgebenden Medium. Auf Grund der Annahme, daß namentlich die Ionen der organischen Carbonsäuren die DONNANschen Gleichgewichte bedingen und unter Berücksichtigung der Konzentration der nämlichen Ionen im Blutungs-

---

[1] OSTERHOUT: J. gen . Physiol. **5**, 225 (1922).

[2] FERNALD, E.: Amer. J. Bot. **12**, 287 (1925). — HURD-KORRER, A.: J. gen. Physiol. **9** (1926).

[3] SEIDEN: Landw. Versuchsstat. **104**, 1 (1925).

safte sowie der K-Konzentration in der umgebenden Lösung, versucht
Sabinin[1] die auf Grund des Donnanschen Gleichgewichtes berechnete
Konzentration des Kaliumions im Blutungssafte mit der analytisch gefundenen zu vergleichen. Die erhaltenen Zahlen stehen im Verhältnis
0,9—2,1 zueinander; im Mittel von zehn Bestimmungen ergibt sich das
Verhältnis 1,7 (statt 1), was in Anbetracht der bei der Berechnung unvermeidlichen erheblichen Fehlerquellen als eine befriedigende Übereinstimmung anzusehen ist.

Analysen des Blutungssaftes ermöglichen eine genaue Untersuchung
der Mineralsalzernährung der Pflanze. Bisher verfügen wir jedoch nur
über die nach der roheren Methode der Analyse der gesamten Pflanze
erhaltenen Ergebnisse. Nach Jegorow[2] entnehmen Getreidearten dem
Boden Kalium zum größten Teil auf den anfänglichen Entwicklungs-
stufen, während Magnesium im Laufe der gesamten Vegetationsperiode
gleichmäßig absorbiert wird. Nach Hoagland[3] werden Kationen in
Form von Chloriden oder Nitraten leichter aufgenommen, als in Form
von Sulfaten, weil das wenig assimilierbare Anion SO_4 auch die Aufnahme der mit ihm verbundenen Kationen hemmt. Nach Brenchley[4]
ist Phosphorsäure den Pflanzen namentlich auf den ersten Stufen ihrer
Entwicklung notwendig. Diese Beobachtung ist leicht erklärlich durch
die Tatsache, daß Phosphor zum Aufbau der Nucleoproteide notwendig
ist und also in der Periode, wo neue Zellen mit ihrem protoplasmatischen
Inhalte in großen Mengen entstehen, besonders intensiv verbraucht wird.

Rippel[5] weist darauf hin, daß Mineralsalze am Beginn der Vegetationsperiode mit einer viel größeren Geschwindigkeit aufgenommen werden, als es dem normalen Verhältnis zwischen Asche und Trockensubstanz entspricht. Der Überschuß der einzelnen Elemente am Anfang
der Vegetationsperiode wird durch die folgende Reihe ausgedrückt:

$$N \rangle K \rangle P \rangle Ca, \ S, \ Mg \cdot$$

Später gleicht sich das Verhältnis zwischen Asche und Trockensubstanz durch Herabsetzung der Mineralstoffaufnahme aus.

Untersuchungen über die zeitliche Aufnahme verschiedener Nährstoffe durch die Wurzeln sind von hohem theoretischen und wirtschaftlichen Werte. Sie geben Hinweise auf die physiologische Bedeutung
der einzelnen Salze und die Art und Weise der jeweils notwendigen
Düngung. Leider ist dieses wichtige Forschungsgebiet bisher noch lückenhaft untersucht.

Die Aufnahme der organischen Nährstoffe durch heterotrophe
Pflanzen ist überhaupt nicht studiert worden, doch ist es kaum zweifelhaft, daß in diesem Vorgange ebenso wie bei der Absorption der Mineralstoffe Grenzflächenerscheinungen die Hauptrolle spielen. Die einzige

---

[1] Sabinin, D.: a. a. O.
[2] Jegorow, M. A.: Probleme der Mineralstofferrnährung der Pflanze (1923)
(russ.).
[3] Hoagland, D. R.: Soil Sci. **16**, 225 (1923).
[4] Brenchley: Ann. of Bot. **43**, 89 (1929).
[5] Rippel, A.: Biochem. Z. **187**, 272, (1927).

Beobachtung bezüglich der phanerogamen Schmarotzer besteht darin, daß die Saugkraft ihrer Haustorien sehr groß ist. So wurde z. B. die Saugkraft der Haustorien von Lathraea Squammaria gleich 22,7 Atm., die Saugkraft der Wurzelrinde der Wirtspflanze (Prunus Padus) aber nur gleich 3,7 Atm. gefunden[1]. Ein wesentlicher Unterschied zwischen Lathraea und den autotrophen Pflanzen besteht darin, daß bei ersterer die Saugkraft in oberirdischen Organen nicht größer, sondern im Gegenteil geringer ist als in Haustorien. Bereits an der Basis der Haustorien fällt die Saugkraft von 22,7 zu 17 Atmosphären. Die aufsaugende Wirkung der Haustorien ist vollkommen unbekannt und bildet ein reizendes Forschungsproblem. Jedenfalls wird es schwer sein, die Stoffaufnahme durch die Parasiten ohne Annahme einer polaren Permeabilität der Haustorien zu erklären.

Ausscheidung des flüssigen Wassers durch oberirdische Pflanzenorgane. Die Hauptmenge des dem Boden entnommenen Wassers wird bei der Transpiration in Dampfform in die Luft abgegeben. Dieser außerordentlich wichtige Vorgang wird aber im nächsten Kapitel im Zusammenhange mit der Besprechung des gesamten Wasserhaushaltes der Pflanze dargelegt werden. Hier soll nur die Ausscheidung des flüssigen Wassers besprochen werden. Dies ist ein Vorgang, der demjenigen des Wassereindringens in die Gefäße aus den lebendigen Zellen des Bündelparenchyms analog ist und deshalb theoretisches Interesse beansprucht. Die wassersezernierenden Organe der Samenpflanzen bezeichnet man als Hydathoden. Meistens sind Hydathoden nichts anderes als eigenartige Spaltöffnungen, die sogenannten Wasserspalten (Abb. 14). Der größte Teil der Wasserspalten ist zum Unterschied von den Luftspalten unbeweglich, doch existieren auch bewegliche Wasserspalten, die sich von den gewöhnlichen Spaltöffnungen nur dadurch unterscheiden, daß sie zur

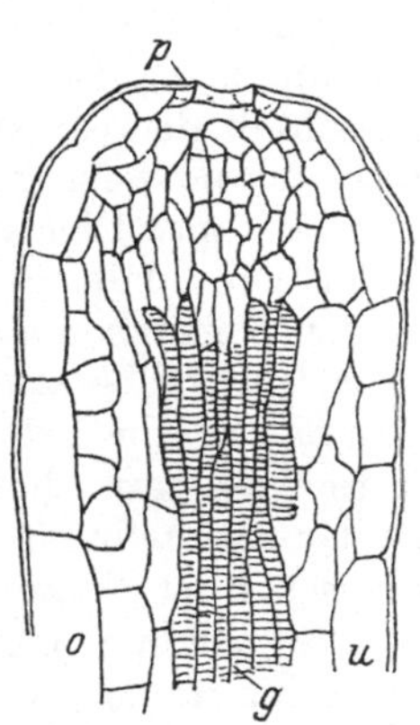

Abb. 14. Radialer Längsschnitt durch eine Hydathode von Primula sinensis. *o* obere, *u* untere Blattfläche, *p* Wasserspalte. (Nach HABERLANDT.)

Wasserausscheidung dienen. Wasserspalten stehen immer mit den Enden der Leitbündel des Blattes im Zusammenhange und befinden sich an der Spitze oder am Rande des Blattes. Wie aus Abb. 14 ersichtlich ist, befindet sich unter der Spalte ein der Atemhöhle der gewöhnlichen Spaltöffnungen entsprechender Raum, der von einem kleinzelligen Parenchym (Epithem) eingenommen ist. Das Ende des Leitbündels besteht bekanntlich nur aus Tracheiden; diese weichen im Epithem pinselförmig auseinander und befinden sich auf diese Weise mit den Zellen des Epithems in einem engen Kontakt.

Das Wasser wird unter Einwirkung des im Gefäßsystem herrschenden

---

[1] BERGDOLT, E.: Ber. dtsch. bot. Ges. **45**, 293 (1927).

Druckes durch das Epithem und die Wasserspalte ausgeschieden. Nun ist der genannte Druck nichts anderes als der oben besprochene Wurzeldruck; hieraus folgt, daß die Guttation nur bei Abwesenheit der Transpiration vor sich gehen kann, denn eine auch verhältnismäßig unbedeutende Transpiration hebt den Wurzeldruck auf. Die Guttation findet in der Tat nur in wassergesättigter Luft und bei Ausschluß des direkten Sonnenlichtes statt; unter natürlichen Verhältnissen geht die Guttation entweder im Schatten oder nach Sonnenuntergang vor sich, als die Luft infolge eingetretener Abkühlung dampfgesättigt und eine Transpiration ausgeschlossen ist, indem die Temperatur der Blätter diejenige der umgebenden Luft nicht übersteigt. In Laboratoriumsversuchen muß man die Pflanzen mit Glasglocken überdecken und im Innern der Glocken eine dampfgesättigte Atmosphäre herstellen. Unter diesen Bedingungen ist es möglich, die Guttation auf folgende Weise quantitativ zu messen: man entfernt die sich rhythmisch ausscheidenden Wassertropfen entweder mittels einer Mikropipette oder durch gewogene Fließpapierstreifen, die man alsdann in geschlossenen Gläschen wiederum auswiegt. Ausschluß der direkten Sonnenstrahlen ist bei diesen Versuchen eine durchaus notwendige Bedingung[1].

Daß namentlich der Wurzeldruck die treibende Kraft der Guttation bildet, kann dadurch bewiesen werden, daß man abgeschnittene Zweige zu den Versuchen verwendet und den Wurzeldruck durch den Druck einer Quecksilbersäule oder einfach Wassersäule ersetzt. Hierbei kann man das Epithem durch Giftstoffe abtöten und immerhin eine ungehinderte Wasserausscheidung beobachten[2]. Diese Versuche beweisen, daß die Guttation nicht als ein Resultat der Tätigkeit der Epithemzellen anzusehen ist; letztere dienen nur als Filter (siehe unten).

Die neueren Untersuchungen MONTFORTS[3] haben den unmittelbaren Zusammenhang zwischen Guttation und Wurzeldruck klargelegt. Eine Vergiftung des Epithems ist, wie soeben dargelegt war, für die Guttation belanglos. Hingegen wird die Guttation nach MONTFORT durch die Vergiftung der Wurzel verhindert; selbst die Einwirkung hypotonischer Lösungen auf die Wurzel äußert sich sofort in einer Hemmung der Guttation; hypertonische Lösungen sistieren die Guttation und bewirken gar eine Umkehrung des Wasserstroms. Diese Resultate, die selbstverständlich nur bei Ausschluß der Transpiration erhalten werden können, sprechen eindeutig zugunsten der Annahme, daß die ausgeschiedene Lösung mit dem Blutungssaft physikalisch identisch ist. Die chemische Zusammensetzung des Guttationswassers ist aber von derjenigen des Blutungssaftes verschieden.

Die im Laboratorium SABININS mit unseren einheimischen Pflanzen ausgeführten Untersuchungen von SCHARDAKOFF[4] sind in der Beziehung

---

[1] GARDINER, W.: Proc. Cambridge philos. Soc. **5**, 35 (1883/1884) u. a.

[2] HABERLANDT, G.: Sitzgsber. Akad. Wiss. Wien, Math.-naturwiss. Kl. (I) **103**, 489 (1894).

[3] MONTFORT: Jb. Bot. **59**, 467 (1920); **60**, 184 (1921).

[4] SCHARDAKOFF, W. S.: Bull. Inst. rech. biol. Univ. Perm **6**, 193 (1928) (russ.)

interessant, daß wir hier die ersten vergleichenden Analysen des Guttationswassers, des Blutungssaftes und der Außenlösung finden. Durch eine sinnreiche Methode wurde das Guttationswasser gleichzeitig mit dem Blutungssaft gesammelt und an Hand der modernen Mikromethoden analysiert. Es zeigte sich, daß die Konzentrationen der Ca-, K- und PO_4-Ionen im Guttationswasser zwar höher als in der Außenlösung, aber bedeutend niedriger als im Blutungssaft sind. Letztere Schlußfolgerung wird durch zahlreiche Analysen außer Zweifel gestellt. Als Beispiel mögen folgende Zahlen dienen:

Untersuchte Flüssigkeit	Leitfähig-keit. 10^{-6} bei 25^0	Ionenkonzentration in mg auf 1 Liter		
		Ca	K	PO$_4$
Papaver somniferum				
Blutungssaft, Wurzel	2790	346	389	295
Blutungssaft, Mitte des Stengels	2710	314	170	296
„ Spitze „ „	2720	337	200	204
Guttationswasser	354	148	17	17
Brassica oleracea var. gemmifera				
Blutungssaft, Basis d. Blattstiels	4580	990	135	328
„ Ende „ „	3350	819	92	232
Guttationswasser	162	125	13	19

Die Mineralstoffe werden also bei der Guttation zum größten Teil zurückgehalten. Durch weitere Versuche wurde erwiesen, daß namentlich das Epithem der Hydathoden die Konzentration der Mineralsalze im Guttationswasser herabsetzt. Dies ist aus folgenden Zahlen ersichtlich.

Calla palustris.

	Leitfähigkeit	Ionenkonzentration in mg auf 1 Liter	
		Ca	K
Guttationswasser mit abgeschnittener Hydathode	82	98	44,5
Guttationswasser mit intakter Hydathode	56	28	9

Als Regel wird also der Ausscheidung der löslichen Bestandteile des Blutungssaftes bei der Guttation ein Widerstand entgegengesetzt.

Bei Colocasia und anderen tropischen Aroideen, welche besonders große Wassermengen durch Guttation sezernieren, ist die ausgeschiedene Flüssigkeit beinahe reines Wasser[1]. In anderen Fällen ist die ausgeschiedene Flüssigkeit im Gegenteil sehr reich an Mineralsalzen und es liegt die Annahme nahe, daß die im Überschuß aufgenommenen Stoffe hierbei wieder ausgeschieden werden. Einige Halophyten scheiden mit

---

[1] Molisch, H.: Ber. dtsch. bot. Ges. **21**, 381 (1903).

dem Guttationswasser erhebliche Mengen des Chlornatriums aus[1]. In anderen Fällen werden, namentlich bei Bewohnern der kalkhaltigen Böden, so große Mengen von Calciumcarbonat mit dem Guttationswasser ausgeschieden, daß die Blätter nach Verdunstung des Wassers mit Kalkkrusten bedeckt sind.

Die Ausscheidung großer Mengen von mineralischen Stoffen findet namentlich durch die sogenannten aktiven Hydathoden, oder Wasserdrüsen statt, die freilich viel seltener als Wasserspalten vorkommen. Aktive Hydathoden stellen haarförmige Wasserdrüsen dar, welche mit dem Gefäßsystem nicht kommunizieren und flüssiges Wasser aktiv ausscheiden (Abb. 15). Hier treffen wir also eine Analogie mit dem Auspressen des Wassers aus den lebenden Parenchymzellen der Wurzel

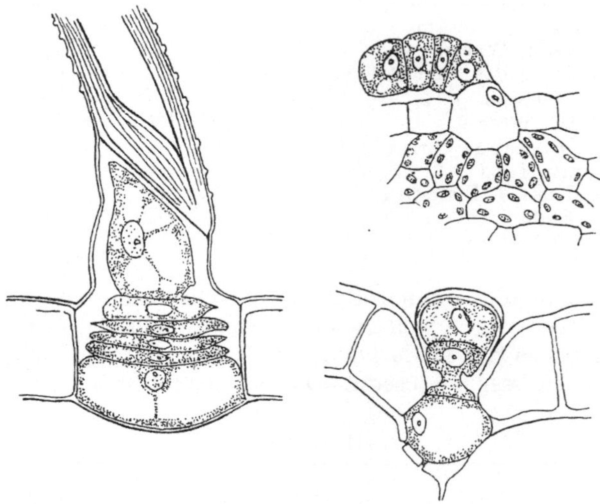

Abb. 15. Aktive trichomartige Hydathoden. (Nach HABERLANDT.)

in die Gefäße des zentralen Leitbündels. Daß hier ein osmotischer Vorgang vorliegt, erhellt daraus, daß bei Vergiftung der Wasserdrüsen die Guttation sofort aufhört. Aktive Guttation findet auch bei niederen Pflanzen statt. Schon längst bekannt ist die regelmäßige Ausscheidung der Wassertropfen durch die Sporangienträger von Pilobolus cristallinus, einem allgemein verbreiteten Schimmelpilz. An diesem Objekt hat LEPESCHKIN[2] seine bereits oben erwähnte Theorie der Wasserausscheidung entwickelt. Der Sporangienträger sezerniert Wasser nur an seinem oberen Ende. Wird er nun mit diesem Ende in Zuckerlösung getaucht, so ist der Turgordruck dieses einzelligen Gebildes geringer, als wenn das untere Ende in dieselbe Lösung eintaucht. Hieraus schließt

---

[1] RUHLAND, W.: Jb. Bot. 55, 409 (1915). — KELLER, B. A.: Die Pflanzenwelt der russischen Steppen, Halbwüsten und Wüsten (1923) (russ.)
[2] LEPESCHKIN, W.: Beitr. z. Bot. Zbl., Abt. I, 19, 409 (1906).

LEPESCHKIN, daß das Protoplasma des Sporangienträgers polare Permeabilitätsunterschiede aufweist. Einfacher wäre vielleicht in allen derartigen Fällen die Annahme, daß nicht das Protoplasma, sondern die Zellwand an den beiden Enden der Zelle ungleiche Permeabilität besitzt (siehe oben).

Die Annahme, daß einige Wasserdrüsen bei der Ausscheidung eine Einengungsarbeit leisten, wurde von RUHLAND (a. a. O.) widerlegt: es zeigte sich, daß Kochsalz von den aktiven Wasserdrüsen der von ihm untersuchten Halophyten in derselben Konzentration, in der es im Zellsaft vorliegt, ausgeschieden wird.

Säuren und andere organische Stoffe, darunter auch Fermente werden in gelöstem Zustande von fleischfressenden Pflanzen und vielen Pilzen sezerniert. Man beachte die reichliche Produktion von Zitronensäure und Oxalsäure durch verschiedene Schimmelpilze, sowie die Ausscheidung von Invertase und anderen Fermenten durch Schimmelpilze und Hefen.

Sehr interessant ist die reichliche Zuckerausscheidung durch Blütennektarien und analoge Organe. Zuckerarten gehören zu schwer permeierenden Stoffen, hier werden sie aber in hohen Konzentrationen ausgeschieden. Frühere Angaben, laut welchen es gelingen soll durch Abwaschen des außerhalb der Zellwand befindlichen Zuckers die Sekretion zu verhindern[1], sind hinfällig. Auf Grund der ausführlichen Untersuchungen RADTKES[2] ist der Schluß zu ziehen, daß die Nektarien auch nach sorgfältigem Auswaschen solange Zucker sezernieren, als noch Materialien zu seiner Bildung, in erster Linie Stärke, in den Zellen vorhanden sind. Am Ende der Zuckersekretion erweist sich die Stärke in Nektarien als vollständig erschöpft. Hierdurch wird außer Zweifel gestellt, daß Zucker nicht etwa durch Hydrolyse der Zellwandungen entsteht, sondern aus dem Zellinneren herausdiffundiert. Durch Legen der Blüten in Zuckerlösungen kann man die Nektarien füttern und die Gesamtdauer der Sekretion verlängern. In sehr konzentrierten Zuckerlösungen wird gar Stärke aufgespeichert. Durch Giftstoffe getötete Nektarien sind unfähig zu sezernieren.

Aus allen diesen Ergebnissen ist der Schluß zu ziehen, daß die Tätigkeit der Nektarien einen osmotischen Vorgang darstellt und der Wasserausscheidung durch Hydathoden analog ist. Sie bildet also ein höchst interessantes Problem von allgemeinem physiologischen Interesse und sollte an Hand der analytischen Mikromethoden studiert werden.

Oben wurde bereits erwähnt, daß die Wasserausscheidung durch Zellen von einem bestimmten osmotischen Wert, sowie die einseitige Auswanderung der gelösten Stoffe noch ein ungelöstes Problem bilden. Es könnte in einigen Fällen die Elektroosmose am ersteren Vorgange beteiligt sein[3]. Die Verwendung der DONNANschen Gleichgewichte zu

---

[1] WILSON, W.: Unters. Bot. Inst. Tübingen **1**, 8 (1881).
[2] RADTKE, F.: Planta (Berl.) **1**, 379 (1926).
[3] Vgl. dazu STERN, K.: Z. Bot. **11**, 561 (1919).

Erklärungen der Stoffausscheidung hat bisher ebenfalls nur in einem beschränkten Maße stattgefunden.

Beachtenswert ist die Tatsache, daß bei submersen Wasserpflanzen ebenso wie bei Landpflanzen ein Wasserstrom existiert, dessen treibende Kraft der Wurzeldruck ist[1]. Das Wasser wird durch Hydathoden ausgeschieden, die bei den Wasserpflanzen sehr verbreitet sind und auch in der Luft Wasser sezernieren.

Es wurden verschiedene Deutungen der physiologischen Rolle der Guttation vorgeschlagen. Nach der älteren Ansicht, die eine Zeitlang allgemein verbreitet war, soll die Guttation den Vorgang der Transpiration ersetzen und hierdurch die Salzaufnahme aus dem Boden befördern. Seitdem wir aber wissen, daß die Salzaufnahme vom aufsteigenden Wasserstrom in weitem Umfange unabhängig ist, erscheint die soeben dargelegte Ansicht als überholt. Die von HABERLANDT[2] vertretene Ansicht besteht darin, daß die Funktion der Hydathoden die durch Wurzeldruck bedingte Injektion der Intercellularen der Blätter mit Wasser verhütet. Darauf erwidern LEPESCHKIN[3] und SHREVE[4], daß die genannte Injektion vollkommen harmlos ist.

STAHL[5] behauptet, daß die Guttation zur Ausscheidung der giftigen Stoffwechselprodukte im gelösten Zustande dient; die Beweisgründe zugunsten dieser Anschauung sind allerdings nicht als ausschlaggebend zu betrachten[6]. Es ist jedenfalls unwahrscheinlich, daß Stoffausscheidung die Hauptfunktion der Hydathoden bilde, denn bei einigen Pflanzen, wie z. B. bei Colocasia, fast vollkommen reines Wasser sezerniert wird, und auch bei anderen Pflanzen mit „passiven" Hydathoden die Konzentration der gelösten Stoffe im Guttationswasser niedriger ist, als im Gefäßsafte (siehe oben).

Die vielleicht wahrscheinlichste Erklärung der Bedeutung der Guttation besteht darin, daß dieser Vorgang zur Erhaltung des Gleichgewichtes zwischen Wasseraufnahme und Wasserabgabe dient. Im folgenden Kapitel wird dargelegt werden, daß zwischen den beiden genannten Prozessen innerhalb gewisser Grenzen ein Gleichgewicht bestehen muß. Dieses Gleichgewicht wird meistens durch gesteigerte Transpiration in der Weise gestört, daß die Wurzel nicht imstande ist, die in heißesten Tagesstunden verdampfte Wassermenge zu ersetzen. Bei sistierter Transpiration treten jedoch umgekehrte Verhältnisse ein; der Wurzeldruck treibt fortwährend Wasser in den Stengel ein und dieses Wasser

---

[1] WEINROWSKY, P.: FÜNFSTÜCKs Beitr. wiss. Bot. **3**, 205 (1899). — MINDEN, M.: Bibliotheca botanica **1899**, H. 46. — HOCHREUTINER, G.: Rev. gén. Bot. **8**, 258 (1896). — SNELL, K.: Flora (Berl.) **98**, 213 (1908). — THODAY, D. a. M. G. SYKES: Ann. of Bot. **23**, 635 (1909).

[2] HABERLANDT, G.: Ber. dtsch. bot. Ges. **12**, 367 (1894). — Sitzgsber. Akad. Wiss. Wien, Math.-naturwiss. Kl. (I) **101**, 785 (1894/1895).

[3] LEPESCHKIN, W.: Flora (Berl.) **90**, 42 (1902).

[4] SHREVE, F.: J. Ecology **2**, 82 (1914).

[5] STAHL, E.: Flora (Berl.) **113**, 1 (1919). — ZIEGENSPECK, H.: Ber. dtsch. bot. Ges. **40**, 78 (1922).

[6] MOLISCH, H.: Pflanzenphysiologie als Theorie der Gärtnerei, S. 55 (1922).

kann nur durch Guttation abgegeben werden. Nur in speziellen Fällen wird dieser Vorgang der Wasserausscheidung beiläufig zur Entfernung überschüssiger Mineralstoffe benutzt.

Zugunsten dieser Deutung spricht erstens der zweifellose Zusammenhang zwischen der Geschwindigkeit der Guttation und der Höhe des Wurzeldrucks, zweitens aber der Zusammenhang zwischen Guttation und Transpiration. Oben wurde bereits erwähnt, daß die Guttation niemals gleichzeitig mit der Transpiration vor sich geht. Nur bei Wasserpflanzen, die keine Transpiration haben, ist eine ununterbrochene Guttation bemerkbar. v. FABER[1] weist darauf hin, daß zwischen der Guttation und der Transpiration auch ein quantitatives Verhältnis besteht: je größer die Transpiration am Tage war, desto schwächer ist die Guttation am Abend. Dies ist wohl in der Weise erklärbar, daß die gesteigerte Transpiration ein Wasserdefizit erzeugt, das auch am Abend sich geltend macht und die Guttation verzögert.

Es liegen nur wenige quantitative Messungen der Guttation vor; die ausführlichsten Untersuchungen auf diesem Gebiete hat MONTFORT mit Sumpfpflanzen ausgeführt. Die Resultate dieser Versuche wurden bereits oben besprochen; sie liefern unzweideutige Beweise zugunsten der Tatsache, daß zwischen Guttation und Wurzeldruck ein quantitatives Verhältnis besteht. Der verhältnismäßig geringen treibenden Kraft des Wurzeldrucks entsprechen auch die bei der Guttation ausgeschiedenen Wassermengen, die bedeutend geringer sind, als die bei der Transpiration in Dampfform abgegebenen. Colocasia und andere tropische Aroideen, deren Guttation als besonders stark angesehen wird[2], scheiden allerdings etwa 200 Tropfen in der Minute aus je einem Blatt. Auf diese Weise kann ein Blatt ungefähr 100 cm^3 Wasser, d. i. eine recht ansehnliche Menge, im Verlaufe einer Nacht ausscheiden[3].

Ausscheidung verschiedener Stoffe durch die Pflanzen. Die alte Ansicht, laut welcher die Pflanze sich vom Tier u. a. auch dadurch unterscheidet, daß sie verschiedene Stoffe dem Außenmedium entnimmt, und dieselben mit Ausnahme des Wassers nicht zurückgibt, kann nicht mehr zu Recht bestehen. Die Ausscheidung sowohl der Mineralstoffe, als auch der organischen Stoffe wurde durch neuere Untersuchungen mehrmals bewiesen. Oben wurde dargelegt, daß bei der Guttation verschiedene gelöste Stoffe ausgeschieden werden. Die Ausscheidung sowohl mineralischer als organischer Stoffe durch die Wurzeln ist ebenfalls schon längst bekannt. Es sei in erster Linie auf die sauren Wurzelausscheidungen hingewiesen (vgl. Bd. 1, S. 280). Die Ausscheidung der Mineralsalze wurde durch CZAPEK[4], WILFAHRT[5], DELEANO[6] und andere

---

[1] v. FABER, F. C.: Jb. Bot. **56**, 197 (1915).
[2] FLOOD, M. G.: Proc. roy. Dublin Soc., N. s., **15**, 506 (1919).
[3] MOLISCH, H.: Ber. dtsch. bot. Ges. **21**, 381 (1903).
[4] CZAPEK, F.: Jb. Bot. **29**, 321 (1896).
[5] WILFAHRT: Landw. Versuchsstat. **63**, 1 (1906).
[6] DELEANO: Inst. bot. Univ. Genève **7** (1907); 8 (1908).

Forscher festgestellt. Durch die neueren Vorstellungen über den Ionenaustausch zwischen der Pflanze und dem umgebenden Medium wurden die älteren Angaben erklärt und auch experimentell bestätigt[1]. Auch die Ausscheidung von organischen Stoffen durch die Wurzeln wurde schon längst beobachtet[2] und durch die sorgfältigen Versuche SCHULOWS[3] mit reinen Kulturen der Samenpflanzen außer Zweifel gestellt. Es fehlt aber noch eine zusammenfassende Bearbeitung der Frage nach der Ausscheidung verschiedener Stoffe durch die Wurzeln und namentlich sind bisher keine quantitativen Messungen auf diesem Gebiete ausgeführt worden; dieselben sind auch technisch nicht leicht. Einerseits müssen reine Kulturen der Samenpflanzen in Anwendung kommen, sonst können erhebliche Fehler infolge Absorption der Wurzelexkrete durch niedere Organismen entstehen. Anderseits muß die Wurzel sich in einem Wasserstrom befinden, um einen Konzentrationsausgleich mit der Außenlösung und somit eine Sistierung der Stoffausscheidung zu verhindern. Unter natürlichen Verhältnissen kommt es wohl nie zu einem Gleichgewichte, da die Wurzelausscheidungen von den unzähligen Bodenmikroben aufgenommen werden. Aus diesem Grunde können quantitative Bestimmungen in wässerigen Reinkulturen der Samenpflanzen ohne eine beständige Erneuerung der Nährlösung keine richtige Vorstellung von den Mengen der in natürlichen Böden sezernierten Stoffe, namentlich der organischen Verbindungen geben. Daß organische Stoffe aus den Wurzeln in den Boden in viel größeren Mengen hinüberwandern, als es allgemein angenommen wird, erhellt aus folgenden Erwägungen. Die neueren Untersuchungen WINOGRADSKIS und anderer Forscher, auf die wir hier nicht näher eingehen können, haben zum Ergebnis geführt, daß die Anzahl der lebenden Mikroben in 1 g Boden durchschnittlich durch außerordentlich hohe Zahlen (10^9 und darüber) ausgedrückt wird. Es ist die Annahme unwahrscheinlich, daß diese enorm große Menge der Lebewesen sich ausschließlich mit Humus und Pflanzenresten (praktisch mit Cellulose) ernähre. Die vorhandenen Untersuchungen lehren, daß die genannten Stoffe unter natürlichen Verhältnissen nur äußerst langsam zersetzt werden; die Geschwindigkeit ihrer Zersetzung entspricht auch annähernd nicht den Mengen des durch Bodenmikroben ausgeschiedenen Kohlendioxyds. Außerdem findet man sehr ansehnliche Bakterienmengen auch in solchen Böden, die praktisch humusfrei sind. Die Bodenmikroben sind besonders zahlreich in der unmittelbaren Nähe der Pflanzenwurzeln.

Der Verfasser dieses Buches verfügt auch über bisher unveröffent-

<hr>

[1] REDFERN, G. M.: Ann. of Bot. **36**, 167 (1922). — TRUE a. BARTLETT: Amer. J. Bot. **2** (1915); **3** (1916). — DAVIDSON a. WHERRY: J. Agricult., Res. **27** (1924). — Vgl. auch GREISENEGGER u. VORBUCHNER: Österr.-ungar. Z. Zuckerindustrie **47**, 82 (1918).

[2] MAZÉ, P.: Ann. Inst. Pasteur **25**, 705 (1912) u. a.

[3] SCHULOW: Untersuchungen auf dem Gebiete der Ernährungsphysiologie der höheren Pflanzen, S. 185 (1913) (russ.). — Vgl. auch MININA: Bull. Inst. rech. biol. Univ. Perm **5**, 233 (1927) (russ.).

lichte Resultate der Vegetationsversuche, welche zeigen, daß bestimmte Bakterienarten sich im Boden nur in Gegenwart von bestimmen Samenpflanzen entwickeln. Ob hierbei Wurzelausscheidungen, oder absterbende Wurzelteile die Hauptrolle im Vorgang der Bakterienernährung spielen, bleibt einstweilen dahingestellt.

Obige Betrachtungen gestatten freilich noch keine eindeutigen Schlußfolgerungen, doch dürften sie eine Anregung zu neuen quantitativen Bestimmungen der Wurzelausscheidungen nach verbesserten Methoden bilden.

JEGOROW[1] behauptet, daß Kalium auf den letzten Stufen der Vegetationsperiode aus der Pflanze in den Boden in großen Mengen zurückwandert; bedeutend geringer sollen die dem Boden am Schluß der Vegetationsperiode abgegebenen Magnesiummengen sein. TUEWA[2] hat in SABININS Laboratorium gefunden, daß Kalium noch von ganz jungen Weizenpflanzen abgeschieden wird, was wahrscheinlich mit dem Ionenaustausch (siehe oben) zusammenhängt. Hingegen soll eine Exosmose vom Calcium bei jungen Pflanzen nicht stattfinden; nur nachdem die Pflanzen ein Alter von etwa 5 Wochen erreicht haben, bemerkt man eine Ausscheidung des Calciums. Hauptsache ist aber, daß eine Exosmose sowohl von K als von Ca nur bei saurer Reaktion der Außenlösung vor sich geht. Dieser Umstand ist vielleicht die Ursache von Widersprüchen zwischen den Resultaten verschiedener Forscher, worauf hier nicht näher eingegangen werden darf.

In diesem Zusammenhange soll die Stoffausscheidung beim Blattabfall erwähnt werden. Mehrere Forscher weisen darauf hin, daß bei Bäumen einige Mineralstoffe vor dem Blattabfall in den Stamm zurückwandern, andere aber, die in überschüssiger Menge aufgenommen worden waren, wie z. B. Ca und Si, im Gegenteil in die Blätter einwandern[3]. Die Rückwanderung einiger Mineralstoffe in den Stamm wird durch die neuere Arbeit von SEIDEN[4] bestätigt.

Trotzdem verliert ein Baum jährlich eine bedeutende Menge von Mineralstoffen beim Blattabfall[5]. Nach einigen Angaben werden Mineralstoffe selbst aus lebenden Blättern durch Regen ausgelaugt[6]. Auch organische Stoffe sind in den abfallenden Blättern oft in großen Mengen enthalten. MICHEL-DURAND[7] zeigte, daß abfallende Blätter zuweilen größere

---

[1] JEGOROW, M. A.: Probleme der Mineralstofffernährung der Pflanze (1923) (russ.).

[2] TUEWA, O. F.: Bull. Inst. rech. biol. Univ. Perm 4, 479 (1926) (russ.).

[3] RICHTER, L.: Landw. Versuchsstat. **73**, 457 (1910). — RAMANN, E.: Ebenda **76**, 156, 165 (1912). — SWART, N.: Die Stoffwanderung in ablebenden Blattern (1914). — RIPPEL, A.: Jber. Ver. angew. Bot. 14, 123 (1919) u. a.

[4] SEIDEN: Landw. Versuchsstat. **104**, 1 (1925).

[5] KAERIYAMA, N.: Bot. Literaturbl. **1903**, 365. — COUNCLER, C.: Landw. Versuchsstat. **29**, 241 (1883) u. a.

[6] ANDRÉ, G.: C. r. Acad. Sci. Paris **155**, 1528 (1912); **156**, 564 (1913); **158**, 1812 (1914). — MAQUENNE, L. et E. DEMOUSSY: Ebenda **158**, 1400 (1914) u. a.

[7] MICHEL-DURAND, E.: Rev. gén. Bot. **30**, 337 (1918). — Auch COMBES, R. et D. KOHLER: C. r. Acad. Sci. Paris **175**, 590 (1922).

Mengen der löslichen Kohlenhydrate enthalten, als junge Blätter. Es scheint, daß die Pflanze mit Kohlenhydraten, die bei der Photosynthese in beliebigen Mengen aufgebaut werden können, verschwenderisch umgeht. Die stickstoffhaltigen Stoffe werden hingegen nach COMBES[1] vor dem Blattabfall in beträchtlichen Mengen in den Stamm abgeleitet. Übrigens befinden sich die in den Blättern aufgebauten Kohlenhydrate und Eiweißstoffe fortwährend im Zustande eines beweglichen Gleichgewichtes; es ist daher schwer zu beurteilen, ob die Menge der genannten Stoffe in den Blättern gegen Ende der Vegetationsperiode durchschnittlich zu- oder abnimmt. Jedenfalls steht die Tatsache fest, daß beim Blattabfall eine erhebliche Menge sowohl mineralischer als organischer Stoffe verlorengeht.

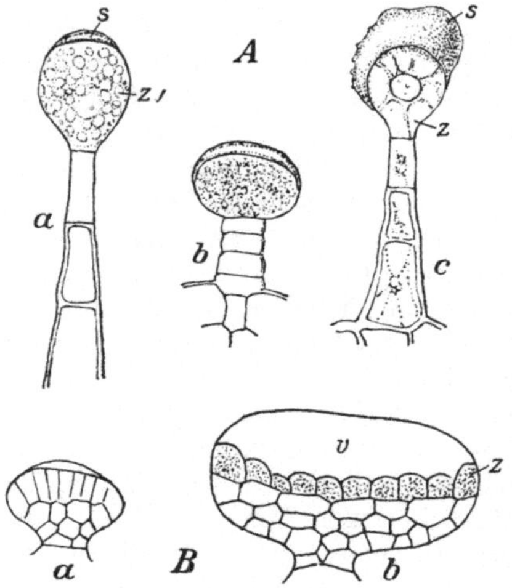

In anderen absterbenden Pflanzenteilen, wie z. B. in Zwiebelschuppen und Kork werden vor ihrem Abfall verschiedene Stoffe aufgespeichert, die im Haushalt der Pflanze wohl keine weitere Verwertung finden. Zu diesen Stoffen gehören in erster Linie Calciumoxalat und Kieselsäure. Dieselben Stoffe häufen sich gewöhnlich auch im Kern des Holzzylinders bei dessen allmählichem Absterben an.

Schließlich muß hier die Ausscheidung der flüchtigen Öle erwähnt werden, die in Dampfform vor sich geht und bei einigen Pflanzen sehr beträchtlich ist. Es ist allgemein bekannt, daß z. B.

Abb. 16. A Drüsenhaare von Pelargonium zonale; Z Sekretzelle, s Sekret. B Drüsenschuppen des Laubblattes von Ribes nigrum. a junges Stadium; die Cuticula wird durch das Sekret bereits abgehoben; b ausgebildetes Stadium. z Sekretionszellen; v Drüsenraum, durch Abhebung der Cuticula entstanden. Das Sekret ist entfernt worden. (Nach HABERLANDT.)

Dictamnus albus bei Windstille solche Mengen des ätherischen Öls ausscheidet, daß letzteres nach Anzündung eine große Flamme gibt. NILOV[2] hat eine Methode zur quantitativen Bestimmung der von den Pflanzen in die Luft abgeschiedenen Mengen der ätherischen Öle ausgearbeitet. Es zeigte sich, daß die genannte Ausscheidung regelmäßig vor sich geht. Ein einzelnes Exemplar von Juniperus excelsa kann nach NILOVs Berechnungen täglich 30 g Öl in die Luft abgeben; ein mit 1000 Bäumen bewachsenes Grundstück scheidet also täglich 30 kg ätherisches Öl aus.

Die ätherischen Öle werden von besonderen Drüsen sezerniert, die meistens die Gestalt eines Haares mit abgerundetem oberen Teil haben

---

[1] COMBES, R.: Rev. gén. Bot. 38, 430 (1926).
[2] NILOV, W.: Arb. d. Nikitski-Gartens 1929 (russ.).

(Abb. 16). Das Öl wird von der Zellwand abgesondert und häuft sich im Zwischenraum zwischen der Zellwand und der Cuticula an. Schließlich platzt die Cuticula unter dem Druck der sezernierten Ölmasse und das freigelegte Öl verflüchtigt sich ziemlich schnell. Nach vorhandenen Angaben kann sich dieser Vorgang wiederholen.

Gegenwärtig können nur vereinzelte, auf dem Gebiete der Stoffausscheidung erworbenen Tatsachen angeführt werden, doch muß die Lehre von der Stoffausscheidung nach einiger Zeit sich zu einem zusammenhängenden Kapitel der Pflanzenphysiologie entwickeln.

Die ausgiebigste Stoffausscheidung der Pflanze bildet die Transpiration. Dieselbe wird im nächsten Kapitel dargelegt.

Elftes Kapitel.

Der Wasserhaushalt der Pflanze.

Der allgemeine Begriff der Transpiration[1]. Das Laubwerk einer
höheren Pflanze, besonders aber eines Baumes, stellt eine enorm große
feuchte Oberfläche dar. Im Innern des Blattes befindet sich, wie bekannt, ein Netz von Intercellulargängen, die miteinander kommunizieren, oft gar ein einheitliches System bilden und mit den Spaltöffnungen in Verbindung stehen. Die parenchymatischen Zellen des Blattes geben Wasser in die Intercellularräume in Dampfform ab; durch die
Spaltöffnungen und die cuticuläre Oberfläche der Epidermiszellen entweicht der Wasserdampf aus den Intercellularen in die Außenluft;
infolgedessen werden die Intercellulare nicht dampfgesättigt und können
wiederum den lebenden Parenchymzellen des Blattes Wasser in Dampfform entnehmen. Eine vollkommene Dampfsättigung der Luft kommt
nur selten und zwar nur für kurze Zeit zustande. Im direkten Lichte
dauert übrigens die Transpiration auch bei Dampfsättigung der äußeren
Luft fort, da die chlorophyllhaltigen Zellen infolge Lichtabsorption sich
so erwärmen, daß deren Temperatur immer höher ist, als diejenige der
Außenluft.

Aus dem soeben Dargelegten ist ersichtlich, daß die transpirierende
Oberfläche der Pflanzen enorm groß ist. Sie wird nicht durch die beiden
Blattflächen, sondern durch die außerordentlich stark entwickelte
Fläche der Intercellularräume dargestellt. Oben wurden die Wassermengen angegeben, die von krautartigen Pflanzen evaporiert werden.
Es sei hier z. B. nochmals daran erinnert, daß eine einzige Maispflanze
im Laufe der Vegetationsperiode durchschnittlich 100—180 kg Wasser
in Dampfform überführt[2] und nach SCHRÖDERS[3] Berechnungen annähernd $1/_{20}$—$1/_{40}$ der zur Wasserverdunstung auf unserem Planeten
verwendeten Sonnenenergie bei der Transpiration der Pflanzen verbraucht wird. Um sich eine annähernde Vorstellung von dieser Größe
zu machen, muß man sich vergegenwärtigen, welche Wassermengen
von der Oberfläche der Ozeane in Dampfform entweichen.

Meistens ist die Ausgiebigkeit der Transpiration physiologisch übermäßig: eine Verdampfung so enorm großer Wassermengen ist für die

---

[1] Die wichtigste Spezialliteratur über Transpiration: BURGERSTEIN, A.: Die
Transpiration der Pflanzen, 1. Teil 1904, 2. Teil 1920, 3. Teil 1925. — SEYBOLD,
A.: Die pflanzliche Transpiration. Erg. Biol. **5** (1929) (erster Teil); **6** (1930)
(zweiter Teil).

[2] KISSELBACH, T.: Agricult. Exper. Stat. Nebrasca Res., Bull. **6**, 216 (1916).

[3] SCHRÖDER, H.: Naturwiss. **7**, 976 (1919).

Pflanzen vollkommen unnötig und unter Umständen sogar gefährlich, da die Wurzel oft selbst bei ausreichender Bodenfeuchtigkeit nicht imstande ist, die bei der Transpiration verbrauchten Wassermengen mit genügender Geschwindigkeit zu ersetzen. Der Sachverhalt wird noch schlimmer, wenn der Boden trocken ist; dann tritt regelmäßig ein Welken der Pflanze infolge übermäßiger Transpiration ein, und bei einem gewissen Grade des Welkens geht die Pflanze ein. Der Kampf der Pflanze um das Wasser stellt daher einen der wichtigsten Momente des Pflanzenlebens dar und ruft unzählige Einrichtungen und Anpassungen hervor. Mit Recht wird behauptet, daß der Kampf der Pflanze um das Wasser einen der wichtigsten formbildenden Faktoren darstellt.

Man unterscheidet gewöhnlich die cuticuläre Transpiration von der stomatären. Erstere besteht in der Wasserabgabe durch die äußeren Flächen des Blattes und ist meistens nur bei jungen Blättern oder in einer feuchten Luft, wo die Ausbildung einer Cuticula gehemmt wird, nennenswert[1]. Die bedeutend ausgiebigere stomatäre Transpiration besteht darin, daß die vor Wasserabgabe ungeschützten Zellen des inneren Blattparenchyms Wasser in Dampfform in die intercellularen Räume abgeben, und der Wasserdampf aus letzteren durch die Spaltöffnungen entweicht. Diese Art der Transpiration, deren Ausgiebigkeit diejenige der cuticulären Transpiration gewöhnlich mehrfach übersteigt, wird durch die Spaltöffnungen reguliert: sind letztere geschlossen, so wird die Luft der Intercellularen selbstverständlich nach kurzer Zeit dampfgesättigt und die Wasserabgabe von den Parenchymzellen hört auf.

Oben war nur von der Transpiration der Blätter die Rede. Es ist aber klar, daß auch Stämme und namentlich junge Zweige transpirieren. Doch ist die Wasserabgabe dieser Organe im Vergleich mit derjenigen der Blätter so gering, daß sie praktisch nicht in Betracht kommt und nur bei Abwesenheit der Blätter (z. B. im Winter auf unseren Breiten) berücksichtigt zu werden braucht.

Es wurde mehrmals die Frage aufgeworfen, ob die Transpiration überhaupt einen physiologisch nützlichen Vorgang, oder nur einen unvermeidlichen, durch die Struktur des Laubwerks bedingten Mangel darstellt. Die verbreitete Ansicht über die Notwendigkeit der Transpiration bestand darin, daß durch Wasserverdampfung aus den Blättern die Aufnahme der Bodenlösung mit den darin enthaltenen notwendigen Mineralstoffen befördert wird. Diese Betrachtung ist nunmehr hinfällig: hat es sich doch herausgestellt, daß die Salzaufnahme durch die Wurzel unabhängig von der Wasseraufnahme vor sich geht (siehe oben). Doch wird der Transport der aufgenommenen Salze in wässerigen Lösungen durch Transpiration bewerkstelligt, indem der Wurzeldruck nur bei krautartigen Gewächsen zu diesem Zwecke ausreichen dürfte und auch in diesem Falle die Wasserbewegung durch Transpiration sich als vorteilhafter erweist, da letztere mit keinem Verbrauch des organischen Materials verbunden ist. Selbstverständlich

---

[1] RUDOLPH, K.: Bot. Archiv **9**, 49 (1925).

würde aber zum Transport der dem Boden entnommenen Stoffe meistens eine weit geringere Transpiration genügen.

Außerdem wird durch Transpiration eine übermäßige Erwärmung der Blätter verhütet. MILLER u. SAUNDERS[1] haben gefunden, daß die Blattemperaturen unter natürlichen Verhältnissen diejenigen der umgebenden Luft durchschnittlich nur um 2—4,5^0 übersteigen. Nur in einem Falle wurde bei der Lufttemperatur von 37,5^0 eine Überhitzung des Blattes um 6,7^0 wahrgenommen. In diesem Falle erwies sich die Transpiration als sehr stark herabgesetzt. HARDER[2] hat in Sahara die überraschende Beobachtung gemacht, daß Blätter der Wüstenpflanzen im Sonnenlichte eine Temperatur haben, welche diejenige der Luft im Schatten höchstens um 7,75^0 übersteigt. So geringe Überhitzungen der Blätter durch Sonnenstrahlen sind wohl nur bei Vorhandensein der Transpiration möglich.

L. IWANOFF[3] weist noch darauf hin, daß die Transpiration als ein turgorregulierender Faktor der Pflanze dient.

.Alle soeben erwähnten Vorteile, welche die Transpiration mit sich bringt, sind aber unbedeutend im Vergleich mit der Lebensgefahr des übermäßigen Wasserverlustes, und es ist kaum zu bezweifeln, daß wir im vorliegenden Falle eine Unvollkommenheit der Pflanzenorganisation vor Augen haben. Eine Anpassung an hohe Temperaturen und ein Stofftransport mittels Wurzeldruck allein, der doch bedeutend gesteigert werden könnte, sollten wohl leichter zu bewerkstelligen sein, als die vorhandene Fülle von Einrichtungen, die dem Kampf der Pflanze um das Wasser dienen und bei extremen Verhältnissen immerhin versagen.

Methoden zur Bestimmung der Transpiration. Dieselben beruhen entweder auf der direkten Ermittelung der verdampften Wassermenge, oder auf der indirekten Berechnung aus der Gewichtsabnahme der Pflanze bei Ausschluß anderweitiger Ursachen der Gewichtsverminderung.

Bei der direkten Bestimmung des entweichenden Wasserdampfes schließt man die zu untersuchenden Blätter oder beblätterte Sprosse, ohne dieselben von der Mutterpflanze abzutrennen, in Glasbehälter mit Zu- und Ableitungsröhren ein. Mittels einer geeigneten Vorrichtung leitet man alsdann durch den Behälter einen Luftstrom von bestimmter Geschwindigkeit. Die aus dem Behälter entweichende Luft passiert die mit Chlorcalcium, Schwefelsäure oder Phosphorsäureanhydrid beschickten Flaschen, wo das Transpirationswasser absorbiert wird. Hierbei muß man berücksichtigen, daß die Luft durch Phosphorsäureanhydrid in einem höheren Grade getrocknet wird, als durch Schwefelsäure und durch diese in einem höheren Grade, als durch Chlorcalcium. Es ist unstatthaft, die in den Behälter einströmende Luft zu trocknen,

---

[1] MILLER, E. C. a. A. R. SAUNDERS: J. agricult. Res. **26**, 15 (1923). — Vgl. auch CLUM, H. H.: Amer. J. Bot. **13**, 194, 217 (1926).

[2] HARDER, R.: Z. Bot. **23**, 703 (1930).

[3] IWANOFF, L.: Arb. angew. Bot. u. Selektion **13**, 3 (1923) (russ.).

da hierdurch die Transpirationsintensität im Vergleich zu den natürlichen Verhältnissen gesteigert wird. FREEMAN[1] empfiehlt daher die Feuchtigkeit der durchströmenden Luft gleichzeitig in einer anderen Apparatur zu bestimmen, wo keine Pflanze im Behälter eingeschlossen ist.

Die bisher ungenügend berücksichtigte Fehlergrenze der soeben geschilderten Methode besteht darin, daß man gewöhnlich einen zu langsamen Luftstrom verwendete, der den Wasserdampf nicht mit derselben Geschwindigkeit fortschaffte, mit der letzterer gebildet war. Infolgedessen wurde die Luft im Pflanzenbehälter allmählich mit Wasserdampf gesättigt, was eine Abnahme der Transpiration zur Folge hatte. Bei Verwendung einer ausreichenden Geschwindigkeit des Luftstromes wäre es unmöglich gewesen, die Gesamtmenge des entstehenden Wasserdampfes in Absorptionsgefäßen zurückzuhalten. Dieser Fehler kann jedoch auf folgende Weise beseitigt werden. Man leitet einen Luftstrom von ausreichender Geschwindigkeit durch den Behälter, ermittelt aber das ausgeschiedene Wasser nur in einem bestimmten Teile der durchgelassenen Luft. Aus dem erhaltenen Resultate berechnet man durch einfache Multiplikation die Gesamtmenge des Transpirationswassers. Um dies zu erreichen, bringt man in das System zwischen dem Pflanzenbehälter und den Absorptionsgefäßen ein T-Rohr ein und reguliert den Luftstrom so, daß nur eine bestimmte Luftmenge die Absorptionsgefäße durchstreicht.

In dieser Modifikation würde die Absorptionsmethode der Transpirationsbestimmung alle übrigen Methoden an Genauigkeit übertreffen, da sie unter natürlichen Verhältnissen am Standorte mit den von der Mutterpflanze nicht abgetrennten Blättern verwendet werden kann. Eine beständige Fehlerquelle der Methode besteht allerdings darin, daß kurzwellige Strahlen, die bei der Transpiration eine nicht unwesentliche Rolle spielen, vom Glas zurückgehalten werden. Dieser Fehler könnte nur durch Verwendung von Quarzgefäßen beseitigt werden.

Eine Vereinfachung der soeben geschilderten Methode besteht darin, daß man die zu untersuchende Pflanze mit einer Glasglocke überdeckt und die Veränderungen der Luftfeuchtigkeit unter der Glocke mittels eines dort angebrachten Hygrometers mißt[2]. Der oben besprochene, durch Steigerung des Dampfdrucks verursachte Fehler ist bei einer derartigen Versuchsanordnung selbstverständlich noch größer, als bei der Methode der Luftdurchleitung. Die hygrometrische Methode darf daher nur mit schwach transpirierenden Pflanzen im diffusen Lichte Verwendung finden; auch in diesem Falle liefert sie nur annähernde Schätzungen.

Anderseits haben LIVINGSTON und dessen Mitarbeiter[3] eine einfache

---

[1] FREEMAN, G. F.: Bot. Gaz. **46**, 118 (1908).

[2] CANNON, W. A.: Bull. Torrey bot. Club **32**, 515 (1905).

[3] LIVINGSTON, B. E. a. A. HOPPING: Carnegie Inst. Washington, Year Book **13** (1914). — BAKKE, A. L.: J. Ecology **2**, 145 (1914). — TRELEASE, S. F. a. B. E. LIVINGSTON: J. Ecology **4**, 1 (1916). — Besonders aber LIVINGSTON, B. E. a. E. SHREVE: Plant World **19**, 287 (1916).

kolorimetrische Methode der vergleichenden Bestimmung der Transpiration ausgearbeitet. Der Vorzug dieser Methode besteht darin, daß sie zu Feldversuchen brauchbar ist.

Schon längst hat STAHL[1] die folgende qualitative Probe ersonnen, die als Demonstrationsversuch dienen kann. Das mit einer 5proz. Lösung von Kobaltchlorid getränkte Filtrierpapier hat blaue Farbe im trockenen Zustande und blaßrote Farbe nach Befeuchtung. Durch diese Probe ist es z. B. leicht möglich, die ungleiche Transpiration der oberen und der unteren Blattfläche zu demonstrieren, falls die Zahl der Spaltöffnungen auf den beiden Blattseiten ungleich ist[2]. Nun besteht die LIVINGSTONsche Modifikation der Kobaltprobe darin, daß man die Zeit in Sekunden genau mißt, die zum Erreichen einer bestimmten Färbung notwendig ist. Zu diesem Zwecke bereitet man sich ein farbiges Papier von der Farbentönung, die im Versuch erreicht werden muß. Das Kobaltpapier selbst wird unter Einhaltung bestimmter Bedingungen, auf die hier nicht eingegangen werden kann, vorbereitet und in Gestalt von schmalen Streifen verwendet. Das zu untersuchende Blatt wird samt einem Stückchen vollkommen trockenen Kobaltpapiers mit einer federnden Pinzette gefaßt. Die Enden der Pinzette stellen Glasplatten dar; durch das Glas kann man die Farbenveränderung des Papiers bequem beobachten. Die zur Farbenveränderung notwendige Zeit ist umgekehrt proportional der Transpirationsgeschwindigkeit. Außerdem bestimmt man die Geschwindigkeit der Farbenveränderung desselben Kobaltpapiers über einer Wasseroberfläche. Das Verhältnis zwischen der Wasserabgabe durch das Blatt und durch die freie Wasseroberfläche (LIVINGSTONS „index of transpiring power") dient zum Vergleich der Transpirationsgeschwindigkeit verschiedener Blätter.

Die von TSWETKOWA[3] ausgeführte Nachprüfung der Kobaltmethode zeigte, daß nach diesem Verfahren zwar keine richtigen absoluten Transpirationsgrößen ermittelt werden können, doch die vergleichenden Bestimmungen dieselben Verhältnisse ergeben, die nach der Gewichtsmethode erhalten werden.

Bei Vegetationsversuchen und experimentellen Untersuchungen im Laboratorium bedient man sich meistens zur Bestimmung der Transpiration der indirekten Gewichtsmethode. Man wiegt die Pflanze vor und nach dem Versuche und nimmt an, daß die Differenz sich nur auf die Wasserabgabe bezieht.

Dieses Verfahren ist vollkommen zuverlässig, wenn man dafür Sorge trägt, daß die Wasserverdunstung tatsächlich nur durch die Pflanze zustande kommt. Da ein jeder Versuch nur kurze Zeit dauert, so sind die Schwankungen des Trockengewichtes der Pflanze im Verlaufe dieser Zeit ganz unbedeutend und können vernachlässigt werden, da die Gewichts-

---

[1] STAHL, E.: Bot. Z. **52**, 117 (1894).
[2] Eine andere sinnreiche Schätzung besteht darin, daß man hygroskopische Bewegungen der Erodiumgranne zum Transpirationsnachweis verwendet: DARWIN, F.: Philos. Trans. roy. Soc. Lond. (B) **190**, 531 (1898).
[3] TSWETKOWA, E.: J. russ. bot. Ges. **14**, 19 (1929) (russ).

veränderungen durch Photosynthese und Atmung viel weniger als 1 v H derjenigen ausmachen, die bei der Wasserbilanz der Pflanze zustande kommt.

Doch sind hierbei nur Versuche mit ganzen Pflanzen, nicht aber mit abgeschnittenen Pflanzenteilen vollkommen zuverlässig. Darin besteht die hauptsächlichste Schwierigkeit der indirekten Transpirationsbestimmung. Es müssen Vegetationsgefäße (Bd. 1, S. 263ff.) samt dem darin enthaltenen Boden gewogen werden; das Gesamtgewicht je eines Gefäßes beträgt durchschnittlich 7—15 kg[1]. Zu derartigen Versuchen muß man daher solche Wagen verwenden, die beim Auswiegen sehr großer Gewichte immerhin eine befriedigende Genauigkeit gewähren. Außerdem muß die Wasserabgabe durch den Boden selbst vollkommen beseitigt werden. Zu diesem Zwecke überdeckt man die Bodenoberfläche mit metallischen Deckeln, die in ihrer Mitte ein Loch haben, durch welches der Stengel der Pflanze durchgelassen wird. Sehr bequem sind auch große Gummibeutel, die das ganze Vegetationsgefäß umhüllen und dem Stengel dicht anliegen[2]. Zu dauernden Versuchen empfiehlt MAXIMOW[2] Zinkdeckel, welche dem Rande des Gefäßes angekittet werden. Auch der unvermeidliche Raum zwischen dem Stengel der Pflanze und dem Rande des Deckelloches wird mit einem weichen Kitt (aus gepulverter Kreide und Ricinusöl hergestellt) ausgefüllt. Dieser vollkommene Verschluß ist unschädlich, falls der Boden gut aeriert ist und die Bodenfeuchtigkeit 70 vH der vollen Wasserkapazität nicht übersteigt; bei Nichtbeachtung dieser Vorsichtsmaßregeln können anaerobe bakterielle Vorgänge im Boden entstehen.

MAXIMOW (a. a. O.) betont ausdrücklich, daß die von einigen Forschern verwendete Methode, die darin besteht, daß die zu untersuchenden Pflanzen vom natürlichen Boden ausgestochen und in die Versuchsgefäße nur kurz vor Beginn des Versuches übertragen werden, zu erheblichen Fehlern führen kann. Es ist in der Tat zu beachten, daß es beinahe unmöglich ist, die Pflanzen ohne Beschädigung des Wurzelsystems auszustechen. Nun kann selbst eine unbedeutende Beschädigung der Wurzel die Transpiration erheblich herabsetzen, da zwischen letzterer und der Wasseraufnahme aus dem Boden ein enger Zusammenhang besteht.

Auch ein Arbeiten mit abgeschnittenen Pflanzen oder Pflanzenteilen erheischt große Vorsicht, da unter diesen Verhältnissen oft verschiedene zum Teil nicht aufgeklärte Änderungen der Transpirationsgeschwindigkeit zustande kommen[3]. Da aber ein Experimentieren mit abgeschnittenen

---

[1] Größere Kulturpflanzen verlangen zur normalen Entwicklung noch größere Bodenmengen. Einige Forscher verwenden daher sehr große Versuchsgefäße, deren Gewicht unter Umständen 500 kg beträgt (vgl. z. B. KISSELBACH: Agricult. Exper. Stat. Nebrasca Res., Bull. **6**, 216 [1916]). — Diese Gefäße können nur auf speziellen Wagen gewogen werden.

[2] MAXIMOW, N.: Die physiologischen Grundlagen der Dürreresistenz der Pflanzen, S. 111 (1926) (russ.).

[3] Vgl. dazu u. a. ZEMTSCHUZNIKOW, E.: Sitzgsber. naturforsch. Ges. Don-Univ. **4**, 1 (1919) (russ.).

Pflanzen viel bequemer ist als ein Arbeiten mit Vegetationsgefäßen, so haben mehrere Forscher jene Methode bevorzugt. Hierbei muß man jedenfalls die Wägungen so schnell wie möglich ausführen. In einigen Fällen wurden abgeschnittene Zweige ohne Wasserzufuhr transpirieren gelassen[1]. Diese Methode darf allerdings nur mit schwach transpirierenden Pflanzen verwendet werden und erfordert auch in diesem Falle ein sehr schnelles Arbeiten.

STOCKER[2] empfiehlt in Feldversuchen schnelle Gewichtsbestimmungen der abgeschnittenen Pflanzen mittels der „Reise-Probierwage" von BUNGE auszuführen. Diese Methode soll in Feldversuchen durchaus zuverlässige Resultate liefern. Noch besser eignet sich vielleicht zu Feldversuchen die von HUBER[3] verwendete Balken-Torsionswage, die auch von KAMP mit Erfolg benutzt wurde. Die Beschreibung dieser Wage findet man in HUBERS ausführlichem Aufsatz.

Einige Forscher verwendeten Potometer zur Bestimmung der Transpiration; hierbei wurde angenommen, daß die Wasseraufnahme, welche an Hand des Potometers ermittelt wird, der Wasserabgabe bei der Transpiration gleich ist. Im großen ganzen ist dies zweifellos richtig, da die enorm großen Wassermengen, die bei der Transpiration verloren gehen, durch entsprechende Wasseraufnahme ersetzt werden müssen, sonst würde die Pflanze schnell eintrocknen. Doch halten beide Vorgänge zeitlich durchaus nicht immer gleichen Schritt, und oft ist es sehr interessant, namentlich die Schwankungen des Wassergehaltes in der Pflanze zu verfolgen. So bemerkt man z. B. an sehr heißen Tagen zuweilen ein Welken der Pflanzen bei genügender Bodenfeuchtigkeit. Dies ist dadurch erklärlich, daß die Wurzel nicht imstande ist, die zur Deckung des Transpirationsverlustes notwendigen Wassermengen mit genügender Geschwindigkeit durchzulassen. Im Gegenteil dauert die Wasseraufnahme oft auch nach Sistierung der Transpiration fort, wie es z. B. im Falle der Guttation wahrgenommen wird. Alle diese interessanten Erscheinungen kann ein einfaches Potometer nicht entdecken. Doch erlaubt das von VESQUE konstruierte wägbare Potometer (Abb. 17) gleichzeitig

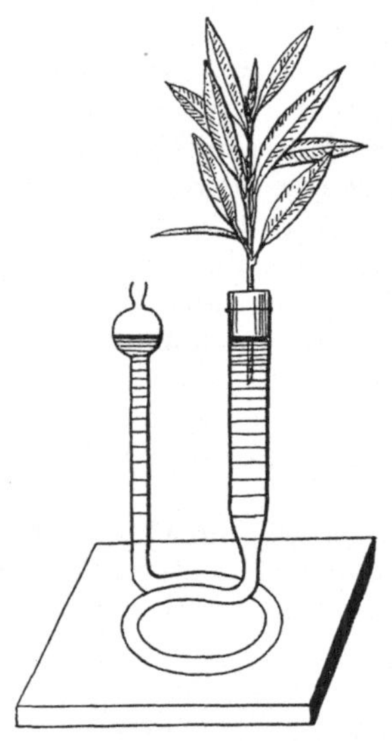

Abb. 17. Apparat von VESQUE. Erklärung im Text. (Nach N. N. IWANOFF.)

---

[1] IWANOFF, L.: Mitt. Forstinst. **32** (1925) (russ.). — HUBER, B.: Z. Bot. **15**, 465 (1923).

[2] STOCKER, O.: Ber. dtsch. bot. Ges. **47**, 126 (1929). — Auch ARLAND, A.: Ebenda **47**, 474 (1929). — KAMP, H.: Jb. Bot. **72**, 403 (1930).

[3] HUBER, B.: Ber. dtsch. bot. Ges. **45**, 611 (1927).

sowohl die Wasseraufnahme als den Wasserverlust zu bestimmen. Die Transpiration wird durch Wägung des Apparates mit der in ihm befestigten abgeschnittenen Pflanze ausgeführt. Vor dem Beginn des Versuches wird das Wasserniveau im anderen Schenkel des Potometers auf den Strich im verengten Teil des Rohres eingestellt. Nach der Wägung füllt man das Wasser aus einer kalibrierten Bürette wiederum bis auf den Strich nach und ermittelt auf diese Weise die Menge des verbrauchten Wassers. Dieser Apparat ist der einzige, der eine gleichzeitige Bestimmung der Transpiration und der Wasseraufnahme ermöglicht, doch gestattet er nur ein Arbeiten mit abgeschnittenen Pflanzen, was nach dem oben Erörterten weniger zuverlässig ist, als eine Untersuchung der intakten Pflanzen und zwar namentlich in Bodenkulturen.

Die Transpiration ist immer großen Schwankungen, im Zusammenhange mit den Veränderungen der Außenfaktoren unterworfen. Es ist daher notwendig, immer zahlreiche gleichzeitige Versuche auszuführen. Überhaupt bereitet die scheinbar so einfache methodische Seite der Transpirationsversuche dem Unerfahrenen unerwartete Schwierigkeiten, und erst nach längerer Übung gelingt es, zuverlässige Resultate zu erhalten.

Zum Schluß bleibt es noch die folgende Frage zu besprechen: Auf welche Weise muß man die Versuchsresultate berechnen, damit man die Transpirationsintensität verschiedener Pflanzen vergleichen kann?

Auf den ersten Blick erscheint es als naheliegend, die Transpiration ebenso wie die CO_2-Assimilation auf die Einheit der Blattfläche zu berechnen. Wir treffen in der Tat diese Berechnungsart in mehreren einschlägigen Arbeiten. LIVINGSTON (a. a. O.) hat außerdem den Begriff der „relativen Transpiration" eingeführt und durch T/E ausgedrückt, worin T die Transpiration der Pflanze auf Einheit der Blattfläche und E die Evaporation der Einheit der freien Wasserfläche bedeutet.

Doch war selbst die Berechnung der CO_2-Assimilation auf die Einheit der Blattfläche nur so lange ausreichend, bis man sich damit begnügte, den Einfluß verschiedener Außenfaktoren auf die Photosynthese einer und derselben Pflanze zu studieren. Die ersten Versuche des Verfassers dieses Buches und seiner Mitarbeiter über den Tagesverlauf der Photosynthese und die tägliche Ausbeute verschiedener Pflanzen unter ungleichen ökologischen und klimatischen Bedingungen[1] zeigten, daß die einfache Berechnung auf Einheit der Blattfläche in einigen Fällen unzureichend ist. So hat man z. B. gefunden, daß einige Xerophyten der zentralasiatischen Wüste fabelhaft große Ausbeuten auf die Einheit der Blattfläche zeigten, während einige Kulturpflanzen, die größere Ernten als die wildwachsenden Xerophyten liefern, auf die Einheit der Blattfläche geringere Ausbeuten gaben. Dieser Sachverhalt ist aber dadurch erklärlich, daß die gesamte Blattfläche einer Baumwollpflanze oder einer Graminee mehrmals größer ist, als diejenige eines Xerophyten. Bei der Berechnung auf die gesamte Blattfläche,

---

[1] KOSTYTSCHEW, S., BAZYRINA, K. u. W. TSCHESNOKOW: Planta (Berl.) 5, 696 (1928); 11, 160 (1930). — KOSTYTSCHEW, S. u. H. KARDO-SYSSOIEWA: Ebenda 11, 117 (1930). — KOSTYTSCHEW, S. u. V. BERG: Ebenda 11, 144 (1930).

oder mit anderen Worten, auf die ganze Pflanze, was eigentlich vom physiologischen Standpunkte aus die einzige einwandfreie Berechnungsart ist, ergibt sich ein ganz anderes Resultat, als bei der Berechnung auf die Einheit der Blattfläche. Das winzige Laubwerk eines Xerophyten hat die Aufgabe, den außerordentlich stark entwickelten unterirdischen Teil der Pflanze zu ernähren; daher kommt auf die Einheit der Blattfläche eine äußerst große Arbeit.

Es ist ohne weiteres einleuchtend, daß beim Vergleich der Transpirationsgrößen verschiedener Pflanzen genau dieselben Erwägungen maßgebend sind, da die Transpiration ebenso wie die CO_2-Assimilation eine Funktion der Laubblätter ist. Da aber Versuche über die relative Transpiration verschiedener Gewächse schon längst ausgeführt wurden, so haben einige Forscher bereits vor Jahren Bedenken über die Zuverlässigkeit der Berechnung auf Einheit der Blattfläche bei vergleichenden Untersuchungen geäußert. Es wurde vorgeschlagen, die Transpiration in Prozenten des gesamten Wasservorrates der Pflanze auszudrücken. Hierbei zeigte es sich, daß einige Pflanzen im Verlaufe von 1 Stunde den gesamten Wasservorrat des Laubwerkes und des Stengels verlieren und bei der Transpiration im Schatten Zahlen von 60 vH und darüber als durchschnittliche anzusehen sind[1].

Da das Wasser etwa 80 vH des Gesamtgewichtes der Pflanze ausmacht, so haben einige Forscher vorgeschlagen, obiges Verfahren dadurch zu vereinfachen, daß man die Transpiration auf das Frischgewicht der Pflanze bezieht. H. WALTER[2] weist außerdem darauf hin, daß die „Einheit der Blattfläche" bei den Bestimmungen der Transpiration keine konstante Größe darstellt, da es sich zeigte, daß transpirierende Flächen von nicht kreisrunder Form namentlich in bewegter Luft (was unter natürlichen Verhältnissen fast immer der Fall ist) je nach ihrer Lage verschiedenartig evaporieren. Wird z. B. ein Rechteck entweder seiner kurzen oder seiner langen Achse nach in der Richtung des Windes gestellt, so kann dies einen Transpirationsunterschied von 20 vH herbeiführen. Aus diesen Resultaten zieht WALTER die Schlußfolgerung, daß eine Berechnung auf Blattfläche nicht nur für vergleichende Bestimmungen unzureichend, sondern auch an und für sich ungenau ist. Der genannte Forscher empfiehlt daher, Transpirationsgrößen nur auf das Frischgewicht der Pflanze zu beziehen.

STOCKER[3] schlägt vor, das evaporierte Wasser auf die Oberfläche oder in vereinfachter Form auf das Frischgewicht der Wurzeln zu berechnen, da die erhaltene Größe die Wassermenge anzeigt, welche täglich die Einheit des Wurzelsystems passiert und folglich darüber Aufschluß gibt, mit welcher Leichtigkeit die Pflanze das ihr notwendige Wasser aus dem Boden gewinnt. Diese Berechnung hat aber selbst-

---

[1] MAXIMOW, N., BADRIEWA, L. u. W. SIMONOWA: Arb. bot. Gart. Tiflis **19**, 109 (1917) (russisch).

[2] WALTER, H.: Der Wasserhaushalt der Pflanze in quantitativer Betrachtung (1925). — Z. Bot. **18**, 1 (1925/1926).

[3] STOCKER, O.: Z. Bot. **15**, 1 (1923).

verständlich spezielles Interesse und könnte kaum zu vergleichenden Bestimmungen der Transpiration selbst verwendet werden. Dieselbe Bemerkung betrifft die von HUBER[1] ausgeführte Berechnung der Transpirationsintensität auf die Querschnittsfläche des wasserleitenden Systems der Pflanze. Derartige Berechnungen sind wohl sehr interessant und für die Erkenntnis des Wasserhaushaltes der Pflanze bedeutungsvoll, doch kommen sie als Methoden der vergleichenden Transpirationsmessungen kaum in Betracht.

KÔKETSU[2] kommt zum Schluß, daß die zuverlässigste Methode der Berechnung der Transpirationsgröße, sowie des Wassergehaltes der Blätter darin besteht, daß man die genannten Größen auf die Einheit des Volumens der Trockensubstanz bezieht. Die trockene Substanz wird zu einem feinen Pulver zerrieben und das Volumen des Pulvers gemessen. Nach anderen eingehenden Prüfungen desselben Forschers ist die Berechnung sämtlicher Bestandteile der Pflanze, und zwar der Asche, der Kohlenhydrate, der Eiweißkörper usw. auf die Einheit des Trockenvolumens am meisten zu empfehlen[3].

In der Landwirtschaft hat sich der Begriff „Transpirationskoeffizient" eingebürgert. Unter diesem Ausdruck versteht man das Verhältnis des im Laufe der Vegetationsperiode entstandenen Trockengewichtes der Pflanze zur Menge des im Verlaufe derselben Zeit bei der Transpiration abgegebenen Wassers. Die erste Größe setzt man gewöhnlich gleich 1 und gibt nur den Nenner des Bruches an, da die Menge des Transpirationswassers diejenige der Trockensubstanz mehrfach übersteigt. In der amerikanischen Literatur wird der Ausdruck „Transpirationskoeffizient" durch „water requirement of plants" ersetzt. MAXIMOW[4] hält es für ratsamer, den reziproken Wert zu benutzen, d. i. die Mengen der bei Verdunstung von 1 Liter Wasser in verschiedenen Pflanzen gebildeten Trockensubstanz zu vergleichen. Es ist ohne weiteres ersichtlich, daß der Begriff „Transpirationskoeffizient" nur wirtschaftlichen Zwecken dienen kann, da die Photosynthese und die Transpiration in physiologischer Hinsicht selbständige Vorgänge darstellen. Der Transpirationskoeffizient oder der „Wasserbedarf der Pflanzen", nach der Ausdrucksweise der amerikanischen Forscher, steht mit der Frage der Dürreresistenz der Pflanzen im Zusammenhange, worüber noch weiter unten die Rede sein wird. Die Bestimmung des Wasserbedarfs der Pflanze ist ziemlich umständlich. Zu diesen Versuchen müssen derart eingerichtete Vegetationsgefäße verwendet werden, daß die Wasserverdunstung nur durch das Laubwerk der Pflanze stattfinden kann (siehe oben). Man

---

[1] HUBER, B.: Ber. dtsch. bot. Ges. **42**, 27 (1924). — Jb. Bot. **64**, 1 (1924).

[2] KÔKETSU, R.: Botanic. Mag. Tokyo **43**, 253 (1929); **39**, 169 (1925).

[3] KÔKETSU, R. u. S.YASUDA: Arb. bot. Labor. ksl. Kyushu-Univ. **2**, 200 (1927). — KÔKETSU, R. u. S. FURAKI: Ebenda **2**, 273 (1927). — KÔKETSU, R. u. H. KOSAKA: Ebenda **3**, 36 (1928). — KÔKETSU, R. u. M. TAKENOUCHI: Ebenda **3**, 154 (1928). — KÔKETSU, R., KOSAKA, H., SATO, T. u. T. FUJITA: Ebenda **3**, 232 (1929). — KÔKETSU, R.: Ebenda **4**, 134 (1930).

[4] MAXIMOW, N.: Die physiologischen Grundlagen der Dürreresistenz der Pflanzen (1926) (russ.).

mißt durch Wägung der Gefäße die Menge des verschwundenen Wassers und füllt letzteres quantitativ nach. Am Ende der Vegetationsperiode summiert man die zugesetzten Wassermengen und bestimmt das Trockengewicht der Versuchspflanze.

Die Physiologie des Spaltöffnungsapparates. Bevor wir zur Besprechung der Transpiration unter natürlichen Verhältnissen schreiten, ist es notwendig, die Eigenschaften des Spaltöffnungsapparates kennenzulernen, da letzterer eine überaus wichtige Rolle im Transpirationsvorgange spielt: ist doch die stomatäre Transpiration meistens mehrmals stärker, als die cuticuläre.

Allgemeine Angaben über Größe, Verteilung und Form der Spaltöffnungen sind in Lehrbüchern der Pflanzenanatomie zu finden. Hier seien nur die wichtigsten Tatsachen auf diesem Gebiete in kurzer Form zusammengefaßt.

Die Spaltöffnungen dienen zur Ventilation des inneren Luftraumes des Blattes. Eine jede Spaltöffnung besteht aus zwei meistens sichelförmig gekrümmten Schließzellen, die sich sowohl durch diese Form als durch Chlorophyllgehalt von den gewöhnlichen Epidermiszellen scharf unterscheiden. Zwischen den konkaven Seiten der beiden Schließzellen befindet sich die Spalte, die auf

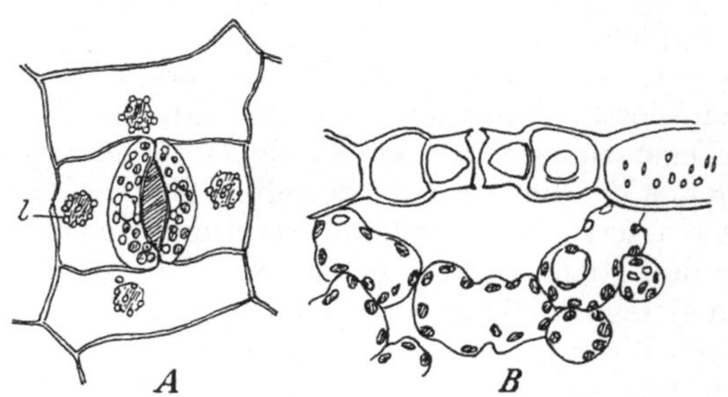

Abb. 18. Spaltöffnung von Tradescantia virginica. *A* Flächenansicht, *B* Querschnitt. Unter der Spalte befindet sich die Atemhöhle. (Aus „Bonner Lehrbuch“.)

dem Querschnitt eine unregelmäßige Form hat und innerhalb des Blattes in die sogenannte Atemhöhle einmündet (Abb. 18). Letztere ist oft mit anderen Intercellularräumen des Blattes verbunden, deren Gesamtheit ein kompliziertes System von Kammern und Kanälen bildet. Nach den Untersuchungen NEGERS[1] sind bei einigen Pflanzen sämtliche Intercellularen je eines Blattes miteinander verbunden; bei anderen Pflanzen bleiben dagegen die Intercellularen nur innerhalb eines in den Nervenmaschen eingeschlossenen Feldes im Zusammenhange.

Bei den meisten Mesophyten findet man Spaltöffnungen auf den beiden Seiten des Blattes; die Länge der Spaltöffnungen schwankt meistens zwischen 10 und 15 μ; auf 1 qmm Blattoberfläche liegen bei den Dikotylen meistens Hunderte von Spaltöffnungen; im Durchschnitt findet man 100—300 Spaltöffnungen auf 1 qmm. In einzelnen Fällen (Filipendula ulmaria) hat man aber gar 1250 Spaltöffnungen auf 1 qmm gefunden[2].

---

[1] NEGER: Flora (Jena) **11/12**, 152 (1918).
[2] YAPP, R. H.: Ann. of Bot. **26**, 815 (1912).

Oben wurde bereits erwähnt, daß die Intercellularen des Blattes, die durch Spaltöffnungen mit der Außenluft kommunizieren, oft auch miteinander verbunden sind. Nun besteht bei den meisten Pflanzen auch eine direkte Verbindung der Intercellularen des Blattes mit denjenigen des Blattstieles und des Stengels. Im letzteren befinden sich Intercellulargänge nur in Rinde und Mark, während der Holzzylinder aus fest zusammengefügten Elementen zusammengesetzt ist. Den Zusammenhang der Intercellularen des Blattes mit denjenigen der Rinde und des Markes kann man durch den folgenden einfachen Versuch demonstrieren[1]. Man befestigt einen abgeschnittenen beblätterten Sproß mittels eines Kautschukstopfens im Halse eines Glasgefäßes, wie es aus der Abb. 19 zu ersehen ist. Die Schnittfläche des Sprosses muß ins Wasser tauchen. Nun steigert man den Luftdruck auf die Blätter durch eine Quecksilbersäule und bemerkt alsbald einen Strom von Gasbläschen, welche aus der Schnittfläche und zwar nur aus Rinde und Mark heraustreten. Dies ist die atmosphärische Luft, welche durch das Druckgefälle in die Spaltöffnungen hineingepreßt wird, sämtliche Intercellularen des Stengels passiert und durch das Wasser hinausdiffundiert.

Auch in der Natur kann man ähnliche Vorgänge beobachten, und zwar u. a. an den Blättern von Nelumbium speciosum, wo infolge der Gasdiffusion, die mit Wasserdampf angereicherte Luft aus den Spaltöffnungen fortwährend herausströmt.

Alle diese Beobachtungen beweisen, daß Spaltöffnungen in der Tat Ausführungsgänge des gesamten Intercellularsystems der Pflanze sind. Wichtig ist daher der Umstand, daß die Schließzellen der Stomata bei den meisten Samen-

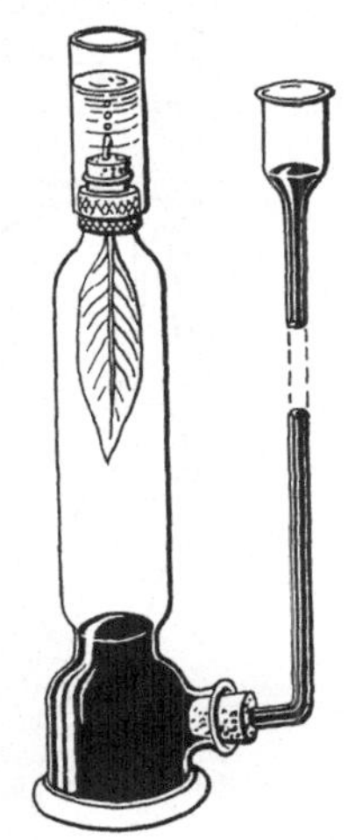

Abb. 19. HÖHNELs Versuch. Erklärung im Text. (Nach PFEFFER.)

pflanzen Bewegungen ausführen, welche ein Öffnen und Schließen der Spalte bewirken und als Regulationsvorgänge anzusehen sind. Die Analyse der genannten Bewegungen wurde zuerst von SCHWENDENER[2] ausgeführt und richtig gedeutet. Als die primäre Ursache der Bewegungen der Schließzellen ist nach SCHWENDENER eine Turgoränderung anzusehen. Hierzu gesellen sich die eigenartigen Wandverdickungen der Schließzellen, welche derart wirken, daß bei Turgorzunahme die Spalte geöffnet, bei Turgorabnahme aber geschlossen wird. Bezüglich der Einzelheiten muß auf die Lehrbücher der Pflanzenanatomie verwiesen werden. Hier wollen wir nur den verbreitetsten Typus der Formveränderung einer Spaltöffnung beschreiben. Auf der Abb. 20 geben die dicken Umrisse die Form der Schließzellen bei geöffneter, die dünnen bei geschlossener Spalte. Es ist ersichtlich, daß beim Öffnen

---

[1] HÖHNEL, F.: Jb. Bot. 12, 52 (1879).
[2] SCHWENDENER, S.: Mber. Berl. Akad. Wiss. 1881, 833.

der Spalte zunächst die mit d bezeichneten dünnen Teile der Zellwandungen durch den zunehmenden Turgordruck gespannt werden, während sie bei geschlossener Spalte herausgeschoben werden und sich gegenseitig berühren. Gleichzeitig verändern die beiden Schließzellen ihre Form und Lage durch den Druck der anliegenden Epidermiszellen. Bei geschlossener Spalte werden die Schließzellen durch die Lage der Wände der benachbarten Epidermiszellen bei C zusammengeschoben; bei der Zunahme des Turgordruckes nehmen die Zellwände bei C eine senkrechte Lage ein und ziehen die Schließzellen auseinander. Bezüglich anderer bemerkenswerten zu demselben Zwecke dienenden Einrichtungen muß auf die Originalmitteilung Schwendeners oder auf Haberlandts „Physiologische Pflanzenanatomie"[1] verwiesen werden. Besonders empfindlich ist die Einrichtung des Spaltöffnungsapparates bei den Gramineen, wo bereits unbedeutende Schwankungen des Turgordruckes entsprechende Bewegungen der Schließzellen bewirken.

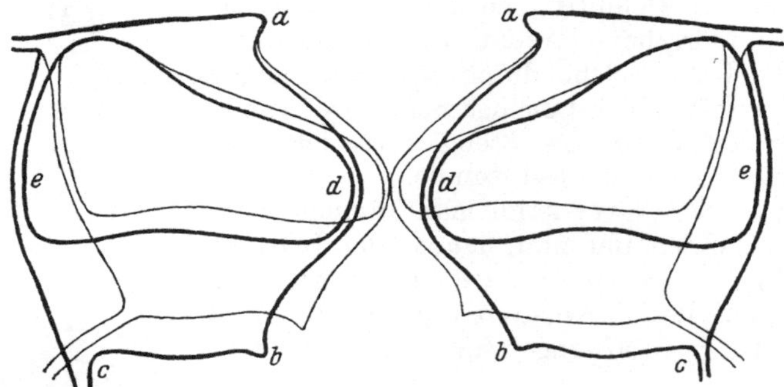

Abb. 20. Schema der Bewegungen der Schließzellen. Erklärung im Text. (Nach Schwendener.)

Durch neuere Untersuchungen wurde außer Zweifel gestellt, daß bei den Bewegungen der Schließzellen deren osmotischer Wert sich stark und schnell verändert. Nach Iljin[2] ist der osmotische Wert der Schließzellen bei geschlossener Spalte demjenigen der benachbarten Epidermiszellen und einer 0,15 mol. NaCl-Lösung gleich; bei offener Spalte ist aber der osmotische Wert der Schließzellen enorm groß und zwar gleich 1—2 Mol NaCl (45—90 Atm.). Steinberger[3] hat diese Resultate vollkommen bestätigt. Derartige Bestimmungen sind übrigens ziemlich umständlich, da Mineralsalze in die Schließzellen leicht eindringen, Zuckerlösungen aber Katatonose (siehe oben) hervorrufen[4]. Dieselbe beruht auf einer Stärkebildung aus Zucker, die nach Iljin[5] ungemein schnell vor sich geht: In den sich allmählich schließenden Schließzellen erscheint

---

[1] Haberlandt, G.: Physiologische Pflanzenanatomie, 5. Aufl. 1918.
[2] Iljin, W.: Beih. z. Bot. Zbl. (I) 32, 15 (1915). — Bestätigung bei Wiggans, R. G.: Amer. J. Bot. 8, 30 (1921).
[3] Steinberger, A. L.: Biol. Zbl. 42, 405 (1922).
[4] Iljin, W.: Jb. Bot. 61, 670, 698 (1922). — Biochem. Z. 132, 494, 511 (1922).
[5] Iljin, W.: Beih. z. Bot. Zbl. (I) 32, 15 (1915).

bereits nach $^1/_2$ Stunde Stärke. Die überaus schnellen Turgoränderungen
der Schließzellen sind wohl auf die Zuckerbildung aus Stärke sowie auf
den umgekehrten Vorgang zurückzuführen. Nach KÜMMLER[1] spielt der
Chlorophyllgehalt der Schließzellen bei den genannten Turgorschwankungen nur eine untergeordnete Rolle, da dieselben auch in den chlorophyllfreien Schließzellen mit gleicher Geschwindigkeit stattfinden sollen.

Bezüglich der Bedeutung des osmotischen Wertes und der Saugkraft
der Nebenzellen der Spaltöffnungen beim Vorgang des Öffnens und
Schließens der Spalte gehen die Meinungen auseinander. STEINBERGER[2]
kommt zum Schluß, daß Nebenzellen keine große Rolle spielen. HAGEN[3],
namentlich aber STRÜGGER u. WEBER[4] behaupten hingegen, daß Nebenzellen das Spiel der Schließzellen wesentlich beeinflussen. Bei geschlossenen Spalten, wobei die Schließzellen sich mit Stärke füllen, sind die Nebenzellen stärkefrei, bei offenen Spalten verhalten sich die Schließ- und
Nebenzellen umgekehrt. Die Schlußfolgerungen von STRÜGGER u.
WEBER wurden von A. RICHTER u. DWORETZKAIA[5] nicht bestätigt, obgleich die genannten Forscher das gleiche Verhalten der Zellen bezüglich
der Stärke wahrgenommen haben. Doch zeigte es sich, daß nur die
Schließzellen allein große Schwankungen des osmotischen Wertes aufwiesen (bei Galium Aparine wurden die Schließzellen bei offenen
Spalten erst durch eine 1,5 mol. KNO_3-Lösung plasmolysiert!); der osmotische Wert der Nebenzellen war verhältnismäßig niedrig (0,35 Mol
KNO_3) und von der Gegenwart oder Abwesenheit der Stärke vollkommen
unabhängig. In einigen Fällen erwiesen sich die Nebenzellen als überhaupt stärkefrei. Aus diesen Resultaten ziehen die Verfasser den Schluß,
daß nur die Turgorschwankungen der Schließzellen selbst im Spiel der
Spaltöffnungen maßgebend sind. KISSELEW[6] nimmt an, daß für das
Öffnen und Schließen der Spaltöffnungen in erster Linie Permeabilitätsänderungen der Schließzellen verantwortlich sind. Bei Permeabilitätssteigerung fällt der Turgor der Schließzellen und die Spalte wird geschlossen; bei Nichtpermeabilität der Schließzellen steigt der Turgor
und die Spalte wird geöffnet. Da aber auch die Veränderungen des
osmotischen Wertes der Schließzellen außer Zweifel gestellt sind, so erweist sich der physikalisch-chemische Mechanismus der Bewegungen der
Schließzellen als eine komplizierte Erscheinung. Dies ist auch aus der
folgenden Beobachtung STÅLFELTS[7] zu ersehen: Auf den ersten Blick
könnte man annehmen, daß je größer der Wassergehalt der Schließzellen
ist, desto breiter die Spalte sich öffnen muß. In Wirklichkeit existiert
aber ein optimaler Wassergehalt, bei welchem besonders günstige Be-

---

[1] KÜMMLER, A.: Jb. Bot. **61**, 610 (1922). — Vgl. aber PAETZ, K. W.: Planta
(Berl.) **10**, 611 (1930).

[2] STEINBERGER, A. L.: Biol. Zbl. **42**, 405 (1922).

[3] HAGEN: Beitr. allg. Bot. **1**, 275 (1916).

[4] STRÜGGER u. WEBER: Ber. dtsch. bot. Ges. **44**, 272 (1926).

[5] RICHTER, A. u. E. DWORETZKAIA: J. exper. Landw. Südosten **4**, 3 (1926)
(russ.).

[6] KISSELEW, N.: Beih. z. Bot. Zbl. (I) **41**, 287 (1925).

[7] STÅLFELT, M. G.: Planta (Berl.) **8**, 287 (1929).

dingungen für das Offenhalten der Spalte geschaffen werden. Sowohl
bei Verminderung, als bei Vergrößerung des optimalen Wassergehaltes
tritt eine Abnahme der Spaltweite ein. Dies soll dahin gedeutet werden,
daß im Spiele der Spaltöffnungen auch Reizerscheinungen beteiligt sind,
und der genannte Vorgang nicht schlechthin auf osmotische Verhältnisse zurückzuführen ist. In einer anderen Arbeit teilt STÅLFELT[1]
mit, daß die Schließzellen rhythmische Pulsationsbewegungen ausführen.
Die durchschnittliche Periode der Pulsation ist nach STÅLFELT gleich
20 Min., die Amplitude beträgt 0,5—17 vH der mittleren Breite: Die
Pulsationen sämtlicher Schließzellen auf der Oberseite eines Blattes haben einen nahezu synchronen Verlauf und können daher statistisch festgestellt werden; der Variationskoeffizient ist 0,54 vH. Durch starke
Beleuchtung werden die genannten Bewegungen verhindert. Diese Pulsationen vermochte KERL[2] nicht zu bestätigen, was freilich in Anbetracht
der zu diesen Beobachtungen notwendigen feinen Methodik keineswegs
als eine Widerlegung der STÅLFELTschen Angabe anzusehen ist.

Die Verteilung der Spaltöffnungen auf der Oberfläche des Blattes
wird als eine für den schnellen Gasaustausch sehr günstige angesehen.
Bereits im ersten Bande wurden die Resultate von BROWN u. ESCOMBE[3]
angeführt, laut welchen die Verdampfung durch zahlreiche kleine Poren
nicht der Fläche, sondern dem Radius (wenn wir der Einfachheit halber
die Poren kreisförmig annehmen) proportional ist. Daher muß z. B. eine
große Öffnung weniger Dampf durchlassen, als mehrere kleine Öffnungen,
deren Gesamtfläche derjenigen der großen Öffnung gleich ist. Ist ein
Gefäß durch eine für den Wasserdampf undurchlässige Membran verschlossen und sind in dieser Membran so viele kleine Poren vorhanden, daß
die Summe ihrer Durchmesser demjenigen des Gefässes gleich ist, so wird
durch die Poren so viel Dampf durchgelassen, als ob gar keine Membran
existierte. Solche Verhältnisse sind nach BROWN und ESCOMBE in einer
Epidermis mit offenen Spaltöffnungen verwirklicht. Dieser Sachverhalt
ist dadurch erklärlich, daß oberhalb der Öffnungen Kuppen der wassergesättigten Luft entstehen. Je kleiner die Öffnungen sind, desto schneller
erfolgt die Zerstreuung der wassergesättigten Kuppen. In einigen Fällen
wurde in der Tat eine Transpirationsgeschwindigkeit der Blätter wahrgenommen, die der Evaporisation einer freien Wasserfläche gleich war.

BACHMANN[4] zeigte, daß obige Regel nur für außerordentlich dünne
Membranen zu Recht besteht. Sie gilt außerdem nur für ruhige Luft,
was in Versuchen über die Transpiration der Pflanzen fast nie vorkommt.
Bei ruhiger Luft wird die Evaporationsgeschwindigkeit durch die folgende Formel dargestellt[5];

$$m = 4\,kr \cdot \log \frac{P - p_2}{P - p_1}.$$

[1] STÅLFELT, M. G.: Ebenda, **7**, 720 (1929).
[2] KERL, N. W.: Diss. Köln 1929. — Auch Planta (Berl.) **9**, 407 (1929).
[3] BROWN, H. T. a. F. ESCOMBE: Philos. Trans. roy. Soc. Lond. (B) **193**, 223 (1900).
[4] BACHMANN, F.: Jb. Bot. **61**, 372 (1922).
[5] STEFAN, J.: Sitzgsber. ksl. Akad. Wiss. Wien (II) **83** (1881).

Hierin bedeutet m die in der Zeiteinheit verdunstete Masse, k ist der Diffusionskoeffizient, r der Radius der verdampfenden Fläche, P der Luftdruck, p_1 und p_2 der Druck des Wasserdampfes an der Wasseroberfläche und in einer bestimmten Entfernung von dieser (d. i. der Sättigungsdruck bei der gegebenen Temperatur). Nun ist aber p_2 bei strömender Luft keine konstante Größe. Für bewegte Luft haben SIERP u. NOACK die folgende Gesetzmäßigkeit gefunden. In der obigen Formel wurde $\log \dfrac{P-p_2}{P-p_1}$ für die Verdampfung in der Zeiteinheit gleich einem konstanten Faktor α gesetzt. Dann ist also

$$m = 4\,k \cdot r \cdot \alpha.$$

Aus den Versuchsresultaten von SIERP und NOACK[1] ergab es sich, daß zwischen den für verschiedene Windstärken geltenden Größen von α die folgende Beziehung besteht:

$$\log \cdot \frac{\alpha_{2x}}{\alpha_{2x}-\alpha_x} = \beta = \text{Konst.,}$$

worin x eine beliebige in Stundenliter ausgedrückte und $2x$ dementsprechend die doppelte Windgeschwindigkeit bedeutet. Leider wird die Größe von β durch die Form und Größe der Evaporationsfläche beeinflußt. In diesem Zusammenhange weisen SIERP u. NOACK darauf hin, daß der Begriff der relativen Transpiration (siehe oben) ziemlich illusorisch ist, da derselbe durch Versuche illustriert wird, in denen die transpirierende Blattfläche mit der gleichen freien Wasserfläche verglichen wird. Nun folgt aber die Evaporation einer freien Wasserfläche bei steigender Windgeschwindigkeit ganz anderen Gesetzmäßigkeiten, als die multiperforierter Septa.

Bereits in dieser ersten Arbeit haben die Verfasser außerdem Bedenken erhoben gegen die Extrapolation der Resultate von BROWN und ESCOMBE, die mit Poren arbeiteten, welche bedeutend größer als die Spaltöffnungen der Blätter waren. In einer anderen Arbeit äußern sich SIERP u. SEYBOLD[2] dahin, daß die Resultate der britischen Forscher für die Spaltöffnungen nicht gültig seien und daher die Transpiration eines Blattes der Evaporation einer freien Wasserfläche nie gleichkommen soll. Doch wurde dieses Resultat in Transpirationsversuchen einiger Forscher erreicht und es gelang HUBER[3] durch direkte Versuche nachzuweisen, daß die Spaltöffnungen in Größe und Verteilung ihrem Zwecke noch besser angepaßt sind, als man dies nach den Untersuchungen von BROWN und ESCOMBE annehmen könnte: Die Spaltareale scheinen gerade so bemessen, daß bei den Höchstwerten die freie Diffusion praktisch erreicht werden kann, während jede Verringerung des Porenareals gleich eine sehr ausgiebige Herabsetzung der Diffusion mit sich bringt. Ein wenig größeres Porenareal würde nicht nur das Diffusionsvermögen kaum steigern, sondern zugleich die Regulierbarkeit der Diffu-

[1] SIERP, H. u. K. L. NOACK: Jb. Bot. **60**, 459 (1921).
[2] SIERP, H. u. A. SEYBOLD: Planta (Berl.) **3**, 115 (1927); **5**, 616 (1928).
[3] HUBER, B.: Jb. Bot. **64**, 1 (1924); — Ber. dtsch. bot. Ges. **46**, 610 (1928).

sion beeinträchtigen. Dazu kommt noch der Umstand, daß bei geschlossenen Spaltöffnungen die Transpiration der erwachsenen Blätter außerordentlich stark herabgesetzt wird. Alle diese Tatsachen beweisen, daß der Spaltöffnungsapparat seinen Funktionen sehr gut angepaßt ist und eine höchst vollkommene Einrichtung darstellt. Die Kenntnis der Bedingungen, unter denen die Spaltöffnungen offen oder geschlossen bleiben, ist daher sehr wichtig, und es wurden in der Tat mehrere Untersuchungen auf diesem Gebiete ausgeführt.

Methoden zur Ermittlung des Öffnungszustandes der Spaltöffnungen[1]. Da die Bewegungen der Schließzellen durch verschiedene Eingriffe ausgelöst werden können, so darf man zur Ermittelung des Zustandes der Spaltöffnungen nur schnell arbeitende Methoden verwenden. Die einfachste Methode ist selbstverständlich die direkte Beobachtung der Stomata unter dem Mikroskop an unversehrten Blättern. Doch erhält man hierbei nicht mit allen Blättern genügend scharfe und meßbare Bilder. Die Blätter müssen einigermaßen durchsichtig und die Spaltöffnungen nicht tief hineingesenkt sein. Nach STÅLFELT[2] sind zwar die Spaltöffnungen bei den meisten Pflanzen unmittelbar sichtbar und meßbar, doch gelingt es nicht bei den Messungen über die Genauigkeit einer Schätzung hinauszukommen. Der genannte Forscher hat jedoch gefunden, daß man das Verfahren dadurch erheblich verbessern kann, daß man die Blätter in Paraffinöl einbettet und mit Immersionssystemen arbeitet. Der Zustand der Spaltöffnungen soll durch Paraffinöl nicht beeinflußt werden, die Beobachtung ist aber viel bequemer und genauer. In neuerer Zeit wird zur Messung der Spaltöffnungen an lebenden Blättern der Opakilluminator[3] verwendet, ein Beleuchtungsapparat, der am Mikroskop zwischen Tubus und Objektiv angebracht wird und eine oberseitige Beleuchtung des Blattes bewirkt. Doch sind genaue Messungen auch mittels des Opakilluminators kaum zu erreichen.

Der Mangel der obigen Methode besteht außerdem darin, daß immer nur ein kleiner Teil des Blattes untersucht wird. Es ist daher empfehlenswert, mehrere Beobachtungen an verschiedenen Stellen auszuführen, was dadurch ermöglicht wird, daß die Bewegungen der Schließzellen nach STÅLFELT durch die grelle Beleuchtung unter dem Mikroskop sistiert werden.

Eine weitere Verbreitung hat die mikroskopische Untersuchung der getöteten Spaltöffnungen gefunden. LLOYD[4] hat eine Methode vorgeschlagen, die, seiner Ansicht nach, so schnell arbeitet, daß eine Abtötung der Epidermis ohne Änderung des Öffnungszustandes der Spaltöffnungen erzielt werden kann. Die Oberhaut des Blattes wird mit einer Pinzette abgezogen und sofort in absoluten Alkohol getaucht. Diese Operation

---

[1] STÅLFELT, M. G.: Handbuch der biologischen Arbeitsmethoden, von ABDERHALDEN, Abt. 11, Teil 4, 167 (1929).

[2] STÅLFELT, M. G.: Flora (Berl.) **21**, 236 (1927).

[3] PAETZ, K. W.: Planta (Berl.) **10**, 611 (1930).

[4] LLOYD, F. E.: The Physiology of Stomata. Carnegie Inst. Washington, Publ. **82** (1908).

muß höchstens 1—2 Sek. dauern, sonst sind die Messungen, nach LLOYDS eigener Aussage, wegen der Möglichkeit einer durch Wundreiz hervorgerufenen Bewegung der Schließzellen, nicht zuverlässig. Einmal in Alkohol getaucht, sind die Spaltöffnungen fixiert und können dann in aller Ruhe gemessen werden. Es müssen natürlich zahlreiche Beobachtungen an verschiedenen Teilen des Blattes ausgeführt werden.

Die Methode ist zweifellos sehr bequem, ihre Bedeutung hängt aber davon ab, in welchem Maße der Zustand der Spaltöffnungen während des Präparierens unverändert bleibt. LLOYD weist zwar darauf hin, daß Reizwirkungen bei schnellem Arbeiten ausgeschlossen sind, doch kommt SAYRE[1] zum Schluß, daß die Methode mit einer unvermeidlichen Fehlerquelle verbunden ist. Durch Ablösen der Epidermis werden nämlich die Spannungsverhältnisse zwischen den Schließ- und den Epidermiszellen, sowie den inneren Geweben gestört, wodurch je nach Umständen entweder ein Öffnen oder ein Schließen der Spalte herbeigeführt wird, da das Spannungsgleichgewicht zwischen Epidermis und inneren Geweben nicht konstant ist, sondern periodisch schwankt. Auch die Wasserreserve des Blattes wirkt auf die Richtung der Bewegungen der Schließzellen an abgelöster Oberhaut mit.

Es ist allerdings wohl möglich, daß namentlich die xeromorphen Pflanzen mit harten Laubblättern, mit denen LLOYD nach seiner Methode arbeitete, ganz schwache oder gar keine Spannungen aufweisen, die auf den Zustand der Schließzellen einwirken könnten. Doch ist es kaum zweifelhaft, daß die LLOYDsche Methode sich nur mit einigen bestimmten Pflanzen bewährt und nicht allgemein brauchbar ist. Vor dem Gebrauche muß die Methode mit der zu untersuchenden Pflanze sorgfältig geprüft werden; arbeitet man hingegen gleichzeitig mit mehreren Pflanzen, so ist es vielleicht ratsamer, andere Methoden zu verwenden.

Sehr bequem für Feldversuche ist die sogenannte Infiltrationsmethode, die in verschiedenen Modifikationen verwendet wird. In ihrer ursprünglichen Form wurde sie von MOLISCH[2] beschrieben. Sind die Spalten weit geöffnet, so ist es möglich, die Intercellularen mit Alkohol zu füllen. Man bringt mittels eines Glasstabes einen Tropfen absoluten oder sehr starken Alkohols auf das Blatt, wobei selbstverständlich eine jede auch sehr geringe Verwundung des Blattes sorgfältig vermieden werden muß. Bei stattgefundener Infiltration wird das Blatt an bestimmten Stellen durchsichtig; im reflektierten Lichte erscheinen auf der Oberfläche des Blattes entweder zahlreiche dunkle Punkte, oder die ganze vom Alkohol befeuchtete Fläche wird dunkel gefärbt.

MOLISCH gibt an, daß der Alkohol das Blatt nicht mehr zu infiltrieren vermag, wenn die Weite der Spalte unter eine gewisse Grenze fällt, doch können dann einige andere organische Flüssigkeiten durch die Spalte eindringen. MOLISCH verwendete meistens Alkohol, Benzol und Xylol. Zunächst wurde Alkohol geprüft. Trat keine Infiltration

---

[1] SAYRE, J. D.: The Ohio J. Sci. **26**, 233 (1926).
[2] MOLISCH, H.: Z. Bot. **4**, 106 (1912).

ein, so wurden die beiden anderen Indicatoren versucht. STEIN[1] verwendete die Indicatorenreihe Paraffinöl, Petroleum und Petroläther. Nicht alle Pflanzen besitzen Spaltöffnungen, die für Paraffinöl durchlässig sind. DIETRICH[2] hat eine Reihe von 10 ungleich eindringenden Indicatoren vorgeschlagen.

Die Infiltrationsmethode gewährt folgende Vorteile. Erstens wird der Zustand eines ganzen Blattes und nicht einer willkürlich gewählten kleinen Fläche des Blattes untersucht. Zweitens ist die Methode wegen der schnellen Ausführung zu Feldversuchen besonders geeignet und gestattet innerhalb kurzer Zeit eine sehr große Anzahl der Blätter verschiedener Pflanzen zu untersuchen. Doch ist es kaum wahrscheinlich, daß die Infiltrationsmethode so feine quantitative Unterschiede im Öffnungszustande der Spaltöffnungen anzeigt, wie es anfänglich angenommen wurde. Dies hätte nur dann der Fall sein können, wenn das Durchdringen eines jeden Indicators nur durch den Öffnungsgrad der Spalte bestimmt wäre. In Wirklichkeit spielen aber hierbei auch andere Umstände eine hervorragende Rolle. So ist z. B. nach URSPRUNG[3] das Eindringen einer Flüssigkeit von ihrer Oberflächenspannung und der Fähigkeit benetzungshemmende Stoffe zu lösen abhängig. Als benetzungshemmende Stoffe kommen fettige und wachsartige Verbindungen, sowie adhärierende Gasschichten in Betracht.

In einigen Fällen, namentlich bei Blättern, welche Spaltöffnungen nur auf einer Seite führen, wird die Infiltration bei Benetzung einer großen Fläche dadurch verhindert, daß die in den Intercellularen vorhandene Luft nicht verdrängt werden kann. Um diesen Übelstand nach Möglichkeit zu beseitigen, ist es notwendig, immer nur geringe Blattflächen zu benetzen. In anderen Fällen kann es im Gegenteil vorkommen, daß ein Blatt beim Eindringen des Indicators durch die wenigen geöffneten Spalten vollkommen infiltriert wird, obgleich ein Teil der Spaltöffnungen geschlossen bleibt. Daher ist die Infiltrationsmethode besonders für solche Blätter geeignet, welche netzartige und scharf hervortretende Nerven haben. Die Intercellularen solcher Blätter sind meistens in vereinzelte Räume getrennt, wobei der Übergang der infiltrierenden Flüssigkeit von Raum zu Raum auf große Schwierigkeiten stößt.

Nach dem oben Erörterten ist ersichtlich, daß die Infiltrationsmethode in quantitativer Hinsicht wohl nur als eine annähernde Schätzung verwendet werden kann, wobei nicht die Natur der verwendeten Flüssigkeit, sondern die Geschwindigkeit der Infiltration und die Größe der nach einer bestimmten Wirkungszeit infiltrierten Gebiete des Blattes als Grundlagen der Beurteilung des Öffnungszustandes der Spaltöffnungen dienen.

Für solche Blätter, welche durch dichte Behaarung das Erkennen der Infiltration erschweren, wurden gefärbte Flüssigkeiten vorgeschla-

---

[1] STEIN, E.: Ber. dtsch. bot. Ges. **30**, 66 (1912).
[2] DIETRICH, M.: Jb. Bot. **65**, 28 (1925).
[3] URSPRUNG, A.: Beih. z. Bot. Zbl. **41**, 15 (1925).

gen. Bei der Infiltration entstehen hierbei gefärbte Flecken, die selbst aus der Ferne gut sichtbar sind. WEBER[1] verwendet gasförmigen Ammoniak, der durch offene Spalten eindringt, das Blattparenchym abtötet und braun färbt. Die antocyanhaltigen roten Blätter werden blau gefärbt und eignen sich also besonders gut zu derartigen Versuchen. Bei nicht antocyanhaltigen Blättern scheint hingegen die ammoniakalische Probe nicht immer deutliche Resultate zu liefern.

Einige Forscher haben eine Infiltration der Blätter mit Wasser nach Evakuieren der Intercellularen benutzt[2]. Beim Evakuieren wird die Luft in Form von kleinen Bläschen ausgesaugt. Wird dann der äußere Druck wieder hergestellt, so dringt das Wasser durch die Spaltöffnungen hinein. Es ist selbstverständlich notwendig, die Messungen schnell auszuführen, da die Spannungsverhältnisse zwischen den Schließzellen und den Epidermis- bzw. Parenchymzellen gegen Änderungen der Wasserbilanz sehr empfindlich sind. Auch ist es hier besonders schwer zu beurteilen, ob die größeren Infiltrationsflächen nicht durch seitliche Verbreitung des Wassers entstanden sind. Überhaupt ist es zweifelhaft, ob die Infiltration mit Wasser unter vermindertem Druck irgendwelche Vorteile gewährt gegenüber der Infiltration mit organischen Flüssigkeiten unter gewöhnlichem Druck.

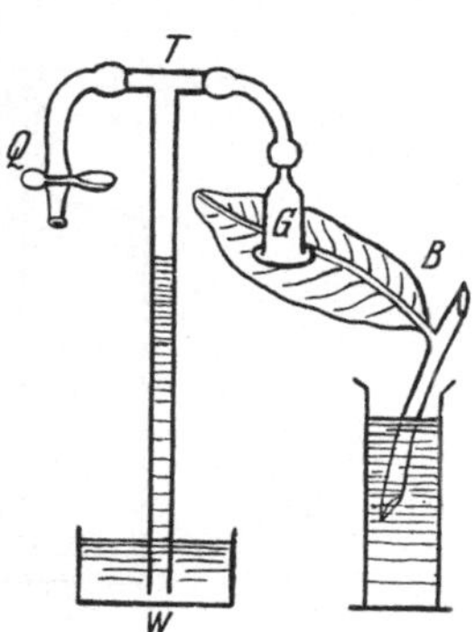
Abb. 21. Porometer. Erklärung im Text. (Nach F. DARWIN.)

Zusammenfassend ist der Schluß zu ziehen, daß die Infiltrationsmethode kein quantitatives Verfahren darstellt[3], doch ist sie als Schätzung wertvoll, da es in manchen Fällen von höchster Wichtigkeit ist, festzustellen, ob die Spaltöffnungen überhaupt offen oder geschlossen sind. Übrigens sind auch die anderen oben beschriebenen Methoden höchstens als Schätzungen anzusehen.

Das einzige quantitative Verfahren ist vielleicht die Porometermethode, die aber ziemlich umständlich ist, nur mit einzelnen Blättern in Anwendung kommt und sich zu Feldversuchen nicht sehr gut eignet. Das von F. DARWIN u. PERTZ[4] konstruierte Porometer hat den Zweck, den Öffnungszustand der Stomata nach der Geschwindigkeit der Luftdiffusion durch die Epidermis zu messen. Der wichtigste Teil des Porometers (Abb. 21) ist das glockenförmige Rohr G, das mittels eines geeigneten Leims oder Kitts der Epidermis des Blattes angeschlossen wird. Das andere Ende dieses Rohres ist mittels eines Gummischlauchs mit

<hr>

[1] WEBER, F.: Ber. dtsch. bot. Ges. **34**, 174 (1916).

[2] NEGER, F. W.: Ebenda **30**, 179 (1912). — LUNDEGÅRDH, H.: Der Kreislauf der Kohlensäure in der Natur. 1924. — BOYSEN-JENSEN, P.: Planta (Berl.) **6**, 456 (1928).

[3] Vgl. dazu auch SCHORN, M.: Jb. Bot. **71**, 783 (1929).

[4] DARWIN, F. a. D. F. N. PERTZ: Proc. roy. Soc. Lond. **84**, 136 (1911).

dem einen der beiden kurzen Schenkel des T-Rohres T verbunden. Der andere kurze Schenkel Q wird auch mit einem durch Klemme verschlossenen Gummischlauch versehen und der lange Schenkel ins Wasser gestellt.

Durch den mit Gummischlauch und Klemme versetzten Schenkel des Porometers hebt man die Wassersäule im senkrechten Schenkel auf eine bestimmte Höhe und verschließt den Schlauch. Sind die Spalten der Stomata offen, so tritt wegen des entstandenen Druckgefälles Luft aus dem Blatt in das anliegende Rohr ein, was ein allmähliches Sinken des Wasserniveaus im senkrechten Schenkel zur Folge hat. Die Zeit, welche dazu erforderlich ist, daß der Meniscus eine bestimmte Strecke im senkrechten Rohr zurücklegt, kann offenbar als Maß der durchschnittlichen Weite der Spalten dienen, da die Geschwindigkeit der Luftfiltration

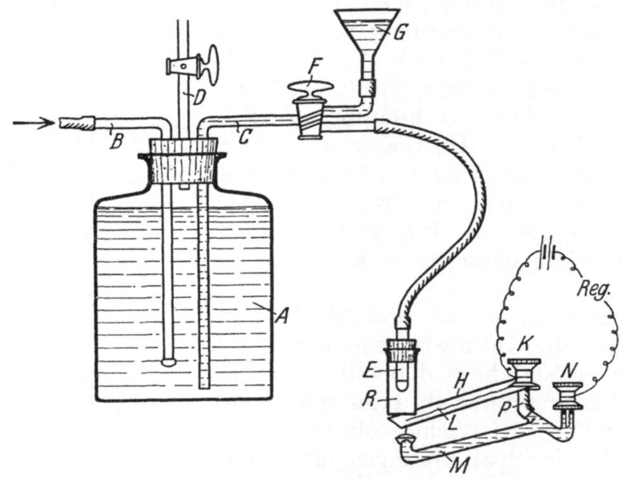

Abb. 22. Selbstregistrierendes Porometer. Erklärung im Text. (Nach LAIDLAW u. KNIGHT.)

durch die vorhandenen Widerstände bestimmt wird, diese aber von der Weite der Spalten abhängen. Bei vollkommen geschlossenen Spalten bleibt der Meniscus unbeweglich, da die Wassersäule durch den Überdruck der atmosphärischen Luft festgehalten wird. KNIGHT[1] hat einige Verbesserungen des Porometers eingeführt, die das Prinzip des Apparates nicht verändern und daher hier nicht beschrieben zu werden brauchen. Weitere Modifikationen wurden von LEICK[2], sowie von HAMORAK u. LUBYNSKYJ[3] angegeben. Auch selbstregistrierende Apparate wurden von einigen Forschern verwendet: Das Modell von LAIDLAW u. KNIGHT[4] ist auf der Abb. 22 dargestellt. G ist ein Trichter für Wassereinfüllung, F der Dreiweghahn, E das Ende des Siphonrohres, aus welchem beim Sinken der Wassersäule das Wasser herausfließt; R ein weit-

[1] KNIGHT, R. C.: New Phytologist 14, 212 (1915).
[2] LEICK, E.: Ber. dtsch. bot. Ges. 45, 43 (1928).
[3] HAMORAK, N. u. M. LUBYNSKYJ: Planta (Berl.) 9, 639 (1930).
[4] LAIDLAW, C. G. P. a. R. C. KNIGHT: Ann. of Bot. 30, 47 (1916).

lumiges Glasrohr, an der Innenseite mit feuchtem Papier bekleidet, um das aus E herausfließende Wasser gegen Dampfabgabe zu schützen. H ist eine Glimmerscheibe, die mit der Schraube K festgehalten wird, L ist ein Platindraht, dessen senkrecht umgebogenes Ende mit dem im Rohr M befindlichen Quecksilber in Kontakt kommen kann.

Ein von E sich abreißender Tropfen drückt die Glimmerscheibe etwas nach unten, wodurch für eine kurze Zeit Kontakt zwischen L und M entsteht, der Strom geschlossen und die Bewegung einer magnetischen Feder auf einer Registriertrommel bewerkstelligt wird. Auch eine andere Modifikation desselben Apparates wurde späterhin von KNIGHT[1] beschrieben.

Die möglichen Fehlerquellen der porometrischen Methode sind die folgenden: 1. Die Fixierung der Porometerkammer kann Reizwirkungen auf die Spaltöffnungen bewirken. 2. Die Lichtverhältnisse des porometrierten Blattabschnittes können sich unter Umständen von denjenigen der anderen Blatteile unterscheiden. 3. Infolge der Druckdifferenz des durch die Porometerkammer hindurchziehenden Luftstromes kann eine Krümmung der Blattlamina eintreten, was eine Beschleunigung des Wasserstromes bewirken dürfte. Dieser Fehler kann durch Verwendung kleiner Saugdrucke auf ein Minimum reduziert werden[2]. 4. Die Transpirationsverhältnisse können durch Luftsaugung verändert werden, was auf den Zustand der Stomata einwirken dürfte[3]. Dieser Umstand muß bei den porometrischen Versuchen berücksichtigt werden. 5. Schließlich muß bemerkt werden, daß zu porometrischen Bestimmungen nur Blätter mit einem einheitlichen Intercellularraum sich gut eignen[4]. HAMORAK u. LUBYNSKYJ[5] betonen mit Recht, daß durch die porometrische Methode nicht die durchschnittliche Spaltöffnungsweite, sondern in direkter Weise nur die Luftwegigkeit der Blätter bestimmt wird. Man versucht die Spaltöffnungsweite aus den Angaben des Porometers gewöhnlich in der Weise zu berechnen, daß man die Diffusion des Wasserdampfes aus den Spaltöffnungen als gleich der Quadratwurzel der Bewegungsgeschwindigkeit des Wassermeniscus annimmt. Doch ist diese Berechnung nach BACHMANN[6] nicht einwandfrei. Es kann hier darauf nicht näher eingegangen werden. Einzelheiten sind in der Originalmitteilung BACHMANNs nachzusehen.

Nach DARWIN (a. a. O.) und KNIGHT (a. a. O.) können zwar die oben erwähnten Fehlerquellen der Methode beseitigt werden, aber durch solche Maßnahmen, welche die Verwendung der porometrischen Methode bei Feldversuchen wesentlich erschweren. Die genannte Methode ist also als eine Laboratoriumsmethode zu betrachten, die sich dabei mehr zu Untersuchungen über den Einfluß verschiedener Faktoren auf

[1] KNIGHT, R. C.: Ann. of Bot. **36**, 361 (1922).
[2] KNIGHT, R. C.: Ann. of Bot. **30**, 57 (1916).
[3] KNIGHT, R. C.: a. a. O. — VON SLOGTEREN, E.: Diss. Groningen 1917.
[4] DARWIN, F.: Philos. Trans. roy. Soc. Lond. **207**, 413 (1916).
[5] HAMORAK, N. u. M. LUBYNSKYJ: Planta (Berl.) **9**, 639 (1930).
[6] BACHMANN, T.: Jb. Bot. **61**, 372 (1922).

eine und dieselbe Pflanze, als zu vergleichenden Untersuchungen über verschiedene Pflanzen eignet.

Der Einfluß verschiedener Faktoren auf den Öffnungszustand der Spaltöffnungen. Bereits ältere Forscher haben beobachtet, daß Licht eine starke Wirkung auf den Zustand der Stomata ausübt: die Spalten öffnen sich im Lichte und schließen sich in der Dunkelheit. Früher erklärte man dieses Verhalten ausschließlich durch die photosynthetische Arbeit der chlorophyllhaltigen Schließzellen, die am Lichte osmotisch wirksame Zuckerarten aufbauen und hierdurch ihren Turgor erhöhen sollen. Diese Erklärung ist heutzutage als überholt anzusehen. Die von ILJIN (a. a. O.) und anderen nachgewiesenen plötzlichen enorm starken Schwankungen des osmotischen Wertes der Schließzellen sind wohl nur durch Fermentwirkungen hervorgerufen. Auch hat KÜMMLER[1] dargetan, daß die chlorophyllfreien Schließzellen sich ebenso wie die chlorophyllhaltigen verhalten. Die Einwirkung des Lichtes wird also gegenwärtig als eine Reizwirkung gedeutet[2]. Nach LOFTFIELD[3] übt selbst der Mondschein eine Wirkung auf die Spaltöffnungen aus, obgleich derselbe zu einer CO_2-Assimilation bekanntlich nicht ausreicht. Nach LINDSBAUER (a. a. O.) existiert ein Optimum der Beleuchtung: ist das Licht zu stark, so tritt ein Schließen der Spaltöffnungen ein. Diese Beobachtung ist ebenfalls am wahrscheinlichsten als eine Reizwirkung zu deuten. Das Öffnen und Schließen der Spaltöffnungen unter dem Einfluß des Lichtes erfolgt allmählich und träge. Diese Bemerkung betrifft besonders das Schließen der Spalten. Die neuesten Untersuchungen von STÅLFELT[4] und PAETZ[5] sprechen jedoch gegen die Annahme, daß Licht eine katalytische oder auslösende Wirkung ausübt. Interessant ist die Beobachtung von PAETZ, daß die wirklich chlorophyllfreien Schließzellen der panaschierten Caladium-Blätter keine „Lichtreaktion" zeigen. Bei CO_2-Abschluß war die Spaltweite durchschnittlich geringer als bei der CO_2-Assimilation, und nur die vom Chlorophyll stark absorbierbaren Strahlen erwiesen sich als wirksam. Dies ist aus der folgenden Tabelle zu ersehen:

Wirkungsverhältnisse bei gleichen Intensitäten der einzelnen Spektralbezirke.

Material	Rot gleich 100 gesetzt			
	Rot	Grün I	Grün II	Blau
Tradescantia fluminensis	100	—	7,8	51,2
Oxalis lasiandra	100	0,47	10,4	61,5
Zea Mays	100	—	8,8	69,0
Opuntia coccinellifera	100	—	20,7	46,7

[1] KÜMMLER, A.: Ebenda **61**, 610 (1922).
[2] LINDSBAUER, K.: Flora (Jena) **109**, 100 (1916).
[3] LOFTFIELD, J. V.: Carnegie Inst. Washington, Publ. **314** (1921).
[4] STÅLFELT, M. G.: Flora (Jena) **121**, 236 (1927).
[5] PAETZ, K. W.: Planta (Berl.) **10**, 611 (1930).

Daß hier eine direkte Lichtwirkung vorliegt, hat KERL[1] in Versuchen dargetan, in welchen anderweitige Einwirkungen nach Möglichkeit verhindert waren.

Bei Wassermangel, also beim Welken der Blätter, werden die Spaltöffnungen in der Regel geschlossen[2]. Doch sind auch zahlreiche Ausnahmen von dieser Regel zu verzeichnen. Im direkten Sonnenlichte können z. B. die Blätter vollkommen eintrocknen, ohne daß ein Schließen der Spalten eintritt[3]. Dem Schließen geht gewöhnlich beim Welken eine Periode voraus, wo die Spalten übermäßig geöffnet sind[4]. Auch hier haben wir also mit einer komplizierten Erscheinung zu tun. STÅLFELT[5] kommt auf Grund seiner ausgedehnten Beobachtungen zum Schluß, daß ein optimaler Wassergehalt existiert, bei welchem die Spannungsverhältnisse keine Rolle spielen und der Öffnungszustand der Spalten nur durch Licht beeinflußt wird. Oberhalb und unterhalb des optimalen Wassergehaltes sind die Spalten weniger geöffnet. Doch wirkt der Wasserentzug auf voll turgescente Blätter derart, daß die Spaltöffnungen geöffnet werden, wonach erst bei weiterem Wasserverlust ein Schließen eintritt. Überhaupt existiert nach STÅLFELT ein bestimmter Grad der Entwässerung, bei welchem immer ein Schließen der Spaltöffnungen stattfindet. Diese Schwelle ist bei verschiedenen Pflanzen ungleich und steht möglicherweise mit ihrer Dürreresistenz im Zusammenhange.

ILJIN[6] hat in zahlreichen Versuchen beobachtet, daß der Stärkeaufbau in den Schließzellen unter dem Einfluß eines erheblichen Wasserverlustes sistiert wird. Hierdurch geht aber die Fähigkeit der Zellen, ihren Turgor schnell zu verändern, verloren und somit wird die Regulierung des Öffnungszustandes verhindert.

Aus allen diesen Tatsachen ist ersichtlich, daß der Einfluß des Wassermangels, ebenso wie die Lichtwirkung eine komplizierte Erscheinung darstellt, wobei auch Reizwirkungen mitbeteiligt sind.

Bei Temperatursteigerung werden die Bewegungen der Schließzellen im allgemeinen beschleunigt. LOFTFIELD[7] hat gefunden, daß der Temperaturkoeffizient der Bewegungen der Schließzellen die für die meisten chemischen Reaktionen normale Größe besitzt. WASSILIEW[8] hat bei 30—40⁰ und reichlicher Wasserversorgung der Pflanzen ein weites Öffnen der Spalten beobachtet. Bei Wassermangel und namentlich in trockener Luft findet bei hohen Temperaturen die folgende Er-

---

[1] KERL, H. W.: Diss. Köln 1929.

[2] Die reiche Literatur über diesen Gegenstand ist bei BURGERSTEIN: Die Transpiration der Pflanzen, 1904—1920—1925, nachzusehen.

[3] ILJIN, W.: Arb. naturforsch. Ges. St. Petersburg **42**, 361 (1911). — MOLISCH, H.: Z. Bot. **4**, 106 (1912) u. a. — Die unveröffentlichten Beobachtungen des Verfassers dieses Buches bestätigen diese Angaben.

[4] DARWIN, F. : Philos. Trans. roy. Soc. Lond. **190**, 531 (1899). — LAIDLAW, C. G. a. R. C. KNIGHT: Ann. of Bot. **30**, 47 (1916).

[5] STÅLFELT, M. G.: Planta (Berl.) **8**, 287 (1929).

[6] ILJIN, W.: Jb. Bot. **61**, 670 (1922).

[7] LOFTFIELD, J. V.: Carnegie Inst. Washington, Publ. **314** (1921).

[8] WASSILIEW, I.: Nordkauk. Assoc. wiss. Forschungsinst. **7**, 63 (1927) (russ.).

scheinung statt[1]: die Stärke verschwindet vollkommen und der Turgordruck wächst außerordentlich. Die Spalte öffnet sich so weit, daß der
gesamte Spaltöffnungsapparat regulationsunfähig wird. Die Pflanze
verliert in kürzester Zeit sehr viel Wasser, erreicht den Zustand von
„permanent wilting" und geht ein. Durch diesen Umstand erklärt
ZALENSKI den vernichtenden Einfluß der heißen trockenen Ostwinde,
welche in Zentralasien und Ostrußland eine ziemlich häufige Erscheinung darstellen. Da die Regulierbarkeit des Spaltöffnungsapparates
nach ZALENSKI bei verschiedenen Pflanzen nicht bei derselben Temperatur verloren geht, so glaubt der genannte Forscher schließen zu dürfen,
daß die von ihm wahrgenommene Erscheinung mit der Dürrerestisenz
verschiedener Pflanzen im Zusammenhange steht.

Eine sehr interessante Beobachtung bezüglich der Einwirkung von
Ionen der Mineralsalze auf den Öffnungszustand der Spaltöffnungen hat
ILJIN[2] gemacht. In hyper-
tonischen Salzlösungen tritt
zuerst Plasmolyse ein, die
nach ganz kurzer Zeit durch
einen Zustand starken Turgors ersetzt wird, wobei die
Spalten sich weit öffnen.
Nun zeigte es sich, daß einwertige Kationen in die
Schließzellen schnell eindringen und die Stärkehy-
drolyse stark stimulieren.
Die Anionen der Mineral-
säuren sind inaktiv, die Anionen der Essigsäure und der
Citronensäure hingegen sehr

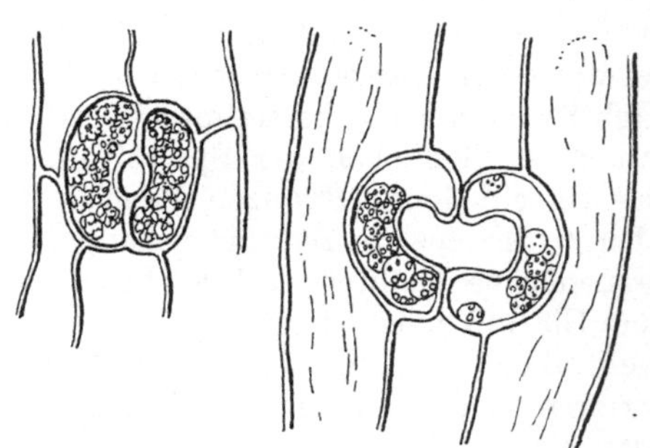

Abb. 23. Spaltöffnung von Tulipa. Links normale Spaltweite. Rechts Stärkelösung und Zerstörung der Schließzellen
durch anomale Öffnungsweite der Spalte unter dem Einfluß von Amylase. (Nach A. RICHTER.)

aktiv. Die zweiwertigen Kationen sind Antagonisten der einwertigen.
Dies spricht zugunsten der Annahme, daß Mineralionen auch im Vorgange
der Regulierung des Öffnungszustandes der Spaltöffnungen eine hervorragende Rolle spielen (vgl. dazu Bd. 1, S. 258ff.). Die Angaben ILJINS
wurden von WEBER[3] bestätigt. ILJIN glaubt schließen zu dürfen, daß
die von ihm beschriebenen Erscheinungen die schädliche Wirkung der
stark salzhaltigen Böden auf die Vegetation erklären. Doch haben
wir hier wohl mit noch komplizierteren Vorgängen zu tun, die nicht nur
die Funktion des Spaltöffnungsapparates, sondern den gesamten Wasserhaushalt der Pflanze beeinflussen.

Interessant ist auch die folgende Beobachtung A. RICHTERS[4]. Unter
dem Einfluß eines Diastasepräparats erfolgt eine schnelle Stärkehydro-

[1] ZALENSKI, W.: Arb. landw. Versuchsanst. Saratow **3**, 1 (1921) (russ.).
[2] ILJIN, W.: Biochem. Z. **132**, 492, 511, 525 (1922).
[3] WEBER, FR.: Österr. bot. Z. **1923**, 43. — Etwas komplizierter gestaltet sich
der Sachverhalt nach ARENDS: Planta (Berl.) **1**, 84 (1925).
[4] RICHTER, A.: J. russ. bot. Ges. **2**, 61 (1918) (russ.).

lyse und ein ebenso weites Öffnen der Spalten, wie es in späteren Versuchen ZALENSKIs über den Einfluß der trockenen Hitze und des trockenen Nebels (siehe oben) beobachtet wurde, und zwar mit demselben Resultat: der Apparat wird durch Verlust der Regulation zerstört (Abb. 23). Auf Grund der Resultate ILJINs könnte man annehmen, daß nicht Diastase selbst, sondern die im Diastasepräparat enthaltenen Salze in die Schließzellen eindringen und dort die Stärkehydrolyse durch die in den Zellen bereits vorhandene Diastase beschleunigen. Doch scheinen die Salze eine derart anormale Weite der Spalten nicht bewirken zu können; anderseits sprechen verschiedene Beobachtungen dafür, daß Malzdiastase und Takadiastase solche Membranen wie Kollodium und Tierblase permeieren. Daher ist es sehr wahrscheinlich, daß in RICHTERS Versuchen namentlich das Ferment selbst in die Schließzellen gelangte. Somit sprechen diese Resultate ganz eindeutig für die Fermenttheorie der Regulation des Öffnungszustandes der Spaltöffnungen.

Betrachten wir nun das Verhalten der Spaltöffnungen unter natürlichen Bedingungen. Es wird meistens angenommen, daß die Spaltöffnungen am Tage offen, in der Nacht aber geschlossen bleiben, was als eine unmittelbare Folge der Lichtwirkung anzusehen wäre. Doch gibt es zahlreiche Ausnahmen von dieser Regel. So hat STAHL[1] gefunden, daß etwa bei der Hälfte der von ihm untersuchten mitteleuropäischen Pflanzenarten die Spaltöffnungen in der Nacht offen bleiben. Selbst in den Tropen sind die Spaltöffnungen vieler Pflanzen in der Nacht offen[2]. Die unveröffentlichten Messungen des Verfassers dieses Buches zeigen, daß in den hellen Nächten in Juni und Juli die meisten Pflanzen in Peterhof (60° Nordbreite) ihre Spaltöffnungen offen halten. Nur bei außergewöhnlicher Nachtkälte wurden Schließbewegungen wahrgenommen. An der Küste des Eismeeres bleiben die Spalten bei sämtlichen einheimischen Pflanzen während des Polartages weit offen, und die Schließzellen führen überhaupt keine Bewegungen aus, obgleich die Temperatur in den „Nachtstunden" selbst im Juli nicht selten auf 4° sinkt[3]. Nur im Anfang August sind schwache Bewegungen der Schließzellen bemerkbar; von einem Schließen der Spalten kann aber auch dann nicht die Rede sein.

Viele Forscher weisen darauf hin, daß bestimmte Pflanzen auch während der Tageszeit ihre Spaltöffnungen periodisch öffnen und schließen. Namentlich in trockenen heißen Gegenden sollen einige Pflanzen ihre Spaltöffnungen während der heißesten Stunden geschlossen halten[4]; bei extremen Verhältnissen bleiben die Spalten nur in den frühesten Vormittagstunden offen.

LOFTFIELD[5] hat ausführliche Untersuchungen über den Öffnungs-

---

[1] STAHL, E.: Flora (Jena) **113**, 1 (1919).

[2] VON FABER, F. C.: Jb. Bot. **56**, 197 (1915).

[3] KOSTYTSCHEW, S., TSCHESNOKOV, W. u. K. BAZYRINA: Planta (Berl.) **11**, 160 (1930).

[4] ILJIN, W. u. M. SABININA: Arb. naturforsch. Ges. Petersburg **56**, 69 (1917). — MAXIMOW, N.: Arb. Bot. Garten Tiflis **19**, 23 (1917) u. a.

[5] LOFTFIELD, J. V.: Carnegie Inst. Washington, Publ. **314** (1921).

zustand der Spaltöffnungen bei verschiedenartigen wildwachsenden Pflanzen und Kulturpflanzen veröffentlicht. In diesen Versuchen wurde nicht nur die Luftfeuchtigkeit, sondern auch die Bodenfeuchtigkeit gemessen. Zur Messung der Spaltöffnungen diente meistens die LLOYDsche mikroskopische Methode. Die untersuchten Pflanzen teilt LOFTFIELD in drei Gruppen ein. Die erste Gruppe bilden die Gramineen, bei denen die Spaltöffnungen in der Nacht bei beliebigen äußeren Verhältnissen geschlossen bleiben. Aber auch in den Tagesstunden werden die Spaltöffnungen der Gramineen bei großer Trockenheit, z. B. im Steppenklima nur für kurze Zeit (von 5 bis etwa 10 Uhr vormittags) geöffnet, wobei die Spaltweite nur 10—20 vH der maximalen Weite erreicht. Die zweite Gruppe bilden nach LOFTFIELD die dünnblätterigen Mesophyten, deren Spaltöffnungen am Tage offen, in der Nacht aber geschlossen sind. Das Öffnen und Schließen der Spalten soll sich langsam während des ganzen Tages vollziehen. Auch diese Pflanzen schließen ihre Spalten bei großer Trockenheit in den heißesten Tagesstunden; dann öffnen sich aber die Spalten in der Nacht.

In die dritte Gruppe gehören Kartoffel und einige dickblätterige Pflanzen. Bei günstigen Verhältnissen sind die Spaltöffnungen dieser Pflanzen Tag und Nacht offen, bei ungünstigen Verhältnissen soll aber ein Schließen der Spaltöffnungen zuerst in den späten Nachmittagsstunden stattfinden und bei andauernder Trockenheit sich auch auf die früheren Nachmittagsstunden verbreiten.

Diese Angaben LOFTFIELDs werden von vielen Forschern zitiert, weil dieselben auf Grund von zahlreichen Beobachtungen aufgestellt worden waren. Sie sind auch vielleicht für die untersuchten Gegend und Klima richtig, können aber keineswegs allgemeine Gültigkeit beanspruchen. In seiner eingehenden Arbeit kommt KERL[1] zum Schluß, daß die LOFTFIELDschen Typen nicht existieren, da streng genommen jeder Typus als „veränderliches Wetter-Typus" gelten muß. Der größte Teil der von KERL untersuchten Freilandpflanzen zeigte ein völlig unregelmäßiges Verhalten der Stomatabewegung. Auf Grund eigener Beobachtungen mit einer großen Anzahl verschiedener Pflanzen, welche bei ungleichen klimatischen Verhältnissen zu Untersuchungen über Photosynthese unter natürlichen Bedingungen verwendet waren, kommt der Verfasser dieses Buches zu derselben Schlußfolgerung. Im besonderen ist darauf hinzuweisen, daß Gramineen im außerordentlich heißen und trockenen Klima Zentralasiens sich nicht derartig verhielten, wie es nach LOFTFIELD der Fall sein sollte. Nicht nur hielten sie auf berieselten Böden ihre Spaltöffnungen, im Gegensatz zu einigen anderen Pflanzen, im Verlaufe sämtlicher Tagesstunden offen, sondern verhielt sich die Graminee Aristida pennata in der transkaspischen Sandwüste unter Dürrebedingungen, die sonst vielleicht nur in Sahara erreicht werden, ganz verschieden von sämtlichen anderen Wüstenpflanzen, welche ihre Spaltöffnungen nur in den frühen Vormittagsstunden offen

---

[1] KERL, H. W.: Diss. Köln 1929.

hielten. Bei Aristida blieben hingegen die Spalten im Verlaufe des
ganzen Tages offen, was sich dadurch dokumentieren ließ, daß die
Photosynthese dieser Pflanze, zum Unterschied von den anderen Nach-
barpflanzen, den ganzen Tag hindurch fortdauerte. Bei Aesculus
ist hingegen der Öffnungszustand der Spaltöffnungen vom herrschenden
Wetter in hohem Grade abhängig[1].

Zusammenfassend ist also der Schluß zu ziehen, daß die Spaltöffnungen der Freilandpflanzen sich unregelmäßig verhalten und von
einer Feststellung bestimmter Regelmäßigkeiten vorläufig noch nicht
die Rede sein kann.

Der Einfluß von Außenfaktoren auf die Transpiration. Bevor
wir zur Besprechung der regulatorischen Rolle der Spaltöffnungen im
Vorgange der Transpiration übergehen, müssen die den genannten Vorgang in erster Linie beeinflussenden meteorologischen Faktoren und
deren Wirkung dargelegt werden.

Der Einfluß des Wassergehaltes der Luft und der Pflanze.
Die Transpiration ist ein physikalischer Vorgang, der vor allem durch
die allgemeinen Gesetze der Evaporation bestimmt wird. Letztere wird
durch die wohlbekannte Formel DALTONS dargestellt:

$$V = K \cdot (F - f) \cdot \frac{760}{P} \cdot S,$$

wo K der Evaporationskoeffizient, F der Dampfdruck bei Dampfsättigung und der Temperatur der sich verdunstenden Flüssigkeit, f der
beobachtete Dampfdruck, P der beobachtete Luftdruck und S die
evaporierende Fläche darstellt. Oben wurde bereits darauf hingewiesen,
daß bei einer Evaporation nicht von der freien Wasserfläche, sondern
von einer multiperforierten Membran eine entsprechende Korrektur der
Größe von S eingeführt werden muß. Außerdem ist die Form der evaporierenden Fläche von Belang, und zwar namentlich in bewegter Luft
(siehe oben). Es ist leicht begreiflich, daß die bewegte Luft dem Rande
der evaporierenden Fläche eine größere Wassermenge entnimmt als dem
mittleren Teil, der mit einer feuchteren Luft in Berührung kommt. Daher ist es nicht gleichgültig, ob ein evaporierendes Rechteck seiner
Länge oder seiner Breite nach in der Richtung des Windes liegt, da der
Grad der Dampfsättigung, d. i. die Größe von f in beiden Fällen nicht
eine und dieselbe ist. Diese bestimmt aber in erster Linie die Evapora-
tionsgröße, wie aus der Formel ohne weiteres zu ersehen ist. Auch die
Transpiration der Laubblätter geht parallel mit dem Dampfdruckdefizit
$F - f$. Die Dampfsättigung ist offenbar von der Temperatur abhängig;
letztere beeinflußt daher die Transpiration in hohem Grade, worüber
noch weiter unten die Rede sein wird.

Daß die Transpirationsgröße der Laubblätter derjenigen der Evaporation einer freien Wasserfläche nur in Ausnahmefällen gleichkommt,
ist auf die Anwesenheit der Cuticula zurückzuführen. An erwachsenen
Blättern ist die Epidermis infolge des cuticulären Überzugs für Wasser

---

[1] WEBER, FR.: Österr. bot. Z. **1923,** 43.

praktisch impermeabel; bei ganz jungen und bei hygromorphen Pflanzen sind aber die Außenwandungen der Epidermiszellen für Wasser bis zu einem gewissen Grade durchlässig, da bei diesen Pflanzen die cuticuläre Schicht entweder gänzlich fehlt, oder schwach entwickelt ist.

Oben wurde erwähnt, daß wir die cuticuläre Transpiration von der stomatären zu unterscheiden haben. Nur erstere kann ihrem Wesen nach mit der Evaporation einer freien Wasserfläche verglichen werden, obwohl auch hier die Analogie eine unvollkommene ist. Die feuchte Cuticula gibt Wasser in Dampfform in die umgebende Luft ab und entnimmt dafür durch Quellung eine entsprechende Wassermenge dem darunterliegenden plasmatischen Wandbeleg; das Plasma entnimmt das Wasser dem Zellsaft; infolgedessen werden die Epidermiszellen wasser-ärmer als die darunterliegenden Parenchymzellen; es entsteht ein Turgor-gefälle und Wasserbewegung von Zelle zu Zelle, bis ein dynamisches Gleichgewicht entsteht. Wir sehen also, daß auch die cuticuläre Tran-spiration einen komplizierten Vorgang darstellt, bei dem Quellung und osmotische Kräfte mitwirken, was bei der Wasserverdunstung von einer freien Wasserfläche nicht stattfindet.

Nach KAMP[1] besteht keine Beziehung zwischen der Intensität der cuticulären Transpiration und der Dicke der Cuticula. Es scheint hier also in erster Linie die innere Beschaffenheit, d. i. die chemische Zu-sammensetzung und die Struktur der Cuticula die Hauptrolle zu spielen.

Die cuticuläre Transpiration ist bei den meisten Pflanzen 4—20mal schwächer als die stomatäre; bei xeromorphen Pflanzen kommt die cuticuläre Transpiration meistens gar nicht in Betracht, wogegen in einigen Ausnahmefällen die cuticuläre Transpiration größer sein kann, als die stomatäre[2]. Der Einfluß von Außenfaktoren auf die cuticuläre Transpiration ist noch sehr unzureichend studiert worden[3]. Nach den Resultaten von BUSCAGLIONI u. POLLACI (a. a. O.) sowie von RUDOLPH (a. a. O.), besitzt die Epidermis Stellen erhöhter Permeabilität für Wasser an den Radialwänden und an der Basis der Haare.

Bei der stomatären Transpiration spielt der Wassergehalt der Luft eine große Rolle im Vorgange des Schließens der Spalten; auch wissen wir schon, daß die Bewegungen der Spaltöffnungen durch Veränderungen des Turgors der Schließzellen hervorgerufen werden und daß bei einem allzu großen Wasserverlust die Regulation der Spaltweite verhindert wird.

Der Zusammenhang zwischen dem Wassergehalt des Bodens und der Wasserversorgung der Pflanze sowie der Transpiration, wird weiter unten dargelegt werden.

Der Einfluß der Lufttemperatur äußert sich darin, daß bei Temperatursteigerung das Dampfdruckdefizit $F-f$ und somit auch die Transpiration gesteigert wird. Es ist hier der Umstand hervorzuheben,

---

[1] KAMP, H.: Jb. Bot. **72**, 403 (1930).

[2] SCHREVE, F.: Carnegie Inst. Washington, Yearbook **13** (1914).

[3] BUSCAGLIONI, L. e G. POLLACI: Atti Ist. Bot. Pavia, ser. 2, **7** (1901—1902).
— RUDOLPH, K.: Bot. Archiv **9**, 49 (1925).

daß die Pflanzen namentlich am Lichte auch in dampfgesättigter Luft transpirieren, weil bei der Lichtabsorption durch die Chloroplasten eine Überwärmung der Blätter eintritt (siehe oben), indem nur ein geringer Teil des absorbierten Lichtes zur photosynthetischen CO_2-Assimilation verwendet, der größte Teil aber in Wärme verwandelt wird. In dampfgesättigter Luft wird das vom Blatt in Dampfform abgegebene Wasser zwar wieder in flüssige Form verwandelt, doch dauert ein Wasserverlust der Blätter immerhin fort.

Der Einfluß des Lichtes wurde schon längst von mehreren Forschern untersucht. Die ältere Literatur ist im umfassenden Werke BUERGERSTEINS (a. a. O.) nachzusehen. Durch Lichtwirkung wird die Transpiration erheblich gesteigert, da das Licht eine Überwärmung der Blätter

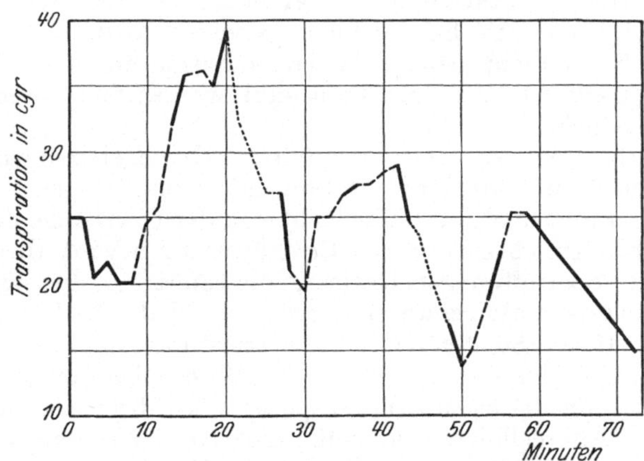

Abb. 24. Transpiration von Cyperus alternus in monochromatischem Lichte und im Dunkeln. Ausgezogene Linie —— Dunkelheit, gestrichelte Linie ---- blaues Licht, punktierte Linie ······ rotes Licht. (Nach L. IWANOFF und M. THIELMANN.)

(siehe oben) herbeiführt und ein Öffnen der Spaltöffnungen bewirkt. WIESNER[1] zeigte zuerst, daß die blauen Lichtstrahlen die stärkste Wirkung ausüben und dieses Resultat wurde alsdann durch mehrere Forscher bestätigt[2]. Die genauesten neueren Untersuchungen wurden von IWANOFF u. THIELMANN[3] ausgeführt. Diese Forscher kamen zum Schluß, daß die Transpiration in blauen Strahlen wohl ein Maximum erreicht, wobei aber eine Nachwirkung des Lichtes zweifellos ist. Der Transpirationsgang im Dunkeln verläuft nach einer „Rotinduktion" absteigend, nach einer „Blauinduktion" aber aufsteigend (Abb. 24). Außerdem zeigte es sich, daß die Transpirationssteigerung im blauen Lichte nur bei lebenden Blättern zustande kommt, bei abgetöteten Blättern aber die Transpira-

---

[1] WIESNER, J.: Sitzgsber. Akad. Wiss. Wien, Math.-naturwiss. Kl. (I) **74**, 477 (1877).

[2] DARWIN, F.: Philos. Trans. roy. Soc. Lond. **190**, 531 (1898). — BUSCAGLIONI, L. et G. POLLACI: a. a. O. — LECLERC DU SABLON, M.: Rev. gén. Bot. **25**, 49, 104 (1913).

[3] IWANOFF, L. u. M. THIELMANN, : Flora (Jena) **116**, 296 (1923).

tionsgrößen in blauen und roten Strahlen annähernd die gleichen sind. In diesem Zusammenhange muß daran erinnert werden (siehe oben), daß der Einfluß des monochromatischen Lichtes speziell auf den Öffnungszustand der Stomata nach PAETZ[1] ein anderer ist; hier sind die Verhältnisse annähernd dieselben wie bei der Einwirkung des monochromatischen Lichtes auf die CO_2-Assimilation, denn rote Strahlen üben eine stärkere Wirkung aus, als blaue. Es ist also ersichtlich, daß die Lichtwirkung auf die Transpiration keine einfache Erscheinung darstellt. Sie kann weder durch Erwärmung des Blattes, noch durch die Beeinflussung des Öffnungszustandes der Stomata allein in erschöpfender Weise erklärt werden. Wahrscheinlich spielt hierbei auch die Steigerung der Plasmapermeabilität unter dem Einfluß des Lichtes eine wichtige Rolle. BONNIER u. MANGIN[2] haben gefunden, daß auch die Transpiration der Hutpilze durch diffuses Licht gesteigert wird.

Selbst diffuses Licht steigert die Transpiration um etwa 40 vH. Im direkten Sonnenlichte wird die Transpiration mehrfach intensiver, als in der Dunkelheit.

Mechanische Erschütterungen der Pflanze, ebenso wie bewegte Luft, erhöhen ebenfalls die Transpiration, indem durch die genannten Wirkungen die dampfgesättigte Luftschicht von der Oberfläche des Blattes entfernt wird. Durch sehr starke Erschütterungen wird allerdings ein Schließen der Spaltöffnungen bewirkt, was sofort eine bedeutende Abnahme der Transpirationsintensität zur Folge hat. In bewegter Luft ist auch bei offenen Spalten der Wasserverlust durch ein lebendes Blatt meistens geringer, als derjenige der freien Wasseroberfläche[3], was auch begreiflich ist, da die eigentliche evaporierende Oberfläche des Blattes diejenige der Intercellularen darstellt; die Luft im Innern des Blattes ist aber dampfgesättigt und der Einfluß des Windes erstreckt sich nur auf die Dampfkuppen an den Spalten der Stomata. Wird das Blatt durch die Einwirkung des Windes gebogen, wobei die innere Luft zum Teil herausdiffundiert, so ist die Transpirationssteigerung eine bedeutendere. Nach WIESNER[4] wird hierbei der Wasserverlust in einigen Fällen 20mal stärker als in ruhiger Luft. Eine Abnahme der Transpiration in bewegter Luft infolge Schließens der Spaltöffnungen haben sowohl WIESNER selbst (a. a. O.), als auch M. A. BROWN[5] und BERNBECK[6], allerdings nur in seltenen Fällen, wahrgenommen.

Der Tagesverlauf der Transpiration. Da alle oben erwähnten Faktoren unter natürlichen Bedingungen immer tätig sind, so muß der Tagesverlauf der Transpiration ein unregelmäßiger sein. BRIGGS u.

---

[1] PAETZ, K. W.: Planta (Berl.) **10**, 611 (1930).

[2] BONNIER, G. et L. MANGIN: Ann. des Sci. natur., sér. 6 (Bot.), **17**, 288 (1884).

[3] BLACKMAN, V. H. a. R. C. KNIGHT: Ann. of Bot. **31**, 217 (1917). — KNIGHT, R. C.: Ebenda **31**, 221, 351 (1917).

[4] WIESNER, J.: Sitzgsber. Akad. Wiss. Wien, Math.-naturwiss. Kl. (I) **96**, 182 (1887).

[5] BROWN, M. A.: Proc. Iowa Acad. Sci. **17** (1910).

[6] BERNBECK, O.: Diss. Bonn 1907. — Flora (Jena) **117**, 293 (1924).

SHANTZ[1] sowie MAXIMOW[2] haben Untersuchungen über den Tagesverlauf der Transpiration bei beständigen meteorologischen Verhältnissen, und zwar in einer Periode von hellen heißen Tagen ausgeführt. Es ergaben sich folgende Resultate.

Früh am Morgen ist die Transpiration schwach; sie steigt aber rasch am Vormittage im Zusammenhange mit Temperaturzunahme und Dampfdruckabnahme und erreicht ein Maximum in den ersten Nachmittagsstunden, wonach eine schnelle Abnahme der Transpirationsintensität erfolgt. Einen ausgeprägten Einfluß von inneren Faktoren, die sich im Tagesverlaufe der CO_2-Assimilation so deutlich geltend machen, vermochten die Verfasser nicht festzustellen, obgleich verschiedene Pflanzen sich unter Umständen ungleich verhielten.

In der Nacht war die Transpiration immer sehr schwach: sie betrug durchschnittlich 3—5 vH der Transpiration am Tage und konnte also praktisch vernachlässigt werden. Besonders deutlich wurde die Transpiration durch die Radiation der Sonne beeinflußt; die Kurven der beiden Vorgänge fallen bei graphischer Darstellung ungefähr zusammen. In MAXIMOWS Versuchen lieferten sowohl Xerophyten als Mesophyten dieselben Tageskurven der Transpiration, und in der Nacht war die Transpiration selbst bei den Xerophyten außerordentlich schwach[3]. Auffallend war hierbei das Verhalten des Atmometers, das zum Unterschiede von den lebenden Pflanzen nur einen geringen Unterschied zwischen der Evaporation am Tage und in der Nacht anzeigte: am Tage war der Wasserverlust nur etwa doppelt so groß, wie bei Nacht. Dieses Resultat illustriert den wesentlichsten Unterschied zwischen der Transpiration und der rein physikalischen Evaporation: Letzterer Vorgang wird durch Licht nur insofern beeinflußt, als hierbei Temperatursteigerung stattfindet. Die Transpiration der lebenden Blattfläche wird hingegen nach MAXIMOW in erster Linie durch Sonnenstrahlen beherrscht; viel schwächer ist die Einwirkung der Lufttrockenheit; noch unbedeutender ist die Einwirkung des Windes. MAXIMOW betont ausdrücklich, daß innere Faktoren in seinen Versuchen ebensowenig wie in Versuchen von BRIGGS u. SHANTZ zur Geltung kamen. Der volle Parallelismus zwischen dem Tagesverlaufe der Wasserabgabe und den äußeren Faktoren beweist seiner Ansicht nach, daß der Vorgang der Transpiration ausschließlich von den letzteren abhängt.

WOTSCHAL und seine Mitarbeiter[4] kommen jedoch auf Grund ihrer zahlreichen mit großer Sorgfalt ausgeführten Versuche zum Schluß, daß der Tagesverlauf der Transpiration nur sehr selten den Änderungen der Außenfaktoren parallel ist. Im Gegenteil zeigt die Transpirationsgröße scharfe autonome Schwankungen, die offenbar nur von den nicht näher untersuchten inneren Ursachen herrühren können.

---

[1] BRIGGS, L. J. a. H. L. SHANTZ: J. agricult. Res. 5, 583 (1916).

[2] MAXIMOW, N.: Arb. Bot. Gart. Tiflis 19, 23 (1917) (russ.).

[3] Vgl. dazu auch WASSILIEW, I.: Nordkaukas. Assoc. wiss. Forschungsinst. 7, 78 (1927) (russ.).

[4] WOTSCHAL, E. u. a.: Tagebuch des 2. Kongresses d. Russ. Botan. 1926, 49. — Ders.: Tagebuch des 3. Kongresses, 1928, 368 (russ.).

Dieses Bild wird nur bei ausreichender Wasserversorgung der Pflanzen beobachtet. Bei Wassermangel tritt während der heißesten Stunden eine deutliche Abnahme der Transpiration ein[1], die bei der Darlegung der Wasserbilanz der Pflanzen ausführlicher besprochen werden wird. Bei häufig ausgeführten Messungen bemerkt man bei einzelnen Pflanzen ebenfalls ziemlich scharfe und nicht leicht erklärliche Schwankungen der Transpirationsintensität[2].

Regulationserscheinungen bei der Transpiration. Früher war die Ansicht vorherrschend, daß die Regulierung der Transpiration einzig und allein durch die Bewegungen der Spaltöffnungen bewirkt wird. Namentlich diese Überzeugung hat viele Forscher dazu bewogen, die Öffnungsweite der Spalten quantitativ zu messen und daraus Schlußfolgerungen über die Transpirationsgröße zu ziehen. Die ältere Literatur über diesen Gegenstand ist bei BURGERSTEIN nachzusehen.

LLOYD[3] kommt auf Grund seiner eingehenden Untersuchungen zum Schluß, daß die Spaltöffnungen bei der Regulierung des Transpirationsvorganges höchstens nur eine untergeordnete Rolle spielen, indem die Transpirationsintensität und die Spaltöffnungsweite in seinen Versuchen durchaus nicht gleichen Schritt hielten. In manchen Fällen ist die Bedeutung der Spaltöffnungen nach LLOYD vollkommen illusorisch. RENNER[4] und LOFTFIELD[5] äußern sich dahin, daß LLOYD in seiner Kritik wohl zu weit gegangen ist. Erstens wird die Transpiration bei offenen Spalten selbstverständlich durch Schwankungen der Außenfaktoren beeinflußt. Daher können Schwankungen der Transpirationsintensität auch bei Unbeweglichkeit der Schließzellen zustande kommen. Zweitens wäre es irrig anzunehmen, daß die Transpirationsgröße der Weite der Spalten direkt proportional ist. Dies ist natürlich nicht der Fall; es müssen vielmehr bedeutende Veränderungen der Spaltweite sich vollziehen, bevor die Transpiration hierdurch in merklicher Weise beeinflußt wird. Ein scharfer Unterschied besteht nur zwischen dem Blatte mit offenen und mit vollkommen geschlossenen Spalten. Somit ist ersichtlich, daß namentlich sichere qualitative Bestimmungen des Öffnungszustandes der Stomata von Interesse sind, da bei geschlossenen Spalten die Transpiration zweifellos sehr stark herabgesetzt wird. Dies wird auch durch die Resultate von LIVINGSTON u. BROWN[6], SHREVE[7], GATES[8], MUENSCHER[9],

---

[1] MAXIMTSCHUK, L.: Bull. Zuckertrusts **1923**, Nr 6, 21 (russ.). — MINA, I. u. A. BUTOWSKI: Ebenda, S. 20 (russ.). (Zitiert nach MAXIMOW: Grundlagen der Dürreresistenz. 1926 [russ.]). — Vgl. auch ZEMTSCHUZNIKOV, E.: Arb. Versuchsstat. des Dons u. Nordkaukasus. Bull. **163** (1924) (russ.).

[2] BLAGOWESTSCHENSKI, A.: Bull. Mittelasiat. Univ. **7**, 8 (1924) (russ.). — SCHRATZ, E.: Jb. Bot. **74**, 153 (1931).

[3] LLOYD, F. E.: Carnegie Inst. Washington. Publ. **82** (1908).

[4] RENNER, O.: Flora (Jena) **100**, 451 (1910).

[5] LOFTFIELD, J. V.: Carnegie Inst. Washington. Publ. **314** (1921).

[6] LIVINGSTON, B. E. a. W. H. BROWN: Bot. Gaz. **53**, 309 (1912).

[7] SHREVE, E.: Carnegie Inst. Washington. Publ. **194** (1914).

[8] GATES, F. C.: Bot. Gaz. **57**, 445 (1914).

[9] MUENSCHER, W. C.: Amer. J. Bot. **2**, 449 (1915).

Maximow[1], Knight[2] und Zemtschuznikov[3] bestätigt. Livingston u. Brown bestimmten immer die relative Transpiration, d. i. das Verhältnis der Transpiration zur Evaporation des Atmometers (einer freien feuchten Fläche). Oben wurde aber darauf hingewiesen, daß der Begriff „relative Transpiration" nicht einwandfrei ist[4]. Auf Grund der erhaltenen Ergebnisse kommen Livingston und Brown zum Schluß, daß die regulierende Wirkung der Spaltöffnungen geringfügig ist. Als den Hauptfaktor der Regulierung bezeichnen Livingston u. Brown die beginnende Eintrocknung („incipient drying") der Blätter. Bei mäßigem Wasserverlust sind die Zellwandungen des Blattparenchyms und somit auch die Intercellularräume wassergesättigt. Die vollkommen dampfgesättigte Luft der Intercellularen kommuniziert durch die Spaltöffnungen mit der Außenluft; bei diesen Verhältnissen geht die Transpiration mit der maximalen Geschwindigkeit vor sich. Im Anfang des Welkens wird die Oberfläche der Blattparenchymzellen trockener und die Luft in den Intercellularen nicht dampfgesättigt. Das Dampfdruckgefälle und somit die Transpirationsgeschwindigkeit wird also geringer. Darin besteht das Wesen des hauptsächlichsten Faktors der Transpirationsregulierung nach Livingston u. Brown.

Nach Maximow (a. a. O.) spielt aber auch dieser Faktor eine untergeordnete Rolle. Der genannte Forscher weist ausdrücklich darauf hin, daß als Hauptfaktor der Regulierung die unzureichende Wasserversorgung der Pflanze und das hierdurch verursachte Welken anzusehen ist. Dies wird durch die Zahlen der folgenden Tabelle erläutert. Diese Zahlen zeigen den Transpirationsverlauf bei Mais, wobei jedesmal zwei Pflanzen unter ganz gleichen äußeren Bedingungen untersucht wurden. Die eine Pflanze wurde aber fortwährend begossen und litt also nicht an Wassermangel. Die andere Pflanze wurde mit Wasser unzureichend versorgt und zeigte daher Merkmale eines eintretenden Welkens.

Pflanzen	Tagesstunden				
	7—9	9—11	11—13	13—15	15—17
	Intensität der Transpiration				
1. Begossen	51	87	100	106	100
2. Nicht begossen	50	90	75	52	20
3. Begossen	62	93	100	114	81
4. Nicht begossen	62	93	90	72	23
5. Begossen	46	74	100	109	83
6. Nicht begossen	42	78	83	47	31

Diese Zahlen zeigen ganz deutlich, daß bei nicht begossenen Pflanzen in den Vormittagsstunden sich noch kein Wassermangel geltend

---

[1] Maximow, N.: J. russ. bot. Ges. 1, 56 (1916) (russ.). — Arb. Bot. Gart. Tiflis 19, 23 (1917) (russ.).
[2] Knight, R. C.: Ann. of Bot. 31, 221, 351 (1917); 36, 361 (1922).
[3] Zemtschuznikov, E.: Arb. Versuchsstat. Don Nachitschevan Bull. 148 (1923); 163 (1924) (russ.).
[4] Vgl. dazu auch Huber, B.: Jb. Bot. 64, 1 (1924).

macht, und die Transpiration dieser Pflanzen derjenigen der begossenen gleich ist. Am Nachmittag beginnen aber die nicht begossenen Pflanzen infolge Wassermangels zu welken und ihre Transpirationsgröße sinkt gewaltig. Den Mechanismus von diesem mächtigen Regulationsfaktor versucht Maximow vorläufig nicht zu bestimmen, glaubt aber schließen zu dürfen, daß seine Erklärung in den Bedingungen der Wasseraufnahme aus dem Boden zu suchen ist. Wäre ein Wassermangel in den Blättern selbst maßgebend, wie es Livingston u. Brown annehmen, so sollte die geringste Transpiration der nicht begossenen Pflanzen in den heißesten Nachmittagsstunden wahrgenommen werden. Gegen Abend sind denn auch die Blätter selbst bei nicht begossenen Pflanzen wasserreicher als am Tage. Trotzdem fällt ihre Transpiration kontinuierlich. Wir werden zu dieser Frage noch im folgenden Kapitel bei der Besprechung des Vorganges der Wasserbewegung in den Leitungsbahnen zurückkehren: sie steht im Zusammenhange mit der sogenannten Kohäsionstheorie des Saftsteigens.

Ist die Frage nach dem hauptsächlichsten Regulationsmechanismus der Transpiration noch nicht gelöst, so sind jedenfalls die folgenden durch die Resultate der neueren Arbeiten bekräftigten Tatsachen von Interesse: die Spaltöffnungen dienen nicht als die einzigen und nicht einmal als die hauptsächlichsten regulierenden Apparate im Vorgange der Transpiration; es wurden vielmehr neue mächtige Faktoren gefunden, welche namentlich bei extremen Verhältnissen die Hauptrolle spielen. Es ist also der Schluß zu ziehen, daß die Regulierung der Transpiration bei verschiedenen Pflanzen und unter verschiedenartigen Bedingungen nicht auf eine und dieselbe Weise vor sich geht. In einigen Fällen war ein auffallender Parallelismus zwischen dem Öffnungszustande der Stomata und der Transpirationsintensität gefunden. Solche Fälle beschreibt u. a. Knight (a. a. O.). Wassiliew (a. a. O.) kommt auf Grund seiner Untersuchungen über verschiedene Weizensorten zum Schluß, daß bei nicht dürreresistenten Weizensorten die Regulierung der Transpiration durch die Spaltöffnungen bewerkstelligt wird, wogegen bei den dürreresistenten Weizensorten die Wasserzirkulation, das einsetzende Welken und wahrscheinlich auch die Änderungen der Permeabilität des Plasmas für Wasser bei der Regulierung der Transpiration die Hauptrolle spielen. Hierdurch werden die Ansichten der Vertreter eindeutiger Gesichtspunkte einigermaßen gemildert, was auch dem wahren Sachverhalte vielleicht am besten entsprechen dürfte. Zu denselben Schlußfolgerungen gelangt auch Zemtschuznikov (a. a. O.).

Die Wasserbilanz der Pflanze. Aus allem oben Dargelegten ist ersichtlich, daß der Wasserumsatz in der Pflanze ein Vorgang ist, der an Mächtigkeit alle anderen Kreisläufe der Stoffe mehrfach übertrifft. Das aus dem Boden aufgenommene Wasser gelangt durch das Leitungssystem des Stengels in die Blätter und entweicht in die Luft in Dampfform. Die Wasseraufnahme und die Wasserabgabe sind physiologisch selbständige Vorgänge, die durch Außenfaktoren ungleich beeinflußt sind und daher nicht immer den gleichen Verlauf haben. Doch sind die Mengen des bei der Transpiration abgegebenen Wassers so bedeutend, daß eine Korrelation zwischen dem genannten Vorgange und der Wasseraufnahme unbedingt bestehen muß. Die oben angeführten Versuchsresultate von MAXIMOW u. SIMONOWA bezüglich der Geschwindigkeit der Wasserabgabe in Prozenten des gesamten Wasservorrats zeigen, daß manche Pflanzen in einer Stunde 80—100 vH (und darüber) ihres gesamten Wasservorrats durch Transpiration verlieren; dieser Umstand ist schon an sich genügend zum Nachweis der Tatsache, daß die Transpiration von der Geschwindigkeit der Wasseraufnahme unmittelbar abhängt. Die oben dargelegten Resultate MAXIMOWS beweisen in der Tat, daß die Wasseraufnahme durch die Wurzel als der mächtigste regulierende Faktor im Vorgange der Transpiration anzusehen ist.

Solange aber der Wasservorrat ausreicht, können die beiden Vorgänge der Wasseraufnahme und der Wasserabgabe zeitlich nicht immer gleichen Schritt halten. Dies ist tatsächlich der Fall; die Ausgiebigkeit der Transpiration erreicht ein Maximum in den ersten Nachmittagsstunden und fällt gegen Abend. Der Verlauf der aktiven Wasseraufnahme aus dem Boden hat einen regelmäßigeren Charakter und die Wurzel ist oft nicht in der Lage, in der Periode einer besonders intensiven Transpiration die zur Erhaltung des Gleichgewichtes notwendigen Wassermengen zu liefern. Infolgedessen muß der Wassergehalt der Pflanze am Nachmittage sich vermindern und am Abend wieder zunehmen, da zu dieser Zeit die Wasseraufnahme mächtiger ist, als die Transpiration. Dadurch wird nicht nur das Wasserdefizit vollkommen gedeckt, sondern auch das überschüssige dem Boden entnommene und vom Wurzeldruck gehobene Wasser im Vorgange der Guttation sezerniert. KRASNOSSELSKY-MAXIMOW[1] hat schon längst vergleichende Bestimmungen des Wassergehaltes der Blätter ausgeführt und ganz eindeutige Resultate erhalten: im heißen und trockenen Klima von Tiflis (Transkaukasien) verloren alle untersuchten Pflanzen, darunter auch die Xerophyten und die Succulenten einen bedeutenden Teil des in den Blättern enthaltenen Wasservorrats (bis zu 30 vH) und ersetzten dieses Defizit in den Abendstunden. Bereits früher haben auch LIVINGSTON u. BROWN (a. a. O.) gefunden, daß in der Arizonawüste das Wasserdefizit der Blätter 14 bis 40 vH des gesamten Wasservorrats erreichen kann. Merkwürdig ist der Umstand, daß in Versuchen von KRASNOSSELSKY-MAXIMOW die Mesophyten geringere Schwankungen des Wassergehaltes als die Xerophyten zeigten. Dieselben Erscheinungen kommen nach MAXIMOW u. KRASNOSSELSKY-MAXIMOW[2] auch im kühlen und feuchten Klima von Nordwestrußland vor, und zwar ist das Defizit in Prozenten des Gesamtvorrats dasselbe, wie in heißem Klima. Auf indirektem Wege haben verschiedene andere Forscher dieselben Resultate erhalten. So

---

[1] KRASNOSSELSKY-MAXIMOW, T.: Arb. Bot. Gart. Tiflis **19**, 1 (1916).

[2] MAXIMOW, N. u. T. KRASNOSSELSKI-MAXIMOW: Arb. naturforsch. Ges. Petersburg **53**, 81 (1923).

beobachteten Thoday[1], Alexandrow[2] und andere in den heißesten Tagesstunden eine Abnahme der Blattfläche, die im direkten Sonnenlichte 5—25 vH erreichte. Bachmann[3] hat mittels des von ihm konstruierten empfindlichen Hebelpachymeters festgestellt, daß die Dicke der Blätter selbst in Wasserkulturen und bei nicht sehr starker Transpiration Schwankungen von 5—6 vH aufweist. Selbstverständlich können alle diese Veränderungen nur durch ungleichen Wassergehalt der Blätter im Laufe des Tages hervorgerufen werden.

Das bei gesteigerter Transpiration stattfindende Wasserdefizit kann von zwei Ursachen herrühren. Erstens ist in einigen Fällen die Wassergewinnung aus dem Boden mit so erheblichen Schwierigkeiten verbunden, daß die Wurzel nicht in der Lage ist, die notwendige Wasserversorgung zu sichern. Zweitens kann eine gewisse Disharmonie zwischen der Leistungsfähigkeit des Laubwerkes und des Wurzelsystems bestehen. In diesem Falle muß das Wasserdefizit auf innere Ursachen zurückgeführt werden und kann also gar bei ausgezeichneten Wasserverhältnissen im Boden zustande kommen, wie es auch mehrmals wahrgenommen worden war.

Es ist längst bekannt, daß Wurzelsysteme bei Pflanzen der sonnigen Standorte meistens viel stärker entwickelt sind, als bei Schattenpflanzen. Besonders stark entwickelte Wurzeln besitzen die Xerophyten der trockenen Gegenden. Bei vollkommener Harmonie zwischen den transpirierenden Organen und dem wasseraufsaugenden Apparat sollte ein Wasserdefizit nur bei anormaler Trockenheit des Bodens, nicht aber auf feuchtem Boden vorkommen. Letzteres tritt aber in prägnanter Weise zum Vorschein bei Schattenpflanzen, die sich zufällig auf sonnigen Standorten befinden. Bei einem hohen Grade der Bodenfeuchtigkeit welken die genannten Pflanzen im direkten Sonnenlichte und gehen bei einem größeren Wasserverlust zugrunde. Allerdings tritt der Turgorverlust bei Schattenpflanzen bereits bei einem unbedeutenden Wasserverlust ein[4], worüber noch weiter unten die Rede sein wird.

Das Verhältnis des Laubwerks zum Wurzelsystem wird bei einer und derselben Pflanze nach Kisser[5] durch Faktoren beeinflußt, welche die Transpiration steigern oder herabsetzen. Kostytschew entwickelt die Ansicht, daß die primäre Ursache des Parasitismus von grünen Halbschmarotzern und möglicherweise überhaupt von sämtlichen schmarotzenden Samenpflanzen namentlich die oben erwähnte Disharmonie zwischen der Wasserabgabe durch die Laubblätter und der Wasseraufnahme durch die Wurzeln ist (Bd. 1, S. 245—246). Dieses Problem der Disharmonie kann experimentell erforscht werden, was in methodischer Hinsicht keine außergewöhnlichen Schwierigkeiten bereitet. Eine

---

[1] Thoday, D.: Proc. roy. Soc. Lond. (B) 82, 421 (1909).

[2] Alexandrow, W.: Bull. Univ. Tiflis 3 (1923) (russ.).

[3] Bachmann, F.: Jb. Bot. 61, 372 (1922).

[4] Knight, K. C.: Ann. of Bot. 36, 361 (1922). — Maximow, N. u. T. Krasnosselsky-Maximow: a. a. O.

[5] Kisser, J.: Planta (Berl.) 3, 562 (1927).

direkte Messung des Wasserdefizits ist freilich bei ausgedehnten Untersuchungen zeitraubend; einfacher und empfindlicher ist aber die folgende Methode. Bei einem Wasserdefizit muß sowohl der osmotische Wert, als die Saugkraft der Blätter steigen. Dies ist nach URSPRUNGS[1] Messungen in der Tat der Fall. Folgende Tabelle gibt sowohl das Wasserdefizit als die Saugkraft von Bellis in verschiedenen Tagesstunden an.

| | Tagesstunden | | | | | | | |
	5ʰ 45′	7ʰ 30′	10ʰ	12ʰ	14ʰ 30′	16ʰ 30′	20ʰ 30′	22ʰ 30′
Wasserdefizit	2,2	3,9	7,0	8,0	9,7	8,1	2,6	0,0
Saugkraft	7,7	11,2	11,9	13,3	13,5	12,2	9,9	7,8

Empfehlenswerter ist aber nach WALTER[2] die Bestimmung des durchschnittlichen osmotischen Wertes nach der kryoskopischen Methode. Bei derartigen Unteruchungen ist die Bestimmung der Tagesschwankungen des osmotischen Wertes vollkommen ausreichend, da dieselben nur durch unbeständigen Wassergehalt hervorgerufen werden können. Die Untersuchung der Zellsaftkonzentration erlaubt es also, die Bilanzverhältnisse der Pflanzen zu bestimmen und ihren Wasserhaushalt als Ganzes zu erfassen. Somit wird nach WALTER das Verhalten des osmotischen Wertes zum Zentralproblem der Wasseröcologie der Pflanzen, während Transpirationsuntersuchungen, Saugkraftmessungen, Bestimmungen der Wasserleitfähigkeit und der Wasseraufnahme nur Teilvorgänge berücksichtigen. Die bereits im Kapitel IX dargelegten Untersuchungen über den osmotischen Wert verschiedener Pflanzen an verschiedenen Standorten gewinnen daher nach WALTER eine besondere Bedeutung, da dieselben ein zusammenfassendes Bild der Wasserbilanz liefern und auch für die praktische Landwirtschaft von großem Werte sind, indem sie zur Kenntnis der Dürreresistenz der einzelnen Pflanzen viel beitragen können.

Als optimalen osmotischen Wert bezeichnet WALTER die normale Zellsaftkonzentration, bei der die Pflanze am besten gedeiht. Bei allzugroßer Feuchtigkeit und sehr geringer Zellsaftkonzentration kommt die Pflanze nicht mehr zum Blühen und Fruchten, verhält sich also anormal.

Besonders interessant ist aber der maximale osmotische Wert, nach dessen Überschreitung früher oder später ein Absterben der Blätter eintritt. WALTER behauptet, daß bei Pflanzen mit gut ausgeglichener Wasserbilanz (d. i. bei voller Harmonie zwischen dem Wurzelsystem und dem Laubwerk), die kaum je gestört wird, im allgemeinen nur niedrige osmotische Werte gefunden werden, während bei Pflanzen, die häufig Wasserdefizite aufweisen, der osmotische Wert im wassergesättigten Zustande im allgemeinen höher liegt. Jede Erhöhung des osmotischen Wertes über den optimalen Bereich zeigt eine Gefährdung oder gar vorübergehende Schädigung der Pflanze an. Sie besagt, daß die Pflanze nicht mehr imstande ist, ihre Wasserbilanz aufrechtzuerhalten.

---

[1] URSPRUNG, A.: Flora (Jena) **118/119** (GOEBELs Festschrift), 566 (1925).
[2] WALTER, H.: Ber. dtsch. bot. Ges. **47**, 243 (1929).

Walter unterscheidet zwei Stufen der Erhöhung des osmotischen Wertes. Unter lang andauernden ungünstigen Wasserverhältnissen steigt der osmotische Wert anfangs nur langsam an, dann aber nimmt die Geschwindigkeit der Erhöhung mehr und mehr zu. In diesem zweiten Stadium ist die Pflanze bereits in Lebensgefahr und sobald dann der Maximalwert erreicht ist, stirbt sie ab. Die Dürreresistenz der Pflanze hängt also ab von der absoluten Höhe des maximalen osmotischen Wertes und der Geschwindigkeit, mit welcher der osmotische Wert unter ungünstigen Bedingungen ansteigt. Walter teilt die von ihm untersuchten Pflanzen in mehrere Gruppen ein, von denen hier nur die folgenden zu nennen sind.

1. Schattenpflanzen. Sie zeichnen sich unter normalen Verhältnissen ihres Lebens durch mittlere Transpirationsintensität und sehr ausgeglichene Wasserbilanz aus.

2. Pflanzen sonniger und nasser Standorte. Der osmotische Wert ist zwar gering, die Tagesschwankungen desselben sind aber deutlich wahrnehmbar.

3. Pflanzen sonniger und relativ trockener Standorte. Bei Succulenten sind die osmotischen Werte und die Wasserdefizite gering, ebenso wie bei stark transpirierenden Pflanzen mit ausgeglichener Wasserbilanz. Die Xerophyten im Sinne Maximows (siehe unten) stellen ihre Transpiration selbst bei lang andauernder Dürre auf den trockensten Standorten nicht ein und ertragen riesige Wasserdefizite. Die Schwankungen des osmotischen Wertes bei diesen Pflanzen sind sehr beträchtlich: zwischen dem optimalen und dem maximalen Wert ist eine sehr große Spanne. Die nach Walter „eigentlichen" Xerophyten zeigen keine Schwankungen des osmotischen Wertes und der maximale Wert konnte bei ihnen nicht festgestellt werden, da diese Pflanzen nicht die geringsten Anzeichen von Trockenschäden aufwiesen.

Die Bestimmungen der Wasserbilanz nach dem osmotischen Wert[1] sind die ersten, die unter natürlichen Bedingungen ausgeführt sind. Früher wurde zu derartigen Zwecken das wägbare Potometer von Vesque (siehe oben) benutzt, das nur beim Arbeiten mit abgeschnittenen Pflanzen und Pflanzenteilen brauchbar ist.

Das Welken der Pflanzen. Ist der Wasserverlust bei der Transpiration erheblich größer als die Wasseraufnahme, so erfolgt das Welken der Blätter, ein Vorgang, dessen äußere Merkmale so allgemein bekannt sind, daß sie hier nicht beschrieben zu werden brauchen. Beim Welken geht der Turgor der Zellen zwar verloren, doch tritt keine Plasmolyse im gebräuchlichen Sinne des Wortes ein: Das Protoplasma trennt sich von der Zellwand nicht ab, da die Luft durch letztere nicht eindringt; es bilden sich daher Falten oder wellenförmige Einbiegungen der Zellwand[2]. Nur nachdem man solche Zellen ins Wasser legt, erhält man

---

[1] Vgl. dazu auch die im neunten Kapitel zitierten Arbeiten Blagowestschenskis.

[2] Holle, H.: Flora (Jena) **108**, 73 (1915). — Thoday, D.: Ann. of Bot. **35**, 585 (1921). — Iljin, W.: Protoplasma (Berl.) **10**, 379 (1930).

ein typisches Bild der Plasmolyse, da das Wasser nunmehr den Raum zwischen dem Protoplasma und der Zellwand einnimmt. Das Verhalten der gewelkten Zellen ist allerdings demjenigen der plasmolysierten analog, da in beiden Fällen kein Turgordruck vorhanden ist.

Wir müssen zwei Arten des Welkens voneinander scharf unterscheiden. Das sogenannte temporäre Welken kommt vor, wenn die Pflanze im Vorgange der Transpiration zwar eine Wassermenge verliert, die durch Aufsaugen aus dem Boden mit der gleichen Geschwindigkeit nicht ersetzt werden kann, letzterer Vorgang aber ununterbrochen fortbesteht. Auf diese Weise genügt eine Abnahme der Transpiration zur Herstellung der normalen Wasserbilanz.

Ein anderes Bild erhält man beim andauernden Welken („permanent wilting" der amerikanischen Forscher). Ist das verfügbare Bodenwasser erschöpft, so tritt ein Welken der Blätter selbst bei mäßiger Transpiration ein. Oben wurde bereits erwähnt, daß diese Art des Welkens bei sämtlichen Pflanzen auf einem bestimmten Boden gleichzeitig stattfindet, weil alle Pflanzen nur das capillare, d. i. bewegliche, Wasser aufsaugen können, dessen Menge von der Struktur und der absorbierenden Kraft des Bodens abhängt. Eine direkte Folge des andauernden Welkens besteht darin, daß die Blätter das Transpirationswasser anderen Pflanzenteilen entnehmen und dieselben zum Welken bringen. Hierbei werden die zarten embryonalen Gewebe meistens erheblich beschädigt, und die Folgen eines andauernden Welkens sind gewöhnlich sehr schwer, da hierbei in erster Linie die zarten Wurzelhaare absterben. URSPRUNG u. BLUM[1] haben denn auch gefunden, daß die Saugkraft beim andauernden Welken erheblich zunimmt. Sie wird hierbei durch das elastische Zusammenziehen der Zellwand noch gesteigert. Wegen der in Wasserleitungsbahnen herrschenden Kohäsionskraft des Wassers wird letzteres dann aus allen turgescenten Pflanzenteilen aufgesaugt und es entsteht in der Pflanze eine allgemeine bedeutende Spannung, die durch das elastische Zusammenziehen der Gefäße und der Zellwandungen der lebenden Zellen bedingt ist.

Nach den neueren Resultaten von URSPRUNG u. BLUM[2] ist die Saugkraft in embryonalen wachsenden Geweben immer groß, obgleich deren osmotischer Wert nicht sehr hoch liegt. Die Verfasser erklären diese Erscheinung durch die schnelle Volumenvergrößerung der wachsenden Zellen; auf diese Weise ist das Wachstum bereits an und für sich eine Quelle der Saugkraft. Beim Welken wird das Volumen der wachsenden embryonalen Zellen und mithin deren Saugkraft sofort vermindert, während die Saugkraft der Blätter wächst. Infolgedessen werden den embryonalen Geweben so große Wassermengen entzogen, daß sie nicht zur Ausbildung kommen. Das beim Welken stattfindende Schließen der Spaltöffnungen bewirkt außerdem eine Sistierung der Photosynthese (vgl. Bd. 1, S. 141), während die Atmung der Blätter hierbei nach ILJIN[3]

---

[1] URSPRUNG, A. u. G. BLUM: Ber. dtsch. bot. Ges. **37**, 453 (1919).
[2] URSPRUNG, A. u. G. BLUM: Jb. Bot. **63**, 1 (1924).
[3] ILJIN, W.: Flora (Jena) **116**, 379 (1923). — Planta (Berl.) **10**, 170 (1930).

gesteigert wird. Auch die Stärkehydrolyse findet beim Welken mit er-
höhter Intensität statt[1]. Schließlich ist darauf hinzuweisen, daß der
Wassermangel an sich, unabhängig vom Spiel der Spaltöffnungen, die
CO_2-Assimilation herabsetzt[2].

Ausführliche vergleichende Untersuchungen über das temporäre und
das andauernde Welken hat CALDWELL[3] ausgeführt. Die beiden Arten
des Welkens wurden bei diesen Untersuchungen auf folgende Weise erkannt: Die gewelkten Pflanzen wurden ohne Begießen in einen feuchten
dunkeln Raum übertragen. Beim temporären Welken wird die Pflanze
unter diesen Bedingungen nach einiger Zeit wieder turgescent. Beim
andauernden Welken ist hingegen nur eine Begießung imstande, die
ursprüngliche Wasserbilanz wieder herzustellen. Die folgende Tabelle
enthält einige interessante Resultate CALDWELLS:

Wassergehalt der Blätter bei der normalen Wasserbilanz, beim
temporären und beim andauernden Welken.

Pflanze	Zustand der Pflanze	Wassergehalt in Prozenten des Trockengewichtes	Wasserdefizit in Prozenten des ursprünglichen Gehaltes
Zea Mays	normale Wasserbilanz	804	0
	temporäres Welken	675	15,6
	andauerndes Welken	472	40
Phaseolus vulgaris	normale Wasserbilanz	693	0
	temporäres Welken	569	18
	andauerndes Welken	486	30

Analoge Resultate wurden auch mit anderen Pflanzen erhalten.
Sie zeigen, daß der Unterschied im Wassergehalte beim temporären und
andauernden Welken bei den untersuchten Pflanzen nicht sehr groß ist.
Dies beweist, daß das Welken stets eine ziemlich gefährliche Erscheinung darstellt, da die Grenze zwischen dem temporären Welken, das als
eine Regulationserscheinung angesehen wird, und dem andauernden
Welken, welches großen Schaden mit sich bringt, leicht überschritten
werden kann. In CALDWELLS Versuchen war ein bedeutender Teil der
Wurzelhaare nach dem andauernden Welken immer abgestorben, was auch
in späteren Versuchen MAXIMOWS[4] offenbar der Fall war: Beide Forscher
weisen darauf hin, daß die Wasserversorgung der Pflanzen nach dem
andauernden Welken bedeutende Störungen erfährt. ILJIN[5] hat beobachtet, daß nach dem Welken oft mehr als die Hälfte der Spaltöffnungen
der Blätter abstirbt, auch wenn die Epidermis- und Parenchymzellen
des Blattes keinen Schaden erfahren. In einer neueren Arbeit weist

---

[1] MOLISCH, H.: Ber. dtsch. bot. Ges. **39**, 339 (1921). — HORN, T.: Bot.
Archiv **3**, 137 (1922). — AHRNS, W.: Ebenda **5**, 234 (1924).
[2] BRILLIANT, W.: C. r. Acad. Sci. Paris **178**, 2122 (1924). — BERNBECK, O.:
Flora (Jena) **117**, 293 (1924). — ILJIN, W.: a. a. O.
[3] CALDWELL, J. S.: Physiologic. Res. **1**, 1 (1913).
[4] MAXIMOW, N.: Arb. Bot. Gart. Tiflis **19**, 23 (1917) (russ.).
[5] ILJIN, W.: Jb. Bot. **61**, 670 (1922).

ILJIN[1] darauf hin, daß nach dem Welken eine dauernde Hemmung der CO_2-Assimilation eintritt.

KÔKETSU[2] hat gefunden, daß ein andauerndes Welken verschiedener Pflanzen bei sehr ungleichem Wassergehalte stattfindet. Die kritischen Werte waren: bei Glycinia 0,51—0,74, bei Mimosa pudica 0,53, bei Coleus Blumei aber 0,89—0,94 in Prozenten des Wassergehaltes beim vollen Turgor. Derselbe Forscher beobachtete früher, daß die Transpiration verschiedener Pflanzen nach dem Welken auf einen bestimmten Wert reduziert wird, der als Maß der Dürreresistenz der nämlichen Pflanzen anzusehen wäre[3]. Aber auch der Beginn des sichtbaren Welkens tritt bei verschiedenen Pflanzen bei sehr ungleichem Wasserverlust ein. So bemerkt man den Turgorverlust bei Eupatorium adenophorum mit bloßem Auge bevor der Wasserverlust 1—2 vH des Frischgewichtes der Pflanze ausmacht[4]. Überhaupt zeichnen sich die Schattenpflanzen dadurch aus, daß sie bei einem Verlust von 3—5 vH des gesamten Wasservorrates sichtbar welken, während die Pflanzen der sonnigen Standorte nicht selten 20—30 vH ihres gesamten Wasservorrats verlieren, ohne daß ein merkbares Welken erfolgt[5]. Früher wurde diese Tatsache als ein Beweis davon angesehen, daß Schattenpflanzen bei gleichen Verhältnissen stärker als Sonnenpflanzen transpirieren, was sich aber als unrichtig erwies.

Nach den zahlreichen, zum Teil älteren Beobachtungen mehrerer Forscher gehen verschiedene Pflanzen bei sehr ungleichem Wasserverlust ein. Sehr interessant sind daher die neueren Versuche, die Pflanzen durch wiederholtes Welkenlassen gegen das Welken „abzuhärten". Von diesen Versuchen seien hier diejenigen TUMANOWs[6] aus MAXIMOWs Laboratorium erwähnt. Es zeigte sich, daß die trainierten Pflanzen dürreresistenter werden und einige Merkmale der xeromorphen Struktur (siehe unten) erhalten.

Der so wichtige Vorgang wie das Welken wurde erst in neuerer Zeit quantitativ untersucht. Obige Darlegung zeigt, daß die bereits erhaltenen Resultate nicht nur an sich interessant sind, sondern auch bei der Behandlung des Problems der Dürreresistenz verwertet werden können.

Die Öcologie des Wasserhaushaltes der Pflanzen. Die Bedingungen des Wasserhaushaltes sind an verschiedenen Orten und bei verschiedenen klimatischen und ökologischen Verhältnissen sehr ungleich. Diese ungleichen Verhältnisse rufen verschiedenartige Anpassungen hervor, welche auch in Form von bestimmten morphologischen und anatomischen Strukturen zur Geltung kommen; ist doch der Kampf um das Wasser ein mächtiger Faktor der Veränderlichkeit der Pflanzenformen.

---

[1] ILJIN, W.: Planta (Berl.) **10**, 170 (1930).

[2] KÔKETSU, R.: Proc. imp. Akad. Tokyo **4**, 229 (1928).

[3] KÔKETSU, R.: J. Dept. Agricult. Kyushu I Univ. **1**, 24 (1926).

[4] KNIGHT, R. C.: Ann. of Bot. **36**, 361 (1922).

[5] MAXIMOW, N. u. T. KRASNOSSELSKY-MAXIMOW: Arb. naturforsch. Ges. Petersburg **53**, 81 (1923).

[6] TUMANOW, J. J.: Planta (Berl.) **3**, 391 (1927).

Man unterscheidet gewöhnlich die folgenden ökologischen Pflanzentypen: 1. Hygrophyten, d. s. Pflanzen, welche unter Bedingungen einer überschüssigen Wasserversorgung vegetieren. 2. Mesophyten, oder der normale Pflanzentypus, der bei allen obigen Betrachtungen berücksichtigt wurde. Zu dieser Gruppe gehören auch unsere Kulturpflanzen. 3. Xerophyten oder Bewohner der trockenen Standorte, die einen harten Kampf um das Wasser führen. Als besondere Typen, deren Eigentümlichkeiten nicht nur von den Bedingungen der Wasserversorgung, sondern auch von anderen Umständen abhängen, sind noch folgende zu nennen: 4. Succulenten, die ebenso wie Xerophyten trockene Standorte bewohnen, aber sich physiologisch ganz anders verhalten. In morphologischer Hinsicht unterscheiden sie sich von den Xerophyten durch bedeutende Wasservorräte, welche sie in ihren Blättern oder Stämmen führen und welche ihnen eine eigentümliche fleischige Form verleihen. 5. Sumpfpflanzen, die unter eigenartigen Bedingungen der Wasserversorgung leben. 6. Halophyten oder Bewohner stark salzhaltiger Böden. In diese Gruppe ist auch die tropische Mangrovevegetation zu reihen. 7. Epiphyten und Parasiten. Die Gruppe der Mesophyten werden wir hier nicht betrachten, da die allgemeinen Verhältnisse des Wasserhaushaltes, von denen oben die Rede war, namentlich an Mesophyten studiert worden waren.

Die Hygrophyten sind Bewohner sehr feuchter Standorte; meistens versteht man unter dieser Bezeichnung die im Boden bewurzelten Wasserpflanzen, deren Blätter entweder an der Wasseroberfläche schwimmen, oder gar samt dem oberen Teil des Stengels aus dem Wasser herausragen. Alle diese Pflanzen zeigen eine ausgiebige Transpiration, ungeachtet dessen, daß die Luft über den Wasserflächen gewöhnlich sehr feucht ist. Doch besitzen die Hygrophyten meistens eine schwach entwickelte Cuticula und zeigen daher eine relativ intensive cuticuläre Transpiration, die noch dadurch verstärkt wird, daß die Luft über den Seen und Teichen meistens bewegt ist. Nach Otis[1] transpirieren einige Hygrophyten stärker als die freie Wasseroberfläche, was freilich nur bei ausgiebiger cuticulärer Transpiration der Fall sein kann. Zu denselben Ergebnissen kamen auch spätere Forscher[2]. Die häufig vorkommende Benetzung der Blätter von Hygrophyten sollte vielleicht deren Transpiration noch steigern. Die Wasserbilanz dieser Pflanzen scheint aber selbst bei der stärksten Transpiration ausgeglichen zu bleiben; wenigstens haben Maximow und Krasnosselsky-Maximow (a. a. O.) bei Hygrophyten (Alisma Plantago) nicht das geringste Wasserdefizit in den heißesten Tagesstunden wahrgenommen.

Nach McLean[3] besitzen viele Pflanzen des tropischen Regenwaldes einen ausgesprochenen hygromorphen Charakter und den Wasserhaus-

---

[1] Otis, Ch. H.: Bot. Gaz. **58**, 457 (1914).
[2] Dietrich, M.: Jb. Bot. **66**, 98 (1925). — Heil, H.: Ebenda **70**, 348 (1929). Prat, S. u. B. Minassian: Protoplasma (Berl.) **5**, 161 (1928) u. a.
[3] McLean, R. C.: J. Ecology **7**, 5, 121 (1919).

halt der Hygrophyten. Einzelheiten darüber sind in der Originalarbeit nachzusehen.

Die Xerophyten besitzen scharf ausgeprägte typische morphologische Merkmale, die in Lehrbüchern der Ökologie und Morphologie ausführlich beschrieben sind und hier nur in ganz allgemeiner Form erwähnt zu werden brauchen. Bei typischen Xerophyten bemerkt man eine auffallende Verminderung der Gesamtfläche des Laubwerks im Vergleich zu den Mesophyten. Der größte Teil des Pflanzenkörpers befindet sich im Boden, da bei den obwaltenden Verhältnissen zur Erhaltung eines Gleichgewichtes selbst mit kümmerlich entwickeltem Laubwerk eine mächtige Entwickelung des Wurzelsystems notwendig ist. Der oberirdische Teil eines typischen Xerophyten beträgt manchmal $1/100$ oder gar weniger der Gesamtmasse des Pflanzenkörpers. Die Blätter sind meistens klein und trocken; sie besitzen dazu noch verschiedene typische Schutzeinrichtungen, deren Sinn weiter unten erläutert wird.

Die xeromorphe Vegetation verleiht dem Standorte gewöhnlich den Charakter einer Wüste oder Halbwüste. Die kümmerliche Entwickelung des oberirdischen Teils der Xerophyten hat den Umstand zur Folge, daß nicht die gesamte Oberfläche des Bodens mit Pflanzen bewachsen ist; letztere haben vielmehr die Gestalt vereinzelter Büschel, die nur wenige winzige, oft nicht grüne, sondern mit weißen Haaren dicht bedeckte Blätter und gewöhnlich viele Dornen oder Stacheln tragen. Zwischen den Büscheln der xeromorphen Vegetation ist der Boden nur für kurze Zeit von den sogenannten Ephemeren bedeckt, die keine xeromorphe Struktur besitzen, sich nur während der meistens kurzen Regenperiode entwickeln und im Verlaufe von wenigen Wochen zur Fruchtreife gelangen, wonach ihr aktives Leben bis zum nächsten Jahre unterbrochen wird. Im Hochsommer bleibt der Boden zwischen den einzelnen Büscheln der Xerophyten vollkommen nackt.

Einige Wüstenbewohner besitzen außerordentlich tief in den Boden eindringende Wurzeln, welche oft Grundwasser erreichen. Die Wurzel von Alhagi camelorum durchbohrt unter Umständen 20—30 m dicke Lößschichten und verzweigt sich nur in der Nähe des Grundwassers. Der Verfasser dieses Buches hat über 20 m lange Alhagiwurzeln beobachtet. Diese Pflanze besitzt keine Schutzeinrichtungen zur Transpirationsmilderung und der abgeschnittene Stengel welkt in kürzester Zeit. Auch Sophoraarten und einige andere Pflanzen der zentralasiatischen Wüste besitzen außerordentlich lange Wurzeln. Dieser Pflanzentypus kann selbstverständlich nur in solchen Wüsten verbreitet sein, deren Boden gut aeriert ist und keine felsigen Einschlüsse enthält. Die mächtigen Lößschichten Zentralasiens sind denn auch ganz gleichförmig gebaut. In Sahara, wo die Grundlage des Bodens felsig ist, scheint ein anderer Typus der Xerophyten verbreiteter zu sein. Das mächtige Wurzelsystem dieser Pflanzen entwickelt sich in wagerechter Richtung, durchsetzt enorm große Bodenmassen und nimmt namentlich nach einem Regen in kürzester Zeit erhebliche Wassermengen auf.

Unter ganz extremen Bedingungen tritt bei einigen Xerophyten Blattabfall im Sommer ein; diese Pflanzen haben also jährlich zwei Ruheperioden. Eine Korkbildung ist selbst bei krautartigen Xerophyten verbreitet. Die afrikanische Testudinaria elephantipes verbringt die Periode der besonderen Dürre im Zustande eines korkbekleideten Stumpfes, wobei alle Blätter abgeworfen werden.

Sehr interessant sind die Schutzeinrichtungen der Stomata, die z. B. in HABERLANDTS „Physiologischer Pflanzenanatomie" eingehend beschrieben sind. Darauf kann hier nicht näher eingegangen werden. Bei Gräsern der trockenen Gegenden ist ein rohrförmiges Einrollen der Blätter verbreitet, wobei die Spaltöffnungen innerhalb des Rohres bleiben. Die Mannigfaltigkeit derartiger Schutzeinrichtungen ist allgemein bekannt.

Beachtenswert ist auch die Kleinzelligkeit sämtlicher Gewebe und die bedeutende Entwickelung des Sclerenchyms in Blättern der Wüstenxerophyten. Dies steht wohl damit im Zusammenhange, daß die genannten Organe häufig im gewelkten Zustande verbleiben müssen. Dank der Anwesenheit der mächtig entwickelten mechanischen Gewebe werden die gewelkten Blätter nicht deformiert, und vor mechanischen Beschädigungen geschützt.

Auf den ersten Blick sollten alle diese Einrichtungen eine schwache Transpiration der Xerophyten bedingen. Nach MAXIMOW und seinen Mitarbeitern[1] spielen sie jedoch nur dann eine Rolle, als die Pflanze sich bereits im gewelkten Zustande befindet. Bei normaler Wasserbilanz transpirieren die Xerophyten mindestens ebenso stark wie die Mesophyten. Diese Resultate wurden zunächst an abgeschnittenen Pflanzen im Schatten erhalten und sind in der folgenden Tabelle

Pflanze und Pflanzentypus	Intensität der Transpiration	Geschwindigkeit des Wasserverbrauchs
Xerophyten:		
Sedum maximum (Succulent)	2,8	8
Zygophyllum Fabago (fleischige Blätter)	4,9	15
Gypsophila acutifolia (fleischige Blätter)	5,4	20
Coccinia Rauwolfi	8,8	44
Verbascum ovalifolium	8,8	71
Glaucium luteum	9,2	40
Salvia verticillata	9,9	55
Stachys Kotschii	12,7	119
Cladochaeta candissima	13,2	40
Falcaria Rivini	13,7	87
Mesophyten:		
Lamium album	3,6	58
Viola odorata	4,0	58
Vinca major	4,5	45
Campanula rapunculoides	4,8	36
Sisymbrium Loeselii	8,3	62
Hirschfeldia adpressa	9,8	40
Erodium ciconium	9,2	83

---

[1] MAXIMOW, N., BADRIEWA, L. u. W. SIMONOWA: Arb. Bot. Gart. Tiflis **19**,

zusammengestellt. In dieser Tabelle bedeutet der Ausdruck „Intensität der Transpiration" die auf Flächeneinheit berechneten Wassermengen. Der Ausdruck „Geschwindigkeit des Wasserverbrauchs" bedeutet die evaporierten Wassermengen in Prozenten des gesamten Wasservorrats der Pflanze.

Gegen diese Resultate könnte der Einwand gemacht werden, daß bei den gewählten Versuchsbedingungen die Schutzeinrichtungen der Xerophyten unnötig waren und daß die mit abgeschnittenen Pflanzen erhaltenen Zahlen nicht sehr zuverlässig sind. Doch zeigten spätere Versuche in Vegetationsgefäßen und im vollen Sonnenschein[1], daß Zygophyllum Fabago auch bei diesen Verhältnissen mindestens ebenso stark wie die Mesophyten transpiriert:

MAXIMOW bemerkt, daß eine derartige Transpiration der Xerophyten nicht als verwunderlich erscheinen soll, da die Entwickelung des Wurzelsystems bei diesen Pflanzen eine derartige ist, die eine ausgiebige Transpiration leicht sichern kann, falls der Boden genügend feucht bleibt. Anderseits ist ein dau-

Pflanze	Intensität der Transpiration
Mirabilis jalapa	12,4
Helianthus annuus	22,6
" "	26,6
Zygophyllum Fabago	23,8
" "	30,8
Atriplex hortensis	30,0
Datura Stramonium	33,5

erndes Schließen der Spaltöffnungen unvorteilhaft, da es ein Hungern der Pflanze bewirken sollte. Auch ILJIN[2] gelangte bereits früher gelegentlich zu dem Ergebnis, daß einige Xerophyten stärker als die Mesophyten transpirieren.

Später kamen KELLER[3] und andere Forscher[4] mit einigen Einschränkungen zu denselben Resultaten, die jedoch auch scharf angefochten wurden. Einige Verfasser glauben schließen zu dürfen, daß der Begriff „Xerophyt" überhaupt eine schwache Transpiration voraussetzt und daher die von MAXIMOW untersuchten Pflanzen eine Gruppe von „Pseudoxerophyten" bilden[5]. Doch ist der Umstand zu beachten, daß die vermeintlichen Pseudoxerophyten die überwiegende Mehrzahl der früher als Xerophyten bezeichneten Pflanzen bilden und in einer besonders ausgeprägten Form die so viel besprochenen xeromorphen Merkmale aufweisen. Durch Aufstellung der Gruppe „Pseudoxerophyten" würden daher sämtliche geläufigen Vorstellungen auf den

---

109 (1917). — MAXIMOW, N.: Die physiologischen Grundlagen der Dürreresistenz der Pflanzen. 1926 (russ.). — MAXIMOW, N.: Jb. Bot. **62**, 128 (1923).

[1] FREY, L.: Arb. naturforsch. Ges. Petersburg **53**, 173 (1923).

[2] ILJIN, W.: Beih. z. Bot. Zbl. **32**, 36 (1915).

[3] KELLER, B.: J. Ecology **13**, 224 (1925).

[4] ALEXANDROW, W.: Arb. Bot. Gart. Tiflis 4, 1 (1924). — DIETRICH, M.: Jb. Bot. **66**, 98 (1925). — SCHANDERL, H.: Planta (Berl.) **10**, 756 (1930). — Vgl. zu diesem Problem auch STOCKER, O.: Der Wasserhaushalt ägyptischer Wüsten- und Salzpflanzen. 1928. — SCHRATZ, E.: Jb. Bot. **74**. 153 (1931).

[5] Vgl. dazu BENECKE, W. in: BENECKE-JOST, Pflanzenphysiologie 1, 85 (1924). — WALTER, H.: Ber. dtsch. bot. Ges. **47**, 243 (1929).

Kopf gestellt. Mit besonderer Schärfe lehnt SEYBOLD[1] den MAXIMOW-schen Standpunkt ab und hält es daher für unnötig, die MAXIMOWsche Theorie der Dürreresistenz (siehe unten) überhaupt zu besprechen.

Alle Einwände SEYBOLDS sind aber darauf gerichtet, daß es weder von MAXIMOW, noch von anderen bewiesen wurde, daß die Xerophyten in der Tat stärker als die Mesophyten transpirieren, wie es MAXIMOW haben will. Hierdurch wird aber der Kern der Frage nicht getroffen. Will man die objektive Richtigkeit der erhaltenen Versuchsresultate nicht bezweifeln, so muß man jedenfalls den Schluß ziehen, daß zwischen den Transpirationsgrößen von Xerophyten und Mesophyten kein wesentlicher Unterschied besteht. Dies genügt aber dazu, die früheren Ansichten bezüglich der Einschränkung der Transpiration bei den Xerophyten in Abrede zu stellen.

Wie können denn vom MAXIMOWschen Standpunkte aus die wohl zweckmäßigen Schutzeinrichtungen der Xerophyten erklärt werden? Die Antwort lautet so, daß die genannten strukturellen Eigentümlich-keiten insofern Nutzen bringen, als hierdurch ein starkes Welken ver-hindert wird, da nach MAXIMOW die Dürreresistenz der Xerophyten darauf zurückzuführen ist, daß dieselben ein dauerndes Welken ver-tragen können. Mit dieser Ansicht stehen die oben zitierten Resultate von KÔKETSU und H. WALTER im Einklange. Auch der hohe osmotische Wert, der, wie oben wiederholt erwähnt worden war, den Geweben der meisten Xerophyten eigen ist, soll den Eintritt des „permanent wilting" nach Möglichkeit verschieben. Übrigens dient der hohe osmotische Wert auch zur Herstellung der Saugkraft auf stark salzhaltigen Böden, welche in den Wüsten besonders verbreitet sind[2].

Die Resultate von MAXIMOW u. ALEXANDROW, sowie von FREY[3] zeigen, daß die Xerophyten die Bodentrockenheit zwar gut vertragen, aber keineswegs bevorzugen, da sie in Vegetationsversuchen bei Steigerung der Bodenfeuchtigkeit mehrmals größere Ernten liefern, und, was besonders beachtenswert ist, annähernd im selben Grade auch die Gesamtfläche der Blätter vergrößern. Sie sind also nichts anderes als dürreresistente Pflanzen und nur deshalb einzige Bewohner der Wüsten, weil die Mesophyten die in diesen Gegenden obwaltenden Verhältnisse nicht aushalten.

In diesem Zusammenhange sind auch die immergrünen mediterranen Pflanzen zu erwähnen. Einige Pflanzen der Mediterranflora transpi-rieren nach älteren Angaben von BERGEN[4] recht stark, andere aber,

---

[1] SEYBOLD, A.: Erg. Biol. **6**, 683 (1930); dort weitere Literatur.

[2] Die Lehmwüste des russischen Zentralasiens enthält an manchen Stellen so große Mengen von Kalisalpeter, daß es sich als notwendig erweist, nach Her-stellung der Berieselung zuerst den Kalisalpeter im Verlaufe längerer Zeit aus-zuwaschen, bevor eine Kultur der landwirtschaftlichen Kulturpflanzen ermög-licht wird!

[3] MAXIMOW, N. u. W. ALEXANDROW: Arb. Bot. Gart. Tiflis **19**, 139 (1917) (russ.). — FREY, L.: a. a. O.

[4] BERGEN, J. Y.: Bot. Gaz. **40**, 449 (1905).

nach GUTTENBERG[1] verhältnismäßig schwach. Ein ausgeprägter Unterschied zwischen Xerophyten und Mesophyten konnte nicht bemerkt werden, da letztere fast gar nicht untersucht wurden. Doch ist der Umstand beachtenswert, daß auch verschiedene Xerophyten in den Versuchen der genannten Forscher sehr ungleich transpirierten.

Die Succulenten sind Pflanzen mit stark herabgesetzter Transpiration. Diese Tatsache scheint vollkommen sichergestellt zu sein. Die ältere Literatur ist bei BURGERSTEIN nachzusehen. Die Succulenten sind ebenso wie die Xerophyten Bewohner der trockenen Wüsten; die Dürreresistenz dieser Pflanzen hat aber eine ganz andere morphologischphysiologische Grundlage. Die Kakteen und die meisten anderen Succulenten besitzen zum Unterschied von den Xerophyten niedrige osmotische Werte und oberflächliche Wurzeln. Sie sind befähigt, nach einem Regenguß viel Wasser auf einmal aufzusaugen, transpirieren aber äußerst langsam, da ihre Oberfläche ganz gering und durch stark ausgebildete cuticuläre Schichten gut geschützt ist. So ergaben die Messungen von MacDOUGAL u. SPALDING[2] an einem riesigen Exemplar von Echinocactus (Gewicht 37,3 kg) folgende Resultate:

Wasserverlust in einem Jahre ohne Begießen.

Erstes Jahr	3444 g
Zweites „	2080 „
Drittes „	1535 „
Viertes „	1400 „
Fünftes „	1165 „
Sechstes „	1280 „

Die Pflanze hat also im Verlaufe von 6 Jahren im Laboratorium ohne Wasserzufuhr ihr Gewicht durch Transpiration nur auf etwa 35 vH vermindert. In einer anderen Versuchsserie hat Echinocactus Wieslizeni im vollen Sonnenlichte beim ursprünglichen Gewicht von 49,4 kg in 13 Monaten 23,8 kg Wasser verloren. Im Schatten hat eine andere Pflanze vom ursprünglichen Gewicht 42,7 kg nur 4,6 kg Wasser im Verlaufe von 15 Monaten evaporiert[3]. HENRICI[4] hat auch bei Mesembryanthemum Lesliei eine sehr schwache Transpiration beobachtet.

MAXIMOW (a. a. O.) weist darauf hin, daß Succulenten ein Beispiel davon sind, zu welchen Veränderungen der morphologischen Struktur und der physiologischen Leistungen eine Dürreresistenz mittels Transpirationseinschränkung führt. Die weitgehende Reduktion der gesamten Oberfläche und die mangelhafte Durchlüftung des Assimilationssystems bedingen eine geringe Produktivität der Photosynthese und als Folge davon ein sehr langsames Wachstum. Die Notwendigkeit der

---

[1] GUTTENBERG, H.: Englers Bot. Jb. 38, 383 (1907). — Planta (Berl.) 4, 727 (1927).

[2] MacDOUGAL, D. T. a. E. S. SPALDING: Carnegie Inst. Washington Publ. 141 (1910).

[3] MacDOUGAL, D. T.: Ann. of Bot. 26, 71 (1912).

[4] HENRICI, M.: Verh. naturforsch. Ges. Basel 35, 356 (1923). — Veterin. Res.-Lab. Voyburg Cape prov. 1, 669 (1926).

großen Wasservorräte bewirkt die in manchen Beziehungen unvorteilhafte Form der Pflanze.

Auf Grund all dieser Betrachtungen ist es nicht ratsam, die Succulenten schlechthin in die Gruppe der Xerophyten zu reihen. Beide Pflanzengruppen sind zwar dürreresistent, doch unterscheiden sich die Grundlagen der Dürreresistenz von Xerophyten und Succulenten voneinander sehr wesentlich.

Die Sumpfpflanzen wurden früher ebenfalls als Xerophyten angesehen, da die Moorböden als „physiologisch trocken" galten. Nach den neueren Untersuchungen ist aber diese auf keine physiologischen Grundlagen fußende Ansicht nicht mehr stichhaltig. Die Flora der Hochmoore zeigt allerdings ein xeromorphes Gepräge. Nach der älteren Ansicht „muß" die Transpiration der Sumpfbewohner eingeschränkt sein, damit diese Pflanzen möglichst wenig von den im Sumpfwasser enthaltenen Giftstoffen aufnehmen. Diese Auffassung ist schon aus dem Grunde veraltet, weil es nunmehr feststeht, daß das Bodenwasser und die darin gelösten Stoffe gesondert aufgenommen werden (siehe voriges Kapitel). Die Untersuchungen von BOYSEN-JENSEN[1], THATCHER[2] und STOCKER[3] zeigen, daß die Transpiration der im Moorboden wurzelnden Pflanzen wohl ebenso hoch und gar höher sein kann, als diejenige der Mesophyten. Auch ist niemals ein Welken der Sumpfpflanzen zu verzeichnen, wenn der Wassergehalt in der Umgebung des Wurzelsystems ein reichlicher ist. Die eingehenden Studien MONFORTS[4] haben dargetan, daß die Frage der physiologischen Wirkung der vermeintlichen Giftstoffe des Sumpfwassers überhaupt unrichtig behandelt worden war. Davon war bereits im vorigen Kapitel die Rede. In der folgenden Tabelle von THATCHER wird die Transpirationsgröße von Brassica oleracea mit derjenigen von Salix pentandra und Betula sp., die auf Moorboden wuchsen, verglichen.

Pflanze	Relative Transpiration
Brassica oleracea	0,16
Salix pentandra	0,27
Betula sp.	0,38

Der xeromorphe Charakter von Calluna und analogen Pflanzen ist wahrscheinlich darauf zurückzuführen, daß dieselben im Verlaufe bestimmter Perioden an Wassermangel leiden können, doch wurden direkte Prüfungen der Dürreresistenz dieser Pflanzen bisher noch nicht durchgeführt.

Die Halophyten oder Bewohner der stark salzhaltigen Böden sind ihrer morphologischen Struktur nach den Succulenten ähnlich, unterscheiden sich aber von denselben durch die viel stärkere Transpiration. So transpirierten in DELFS[5] Versuchen Salsola Kali,

[1] BOYSEN-JENSEN, P.: Bot. Tidskr. **36**, 144 (1917).
[2] THATCHER, K.: J. Ecology **9**, 39 (1921).
[3] STOCKER, O.: Z. Bot. **15**, 1 (1923).
[4] MONTFORT, C.: Jb. Bot. **60**, 184 (1921). — Z. Bot. **14**, 97 (1922).
[5] DELF, E. M.: Ann. Bot. **25**, 485 (1911).

Salicornia annua und andere Bewohner der stark salzhaltigen Böden sogar stärker als Saponaria officinalis, Vicia Faba und andere Mesophyten. Die Zahlen der folgenden Tabelle RUHLANDS[1] zeigen, daß Statice Gmelini auf Einheit der Blattfläche mehr Wasser abgibt, als Vicia Faba und Fagopyrum esculentum.

Pflanze	Transpiration pro Stunde und 100 qcm				
Statice Gmelini	0,59	0,52	0,51	0,45	0,50
Vicia Faba	0,30	0,32	0,29	0,32	0,30
Fagopyrum esculentum	0,31	0,32	0,35	0,31	0,29

Die Unterschiede sind durchwegs sehr bedeutend; auch die späteren Untersuchungen von MONTFORT (a. a. O.), STOCKER[2] und anderen Forschern haben die starke Transpiration der Halophyten außer Zweifel gestellt. Bei Berechnung auf das Frischgewicht, was namentlich beim Vergleich der Succulenten und Halophyten mit anderen Pflanzen entschieden vorzuziehen ist, ergeben sich annähernd gleiche Zahlen, sowohl für Halophyten als für Mesophyten. Jedenfalls kann von einer Herabsetzung der Transpiration bei den Halophyten im Vergleich zu den Mesophyten nicht die Rede sein. Im vorigen Kapitel wurde bereits erwähnt, daß die Halophyten enorm hohe osmotische Werte und Saugkräfte besitzen, die zur Erhaltung der Wasserbilanz bei starker Transpiration dienen.

Die Mangrovepflanzen der indomalaiischen Inseln, die auf stark salzhaltigen Böden vegetieren, gehören eigentlich ebenfalls in die Gruppe der Halophyten; sie zeigen aber Eigenartigkeiten, die mit den eigentümlichen ökologischen Bedingungen ihres Lebens im Zusammenhange stehen. Früher wurde behauptet, daß die Mangrovepflanzen sehr schwach transpirieren. Nach KAMERLING[3] und v. FABER[4] ist aber die Transpiration der Mangrovepflanzen recht ausgiebig. Dies ist z. B. aus der folgenden kleinen Tabelle zu ersehen[2].

Transpiration pro 1 g Frischgewicht und 1 Stunde.

Eucalyptus sp. 0,14
Sonneratia sp. (Mangrove) 0,23
Spinifex squarrosus 0,29
Ipomoea pes caprae 0,30

Beachtenswert ist der Umstand, daß die Saugkraft der Wurzeln bei Mangrovepflanzen nach v. FABER nicht durch Salze, sondern durch andere Stoffe bedingt ist. Auch bei gewöhnlichen Halophyten unterscheidet A. RICHTER[5] zwei Typen. Die Pflanzen der ersten Gruppe sind

---

[1] RUHLAND, W.: Jb. Bot. **55**, 409 (1915).
[2] STOCKER, O.: Naturwiss. **12**, 634 (1924). — Z. Bot. **16**, 289 (1924); **17**, 1 (1925). — Erg. Biol. **3** (1928).
[3] KAMERLING, Z.: Naturkund. Tijdschr. Nederl. Ind. **71**, 166 (1911).
[4] v. FABER, Z. C.: Ber. dtsch. bot. Ges. **31**, 277 (1913).
[5] RICHTER, A.: Arb. landw. Versuchsstat. Saratow **1926**, Nr 38.

für NaCl wenig durchlässig und ihr hoher osmotischer Wert wird durch
eine Anhäufung von Assimilaten hervorgerufen. Bei den Pflanzen der
zweiten Gruppe ist der osmotische Wert durch die Anhäufung von NaCl
bedingt. Bei sehr hoher Konzentration kann Chlornatrium auch in die
Pflanzen der ersten Gruppe eindringen, ruft aber dann schwere Beschädigungen hervor. HUBER[1] glaubt schließen zu dürfen, daß Mangrovepflanzen als Xerophyten anzusehen sind, da sie ungeheuere Kräfte
brauchen, um dem Boden Wasser zu entreißen. Ob aber diese Eigenschaft zur Charakteristik eines Xerophyten ausreicht, erscheint als
fraglich, da trockener Boden doch ganz andere Verhältnisse gewährt,
als nasser Boden von hoher Saugkraft. Nur im ersten kann vom Wassermangel sensu stricto die Rede sein, im letzteren Falle handelt es sich
hingegen nur um die Höhe der Saugkraft. Im vorigen Kapitel wurde
auf Grund der Ergebnisse von BRIGGS und SCHANZ der Schluß gezogen,
daß bei einem bestimmten Grad von Bodentrockenheit, als die Kontinuierlichkeit der Wasserfäden im Boden nicht mehr besteht, beliebig
starke Saugkräfte dem Boden nicht die geringste Wassermenge entnehmen können. Ein solcher Zustand kann bei den Mangrovepflanzen
nie eintreten.

Die Epiphyten und Parasiten transpirieren sehr ungleich. Die
Resultate KAMERLINGS[2] sprechen dafür, daß die Epiphyten im allgemeinen schwach transpirieren, was auch von vornherein zu erwarten
war, da die Wasserversorgung dieser Pflanzen durchschnittlich eine
geringfügige ist und dieselben entweder in einer dampfgesättigten
Atmosphäre leben, oder zum Aushalten der Austrocknung außerordentlich befähigt sind. In 3 Monaten haben tropische Epiphyten in
KAMERLINGS Versuchen 30—70 vH des gesamten Wasservorrats verloren.

Die grünen Halbparasiten aus der Gruppe der Rhinantaceen
transpirieren nach KOSTYTSCHEW[3] recht stark und sind nicht in der
Lage, durch eigene Wurzeln die zur Erhaltung der normalen Wasserbilanz notwendige Wassermenge selbst aus nassem Boden aufzunehmen.
Auch Viscum album zeigte in KAMERLINGS[4] Versuchen durchschnittlich eine ebenso starke Transpiration, wie die autotrophen Pflanzen.
Dies ist aus folgender Tabelle zu ersehen:

Transpiration pro 100 qcm Blattfläche und 1 Stunde.

Viscum album	240
„ „	210
Populus nigra	350
Malus communis	190
Ilex aquifolium	160
Hedera Helix	66
Pinus Strobus	367

[1] HUBER, B.: Jb. Bot. **64**, 1 (1924).
[2] KAMERLING, Z.: Naturkund. Tijdschr. Nederl. Ind. **54** (1911).
[3] KOSTYTSCHEW, S.: Beih. z. Bot. Zbl. (I) **50**, 351 (1924).
[4] KAMERLING, Z.: Proc. kon. Akad. Wetensch. Amsterd. **16**, 1008 (1914).

Die nicht grünen Parasiten transpirieren bedeutend schwächer. A. RICHTER[1] hat wahrgenommen, daß Orobanche cumana verhältnismäßig viel Wasser verliert, obgleich die Spaltöffnungen dieser Pflanze nicht zahlreich und dabei noch degradiert sind. Eine nähere Untersuchung hat ergeben, daß die ganze Pflanze mit drüsenartigen Haaren bedeckt ist, die nichts anderes als aktive Hydathoden darstellen und große Wassermengen sezernieren.

Der Mechanismus der Wasseraufnahme durch die Parasiten ist noch unklar, und es liegt hier ein reizendes Problem für experimentelle Forschung vor. HARRIS u. LAWRENCE[2] sowie BERGDOLT[3] haben festgestellt, daß die Saugkraft in den Haustorien des Parasiten meistens höher ist, als in den anliegenden Teilen der Wirtspflanze. Es zeigte sich jedoch, daß die an der Spitze der Haustorien von Lathraea Squammaria hohe Saugkraft an der Basis der Haustorien plötzlich sinkt. Weitere experimentelle Untersuchungen sind daher erwünscht.

Ein Vergleich der Transpiration von Sonnen- und Schattenblättern zeigte, daß erstere auf die Einheit der Blattfläche immer bedeutend stärker transpirieren, wie es bereits aus den ersten Versuchen von GENEAU DE LAMARLIÈRE[4] deutlich zu ersehen ist. Dieses Resultat wurde durch die späteren Versuche von HESSELMAN[5], RÜBEL[6], KOCHANOWSKY[7], FREY[8], DIETRICH[9], KELLER[10], HUBER[11] und anderen Forschern bestätigt. Folgende Zahlen von KOCHANOWSKY mögen als Erläuterung dienen. In diesen Versuchen wurde eine besondere Sorge dafür getragen,

Pflanze	Blattstruktur	Intensität der Transpiration (s. o.)	Geschwindigkeit des Wasserverbrauchs (s. o.)
Alchemilla vulgaris	1 Reihe von Palisaden	14,8	200 v H
Geranium gracile	1 „ „ „	13,8	262 „
Symphytum asperrimum	1 „ „ „	12,2	140 „
Paris incompleta	keine Palisaden	7,2	106 „
Potentilla thuringiaca	3 Reihen von Palisaden	28,2	308 „
Plantago media	1 Reihe von Palisaden	16,7	162 „
Galega orientalis	1 „ „ „	16,8	394 „
Valeriana alliariaeflora	lockere Palisaden	11,0	115 „

[1] RICHTER, A.: Arb. landw. Versuchsstat. Saratow 1925, Nr 34.
[2] HARRIS, J. A. a. J. V. LAWRENCE: Amer. J. Bot. 3, 438 (1916).
[3] BERGDOLT, E.: Ber. dtsch. bot. Ges. 45, 293 (1927).
[4] GENEAU DE LAMARLIÈRE: Rev. gén. Bot. 4, 481, 529 (1892).
[5] HESSELMAN, H.: Beih. z. Bot. Zbl. 17, 311 (1904).
[6] RÜBEL, E.: Ber. dtsch. bot. Ges. 37, 1 (1920).
[7] KOCHANOWSKY: Zitiert nach MAXIMOW, Die physiologischen Grundlagen der Dürreresistenz 1926, 346 (russ.).
[8] FREY, L.: Arb. naturforsch. Ges. Leningrad 53, 173 (1923) (russ.).
[9] DIETRICH, M.: Jb. Bot. 66, 98 (1925).
[10] KELLER, B.: J. Ecology 13, 224 (1925).
[11] HUBER, B.: a. a. O.

daß die Sonnen- und die Schattenblätter während des Versuchs selbst
unter vollkommen gleichen Beleuchtungsbedingungen transpirierten.

Einige Forscher erhielten auch entgegengesetzte Resultate: Die
Schattenblätter transpirierten in ihren Versuchen stärker als die Sonnenblätter[1]. Doch sind derartige Fälle wohl als Ausnahmen zu betrachten,
denn die Versuche MAXIMOWS[2] beweisen eine bedeutend stärkere Entwickelung der Nervatur und eine viel größere Zahl der Spaltöffnungen bei
Blättern, welche unter stärkerer Beleuchtung sich entwickelten. Diese
Versuche wurden mit Pflanzen ausgeführt, welche bei künstlicher Beleuchtung unter genauer Kontrolle der dargebotenen Lichtenergie gezogen wurden. Die Größe der Epidermiszellen war in diesen Versuchen
etwa 3—4mal geringer und die Zahl der Spaltöffnungen etwa 4mal größer
bei den stärker belichteten Pflanzen. Es ist also klar, daß die Bedingungen der Transpiration und die Wasserversorgung bei Sonnenpflanzen
viel günstiger sind, als bei Schattenpflanzen, da die stärker belichteten
Blätter auch eine besser entwickelte Nervatur besitzen. Bei der Untersuchung der unter natürlichen Bedingungen erwachsenen Blätter erhielten
KELLER u. LEISLE[3] analoge Resultate, die in folgender Tabelle wiedergegeben sind.

Pflanze	Standort	Gesamtlänge der Nervatur	Zahl der Stomata	Intensität der Transpiration		
			auf Einheit der Blattfläche			
Asperula glauca	Steppe	100	100	100	100	100
„ odorata	Wald	30	14	31	46	56
Galium verum	Steppe	100	100	100	100	100
„ cruciatum	Wald	38	21	33	46	53

Aus den Versuchen aller oben zitierten Forscher geht außerdem
hervor, daß die Transpiration der Sonnenpflanzen in der Sonne viel
stärker ist als diejenige der Schattenpflanzen im Schatten. Auch
Sonnenexemplare von Schattenpflanzen transpirieren stärker, als die
normalen Schattenexemplare der Schattenpflanzen. Diese Resultate
sind nicht unerwartet, da die Transpiration durch direktes Licht überhaupt stark gesteigert wird. Folgende Zahlen HESSELMANS (a. a. O.)
können das soeben Gesagte erläutern.

Transpiration.

Pflanze	Sonnenpflanze		Schattenpflanze	
	absolut	relativ	absolut	relativ
Filipendula Ulmaria	315	819	67	100
Veronica Chamaedrys	494	610	81	100
Trientalis europaea	293	462	63	100
Majanthemum bifolium	285	520	55	100

---

[1] FURLIANI, J.: Österr. bot. Z. **64**, 153 (1914). — POOL, R. G.: Bot. Gaz.
76, 221 (1923).
[2] MAXIMOW, N.: Wiss. J. Landw. **2**, 395 (1925) (russ.).
[3] KELLER, B. u. E. LEISLE: J. Versuchsstat. Mittelczernozemgebiets **1922**
(russ.).

Oben wurde bereits erwähnt, daß das Wurzelsystem von Trientalis, Majanthemum und anderen Pflanzen nur dann in Harmonie mit dem Laubwerk steht, wenn die Transpiration unter natürlichen Verhältnissen, d. i. im Schatten, vor sich geht. Bei einer durch direktes Licht derart gesteigerten Transpiration der genannten Pflanzen, wie sie durch obige Zahlen ausgedrückt wird, kann von einem Gleichgewichte auch bei optimaler Feuchtigkeit des Bodens nicht mehr die Rede sein, und es besteht dann fortwährend die Gefahr von „permanent wilting".

Die Hochgebirgspflanzen transpirieren nach MAXIMOW u. KOCHANOWSKAIA[1] wie die gewöhnlichen Mesophyten. Auch TOSTSCHEWINOWA u. BOGOLIUBOWA[2], die ihre Untersuchungen in Zentralasien ausgeführt haben, sind zum Schluß gekommen, daß die Transpiration im Hochgebirge in erster Linie durch direktes Sonnenlicht beeinflußt wird. Auf dieser Höhe kommt auch die Bodentemperatur in Betracht, wogegen Schwankungen der Lufttemperatur und Feuchtigkeit von geringer Bedeutung sind.

L. IWANOFF[3] bestimmte die Transpirationsgröße abgeschnittener Zweigstücke verschiedener Bäume im Winter. Die Transpiration ist im allgemeinen ganz schwach, dauert aber bei den Coniferen selbst bei -20^0 fort. Im Winter verlieren Pinusnadeln täglich 1 vH, im Hochsommer aber 300—400 vH ihres Frischgewichtes an Transpirationswasser. Nach GORDIAGIN[4] ist die Transpiration im Winter stärker bei Dikotylen als bei Coniferen. Die stärkste Transpiration wurde an Blattnarben und Knospen wahrgenommen.

Die Transpiration der Hutpilze ist nach BONNIER u. MANGIN[5] sowohl in Dunkelheit als in diffusem Lichte sehr gering. So haben frische Exemplare von Agaricus campestris in 5 Stunden folgende Wassermengen verloren.

175,8 im diffusen Lichte. Wasserverlust 0,565 g,
178 g in Dunkelheit. Wasserverlust 0,500 g.

Beachtenswert ist das von BONNIER und MANGIN in ihren zahlreichen Versuchen erhaltene folgende Resultat: Diffuses Licht steigerte die Transpiration der Hutpilze durchschnittlich um 10 vH, wobei eine deutliche Nachwirkung des Lichtes wahrgenommen wurde.

Der Transpirationskoeffizient und die Produktivität der Transpiration. Oben wurde bereits erwähnt, daß diese Begriffe reziproke Werte darstellen: Unter dem Transpirationskoeffizienten versteht man die während der Vegetationsperiode bei der Synthese der Einheit von Trockensubstanz verbrauchte Menge des Transpirationswassers; die

---

[1] MAXIMOW, N. u. L. KOCHANOWSKAIA: Tagebuch des I. Kongresses d. Russ. Botan. 1921, 31. (russ.).

[2] TOSTSCHEWINOWA, A. G. u. W. A. BOGOLIUBOWA: Westn. Irrigazii. Taschkent 1925, 119 (russ.).

[3] IWANOFF, L.: Ber. dtsch. bot. Ges. 42, 45, 210 (1924).

[4] GORDIAGIN, A.: Beih. z. Bot. Zbl. (I) 46, 1 (1929).

[5] BONNIER, G. et L. MANGIN: Ann. des Sci. natur., sér. 6 (Bot.), 17, 288 (1884).

Produktivität der Transpiration wird in Grammen Trockensubstanz ausgedrückt, die bei Verdunstung der Einheit der Wassermenge (1 Liter) synthetisiert werden.

Der Begriff des Transpirationskoeffizienten entstand in der praktischen Landwirtschaft und kann als eine Illustration davon dienen, daß Verhältnisse zwischen einzelnen Vorgängen, welche ohne exakte physiologische Begründung aufgestellt werden, auch praktischen Zwecken nicht immer dienen können.

Auf den ersten Blick kann die vergleichende Bestimmung des Wasserverbrauchs und der Pflanzenernte wertvolle Schlußfolgerungen über die Dürreresistenz der Pflanze ermöglichen, indem es naheliegend zu sein scheint, daß Pflanzen, welche eine Einheit des Trockengewichtes bei geringerem Wasserverbrauch aufbauen, den trockenen Standorten besser angepaßt sein sollen. Doch zeigt das umfangreiche experimentelle Material auf diesem Gebiete, daß der Transpirationskoeffizient keine konstante Größe darstellt, was auch nicht verwunderlich ist, da die beiden in Frage kommenden Vorgänge, nämlich die Transpiration und die CO_2-Assimilation, miteinander kausal nicht verbunden sind.

Die ersten Resultate HELLRIEGELS[1] waren allerdings vielversprechend, denn es zeigte sich, daß die von ihm untersuchten Pflanzen einen und denselben Transpirationskoeffizienten gleich 300 besaßen. Dies war jedoch ein Zufall: Ausführliche Untersuchungen ergaben, daß der Transpirationskoeffizient nicht nur bei verschiedenen Pflanzen, sondern auch bei einer und derselben Pflanze von den Außenfaktoren abhängt und nicht selten unregelmäßige Schwankungen aufweist. SCHRÖDER[2] hat alsdann eine der wenigen Beobachtungen auf diesem Gebiete gemacht, die sich unter verschiedenartigen Bedingungen als richtig erwiesen. Es zeigte sich, daß unter den kultivierten Gramineen Weizen, Roggen, Hafer und Gerste durchschnittlich bedeutend höhere Transpirationskoeffizienten haben als Mais, Hirse und andere Pflanzen dieser Gruppe. Auch die Transpirationsintensität erwies sich als bedeutend größer bei den Pflanzen der ersten Gruppe.

Die umfangreichen Untersuchungen von BRIGGS u. SHANTZ[3] haben jedoch zum Ergebnis geführt, daß die Transpirationskoeffizienten schwankende Werte darstellen. Die genannten Forscher haben ihre Forschungen im Verlaufe von 3 Jahren mit bewunderungswürdiger Energie fortgesetzt und hierbei etwa 140 Pflanzenarten ausführlich untersucht. Vor allem zeigte es sich, daß eine und dieselbe Pflanze in verschiedenen Jahren je nach der Trockenheit der Luft und namentlich des Bodens ungleiche Transpirationskoeffizienten besitzt. Zweitens ist aus den erhaltenen Zahlen ersichtlich, daß zwischen der Dürreresistenz und gar der Xeromorphie einerseits und den Transpirationskoeffizienten anderseits kein Zusammenhang besteht.

---

[1] HELLRIEGEL, F.: Beitr. naturwiss. Grundlagen des Ackerbaus. 1883.
[2] SCHRÖDER, M.: Russ. J. Landw. u. Forstwes. **1895**, 320 (russ.).
[3] BRIGGS, L. J. a. H. L. SHANTZ: U. S. A. Dept. Agricult. Bureau Plant Ind. Bull. **284/285** (1913). — J. agricult. Res. **3**, 1 (1914).

BRIGGS u. SHANTZ haben leider als „Ernte" nur den oberirdischen Teil der Versuchspflanzen gewogen, wie es in landwirtschaftlichen Arbeiten nur zu oft geschieht. Dieser Fehler wurde in späteren Versuchen von MAXIMOW u. ALEXANDROW[1] ausgeschlossen, ohne daß hierdurch der Sinn der Resultate sich veränderte. In der folgenden Tabelle sind einige Zahlen der letztgenannten Forscher zusammengestellt. Als K_{Tr} wird der Transpirationskoeffizient bezeichnet.

Pflanze	K_{Tr}	Pflanze	K_{Tr}
Zygophyllum Fabago	741	Brassica sinapistrum	870
Artemisia scoparia	705	Centaurea solstitialis	747
Medicago sativa	641	Phaseolus vulgaris	538
Helianthus annuus	569	Verbascum ovalifolium	493
Gossypium herbaceum	462	Amaranthus retroflexus	345
Weizen	435	Kochia prostrata	331
Salsola Kali	273	Panicum italicum	302
Mais	260	Sedum maximum	292

Aus diesen Zahlen ist ersichtlich, daß einige typische Wüstenpflanzen sehr hohe Transpirationskoeffizienten besitzen; andere Xerophyten zeigten allerdings auch niedrige Koeffizienten, ebenso wie Mais und Hirse unter den Kulturpflanzen.

Viele Untersuchungen wurden dem Einfluß von Außenfaktoren auf die Transpirationskoeffizienten verschiedener Pflanzen gewidmet. Obgleich die erhaltenen Resultate noch mehr die Schlußfolgerung bekräftigen, daß der Transpirationskoeffizient an sich kein Kriterium der Dürreresistenz darstellt, sind sie dennoch als Beiträge zur Öcologie der CO_2-Assimilation und der Transpiration wertvoll.

TULAIKOV[2] hat durch zahlreiche Beobachtungen festgestellt, daß der Transpirationskoeffizient bei einer und derselben Pflanze von Jahr zu Jahr schwankt, und zwar in trockenen Jahren zunimmt, in feuchten aber abnimmt. Desgleichen variiert der Koeffizient in verschiedenen Gebieten im Zusammenhange mit der Luft- und Bodenfeuchtigkeit. Dies ist leicht erklärlich, da das Wasserdefizit die Transpiration in erster Linie beeinflußt, auf die CO_2-Assimilation aber nur in extremen Fällen eine Wirkung ausübt. Dies haben MONTGOMERY u. KISSELBACH[3] experimentell bestätigt. In zwei Vegetationshäusern von ungleicher Luftfeuchtigkeit erhielten diese Forscher mit einer und derselben Pflanze (Mais) gleichzeitig ganz verschiedene Transpirationskoeffizienten 340 und 191. Genau in demselben Verhältnis zueinander standen die in beiden Gewächshäusern von einer freien Wasserfläche evaporierten Wassermengen.

Direkt umgekehrt wirkt die Temperatursteigerung bei konstanter Feuchtigkeit. Die Transpiration wird hierbei unwesentlich, die Photo-

---

[1] MAXIMOW, N. u. W. ALEXANDROW: Arb. Bot. Gart. Tiflis **19**, 139 (1917) (russ.).

[2] TULAIKOV, N.: Russ. J. exper. Landw. **16**, 36 (1915). — Arb. landw. Versuchsstat. Saratow **3** (1922) (russ.).

[3] MONTGOMERY, E. G. a. T. A. KISSELBACH: Nebrasca Agricult. Exper. Stat. Bull. **128** (1912).

synthese aber erheblich gesteigert, wodurch eine bedeutende Herabsetzung des Transpirationskoeffizienten erreicht wird[1].

Weniger durchsichtig ist der Einfluß der Bodenfeuchtigkeit, die indirekt sowohl die Photosynthese als die Transpiration steigert bzw. hemmt. Als das durchschnittliche Resultat von zahlreichen Untersuchungen verschiedener Forscher ergibt sich die Tatsache, daß bei Verminderung der Bodenfeuchtigkeit sowohl der Transpirationskoeffizient (wohl infolge starker Hemmung der Transpiration) als die Gesamternte sinkt. Dieses Ergebnis wurde von MAXIMOW u. ALEXANDROW (a. a. O.) nicht bestätigt. Es ist allerdings zu beachten, daß die Resultate unter verschiedenen klimatischen Bedingungen ungleich ausfallen können, wobei auch die Struktur, namentlich aber die Fruchtbarkeit des Bodens, eine sehr wichtige Rolle spielt. Bei Mineraldüngung wird die Ernte ohne Transpirationssteigerung erhöht, was eine Erniedrigung des Transpirationskoeffizienten bedingt. Die wichtige Frage nach dem Mechanismus der Wirkung der Mineraldünger auf die Pflanze ist nicht gelöst. Erstens könnte hierbei eine direkte Steigerung der Intensität der Photosynthese zustande kommen, zweitens ist auch die Annahme möglich, daß durch reichliche Mineralsalzernährung in erster Linie das Wachstum der Pflanze und somit die Ausbildung einer erheblichen Blattfläche beschleunigt wird, die Photosynthese auf Einheit der Blattfläche aber unverändert bleibt. Nach den noch unveröffentlichten Versuchen des Verfassers dieses Buches und seiner Mitarbeiter scheint namentlich die letztere Annahme dem wahren Sachverhalte zu entsprechen.

Der Einfluß der Bodenfruchtbarkeit muß bei allen Untersuchungen über die Größe der Transpirationskoeffizienten berücksichtigt werden. So haben z. B. MONTGOMERY und KISSELBACH (a. a. O.) auf drei Böden von ungleicher Fruchtbarkeit folgende Transpirationskoeffizienten bei Mais gefunden: 550, 478 und 392. Dieselben Böden ergaben bei Verwendung der Mineraldünger die Koeffizienten 350, 341 und 347. Die in nicht gedüngten Böden wahrgenommene Ungleichheit der Transpirationskoeffizienten ist also nach erfolgter Düngung verschwunden.

Aus diesen Resultaten darf aber nicht der Schluß gezogen werden, daß Mineraldünger die Dürreresistenz der Pflanzen steigern. Zunächst ist es klar, daß die Dürreresistenz überhaupt nicht auf Grund der Transpirationskoeffizienten beurteilt werden kann. Außerdem wird durch Mineraldünger die Transpirationsintensität freilich nicht herabgesetzt. Die gedüngte Pflanze beansprucht vielmehr bei ihrer schnellen Entwicklung gesteigerte Wassermengen, die im Boden oft fehlen. Hieraus kann eine große Beschädigung und gar der Tod der Pflanze erfolgen. Überhaupt erfordert die Verwendung der Mineraldünger auf trockenen Böden große Vorsicht.

Die während der Vegetationsperiode verfügbare Lichtmenge beeinflußt stark die Größe des Transpirationskoeffizienten. Da das Licht sowohl die Photosynthese als die Transpiration steigert, so kann der

---

[1] BRIGGS, L. J. a. H. L. SHANTZ: Proc. 2. Amer. Sci. Congr. 1917.

Transpirationskoeffizient bei größerem Lichtgenuß je nach Umständen entweder größer oder kleiner werden. Bei erheblichem Lichtmangel wird die Photosynthese unterdrückt, daher die Ernte herabgesetzt und der Transpirationskoeffizient erhöht. Bei Überschuß des Lichtes kann dessen Abschwächung den Transpirationskoeffizienten im Gegenteil erniedrigen, da die Photosynthese auch im schwächeren Lichte mit derselben Intensität fortbesteht, die Transpiration aber etwas gehemmt wird. Die vorhandenen Resultate über die Lichtwirkung lassen sich in befriedigender Weise erklären, wenn man im Auge behält, daß die CO_2-Assimilation und die Transpiration zwei selbständige, voneinander unabhängige Prozesse darstellen.

Es wurden mehrmals auch Bestimmungen der Transpirationskoeffizienten im Felde ausgeführt. Obgleich die Ermittelung des Wasserverlustes hierbei bedeutend umständlicher und weniger zuverlässig als in Vegetationsgefäßen ist, erhält man gewöhnlich in beiden Fällen dieselben Verhältnisse der Koeffizienten; letztere sind aber im Felde meistens absolut größer, da nicht nur das Transpirationswasser, sondern auch das vom Boden selbst evaporierte Wasser hierbei mit in Rechnung kommt. Dies ist besonders auffallend in trockenen Jahren, als die Ernte erniedrigt wird.

Wir sehen also, daß die Transpirationskoeffizienten zur allgemeinen Charakteristik verschiedener Pflanzen dienen können, zumal da dieselben bereits in sehr großer Zahl ermittelt sind. Einige Verhältnisse erwiesen sich hierbei als beständig; so waren sämtliche Forscher in der Lage, die beiden Gruppen der Gramineen, auf die zuerst SCHRÖDER aufmerksam gemacht hat, nach ihren Transpirationskoeffizienten voneinander zu unterscheiden. Doch muß man immer im Auge behalten, daß der Transpirationskoeffizient eigentlich kein wissenschaftlicher Begriff ist, denn er bedeutet das Verhältnis von zwei Größen, die in keiner funktionellen Beziehung zueinander stehen. Auch kann die Größe des Transpirationskoeffizienten nicht als Grundlage der Beurteilung der Dürreresistenz benutzt werden, da letztere mit der Einschränkung der Transpiration nicht so eng verbunden ist, wie es früher angenommen wurde.

Der Begriff der Dürreresistenz. Aus obiger Darlegung ist ersichtlich, daß der früher allgemein verbreitete Standpunkt, laut welchem die Dürreresistenz der Pflanzen vor allem auf einer Einschränkung der Transpiration beruht, nicht mehr stichhaltig ist. Eine Fülle von sichergestellten Tatsachen spricht deutlich gegen eine derartige Anschauung. Außer MAXIMOW, dessen Standpunkt oben dargelegt ist, sind auch einige andere Forscher[1] gegenwärtig zur Ansicht gelangt, daß die Dürreresistenz der Pflanzen eine komplizierte Erscheinung darstellt, die nicht einzig und allein durch Einschränkung der Transpiration erklärbar ist. Die Succulenten zeigen vielmehr, daß die wirklich geringfügige Tran-

---

[1] CATALANO, G.: Bull. Sci. Natur. ed Econom. Palermo **1920/21, 1923/24**. — Atti Soc. Agron. Ital. **4/5,** 3 (1924). — HUBER, B.: Jb. Bot. **64,** 1 (1924) u. a.

spiration eine Struktur bewirkt, die bei den typischen Xerophyten nicht vorkommt. Die obige umständliche Besprechung der Frage der Transpirationskoeffizienten war notwendig, um zu zeigen, daß auch die Untersuchungen im Gebiete der wissenschaftlichen Landwirtschaft die Bedeutung der Einschränkung der Transpiration keineswegs zu bestätigen vermochten.

Nach der Ansicht des Verfassers dieses Buches trägt die früher im Gebiete der sogenannten Biologie der Pflanzen ziemlich allgemeine Arbeitsweise an dem entstandenen wichtigen Fehler Schuld. Es ist zu beachten, daß die Annahme einer schwachen Transpiration bei dürreresistenten Pflanzen bis auf die letzte Zeit hin durch keine genauen quantitativen Untersuchungen geprüft war und nur auf einer rein subjektiven Beurteilung des Charakters der Schutzeinrichtungen fußte. Bereits die ersten experimentellen Forschungen haben die Unzulänglichkeit der so schwach begründeten Ansicht dargetan. In Anbetracht der großen Wichtigkeit des Problems der Dürreresistenz für die Landwirtschaft ist es wirklich verwunderlich, daß allgemein verbreitete Anschauungen eine so unzureichende experimentelle Grundlage hatten.

Es taucht also die Frage auf: Stehen die xeromorphen Merkmale tatsächlich mit der Einschränkung der Transpiration, oder vielmehr mit anderen ökologischen Verhältnissen im Zusammenhange? Ist letzteres der Fall, so steht es außer Zweifel, daß die alte Erklärung der Dürreresistenz aufgegeben werden muß.

Hier müssen die beachtenswerten Resultate ZALENSKIS[1] dargelegt werden. Dieselben wurden nur in russischer Sprache, und zwar in einer in botanischen Kreisen so wenig verbreiteten Zeitschrift, veröffentlicht, daß sie auch den meisten russischen Lesern unbekannt geblieben sind. Kein Wunder, daß die Entdeckungen ZALENSKIS später durch andere Forscher von neuem entdeckt wurden[2]. Da aber die Darlegung ZALENSKIS eine erschöpfende ist, so wollen wir namentlich seine Angaben benutzen. ZALENSKI hat gefunden, daß obere Blätter einer krautartigen Pflanze im Vergleich zu den tiefer inserierten einen ausgesprochenen xeromorphen Charakter besitzen, und diese Regel für Pflanzen sonniger Standorte allgemein gültig ist. Es zeigte sich, daß obere Blätter folgende objektiven Merkmale aufweisen:

1. Bedeutend größere Länge der Nervatur und deren Anastomosen auf Einheit der Blattfläche.

2. Geringere Größe der Epidermiszellen und der Schließzellen der Spaltöffnungen.

3. Geringere Größe der Trichome.

4. Größere Zahl der Spaltöffnungen auf Einheit der Blattfläche.

5. Dickere Außenwandungen der Epidermiszellen.

---

[1] ZALENSKI, W.: Abh. Techn. Hochschule Kiew **4**, Teil 1, 1 (1904) (russ.).
[2] YAPP, R. H.: Ann. of Bot. **26**, 815 (1912). — HEUSER, W.: Kühn-Archiv **6**, 391 (1915). — RIPPEL, A.: Beih. z. Bot. Zbl. (I) **36**, 187 (1919). — RÜBEL, E.: Ebenda **37**, 1 (1920) u. a.

6. Größere Entwickelung des Wachsüberzugs.
7. Geringere Größe sämtlicher Mesophyllzellen.
8. Größere Entwickelung der Palisaden.
9. Geringere Entwickelung des Schwammparenchyms.
10. Stärkere Entwickelung der mechanischen Gewebe.
11. Geringere Entwickelung der Intercellularen.

Bei einigen Pflanzen besitzen nur obere Blätter typisch gebildete Palisaden. Unter obigen Merkmalen scheint auf den ersten Blick die Vergrößerung der Zahl der Spaltöffnungen den allgemein verbreiteten Ansichten über Xeromorphismus zu widersprechen. Letztere fußen aber auf veralteten Angaben. Neuere Untersuchungen, die ZALENSKI zum Teil selbst in großer Anzahl ausgeführt hat, beweisen, daß Xerophyten im allgemeinen eine größere Zahl von Spaltöffnungen auf Einheit der Blattfläche besitzen, als Mesophyten und namentlich Schattenpflanzen.

In diesem Zusammenhange muß darauf hingewiesen werden, daß die oben zitierte Arbeit von KRASNOSSELSKY-MAXIMOW[1] über die Schwankungen des Wassergehaltes der Laubblätter beiläufig zum Ergebnis geführt hat, daß der Wasservorrat in tiefer inserierten Blättern größer ist als in höher inserierten Blättern. Trotzdem welken die unteren Blätter schneller als die oberen, da letztere eine größere Saugkraft besitzen und bei Wassermangel das Wasser den unteren Blättern entziehen. Dieser Sachverhalt ist namentlich durch die größere Saugkraft der oberen, nicht aber durch die stärkere Transpiration der unteren Blätter bedingt, denn es zeigte sich, daß obere Blätter, obgleich sie dürreresistenter sind, stärker als die unteren transpirieren. Dieses Resultat wurde sowohl von ZALENSKI[2] selbst, als von ALEXANDROW[3] sichergestellt. Bereits früher hat ZALENSKI[4] dargetan, daß der osmotische Wert der oberen Blätter regelmäßig größer ist, als derjenige der unteren, was ebenfalls als Eigenschaft eines Xerophyten gilt. Dieses Ergebnis wurde von ILJIN u. SSOBOLEWA[5] bestätigt und erweitert.

Es ergab sich also das interessante Resultat, daß xeromorphe Anpassungsstrukturen bei den Pflanzen unter dem Einflusse der ökologischen Außenfaktoren entstehen können wobei Xerophytismus und Mesophytismus innerhalb einer und derselben Pflanze nebeneinander bestehen können. Es zeigte sich ferner, daß xeromorphe Blätter stärker transpirieren und dennoch erheblich dürreresistenter sind als die Blätter vom mesophyten Typus an derselben Pflanze. Dies alles zeigt deutlich, daß xeromorphe Merkmale nicht mit einer Einschränkung der Transpiration zusammenhängen.

---

[1] KRASNOSSELSKY-MAXIMOW, T.: Arb. Bot. Gart. Tiflis **19**, 1 (1917) (russ.). — Vgl. auch MAXIMOW, N. u. T. KRASNOSSELSKY-MAXIMOW: Arb. naturforsch. Ges. Petersburg **53**, 81 (1923) (russ.). — ALEXANDROWA, D.: J. russ. bot. Ges. 8, 143 (1925) (russ.).
[2] ZALENSKI, W.: Abh. Univ. Saratow **1923** (russ.).
[3] ALEXANDROW, W.: Arb. Bot. Gart. Tiflis, Ser. 2, **1**, 57 (1922) (russ.).
[4] ZALENSKI, N.: Arb. naturforsch. Ges. Kiew **11**, 50 (russ.).
[5] ILJIN, W. u. O. SSOBOLEWA: Arb. naturforsch. Ges. Petersburg **56**, 103 (1917) (russ.).

Nun hat bereits ZALENSKI in seiner ersten Arbeit den Umstand hervorgehoben, daß die Unterschiede in der Blattstruktur desto deutlicher zum Vorschein kommen, je trockener der Standort ist. Dies deutet darauf hin, daß eine xeromorphe Struktur unter dem Einflusse des Wassermangels entsteht. Da nun aber die höher inserierten Blätter auf sämtlichen Standorten xeromorphe Anpassungen zeigen, so nimmt ZALENSKI an, daß dieselben bei ihrer Entwickelung immer an Wassermangel leiden, da bei jedem Wasserdefizit das Wasser durch die bereits erwachsenen, tiefer inserierten Blätter dem oberen im Wachstum begriffenen Stengelteil entzogen wird. Das schnelle Welken der embryonalen Pflanzenteile hat bereits WIESNER[1] ausführlich besprochen und als einen wichtigen formbildenden Faktor bezeichnet. Nach dem Erscheinen der grundlegenden Untersuchungen von URSPRUNG u. BLUM[2] wissen wir, daß die Saugkraft der wachsenden Pflanzenteile nicht auf deren hohem osmo-

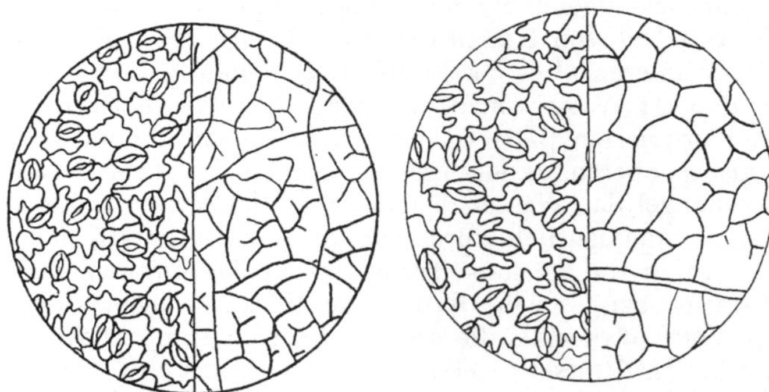

Abb. 25. Links 13 mal zum Welken gebrachtes Blatt, rechts Kontrollblatt. Unter dem Einfluß des Welkens entstanden xeromorphe Merkmale, und zwar die Kleinzelligkeit der Gewebe, die Vergrößerung der Zahl der Spaltöffnungen und die dichtere Nervatur. (Nach TUMANOV.)

tischen Werte, sondern auf dem geringen Gegendruck der Zellwand beruht, indem das Zellvolumen beim Wachstum fortwährend zunimmt und infolgedessen neuer Raum zur Wasseraufnahme entsteht. Diese Art von Saugkraft wird aber beim Welken nicht größer, sondern geringer, und das Wasser wird den wachsenden Teilen leicht entzogen. Unter dem Einflusse eines Wassermangels entsteht daher die xeromorphe Struktur der oberen Blätter; im entwickelten Zustande erweisen sich aber diese Blätter dürreresistenter, als die bei reichlicher Wasserversorgung entwickelten unteren Blätter. Diese Ansicht ZALENSKIS wurde durch die Beobachtungen von ALEXANDROW und seinen Mitarbeitern[3] an schnell wachsenden transkaukasischen Pflanzen bestätigt. Später hat TUMANOV (a. a. O.) dieselben Resultate auf experimentellem Wege erzielt, indem er die Versuchspflanzen wiederholt welken ließ. Hierdurch wurde die

---

[1] WIESNER, J.: Bot. Ztg 47, 1 (1889).

[2] URSPRUNG, A. u. G. BLUM: Jb. Bot. 63, 1 (1924).

[3] ALEXANDROW, W., ALEXANDROWA, O. u. A. TIMOFEIEFF: Mitt. Bot. Gart. Tiflis 2, 1 (1921) (russ.).

Entstehung einer deutlich ausgesprochenen xeromorphen Struktur veranlaßt (Abb. 25).

Die Untersuchungen verschiedener Forscher[1] über den Einfluß der Bodenfeuchtigkeit auf die Struktur verschiedener Pflanzen haben zum Ergebnis geführt, daß bei Wassermangel xeromorphe Einrichtungen sich ausbilden, aber die Transpirationsintensität der unter diesen Bedingungen gezüchteten Pflanzen nicht abnimmt.

In der letzten Zeit ließ sich unter dem Einflusse einer großen Anzahl von miteinander gut übereinstimmenden Resultaten auch in der landwirtschaftlichen Literatur Rußlands und der Vereinigten Staaten von Nordamerika, Länder in denen das Problem der Dürreresistenz besonders aktuell ist, eine Änderung der Ansichten bezüglich der Transpirationsintensität der dürreresistenten Pflanzen fühlen. KONSTANTINOW[2] äußert sich z. B. neuerdings dahin, daß die Bestimmung der Transpiration und der Transpirationskoeffizienten zur Beurteilung der Dürreresistenz unzureichend ist. Es müssen vielmehr noch eingehende morphologisch-physiologische Untersuchungen über Wurzelsysteme und Wasserversorgung in Mitleidenschaft gezogen werden.

Nach den umfangreichen Untersuchungen KOLKUNOWS[3] und anderer ist die anatomische Untersuchung der Blätter immerhin zuverlässiger, als Messungen der Transpirationsintensität. Besteht doch ein allgemeines Kennzeichen der dürreresistenten Xerophyten darin, daß deren Blattgewebe kleinzellig sind.

MAXIMOW[4] betrachtet namentlich die Fähigkeit der Pflanze, ein dauerndes Welken auszuhalten, als die hauptsächlichste Grundlage der Dürreresistenz. Dieser Ansicht schließt sich im allgemeinen auch H. WALTER[5] auf Grund seiner ausgedehnten, oben dargelegten osmotischen Untersuchungen an. Es ist in der Tat einleuchtend, daß die xeromorphen Anpassungen der Blätter nicht gegen den Eintritt des Welkens, sondern darauf gerichtet sind, daß die Folgen des Welkens keinen dauernden Schaden bringen. Die Kleinzelligkeit der Gewebe und die starke Ausbildung des mechanischen Systems können natürlich erst nach dem Eintritt des Welkens zur Geltung kommen. Auch die Saugkraft und der osmotische Wert der Xerophyten sind so hoch, daß eine große Empfindlichkeit der Schließzellen der Stomata hierbei kaum denkbar ist. Sind aber die Spalten einmal geschlossen, was freilich erst bei einem nicht unerheblichen Welken stattfinden kann, so wird durch die vorhandenen Schutzeinrichtungen (große Dicke der Epidermisaußenwände, starke Ausbildung der Cuticula, Wachsüberzug und Behaarung), die cuticuläre Transpiration so gut wie vollkommen verhindert. Es ist denn auch

---

[1] HEUSER, W.: a. a. O. — RIPPEL, A.: a. a. O. — FREY, L.: a. a. O. u. a.

[2] KONSTANTINOW, P.: J. landw. Wiss. 2, 404 (1925) (russ.).

[3] KOLKUNOW, W.: Mitt. Techn. Hochschule Kiew 5 (1905); 7 (1907). — J. exper. Landw. 14, 321 (1913) (russ.).

[4] MAXIMOW, N.: Die physiologischen Grundlagen der Dürreresistenz. 1926 (russ.).

[5] WALTER, H.: a. a. O.

bekannt, daß die cuticuläre Transpiration bei den Xerophyten nicht existiert.

Letzten Endes beruht also die Dürreresistenz der Pflanzen auf der Fähigkeit der Zellen, Wassermangel im Verlaufe längerer Zeit auszuhalten. In einer sehr bemerkenswerten Arbeit beschäftigt sich ILJIN[1] mit der wichtigen Frage der Ursachen der Resistenz von Pflanzenzellen gegen Austrocknung. Dieser Begriff ist mit demjenigen der Dürreresistenz nicht identisch. Zwei im gleichen Grade austrocknungsfähige Zellarten können in ungleichem Grade dürreresistent sein, falls sie in verschiedenen Pflanzen unter ungleichen Verhältnissen der Wasserversorgung, der Herabsetzung der cuticulären Transpiration usw. sich befinden. Kurz gesagt, umfaßt der Begriff der Dürreresistenz denjenigen der Austrocknungsresistenz der lebenden Gewebe und die durch xeromorphe Anpassungen sowie die gesamte Öcologie des Wasserhaushaltes bedingten Zustände. Hieraus ist aber jedenfalls klar, daß die Austrocknungsresistenz die Grundlage der Dürreresistenz bildet.

Die im neunten Kapitel dargelegten Untersuchungen LEPESCHKINS zeigen, daß das Protoplasma gegen mechanische Einwirkungen sehr empfindlich ist: Drücken, Ziehen und schnelle Plasmolyse bewirken ein Absterben des Zellplasmas. ILJIN hat schon früher dargetan, daß zarte vegetative Zellen auch durch totalen Wasserentzug nicht getötet werden, falls hierbei keine irreparablen mechanischen Deformationen entstehen. Wenn man das Protoplasma vor dem Wasserentzug durch allmähliche und langsame Plasmolyse von der Zellwand abtrennt, im Zentrum der Zelle in ein Klümpchen zusammenzieht und nachher durch allmähliches Austrocknen in einen wasserfreien Zustand versetzt, so wird hierdurch keine Abtötung des Protoplasmas bewirkt. Selbstverständlich muß bei diesen Versuchen die nachherige Belebung der Zellen durch eine ganz vorsichtige Deplasmolyse hervorgebracht werden: Die zu untersuchenden Gewebe müssen zuerst in eine feuchtere Luft und dann in eine konzentrierte Zuckerlösung, die dann allmählich mit Wasser verdünnt wird, übertragen werden[2]. Bei dieser Versuchsanordnung bleiben die vollkommen entwässerten und dann wieder in den normalen Zustand versetzten Zellen lebenskräftig. Auf Grund dieser Resultate kommt ILJIN zum Schluß, daß der Tod der Pflanzenzellen bei der Austrocknung deshalb erfolgt, weil der Zellinhalt sich infolge des Wasserverlustes stark zusammenzieht, wobei aber das Plasma von der meistens weniger zusammengezogenen Zellwand festgehalten wird und daher solche Spannungen erfährt, die zu seiner Deformation und zum Tode führen. Ist dies richtig, so muß die Austrocknungsresistenz durch alle Faktoren

---

[1] ILJIN, W.: Protoplasma (Berl.) **10**, 379 (1930).

[2] ILJIN, W.: Jb. Bot. **66**, 947 (1927). In diesem Zusammenhange ist die Arbeit von S. KOSTYTSCHEW u. V. FAERMANN (Hoppe-Seylers Z. **176**, 46 [1928]) über die Belebung des sogenannten Zymins (Acetondauerhefe) zu erwähnen. Durch die Resultate dieser Arbeit wurde etwa die Hälfte der von E. BUCHNER und seinen Mitarbeitern über die „Zymasegärung" ausgeführten Versuche entkräftet.

erhöht werden, welche das Verhältnis des Volumens zur Oberfläche der Zelle das durch $V : S$ ausgedrückt wird, herabsetzen; denn je größer die Gesamtoberfläche, desto kleiner ist die Spannung auf Einheit der Oberfläche.

In dieser Hinsicht ist also die Form eines Würfels vorteilhafter als diejenige einer Kugel, und die Form eines Zylinders vorteilhafter als diejenige eines Würfels. Die Bedeutung der Kleinzelligkeit wird durch die folgende einfache Berechnung erläutert. Ist der Radius R einer großen kugeligen Zelle gleich $90\,\mu$ und derjenige einer kleinen Zelle R^1 gleich $9\,\mu$, so ergibt sich $V = 3050000\,\mu^3$ für die größere und $V_1 = 3050\,\mu^3$ für die kleinere Zelle. Hierbei ist S bei der größeren Zelle gleich $101800\,\mu^2$ und S_1 bei der kleineren Zelle gleich $1018\,\mu^2$. Hieraus ist ersichtlich, daß

$$\frac{V : S}{V_1 : S_1} = \frac{30}{3} = \frac{R}{R_1} = 10.$$

Dies zeigt, daß die Protoplasmaspannung pro Einheit der Fläche dem Radius oder Durchmesser der Zelle proportional ist. Bei einem Würfel ist die Spannung in analoger Weise der Länge der Würfelseite proportional.

Ein anderer Faktor, der auf die Protoplasmaspannung stark einwirkt, ist die Größe der Zentralvakuole und die Dicke der Protoplasmaschicht. Je größer die Vakuole ist, desto stärkere Kontraktion des Zellinhaltes und somit desto größere Spannung im Protoplasma stattfinden kann. Anderseits ist es leicht ersichtlich, daß eine bestimmte Spannung relativ geringer wird bei einer dickeren als bei einer dünneren Protoplasmaschicht, und also geringere Deformationen in einer dicken Protoplasmaschicht hervorruft.

Als dritter Faktor ist noch die Konzentration des Zellsaftes zu nennen, deren Bedeutung jedoch oft überschätzt wird. Besitzt der Zellsaft den osmotischen Wert einer molaren Saccharoselösung, so entspricht dies einer Dampfdruckerniedrigung von 2,6 vH. Somit beginnt eine solche Zelle schon bei 97,4 vH relativer Feuchtigkeit Wasser abzugeben. Anderseits ist zu

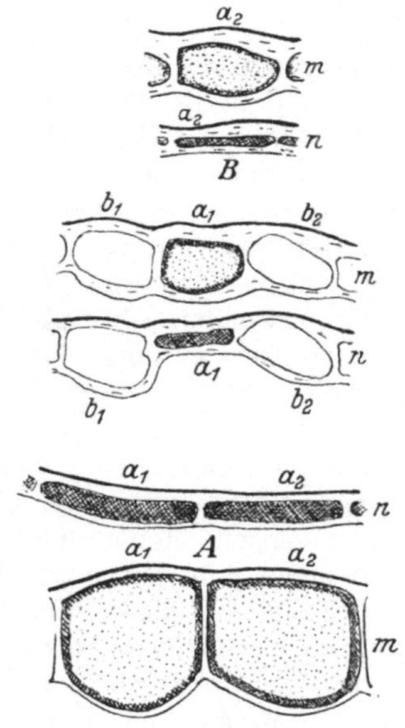

Abb. 26. *A* Aster tripolium; *B* Centaurea scabiosa. *m* in Wasser, *n* in Luft. (Nach ILJIN.)

beachten, daß ein Sinken der relativen Feuchtigkeit in den Intercellularen auf 97 vH nur bei einer sehr erheblichen Trockenheit der Außenluft erfolgen kann.

Die von ILJIN ausgeführten zahlreichen Bestimmungen der Resistenz von Pflanzenzellen gegen Austrocknung zeigten, daß dieselbe in der

Tat von den soeben besprochenen Faktoren in erster Linie abhängt. Aus der Abb. 26 ist ersichtlich, wie groß die Kontraktion der Pflanzenzellen beim Eintrocknen sein kann.

Die auf Grund einer konsequent entwickelten Theorie ausgeführten Versuche ILJINs lieferten also auf einmal deutlichere Resultate, als die zahlreichen, aber rein empirischen Beobachtungen KOLKUNOWs (a. a. O.). Die von KOLKUNOW als Merkmal der Dürreresistenz hervorgehobene Kleinzelligkeit der Gewebe hat auch ILJIN als einen Faktor der Austrocknungsresistenz bezeichnet, aber dazu noch verschiedene andere ebenso wichtige Merkmale hinzugefügt. Schon längst war es auffallend, daß die Xerophyten unregelmäßige Zellenformen, namentlich bei den epidermalen Zellen, zeigen. Dies ist auf Grund der ILJINschen Auffassung nunmehr begreiflich: Bei Vergrößerung der Oberfläche wird der Wert von $V : S$ niedriger und somit die Austrocknungsresistenz größer.

In diesem Zusammenhange muß die Bedeutung der speziellen Pflanzenphysiologie für die landwirtschaftliche Wissenschaft hervorgehoben werden. Man hört zuweilen Klagen darüber, daß die Pflanzenphysiologie ungenügende Hinweise für die praktische Landwirtschaft gibt und daß in manchen aktuellen Fragen die aus dem Gebiete der Pflanzenphysiologie erhaltenen Kenntnisse versagen. Dies ist aber darauf zurückzuführen, daß die Pflanzenphysiologie als selbständige Wissenschaft in erster Linie nur allgemeine Gesetzmäßigkeiten zu ergründen sucht. Sie verdient daher den Namen allgemeine Pflanzenphysiologie, neben welcher noch als besonderer Zweig die spezielle Pflanzenphysiologie geschaffen werden muß. Die wissenschaftliche Forschung auf dem Gebiete der speziellen Physiologie muß die Methoden der allgemeinen Physiologie verwenden, aber als Hauptziel der Untersuchung nicht die allgemeinen Gesetzmäßigkeiten, sondern das Objekt selbst, d. i. eine bestimmte Pflanze, haben.

Es ist kaum zweifelhaft, daß eine ausführliche Untersuchung einer einzelnen Pflanze nach verschiedenen Richtungen hin auch der allgemeinen Physiologie große Dienste leisten könnte. Bisher befaßte sich die physiologische Forschung viel zuwenig mit dem Zusammenhange verschiedener, auf den ersten Blick voneinander unabhängiger Vorgänge; es wurden nur diese Vorgänge für sich, nicht aber die Pflanze als ein physiologisches Ganzes untersucht. Diese Lücke läßt sich bereits jetzt namentlich auf solchen Gebieten fühlen, wo ein koordiniertes physiologisches Ganzes gebieterisch zur Geltung gelangt. Solche Gebiete sind die Probleme der Dürreresistenz, der Reizerscheinungen und viele andere. So sollte z. B. das Problem der Dürreresistenz einer bestimmten Pflanze auf dem Gebiete der speziellen Pflanzenphysiologie nicht auf dieselbe Weise behandelt werden, wie es bisher in der allgemeinen Physiologie der Fall war. Auch die oben dargelegten wertvollen Untersuchungen ILJINs bestreben sich vor allem, eine allgemeine Erklärung der Austrocknungsresistenz zu geben, verbleiben also vollkommen im Gebiete der allgemeinen Physiologie. Ein Forscher auf dem Gebiete der speziellen Physiologie würde die wichtigsten Leistungen der Pflanze unter verschiedenen Bedingungen des Wasserhaushaltes kennen zu lernen suchen und vermöchte hierbei möglicherweise auch neue unerwartete Gesetzmäßigkeiten zu entdecken.

Überhaupt kann die auf den ersten Blick peinliche und nur den wirtschaftlichen Zwecken dienende allseitige und ausführliche Untersuchung einer einzelnen Pflanze in Wirklichkeit sich als reizend erweisen und einen tieferen Einblick in das physiologische Geschehen gewähren, als es bisher durch die mehr in die Weite als in die Tiefe gerichtete Forschung zu erzielen gelang.

Zwölftes Kapitel.

Die Bewegung der Pflanzensäfte in den Leitungsbahnen.

Die Ursachen der Wasserbewegung in den Pflanzenzellen. Denken wir uns zunächst eine separate Pflanzenzelle, die mit dem oberen Ende in die Luft herausragt, mit dem unteren Ende aber in eine Lösung versenkt ist. Die Zellwand wird durch Transpiration Wasser in die umgebende Atmosphäre fortwährend abgeben und zum Ersatz des Wasserverlustes Wasser von der darunter liegenden Protoplasmaschicht durch Quellungssaugung aufnehmen. Das Protoplasma wird seinerseits das an die Zellwand abgegebene Wasser durch Saugung aus dem Zellsafte ersetzen. Da hierdurch die Zentralvakuole wasserärmer wird und infolgedessen der Turgordruck abnehmen muß, so wird das etwa vorhandene Gleichgewicht zwischen der Zelle und der umgebenden Lösung gestört und eine gewisse Wassermenge wird in die Zelle aus der Lösung eintreten. Es entsteht also eine Wasserbewegung vom Außenmedium in die Zelle.

Derselbe Sachverhalt muß auch dann bestehen, wenn nicht eine einzelne Zelle, sondern eine Zellenreihe sich mit dem oberen Ende in der Luft, mit dem unteren Ende aber im Wasser befindet. Hierbei wird natürlich ein Saugkraftgefälle sich von der oberen Zelle bis zum Außenmedium herstellen, denn die Saugkraft der obersten Zelle wird durch Wasserabgabe so lange zunehmen, bis sie schließlich diejenige der darunter liegenden Zelle übersteigt und derselbe Vorgang muß auch in anderen Zellen der gesamten Zellenreihe stattfinden. Es ist ausdrücklich zu betonen, daß für die Wasserbewegung von Zelle zu Zelle namentlich das Saugdruckgefälle maßgebend ist, indes die absoluten osmotischen Werte der einzelnen Zellen vollkommen belanglos sind.

Will man die zur Herstellung einer für die normale Wasserversorgung notwendigen Wasserbewegung ausreichende Saugkraft berechnen, so genügt es selbstverständlich nicht, die Höhe der Wasserhebung und das Wassergewicht in Betracht zu ziehen; es müssen vielmehr auch die zu überwindenden Widerstände mit in Rechnung kommen. Derartige Berechnungen wurden denn auch mehrmals ausgeführt, wobei auch die für die normale Wasserversorgung notwendige Geschwindigkeit des Wasserstromes berücksichtigt wurde. Die genauesten Bestimmungen wurden von URSPRUNG u. HAYOZ[1] veröffentlicht. Es ergab sich das folgende

---

[1] URSPRUNG, A. u. C. HAYOZ: Ber. dtsch. bot. Ges. **40**, 368 (1922).

überraschende Resultat: Das Saugdruckgefälle im Epheublatt betrug 20,5 Atm. auf 207 Palisadenzellen, d. i. annähernd 0,1 Atm. pro Zelle. Auch wenn man den Umstand berücksichtigt, daß die Palisaden miteinander durch unbedeutende Flächen kommunizieren (diese Zellen sind bekanntlich in der Art eines Schachbrettes angeordnet) und daher höhere Werte als andere durchschnittliche Zellen liefern dürften, bekommt man immerhin eine Vorstellung davon, daß die Größenordnung der in Frage kommenden Drucke eine außerordentlich hohe ist. Einfache Versuche zeigen, daß die Wasserbewegung durch lauter parenchymatische Zellen eine sehr langsame ist. Wenn man z. B. aus dem Mark der Sonnenblume einen Streifen abpräpariert und nur mit dem einen Ende ins Wasser versenkt, so bemerkt man alsbald ein Welken des oberen Endes des Streifens. Durch analoge Versuche wurde schon längst festgestellt, daß nur winzig kleine Landpflanzen ihren Wasserbedarf mittels einer Wasserbewegung durch Parenchymzellen decken können. Bei sämtlichen normal entwickelten Landpflanzen existieren daher spezielle Leitungsbahnen, welche der Wasserbewegung geringere Widerstände entgegensetzen.

Die absolute Größe der Wasserpermeabilität des Protoplasmas wurde von HUBER u. HOEFLER[1] an Hand der von HOEFLER beschriebenen Ermittelung der Geschwindigkeit der Plasmolyse (siehe oben) gemessen. Die gewonnenen Konstanten bedeuten bei Umrechnung auf die Protoplastenoberfläche für Salvinia eine Filtrationsgeschwindigkeit von nur $33\,\mu$ pro Stunde und 1 Atm. Druckdifferenz. Dies ist eine Größe, die auch bei übrigen bisher untersuchten semipermeablen Membranen gefunden worden ist. Mit der Permeabilität gegenüber anderen Stoffen verglichen, erscheint die Wasserdurchlässigkeit immerhin relativ hoch; bei Majanthemum z. B. etwa 120—240mal so hoch wie die für Harnstoff, bis 10000mal so hoch wie die Durchlässigkeit für Rohrzucker. Der Hauptteil des Widerstandes bei der Wasserfiltration durch parenchymatische Gewebe dürfte daher nicht in den Zellwandungen, sondern im Plasma liegen.

Gefäße. Die Tracheen und Tracheiden des Holzzylinders[2] sind speziell einer schnellen Wasserleitung angepaßt. Der Bau dieser Elemente wird als bekannt vorausgesetzt. Schon längst haben verschiedene Autoren den Umstand hervorgehoben, daß in den Gefäßen die Widerstände bei der Wasserleitung auf ein Minimum reduziert sind. Tracheen sind lange Röhren, die aus je einer Reihe in senkrechter Richtung zusammenhängender Zellen gebildet sind. Die Querwände dieser Zellen werden bei der Entwickelung des Gefäßes aufgelöst; es hinterbleibt meistens nur ein der Längswand anliegender kreisförmiger Wulst. In Tracheiden wer-

---

[1] HUBER, B. u. K. HOEFLER: Jb. Bot. **73**, 351 (1930).

[2] Nach KOSTYTSCHEW (Ber. dtsch. bot. Ges. **40**, 297 [1922]; Beih. z. Bot. Zbl. [I] **40**, 351 [1924]) besitzen die meisten Dikotylen vom Anfang an einen Holzzylinder. Die angeblich verbreitete Zusammenschmelzung von anfangs separaten „Gefäßbündeln" durch Vermittelung des interfascicularen Cambiums bildet eine ziemlich seltene Ausnahme und wurde dazu noch bisher unrichtig beschrieben und interpretiert.

den die Querwände zwar nicht gelöst, doch sind sämtliche Wandungen dieser Elemente mit zahlreichen Poren versehen, unter denen die soge-nannten Hoftüpfel (Abb. 27) besonders verbreitet und der Funktion der Wasserleitung gut angepaßt sind. Die meisten Forscher sind der Ansicht, daß die Hoftüpfel dem Wasser-strom nur einen unbedeuten-den Widerstand entgegen-setzen, aber keine Gase durch-lassen und auf diese Weise vor einer Verbreitung im Holz-körper der in einzelne Trache-iden etwa eingedrungenen Luft schützen. Auf diese Weise sollen Tracheide mit gehöften Tüpfeln der Funk-tion der Wasserleitung noch besser angepaßt sein als Tracheen, obgleich letztere im sekundären Holz ebenfalls mit Hoftüpfeln versehen sind.

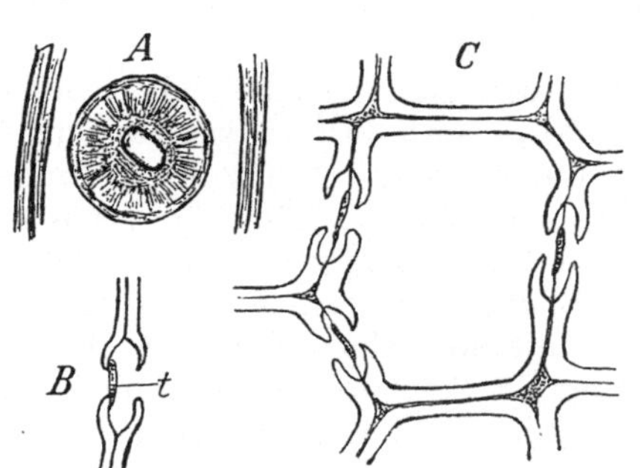

Abb. 27. **Pinus silvestris.** *A* Ein Hoftüpfel in Flächenansicht. *B* Ein Hoftüpfel in tangentialem Längsschnitt: *t* Torus. *C* Querschnitt durch eine Tracheide mit Hoftüpfeln. (Nach STRASBURGER.)

Sowohl Tracheen als Tracheiden be-sitzen verholzte Wandungen und kein Zellplasma; sie sind tote Elemente, in denen kein Turgordruck möglich ist. Die Verdickungen der Zellwände all dieser Elemente sollen nach der heute vorherrschenden Ansicht dem Druck der anliegenden lebenden Zellen einen Widerstand leisten.

Der aufsteigende und der abstei-gende Strom. Bereits MALPIGHI[1] und nach ihm viele andere Forscher haben den folgenden klassischen Versuch aus-geführt, der immer ein klares Resultat ergibt. Es wird an einem Baumstamm ein Rindenring auf die Weise entfernt, daß man rings um den Stamm herum zwei bis aufs Holz reichende Einschnitte macht und die zwischen den beiden Einschnitten befindliche Rinde ent-fernt. Wird alsdann dafür Sorge ge-tragen, daß die äußeren Schichten des nunmehr freigelegten Holzkörpers we-der austrocknen, noch faulen, so erhält man nach einiger Zeit das fol-gende Bild: Die oberhalb des Ringelschnittes befindlichen Pflanzenteile

Abb. 28. Ein Ringelungsversuch von HALES. Der geringelte Zweig bleibt ebenso frisch wie der Kontrollzweig. (Nach HALES, 1727.)

---

[1] MALPIGHI, M.: „Opera" **1688**; deutsch von M. MÖBIUS: OSTWALDS Klassi-ker der exakten Wissenschaft **1901**, Nr 120.

welken nicht und scheinen überhaupt an Wassermangel nicht zu leiden (Abb. 28). Dies beweist, daß die Rinde keine Anteilnahme an der Wasserleitung hat; letztere vollzieht sich vielmehr im Holzkörper.

Außerdem bemerkt man nach einiger Zeit dicht oberhalb des Ringelschnittes einen unter Umständen bedeutenden Rindenwulst. Anderseits tritt keine Verdickung des unterhalb der Ringelungsstelle befindlichen Stammteiles ein. Dies wird so gedeutet, daß die in den Blättern erzeugten Assimilate sich nur in der Rinde bewegen und also nach erfolgter Ringelung in den unteren Stammteil nicht mehr gelangen können. Gegen diese bereits von den älteren Forschern gegebene Erklärung wurden zu verschiedener Zeit Einwände gemacht, und zwar neuerdings seitens BIRCH-HIRSCHFELDS[1] und DIXONS[2], worüber weiter unten ausführlicher die Rede sein wird. Diese und einige andere Forscher behaupteten, daß auch die organischen Stoffe sich im Holzkörper bewegen. Heutzutage müssen wir aber allem Anschein nach annehmen, daß die ältere Deutung des übrigens genügend anschaulichen Versuches die richtige war. Diese sogenannten Ringelungsversuche wurden in großer Anzahl auch zu anderen Zwecken ausgeführt.

Der Saftstrom im Holzkörper, der große Wassermengen zum Ersatz des bei der Transpiration stattfindenden Verlustes in das Laubwerk treibt, wird oft kurzweg als aufsteigender Strom, die entgegengesetzte in der Rinde sich vollziehende Bewegung des an organischen Stoffen reichen Saftes als absteigender Strom genannt. Natürlich können unter Umständen beide Begriffe physikalisch unrichtig sein, namentlich in Ästen und Blättern, deren Spitzen nach unten gerichtet sind.

Vielleicht noch anschaulicher als durch den Ringelungsversuch kann die Existenz der beiden Ströme auf folgende Weise dargetan werden. Man präpariert das untere Ende einiger abgeschnittenen Zweige derart ab, daß entweder nur der Holzkörper oder nur die Rinde in Wasser getaucht werden kann. Werden nun solche Zweige in Wasser gestellt, so ergibt sich das folgende Resultat: Die mit dem Holzkörper Wasser aufsaugenden Zweige bleiben längere Zeit hindurch frisch und turgescent; solche Zweige aber, bei denen nur die Rinde mit dem Wasser in Berührung kommt, welken und sterben ab, gleich denjenigen, welche überhaupt nicht in Wasser gestellt waren.

Nach langer Zeit sterben allerdings die geringelten Stämme und Zweige gewöhnlich ab; dies ist aber lediglich dem Umstande zuzuschreiben, daß die Wasserleitung meistens nur in den äußersten Schichten des Holzkörpers vor sich geht. Nun ist es auf die Dauer unmöglich, diese äußersten Holzschichten vor dem Eintrocknen zu schützen. Solche Pflanzen, bei denen auch die tieferen Holzschichten an der Wasserleitung beteiligt sind, vertragen denn auch die Ringelung viel besser als diejenigen Pflanzen, in denen die Wasserleitung nur auf die äußeren Jahresringe angewiesen ist.

---

[1] BIRCH-HIRSCHFELD, L.: Jb. Bot. **59**, 171 (1920).
[2] DIXON, H. H.: The Transpiration Stream. 1924.

Weitere Beweise der wasserleitenden Funktion der Gefäße.
Der Ringelungsversuch in seinen verschiedenen Modifikationen beweist nur, daß die Wasserleitung sich im Holzzylinder vollzieht. Doch zeigt bereits die anatomische Untersuchung, daß nur die Tracheen und Tracheiden als wasserleitende Elemente in Betracht kommen. Diese, schon längst auf Grund der mikroskopischen Untersuchung gezogene Schlußfolgerung wird auch durch direkte physiologische Versuche bekräftigt. Stellt man z. B. abgeschnittene Zweige in Lösungen der Farbstoffe und läßt dieselben auf Kosten von diesen Lösungen eine Zeitlang transpirieren, so kann man sich leicht davon überzeugen, daß im Holzkörper nur die Gefäße gefärbt werden; die übrigen Gewebe kommen also mit den Farbstoffen gar nicht in Berührung. Auf diese Weise ist man gar in der Lage, sich darüber zu orientieren, welche Gefäßbündel oder Teile des Holzkörpers an der Wasserversorgung bestimmter Gebiete der lebenden Gewebe beteiligt sind[1].

Andere Forscher haben abgeschnittene Pflanzenteile in flüssiger Kakaobutter[2] oder in flüssiger Gelatinelösung[3] transpirieren lassen. Die Temperatur, bei welcher die genannten Stoffe flüssig werden, ist eine derartige, die auch unter natürlichen Bedingungen vorkommt. Bei der Transpiration steigt Kakaobutter oder Gelatinelösung in den Gefäßen in die Höhe. Bringt man alsdann die Pflanze auf eine ebenfalls unter natürlichen Bedingungen vorkommende Temperatur, bei welcher sowohl Kakaobutter als Gelatinelösung erstarrt, so werden dadurch die Gefäßlumina verschlossen und die Pflanzen welken dann äußerst schnell, auch wenn sie in Wasser gestellt werden.

VESQUE[4] hat den folgenden einfachen und überzeugenden Versuch beschrieben, der auch als Demonstrationsversuch bei den Vorlesungen benutzt werden kann. Man vergewissert sich zunächst davon, daß eine ins Potometer gestellte Pflanze schnell Wasser aufsaugt. Dann klemmt man den Stengel ein und drückt durch Anziehen der Klemmschraube die Gefäße unter vollkommener Zerstörung der parenchymatischen Elemente zusammen. Sind hierbei die Gefäßlumina verschlossen, was auch bei richtiger Einklemmung immer der Fall ist, so hört die Wasseraufnahme sofort auf, um nach Entfernung der Klemme mit erhöhter Geschwindigkeit sich zu erneuern. Da hierbei im Stengel einer krautartigen Pflanze nur die Gefäßbündel, und zwar nur die Hadromteile der Bündel, nicht zerquetscht werden, so beweist der Versuch mit voller Sicherheit, daß das Wasser sich in den Gefäßlumina bewegt. Übrigens haben einige Forscher zu verschiedener Zeit eine Wasserbewegung in den Gefäßen auch direkt unter dem Mikroskop beobachtet.

Alle obigen Resultate beweisen deutlich, daß die Wasserbewegung namentlich in den Gefäßen vor sich geht.

---

[1] RIPPEL, A.: Naturwiss. Wschr. 18, 129 (1919).
[2] ELFVING, F.: Bot. Ztg 40, 714 (1882).
[3] ERRERA, L.: Ebenda 42, 16 (1886).
[4] VESQUE, J.: C. r. Acad. Sci. Paris 97, (1883).

Widerstände gegen den Wasserstrom und Verteilung der Saugkräfte in der Pflanze. Das Transpirationswasser gelangt aus dem Boden in die Leitungsbahnen des Holzkörpers durch die Rinde der jungen wasseraufsaugenden Wurzel, d. i. durch eine sehr dünne Schicht der lebenden Zellen. In den Leitungsbahnen wird das Wasser bei krautartigen Pflanzen auf Strecken von mehreren Zentimetern, bei den Bäumen aber bis auf 150 m und darüber (wie z. B. bei den Eucalypten und bei Sequoia gigantea) hinaufgetrieben. Schließlich muß das Wasser wiederum eine Strecke von Bruchteilen eines Millimeters durch die lebenden Zellen des Blattparenchyms zurücklegen, bevor es auf die Oberfläche der den Intercellularen anliegenden Zellen gelangt, wo es in Dampf verwandelt wird.

Auf diesem Wege begegnet der Wasserstrom Widerständen, deren Größe von verschiedenen Forschern ungleich geschätzt wurde. Im Holzkörper kommt erstens die Reibung in den äußerst schmalen Leitungsröhren in Betracht; dieselbe kann übrigens nach dem POISEUILLEschen Gesetz berechnet werden. Ein anderer, schwerer einzuschätzender Widerstand besteht darin, daß nicht nur die Tracheiden, sondern auch die Tracheen auf bestimmten Entfernungen voneinander durch Querwände getrennt sind. Die Filtration des Wassers durch diese Querwände erfordert einen Kraftaufwand. Die vorhandenen Messungen zeigen, daß diese Widerstände ziemlich beträchtlich[1] und in verschiedenen Richtungen ungleich sind. In der Längsrichtung sind die Widerstände selbstverständlich geringer als in radialer und tangentialer Richtung, indem das Wasser in der Längsrichtung eine geringere Anzahl von Querwänden trifft. In radialer Richtung erwies sich eine Wasserbewegung als praktisch unmöglich, da auf den betreffenden Wänden der Gefäße keine Tüpfel vorhanden sind. Hieraus ist die außerordentlich wichtige Bedeutung der Tüpfel ohne weiteres einleuchtend.

Früher glaubte man den größten Widerstand darin zu erblicken, daß die Gefäße außer dem Wasser auch verdünnte Luft enthalten. Man stellte sich vor, daß einzelne Luftblasen mit den Wassermenisken die sogenannten JAMINschen Ketten bilden, die der Wasserbewegung einen ungeheueren Widerstand entgegensetzen. Zur Erklärung der Möglichkeit einer Wasserbewegung unter solchen Bedingungen hat man verschiedenartige Annahmen gemacht, die entweder den allgemeinen physikalischen Gesetzen, oder den zweifellosen, experimentell festgestellten Tatsachen widersprachen. Gegenwärtig ist jedoch nachgewiesen worden, daß unter normalen Verhältnissen keine Luft in den Gefäßen vorhanden ist und die in einzelne Gefäße zufällig eingedrungene Luft sich im Holzkörper nicht verbreiten kann, da die Wände der Gefäße für dieselbe impermeabel sind[2]. Durch diesen wichtigen Befund wurde ein schneller Fortschritt im Gebiete der Saftbewegungen ermöglicht.

---

[1] STRASBURGER, E.: Bau und Verrichtungen der Leitungsbahnen. 1891. — FARMER, J. B.: Proc. roy. Soc. Lond. (B) **90**, 218 (1918) u. a.

[2] HOLLE, H.: Flora (Jena) **108**, 73 (1915). — BODE, H. R.: Jb. Bot. **62**, 92 (1923).

Noch erheblich größer sind die Widerstände im lebenden Parenchym der Wurzel und der Blätter. Oben wurde bereits darauf hingewiesen, daß die Wasserbewegung von Zelle zu Zelle in lebenden Geweben sehr großen Schwierigkeiten begegnet; die normale Wasserversorgung ist also nur deswegen möglich, weil die Entfernungen im lebenden Parenchym ganz gering sind und zwar meistens Bruchteile eines Millimeters nicht überschreiten.

Die durch die genannten Widerstände verursachte Verlangsamung des Transpirationsstromes bewirkt eine Erhöhung der Saugkräfte auf dem Wege des Transpirationswassers. Nimmt man an, daß als treibende Kraft der Wasserbewegung nur die Transpiration und der Wurzeldruck dienen (was auch allem Anschein nach richtig ist), so kann man das gemessene Saugkraftgefälle als direktes Maß der vorhandenen Widerstände betrachten.

Im zehnten Kapitel wurde dargelegt, daß in der Wurzelrinde eine solche Verteilung der Saugkräfte wahrgenommen wird, die der Richtung des Wasserstromes aus dem Boden in den Holzkörper der Wurzel entspricht. Hierbei ist allerdings der Endodermissprung rätselhaft. Beachtenswert ist das steile Saugdruckgefälle in der Wurzelrinde; es zeigt, daß die Widerstände im Rindenparenchym außerordentlich groß sind. Bei Phaseolus haben Ursprung und Blum ein Saugkraftgefälle von annähernd 3 Atm. auf einer Strecke von sieben Zellenreihen gefunden!

Nun wollen wir die Verteilung der Saugkräfte nicht nur in der Wurzel, sondern in der ganzen Pflanze näher betrachten. Die ausführlichen Untersuchungen über diesen Gegenstand verdanken wir wiederum Ursprung und seinen Mitarbeitern[1]. Es zeigte sich, daß das vorhandene Saugdruckgefälle der Richtung des Transpirationsstromes und der Größe der jeweiligen Widerstände entspricht. Zunächst ist der Umstand zu beachten, daß höher gelegene Organe in gleichen Geweben immer größere Saugkräfte besitzen, als tiefer gelegene. So wurden z. B. im Epheu folgende Saugkräfte im Rindenparenchym der Wurzel und des Stammes gefunden:

Wurzel. Junger, wasseraufsaugender Teil . . . . 1,3 Atm.
    „   18 cm höher . . . . 2,4 „
Stamm.   35 cm von der Wurzel . . . . 2,9—3,4 Atm.
    „   225 „   „   „   „   . . . . 5,0—7,3 „

Noch höher ist die Saugkraft in der Rinde des Blattstieles; sie erreicht dort den Wert von 8,4—9 Atm. Im Blattparenchym ist die Saugkraft durchschnittlich gleich 10—12,5 Atm.

In Blättern verschieden hoher Insertion wurden bei Fagus folgende Saugkräfte gefunden:

---

[1] Ursprung, A. u. G. Blum: Ber. dtsch. bot. Ges. 36, 577, 599 (1918); 37, 453 (1919). — Ursprung, A. u. C. Hayoz: Ebenda 40, 368 (1922). — Ursprung, G. A.: Flora (Jena) 118/119, 566 (1925).

Gewebe	Insertionshöhen		
	2,7 m	8,7 m	11,1 m
		Saugkräfte	
	Atm.	Atm.	Atm.
Obere Epidermis	7,5	9,3	9,9
Untere Epidermis	5,9	8,4	9,3
Schwammparenchym	11,1	12,4	14,3
Palisadenparenchym	15,0	15,6	17,1

Auch andere Bestimmungen ergaben analoge Werte. Im Durchschnitt beträgt die Saugkraftdifferenz auf 10 m Höhenunterschied 4 Atm. für Epidermis und 3 Atm. für Blattparenchym. Da zum Heben des Wassers auf die Höhe von 10 m 1 Atm. notwendig ist, so müssen wir den Schluß ziehen, daß zur Überwindung der Widerstände 2—3 Atm. auf 10 m beansprucht werden. Im Blattgewebe wächst die Saugkraft der Zellen schnell mit der Entfernung von den Leitungsbahnen. So wurden in einigen Ausnahmefällen Saugkräfte von 44 und gar von 71 Atm. gefunden, und Werte über 30 Atm. sind keine Seltenheit. Dies zeigt, daß auch im Blattparenchym die Widerstände mehrfach größer sind als im Holzkörper. Während in den Geweben, welche den Gefäßen unmittelbar anliegen, das Saugkraftgefälle etwa 0,3 Atm. auf 1 m beträgt, lassen sich bei der Wasserbewegung im Parenchym Differenzen von 300—500 Atm. auf 1 m berechnen. Hierdurch wird die Bedeutung der Gefäße für die Wasserleitung besonders deutlich illustriert. In einigen Fällen waren allerdings auch steilere Saugdruckgefälle bei der Wasserleitung im Holzzylinder wahrgenommen, die aber 1 Atm. auf 1 m nicht überstiegen und auch bedürfen diese höchsten Zahlen einer Nachprüfung, da sie auf dem Wege der Extrapolation erhalten sind. Als Durchschnittswert müssen wir wohl die Größe von 0,3 Atm. auf 1 m setzen. Die Versuche RENNERS[1] und NORDHAUSENS[1], in welchen die Saugkräfte der abgeschnittenen Zweige durch direkten Vergleich mit der Wirkung einer Saugpumpe bestimmt wurden, lieferten Resultate, aus denen die Größe der vorhandenen Widerstände sich berechnen läßt. Es ergibt sich wiederum eine Größe von derselben Ordnung.

Aus dem soeben Dargelegten ist zu ersehen, daß die Widerstände in den Leitungsbahnen des Holzes nicht übermäßig groß sind und die vermeintlichen JAMINschen Ketten in den Gefäßen gewiß nicht existieren, wie es auch durch die weiter unten beschriebenen direkten Versuche dargetan wird.

Früher waren die Widerstände in den Leitungsbahnen nur sehr ungenau geschätzt. DIXON[2] bestimmte sie als gleich 1 Atm. auf 10 m,

---

[1] RENNER, O.: Flora (Jena) **103**, 171 (1911). — Ber. dtsch. bot. Ges. **30**, 576 (1912); **36**, 172 (1918). — Flora (Jena) **118/119**, 402 (1925). — NORDHAUSEN, M.: Ber. dtsch. bot. Ges. **34**, 619 (1916); **37**, 443 (1919). — Jb. Bot. **58**, 295 (1917); **60**, 307 (1921).

[2] DIXON, H. H.: Progr. rei bot. **3**, 1 (1909). — Auch COPELAND, E. B.: Jb. Bot. **56**, 447 (1915).

JANSE[1] und EWART[2] aber glaubten schließen zu dürfen, daß diese Widerstände eine Größe von 33 Atm. auf 10 m erreichen können. Letzterer Forscher nahm allerdings an, daß im Sommer sämtliche Gefäße JAMINsche Ketten enthalten, was sicherlich nicht der Fall ist. Die auf Grund des Saugkraftgefälles bestimmten Größen unterscheiden sich nicht viel von den Vermutungen DIXONS.

In diesem Zusammenhange ist allerdings der Umstand hervorzuheben, daß die ermittelten Saugkräfte keine konstanten Größen darstellen. Vor allem verändert sich die Verteilung der Saugkräfte in welkenden Blättern; das Saugkraftgefälle wird (namentlich bei den Palisaden) geringer, und die Entspannung der Gewebe vermindert den gegenseitigen Druck von benachbarten Zellen, der z. B. im Spiel der Schließzellen der Stomata eine so große Bedeutung hat. Anderseits bewirkt die Befeuchtung der Blätter nach URSPRUNG sofort eine enorm große Abnahme der Saugkraft sämtlicher Gewebe, wobei die Differenzen vor und nach dem Regen 20 Atm. erreichen können. Es soll auch eine Tagesperiode der Saugkraft vorhanden sein, die hauptsächlich von den Veränderungen der Luftfeuchtigkeit abhängt. Auch andere Schwankungen der Saugkraft wurden von URSPRUNG[3] und seinen Mitarbeitern wahrgenommen, doch kann auf alle diese Einzelheiten hier nicht eingegangen werden. Zusammenfassend ist der Schluß zu ziehen, daß die Verteilung der Saugkräfte in parenchymatischen Geweben sämtlicher Pflanzenteile der Ansicht entspricht, daß namentlich die Transpiration die treibende Kraft des Wasserstroms ist. Darüber wird weiter unten noch ausführlicher die Rede sein.

Die Verteilung der osmotischen Werte spielt im Vorgang der Bewegung des aufsteigenden Stroms keine Rolle, ist aber von großer Bedeutung für die Bewegung des Saftes in den Siebröhren, wie es weiter unten dargelegt wird. Im allgemeinen entspricht das Gefälle des osmotischen Wertes demjenigen der Saugkraft, doch ist dies keine allgemeine Regel. Nach den Messungen von URSPRUNG u. BLUM[4] können wir uns die Verteilung der osmotischen Werte auf folgende Weise denken.

In der Wurzel ist ein ausgesprochenes Gefälle in der Richtung von außen nach innen nicht zu verzeichnen. Hingegen sind die osmotischen Werte im oberen Teil höher als im unteren. Im Stengel sind die osmotischen Werte in Leptomparenchym höher als in Epidermis und Außenrinde. In Cambium und Holzparenchym sind die osmotischen Werte deutlich niedriger als in Leptom, was bei der Erklärung der Bewegung plastischer Stoffe von Bedeutung ist. In Mark ist der osmotische Wert im allgemeinen noch niedriger. In Blättern höherer Insertion sind die osmotischen Werte regelmäßig höher als in Blättern tieferer Insertion. Im einzelnen Blatt ist der osmotische Wert durchschnittlich höher

[1] JANSE, S. M.: Jb. Bot. **45**, 305 (1908); **52**, 509 (1913).
[2] EWART, A. J.: Philos. Trans. roy. Soc. Lond. **198**, 41 (1905); **199**, 397 (1907).
[3] URSPRUNG, A.: Flora (Jena) **118/119**, 566 (1925).
[4] URSPRUNG, A. u. BLUM, G.: Ber. dtsch. bot. Ges. **34**, 88, 115, 123 (1916).

an der Spitze als an der Basis. Im Mittelnerv und in der Epidermis sind die osmotischen Werte immer niedriger als im Schwammparenchym, in diesem aber niedriger als in den Palisaden.

Die Größe der osmotischen Werte ist ebenso wie diejenige der Saugkräfte nicht konstant. Die Schwankungen des osmotischen Wertes werden durch Temperatur, Licht[1] und namentlich die Wasserversorgung der Pflanze beeinflußt. Nach Ursprung u. Blum besteht auch für den osmotischen Wert ebenso wie für die Saugkraft eine Tagesperiodizität.

Die Kohäsion des Wassers in den Leitungsbahnen. Schon längst hat Askenasy[2] den folgenden Versuch ausgeführt. Er füllte einen Glastrichter mit Gips und schmolz ihn einem langen Glasrohr an. Der Gipsblock wurde mit ausgekochtem Wasser durchtränkt und das Rohr mit demselben Wasser gefüllt. Das untere Ende des Rohres wurde in Quecksilber getaucht (Abb. 29), wobei man besondere Sorge dafür trug, daß im Rohr keine Luftblasen oder gar „Blasenkeime" vorhanden waren. Durch Wasserverdunstung von der freien Gipsfläche wurde eine aufwärts gerichtete Wasserbewegung im Trichterrohr bewirkt; der Wasserbewegung folgte eine Bewegung des Quecksilbers im Rohr. War das Wasser wirklich luftfrei, so konnte man ein Steigen des Quecksilbers auf eine Höhe beobachten, welche es im Barometer infolge Bildung des Toricellischen Vakuums nie erreichen kann. So stieg das Quecksilber in einigen Versuchen Askenasys auf 89 cm bei dem Barometerstand von 73,5 cm.

Spätere Forscher haben unter günstigen Bedingungen noch viel höhere Quecksilberniveaus beobachtet. Es kommt nämlich alles darauf an, inwieweit das zum Versuch verwendete Wasser luftfrei ist, denn bei den großen Verdünnungen, die beim Steigen des Quecksilbers entstehen, können auch minimale in Wasser gelöste Luftmengen in

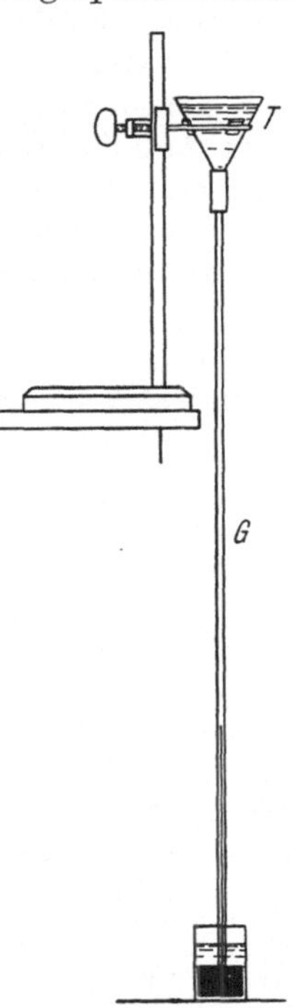

Abb. 29. Heben der Quecksilbersäule durch Evaporation des Wassers. Erklärung im Text. (Nach Detmer.)

Gestalt von ziemlich umfangreichen Blasen austreten. Nun ist es recht schwer, die dem Glas adhärierende Luft vollkommen zu beseitigen. Ursprung[3] hat verschiedene Verfahren versucht und war schließlich genötigt, auf die Verwendung von Glasröhren zu verzichten, da hierbei eine Senkung der Quecksilbersäule schließlich nicht durch ihr eigenes Gewicht, sondern durch die Luftausscheidung aus dem Versuchswasser bewirkt wird. Immerhin erreichte der genannte Forscher eine Steighöhe

[1] Bächer, J.: Beih. z. Bot. Zbl. (I) **37**, 63 (1920).

[2] Askenasy, E.: Verh. naturhist. u. med. Ver. Heidelberg **5** (1895); **6** (1896).

[3] Ursprung, A.: Ber. dtsch. bot. Ges. **31**, 388, 401 (1913); **33**, 108, 112, 140, 253 (1915); **34**, 475 (1916). — Vgl. auch Jost, L.: Z. Bot. **8**, 1 (1916).

von 135 cm über dem Barometerstand. Auch mit Lianenstämmen wurden mehr als doppelte Barometerhöhen erreicht.

Die Nichtbildung des TORICELLIschen Vakuums bei derartigen Versuchen erklärt sich durch eine Kohäsion zwischen den Molekülen des Wassers und des Quecksilbers, sowie zwischen Wasser und Holz. Die Überwindung der Kohäsion erfordert die Anwendung enorm großer Kräfte. DIXON[1] hat Wasser in Glasapparaten bis auf 150 Atm. gespannt, bevor ein Zerreißen der Wassersäule erfolgte. Aber auch hier wurde das Zerreißen durch entstandene Luftblasen bewirkt. Eine wirkliche Vorstellung von den Kräften, die zum Zerreißen einer Wassersäule erforderlich sind, lieferten erst die Messungen von RENNER[2] und URSPRUNG[3] an dem Annulus der Farnsporangien. Wie bekannt, bildet der Annulus eine Zellenreihe, die auf einer Seite am Sporangienstiel ansetzt und auf der anderen Seite durch dünnwandige Zellen vom Stiel getrennt ist. Die Annuluszellen besitzen sehr dicke Seiten- und Innenwände, während die Außenwände sehr dünn sind (Abb. 30).

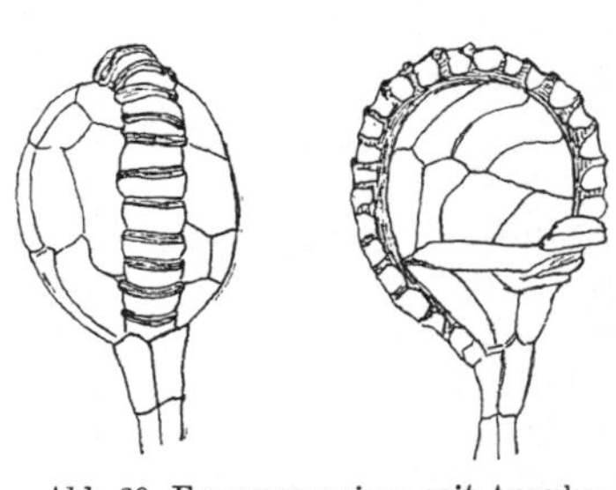

Abb. 30. Farnsporangium mit Annulus. Erklärung im Text. (Nach STRASBURGER.)

In trockener Luft verlieren diese Zellen Wasser und die Außenwand wird nach innen gezogen, wobei eine starke Spannung des Zellinhaltes stattfindet. Erreicht diese Spannung einen derartigen Grad, daß Wasser von der Zellwand abgerissen wird und Luft eintritt, so gleicht sich die Druckdifferenz sofort aus, und der durch Spannung gekrümmte Annulus streckt sich gerade und krümmt sich gar nach außen, wobei die Sporangien selbstverständlich zerreißen und Sporen auf weite Entfernungen herausgeschleudert werden.

Hier haben wir also einen natürlichen Apparat vor Augen, in welchem die Kohäsion des Wassers überwunden wird, ohne daß Luftblasen im Wasser entstehen. Nun haben RENNER und URSPRUNG die Spannung gemessen, die erforderlich ist, um die Sporangien zu zerreißen und folglich die Kohäsion des Wassers zu überwinden. Die Messung kann durch zweierlei Methoden stattfinden: erstens durch Ermittelung des osmotischen Wertes der Zuckerlösung, durch welche der Vorgang hervorgebracht wird, und zweitens durch Ermittelung des Dampfdrucks der Luft, in welcher das Reißen erfolgt. Die erste Methode erwies sich als unbrauchbar, denn nach RENNER wird ein Reißen der Sporangien selbst durch eine Zuckerlösung vom osmotischen Wert gleich 200 Atm. nicht hervorgerufen. Nach der zweiten Methode erhielt RENNER einen Wert von 370 Atm. und auch URSPRUNG einen Wert von über 300 Atm.

---

[1] DIXON, H. H.: Progr. rei bot. 3, 1 (1909). — Transpiration and the Ascent of Sap in Plants. 1914. — The Transpiration Stream. 1924. — In diesen Schriften sind die anderen Mitteilungen des Verfassers zitiert.
[2] RENNER, O.: Jb. Bot. 56, 617 (1915).
[3] URSPRUNG, A.: Ber. dtsch. bot. Ges. 33, 153 (1915).

Wir können annehmen, daß die Überwindung der Wasserkohäsion im Annulus annähernd 350 Atm. erfordert. Dies ist also der ungeheuere Wert der Kohäsion, die natürlich durch die beim Saftsteigen entstehenden Spannungen nicht überwunden werden kann. Da Kohäsionsspannungen freilich auch in lebenden Zellen entstehen können, so ist es nunmehr begreiflich, welche Spannungen das Protoplasma laut den Angaben ILJINS (siehe oben) beim Austrocknen der Zellen erfährt. Nach HOLLE (a. a. O.) und RENNER (a. a. O.) ist allerdings der Umstand zu beachten, daß beim Reißen einer Zelle auch die Festigkeit der Zellwand eine wichtige Rolle spielt. Nur in solchen Zellen, deren Wandungen Drucke aushalten, bei welchen eine Überwindung der Kohäsion erfolgt, findet letzterer Vorgang statt; reißt aber die Zellwand schon bei geringen Drucken, so können solche Zellen zur Messung der Kohäsionsspannung ebensowenig dienen, wie Röhren mit lufthaltigem Wasser. In gleicher Weise kann eine große Spannung in solchen Zellen nicht stattfinden, welche leicht Wasser abgeben.

Die Kohäsionstheorie des Saftsteigens. Nun können wir auf Grund der oben dargelegten Tatsachen den Mechanismus der Wasserbewegung in den Leitungsbahnen betrachten. Zur Erklärung des Saftsteigens in den Gefäßen des Holzkörpers wurden verschiedene Theorien vorgeschlagen, die aber meistenteils entweder längst überholt sind und dem tatsächlichen Sachverhalte nicht entsprechen, oder von vornherein so unwahrscheinlich sind, daß deren Darlegung als kaum ratsam erscheint. Nur zwei Theorien können zur Zeit als modern gelten. Die eine von ihnen ist die sogenannte Kohäsionstheorie, die eigentlich richtiger die mechanische Theorie des Saftsteigens zu nennen wäre. Die andere Theorie, die gewöhnlich als vitale Theorie bezeichnet wird, nimmt an, daß der aufsteigende Wasserstrom ohne Anteilnahme der lebenden Elemente des Holzkörpers nicht bewerkstelligt werden könnte. Aber auch diese Theorie ist zur Zeit wenig verbreitet, nachdem URSPRUNG, ihr hauptsächlichster Verteidiger, sie verlassen und sich der Kohäsionstheorie angeschlossen hat. Diese letztere Theorie sollte wohl dem wahren Sachverhalte entsprechen, denn es vermehren sich die experimentellen Tatsachen, welche sie bekräftigen. Sie verdient also ausführlicher dargelegt zu werden.

Die Kohäsionstheorie wurde von DIXON[1] zu einer Zeit entwickelt, als die experimentellen Grundlagen dieser Ansicht noch recht spärlich waren. DIXON verteidigte seine Theorie im Verlaufe mehrerer Jahre gegen die ihr widersprechenden, auf den ersten Blick viel besser begründeten Anschauungen, bis sie schließlich siegreich geworden ist. Doch wurden die ausschlaggebenden experimentellen Resultate, welche der Kohäsionstheorie den Erfolg sicherten, nicht von DIXON selbst, sondern in erster Linie von RENNER und dessen Schüler erzielt.

---

[1] DIXON, H. H.: Progr. rei bot. **3**, 1 (1909). — Transpiration and the Ascent of Sap in Plants. 1914. — The Transpiration Stream. 1924. — In diesen zusammenfassenden Schriften sind andere Arbeiten DIXONS zitiert. Vgl. auch F. BACHMANN, F.: Erg. Biol. **1**, 343 (1926).

Die Kohäsionstheorie besteht im wesentlichen darin, daß als treibende Kräfte des aufsteigenden Wasserstroms ausschließlich der Wurzeldruck und die Transpiration des Laubwerks dienen. Diese Annahme ist nur dann möglich, wenn man voraussetzt, daß in der Pflanze ununterbrochene Wasserfäden von dem absorbierenden Gewebe der Wurzel bis zum transpirierenden Parenchym der Blätter sich ziehen. Eine solche Voraussetzung ist selbstverständlich nur unter Zugrundelegung der Kohäsion möglich. Der Erfolg der Theorie hing also damit zusammen, daß die Kohäsion der Wasserfäden zu einer experimentell begründeten Tatsache erhoben worden war.

Wir wissen schon, daß die Saugkraft des transpirierenden Blattparenchyms mehrere Atmosphären beträgt. Diese und die mit ihnen kommunizierenden Parenchymzellen saugen das Wasser aus den anliegenden Gefäßen des Blatts auf, wodurch in letzteren eine Spannung entsteht. Diese Spannung verbreitet sich unmittelbar auf sämtliche Gefäße des Stengels und der Wurzel, da das Volumen des Wassers bei beliebigen Spannungen unverändert bleibt. Die gespannten Wasserfäden bewegen sich in den Gefäßen nach oben, wobei die Geschwindigkeit der Bewegung von der Größe der Saugkraft abhängt. Innerhalb großer Bäume muß die Zugspannung der Wasserfäden natürlich sehr beträchtlich sein. Bereits DIXON selbst wies ausdrücklich darauf hin, daß nur luftfreie Holzelemente zur Wasserleitung dienen können. Nach DIXONS Ansicht besteht die Hauptfunktion der Hoftüpfel darin, daß dieselben Wasser leicht durchlassen, für Luft aber impermeabel sind. Die in ein Gefäß zufällig eingedrungene Luft kann somit von demselben in die anderen Leitungsbahnen nicht übertreten. Die mit Luft gefüllten Gefäße werden nach DIXON aus der Leitung zeitweilig ausgeschaltet und dadurch repariert, daß die Luft durch den Blutungsdruck im Wasser wieder gelöst wird. Nach MÜNCH[1] gesellt sich dazu noch das Einpressen des Wassers in die Gefäße aus den angrenzenden Cambium- und Holzparenchymzellen, wobei die Luft ebenfalls unter Druck gelöst wird.

Auf diese Weise werden von der Kohäsionstheorie nur Transpiration und Wurzeldruck als treibende Kräfte des aufsteigenden Wasserstroms angenommen. Nach MÜNCH spielt auch das Einpressen des Wassers aus den Siebröhren in die Gefäße (siehe unten) eine gewisse Rolle. Unter allen diesen Faktoren ist zweifellos die Transpiration maßgebend. Der Wurzeldruck erreicht höchstens den Wert von 2 Atm. (siehe oben) und könnte also nur bei den krautartigen Pflanzen das Wasser bis auf die Spitze des Stengels hinauftreiben. Diese auf Grund der Messungen des Wurzeldrucks gemachte Schlußfolgerung wird dadurch bestätigt, daß die Guttation, wie bereits im Kapitel X dargelegt ist, nur bei krautartigen Pflanzen, aber in seltenen Ausnahmefällen auch bei den Bäumen wahrgenommen wird. Selbst als eine Stütze der Wasserfäden kommt der Wurzeldruck höchstens nur bei herabgesetzter Transpiration in

---

[1] MÜNCH, E.: Die Stoffbewegungen in der Pflanze. 1930.

Betracht. Ist die Geschwindigkeit des Transpirationsstroms eine beträchtliche, die Saugkraft der Blätter also eine ansehnliche, so verbreitet sich die Saugung bis auf den Boden. Der Wurzeldruck kann unter solchen Bedingungen nicht zur Geltung kommen, da die Geschwindigkeit des von ihm bewirkten Wasserstroms gegenüber derjenigen des Transpirationsstroms zu gering ist. Wir wissen denn auch, daß die Stümpfe der während einer intensiven Transpiration abgeschnittenen Pflanzen nicht nur kein Bluten zeigen, sondern im Gegenteil das auf die Oberfläche des Stumpfs gebrachte Wasser aufsaugen. Daß aber der Wurzeldruck trotzdem fortwährend existiert, ist daraus ersichtlich, daß das Bluten regelmäßig einsetzt, nachdem der Stumpf mit Wasser gesättigt worden war. Dieses „negative Bluten" wird auch bei krautartigen Pflanzen wahrgenommen, was deutlich beweist, daß auch bei diesen Pflanzen der aufsteigende Wasserstrom namentlich durch die Transpiration getrieben wird. Daß das von MÜNCH angenommene Einpressen des Wassers aus dem Leptom in den Holzkörper im Vorgange des Saftsteigens keine wesentliche Rolle spielen kann, hebt MÜNCH selbst hervor; beträgt doch dieser Wasserkreislauf höchstens 2—5 vH des Transpirationsstroms. In den meisten Fällen wird also das Wasser durch das transpirierende Laubwerk direkt aus dem Boden aufgesogen, was dadurch ermöglicht wird, daß im Holzkörper der Pflanze kontinuierliche Wasserfäden existieren. Dies ist die theoretische Grundlage der Kohäsionstheorie.

Die experimentelle Grundlage der Kohäsionstheorie. Die früher in Physik wenig studierte Kohäsion des Wassers wurde in der letzten Zeit, der wie es oben dargelegt wird, vollkommen festgestellt. Es wurde außerdem dargetan, daß zur Überwindung der Kohäsion solche Spannungen erforderlich sind, die in der Pflanze sicherlich nicht vorkommen [1]. Theoretisch ist also die Annahme der Existenz von kontinuierlichen Wasserfäden vollkommen berechtigt, es fragt sich aber, ob diese Fäden im Holzkörper der Pflanzen tatsächlich existieren. Früher erschien diese Annahme als wenig wahrscheinlich, indem verschiedene Beobachtungen darauf hindeuteten, daß die Gefäße des Holzkörpers namentlich bei starker Transpiration zum größten Teil nicht mit Wasser, sondern mit verdünnter Luft gefüllt seien. Schon längst hat HÖHNEL [2] den folgenden Versuch ausgeführt: Schneidet man einen stark transpirierenden Sproß unter dem Quecksilber ab, so dringt das Quecksilber in die Gefäße ein, und zwar auf solche Entfernungen, die zur Annahme berechtigen, daß die Luft in den Gefäßen sehr stark verdünnt ist. Direkte mikroskopische Beobachtungen zeigten außerdem, daß der Inhalt der Gefäße namentlich bei gesteigerter Transpiration zum größten Teil aus Luft besteht.

Anderseits haben verschiedene Forscher beobachtet, daß die im

---

[1] Oben wurde angegeben, daß, auf Grund der an Farnsporangien ausgeführten Messungen, zur Überwindung der Wasserkohäsion Spannungen von etwa 350 Atm. notwendig sind. Es ist aber möglich, daß der Wert der Kohäsion ein noch größerer ist und das Reißen der Wand der Annuluszellen noch vor dem Überwinden der Kohäsion erfolgt.

[2] v. HÖHNEL: Jb. Bot. **12**, 77 (1879).

Stamme eines Baums befestigten Quecksilbermanometer häufig starke positive Drucke aufwiesen, die aber immer sehr unregelmäßig waren und keine bestimmte Richtung des Druckgefälles anzeigten. Diese Resultate widersprachen zwar deutlich der Annahme, daß in den Gefäßen ein niedriger Luftdruck herrscht, doch sind sie auch mit einer Annahme der Kohäsionsspannung in den Gefäßen schwer in Einklang zu bringen.

Später wurde aber erwiesen, daß die Versuche, den Druck im Holzkörper auf eine derart rohe Weise zu messen, aussichtslos sind. Ausführliche Prüfungen haben festgestellt, daß die durch Quecksilbermanometer angezeigten Drucke von ganz zufälligen Ursachen herrühren. In einigen Fällen sind es Drucke eines kleinen Gewebebezirkes, der vom Holzkörper durch Wundkork abgetrennt ist, in anderen Fällen gar die Gasdrucke, die auf Gärungen der die Bohrung verunreinigenden Mikroorganismen zurückzuführen sind. Ohne die ältere Literatur über diesen Gegenstand zu zitieren, verweise ich nur auf die neueren Angaben von MacDougal[1] und Münch[2]. Gegenwärtig sind sämtliche Forscher darüber einig, daß im Holzkörper des Baumstammes niedrige und unter Umständen gar negative Drucke herrschen.

Außerordentlich wichtig war der Befund, daß die wasserleitenden Holzgefäße normalerweise keine Luft enthalten. Holle[3] hat den einwandfreien Nachweis dafür erbracht, daß die Gefäßwände für Luft impermeabel sind. Beobachtet man unter dem Mikroskop eine mit Luft gefüllte Tracheide, so kann man immer feststellen, daß die benachbarten Tracheiden auch nach längerer Zeit mit Wasser vollkommen erfüllt bleiben und nicht die geringsten Luftbläschen enthalten. Die in Renners Laboratorium ausgeführte Arbeit Bodes[4] hat zum Resultat geführt, daß die Luft in die Wasserleitungsbahnen ausschließlich nur bei deren Präparierung für die mikroskopische Beobachtung eindringt. Bode hat die Wasserleitung in einzelnen Gefäßen an lebenden Pflanzen studiert. Selbstverständlich sind zu derartigen Versuchen nur einige bestimmten Pflanzen geeignet. Sorgt man dafür, daß das die Gefäße umgebende Holzparenchym unbeschädigt bleibt, so kann man sich davon vergewissern, daß die Gefäße selbst bei einem weitgehenden Welken der Pflanze nur mit Wasser gefüllt sind. Bei einem Andrücken des Präparats dringt die Luft in die Gefäße ein, doch wird sie nach einiger Zeit wieder gelöst und durch Wasser ersetzt. Auch das Eindringen des Quecksilbers in die Gefäße hat Bode mikroskopisch beobachtet und dargetan, daß dieser Vorgang früher ebenfalls unrichtig gedeutet wurde. Es zeigte sich, daß Quecksilber nicht in die mit verdünnter Luft, sondern in die mit Wasser gefüllten und durch Kohäsion gespannten Gefäße eindringt. Quecksilber wird direkt an die Wasserfäden anschließend von diesen in die Gefäße hineingerissen.

---

1 MacDougal, D. F.: Proc. amer. philos. Soc. **64**, 102 (1925).
2 Münch, E. Die Stoffbewegungen in der Pflanze. 1930.
3 Holle, H.: Flora (Jena) **108**, 73 (1915).
4 Bode, H. R.: Jb. Bot. **62**, 92 (1923).

RENNER[1] hat schon längst die folgende Beobachtung gemacht: Wenn man die Wasseraufsaugung im Potometer verfolgt und bei starker Transpiration des Versuchssprosses dessen oberen Teil mit dem gesamten Laubwerk plötzlich abschneidet, so bemerkt man sofort einen „Rückstoß": die Wassersäule im Potometerrohr tritt auf einmal zurück, als ob die Pflanze in einem bestimmten Moment das Wasser nicht aufsaugte, sondern sezernierte. Diese Erscheinung wurde von RENNER schon damals richtig erklärt. Der Durchmesser der bei Wassermangel durch Kohäsion gespannten Gefäße wird kleiner. Nach dem Abschneiden stürzt aber Luft in die Gefäße hinein; die Spannung wird aufgehoben, das Volumen der Gefäße vergrößert sich auf einmal und bewirkt auch eine Volumenzunahme des gesamten Stengels. Hierdurch vergrößert sich der Inhalt des Potometers und das Wasser im Rohr wird nach außen gestoßen. Diese Deutung wurde von BODE durch direkte mikroskopische Messungen bestätigt. Es ist also ersichtlich, daß die ganze Frage der negativen Drucke in den Gefäßen früher unrichtig interpretiert wurde. Verminderte und gar negative Drucke existieren zweifellos im Holzkörper, doch bewirken sie bei Luftabschluß nichts anderes als eine Spannung der Gefäße und Verringerung ihres Volumens. Bringt man den Inhalt der gespannten Gefäße mit Quecksilber, Wasser, Luft oder einem anderen Gas in Verbindung, so treten die genannten Gase bzw. Flüssigkeiten in die Gefäße ein, und das normale Volumen dieser Leitungsbahnen wird wieder hergestellt. Diese Elastizität der Gefäßwände verhindert zunächst die Bildung von Luftblasen, indem durch Spannung das Volumen des Gefäßes und nicht der Gasdruck herabgesetzt wird. Außerdem ist der Umstand von Bedeutung, daß die Ungleichheit der Geschwindigkeiten der Transpiration und der Wasseraufnahme durch die Wurzeln namentlich durch die Elastizität der Gefäße gepuffert wird: Die in den Zellen der transpirierenden Blätter etwa stattfindenden scharfen Veränderungen der Saugkraft gelangen in bedeutend gemilderter Gestalt zu den Wurzeln und die Kontinuität der Wasserfäden bleibt ungestört. Zahlreiche Messungen zeigen, daß selbst Stämme großer Bäume bei starker Transpiration und Störung der normalen Wasserbilanz (siehe oben) schmäler werden. Nach MAC DOUGAL[2] wird eine Transpirationssteigerung innerhalb weniger Minuten durch eine Verminderung des Durchmessers des Stammes an dessen Basis beantwortet.

Wir sehen also, daß die neueren Untersuchungen, in erster Linie diejenigen von RENNER und dessen Mitarbeiter, die Kohäsionstheorie zu einer experimentell begründeten einheitlichen Lehre von der Wasserbewegung in den Leitungsbahnen erhoben haben. Um so bedauerlicher ist es, daß einige Forscher der genannten Theorie auch jetzt noch nicht Rechnung tragen und z. B. die Möglichkeit einer Wasserbewegung längs

---

[1] RENNER, O.: Flora (Jena) **103**, 171 (1911).

[2] MACDOUGAL, D. T.: Carnegie Inst. Washington Publ. **365**, 90 (1925).

den inneren Wandflächen der Gefäße[1] oder gar in den Siebröhren des Leptoms[2] diskutieren.

Eine direkte Messung der Widerstände im Holzkörper und der zur Überwindung dieser Widerstände bei normaler Wasserversorgung notwendigen Saugkräfte und Spannungen wurde an Hand verschiedener Methoden sowohl von den Anhängern der Kohäsionstheorie, als von deren Gegnern ausgeführt. Letztere behaupteten, daß eine normale Wasserversorgung der Pflanze ohne Anteilnahme der lebenden Zellen des Holzkörpers unmöglich sei, da die vorhandenen Widerstände den direkt meßbaren Saugkräften nicht entsprechen sollen. Zunächst hat RENNER[3] die Saugung des Laubwerks mit derjenigen einer Saugpumpe zu vergleichen versucht. Es wurde die Wasseraufnahme einer Wasserkultur im Potometer bestimmt, dann der obere Teil des Stengels abgeschnitten und dem Stumpf eine Saugpumpe angeschlossen. Die unter einem bestimmten Druck der Pumpe aufgenommene Wassermenge wurde mit derjenigen verglichen, die vor dem Abschneiden durch die Wirkung des oberen Teils des Stammes in die Pflanze eingedrungen war. In anderen Versuchen wurden künstliche Widerstände eingeschaltet. Analoge Versuche hat auch NORDHAUSEN[4], ein Anhänger der vitalen Theorie des Saftsteigens, unter verschiedenartigen Bedingungen ausgeführt. Das Ergebnis all dieser Bestimmungen sprach auf den ersten Blick eher zugunsten der vitalen Theorie: Es zeigte sich, daß die Saugung des Sproßgipfels im Vergleich mit derjenigen der Pumpe außerordentlich stark sein muß, und eine Anteilnahme der lebenden Zellen des Holzparenchyms erschien daher als naheliegend, da die Saugkräfte der Blätter allein zur Überwindung der beobachteten Widerstände angeblich nicht ausreichen sollten.

Doch hat JOST[5] darauf hingewiesen, daß zwischen Pumpensaugung und Filtrationsstrom keine Proportionalität existiert. Weitere Prüfungen in RENNERs Laboratorium zeigten, daß diese Annahme richtig ist und also die Anwendung der Pumpen zu diesen Zwecken sich als unstatthaft erweist[6]. Nach KÖHNLEIN ruft starke Saugung einen Reizzustand in der Wurzel hervor, bei welchem die Widerstände im genannten Organ geringer werden. Nach demselben Verfasser ist auch die Methode der Umkehrung des Transpirationsstroms durch osmotisch wirksame Lösungen unbrauchbar. Dagegen kommt er zum Schluß, daß die Widerstände in der Wurzel durch die folgende Methode quantitativ ermittelt werden können. Die Saugkräfte der Blätter werden vor und nach der Eliminierung des Wurzelwiderstandes nach der Methode von

---

[1] GUYE, C. E.: C. r. Soc. Phys. et Hist. nat. Genève **43**, 111 (1926).

[2] CURTIS, O. F.: Ann. of Bot. **35**, 573 (1925).

[3] RENNER, O.: Flora (Jena) **103**, 171 (1911). — Ber. dtsch. bot. Ges. **30**, 576 (1912); **36**, 172 (1918). — Flora (Jena) **118/119**, 402 (1925).

[4] NORDHAUSEN, M.: Ber. dtsch. bot. Ges. **34**, 619 (1916); **37**, 443 (1919). — Jb. Bot. **58**, 295 (1917); **60**, 307 (1921).

[5] JOST, L.: Z. Bot. **8**, 1 (1916).

[6] MISSBACH, G.: Jena. Z. Naturwiss. **62**, 393 (1926). — KÖHNLEIN, E.: Planta (Berl.) **10**, 381 (1930).

Ursprung u. Blum gemessen. Aus ihrer Differenz ergibt sich die gesuchte Größe. Die ausgeführten Messungen sprechen zugunsten der Ansicht, daß der Blutungsdruck auch dann das Eindringen des Wassers in den Holzkörper bewirkt, wenn in den Gefäßen selbst negative Drucke herrschen. Durch gesteigerte Transpiration wird die Wurzeltätigkeit stimuliert. Diese Resultate bilden eine neue Stütze der Ansicht, daß der Blutungsdruck auch dann fortbesteht, als er an Hand des direkten Experimentes nicht nachzuweisen ist.

Zusammenfassend ist der Schluß zu ziehen, daß die in den Leitungsbahnen vorhandenen Widerstände den Saugkräften der Blätter entsprechen. Somit erweist sich die Annahme einer Beteiligung der lebenden Zellen des Holzparenchyms an der Wasserleitung zum mindesten als unnötig. Nach den Resultaten von Schmucker[1] ist diese Annahme auch nicht sehr wahrscheinlich, indem es dem Verfasser nicht gelungen ist, durch Einwirkung von Giftstoffen die Wasseraufnahme und die Wasserleitung auch nur zu verlangsamen.

Huber[2] beschäftigt sich mit der Öcologie der Wasserleitung und kommt zum Schluß, daß in den Pflanzen bestimmte Anpassungen existieren, deren Zweck ist, die Widerstände in den Leitungsbahnen namentlich bei erschwerter Wasserversorgung nach Möglichkeit herabzusetzen. An trockenen Standorten entstehen erhebliche Widerstände bereits bei der Wasseraufnahme aus dem Boden; die Widerstände im Innern der Pflanze selbst müssen daher niedrig sein, um das transpirierende Gewebe nicht zu überlasten. Dies wird meistens durch die Vergrößerung des gesamten Durchmessers des leitenden Gewebes sowie durch engeres Netzwerk der Blattnervatur erreicht. Jaccard[3] und nach ihm Rübel[4] haben festgestellt, daß bei den Pflanzen eine weitgehende Proportionalität zwischen Transpirations- und Leitfläche besteht; ein jeder Stengel oder Stamm ist somit nichts anderes als ein System konstanter Leitfähigkeit. Nach Huber wird das Verhältnis zwischen Transpiration und Leitfläche unter verschiedenen ökologischen Verhältnissen durch ungleiche Entwicklung der Leitfläche konstant erhalten. Als Beispiel mögen folgende Zahlen dienen:

Eiche

	Sonnenzweig	Schattenzweig
Transpiration pro qdm/Stunde	75,7 mg	45,9 mg
Leitfläche pro qdm Blattfläche	0,42 qmm	0,20 qmm
Wasserdurchströmung pro qcm Leitfläche .	18,0 ccm	22,5 ccm

Die Pflanzen der bestimmten ökologischen Gruppen zeichnen sich nach Huber durch eine große Gleichförmigkeit der relativen Entwickelung des Leitungssystems aus. Bäume scheinen durchschnittlich eine relativ größere Leitfläche als krautartige Pflanzen zu besitzen, was da-

---

[1] Schmucker, Th.: Jb. Bot. **68**, 771 (1928).
[2] Huber, B.: Jb. Bot. **64**, 1 (1924).
[3] Jaccard, P.: Z. Forst- u. Landw. **11**, 241 (1913); **13**, 321 (1915).
[4] Rübel, E.: Beih. z. Bot. Zbl. (I) **37**, 1 (1919).

durch erklärlich ist, daß bei den Bäumen die Leitstrecken bedeutend länger sind. Daß bei den xeromorphen Blättern das Netzwerk der Blattnervatur stärker entwickelt ist, hat schon ZALENSKY (a. a. O.) selbst beim Vergleich der höher und tiefer inserierten Blätter einer und derselben Pflanze wahrgenommen. Beim engeren Netzwerk wird in erster Linie der enorm große Widerstand im Blattparenchym herabgesetzt, da hierbei die Entfernungen der einzelnen Zellen von den Leitungsbahnen kürzer werden. HUBER äußert die Ansicht, daß im allgemeinen die Parallelnervigkeit gegenüber der Netznervigkeit eine bedeutend bessere Lösung des Problems der Wasserversorgung darstellt. HUBER weist in diesem Zusammenhange darauf hin, daß die parallelnervigen Phyllodien eine Anpassung der Dikotylen an außerordentlich trockene Verhältnisse darstellen. Einzelheiten sind im Originalaufsatz nachzusehen.

Überblicken wir die zur Bekräftigung der Kohäsionstheorie herangezogenen Tatsachen, so müssen wir zur Schlußfolgerung gelangen, daß die genannte Theorie zur Zeit gut begründet ist, während sie vor 20 Jahren nur eine theoretische Annahme war. Die wichtigsten Einwände gegen die Kohäsionstheorie waren die folgenden. Erstens glaubte man schließen zu dürfen, daß im Holzkörper keine kontinuierlichen Wasserfäden existieren. Im Zusammenhange damit hat man die Notwendigkeit enorm großer Saugkräfte postuliert, die in den Blättern nicht gefunden werden. Die eingehenden Untersuchungen verschiedener Forscher, in erster Linie RENNERS und seiner Mitarbeiter, haben dargetan, daß obige Einwände nicht stichhaltig sind. Die Existenz der kontinuierlichen Wasserfäden in den Gefäßen wurde endgültig festgestellt. Außerdem erwies es sich, daß die Widerstände im Holzkörper nicht übermäßig groß sind und den in verschiedenen Geweben gemessenen Saugkräften entsprechen.

Auf Grund all dieser Ergebnisse erscheint die Kohäsionstheorie zur Zeit als experimentell begründet und frei von theoretischen Widersprüchen, während die sogenannte vitale Theorie auf keiner festen Grundlage fußt und von ihren früheren Anhängern allmählich verlassen wird.

Die vitale Theorie des Saftsteigens. Diese Theorie hat selbstverständlich mit den vitalistischen Anschauungen nichts zu tun und wurde eigentlich ungenau genannt. Die Unentbehrlichkeit der lebenden Zellen der Blätter für das Saftsteigen haben auch die Anhänger der Kohäsionstheorie ausdrücklich betont; in neuerer Zeit wird auch die große Bedeutung der lebenden Zellen der Wurzelrinde hervorgehoben[1]. Anderseits waren einige Anhänger der vitalen Theorie damit einverstanden, daß im Holzkörper zusammenhängende Wasserfäden bestehen. Der Unterschied der Kohäsionstheorie von der vitalen Theorie bezieht sich nur darauf, daß die Anhänger der vitalen Theorie die Anteilnahme der lebenden Zellen des Holzparenchyms an der Wasserleitung als not-

---

[1] KÖHNLEIN, E.: Planta (Berl.) **10**, 381 (1930).

wendig betrachten, während die Anhänger der Kohäsionstheorie behaupten, daß als treibende Kräfte des aufsteigenden Wasserstroms nur der Wurzeldruck und die Transpiration anzusehen sind. Daher wäre es empfehlenswerter, die vitale Theorie als „Theorie der intermediären Triebkräfte" zu bezeichnen.

Die Veranlassung zur Entwickelung der vitalen Theorie wurde gegeben durch die Bestrebung, die Überwindung des Widerstandes der in den Tracheiden angeblich vorhandenen Luftblasen zu erklären. JANSE[1] nimmt an, daß Markstrahlzellen, die zwischen zwei Tracheiden liegen, Wasser von der unteren in die obere treiben. Hierbei wird die ungleiche Permeabilität der beiden Enden der Markstrahlzellen für Wasser vorausgesetzt. Die Rotation des Plasmas soll die Wasserbeförderung erleichtern, indem das Wasser auf eine nicht näher erläuterte Weise nur in das Plasma, nicht aber in den Zellsaft der Markstrahlzellen gelangt. Diese rein hypothetische Annahme wurde wohl deshalb gemacht, weil es sonst unerklärlich geblieben wäre, auf welche Weise die Anteilnahme lebender Zellen die Wasserbewegung beschleunigen könnte: Wissen wir doch, daß die Widerstände im lebenden Parenchym außerordentlich groß sind, und also die Stromgeschwindigkeit sehr langsam sein sollte. Doch ist die Erklärung einer Beförderung der Wasserleitung durch das rotierende Protoplasma wohl als phantastisch zu bezeichnen. Auch wird eine polare Durchlässigkeit der lebenden Zellen der Markstrahlen für das Wasser durch keine Tatsachen bekräftigt.

Somit ist wohl der Schluß zu ziehen, daß die vitale Theorie des Saftsteigens in ihrer ursprünglichen Form überholt ist. Der Nachweis der Abwesenheit von Luftblasen in den Leitungsbahnen war für die genannte Theorie ein Todesstoß.

In diesem Zusammenhange ist noch die eigenartige Pulsationstheorie BOSES[2] kurz zu erwähnen. Dieser Forscher nimmt an, daß lebende Zellen des Rindenparenchyms pulsierende Bewegungen ausführen und durch diese rhythmisch verlaufenden Pulsationen das Wasser in der Rinde hinauftreiben. Der Holzkörper dient nach BOSE nur als Speichergewebe, in welchem aber eine gewisse Wassermenge auch rein physikalisch weiter befördert werden kann. Als einen Nachweis der soeben erwähnten Pulsationen betrachtet BOSE die elektrischen Potentialschwankungen, die er an Hand einer außerordentlich empfindlichen Methode in Rinden nachzuweisen vermochte. Eine Turgorverminderung wird nach BOSE stets von einem positiven Ausschlag des Galvanometers begleitet. BOSE glaubt festgestellt zu haben, daß in der Längsrichtung des Stammes allmähliche Phasenverschiebungen stattfinden, was darauf hindeuten soll, daß die Pulsationen wellenartig vor sich gehen. Bezüglich der Einzelheiten muß auf das Original verwiesen werden.

Das Buch BOSES enthält mehrere scharfsinnige Beobachtungen und Beschreibungen von sehr genauen und empfindlichen Apparaten, doch

---

[1] JANSE, S. M.: Jb. Bot. **45**, 305 (1918); **52**, 509, 603 (1913).

[2] BOSE, J. C.: Physiology of the Ascent of Sap. 1923. Deutsch von E. PRINGSHEIM. 1925.

glaubt BOSE auf ein eingehendes Studium der europäischen Literatur verzichten zu dürfen. Deshalb steht sein Standpunkt in keinem Zusammenhange mit den Resultaten und Ansichten anderer Forscher. DIXON[1] war nicht in der Lage, die Existenz der BOSEschen Phasenverschiebungen zu bestätigen. Dieselben stehen denn auch kaum in einem Zusammenhange mit der Wasserbewegung. Die Annahme, daß die Hauptbewegung des Wassers sich in der Rinde vollzieht, ist experimentell unbegründet.

Aus obiger Darlegung ist ersichtlich, daß zur Zeit wohl nur die Kohäsionstheorie als die Arbeitshypothese im Gebiete des Saftsteigens dienen muß. Halten wir uns an diese Theorie, so läßt sich die Größe der Widerstände in den Leitungsbahnen direkt durch die Größen der vorhandenen Saugkräfte der transpirierenden Blätter ausdrücken.

Die Bewegung des Saftes in den Siebröhren. Dieses wichtige Problem der Pflanzenernährung ist nur in der allerletzten Zeit zum Gegenstand einer eingehenden experimentellen Forschung geworden. Die früheren Ansichten über die Funktion der Siebröhren waren ganz unzulänglich: Selbst der Inhalt der Siebröhren wurde analytisch ungenügend untersucht und verschiedene Forscher waren auch darüber nicht einig, ob sämtliche Assimilate oder nur speziell Eiweißstoffe in den Siebröhren abgeleitet werden.

Der Bau der Siebröhren wird als bekannt vorausgesetzt; es sei hier nur daran erinnert, daß die genannten Leitungsbahnen aus strangförmig angereihten lebenden Zellen bestehen, deren Querwandungen durch weite Tüpfel mehrmals perforiert sind und daher die Gestalt von sogenannten Siebplatten besitzen. Durch diese Poren kommunizieren nicht nur die Protoplasten, sondern auch die Zentralvakuolen der einzelnen Glieder eines Siebrohres miteinander (Abb. 31), und das ganze Rohr stellt, ebenso wie eine Trachee, der Saftbewegung keine Widerstände in Form von Membranen entgegen, vorausgesetzt, daß der Saft sich in der Zentralvakuole des Siebrohres bewegt. Der Grundunterschied von einer Trachee besteht hier also darin, daß ein Siebrohr als lebend, d. i. protoplasmahaltig, erscheint und keine Verholzung der Wandungen aufweist.

Verschiedene anatomische Beobachtungen deuteten schon längst darauf hin, daß die Ableitung der Assimilate aus den Blättern durch die Siebröhren vermittelt wird. HABERLANDT weist in seiner „Physiologischen Pflanzenanatomie" ausdrücklich darauf hin, daß die Palisaden des Laubblattes mittels der besonderen Sammelzellen mit den Leptomteilen der Blattbündel im Zusammenhange stehen. Nach einer ausgiebigen Photosynthese bemerkt man eine Anhäufung der transitorischen Stärke nicht in den Palisaden selbst, sondern in den Zellen der Bündelscheide. Nach einer verhältnismäßig kurzen Zeit sind aber auch diese Zellen leer, da die gebildeten Kohlenhydrate wahrscheinlich bereits in die Siebröhren übergegangen sind. Doch bereitete die Erklärung des

---

[1] DIXON, H. H.: The Transpiration Stream. 1924.

Mechanismus der Saftbewegung in den Siebröhren große Schwierigkeiten, da hier weder die Transpiration, noch der Wurzeldruck direkt mitbeteiligt werden können. Einige Forscher äußerten sich dahin, daß der Turgordruck der den Siebröhren anliegenden lebenden Zellen die treibende Kraft für die Saftbewegung liefere. Diese Annahme ist aber aus dem Grunde unwahrscheinlich, weil es kaum möglich sein kann, daß die rhythmischen Turgorveränderungen der einzelnen Parenchymzellen so koordiniert wären, daß hieraus eine fortwährende Bewegung des Saftes im Siebrohr in einer bestimmten Richtung resultierte. Deshalb hat die soeben erwähnte Annahme keinen Anklang gefunden und in der letzten Zeit waren die beiden folgenden Standpunkte vorherrschend.

Die Vertreter der Ansicht, daß organische Stoffe namentlich in den Siebröhren sich bewegen, behaupteten, daß in letzteren keine Massen-

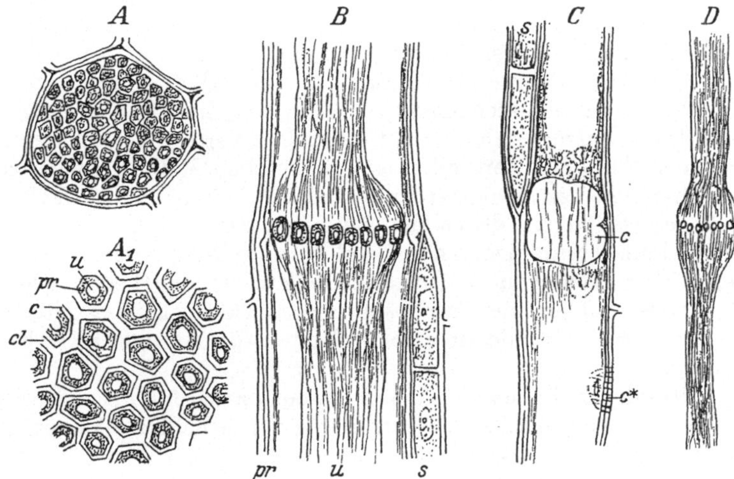

Abb. 31. Siebröhren. A und A_1 im Querschnitt, B und D im Längsschnitt. Man sieht, daß auch in den Poren der Siebplatten sowohl das Plasma als der Zellsaft vorhanden ist. (Nach STRASBURGER.)

bewegung des Saftes, wie sie in den Gefäßen außer Zweifel steht, zustande kommt; die zu transportierenden Stoffe verbreiten sich in den Siebröhren angeblich durch einfache Diffusion. Demgegenüber wiesen die Vertreter der entgegengesetzten Ansicht mit Recht darauf hin, daß die Geschwindigkeit des Stofftransportes, die durch direkte Messungen ermittelt wird, an Hand der einfachen Diffusion auch annähernd nicht erreicht werden kann. Die in PFEFFERS Laboratorium ausgeführte Arbeit von BIRCH-HIRSCHFELD[1] zeigte, daß die Diffusion im Leptom sehr langsam vor sich geht; hieraus wird der Schluß gezogen, daß die plastischen Stoffe nicht in der Rinde, sondern im Holzkörper geleitet werden. Besonders scharf lehnt DIXON[2] die Möglichkeit einer Leitung organischer Stoffe im Leptom ab. Seine Messungen zeigten, daß die Stromgeschwin-

[1] BIRCH-HIRSCHFELD, L.: Jb. Bot. **59**, 171 (1920).
[2] DIXON, H. H.: The Transpiration. Stream. 1924.

digkeit im Ansatzstiel der Kartoffelknolle nahezu 50 cm in 1 Stunde erreicht. Dies ist allerdings eine Ausnahme, denn in Blattstielen wurde die Geschwindigkeit des plastischen Saftes gleich 3,5—5 cm gemessen. Diese Geschwindigkeit ist aber bei der Diffusion immerhin vollkommen ausgeschlossen. Deshalb behauptet Dixon, daß auch die plastischen organischen Nährstoffe sich im Holzkörper bewegen, und zwar in der äußersten Holzschicht. Diese Schlußfolgerung wurde experimentell nicht bewiesen; sie ergibt sich nur als eine Folge der Unmöglichkeit, die Stoffbewegung in den Siebröhren befriedigend zu erklären. Außerdem ist es bekannt, daß eine Translokation der organischen Stoffe durch die Gefäße möglich ist, da der Blutungssaft im Frühjahr reich an organischen Stoffen ist, und letztere auch im Sommer nie vollkommen fehlen.

In der allerletzten Zeit wurden aber eingehende, sehr bemerkenswerte Untersuchungen über die Bewegung der plastischen Stoffe durch Münch[1] veröffentlicht. Dieselben zeigen, daß obige Annahmen jedenfalls voreilig sind, denn es ist theoretisch möglich, eine Massenbewegung des Saftes in den Siebröhren zu erklären. Die Arbeit Münchs ist wohl als bahnbrechend zu bezeichnen, und zwar unabhängig davon, ob die Theorie des Verfassers sich als richtig erweisen wird. Das Buch enthält neben einer Fülle des wertvollen experimentellen Materials auch zahlreiche Anregungen zu neuen experimentellen Arbeiten. Selbst die Kühnheit einiger Gedanken, denen der Verfasser des vorliegenden Buches sich nicht immer anschließen kann und die zuweilen extreme Schematisierung wirken erfrischend auf diesem Gebiete, wo die theoretische Behandlung des Problems der Saftbewegung so viele Unstimmigkeiten aufwies. Aus diesem Grunde ist eine Darlegung der Münchschen Theorie notwendig.

Der Grundgedanke des Verfassers besteht darin, daß der osmotische Druck in eine hydraulische Druckströmung von beliebiger Geschwindigkeit verwandelt werden kann. Zu einer anschaulichen Darlegung dieser Ansicht hält es der Verfasser für notwendig, die kinetische Theorie des osmotischen Druckes nicht zu benutzen und den Sachverhalt auf Grund der folgenden alten Ansichten zu erklären. Zwischen den Molekülen der gelösten Stoffe und denen des Lösungsmittels besteht eine Anziehungskraft, die das Wasser durch die semipermeable Wand einer osmotischen Zelle hindurch diffundieren und zwischen die Moleküle des gelösten Stoffes sich drängen läßt. Da die gegenseitige Anziehung von jedem Molekül ausgeht, so steigt die Druckkraft mit der Zahl der in der Volumeinheit des Wassers gelösten Moleküle. Das Gelöste, das aus der osmotischen Zelle nicht austreten kann, hält das Wasser in der Zelle fest wie eine quellbare Substanz oder wie ein Schwamm Wasser capillar ansaugt und festhält. Das festgehaltene Wasser kann aus der Zelle durch einen mechanischen Druck ausgepreßt werden; überhaupt bleiben bei obiger Betrachtungsweise die energetischen Vorstellungen grundsätzlich dieselben wie

---

[1] Münch, E.: Die Stoffbewegungen in der Pflanze. 1930. Vorläufige Mitteilungen: Ber. dtsch. bot. Ges. **44**, 68 (1926); **45**, 340 (1927).

bei der im neunten Kapitel des vorliegenden Buches dargelegten kinetischen Theorie der Osmose.

Selbstverständlich ist der Autor berechtigt, eine jede den thermodynamischen Grundsätzen nicht widersprechende Theorie zu benutzen. Die von ihm gewählte erlaubt ihm aber den folgenden neuen Begriff einzuführen. Denken wir uns ein Osmometer mit einer semipermeablen Membran und einem Steigrohr. Hat die Flüssigkeitssäule im Steigrohr eine gewisse Höhe erreicht, die dem osmotischen Gleichgewicht entspricht, so tritt Stillstand ein, weil der hydrostatische Druck der Flüssigkeitssäule dem osmotischen Druck der Lösung gleichkommt und weiteren Wassereintritt mechanisch verhindert. In diesem Zustande wird das Osmometer gesättigt genannt. Solange der Gleichgewichtszustand noch nicht erreicht ist, bleibt das Osmometer ungesättigt und saugt noch weiter Wasser auf. Nun kann aber noch ein Zustand der Übersättigung eintreten, bei welchem das Wasser im Steigrohr über das Niveau des Gleichgewichtes gehoben ist. Hierbei wird das Wasser aus dem Osmometer in die umgebende Lösung herausgepreßt.

Überträgt man diese Verhältnisse auf lebende Pflanzengewebe, so ist zu berücksichtigen, daß dieselben durch Verbrauch oder Umwandlung der osmotisch wirksamen Stoffe (z. B. durch Katatonose) in einen Zustand der Übersättigung versetzt werden und Wasser sezernieren können. Zur Erklärung des Stofftransportes mittels der Siebröhren geht Münch von den folgenden Voraussetzungen aus. Im lebenden Pflanzengewebe stehen, soweit Stoffbewegungen von Zelle zu Zelle stattfinden, alle lebenden Zellen unter sich in einer für die wandernden Stoffe wegsamen Verbindung. Alle sind außerdem in der Lage, sich aus der Umgebung oder, was häufiger vorkommt, aus dem Holzkörper mittelbar oder unmittelbar mit Wasser zu versorgen. Dies wird schematisch durch das auf der Abb. 32 dargestellte einfache Modell veranschaulicht.

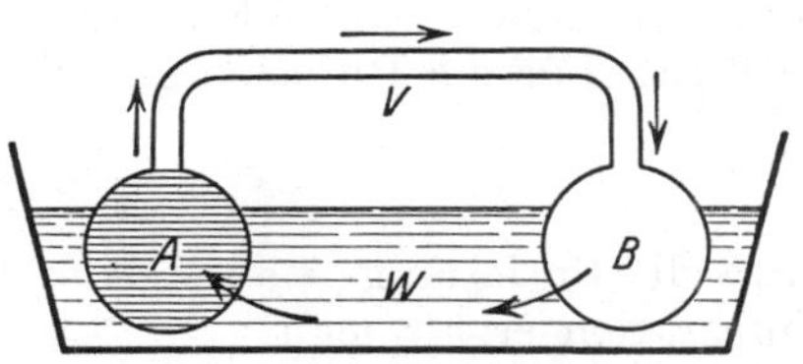

Abb. 32. *A* und *B* osmotische Zellen, *A* mit stärker konzentriertem Inhalt als *B*. *V* Verbindungsrohr, *W* Wanne mit reinem Wasser. (Nach Münch.)

Als die Zuckerlösung in *A* Wasser aus der Wanne aufnimmt, wird das Flüssigkeitsvolumen in *A* vergrößert und Zuckerlösung wird aus *A* durch das Verbindungsrohr *V* in die Zelle *B* hineingepreßt. Da diesem Druck in *B* ein geringerer osmotischer Druck entgegensteht, so wird aus dieser Zelle Wasser ausgepreßt, bis sich die Lösung hier so weit konzentriert und in der Zelle *A* so weit verdünnt hat, daß der osmotische Druck der beiden Zellen einander gleich geworden ist. Solange dies nicht geschehen ist, findet eine Strömung des Wassers in der Wanne von *B* nach *A* statt. Als allgemeine Regel saugen untersättigte Zellen Wasser auf und pressen Lösung aus; übersättigte Zellen pressen hingegen Wasser aus und saugen Lösung auf. Bei Konzentrationsunterschieden erfolgt eine Strömung von Lösung in der Richtung der abnehmenden Konzentration. Hieraus ergibt sich, daß ein Konzentrationsgefälle in osmotischen Systemen nicht nur ein Diffusionsgefälle, sondern auch ein mechanisches Druckgefälle bedeutet, indem hierbei eine Massenströmung der ganzen Lösung in der Richtung des Konzentrationsgefälles stattfindet. Gleichzeitig erfolgt am Orte der geringsten Konzentration ein Wasseraustritt aus dem osmotischen System. Bedeutet z. B. A das Palisadengewebe der Blätter, in welchem durch Photosynthese Zucker entsteht und B ein wachsendes oder speicherndes Gewebe, in welchem Zucker in unlösliche Stoffe verwandelt wird, V eine die beiden Gewebe verbindende Gruppe von Siebröhren, W die wasserführenden leblosen Leitungsbahnen des Holzkörpers, so muß nach dem oben Erörterten eine Massenströmung der Zuckerlösung vom Blatt nach dem wachsenden oder speichernden Gewebe stattfinden.

Die Geschwindigkeit der hydraulischen Druckströmung wird durch Zahlen von einer ganz anderen Ordnung ausgedrückt, als die Geschwindigkeit der Diffusion. Besonders wichtig ist der Umstand, daß die Geschwindigkeit der Diffusion bei Zunahme der Entfernung regelmäßig abnimmt, indes dies bei Massenbewegungen der Flüssigkeiten nicht der Fall ist. Für die Diffusion gilt die Gleichung der Geschwindigkeit:

$$\frac{ds}{dt} = \frac{1}{2}\sqrt{\frac{K}{t}} \, ,$$

wo s die Entfernung, t die Zeit und K die Konstante bedeutet. Durch Integration erhält man

$$V = \frac{K}{2s} \, .$$

Die hydraulichen Strömungen verlaufen dagegen nach dem TORICELLISchen Gesetz:

$$V = \sqrt{2gp},$$

wo p der hydraulische Druck in Meter Wasserdruck und g die Gravitation ist. Hierbei spielt also weder die Entfernung, noch die mit der Natur der Flüssigkeit verbundene Konstante irgendwelche Rolle. Es kommt nur auf den Druckunterschied an beiden Enden des Systems an, die Geschwindigkeit der Druckfortpflanzung ist aber gleich etwa 1500 m in der Sekunde, kommt also innerhalb einer Pflanze gar nicht in Betracht. Schon bei einer Diffusionslänge von $1\,\mu$ ist die Druckströmung rund 10000fach, bei 1 mm 10000000fach der Diffusion überlegen. Bei obigen Betrachtungen wurde die Reibung des Druckstromes nicht berücksichtigt; dieselbe kann leicht nach dem bekannten POISEUILLESchen Gesetz berechnet werden, worauf hier nicht näher eingegangen werden darf. Als Resultat ergibt sich, daß in einigen Ausnahmefällen, wo die Strömung durch sehr enge und lange Poren stattfindet, die Massenbewegung der Flüssigkeit der Diffusion gleichkommt. In diesem Zusammenhange muß darauf hingewiesen werden, daß die Geschwindigkeit der Massenbewegung der Lösung im obigen Modell durch das Verhältnis der aufsaugenden Oberfläche von A zum Durchmesser des Verbindungsrohres bestimmt wird und also beliebig groß werden kann. Zusammenfassend ist also der Schluß zu ziehen, daß die frühere Vorstellung von der Osmose als einer „Diffusion durch Membranen" unvollkommen war, denn eine einfache Diffusion kann keinesfalls in eine hydraulische Druckbewegung verwandelt werden. Auch andere Betrachtungen beweisen, daß zwischen der Diffusion und der Osmose wichtige Unterschiede zu verzeichnen sind. So kann z. B. die Diffusion nie die Ursache einer Hydrolyse sein, indes die Osmose bei ungleicher Permeabilität der Membran für bestimmte gelöste Stoffe zu einer Hydrolyse und anderen chemischen Umwandlungen führen kann.

Es ist ohne weiteres ersichtlich, daß die obige Theorie in sehr schematischer Form dargelegt ist: Es wird u. a. eine vollkommene Undurchlässigkeit der beiden Zellen des Modells für Lösung neben einer vollkommen gleichen Permeabilität für reines Wasser angenommen. Die sehr große Vereinfachung der Strukturen bedarf keiner Erläuterung. Doch können sämtliche Korrekturen und Ergänzungen den Sinn der Theorie nicht verändern; derselbe wird vielmehr durch die Einfachheit des Modells besonders anschaulich gemacht: Durch Unterschiede der osmotischen Werte können Strömungen der Lösungen sowie des reinen Wassers hervorgerufen werden, und die Geschwindigkeit der genannten Massenbewegungen kann durch entsprechende organisierte Strukturen beliebig verändert und reguliert werden.

Am oben angeführten Beispiel einer Druckströmung von den Palisaden zu den wachsenden und speichernden Teilen der Pflanze ist zu ersehen, wie Münch seine Theorie in ganz allgemeiner Form zur Erklärung des Stofftransportes durch die Siebröhren verwendet. Die Abb. 33 kann als eine Erläuterung dazu dienen.

Als eine wichtige Bedingung des ungehinderten Stofftransportes durch die Siebröhren betrachtet Münch den Umstand, daß der gesamte plasmatische Körper der Pflanze ein einheitliches Ganzes bildet und für die bei der Photosynthese gebildeten organischen Stoffe praktisch impermeabel ist. Dies ist denn auch mit wenigen Ausnahmen (vgl. Kap. 9) der Fall. Der Stofftransport von Zelle zu Zelle im gewöhnlichen Parenchym vollzieht sich nach Münch nur durch die Plasmodesmen, wobei sowohl Massenbewegung, als bei der äußerst geringen Größe der Plasmodesmen auch Diffusion zustande kommt. Aber auch eine Diffusion denkt sich Münch auf Grund seiner Theorie nicht als eine Bewegung der Moleküle der gelösten Stoffe allein, sondern als eine Bewegung der genannten Moleküle samt einer großen Menge des durch Anziehungskraft festgehaltenen Wassers. Die Bewegung der organischen Lösungen von Zelle zu Zelle durch die Plasmodesmen wird nach Münch von der Plasmarotation beschleunigt.

Hierin erblicken wir vielleicht den schwächsten Punkt des Münchschen Systems. Er nimmt die Existenz einer semipermeablen Plasmahaut als bewiesen an, was aber keineswegs der Fall ist. Auch nimmt die Münchsche Theorie an, daß durch die Plasmodesmen eine Lösung strömt ohne daß hierdurch die plasmatischen Inhalte der benachbarten Zellen miteinander vermischt werden. Damit wird stillschweigend die

Existenz eines festen Plasmagerüstes im Sinne PFEFFERS, oder ähnlicher Strukturen angenommen. Derartige Annahmen sind aber zur Zeit überholt.

Doch betont MÜNCH selbst ganz richtig, daß seine Theorie von den obigen Voraussetzungen nicht unbedingt abhängt. Die notwendige Bedingung besteht nur darin, daß Bewegungen der Lösungen von organischen Stoffen innerhalb des plasmatischen Körpers der Pflanze vor sich gehen und also plastische Stoffe nicht hinaus diffundieren. Soweit unsere Erfahrungen reichen, ist diese Forderung in der Pflanze im allgemeinen erfüllt. MÜNCH hebt selbst den Umstand hervor, daß die Plasmodesmen jedenfalls der Bewegung der Lösungen große Widerstände entgegensetzen, was sich durch den ungleichen osmotischen Wert benachbarter Zellen verschiedener Gewebe dokumentieren läßt.

Die auf der schematischen Abb. 33 dargestellten Strömungen beruhen auf der oben bei der Besprechung der Wasserbewegung im Holz angegebenen Verteilung der osmotischen Werte und der Saugkräfte in der Pflanze. Den höchsten osmotischen Wert besitzen die Palisaden der Blätter. Sie saugen Wasser auf und treiben eine Lösung der Assimilate erst durch die wenigen Parenchymzellen, dann aber durch das „Verbindungsrohr", d. i. durch die Siebröhren, deren innere Vakuolen miteinander unmittelbar kommunizieren, nach den Orten des geringsten osmotischen Druckes, d. i. in den unteren Teil des Stammes hinein. Dies ist der längst bekannte „absteigende Strom". In Bäumen spielt nach MÜNCH namentlich das Cambium bei der Herstellung eines Druckgefälles insofern eine wichtige Rolle, als dort der Zucker massenhaft zur Holz-

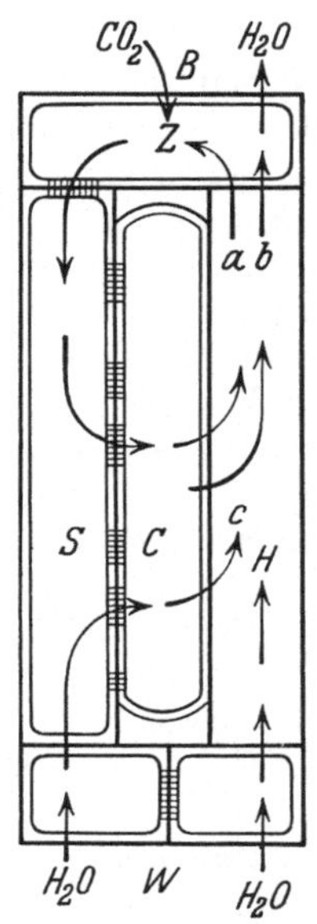

Abb. 33. Saftströmungen im Cormophyten. *B* Blattparenchym, *S* Siebröhren *C* Cambium, *H* Holzkörper, *W* Wurzelrinde, *Z* Zucker, *a* Lösungswasser, *b* Transpirationswasser, *c* Blutungswasser. Die inneren Konturen der Zellen *B*, *C*, *S* und *W* bedeuten den plasmatischen Körper der Pflanze; die Plasmaverbindungen zwischen den Zellen sind durch Strichelung angedeutet. (Nach MÜNCH.)

bildung verbraucht wird. Gleichzeitig sezernieren die cambialen Zellen Wasser in die Leitungsbahnen des Holzes, wodurch ein vom Transpirationsstrom unabhängiger K r e i s l a u f des Wassers entsteht. Auf der Abbildung sind drei Wasserströmungen dargestellt, und zwar:

1. Der soeben besprochene Kreislauf von den Blättern in den Holzzylinder und umgekehrt. Der absteigende Teil dieses Stromes enthält eine Lösung der organischen Nährstoffe, der aufsteigende vermischt sich mit dem Transpirationswasser. Hierbei spielt nach MÜNCH die Wasserabgabe durch lebende Zellen in die Gefäße insofern eine wichtige Rolle, als hierdurch die mit Luft zugepfropften Gefäße sich wieder mit Wasser

füllen und auch die allgemeine Spannung in einem gewissen Maße vermindert wird.

2. Der Blutungsstrom, der nur bei schwacher oder gänzlich verhinderter Transpiration besteht.

3. Der mächtige Transpirationsstrom.

Aus den soeben dargelegten allgemeinen Betrachtungen über die Saftbewegungen ergibt sich selbstverständlich eine Fülle von speziellen Fragen, die nur durch experimentelle Untersuchungen gelöst werden können. Bei der völligen Neuheit des gesamten Problems war es hier nur möglich, die allgemeinsten Grundzüge der neuen Betrachtungsweise der Bewegung der plastischen Stoffe zu erörtern. Das Buch MÜNCHs enthält aber außer den obigen theoretischen Ausführungen auch verschiedenartige experimentelle Ergebnisse über die quantitative Seite der Leistung der Siebröhren. Einige von diesen Resultaten sind weiter unten wiedergegeben. Die durch verschiedene Methoden ausgeführten Bestimmungen ergaben für die Stoffbewegungen im Mittel der Vegetationszeit pro Tag und Quadratmeter des Querschnittes der Durchtrittsfläche und für die Strömungsgeschwindigkeiten im Tag Werte von der folgenden Größenordnung (n bedeutet irgendeine einstellige Zahl):

Strömung	Bewegte Stoffmengen in mg/Tag/qm	Strömungsgeschwindigkeit μ/Tag
Exosmose aus dem Holzparenchym ins Holzwasser	$n \cdot 10^{-1}$ bis $n \cdot 10^{0}$	$n \cdot 10^{-4}$ bis $n \cdot 10^{-3}$
Auswandernde Assimilate im Palisadenparenchym	$n \cdot 10^{3}$	$n \cdot 10^{0}$ bis $n \cdot 10^{1}$
Auswandernde Assimilate beim Übertritt in die Blattnerven	$n \cdot 10^{4}$	$n \cdot 10^{2}$
Durchtritt der Bildungsstoffe im wachsenden Cambium	$n \cdot 10^{4}$	$n \cdot 10^{1}$ bis $n \cdot 10^{2}$
Wandernde Bildungsstoffe in den Siebröhren	$n \cdot 10^{9}$	$n \cdot 10^{7}$
Transpirationsstrom im Blattparenchym	—	$n \cdot 10^{2}$ bis $n \cdot 10^{3}$

Aus dieser Tabelle ist ersichtlich, daß die Strömungsgeschwindigkeit der auswandernden Assimilate im Blattparenchym außerordentlich gering ist. Sie steigt bereits in den Blattnerven und vergrößert sich im Stamm auf das Millionenfache. Dies ist darauf zurückzuführen, daß bei der Vereinigung mehrerer Zuflüsse im Stamm der Leitungsquerschnitt nicht im selben Maße sich vergrößert. Im Parenchym selbst ist die Strömungsgeschwindigkeit natürlich sehr gering.

Auf Grund von verschiedenartigen Berechnungen schätzt MÜNCH die Wassermenge im absteigenden Wasserstrom auf etwa 5 vH des Gesamtwassers im aufsteigenden Strom. Dies ist aber eine maximale Zahl, die nicht immer erreicht wird. Immerhin beträgt die Wassermenge in Siebröhren einige Prozente derjenigen in den Gefäßen.

Bei einigen Bäumen wurde der Siebröhrensaft gesammelt. Die Konzentration der organischen Stoffe im Safte war immer eine sehr erhebliche und betrug im Durchschnitt 15—25 vH. Die Zuckerarten bildeten den Hauptbestandteil des Saftes: Ihr Gehalt erreichte 90 vH der gesamten Trockensubstanz des Saftes. Auf Grund der noch nicht beendigten Analysen ist die Annahme möglich, daß namentlich Rohrzucker im Siebröhrensafte in überwiegender Menge enthalten ist. Die Siebröhren der Cucurbitaceen mit ihrem schleimigen Safte, der etwa 5 vH Eiweißstoffe enthält, bilden jedenfalls eine Ausnahme. Meistens ist der Saft ziemlich leichtflüssig und nicht schleimig. Einige Bestimmungen des osmotischen Wertes der unverdünnten Säfte sind in der folgenden Tabelle zusammengestellt.

Baumart	Osmotischer Wert des unverdünnten Saftes	
	Mol. Rohrzucker	Atmosphären bei 15°
Quercus rubra	0,814	20,9
	0,829	21,1
	0,915	23,7
Robinia Pseudacacia	0,986	25,8
	1,372	37,5
	1,259	34,3

Nach diesen Resultaten kann kein Zweifel mehr darüber bestehen, daß der Siebröhrensaft reichlich Zucker enthält und die Siebröhren somit nicht nur dem Transport von unzersetzten Eiweißstoffen dienen, wie es von einigen Autoren angenommen worden war.

Durch sinnreiche Versuche, deren Beschreibung im Original nachzusehen ist, wurde der für die Bekräftigung der Münchschen Theorie notwendige Nachweis einer Wasserausscheidung aus dem Cambium in den Holzkörper erbracht. So lieferte z. B. eine Eiche aus zwei Rindenstreifen folgende Wassermengen.

<pre>
Am 29. Mai . . . . über 111,5 ccm
 „ 28. Juni . . . . „   213,5 „
 „ 30. Juli . . . .   75 ccm
 „   3. August   160   „
 „   3. Oktober 185   „
</pre>

Die Erklärung der Ableitung der Assimilate aus dem Blatt wird, wie Münch selbst hervorhebt, in einigen Fällen dadurch erschwert, daß wir uns eine gleichzeitige Bewegung des Transpirationswassers zu den Palissaden und der Assimilate von den Palisaden in der Richtung zu den Gefäßbündeln denken müssen. Dieser Vorgang ist von Münch noch nicht erschöpfend erklärt, seine Ausführungen zeigen aber jedenfalls, daß hier kein unüberwindliches Hindernis vorliegt. In manchen Fällen ist es gar möglich anzunehmen, daß die Palisaden das ihnen notwendige Wasser auf dem Wege über die Epidermis erhalten und das die Palisaden mit den Gefäßbündeln verbindende Gewebe nur zur Ableitung der Assimilate dient. Näheres darüber ist im Original nachzusehen.

Daß die hier dargelegte Theorie noch nicht alle Einzelheiten der Stoffbewegungen erklärt, ist selbstverständlich: Die ganze Problemstellung ist so neu und unerwartet, daß es zur endgültigen Entwickelung der neuen Betrachtungsweise noch einer großen Anzahl von verschiedenartigen experimentellen Untersuchungen bedarf. Von Wichtigkeit ist aber der Umstand, daß einige Fragen, welche früher als ganz geheimnisvolle erschienen, schon jetzt leicht und zusammenhängend erklärt werden können. Dies ist z. B. der Fall für das Problem der Ernährung von reifenden Früchten. Der große Vorzug der MÜNCHschen Theorie besteht namentlich darin, daß sie als Triebkraft der Stoffströmungen die mechanische Druckdifferenz zwischen Erzeugungsort und Verbrauchsort annimmt. Die Wanderstoffe werden also auf Grund dieser Theorie automatisch von den Orten der Erzeugung zu den Orten des Verbrauches oder der Speicherung getrieben. Die Ernährung der wachsenden Früchte und Knospen wird von MÜNCH auf folgende Weise erläutert: Es ist schon längst bekannt, daß viele Früchte keine nennenswerte Transpiration aufweisen. Sie werden nach MÜNCH auch mit Wasser nur durch die Siebröhren versorgt und sind also vom Gefäßsystem unabhängig. Im Parenchym einer wachsenden Frucht F (Abb. 34), die keine nennenswerte Transpiration betreibt, wird Zucker zum Wachstum verwendet oder als Stärke gespeichert. Dadurch werden diese Zellen übersättigt und pressen Wasser in die Holzbahnen H aus, während aus den Siebröhren S durch den Turgordruck Lösung von Bildungsstoffen nachgeschoben wird. Gleichzeitig löst sich im Holz- und Rindenparenchym P Stärke in Zucker auf. Diese Zellen werden dadurch gesättigt, pressen Lösung in die Siebröhren S und ziehen Wasser aus dem Hadrom H an sich.

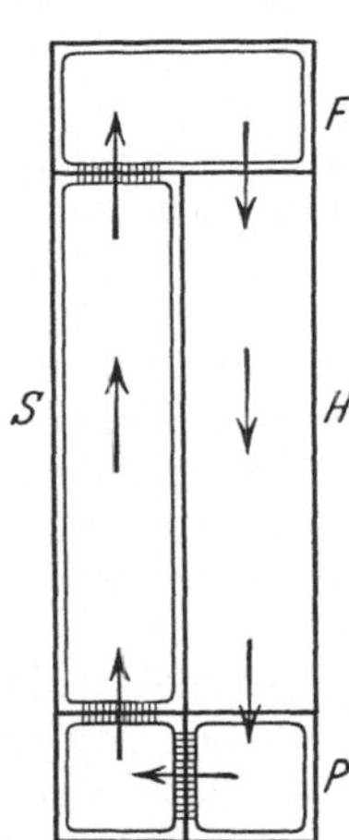

Abb. 34. Saftströmungen bei der Ernährung einer wachsenden Frucht F. S Siebröhren, H Holzkörper, P Parenchymzellen im Stamm oder Blatt. (Nach MÜNCH.)

Nimmt man demgegenüber an, daß die großen, schwach transpirierenden Früchte mit organischen Stoffen durch die Leitungsbahnen des Holzes versorgt werden, so ist es unmöglich zu begreifen, auf welche Weise der enorm große Wasserüberschuß beseitigt wird. Nach MÜNCHs Bestimmungen ist der Siebröhrensaft mindestens 20—30 mal, zuweilen aber 100 mal konzentrierter als der Saft der Gefäße des Holzes und die Beseitigung des Lösungswassers bereitet nach dem oben Erörterten gar keine Schwierigkeiten. Auf diese Weise können den Früchten unbegrenzte Mengen von Bildungsstoffen zugeführt werden, ohne daß eine Verdunstung nötig wäre. Die in solchen Früchten immer vorhandenen Holzgefäße dienen also lediglich zur Ableitung des Wassers. Diese Ansicht wurde durch mannigfache Ringelungsversuche bekräftigt, wobei gelegentlich verschiedene neue interessante Tatsachen entdeckt waren. So zeigte sich z. B., daß weder die Früchte, noch das Cambium ohne

Mitwirkung der Blätter imstande sind, dem Stamm Reservestoffe zu entziehen.

Aus dem oben Dargelegten ist ersichtlich, daß die neuen Gesichtspunkte im Problem der Bewegung plastischer Stoffe jedenfalls vielversprechend sind und manche interessante neue experimentelle Untersuchungen hervorrufen dürften.

Die Rolle des Cambiforms und der Milchröhren. Früher wurde von verschiedenen Forschern angenommen, daß die Bewegung plastischer Stoffe sich nicht nur in den Siebröhren, sondern auch im Cambiform vollzieht. Münch lehnt diese Ansicht in konsequenter Weise ab, da nach seiner Theorie eine Massenbewegung der Lösungen nur in kontinuierlichen Röhren stattfinden kann. Dies ist wohl richtig: Oben wurde angegeben, welche enorm großen Widerstände einer Bewegung von Flüssigkeiten im Parenchym entgegenstehen. Die Annahme, daß Cambiform ein Leitgewebe darstellt, ist wohl als veraltet und überholt anzusehen. Diese Annahme wird auch durch direkte Versuche Schumachers[1] widerlegt.

Nicht so einfach ist es, die physiologische Rolle der Milchröhren zu beurteilen. Wie bekannt, durchsetzen die Milchröhren häufig die gesamten Organe der Pflanze, verzweigen sich oder bilden ein Netz und erinnern in dieser Hinsicht an die Leitbündel. Ältere Forscher haben daher angenommen, daß Milchröhren für Siebröhren vikariierend auftreten können. So weist Schwendener[2] darauf hin, daß die charakteristischen Stärkekörner im Milchsaft der Euphorbiaceen an bestimmten Orten aufgelöst werden. Anderseits findet man oft Anhäufungen von Stärkestäbchen in den Milchröhren, die so aussehen, als ob dem Transport der Stäbchen sich ein mechanisches Hindernis in den Weg gestellt hätte. de Bary[3] hat beobachtet, daß die Siebröhren bei einigen Milchsaft führenden Pflanzen abnorm schwach ausgebildet sind. Dies könnte so gedeutet werden, daß die Siebröhren bei den genannten Pflanzen durch die Milchröhren zum Teil ersetzt sind. Ist es doch auffallend, daß Milchröhren namentlich in Pflanzen der spät entstandenen Familien vorkommen. Die Rückbildung der Siebröhren hat Haberlandt[4] bei den Euphorbiaceen bestätigt. Der genannte Forscher beschreibt außerdem eine reichliche Verzweigung der Milchröhren unter den Palisaden der Blätter. Oft vermitteln trichterförmige Sammelzellen eine Verbindung zwischen Palisaden und Milchröhren. Es sind dies dieselben Ableitungsvorrichtungen, wie sie nach Haberlandt zwischen dem Assimilationssystem und den ableitenden Parenchymscheiden existieren. Auch Tüpfelverbindungen zwischen Milchröhren und Palisaden sollen nicht fehlen.

Diese Beobachtungen könnten allerdings auch durch die Annahme erklärt werden, daß Milchröhren als Speicherorgane dienen. Diese An-

---

[1] Schumacher, W.: Jb. Bot. **73**, 770 (1930).

[2] Schwendener, S.: Einige Beobachtungen an Milchsaftgefäßen. 1885.

[3] de Bary, A.: Vergleichende Anatomie der Vegetationsorgane, S. 541. 1877.

[4] Haberlandt, G.: Sitzgsber. Akad. Wiss. Wien, Math.-naturwiss. Kl., Abt. 1, **87**, 51 (1883).

sicht wurde denn auch von verschiedenen Forschern ausgesprochen. KNIEP[1] kommt auf Grund von Ringelungsversuchen zum Schluß, daß Milchröhren nicht als Leiteröhren fungieren[2]. Auch vermochte der genannte Forscher die Beobachtung DE BARYS bezüglich der Rückbildung des Leptoms bei den milchsaftführenden Pflanzen nicht zu bestätigen. BERNARD[3] und TOBLER[4] kommen auf Grund von eingehenden Untersuchungen zum Schluß, daß Milchröhren große Mengen von Nährstoffen und Fermenten enthalten. Nach BERNARD nimmt die Stärke bei Verhinderung der Photosynthese ab und zeigt Spuren der Korrosion.

Die neuesten Untersuchungen sprechen nicht zugunsten der Annahme, daß Milchröhren zur Leitung der plastischen Stoffe bestimmt sind. SIMON[5] hat abgeschnittene Pflanzen in Lösungen verschiedener Farbstoffe gestellt und folgende Resultate erhalten: Der Milchsaft wird zwar auch auf weite Entfernungen von der Schnittfläche gefärbt, aber nur, wenn auch die Gefäße des Holzes auf denselben Stellen gefärbt sind. Einige Farbstoffe werden von den Milchröhren stark aufgespeichert. Die Ringelungsversuche ergaben keine Resultate, die zugunsten der stoffleitenden Funktion der Milchröhren sprechen könnten. Auch die Arbeit von RÖBEN[6] lieferte bezüglich der Bewegung von Farbstoffen analoge Resultate. NORMAN RAE[7] kommt zum Schluß, daß Milchröhren als Speicherorgane dienen. MÜNCH diskutiert in seiner mehrmals erwähnten Arbeit die Rolle der Milchröhren, mit denen er keine Versuche ausgeführt hat, und kommt zum Schluß, daß auf Grund seiner Theorie eine Stoffbewegung in den Milchröhren auf dieselbe Weise wie in den Siebröhren stattfinden könnte, ob es aber wirklich der Fall ist, bleibt dahingestellt.

Die Beweiskraft der Versuche über das Aufsaugen der Farbstofflösungen scheint dem Verfasser dieses Buches nicht groß zu sein, da in den Milchröhren wohl kein aufsteigender Saftstrom wie in den Gefäßen vermutet werden kann. Die Milchröhren stehen mit dem Transpirationsstrom gewiß in keinem Zusammenhange und dürften nur analog den Siebröhren zur Ableitung der Assimilate und der Reservestoffe dienen. Die von MÜNCH besprochene Saftbewegung in den Siebröhren könnte auf genau dieselbe Weise in den Milchröhren vor sich gehen. Somit ist die Annahme, daß Milchröhren als Leitungsorgane fungieren, theoretisch vollkommen zulässig, doch fehlen dafür zur Zeit sichere Beweise. Freilich ist auch die Annahme möglich, daß Milchröhren als Speicherorgane dienen. Auch Harzgänge besitzen eine röhrenförmige Struktur, doch sind sie nicht als Leitungsorgane anzusehen. Nur weitere Versuche können die physiologische Rolle der Milchröhren klarlegen. Die Zusammensetzung des Milchsaftes wird im nächsten Kapitel besprochen.

---

[1] KNIEP, H.: Flora (Jena) **94**, 129 (1905).
[2] Auch früher wurden Ringelungsversuche ausgeführt von E. FAIVRE: Ann. des Sci. natur., sér. 5 (Bot.), **6**, 36 (1866) u. a.
[3] BERNARD, C.: Ann. Jard. bot. Buitenzorg 8, Suppl. 3, 235 (1910).
[4] TOBLER, F.: Jb. Bot. **54**, 265 (1914).
[5] SIMON, C.: Beih. z. Bot. Zbl. (I) **35**, 183 (1918).
[6] RÖBEN, M.: Jb. Bot. **69**, 587 (1928).
[7] NORMAN RAE: Analyst **53**, 330 (1928).

Dreizehntes Kapitel

Translokation und Verteilung der Nährstoffe in der Pflanze.

Translokation und Verteilung der Mineralstoffe. In vorstehenden Kapiteln wurde dargelegt, daß die Aufnahme der Mineralstoffe durch die Wurzel auf Grund der DONNANschen Gleichgewichte erfolgt und also von der Wasseraufnahme in weitem Grade unabhängig ist. Namentlich bei großen Verdünnungen der Bodenlösung werden die Mineralstoffe in der Pflanze bedeutend konzentriert. Die Untersuchungen SABININs und dessen Mitarbeiter (a. a. O.) zeigen, daß der Gehalt des Blutungssaftes an Mineralstoffen überraschend hoch ist, und zwar entspricht das Verhältnis der Mengen von einzelnen Mineralstoffen durchaus nicht demjenigen in der Bodenlösung.

Die Translokation der Mineralstoffe in der Pflanze selbst erfolgt aber im Holzkörper, also in wässerigen Lösungen, und eine Ungleichheit der Konzentrationen in einzelnen Teilen des Gefäßsystems kann wohl dadurch erklärt werden, daß die Mineralstoffe von den anliegenden lebenden Geweben aufgenommen werden. SEIDEN[1] zeigte, daß bei Bäumen der Aschengehalt in höher inserierten Blättern niedriger ist, als in tiefer inserierten. Leider verfügen wir bisher noch über keine systematisch durchgeführten Aschenanalysen der Leitungsbahnen des Holzkörpers am Wege des aufsteigenden Stromes, was um so mehr zu bedauern ist, als derartige Untersuchungen unsere Kenntnisse über die Mineralstoffernährung der einzelnen Pflanzenteile in quantitativer Hinsicht erweitern könnten. MONTEMARTINI[2] behauptet, daß die Verteilung der Mineralstoffe in der Pflanze nicht nur mittels des aufsteigenden, sondern auch mittels des absteigenden Stromes bewerkstelligt wird. Bei einem Ringelungsversuch vergrößert sich nach MONTEMARTINI die absolute Menge der Mineralstoffe oberhalb des Schnittes, obgleich deren Prozentgehalt wegen der erheblichen Anhäufung von organischen Stoffen sinkt. Nach ARNDT[3] und BODENBERG[4] existiert in Bäumen und Sträuchern keine seitliche Bewegung der Mineralstoffe; bestimmte Wurzeln stehen nur mit bestimmten Teilen des Stammes in Verbindung. Auch die neueste Untersuchung CALDWELLS[5] zeigt, daß bei ungleicher Wurzelernährung

---

[1] SEIDEN: Landw. Versuchsstat. **104**, 1 (1925).
[2] MONTEMARTINI, L.: Rendic. Ist. Lombardo Sci. e Lett. **58**, 6 (1925).
[3] ARNDT, C. H.: Amer. J. Bot. **16**, 179 (1929).
[4] BODENBERG, E. T.: Ebenda **16**, 229 (1929).
[5] CALDWELL, J.: New Phytologist **29**, 27 (1930).

der beiden entgegengesetzten Seiten des Stammes sehr erhebliche Unterschiede in der Entwickelung des Laubwerkes auf den nämlichen Seiten erfolgt.

Eine besonders starke Konzentrierung der Mineralstoffe findet in den Blättern statt, da die Hauptmenge des aufsteigenden Stromes namentlich den Blättern zugeleitet wird. Oben wurde darauf hingewiesen, daß die Blätter von den Mineralstoffen zum Teil dadurch entlastet werden, daß ein Teil dieser Stoffe mit den Assimilaten abgeleitet wird und in die wachsenden Organe sowie in die Reservestoffbehälter gelangt. Die toten Elemente des Holzes und der Rinde verlieren allmählich die in ihnen enthaltenen löslichen Mineralstoffe, die vom aufsteigenden Strom ausgewaschen und den meristematischen Geweben zugeleitet werden. In toten Geweben sind also hauptsächlich solche Mineralsalze enthalten, die im Protoplasma nur in geringen Mengen vorkommen und sich in den Zellwandungen ablagern. Diese Stoffe sind in erster Linie Kalkcarbonat und Kieselsäure. Die folgende Tabelle kann eine Vorstellung vom Aschengehalt in verschiedenen Pflanzenorganen geben.

Aesculus Hippocastanum[1].

Planzenteil	K_2O	CaO	MgO	P_2O_5	SO_3	SiO_2	Cl 1	Fe_2O_3
Reife Früchte	61,74	11,46	0,58	22,81	1,66	0,19	2,01	—
Grüne Fruchthülle	75,91	8,81	1,14	5,28	1,01	0,57	9,72	—
Junge Blätter	49,32	13,17	5,15	24,40	2,45	1,76	2,21	1,63
Kelch u. Fruchtknoten	61,72	12,26	5,87	16,63	3,73	1,68	2,37	
Junges Holz, 6 Mai	64,19	5,92	4,08	19,02	0,82	1,80	4,97	0,31
„ „ 1. Sept.	19,42	50,99	5,17	21,73	—	0,71	1,42	0,63
Junge Rinde, 6. Mai	61,00	9,24	4,36	19,54	—	0,67	4,54	1,66
„ „ 1. Sept.	19,57	40,48	7,78	8,22	1,69	13,91	6,37	4,69

Die Gesamtasche im Holz betrug am 6. Mai 10,91 vH und am 6. September nur 3,38 vH. Im älteren Holz werden erhebliche Mengen von Kalk und Kieselsäure abgelagert.

Junge Blätter zeichnen sich durch hohen Gehalt an Kalium und Phosphor aus. Beim Blattabfall wird eine bedeutende Menge der Mineralstoffe aus der Pflanze entfernt. WEHMER[2] hat den Schluß gezogen, daß in den von ihm berechneten Analysen von einer absoluten Verminderung des Gehaltes an Mineralstoffen in den Blättern vor dem Blattabfall nicht die Rede sein kann. Spätere Untersuchungen zeigten aber, daß in manchen Fällen in den Bäumen eine erhebliche Menge der für das Protoplasma notwendigen Mineralstoffe vor dem Blattabfall aus den Blättern in den Stamm abgeleitet wird[3]. Diese Frage ist allerdings nicht einfach, da der Aschengehalt der Blätter während der Vegetationsperiode bedeutende unregelmäßige Schwankungen aufweist, die wahrscheinlich vom

---

[1] WOLF, E.: Aschenanalysen **1**, 118 (1871).
[2] WEHMER, C.: Landw. Jb. **21**, 513 (1892).
[3] SWART, N.: Die Stoffwanderung in ablebenden Blättern. 1914. — Auch RICHTER, L.: Landw. Versuchsstat. **73**, 457 (1910). — RIPPEL, A.: Jber. Ver. angew. Bot. **14**, 123 u. a.

Verhältnis zwischen Zuleitung der Mineralstoffe mit dem Transpirationsstrom und deren Ableitung mit dem Siebröhrensafte abhängt. Durchschnittlich beträgt der Mineralstoffgehalt der Blätter etwa 8—12 vH des Trockengewichtes und Schwankungen im Salzgehalt der Blätter betragen etwa 50 vH des Gesamtgehaltes. Im allgemeinen findet aber in Blättern der Bäume eine Steigerung des Mineralsalzgehaltes im Laufe der Vegetationsperiode statt, was leicht dadurch erklärlich ist, daß die Zuleitung durchschnittlich größer ist als die Ableitung. So wurden z. B. in Fagus silvatica folgende Mineralsalzmengen gefunden[1]:

	Mai	Juni	Juli	August	September	Oktober
Asche in Prozenten des						
Frischgewichtes	0,97	1,36	1,72	2,08	2,02	2,20
Gesamtasche	4,68	3,95	4,78	5,52	5,58	5,91

Die folgende Tabelle enthält die höchsten Aschengehalte der Laubblätter.

Pflanze	Asche in Prozenten des Trockengewichts	Pflanze	Asche in Prozenten des Trockengewichts
Solanum tuberosum	25,77	Nicotiana Tabacum	22,97
Beta vulgaris	29,23	Ranunculus repens	20,11
Senecio Jacobaea	23,24	Ricinus communis	18,01
Myosotis arvensis	17,85	Xanthium spinosum	17,97

In Halophyten kann der Aschengehalt selbstverständlich noch größere Werte erreichen. Die Nadeln der Coniferen zeichnen sich dagegen durch einen sehr niedrigen Aschengehalt aus, was mit der im allgemeinen schwachen Transpiration dieser Gewächse wohl im Zusammenhange steht. So wurde in Pinus silvestris 1,48, in Pinus austriaca 1,80 vH der Trockensubstanz an Asche gefunden[2]. Etiolierte Blätter enthalten gewöhnlich weniger Asche als chlorophyllhaltige Blätter. In grünen und etiolierten Blättern von Weizen und Bohne hat PALLADIN[3] folgende Aschenmengen in Prozenten der Trockensubstanz gefunden:

Weizen, grün . . . . 10,75 vH
  „   etioliert . . . . 9,41 „
Bohne, grün . . . . 10,30 „
  „   etioliert . . . . 7,54 „

Hier macht sich offenbar wiederum der Einfluß der schwachen Transpiration geltend. Obgleich die Aufnahme der Mineralstoffe durch die Wurzel an sich von der Wasseraufnahme unabhängig ist (siehe oben), gelangt doch bei herabgesetzter Transpiration eine geringere Menge der Mineralstoffe in die Blätter und es existiert wahrscheinlich eine Grenze,

<hr>

[1] DULK, L.: Landw. Versuchsstat. 18, 192 (1875).
[2] Vgl. dazu auch SERTZ, H.: Mitt. Vers. Tharandt 1, 4 (1917).
[3] PALLADIN, W.: Ber. dtsch. bot. Ges. 10, 179 (1892). — Vgl. auch ANDRE, G.: C. r. Acad. Sci. Paris 130, 1198 (1900); 134, 668 (1902).

unterhalb welcher das Gleichgewicht der Mineralstoffe in der Wurzel und im Boden so unbedeutend gestört wird, daß die normale Salzaufnahme nicht mehr bestehen kann. Die Geschwindigkeit der Transpiration als eines Faktors, der die Translokation der Mineralstoffe bewirkt, beeinflußt dadurch auf eine indirekte Weise die Aufnahme der Mineralstoffe durch die Wurzel.

Aus obiger Tabelle ist ersichtlich, daß in den Blättern gewöhnlich Kalium und Phosphorsäure in überwiegender Menge vorkommen.

Die Mineralstoffe werden auf den anfänglichen Stufen der Samenkeimung nicht direkt aus dem Boden, sondern aus den Reservestoffbehältern des Samens aufgenommen. Doch beginnt das Wurzelchen der jungen Pflanze gewöhnlich viel früher als das erste Blatt zu arbeiten; auf diese Weise kommt es zu einer Salzaufnahme aus dem Boden zu einer Zeit, als die Ernährung mit organischen Stoffen noch vollkommen auf die Ausnutzung der Reservestoffe angewiesen ist. Organische Nährstoffe werden denn auch im Samen immer in relativ größeren Mengen als Mineralsalze aufgespeichert.

Die einzelnen Mineralstoffe werden von dem Keimling ungleich resorbiert. In der folgenden Tabelle sind die Resorptionskoeffizienten, d. i. die Verhältnisse der Mineralstoffmengen in ungekeimten Samen und Keimpflanzen, zusammengestellt:

Kalium	382
Natrium	238
Phosphor	245
Magnesium	195
Eisen	175
Calcium	24

Auffallend ist die schwache Kalkaufnahme auf den ersten Stufen der Pflanzenentwickelung. Dieselbe ist 15fach geringer als die Aufnahme von Kalium und 10fach geringer als die Phosphoraufnahme. Einige Forscher kommen sogar zum Schluß, daß eine Kalkgabe die Entwickelung der Pflanzen aus dem Samen in hohem Grade befördern soll[1].

Es scheint kaum zweifelhaft zu sein, daß die Kationen in den Reservestoffbehältern des Samens in Salzform enthalten sind und in derselben Form in die Keimpflanze hinüberwandern. Hingegen ist die Aufnahme von Phosphor und namentlich von Schwefel aus den Reserven des Samens mit bestimmten chemischen Stoffumwandlungen verbunden. Im ruhenden Samen ist der Phosphor zum größten Teil in Form von Phytin und Nuclein abgelagert. Phytin ist hauptsächlich in den Globoiden der Aleuronkörner enthalten und wird bei der Keimung durch ein spezifisches Ferment, die sogenannte Phytase, gespalten, wonach anorganische Phosphate in die Keimpflanze hinüberwandern[2]. Sehr interessant ist der Umstand, daß auch Nucleinphosphor einen Reservestoff des Samens darzustellen scheint. Wenigstens wird eine erhebliche Spaltung der Nu-

---

[1] WASNIEWSKI: Bull. Acad. Sci. Cracovie **1914**, 615 u. a.
[2] BERNARDINI, L. e G. MORELLI: Atti Accad. naz. Lincei, Rendic. (5), **21**, 357 (1912). — PLIMMER, R. H. A.: Biochem. J. 7, 43, 72 (1913).

cleine bei der Samenkeimung beobachtet und in den wachsenden Teilen
der Keimpflanze können Nucleinbasen nachgewiesen werden[1].

Schwefelsäure ist in ungekeimten Samen nur in sehr geringer Menge
enthalten (etwa 0,07 vH). Bei der Keimung wird die Schwefelsäure-
menge mehrfach gesteigert. Es ist also ersichtlich, daß bei der Aufnahme
des Schwefels auch Oxydationsvorgänge mitbeteiligt sind. Leider ist
die chemische Seite dieser Vorgänge noch nicht untersucht.

Bei der Samenreife nimmt der prozentuelle Gehalt der Samen an
Mineralstoffen fortwährend ab, was aber freilich auf eine große Zunahme
der organischen Stoffe zurückzuführen ist. Auffallend ist hierbei die
erhebliche Zunahme des Phosphorsäuregehaltes, was darauf hindeutet,
daß Phosphorsäure von außen zugeleitet wird. Dies ist aus der folgenden Tabelle zu ersehen.

Datum	Avena sativa				
	Kalium	Calcium	Magnesium	Phosphorsäure	Schwefelsäure
30. Juni	5,271	1,402	0,895	2,362	0,447
10. Juli	5,803	2,254	1,550	5,362	—
21. „	5,459	2,769	2,309	10,672	0,482
31. „	4,467	2,522	2,992	12,518	1,448

Wir sehen, daß Kalium und Calcium bereits auf den ersten Stufen
der Reife ein Maximum erreichen, während Schwefelsäure und namentlich Phosphorsäure auch auf späteren Stadien einen erheblichen Zuwachs zeigen. Doch sind auch auf diesem Gebiete die analytischen Angaben recht spärlich, was um so mehr zu bedauern ist, daß die Mineralstoffe auf Grund der neuesten Forschungen die hervorragendste Bedeutung bei sämtlichen Lebensvorgängen, namentlich aber bei denen
der Entwickelung und Fortpflanzung, besitzen. Speziell für Phosphorsäure hat ZALESKI[2] nachgewiesen, daß bei der Samenreife eine Zunahme der phosphorhaltigen Eiweißstoffe auf Kosten der anorganischen
Phosphate vor sich geht. Darauf ist allem Anschein nach die Zuleitung
der Phosphate zurückzuführen; dieselben werden bei der Samenreife
fortwährend organisch gebunden, was mit den Kationen nicht geschieht.

Das Reifen der Früchte ist auf Grund der oben dargelegten MÜNCH-
schen Theorie auf eine Zuleitung nicht nur der organischen, sondern
auch der mineralischen Stoffe ausschließlich durch Vermittelung der
Siebröhren zurückzuführen. Die Mengenverhältnisse der Mineralstoffe
im Siebröhrensafte sind freilich ganz andere als im Transpirations-
strome und sollen eher an diejenigen in Blattgeweben erinnern. Die
Speicherfrüchte haben in der Tat einen hohen Kalium- und Phosphor-
säuregehalt; die assimilierenden Früchte auch einen hohen Kalkgehalt.
Bezüglich der Phosphorsäure kann manchmal eine Analogie mit dem
Reifen der einzelnen Samen durchgeführt werden: Der Phosphorsäure-
gehalt der Früchte nimmt zu bei dem Reifen, was offenbar auf eine Zu-

---

[1] ZALESKI, W.: Ber. dtsch. bot. Ges. **24**, 285 (1916).
[2] ZALESKI, W.: Ber. dtsch. bot. Ges. **25**, 58 (1907).

leitung von Phosphaten aus anderen Pflanzenteilen und Synthese der phosphorhaltigen organischen Verbindungen in der Frucht selbst zurückzuführen ist.

Die meisten Wasserpflanzen sind sehr reich an Mineralstoffen, wie es z. B. aus der folgenden Tabelle, in welcher Analysen verschiedener Forscher zusammengestellt sind, zu ersehen ist.

Wie bekannt, sind in den meisten Wasserpflanzen die wasserleitenden Gewebe ungenügend entwickelt; die Aufnahme des Wassers und der darin gelösten Stoffe

Pflanze	Asche in Prozenten der Trockensubstanz
Lemna trisulca	12,77
Stratiotes aloides	11,97
Elodea canadensis	19,22
Trapa natans	25,55
Posidonia caulini	10,90

vollzieht sich also durch die ganze Oberfläche des Pflanzenkörpers.

Parasitische Phanerogamen besitzen meistens einen normalen Nährsalzgehalt, doch haben schon mehrere Forscher darauf hingewiesen, daß der Parasit oft reicher an Kalium und Phosphorsäure als die Wirtspflanze ist. Es wurden zwar zahlreiche Aschenanalysen von Parasiten ausgeführt, doch fehlen bisher noch zusammenfassende theoretische Schlußfolgerungen.

Aus obiger Darlegung ist ersichtlich, daß die mit der Translokation und Verteilung der Mineralstoffe zusammenhängenden Fragen nur lückenhaft erforscht worden waren. Der Verfasser dieses Buches war nur in der Lage, vereinzelte analytische Ergebnisse mitzuteilen. Doch fühlt er sich verpflichtet, die Fragen der Verteilung der Stoffe namentlich deshalb in einem besonderen Kapitel zu betrachten, weil dieselben ungeachtet ihrer hervorragenden physiologischen Bedeutung unzureichend untersucht worden waren. Es ist überhaupt auffallend, daß solche Probleme, die in den Lehrbüchern nicht zusammenfassend dargestellt werden, immer weniger erforscht sind, als die anerkannten „Abschnitte" der Wissenschaft. Nun ist eine genaue Kenntnis der Stoffverteilungen in der Pflanze sowohl für theoretische Auffassungen auf dem Gebiete der Pflanzenphysiologie, als für Pflanzenzucht und Düngerlehre von hervorragender Bedeutung.

Die Ableitung der Assimilate aus dem Laubblatt. Auch diese außerordentlich wichtige Frage ist unzureichend untersucht worden. Man begnügte sich meistens damit, die chemischen Stoffumwandlungen bei der Ableitung zu erforschen und die chemische Natur der Wanderstoffe zu erkennen. Die quantitative Seite des Problems wurde nur in der neuesten Zeit in Angriff genommen.

Im ersten Bande wurde bereits dargelegt, daß als primäre, d. i. direkt bei der Photosynthese entstehende Stoffe Kohlenhydrate und Eiweißstoffe anzusehen sind. Zweifellos entstehen auch andere chemische Verbindungen im Laubblatt; möglicherweise auch unter Anteilnahme der photochemischen Vorgänge, aber nur auf sekundärem Wege, d. i. nicht aus anorganischen Stoffen, sondern aus den primären Assimilaten. Nur diese werden in der nachfolgenden Darlegung berücksichtigt, weil sie in allen Pflanzen entstehen und ihre Menge diejenige der sekundären Produkte bei weitem stark übertrifft.

Bei der Beschreibung der photosynthetischen Vorgänge im Laubblatt wurde dargetan, daß als primäre stickstofffreie Produkte der Kohlensäureassimilation namentlich einfache Zuckerarten anzusehen sind[1]. Sehr schnell verwandeln sich aber diese Stoffe in Disaccharide und Polysaccharide, unter denen Stärke den ersten Platz einnimmt. Die Stärkebildung in den Plastiden des Laubblattes erfolgt so schnell, daß ältere Forscher sogar Stärke als das erste Produkt der Photosynthese betrachteten. Aber auch gegenwärtig unterscheidet man gewöhnlich „stärkeführende" Blätter von den „zuckerführenden". Untersucht man die Palisaden eines stärkeführenden Blatts sogleich nach einer ausgiebigen Kohlensäureassimilation unter dem Mikroskop, so kann man sich leicht davon vergewissern, daß die genannten Zellen mit Stärke förmlich überfüllt sind. Nach kurzer Zeit erblickt man Stärke im Schwammparenchym und in der Blattbündelscheide; es scheint also auf den ersten Blick, als ob Stärke direkt von Zelle zu Zelle diffundiere und auf diese Weise in die Siebröhren gelänge. In diesen finden wir aber schon keine Stärke, sondern lösliche Zuckerarten, unter denen Rohrzucker quantitativ überwiegt.

Nun wissen wir gegenwärtig, daß eine Wanderung der unzerlegten Stärke durch parenchymatische Gewebe vollkommen ausgeschlossen ist. Das im Mikroskop sichtbare Bild veranschaulicht nur die außerordentliche Geschwindigkeit der Stärkesynthese aus löslichen Zuckerarten. In jeder Zelle zwischen den Palisaden und den Siebröhren kann diese sogenannte „transitorische" Stärke entstehen und wieder hydrolysiert werden. Es ist sehr wahrscheinlich, daß die transitorische Stärkebildung auf die Ableitung regulierend einwirkt. Nach MÜNCH ist für die Bewegung der Assimilate im Leptom in erster Linie ein Gefälle der osmotischen Werte zwischen den Palisaden des Blattes und denjenigen Geweben, in welchen ein Verbrauch der Assimilate vor sich geht, verantwortlich. Nun wird der osmotische Wert sämtlicher Zellen am Wege der Assimilate durch Stärkebildung herabgesetzt und durch Stärkeauflösung erhöht, und zwar in ungleichem Grade, je nachdem die Stärkehydrolyse zur Maltose-, oder zur Glucosestufe fortschreitet. Es ist verschiedenen Forschern gelungen, durch reichliche Zuckergabe eine Stärkebildung auch in Blättern solcher „Zuckerpflanzen" hervorzurufen, welche unter natürlichen Bedingungen keine Stärke anhäufen[2]. In einigen Compositen wird Stärke durch Inulin ersetzt[3], was nicht verwunderlich ist, da eine Umwandlung von Glucose in Fructose und vice versa in Pflanzenzellen mit der größten Leichtigkeit vor sich geht. In anderen

---

[1] Auch die neuesten Arbeiten von E. C. BARTON-WRIGHT u. M. C. PRATT [Biochem. J. 24, 1210, 1217 (1930)] bestätigen die Tatsache, daß namentlich Hexosen als erste Assimilationsprodukte anzusehen sind.

[2] SAPOSCHNIKOFF, W.: Ber. dtsch. bot. Ges. 7, 259 (1889). — WINKLER, H.: Jb. Bot. 32, 525 (1898) u. a.

[3] GRAFE, V. u. YOUK: Biochem. Z. 47, 320 (1912).

Pflanzen wurden erhebliche Mannitmengen gefunden. Durch Mannitbildung aus Hexosen wird natürlich der osmotische Wert nicht verändert, doch immerhin eine reichlichere Zuckeranhäufung in den Zellen ermöglicht, wenn nur der Vorgang der Zuckerbildung dem Massenwirkungsgesetze gehorcht, was kaum zu bezweifeln ist.

Bereits im ersten Bande wurde dargetan, daß sowohl die Stärkebildung, als die Stärkehydrolyse in den Laubblättern einen fermentativen Vorgang darstellen. BROWN u. MORRIS[1] haben zuerst Amylase aus den Laubblättern isoliert und deren Wirkung in Blättern verschiedener Pflanzen verglichen. Als allgemeines Ergebnis erwies es sich, daß die relativen Stärke- und Zuckermengen in verschiedenen Blättern in keinem bestimmten Verhältnis zu den in den nämlichen Blättern gefundenen Diastasemengen stehen. Dies ist dadurch leicht erklärlich, daß der Stoffumsatz bei sämtlichen fermentativen Vorgängen von vielen Faktoren abhängt, unter denen die wirksamen Fermentmengen nicht immer den ersten Platz einnehmen. Die Unterschiede zwischen den einzelnen Pflanzen waren recht beträchtlich. So lieferten Portionen der getrockneten Blätter zu je 10 g folgende Maltosemengen:

<pre>
Pisum sativum . . . . 240,3 g
Solanaceen . . . .   6,6—8,2 g
Hydrocharis . . . .   0,3 g
</pre>

Übrigens war der Amylasegehalt auch in Blättern einer und derselben Pflanze unbeständig. Besonders gering war die Arbeit der Amylase in gerbstoffreichen Blättern, was wenigstens zum Teil auf eine Fällung des Fermentes durch Gerbstoffe zurückzuführen wäre.

Die in einem ausgiebigen Maße vor sich gehende Zuckerbildung aus Stärke und die Gegenwart der gelösten Zucker im Safte der Siebröhren zeigen deutlich, daß Kohlenhydrate in Form von löslichen Zuckerarten abgeleitet werden. Bereits SACHS und andere ältere Forscher haben darauf hingewiesen, daß ein am Abend nach reichlicher Kohlensäureassimilation mit Kohlenhydraten überfülltes Blatt am nächsten Morgen sich als vollkommen leer erweist. Diese an Hand der Jodprobe leicht auszuführende Beobachtung kann durch die Blatthälftenmethode quantitativ bestätigt werden. Es hat sich sogar die Ansicht verbreitet, daß die Ableitung der Assimilate immer auch in der Nacht vor sich geht. Die neuesten Resultate von TSCHESNOKOV u. BAZYRINA[2] zeigen jedoch, daß die Ableitung nicht gleichmäßig ist und die frühere Vorstellung, laut welcher die durchwegs gleichmäßige Ableitung am Tage von der Anhäufung der Assimilate überholt wird und erst im Laufe der Nacht eine vollkommene Entleerung des Blattes bewirken kann, dem wahren Sachverhalte nicht entspricht. Auch die früheren Schätzungen der Ableitung erwiesen sich als unbrauchbar. Die Verfasser verwendeten zur quantitativen Bestimmung der Ableitung die folgende Methode: Die während einer bestimmten Exposition der Blätter gebildeten Assi-

---

[1] BROWN, H. a. MORRIS: J. chem. Soc. Trans. **63**, 604 (1893).
[2] TSCHESNOKOV, W. u. K. BAZYRINA: Planta (Berl.) **11**, 473 (1930).

milate wurden nach der Menge der verarbeiteten Kohlensäure berechnet, die aus dem Blatte zu derselben Zeit abgeleiteten Assimilate wurden nach der Differenz zwischen den Resultaten der direkten Bestimmung der CO_2-Assimilation im Luftstrome und der Blatthälftenmethode ermittelt.

Zunächst zeigte es sich, daß bei einigen Pflanzen (Petasites officinalis) keine Ableitung in der Nacht stattfindet. Auch wurde ein auffallender Unterschied zwischen dem Verhalten einer „Stärkepflanze" (Kartoffel) und einer „Zuckerpflanze" (Erbse) hervorgehoben. Während die Ableitung der Assimilate bei der Erbse genau dieselbe Tageskurve wie die Photosynthese aufweist, bleibt eine Ableitung am Tage bei der Kartoffel vollkommen aus; dieselbe findet nur bei Abwesenheit der Photosynthese statt, wie es aus der Abb. 35 zu ersehen ist. Dasselbe Bild lieferten Versuche, in denen nicht Schwankungen des Trockengewichtes nach SACHS, sondern direkt die Gesamtmengen der Kohlenhydrate in den Blättern analytisch bestimmt wurden. Es zeigte sich, daß die Photosynthese der Kartoffel beinahe ebenso gut nach der direkten CO_2-Bestimmung, als nach der Bestimmung der Kohlenhydrate ermittelt werden kann, da die gebildeten Assimilate im Blatt verbleiben. Die beiden Vorgänge der Photosynthese und der Ableitung sind einander gewissermaßen antagonistisch. Ob andere

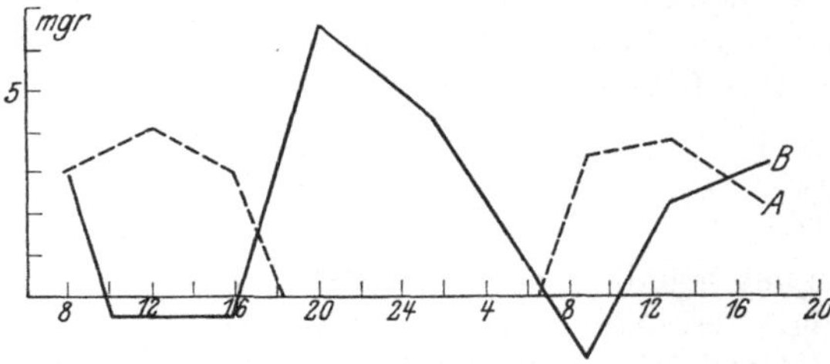

Abb. 35. Tagesverlauf der Photosynthese und der Ableitung der Assimilate bei Solanum tuberosum. *A* Kurve der Photosynthese, *B* Kurve der Ableitung. Letztere vollzieht sich hauptsächlich in der Nacht, also bei Abwesenheit der Photosynthese. (Nach TSCHESNOKOV und BAZYRINA.)

Stärkepflanzen im engeren Sinne des Wortes dasselbe Verhalten zeigen, bleibt einstweilen dahingestellt; sollte dies in der Tat der Fall sein, so könnte man darin einen neuen indirekten Beweis der Richtigkeit der MÜNCHschen Theorie der Stoffleitung in den Siebröhren erblicken: Da am Tage die Hauptmenge der gebildeten Kohlenhydrate in die unlösliche Stärke verwandelt wird, so entsteht kein zur Erzeugung einer Massenbewegung in den Siebröhren notwendiges Gefälle der osmotischen Werte. Eine ganz andere Frage ist freilich die nach den Ursachen des rhythmischen Verlaufs der Stärkelösung und deren Abhängigkeit von der Photosynthese.

Die Ableitung der stickstoffhaltigen Assimilate zeigt dasselbe Bild wie die Ableitung der Kohlenhydrate, nur ist hier der Umfang der beiden Vorgänge der Bildung und der Ableitung ein mehrfach geringerer. Aber auch eine „transitorische" Eiweißbildung in den Blättern scheint regelmäßig vorzukommen[1]. Namentlich in Plastiden wird nicht nur die

---

[1] MOLISCH, H.: Z. Bot. **8**, 124 (1916). — LAKON: Biochem. Z. **78**, 154 (1916). — MEYER, A.: Flora (Jena) **111, 112**, 85 (1918). — ULLRICH, L.: Z. Bot. **16**, 513 (1924).

transitorische Stärke, sondern auch das transitorische Eiweiß angehäuft. Doch kann von einer Eiweißdiffusion von Zelle zu Zelle ebenso wenig wie von einer Stärkediffusion die Rede sein. Die Ableitung der stickstoffhaltigen Assimilate aus dem Blatt findet zweifellos in Form von Aminosäuren statt, wobei Asparagin und Glutamin wohl eine ebenso wichtige Rolle spielen wie bei der Samenkeimung (vgl. dazu Bd. 1, S. 367). Näheres über die Ableitung der stickstoffhaltigen Assimilate findet man in der neueren Arbeit von GOUWENTAK[1].

CURTIS[2] teilt mit, daß eine Erkältung der Blattstiele auf 1—5⁰ die Ableitung der Kohlenhydrate entweder gänzlich unterbricht oder mindestens bedeutend verlangsamt, während eine Temperaturerniedrigung von 25⁰ bis auf 5⁰ sich als ziemlich belanglos erweist. Nach diesen Resultaten scheint es also, als ob die Ableitung bei der Temperatur von 5⁰ in den Blattstielen plötzlich sistiert würde. Diese interessante Beobachtung muß aber noch bestätigt und weiter entwickelt werden, bevor man aus derselben irgendwelche Schlußfolgerungen zieht.

Beim Blattabfall verliert ein Baum bedeutende Kohlenhydratmengen, denn es wurde gefunden, daß abgefallene Blätter keine geringeren Kohlenhydratmengen enthalten als junge, frische Blätter[3]. Hierbei ist allerdings zu beachten, daß die mit abgefallenen Blättern verloren gegangene Kohlenhydratmenge eigentlich nur die Ausbeute eines Tages oder höchstens einiger wenigen Tage ausmacht. Es ist bekannt, daß die Pflanze mit den Kohlenhydraten im allgemeinen verschwenderisch umgeht, da letztere auf Kosten der Sonnenenergie im beliebigen Überschuß erzeugt werden können. Anders verhalten sich nach COMBES[4] die stickstoffhaltigen Bestandteile der Blätter. Dieselben werden beim Vergilben der Blätter in großer Menge in andere Pflanzenteile abgeleitet. Die Pflanze hält denn auch einen harten Kampf um die stickstoffhaltigen Nährstoffe aus.

Von der Verteilung der Assimilate in der Pflanze hängt in erster Linie die Intensität und die Produktivität der Photosynthese ab. Die neuesten Untersuchungen von KOSTYTSCHEW und seinen Mitarbeitern[5] zeigen, daß die Intensität der Photosynthese in einzelnen Expositionen auch in der atmosphärischen Luft außerordentlich hohe Werte erreichen kann und die durchschnittlichen Ausbeuten in erster Linie nicht durch die äußeren, sondern durch die inneren Faktoren bedingt sind. Nun ist es wahrscheinlich, daß unter den inneren Faktoren der Verbrauch der Assimilate eine wichtige Rolle spielt. Vor allem ist die

---

[1] GOUWENTAK: Rec. Trav. bot. néerl. **26**, 19 (1926).

[2] CURTIS, O. F.: Amer. J. Bot. **16**, 154 (1929).

[3] MICHEL-DURAND, E.: Rev. gén. Bot. **30**, 337 (1918). — COMBES, R. et D. KOHLER: C. r. Acad. Sci. Paris **175**, 590 (1922).

[4] COMBES, R.: Rev. gén. Bot. **38**, 430 (1926). — Vgl. auch COMBES, R. et R. ECHEVIN: C. r. Acad. Sci. Paris **182**, 1157 (1926).

[5] KOSTYTSCHEW, S., TSCHESNOKOV, W. u. K. BAZYRINA: Planta (Berl.) **5**, 696 (1928); **11**, 160 (1930). — KOSTYTSCHEW, S. u. H. KARDO-SYSSOIEWA: Ebenda **11**, 117 (1930). — KOSTYTSCHEW S. u. V. BERG: Ebenda **11**, 144 (1930). — BAZYRINA, K. u. W. TSCHESNOKOV: Ebenda **11**, 457, 463 (1930).

Gesamtgröße einer jeden Pflanze durch die geerbten charakteristischen Merkmale beherrscht. Die von KOSTYTSCHEW und seinen Mitarbeitern oft wahrgenommenen Pausen im Tagesverlaufe der Photosynthese dürften wenigstens zum Teil durch die Unmöglichkeit einer Verwendung der gebildeten Assimilate hervorgerufen werden, da eine quantitative Regulierung des photochemischen Vorganges selbst ebenfalls unmöglich ist. Es bedarf denn auch keiner besonderen Erläuterung, daß verschiedene Pflanzen ungleiche Ansprüche bezüglich der Leistungsfähigkeit des assimilatorischen Apparates erheben. Eine kleine einjährige Pflanze kann ihre sämtlichen Bedürfnisse durch ganz unbedeutende Mengen der Assimilate befriedigen, während eine andere Pflanze, z. B. eine mit großen unterirdischen Reserbestoffbehältern versehene Staude, die Produktion einer erheblich größeren Menge der organischen Stoffe selbst auf Einheit der Blattfläche beansprucht.

Um eine bessere Einsicht in die hier bestehenden Verhältnisse zu erhalten, wollen wir zunächst uns eine Vorstellung darüber machen, welche Verwendung die Assimilate überhaupt finden können. Erstens existiert ein beständiger Strom der Assimilate nach den Stellen eines intensiven Wachstums, wo die am Lichte erzeugten organischen Stoffe zu Bauzwecken verbraucht werden. Es sind dies meristematische Spitzen des Stengels, der Zweige und der Wurzeln, sowie die cambiale Schicht im Holzzylinder. Zweitens werden die Assimilate den Reservestoffbehältern zugeleitet. In einer Kartoffelpflanze oder in einem Kürbis wird die überwiegende Menge der bei der Photosynthese erzeugten organischen Stoffe in die mächtigen Reservestoffbehälter der genannten Pflanzen, also bei der Kartoffel in die Knollen, bei dem Kürbis in die umfangreiche Frucht abgeleitet. Schließlich müssen alle lebenden Pflanzenteile mit einer solchen Kohlenhydratmenge versehen werden, welche zur Deckung der Atmung ausreicht. Diese Kohlenhydratmenge hängt also in erster Linie von der Entwickelung der Pflanze ab.

Der Mensch hat als Kulturpflanzen solche Gewächse ausgewählt, welche erhebliche Mengen der Assimilate in einer Form ablagern, in welcher dieselben leicht ausgenutzt werden können. Auf den ersten Blick ist die assimilatorische Leistungsfähigkeit dieser Pflanzen besonders groß; in Wirklichkeit handelt es sich aber nur um die Möglichkeit einer regelmäßigen Ableitung der am Lichte aufgebauten Stoffe.

Wie aus der obigen Darlegung zu ersehen ist, erscheint das Problem der Ableitung der Assimilate aus dem Blatt als sehr ungenügend untersucht. Bereits die ersten orientierenden Versuche zeigten eine bemerkenswerte Abhängigkeit des Verlaufs der Ableitung von der Form der Assimilate. Auch sind die grundlegenden Fragen, wie z. B. die Intensität der Photosynthese, auf verschiedenen Stufen der Entwickelung der Reservestoffbehälter noch gar nicht gelöst. Überhaupt sind wir bezüglich der so wichtigen quantitativen Seite der Ableitung noch im Dunkeln.

Die Samenkeimung. Die morphologische Seite der Samenkeimung wird in Lehrbüchern der allgemeinen Botanik beschrieben. Wir nehmen an, daß dieselbe dem Leser bekannt ist. Hier müssen wir die wichtigsten

Umwandlungen und Translokationen verschiedener Nährstoffe bei der Samenkeimung erörtern. Nur an die allgemeinsten Begriffe im Vorgange der Samenkeimung sei an dieser Stelle erinnert.

Der Keim des Samens ist eine winzige Pflanze, die, ungeachtet ihrer unbedeutenden, oft mikroskopisch kleinen Größe, bereits die ersten Blätter, die sogenannten Kotyledonen, besitzt. Der Vegetationspunkt oberhalb der Kotyledonen ist meistens noch in vollkommen embryonalem Zustande, ebenso wie das Wurzelchen am anderen Ende des Keims. Der Stengelteil zwischen den Kotyledonen und dem Wurzelchen heißt Hypokotyl. Die zur Keimung notwendigen Reservestoffe sind entweder im Keime selbst, und zwar in den Kotyledonen, oder im besonderen Gewebe, dem sogenannten Endosperm, eingeschlossen. Das dem Endosperm anliegende Gewebe des Embryos heißt Schildchen (Scutellum) und ist speziell dazu bestimmt, die Reservestoffe des Endosperms in wegsame Form zu überführen und zu assimilieren.

Besonders interessant ist der Umstand, daß ein trockener Same im Zustande der Anabiose (eines latenten Lebens) sich befindet und nur bei passender Temperatur und Feuchtigkeit in den Zustand eines aktiven Lebens übergeht. Es ist daher möglich, die Veränderungen der Mengen von verschiedenen Fermenten bei der Samenkeimung quantitativ zu verfolgen. Alle Forscher sind darüber einig, daß die Mengen der tätigen Fermente in ruhenden Samen unbedeutend sind, bei der Keimung aber gewaltig zunehmen. Besonders zahlreiche Untersuchungen dieser Art wurden mit Malz ausgeführt, um die günstigste Keimungsdauer festzustellen. Als Beispiel mögen folgende Diastasebestimmungen im Malz[1] dienen.

Substanz		Diastasewert
1 g Embryonen ohne Schildchen, frisch	. . .	5,9
1 „ ganze Embryonen „	. . .	41,2
1 „ Schildchen „	. . .	48,6
1 „ Endosperme „	. . .	5,8
1 „ Embryonen ohne Schildchen, trocken	. . .	24,0
1 „ ganze Embryonen „	. . .	115,6
1 „ Schildchen „	. . .	128,0
1 „ Endosperme „	. . .	9,6

Es ist also deutlich zu ersehen, daß die Schildchen besonders diastasereich sind, während die geringsten Mengen von diesem Ferment in den Endospermen enthalten sind. Nach KJELDAHL[2] ist der Diastasewert des Malzes direkt nach der Quellung gleich 70, nach 7 Tagen aber gleich 220. Dies soll die günstigste Keimungsdauer sein. BACH und seine Mitarbeiter[3] haben die Mengen verschiedener Fermente, und zwar der Amylase, Protease, Peroxydase und Katalase, bei der Keimung der Weizensamen durch neue Methoden ermittelt und folgende Resultate erhalten. Im Anfang der Keimung erfolgt eine gewaltige Zunahme der Mengen von allen genannten Fermenten; nach einiger Zeit findet aber wiederum eine

---

[1] LINZ: Jb. Bot. **29**, 267 (1896).
[2] KJELDAHL: Medd. Carlsberg Labor. (dän.) **1879**, 138.
[3] BACH, A., OPARIN, A. u. R. WÄHNER: Biochem. Z. **180**, 363 (1927). In dieser Mitteilung sind andere Arbeiten von BACH und OPARIN zitiert.

Abnahme der Fermentmengen statt. Weitere quantitative Fermentmessungen bei der Samenkeimung sind sehr erwünscht. STEPHAN[1] kommt zum Schluß, daß die durch verschiedene chemische Reizungen hervorgerufene Beschleunigung der Samenkeimung auf eine Steigerung der Produktion von aktiven Fermenten zurückzuführen ist. Sollte sich diese Annahme bestätigen, so könnten Untersuchungen über die Stimulation des Keimungsvorganges im Gebiete der Fermentforschung benutzt werden. Nun wurden recht eigenartige Stimulationen des Keimungsvorganges beschrieben. So behauptet POPOFF[2], daß Weizensamen, Gerstensamen und andere Samen nach einer Behandlung mit ziemlich konzentrierten Lösungen von $MgCl_2$, $MnCl_2$, $Mn(NO_3)_2$ bei nachfolgender Keimung bedeutend größere Ernten liefern. Die Zunahme soll durchschnittlich 40—50 vH, in einigen Fällen gar bis 100 vH betragen. DAVIES[3] teilt mit, daß die Keimfähigkeit der Samen sehr stark erhöht wird, wenn man dieselben im gequollenen Zustande einem Druck von 2000 Atmosphären unterwirft und alsdann wieder austrocknet.

Die Reservestoffe der Samen sind stets hochmolekulare Verbindungen, und zwar Polysaccharide, Eiweißstoffe und Fette. Sie entstehen natürlich aus den Assimilaten bei der Fruchtreife. Die Unterschiede von den Verhältnissen in Blättern sind folgende: Neben Stärke werden häufiger als in Blättern andere Polysaccharide, in erster Linie Hemicellulosen, aufgespeichert; bei der Lösung all dieser Stoffe entstehen lösliche Zuckerarten. Die Eiweißstoffe werden in Form der sogenannten Aleuronkörner abgelagert. Diese Körner sind nichts anderes als eingetrocknete Vakuolen der Zellen des Speichergewebes. Bei allmählicher Konzentrationssteigerung der wässerigen Lösung scheiden sich die Eiweißstoffe oft in kristallynischer Form aus, wie es bereits im ersten Band (S. 325) erwähnt ist; nun trifft man oft kristallynische Aleuronkörner in den Samen derjenigen Pflanzen, in denen das stickstofffreie Reservematerial in Form von Fett abgelagert wird. Fett entsteht als ein Reservestoff der Speichergewebe, nicht aber der Blätter. Die Vorgänge der Hydrolyse der Polysaccharide und Eiweißstoffe bei der Samenkeimung wurden bereits im ersten Band eingehend besprochen; was nun Fette anbelangt, so nimmt man gewöhnlich an, daß diese Stoffe vor deren Translokation in Zuckerarten verwandelt werden. RHINE[4] weist darauf hin, daß eine einfache Hydrolyse der Fette zu deren Transport nicht ausreichen dürfte, denn Fettsäuren werden noch langsamer als Glyceride transloziert. Unzerlegte Fette werden nach RHINE nur bei Wassermangel aufgenommen.

Die bei der Keimung von Fettsamen wahrgenommenen niedrigen Atmungskoeffizienten stehen nicht im Widerspruche mit der Annahme, daß Fett vor seiner Veratmung in Zucker übergeführt wird: Der summarische Vorgang der Zuckerbildung aus Fett mit nachfolgender

---

[1] STEPHAN, J.: Ber. dtsch. bot. Ges. 47, 561 (1929).
[2] POPOFF, M.: Landw. Versuchsstat. 101, 286 (1923).
[3] DAVIES, P. A.: Amer. J. Bot. 15, 149 (1928).
[4] RHINE, J. B.: Bot. Gaz. 82, 154 (1926).

Zuckerveratmung muß dasselbe Verhältnis von $CO_2 : O_2$ liefern, als eine direkte Fettveratmung, was durch eine einfache Berechnung nachgewiesen werden kann[1]. Der Vorgang der Zuckerbildung aus Fett, ebenso wie die umgekehrte Verwandlung von Zucker in Fett vollzieht sich in der Pflanze mit einer auffallenden Leichtigkeit, obgleich letztere Reaktion stark endothermisch ist.

Der Mechanismus der Aufsaugung der Nährstoffe aus den Reservestoffbehältern des Samens durch die Keimpflanze ist noch nicht vollkommen durchsichtig; nur so viel steht fest, daß hierbei Konzentrationsunterschiede eine wichtige Rolle spielen. HANSTEEN[2] und PURIEWITSCH[3] haben schon längst interessante Versuche ausgeführt, in denen die vom Embryo abgetrennten Endosperme auf Gipssäulchen befestigt und letztere mit ihrem unteren Ende in Wasser getaucht wurden. Es zeigte sich, daß unter diesen Bedingungen Stärke in Endospermen gelöst wird und Zucker im Wasser erscheint. Die Stärkehydrolyse verlief bedeutend langsamer als in intakten Samen, was leicht dadurch erklärlich ist, daß die Endosperme viel weniger Amylase enthalten als die Keimlinge. Immerhin konnte bei Mais eine vollkommene Entleerung des Endosperms erzielt werden. In bedeutenden Mengen reinen Wassers findet eine schnellere Entleerung als in einer 1- bis 3proz. Zuckerlösung statt, wodurch die Bedeutung des Konzentrationsgefälles erläutert wird. Es ist

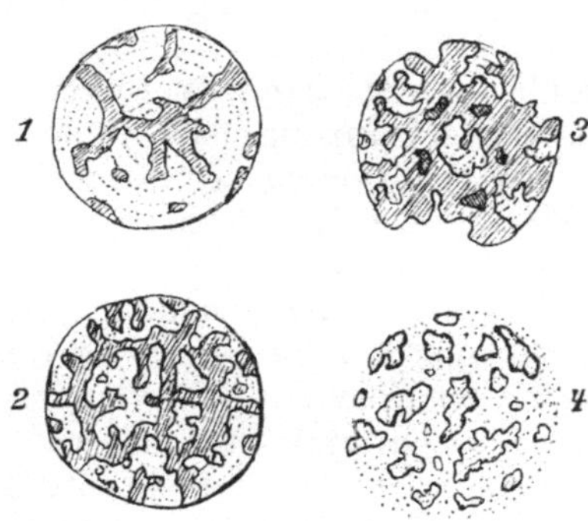

Abb. 36. Verschiedene Stufen der Auflösung von Stärkekörnern. (Aus Bonner Lehrbuch.)

allerdings auffallend, daß in obigen Versuchen die wässerige Lösung neben den reduzierenden Zuckerarten auch lösliche nicht reduzierende Saccharide enthielt. Überhaupt sind einige Einzelheiten der erhaltenen Resultate nicht leicht erklärlich. GRÜNFELD[4] hat obige Versuche unter aseptischen Bedingungen wiederholt und in der wässerigen Lösung Glucose, Fructose, Maltose und andere nicht identifizierte Zuckerarten gefunden. Sehr wichtig ist der Befund, daß die Endosperme der Gramineen sich auf 5proz. Lösungen von Glucose, Rohrzucker und Dextrin wieder mit Stärke füllen. Durch dieses Resultat wird die Bedeutung des Konzentrationsgefälles außer Zweifel gestellt. Bereits PURIEWITSCH vermochte auch eine unmittelbare Auflösung der Stärkekörner in den sich ohne Anteilnahme des Keimes entleerenden Endospermen nachzuweisen (Abb. 36).

----

[1] Vgl. die analogen Betrachtungen über das Verhältnis $CO_2 : O_2$ bei der Photosynthese in Bd. 1, S. 155.

[2] HANSTEEN: Flora (Jena) **79** (Erg.-Bd.), 419 (1894).

[3] PURIEWITSCH, W.: Jb. Bot. **31**, 1 (1897). — Untersuchungen über die Entleerung der Reservestoffbehälter. 1897 (russ.).

[4] GRÜNFELD, O.: Beih. z. Bot. Zbl. (1) **42**, 355; **43**, 167 (1926).

Es ist ohne weiteres einleuchtend, daß die Ableitung der gelösten Reservestoffe nach dem Münchschen Schema vor sich gehen kann, denn die Reservestoffe werden den Orten des schnellen Wachstums zugeleitet, wo aus den löslichen Zuckerarten und kristallinischen Abbauprodukten der Eiweißstoffe unlösliche Stoffe entstehen. Somit sind die für das dauernde Erhalten eines Konzentrationsgefälles notwendigen Bedingungen vorhanden.

Interessant ist die Tatsache, daß eine keimfreie Entleerung der fetthaltigen Endosperme nicht erreicht werden konnte, was zugunsten der Ansicht spricht, daß Fett namentlich in den Geweben des Keimlings zu Kohlenhydraten oxydiert wird. Anderseits ist der Schluß zu ziehen, daß eine direkte Translokation der Fettemulsion unter normalen Bedingungen nicht stattfindet, wie es auch durch direkte Versuche dargetan werden kann.

Daß eine Ernährung des Keimlings ohne Endosperm durch Stärkebrei und Eiweißstoffe, sowie durch Endospermbrei erfolgreich durchgeführt werden kann, ist schon längst bekannt[1]. Es wurden in diesen Versuchen ganz normale Pflanzen erhalten. Nach Brown u. Moris erweist sich Rohrzucker als der beste stickstofffreie Nährstoff für Gerstenkeimlinge; Galaktose und Glycerin sind schlechte, Milchzucker und Mannit keine Nährstoffe.

Das Reifen der Früchte. Dieser wichtige Abschnitt der Pflanzenphysiologie war nie Gegenstand einer konsequenten Erforschung. Das Reifen der Früchte ist ein Vorgang, der je nach der Natur der Frucht mit verschiedenartigen Stoffumwandlungen zusammenhängen kann. Hier können deshalb nur vereinzelte Tatsachen mitgeteilt werden.

Die Bildung und Aufspeicherung der hochmolekularen Reservestoffe bei der Samenreifung bildet ein reizendes Problem, da hier eine synthetisierende Wirkung verschiedener Fermente höchst wahrscheinlich ist. Bisher wurden jedoch auf diesem Gebiete nur die ersten orientierenden Untersuchungen ausgeführt. Maquenne und seine Mitarbeiter[2] haben die bemerkenswerte Beobachtung gemacht, daß in Getreidesamen bei ihrem Reifen ein Ferment enthalten ist, welches lösliche Stärke zur Ausscheidung bringt und also dem Labferment analog ist. Dieses Ferment wurde Amylokoagulase genannt. Ob hier ein spezifisches Ferment vorliegt, ist beim gegenwärtigen Zustande der Fermentforschung fraglich; wahrscheinlicher ist vielleicht die Annahme, daß in unreifen Getreidesamen eine Umkehrung der Wirkung von stärkelösenden Fermenten stattfindet. Ausführlichere Untersuchungen über „Amylokoagulase" sind daher erwünscht. Die soeben zitierten Forscher nahmen zwar auf Grund verschiedener Beobachtungen an, daß die Amylokoagulase mit

---

[1] Brown, H. T. a. G. H. Morris: J. chem. Soc. Lond. **57**, 458 (1890). — Auch Brown, H. T. a. F. Escombe: Proc. roy. Soc. Lond. **63**, 3 (1898).

[2] Maquenne, L.: C. r. Acad. Sci. Paris **137**, 88, 797 (1903); **138**, 49, 213, 375 (1904). — Wolff u. A. Fernbach: Ebenda **137**, 718 (1903); **138**, 819 (1904); **139**, 1217 (1904); **140**, 95, 1547 (1905); **144**, 645 (1907). — Ann. Inst. Pasteur **18**, 165 (1904). — Ann. chim. Anal. Appl. **10**, 389 (1905).

Amylase nicht identisch ist, doch sind ihre Resultate immerhin nicht ausschlaggebend.

Die Umwandlungen der Kohlenhydrate bei der Reife der Getreidesamen können durch folgende mit Mais erhaltenen Daten erläutert werden[1].

Zeit	Stärke	Fructose	Saccharose
Unmittelbar nach der Blüte	27,9 vH	13,6 vH	12,2 vH
Körner mehlig	48,9 ,,	6,1 ,,	8,6 ,,
Körner werden hart und gelb.	54,2 ,,	2,7 ,,	5,8 ,,
Vollreife und Ernte	64,3 ,,	—	Spur

Interessant ist die mehrmals wahrgenommene Tatsache, daß bei der Stärkebildung in reifenden Samen Rohrzucker und Fructose als intermediäre Produkte entstehen. Dies ist eine neue Erläuterung der in diesem Buche mehrmals hervorgehobenen Tatsache, daß eine gegenseitige Umwandlung von Glucose und Fructose mit der größten Leichtigkeit und gar scheinbar ohne biologische Veranlassung vor sich geht. Anderseits scheint Rohrzuckerbildung irgendwelche bisher unbekannte physiologische Bedeutung zu besitzen, denn Rohrzucker entsteht in überwiegenden Mengen auf sekundärem Wege sowohl bei der photosynthetischen Arbeit des Laubblatts, als bei der Bildung von Polysacchariden in den Reservestoffbehältern. Auch in den Siebröhren sind nach MÜNCH und anderen Forschern die Kohlenhydrate zum größten Teil durch Rohrzucker vertreten. Der hohe Rohrzuckergehalt in unreifen Samen ist möglicherweise dadurch erklärlich, daß durch die Siebröhren namentlich diese Zuckerart zugeleitet wird. Übrigens wurden in reifenden Samen verschiedene Zuckerarten entdeckt, welche bei der Samenkeimung nicht erscheinen. Die Aufspeicherung von Stärke dauert, wie aus obigen Zahlen ersichtlich, noch während der Gelbreife des Getreides fort, als die Aufspeicherung von Eiweißstoffen bereits beendet ist[2].

Die Eiweißbildung in reifenden Samen wurde bereits im ersten Bande besprochen. Hier seien nur einige Einzelheiten hinzugefügt. Die unreifen Samen enthalten erhebliche Mengen von Aminosäuren und Amiden. Diese Stoffe werden bei der Samenreife zur Eiweißbildung verwendet, und zwar nicht gleichmäßig, sondern zum größten Teil während einer bestimmten Periode, die nicht am Ende der Reifung liegt[3]. Dies ist z. B. aus den folgenden Analysenzahlen SCHULZES zu ersehen: Der Amidstickstoff veränderte sich bei der Samenreife von Lupinus luteus auf folgende Weise.

22. Juli	12. August	19. August	26. August	13. September
1,36	0,316	0,306	0,364	0,123

Wir sehen also, daß der Amidstickstoff in der Periode zwischen dem 22. Juli und dem 12. August sich stark vermindert hat und vierfach ge-

---

[1] PORTELE, K.: Landw. Versuchsstat. **32**, 241 (1886).
[2] BRENCHLEY: Ann. of Bot. **26**, 903 (1912).
[3] ANDRÉ: C. r. Acad. Sci. Paris **140**, 1417 (1905); **154**, 1627 (1912).

ringer geworden ist. Dann blieb aber die Menge des Amidstickstoffs im Verlaufe einer längeren Periode unverändert. Eine weitere Abnahme des Amidstickstoffs erfolgte erst zwischen dem 26. August und dem 13. September. Auch viele andere Forscher haben eine Abnahme des Stickstoffs von krystallinischen Verbindungen neben einer Zunahme des Eiweißstickstoffs verzeichnet.

Die Reservestoffe werden in den Samen stets in großem Überschuß aufgespeichert, denn meistens sind zur Zeit, als die junge Pflanze bereits CO_2 zu assimilieren beginnt, höchstens 60—70 vH der organischen Reservestoffe verbraucht. Anders verhalten sich die mineralischen Reservestoffe des Samens, die in relativ geringeren Mengen aufgespeichert werden, worüber bereits oben die Rede war.

Die Veränderungen der Fermentmengen in reifenden Samen sind nur in der letzten Zeit zum Gegenstand einer experimentellen Forschung geworden. OPARIN u. POSPELOWA[1] haben gefunden, daß bei der Samenreife dieselbe Erscheinung wie bei der Samenkeimung wahrgenommen wird: Die Fermentmengen vergrößern sich zunächst, um auf späteren Stufen der Samenreifung wieder abzunehmen. Nach OPARIN u. DJATSCHKOW[2] bilden sich bei der Samenreifung die Peroxydase und die Katalase im Samen selbst, während Amylase aus anderen Pflanzenteilen zugeleitet wird.

Fleischige Früchte enthalten gewöhnlich große Mengen der löslichen Zuckerarten und der organischen Carbonsäuren, aber nur unbedeutende Eiweißmengen. Die folgende Tabelle gibt eine Schätzung der in verschiedenen saftigen Früchten enthaltenen Zuckermengen in Prozent der Trockensubstanz an.

Weintraube	65,9	Zwetsche	32,3
Maulbeere	60,1	Himbeere	28,2
Kirsche	50,7	Aprikose	25,0
Erdbeere	50,0	Pflaume	23,5
Birne	48,5	Heidelbeere	23,3
Apfel	47,5	Pfirsich	22,4
Johannisbeere	41,7	Mirabelle	19,4
Brombeere	32,7	Preißelbeere	14,7

Es sind dies natürlich durchschnittliche annähernde Werte, die auch bei einer und derselben Pflanze großen Schwankungen unterworfen sind. Es genügt darauf hinzuweisen, daß der Zuckergehalt in einigen Tafelsorten der Weintraube auf 25 vH des Frischgewichtes steigt.

Nach den neuesten Untersuchungen[3] wird auf früheren Stufen der Reifung von saftigen Früchten zum größten Teil Traubenzucker gefunden; auf späteren Stadien der Fruchtreifung findet man aber in den Früchten erhebliche Fructosemengen und auch Rohrzucker.

In tropischen Früchten sind die Zuckermengen durchschnittlich ge-

---

[1] OPARIN, A. u. N. POSPELOWA: Biochem. Z. 189, 18 (1927).
[2] OPARIN, A. u. N. DJATSCHKOW: Biochem. Z. 196, 289 (1928).
[3] KOKIN, A. J.: J. landw. Wiss. Moskau 12, 900 (1929). — IWANOFF, N. N., ALEXANDROWA, R. S. u. M. A. KUDRJAWZEWA: Biochem. Z. 212, 267 (1929).

ringer, wie es aus der folgenden Tabelle zu ersehen ist[1]. In dieser Tabelle ist der Gesamtzucker ebenfalls in Prozenten des Trockengewichtes angegeben.

Musa paradisiaca	22,0	Citrus Aurantium	7,1
Lansium domesticum	14,1	Carica Papaya	5,5
Durio zibethinus	12,1	Citrullus edulis	4,9
Mangifera indica dulcis	12,0	Artocarpus integrifolia	4,8
Anona muricata	11,6	Psidium Guayava	4,2
Ananassa sativa	10,2	Persea gratissima	1,7
Tamarindus indica	8,3	Cicca nodiflora	1,3

In zuckerhaltigen tropischen Früchten fällt die größte Menge des Gesamtzuckers auf Rohrzucker.

Wie bereits oben angedeutet, sind aber in einzelnen Fällen erhebliche Schwankungen im Gehalte der einzelnen Zuckerarten wahrgenommen. N. N. IWANOFF und seine Mitarbeiter (a. a. O.) kommen zum Schluß, daß namentlich die Synthese der Saccharose aus Glucose und Fructose den Schlußakt des Reifens bildet. Sind bedeutende Fructose- und Glucosemengen neben unbedeutenden Rohrzuckermengen vorhanden, so soll hieraus der Schluß gezogen werden, daß der Vorgang der Rohrzuckersynthese noch nicht stattgefunden hat. Wie groß die Schwankungen des Zuckergehaltes in verschiedenen Jahren sein können, ist aus den Analysen CALDWELLS[2] zu ersehen. Es wurden z. B. folgende Mengen des Rohrzuckers und des Invertzuckers in Äpfeln von einem und demselben Baum gefunden:

Jahr	Rohrzucker in Prozenten	Invertzucker in Prozenten
1920	0,18	9,36
1923	4,74	13,28

Diese Unterschiede hängen von der durchschnittlichen Temperatur Lichtmenge, Feuchtigkeit und anderen Ursachen ab.

In einigen Fällen wird auf den früheren Stufen der Reifung Stärke angehäuft und auf späteren Reifungsstadien verzuckert. So hat z. B. BOURDOUIL[3] folgende Resultate mit den von der Mutterpflanze abgehobenen Bananen erhalten.

Tag	Zustand der Früchte	Stärke	Rohrzucker	Gesamtzucker
21. März	sehr grün	22,94	0,75	0,81
2. April	gelb	2,03	14,38	19,17
16. „	ganz weich	—	6,24	14,88

In diesem Versuche wurde eine erhebliche Zuckermenge beim Lagern veratmet. Analoge Zahlen hat schon früher BAILEY[4] erhalten.

---

[1] PRINSEN GEERLIGS: Chem. Ztg **21**, 719 (1897).
[2] CALDWELL, J. S.: J. agricult. Res. **36**, 289 (1928).
[3] BOURDOUIL: Bull. Soc. Chim. biol. Paris **11**, 1130 (1929).
[4] BAILEY: J. amer. chem. Soc. **34**, 1706 (1912).

Wir sehen also, daß die Umwandlungen der Kohlenhydrate in reifenden saftigen Früchten einen komplizierten Vorgang darstellen, und also der analytisch gefundene Gehalt an bestimmten Zuckerarten eine sehr unbeständige Größe ist. In diesem Zusammenhange ist noch der Umstand zu erwähnen, daß bei der Fruchtreife eine bedeutende Hydrolyse der Pectinstoffe stattfindet[1], wodurch eine Maceration des Fruchtfleisches herbeigeführt wird, welche bei vielen Früchten als ein Kennzeichen der Reife gilt. Auch organische Carbonsäuren erfahren eine Veränderung bei der Fruchtreife, und zwar im Sinne einer Verminderung ihres Gehaltes. Da zu gleicher Zeit die Zuckermenge gewöhnlich zunimmt, so haben ältere Forscher angenommen, daß bei der Fruchtreife organische Säuren in Zucker übergehen, was aber auf Grund der neueren Forschungen sich als unrichtig erweist. Die Säuren werden auf oxydativem Wege verbraucht[2], während Zucker aus anderen Pflanzenteilen in erster Linie aus den assimilierenden Blättern, zufließt.

Schließlich muß noch hervorgehoben werden, daß während der Fruchtreife die Menge der Gerbstoffe gewöhnlich stark abnimmt, wodurch die Früchte weniger derb werden.

Die Umwandlungen der stickstoffhaltigen Stoffe bei der Reife der saftigen Früchte sind noch nicht studiert worden. In folgender Tabelle ist der Eiweißgehalt einiger saftiger Früchte in Prozenten der Trockensubstanz dargestellt.

Musa sapientum	12,9	Pfirsich	2,9
Feige	5,7	Aprikose	2,8
Erdbeere	4,6	Mespilus germanica	2,6
Zwetsche	4,1	Phoenix dactilifera	2,5
Heidelbeere	3,6	Apfel	2,3
Kirsche	3,4	Birne	1,9
Weintraube	3,0	Berberis	0,5

Die Fettanhäufung in reifenden Früchten und Samen ist ein noch nicht ganz durchsichtiger Vorgang. Es ist längst bekannt, daß auf den frühen Stufen der Samenreife die Analyse nur Reservekohlenhydrate entdeckt. Auf späteren Stadien der Reife verschwinden jedoch die Kohlenhydrate und es werden an ihrer Stelle Fette angehäuft, wobei aber die quantitativen Verhältnisse ziemlich verwickelt sind. In einigen Fällen vermindert sich sogar der Fettgehalt wiederum auf den spätesten Stufen der Samenreife[3]. Nach S. Iwanoff[4] wächst bei der Samenreife die Jodzahl der Reservefette, was darauf hindeutet, daß die Fettanhäufung ein aus mehreren Stufen bestehender Vorgang ist: zuerst entstehen gesättigte Fettsäuren, welche alsdann durch einen nicht näher erforschten Oxydationsvorgang in die ungesättigten Säuren verwandelt werden. Ana-

---

[1] Ehrlich, F. u. A. Kosmahly: Biochem. Z. **212**, 162 (1929).
[2] Gerber, C.: Ann. des Sci. natur. (Bot.), 4, 1 (1896).
[3] Korsakow, M.: C. r. Acad. Sci. Paris **155**, 1162 (1912).
[4] Iwanoff, S.: Bildung und Verwandlung von Fett in Samenpflanzen (russ.) 1912.

loge Vorgänge der Fettbildung sind auch in reifenden fetthaltigen Früchten, z. B. in Oliven, wahrgenommen worden.

Die Fermente der reifenden saftigen Früchte sind sehr lückenhaft untersucht. Meistens begnügte man sich damit, die Gegenwart bestimmter Fermente in Fruchtgeweben qualitativ festzustellen. Aus diesen Befunden sind freilich keine eindeutigen Schlußfolgerungen möglich, da in allen lebenden Geweben Fermente enthalten sind.

In saftigen Früchten wurde immer Invertase, Peroxydase, Katalase und Protease gefunden. Es ist die Annahme nicht unwahrscheinlich, daß Invertase und Protease bei der Fruchtreife hauptsächlich Synthesen, aber keine Hydrolysen bewirken.

Andere Reservestoffbehälter. Die perennierenden Stauden besitzen gewöhnlich unterirdische Reservestoffbehälter, welche dazu dienen, um im Frühjahr neue Stengel mit ihrem Laubwerke zu bilden. Die Reservestoffe werden in Rhizomen, Wurzelknollen, Stengelknollen oder Zwiebeln abgelagert. Alle diese Organe tragen außerdem eine oder mehrere Knospen, die im nächsten Jahr austreiben. Die Reservestoffe der unterirdischen Behälter sind im wesentlichen dieselben wie in den Samen, doch sind auch einige Unterschiede zu verzeichnen. In Samen sind lösliche Zuckerarten als Regel nur in geringen Mengen enthalten, dagegen sind viele Samen fetthaltig. Die unterirdischen Reservestoffbehälter enthalten hingegen nur in äußerst seltenen Fällen Fett, sind aber oft zuckerhaltig. In Zuckerrübe bildet Rohrzucker bis zu 90 vH, in Mohrrübe 70 vH der Trockensubstanz. Auch in Lauchzwiebeln ist Zucker der einzige stickstofffreie Reservestoff.

Rohrzucker ist auch in unterirdischen Reservestoffbehältern die verbreitetste und in überwiegender Menge vorkommende Zuckerart. Außerdem wurden aber in erster Linie von E. SCHULZE und seinen Mitarbeitern, sowie von anderen Forschern verschiedene andere Zuckerarten, meistens in unbedeutenden Mengen, gefunden. Nur Maltose ist in unterirdischen Reservestoffbehältern eine Seltenheit, dagegen wurde Raffinose zuerst in der Zuckerrübe entdeckt. Auch Mannit wurde in den unterirdischen Reservestoffbehältern mehrmals gefunden. Doch sind die verbreitetsten stickstofffreien Reservestoffe der unterirdischen Behälter, ebenso wie in den Samen, Stärke und Hemicellulosen. In den Compositen ist Inulin sehr verbreitet.

Die stickstoffhaltigen Reservestoffe der unterirdischen Behälter sind meistens, ebenso wie in den Samen, in Form von Eiweiß abgelagert. Aleuronkörner sind allerdings in unterirdischen Behältern nicht wahrgenommen. Die chemische Natur der Proteine der unterirdischen Reservestoffbehälter ist sehr wenig erforscht, doch ist es sehr wahrscheinlich, daß die in Frage kommenden Eiweißstoffe denjenigen der Samen ähnlich sind. Auch die Menge der aufgespeicherten Eiweißstoffe steht in einigen Fällen derjenigen der Samenproteide kaum nach und steigt bis zu 25 vH der Trockensubstanz. Anderseits sind in Lauchzwiebeln die stickstoffhaltigen Stoffe zum größten Teil in Form der Aminosäuren abgelagert. Beim Austreiben der Zwiebel beginnt daher sofort eine Eiweißsynthese, während in anderen Fällen, ebenso wie bei der Samenkeimung, zuerst eine Spaltung der Reserveproteide stattfindet, und die absolute Menge der Eiweißstoffe auf den ersten Stufen des Austreibens abnimmt.

Der wichtigste Unterschied zwischen Samen und unterirdischen Reservestoffbehältern besteht darin, daß letztere immer wasserhaltig, oft sogar wasserreich sind und daher auch ohne Wasserzufuhr austreiben können. Um so beachtenswerter ist die Tatsache, daß auch diese Reservestoffbehälter nicht zu jeder Zeit austreiben, sondern eine bestimmte Ruheperiode besitzen und eine Periodizität der Entwickelung aufweisen. Das Austreiben selbst ist der Samenkeimung durchaus analog: Die unlöslichen Polysaccharide verwandeln sich in lösliche Zuckerarten und das Eiweiß in Aminosäuren. Auch die Rolle des Asparagins und Glutamins ist in den unterirdischen Reservestoffbehältern ebenso wichtig wie in Samen. Bei der Speicherung der Reservestoffe wird das stickstofffreie Material allem Anschein nach hauptsächlich in Form von Rohrzucker zugeführt. Interessant ist die Angabe STOKLASAS[1], daß Kalium die Rohrzuckerspeicherung in der Zuckerrübe außerordentlich befördert.

In diesem Zusammenhang muß noch an die Reservestoffe im Stamm der Bäume und Sträucher erinnert werden. Die Reservestoffe sind hier gewöhnlich denjenigen der unterirdischen Reservestoffbehälter durchaus analog, der Zweck der Speicherung besteht aber darin, daß aus den Reservestoffen des Baumstammes das Laubwerk im nächsten Frühjahr ausgebildet wird.

Eine Eigentümlichkeit der Entleerung der Reservestoffe des Baumstammes besteht darin, daß dieselben nach erfolgter Auflösung in den Leitungsbahnen des Holzes aufwärts getrieben werden. Dieses Frühjahrsbluten wurde schon oben besprochen. Der Blutungssaft enthält eine bedeutende Menge von löslichem Zucker, in erster Linie Invertzucker, Äpfelsäure (vielleicht die Vorstufe der Asparaginbildung), sowie andere Baustoffe und neben ihnen verschiedene Fermente, namentlich Diastase, Katalase und Peroxydase[2]. Die Menge der Peroxydase ist nach WOTSCHAL[3] periodischen Schwankungen unterworfen. Im Frühjahr ist der Blutungssaft sehr reich an Nitraten; das stickstoffhaltige Baumaterial ist also wahrscheinlich in anorganischer Form enthalten[4].

Die Zellen des Rinden- und Holzparenchyms bilden das Speichergewebe des Baumstammes. Bereits bei mikroskopischer Betrachtung bemerkt man, daß sämtliche Zellen des Holzparenchyms und der Markstrahlen, die ja ein einheitliches Ganzes bilden, stärkehaltig sind. In einem großen Baum können auf diese Weise sehr beträchtliche Mengen von Kohlenhydraten aufgespeichert werden. Außer Stärke kommen

---

[1] STOKLASA, J.: Z. landw. Versuchswes. Österr. **15**, 711 (1912).
[2] WOTSCHAL, E.: Sitzgsber. naturforsch. Ges. Kiew, **1914**, 1 (1915) (russ.).
[3] WOTSCHAL, E.: Ebenda **1915**, 1 (russ.).
[4] BYKOFF, I. E.: Mitt. Biol. Foschungsinst. Univ. Perm **6**, 277 (1929) (russ.).

auch Hemicellulosen als Reservestoffe des Baumstammes vor. Über die Menge und die chemische Zusammensetzung des stickstoffhaltigen Reservematerials der Baumstämme sind wir gar nicht orientiert. Der Verfasser dieses Buches nimmt an, daß die organischen stickstoffhaltigen Reservestoffe im Stamm unbedeutend sind, indem als hauptsächlichstes stickstoffhaltiges Baumaterial bei der Bildung des Laubwerks die im Blutungssafte enthaltenen und dem Boden entnommenen anorganischen Salze, in erster Linie Nitrate, fungieren. Auch die Rinde der Bäume enthält ziemlich bedeutende Mengen der stickstofffreien Reservestoffe.

Die Reservestoffe des Holzes dienen auch zur Unterhaltung der holz- und bastbildenden Tätigkeit des Cambiums, insofern letztere nicht direkt durch die aus den Blättern zugeführten Assimilate unterstützt wird. Letztere Art der Holz- und Bastbildung dürfte wohl die verbreitetste sein.

Es ist allgemein bekannt, daß die Mobilisierung der Reservestoffe im Baumstamm ebenso wie die Entleerung der anderen Reservestoffbehälter eine Periodizität aufweist und bei einigen Pflanzen selbst durch die stärksten künstlichen Mittel nur in bestimmten Monaten hervorgerufen werden kann.

Stimulationen der Mobilisierung der Reservestoffe und der Fruchtreife. Durch verschiedene Reizwirkungen kann die Ruheperiode der Reservestoffbehälter gekürzt und die Fruchtreife beschleunigt werden. Alle diese Einwirkungen werden gewöhnlich auf eine gesteigerte Fermentbildung durch das gereizte Plasma zurückgeführt. Unmittelbar auf die Fermente haben alle diese Reizwirkungen keinen Einfluß.

Bereits JOHANNSEN[1] hat darüber berichtet, daß ein Frühtreiben verschiedener Gewächse durch Reizung mittels Äther erzielt werden kann. MOLISCH[2] hat die schon längst in der gärtnerischen Praxis gebräuchliche Warmbadmethode des Frühtreibens ausführlich beschrieben: Nach einem mehrere Stunden dauernden Eintauchen in warmes Wasser werden die Sprosse frühzeitig zum Austreiben und Blühen gebracht. Von den chemischen Reizwirkungen sind noch folgende beachtenswert: GASSNER[3] hat die Blausäuremethode des Frühtreibens beschrieben. DENNY[4] hat sowohl das Frühtreiben der Sprosse verschiedener Pflanzen, als ein frühzeitiges Austreiben der Kartoffelknollen mittels Äthylenchlorhydrins $CH_2Cl\text{-}CH_2OH$ oder Natriumthiocyanats erzielt. Nach neueren Resultaten desselben Forschers wird in den Geweben der gereizten Pflanzen der Rohrzuckergehalt um 100 vH, der Gehalt an Stoffen, die in 50proz. Alkohol löslich sind, um 15—20 vH gesteigert und gleichzeitig der Stärkegehalt um 8 vH herabgesetzt[5]. Die weiteren Untersuchungen zeigten, daß bereits nach 24 Stunden die Ak-

---

[1] JOHANNSEN: Das Ätherverfahren beim Frühtreiben. 1900.
[2] MOLISCH, H.: Die Warmbadmethode. 1909.
[3] GASSNER, G.: Praktische Anleitung zum Frühtreiben von Pflanzen mittels Blausäure. 1927.
[4] DENNY, F. E.: J. Soc. chem. Ind. **47**, 239 (1928).
[5] DENNY, F. E.: Amer. J. Bot. **16**, 326 (1929).

tivität von Katalase, Peroxydase und Reduktase in gereizten Pflanzen erheblich zunimmt, doch ist dies keine direkte Fermentreizung (die bekanntlich überhaupt nicht existiert), denn in ausgepreßten Pflanzensäften wird unter der Einwirkung obiger Chemikalien keine Steigerung der Fermentwirkungen wahrgenommen. Es besteht ein Zusammenhang zwischen der Beschleunigung der Fermentwirkungen und derjenigen des Austreibens[1].

Besonders interessant ist die von VACHA u. HARVEY[2] beschriebene Unterbrechung der Ruheperiode durch Äthylen. Unter dem Einfluß geringer Äthylenmengen wurde das Austreiben der Kartoffelknollen auf etwa 15 Tage, diejenige der Gladioluszwiebeln gar auf 1 Monat beschleunigt. Doch wurde in gereizten Pflanzen keine gesteigerte Zuckerbildung wahrgenommen[3]. Propylen, Amylen und Acetylen üben dieselbe Wirkung wie Äthylen aus. Eine direkte Wirkung des Äthylens auf die Fermente findet nicht statt[4]; anderseits haben einige Forscher dargetan, daß die Permeabilität des Zellplasmas unter dem Einfluß des Äthylens gesteigert wird[5].

Die Untersuchungen von IWANOFF, PROKOSCHEFF und GABUNJA[6] haben verschiedene neue Tatsachen bezüglich der Einwirkung des Äthylens auf die Fruchtreife ans Tageslicht gebracht. Es zeigte sich zunächst, daß die Atmung der Früchte durch Äthylen bedeutend gesteigert wird, wobei aber $CO_2 : O_2 = 1$ bleibt. Als Atmungsmaterial der gereizten Früchte dienen also, wie in nicht gereizten Pflanzen, Kohlenhydrate. In keinem Falle wurde eine Steigerung des Zuckergehaltes wahrgenommen; es trat nur eine Beschleunigung der Reife ein. Im Zusammenhange damit offenbarte sich aber eine gewaltige Abnahme der Menge der Gerbstoffe in gereizten Früchten. Mit Diospyros caki wurden folgende Resultate erhalten.

Gerbstoffmengen

nach 7 Tagen

Nicht gereizt	4,95
Gereizt	0

nach 9 Tagen

Nicht gereizt	10,2
Gereizt	3,6

Bezüglich der Fermente erhielten IWANOFF und seine Mitarbeiter genau dieselben Resultate wie DENNY: In gereizten Pflanzen findet eine

---

[1] DENNY, F. E., MILLER, L. P. a. J. D. GUTHRIE: Amer. J. Bot. **17**, 483 (1930).

[2] VACHA a. HARVEY: Plant Physiol. **2**, 187 (1927).

[3] HIBBARD, R. P.: Agricult. exper. Stat. Michigan. Bull. **104** (1930).

[4] REGEIMBAL, L. O. a. R. B. HARVEY: J. amer. chem. Soc. **49**, 1117 (1929). ENGLIS a. ZANNIS: Ebenda **52**, 797 (1930).

[5] NORD, F. F. a. K. W. FRANKE: J. of biol. Chem. **79**, 27 (1928). — NORD, F. F. u. J. WEICHHERZ: Hoppe-Seylers Z. **183**, 191 (1929).

[6] IWANOFF, N. N., PROKOSCHEFF, S. M. u. M. K. GABUNJA: Noch unveröffentlicht.

gewaltige Steigerung der Wirkung von Invertase und Peroxydase statt. Interessant ist der Befund der genannten Forscher, daß die Katalasewirkung in gereizten Pflanzen schwächer wird. Die Stimulierung der Fermentwirkungen kann nur bei Behandlung der lebenden Pflanzen mit Äthylen wahrgenommen werden. In Lösungen übt Äthylen auf Fermente keine Wirkung aus.

Obige Resultate verschiedener Forscher sind zunächst rein empirisch; es ist aber kaum zweifelhaft, daß Untersuchungen dieser Art der Fermentforschung gute Dienste leisten können. Bisher wurde die Untersuchung der Fermente nur auf chemischem Gebiete ausgeführt. Die Physiologie der Fermentbildung stellt ein noch unbekanntes Gebiet dar, doch dürften wohl namentlich auf diesem Gebiete wichtige Hinweise bezüglich der chemischen Zusammensetzung der Fermente erhalten werden.

Der Milchsaft[1]. Die physiologische Bedeutung des Milchsaftes ist ebensowenig durchsichtig wie die Rolle der Milchröhren. Letzteren wurde entweder die Funktion der Leitungsbahnen oder diejenige der Speichergewebe zugesprochen. Dem Milchsaft wurde aber auch die Rolle eines Excrets zugelegt, was sicherlich irrig ist, wie es aus der folgenden kurzen Betrachtung der im Milchsaft vorkommenden Stoffe zu ersehen ist.

Der Gehalt der Milchsäfte an Mineralstoffen ist häufig sehr hoch, wie es durch mehrere ältere Analysen festgestellt worden war. Diese Angaben wurden durch RÖBEN[2] bestätigt und erweitert. Die spezifische Leitfähigkeit der Milchsäfte bewegt sich zwischen $10 \cdot 10^{-6}$ und $40 \cdot 10^{-6}$, der pH-Wert wurde gleich 6,6—7,2 gefunden[3]. Die Bestimmungen der organischen Bestandteile des Milchsaftes wurden namentlich im Latex der Kautschukbäume in großer Anzahl ausgeführt. Es zeigte sich, daß der Milchsaft die üblichen Nährstoffe, nämlich Kohlenhydrate, Fette und Eiweißstoffe gewöhnlich in erheblichen Mengen enthält. Mannit und Zucker wurden in vielen Milchsäften gefunden, desgleichen Asparagin. Eiweißstoffe sind in jedem Milchsaft enthalten und Stärke wird oft in sehr großen Mengen angehäuft. Auch peptonartige Körper wurden aus dem Milchsaft isoliert[4]. Beachtenswert ist das weit verbreitete Vorkommen von verschiedenen Fermenten im Milchsaft. Allgemein bekannt ist z. B. das Papain, ein eiweißspaltendes Ferment von außerordentlich starker Wirkung, welches aus dem Milchsaft von Carica Papaya isoliert wird. Auch in Milchsäften anderer Pflanzen wurden einige äußerst mächtige proteolytische Fermente gefunden. Labferment, Amylase, Lipase und oxydierende Fermente sind in Milchsäften ebenfalls verbreitet. Untersuchungen über den Fermentgehalt der Milchsäfte wurden bisher nur gelegentlich ausgeführt und es ist daher die Möglichkeit neuer

---

[1] Ältere Literatur über Milchsaft bei H. MOLISCH: Studien über den Milchsaft und Schleimsaft der Pflanzen. 1901.

[2] RÖBEN, M.: Jb. Bot. **69**, 587 (1928).

[3] HAUSER, E. A. u. P. SCHOLZ: Kautschuk, **1927**, 304.

[4] FRANK, F. u. GNÄDINGER: Gummi-Ztg **25**, 840, 877 (1911).

Entdeckungen auf diesem Gebiete nicht ausgeschlossen. Allgemein bekannt ist die weite Verbreitung verschiedener Alkaloide in Milchsäften. Auch Gerbstoffe, Phytosterine und andere Lipoide sind in verschiedenen Mengen in vielen Milchsäften enthalten. Kautschuk und Guttapercha sind sehr verbreitete Bestandteile der Milchsäfte, die in einigen tropischen Pflanzen in großen Mengen vorkommen. Die brasilianische Pflanze Hevea brasiliensis enthält einen Milchsaft mit etwa 90 vH Kautschuk (auf Trockengewicht bezogen). Auch verschiedene Manihotarten werden technisch verwendet. Einige Euphorbiaceen enthalten über 30 vH Kautschuk in ihrem Milchsafte. Selbst einige europäische Euphorbiaarten könnten vielleicht technisch verwendet werden. Das überaus wichtige und interessante Kautschukproblem kann hier leider nicht näher besprochen werden; es existiert darüber eine umfangreiche Fachliteratur.

In diesem Zusammenhange muß darauf hingewiesen werden, daß Milchröhren mit Milchsaft auch bei verschiedenen Hutpilzen vorkommen. Sie sollen sämtlichen Agaricineen eigen sein. Der Inhalt der Milchröhren der Hutpilze ist ebenfalls ein sehr mannigfaltiger. Fette, Kohlenhydrate (wobei Stärke natürlich durch Glykogen ersetzt ist) und Eiweißstoffe sind normale Bestandteile des Milchsaftes der Pilze. Auch ätherische Öle wurden in Milchsäften einiger Pilze gefunden.

Wir sehen also, daß die Milchsäfte in erster Linie wichtige Nährstoffe enthalten und also keineswegs als Excretbehälter fungieren. Doch ist die physiologische Rolle des Milchsaftes zur Zeit noch nicht präzisiert. Es ist selbst nicht endgültig festgestellt, was der Milchsaft in morphologischer Hinsicht darstellt. Die meisten Forscher nehmen an, daß der Milchsaft als Zellsaft der Milchröhren anzusehen ist, neben welchem in letzteren auch ein protoplasmatischer Wandbeleg existiert. Doch ist kein anderer Zellsaft bekannt, in welchem Stärkekörner, Leukoplasten und solche chemische Stoffe wie Phytosterine und andere Lipoide enthalten sind. Namentlich Plastiden und die in dieselben eingeschlossenen Stärkekörner können laut den herrschenden Ansichten nur im Protoplasma vorkommen. Auf Grund dieser Erwägungen nimmt Berthold[1] an, daß der Milchsaft nichts anderes ist, als dünnflüssiges Protoplasma. In seiner zusammenfassenden Arbeit lehnt Molisch (a. a. O.) diesen Standpunkt ab und weist darauf hin, daß beim Entleeren der Milchröhren nicht nur deren Zellsaft, sondern auch das Protoplasma herausfließt. Dies zeigt jedoch, daß auch das eigentliche Protoplasma der Milchröhren sehr dünnflüssig ist und die Menge der Einschlüsse und chemischen Verbindungen, welche sonst nur im Protoplasma enthalten sind, im Milchsaft so bedeutend ist, daß die Grenze zwischen dem Zellplasma und dem Zellsafte in Milchröhren wohl nicht scharf ausgeprägt sein sollte. In diesem Zusammenhange muß der Umstand hervorgehoben werden, daß nach Molisch auch die Eiweißstoffe des Milchsaftes in Plastiden eingeschlossen sind. Die Mannigfaltigkeit der im Milchsaft

---

[1] Berthold, G.: Studien über Protoplasmamechanik, S. 30. 1886.

gefundenen Stoffe ist eine derartige, wie sie sonst nur im Zellplasma vorkommt. Das reichliche Herausfließen des Milchsaftes nach dem Zerschneiden der Milchröhren beweist, daß der Saft sich in der intakten Pflanze jedenfalls unter einem hohen Druck befindet.

Verschiedene Forscher haben sich bemüht, den Gehalt des Milchsaftes an Trockensubstanz in Abhängigkeit vom Feuchtigkeitsgrad der Umgebung zu bestimmen. Es zeigte sich, daß in feuchter Luft der Milchsaft dünnflüssiger wird[1]. Die neueste Arbeit RÖBENS[2] zeigte aber eine Abnahme der Trockensubstanz in trockener Luft an, was die Verfasserin durch Sistierung der Photosynthese zu erklären geneigt ist. Im Zusammenhange damit bewirkte dauernde Verdunkelung in Versuchen verschiedener Forscher ebenfalls eine Abnahme der Trockensubstanz im Milchsafte[3]. Auch andere Einflüsse des Milieus üben einen deutlichen Einfluß auf die Beschaffenheit des Milchsaftes aus. Interessant ist die Beobachtung RÖBENS, daß die Auflösung der Stärke im Milchsaft auf eine analoge Weise durch Mineralsalze beeinflußt wird, wie sie von ILJIN für die Schließzellen des Spaltöffnungsapparates (vgl. elftes Kapitel) festgestellt worden war. Nach der Ansicht des Verfassers des vorliegenden Buches spricht diese Beobachtung deutlich zugunsten der Annahme, daß Milchsaft nicht als Zellsaft aufzufassen ist; ist doch die Stärkelösung in Schließzellen ein Vorgang, der nur im Zellplasma vor sich geht und dessen Verlauf im Zellsafte der Schließzellen einfach unwahrscheinlich wäre.

Überblicken wir die oben mitgeteilten, allerdings noch lückenhaften Resultate der Erforschung der physiologischen Rolle des Milchsaftes, so ist jedenfalls der Schluß zu ziehen, daß der Milchsaft immer bedeutende Mengen der Reservestoffe enthält und der Sitz einer regen Umwandlung verschiedener Stoffe ist. Daß einige Bestandteile des Milchsaftes als Excrete zu bezeichnen sind, beweist nur das Vorhandensein einer lebhaften protoplasmatischen Tätigkeit. Eine genauere Präzisierung der physiologischen Rolle des Milchsaftes wird nur möglich sein, nachdem eine ausführliche vergleichende Untersuchung der physiologischen Leistungen milchsaftführender und nicht milchsaftführender Pflanzen ausgeführt werden wird. STAHL[4] macht darauf aufmerksam, daß Beziehungen zwischen Guttation und Vorhandensein von Milchröhren und Saftschläuchen bestehen. Gewächsen mit sehr reicher Guttation fehlen die Milchröhren, während die nicht guttierenden Pflanzen sich durch den Besitz von soeben erwähnten Geweben auszeichnen. ZIEGENSPECK[5]

---

[1] OLSSON-SEFFOR, P.: Bot. Zbl. **105**, 367 (1907). — FIKENDEY, E.: Tropenpflanzen **14**, 442 (1910). — TOBLER, F.: Jb. Bot. **54**, 265 (1914).

[2] RÖBEN, M.: Ebenda **69**, 587 (1928).

[3] FAIVRE, E.: C. r. Acad. Sci. Paris 88, 269, 369 (1879). — TREUB, M.: Ann. Inst. bot. Buitenzorg **3**, 37 (1883). — BRUSHI, D.: Ann. di Bot. 7, 671 (1909). — KNIEP, H.: Rubber Recueil **1914**, 20. — KLEIN, G. u. K. PIRSCHLE: Biochem. Z. **143**, 457 (1923). — RÖBEN, M.: a. a. O.

[4] STAHL, E.: Flora (Jena) **113**, 1 (1920).

[5] ZIEGENSPECK, H.: Bot. Archiv 7, 141 (1924).

kommt zu analogen Schlußfolgerungen und ONKEN[1] war in der Lage, zu zeigen, daß milchsaftführende Pflanzen in den milchsaftfreien Teilen entweder keine oder nur ganz unbedeutende Mengen von Calciumoxalat enthalten. Ohne diese Angaben zu diskutieren, wollen wir nur darauf hinweisen, daß die Rolle der Milchröhren dadurch jedenfalls nicht erschöpfend aufgehellt wird.

Die Excrete der Pflanzen. Zum Schluß seien nur wenige Worte den sogenannten Excreten der Pflanzen gewidmet. Als solche werden gewöhnlich Stoffe bezeichnet, welche angeblich keine weitere Verwendung im Haushalte der Pflanzen finden. Es ist ohne weiteres einleuchtend, daß eine derartige Definierung in den meisten Fällen ziemlich gewagt ist. In älteren Lehrbüchern werden solche Stoffe als Excrete bezeichnet, deren physiologische Rolle zu jener Zeit unbekannt war. Im Zusammenhange mit den Fortschritten der Biochemie der Pflanzen vermindert sich die Anzahl der vermeintlichen Excrete. Es ist u. a. gegenwärtig wohl unstatthaft, Alkaloide und andere stickstoffhaltige Basen nur deshalb als Excrete zu qualifizieren, weil ihre physiologische Rolle bisher noch als wenig durchsichtig erscheint. Wissen wir doch, wie sparsam die Pflanze mit dem Stickstoff umgeht. Die Existenz von stickstoffhaltigen Excreten ist daher unwahrscheinlich.

Es ist ratsam, nur solche Stoffe als Excrete zu bezeichnen, die von der Pflanze nachweislich entfernt werden. Zu solchen Stoffen gehören in manchen Fällen Kalksalze, in erster Linie Calciumoxalat. Verschiedene indirekte Angaben deuten darauf hin, daß Oxalsäure als Nebenprodukt der Nitratreduktion und der nachfolgenden Bildung von Eiweißbausteinen entsteht. Anderseits wird der Bodenstickstoff von den Pflanzen meistens in Form von Calciumnitrat aufgenommen. Das bei der Nitratreduktion übriggebliebene Calcium verbindet sich mit Oxalsäure zu unlöslichem Calciumoxalat, welches oft in solchen Pflanzenteilen abgelagert wird, welche später abgeworfen werden. Bei der Borkenbildung füllen sich z. B. die durch konzentrische Phellogenschichten abgeschnittenen Gewebe des Rindenparenchyms mit Krystallen von Calciumoxalat. Dieselbe Erscheinung bemerkt man in äußeren eintrocknenden Schuppen der Lauchzwiebel und in einigen Laubblättern vor ihrem Abfall.

Die allgemein bekannte Ausscheidung von Calciumcarbonat durch die sogenannten Kalkdrüsen stellt ein anderes Beispiel der Entfernung eines Excrets dar. Möglicherweise sind auch einige ätherische Öle Excrete im obigen Sinne des Wortes, doch ist diese Annahme bereits mit einiger Reserve anzunehmen; dasselbe gilt für die organischen Säuren und andere in den Wurzelausscheidungen enthaltenen Stoffe. Überhaupt ist es kaum ratsam, beim gegenwärtigen Zustande unserer Kenntnisse Excrete nur auf Grund von biochemischen Erwägungen zu definieren. Viel fruchtbarer wäre die Aufgabe, verschiedene Stoffausscheidungen der Pflanze zusammenhängend zu untersuchen und ein neues

---

[1] ONKEN, A.: Ebenda **2**, 281 (1922).

Kapitel der Pflanzenphysiologie unter dem Namen „Stoffausscheidungen" zu schaffen.

Der Leser wird wohl bemerkt haben, daß in diesem Kapitel neben spärlichen Beschreibungen zahlreiche „Fragestellungen" enthalten sind. Dies hat aber seinen Grund in der Erwägung, daß die Gebiete der Stoffverteilung in der Pflanze ungeachtet ihrer großen Wichtigkeit noch sehr lückenhaft untersucht sind. Der Verfasser dieses Buches würde sich glücklich fühlen, falls seine Ausführungen Veranlassung zu neuen experimentellen Untersuchungen auf den genannten Gebieten geben dürften.

Vierzehntes Kapitel.

Wachstum.

Allgemeines. Jedermann glaubt zu wissen, was man unter Wachstum zu verstehen hat. Sobald man diesen Begriff aber genauer definieren will, stellen sich augenblicklich große Schwierigkeiten ein. Wachstum ist nicht identisch mit Gewichtsvermehrung; eine Pflanze kann ja zeitweise Wasser aufnehmen, das sie später durch Transpiration wieder verliert, wobei das Wachstum aber vollkommen stillstehen kann. In derselben Weise kann man behaupten, daß auch nicht jede Volumenvergrößerung als Wachstum zu betrachten ist; wenn z. B. ein Stärkekorn in Wasser quillt, so wird niemand hier von Wachstum reden, und zwar weil dieser Prozeß wieder rückgängig gemacht werden kann. Wir wollen also hier von Wachstum reden bei jeder irreversibeln Volumenvergrößerung einer Pflanze oder eines Pflanzenorganes.

Es kann diese Volumenvergrößerung unter Verkürzung etwa der Länge zustande kommen. Das ist z. B. der Fall bei vielen Wurzeln, welche sich nachträglich verkürzen, wodurch sie die Pflanzen in den Boden hineinziehen. Diese Verkürzung kann man z. B. sehr gut bei Hyacinthenwurzeln an der auftretenden Ringelung beobachten. HUGO DE VRIES hat zeigen können[1], daß es sich hierbei um ein starkes Wachstum in der Breitenrichtung handelt, welches soweit geht, daß die Länge sich verringert.

Es muß von vornherein festgelegt werden, daß es sich beim Wachstum um einen vitalen Prozeß handelt, daß nicht einfache Volumenvermehrung stattfindet, sondern daß damit Differenzierung in ganz bestimmte Bahnen verbunden ist; hierauf soll später näher eingegangen werden.

Indessen habe ich diese Bemerkung schon jetzt machen wollen, weil daraus hervorgeht, daß die Einzwängung des Wachstums in eine einfache mathematische Formel nicht gelingen kann. Man hat es zwar mehrfach versucht und darum soll hier kurz darauf eingegangen werden. Wenn es sich um einzellige Organismen handelt, ist die Sache noch verhältnismäßig einfach. Man bestimmt dabei nach einer gewissen Zeit die Menge dieser Organismen und vergleicht diese mit der anfänglichen Menge, wobei dann zwar nicht allein Wachstum, sondern auch Vermehrung eine Rolle spielt. In dieser Art hat z. B. SLATOR[2] die Wachs-

---

[1] DE VRIES, H.: Landw. Jb. **9** (1880).
[2] SLATOR, A.: Biochemic. J. **12** (1918).

tumsgeschwindigkeit der Hefe bestimmt. Hält man die äußeren Umstände konstant, so wird, wenn die anfängliche Zahl der Hefezellen n beträgt, die Zunahme dieser Zellen dn in einer gegebenen Zeit dt, die relative Wachstumsgeschwindigkeit ausgedrückt werden können durch die Formel

$$\frac{1}{n} \cdot \frac{dn}{dt}$$

oder wenn nur p-Zellen an dieser Vermehrung beteiligt sind

$$\frac{1}{p} \cdot \frac{p}{n} \cdot \frac{dn}{dt}.$$

Man kann sich also denken, daß, wenn stets Nahrung im Überfluß vorhanden ist, die Zahl der Zellen, welche jede einzelne Zelle in der Zeiteinheit bildet, also auch die Zeit zwischen zwei Teilungen konstant ist. Aber um dieses Resultat zu erhalten muß man dann auch all diese Beschränkungen in seine Betrachtungen einführen. Eigentlich muß man dann dabei noch einer Bedingung Genüge leisten, wie das von RICHARDS[1] in seinen Versuchen mit Hefe geschehen ist. Derselbe hat auch alle schädlichen Stoffwechselprodukte sobald wie möglich entfernt und dann wirklich gefunden, daß die Hefe mit einer konstanten Geschwindigkeit wächst, während das Wachstum dann nicht limitiert ist.

Wenn wir uns jetzt aber zu höheren Pflanzen wenden, so sind diese aus vielen Zellen aufgebaut, wovon einige sich in fortwährender Vermehrung befinden, andere dem Boden Nahrung entziehen, wieder andere CO_2 assimilieren, wobei diese Nahrungsstoffe an bestimmte Bahnen entlang den wachsenden Teilen zugeführt werden, wobei viele von diesen assimilierten Substanzen bei der Atmung wieder verbrennt werden, andere in Reservestoffbehälter werden angehäuft, so wird man wohl ahnen, daß hier äußerst komplizierte Verhältnisse vorliegen, auch wenn man imstande ist, die Pflanze unter so viel wie möglich konstanten Bedingungen aufzuziehen.

Vielleicht gelingt es auch hier einmal gerade wie bei den Tieren Gewebekulturen anzulegen und das Wachstum dieser Gewebe messend zu verfolgen. Bis jetzt ist man nur so weit gekommen, daß man imstande ist isolierte Wurzelspitzen eine Zeitlang zu kultivieren. KOTTE[2], aber besonders ROBBINS[3], haben solche Kulturen beschrieben, den Einfluß der Nahrung und auch der Spitze auf dieses Wachstum näher verfolgt und uns den Anfang einer Methodik geliefert, welche vielleicht für die Zukunft viel verspricht.

Es läßt sich nicht leugnen, daß bisweilen für das Wachstum auch der höheren Pflanzen sehr einfache Formeln gefunden wurden; ganz speziell ist das hervorgehoben von V. H. BLACKMAN[4] und von ROBERT-

---

[1] RICHARDS, O. W.: J. gen. Physiol. **11** (1928).

[2] KOTTE, W.: Beitr. allg. Bot. **2** (1922).

[3] ROBBINS, W. J.: Bot. Gaz. **73** (1922); **74** (1922); **76** (1923); **78** (1924). Die zwei letztgenannten Arbeiten zusammen mit W. E. MANEVAL.

[4] BLACKMAN, V. H.: Ann. of Bot. **33** (1919). New Phytologist **19** (1920).

SON[1]. Bei diesen Berechnungen wurden vielfach Daten benutzt, welche von KREUSLER[2] und seinen Mitarbeitern erhalten wurden, wobei zwar eigentlich nicht das Wachstum, sondern die Trockengewichtszunahme bestimmt wurde. BLACKMAN hat darauf hingewiesen, daß man das Wachstum durch die Exponentialkurve der zusammengesetzten Zinsenberechnung darstellen kann, d. h. wenn W das Wachstum zu einer Zeit t ist, dann würde der Wachstumszuwachs dW in einer unendlich kleinen Zeit dt, diesem Wachstum proportional sein, also

$$k\,W = \frac{d\,W}{d\,t}.$$

Dieses k, der Wirksamkeitsindex wäre also

$$k = \frac{1}{W} \cdot \frac{d\,W}{d\,t} = \frac{d}{d\,t}\log_e W_1$$

oder

$$k = \frac{\log_e W_2 - \log_e W_1}{t_2 - t_1}.$$

Andererseits hat ROBERTSON gemeint, daß man hier eine Formel aufstellen kann, welche derjenigen einer autokatalytischen chemischen Reaktion identisch ist, also

$$\frac{d\,W}{d\,t} = k\,W\,(a - W)$$

wenn a die erreichte Endlänge oder das erreichte Endtrockengewicht ist.

Ich möchte hier diese Formeln und die damit hergestellten Kurven nicht ausführlicher besprechen, auch nicht die weitere Literatur. Wer sich dafür interessiert, findet eine kritische Besprechung derselben in einer Arbeit von VAN DE SANDE BAKHUYSEN und ALSBERG: ,,The growth Curve in annual Plants"[3]. Wir kommen auf diese Kurven später noch näher zu sprechen, wenn über die große Periode des Wachstums der einzelnen Organe gehandelt werden wird.

Jetzt muß noch einmal nachdrücklich darauf hingewiesen werden, daß das Wachstum ein Prozeß ist, welcher sich in ganz bestimmten Bahnen bewegt, und zwar spezifisch für jede Pflanzenart.

Man braucht ja nur zu bedenken, daß aus der Zygote eines Tanges, etwa eines Fucus, immer wieder dieser Fucus hervorwächst, aus derjenigen einer Tulpe immer wieder diese Tulpe, daß es also erbliche Faktoren gibt, welche das Wachstum bestimmen und es in bestimmter Richtung leiten. Fraglich ist dabei, inwieweit äußere Faktoren dieses Wachstum in bestimmte Bahnen lenken können. Es wird darauf zurückzukommen sein, wenn zwar behauptet werden kann, daß diese Frage

---

[1] ROBERTSON, T. B.: Growth and Senescence. Philadelphia und London. 1923. — REED, H. S.: Amer. Naturalist 58 (1924). — CROZIER, W. J.: J. gen. Physiol. 10 (1926).

[2] KREUSLER, U. u. a.: Landw. Jb. 6 (1877); 7 (1878); 8 (1879).

[3] VAN DE SANDE BAKHUYSEN, H. L. a. CARL L. ALSBERG: Science (N. Y.) 64 (1926). Physiologic. Rev. 7 (1927). Siehe auch BAAS BECKING, L. G. M. a. BAKER, L. C.: Lel. Stanford Univ. Publ. Univ. Ser., Biol. Sci. 4 (1926).

eigentlich bei der Behandlung der Erblichkeit beantwortet werden muß oder bei der experimentellen Morphologie. Aber letztere gehört ja doch eigentlich mehr in das Gebiet der Physiologie als in dasjenige der Morphologie untergebracht zu werden. Grenzen sind auch hier, wie überall bei den Wissenschaften des Lebens nicht scharf und es wird sich jedenfalls lohnen, nachher kurz auf diese Frage einzugehen.

Wir werden hier jetzt zuerst Zellteilung und Zellstreckung als gesonderte Faktoren des Wachstums betrachten, daraufhin diese Zellstreckung besonders beim Längenwachstum näher untersuchen und uns dann beschäftigen mit den Methoden, welche zur Messung dieses Längenwachstums benutzt werden und im Anschluß daran den Einfluß äußerer Umstände auf das Streckungswachstum einer näheren Betrachtung unterwerfen. Daran knüpft sich dann eine Besprechung der Wuchshormone und im Zusammenhang damit der korrelativen Wachstumsverhältnisse. Endlich wird nach der Behandlung des Dickenwachstums sich Gelegenheit bieten, die periodischen Erscheinungen des Wachstums überhaupt etwas besser unter die Augen zu sehen.

Zellteilung und Zellstreckung. Wenn man niedere einzellige Pflanzen, etwa Bakterien, untersucht, so wird man bald sehen, daß nach jeder Zweiteilung die Zelle wieder auf ihr ursprüngliches Maß heranwächst, es sei denn, daß die neue Zellhaut von der alten umschlossen wird, wie bei den Diatomeen, wo infolgedessen die eine der beiden neuen Zellen kleiner ist als diejenige, welche sich geteilt hat. Aber wenn man diesen Fall weiter außer Betrachtung läßt, so kann gesagt werden, daß wir hier das Wachstum in der einfachsten Form sehen, daß aber Ähnliches auch bei allen anderen Pflanzen angetroffen wird. SACHS hat dort schon unterschieden zwischen: a) Zellteilung, wobei eine nur sehr geringe Volumenvergrößerung stattfindet, b) Zellstreckung, wobei die endgültige Länge erreicht wird, c) innere Differenzierung, wobei ohne Volumenvergrößerung des ganzen Organes die innere definitive Ausbildung stattfindet.

Über letzteren Vorgang wird hier nicht weiter gehandelt werden, da man darüber bis jetzt nur morphologische Daten besitzt, dahingegen werden hier a) und b) gesondert betrachtet werden.

Erstens die Zellteilung, die hier nicht beschrieben werden soll, da man sich dabei im Gebiet der Morphologie befindet. Nur mag daran erinnert werden, daß dieselbe zwar meistens nach einer Kernteilung auftritt, daß dem aber nur so ist, wo einkernige Zellen vorliegen, und daß in mehrkernigen dieser Zusammenhang nicht besteht; Ähnliches gilt auch für andere Organe der Zelle, wie z. B. für Chromatophoren. Die Physiologie der Zellteilung liegt noch in Windeln.

KARSTEN, aber besonders STÅLFELT[1], haben sich mit der Frage beschäftigt, ob bei höheren Pflanzen ein Rhythmus im Zellteilungsvorgang sich auffinden läßt. Dieser ist wirklich gefunden, indem man die Zahl der Zellteilungsfiguren von Wurzeln und Sprossen, welche zu verschie-

---

[1] STÅLFELT, M. G.: Sv. bot. Tidskr. **13** (1919); **14** (1920).

dener Tageszeit fixiert worden waren, bestimmte. Ein Maximum wurde gefunden zwischen 9 und 11 Uhr vormittags, ein Minimum zwischen 9 und 11 Uhr nachmittags, wobei dann wahrscheinlich an einen Einfluß äußerer Umstände zu denken wäre.

In verhältnismäßig seltenen Fällen hat man konstatieren können, daß das Licht Einfluß hat auf die Richtung der Teilungsfigur, z. B. bei den keimenden Sporen von Equisetum. Wir werden später noch etwas über die sogenannten mitogenetischen Strahlen mitteilen. Übrigens sind wir nur über die Teilungshormone näher unterrichtet; davon wird nachher noch die Rede sein. Weiter kann gesagt werden, daß die Zellteilung von der Bildung einer Zellhaut unabhängig ist. Kennen wir doch viele Fälle, wo eine Zelle sich in mehrere nackte Protoplaste teilt, wie bei den unilokularen Zoosporangien der Algen, bei gewissen Oögonien usw. Dabei kann sich dann später an den unbekleideten Protoplasten eine Zellhaut bilden; auch künstlich läßt sich das hervorrufen bei plasmolysierten Zellen oder bei verwundeten Zellen von Vaucheria, Caulerpa oder Valonia. Es wird angenommen, daß in vielen Fällen die Zellhaut auf der Oberfläche des Protoplasmas abgeschieden wird, in anderen durch Umbildung der Hautschicht zustande kommt.

Vom Wachstum des Protoplasmas und seiner Organe wissen wir nichts; nur daß Wachstum stattfindet läßt sich konstatieren, aber nicht die Art und Weise wie es geschieht. Nach dem Vorbild von Nägeli hat man sich das Wachstum überhaupt lange Jahre hindurch gedacht als Intussusceptionswachstum, d. h. daß neue Teilchen zwischen den vorhandenen abgelagert würden. Als dann durch die Untersuchungen von Schmitz und Schimper der Glaube an diese Allmacht der Intussusception zu wanken anfing, schlug man nach der anderen Seite in die Annahme eines ausschließlichen Appositionswachstums über, wobei also neue Teilchen an die schon vorhandenen angelagert würden, bis Strasburger[1] durch seine morphologischen Untersuchungen dann feststellen konnte, daß wahrscheinlich beide Arten von Zellhautwachstum stattfinden. Experimentell ist das zuerst geprüft worden von Noll[2], welchem es gelang bei Caulerpa und Derbesia die Zellhaut durch Einlagerung von Berliner Blau zu färben. Neu gebildete Zellhaut wurde dann farblos der blauen angelagert, letztere wurde gedehnt und zersprengt. Inzwischen hat später Zacharias[3] Kongorot in die Membran von Wurzelhaaren einlagern können, deren Farbe dann beim weiteren Wachstum allmählich verblaßte, woraus der Schluß gezogen wurde, daß hier neue Zellwandteilchen zwischen den alten eingelagert werden. Inzwischen kann man in solchen Fällen immer in der Ungewißheit bleiben, ob nicht die vorgenommene Manipulation das Zellhautwachstum wesentlich geändert hat. In der neuesten Zeit haben die modernen Vorstellungen des Baues

---

[1] Strasburger, E.: Jb. Bot. 31 (1898). — Siehe auch Tischler: Jb. Bot. 55 (1915). — Sponsler, O.: Plant. Physiol. 4 (1929).

[2] Noll, F.: Abh. senckenberg. naturforsch. Ges. 15 (1887).

[3] Zacharias, E.: Flora (Jena) 74 (1891).

der Cellulose auch zu einigen Folgerungen über das Wachstum der Zellhaut geführt[1].

Die klassische Vorstellung des Wachstums der Zelle, welche wir hauptsächlich SACHS und dann auch HUGO DE VRIES verdanken, wird wohl noch von vielen Forschern als die einzig richtige betrachtet. Dabei würde an einer turgescenten Zelle die Haut gedehnt und infolgedessen neue Zellhautteilchen in die so entstandenen Interstitien eingelagert, oder — weniger klar — dieselben würden der gedehnten Haut angelagert. Wie schon gesagt, hat man auch bei plasmolysierten Zellen die Bildung einer neuen Zellmembran gesehen; außerdem hat RACIBORSKI[2] bei Basidiobolus ranarum beobachtet, daß das Protoplasma einer Hyphe sich zurückzieht und sich dann mit einer neuen Haut umkleidet und daß dieser Vorgang sich wiederholt, während das Spitzenwachstum fortschreitet. Aber auch sonst kann eine nähere Betrachtung des Wachstums einer Zelle zeigen, daß die Sache sich nicht so einfach verhält wie die älteren Botaniker sich das gedacht hatten. Sonst würde ja jede freie Zelle ein Bestreben zur Kugelform zeigen müssen, was ja bekanntlich bei Fadenalgen, Pilzhyphen usw. überhaupt nicht der Fall ist. Dann ist auch seit den Ausführungen KRABBES[3] angenommen worden, daß selbst in Zellverbänden, jeder Zelle eine gewisse Selbständigkeit zukommt, derart, daß sie sich zwischen anderen Zellen hineindrängen kann und in dieser Art ein sogenanntes „gleitendes" Wachstum ausführen.

Es bietet diese Vorstellung noch immer ziemlich viele Schwierigkeiten, die Veranlassung sind, daß manche Forscher derselben noch skeptisch gegenüberstehen, besonders da dieses Wachstum nur aus bestimmten anatomischen Befunden abgeleitet ist.

Obendrein haben Versuche aus der allerjüngsten Zeit gezeigt, daß die oben genannte ältere Vorstellung nicht richtig sein kann; dieselben sollen aber erst besprochen werden, wenn über Wuchsstoffe gehandelt worden ist.

Betrachten wir jetzt die einzelne Zelle für sich, so ist dieselbe bei ihrem Entstehen nach der Teilung meistens meristematisch, enthält viel Cytoplasma und einen verhältnismäßig großen Zellkern. Erst nachdem die Zelle angelegt ist, fängt sie an sich merklich zu dehnen, dabei verschmelzen kleinere Vakuolen zu größeren Crafträumen, bis zuletzt das Protoplasma nur als Wandbelag vorhanden ist; dieses umschließt einen großen zentralen Saftraum, der sich allmählich vergrößert. Bei diesem Streckungswachstum ist die Zelle also außerordentlich sparsam mit den ihr zur Verfügung stehenden Bildungsstoffen; das Protoplasma vermehrt sich nicht, oder fast nicht. Nur die Bildungssubstanz für die Zellhaut und Substanzen in der Vakuolenflüssigkeit gelöst, müssen zuströmen, sonst aber hauptsächlich Wasser. In der Hinsicht unterscheidet sich also das pflanzliche Wachstum sehr wesentlich von dem des Tieres,

---

[1] SPONSLER, O.: Amer. J. Bot. 15 (1928). Plant. Physiol. 4 (1929). Cellulosechemie 11 (1930).

[2] RACIBORSKI, M.: Bull. Acad. Cracov 1907.

[3] KRABBE, G.: Das gleitende Wachstum. Berlin 1886.

welches fast nur durch Zellvermehrung wächst. Wenn die Zelle ihre
definitive Größe erreicht hat, kann das Dickenwachstum der Membran
einsetzen oder weitergeführt werden, wobei es sich dann wohl oft, aber
nicht immer um Apposition handelt, besonders dann nicht, wenn auf
der Außenseite der Membran Strukturen entstehen, welche nicht von
außen aufgelagert werden können.

Beim Streckungswachstum einer Zelle kann das Wachstum auf bestimmte Stellen der Membran beschränkt sein. Man hat z. B. bei Pilzhyphen Spitzenwachstum konstatiert[1], aber auch z. B. beim Sporangienträger von Phycomyces gesehen, daß derjenige Teil der Zelle, welcher
etwas unterhalb der Spitze liegt, sich speziell verlängert[2]. Man könnte
hier von interkalarem Wachstum reden, was jedenfalls zu Recht beim
bekannten Beispiel der Alge Oedogonium geschieht. Hier wird innerhalb der Zelle, grenzend an der Hautschicht, ein Ring von Zellhaut-
substanz angelegt, welcher aus Cellulose besteht. Die inneren Schichten
der alten Membran verquellen, die alten Teile werden gedehnt und zerreißen später, während der Ring sich dehnt, indem die ganze Zelle eine
ansehnliche Verlängerung erfährt[3].

Wenn bei den niederen Pflanzen eine Zelle sich teilt, so können die
beiden so entstandenen neuen Zellen vollkommen gleichwertig sein. Das
ist z. B. der Fall bei Bakterien, wo man also auch von keiner der beiden
neuen Zellen sagen kann, sie sei älter oder jünger als die andere. Jede
kann sich weiter ad infinitum teilen und es läßt sich verstehen, daß
WEISMANN[4] hier gesprochen hat von der Unsterblichkeit der einzelligen
Organismen. Bei höheren Pflanzen wird die Sache anders; wenn dort
eine Zelle sich vermehrt, so wird von den beiden so entstandenen neuen
Zellen die eine zuletzt erwachsen, eventuell nachdem sie noch einige
Teilungen durchgemacht, die andere aber bleibt jung, meristematisch,
behält die Fähigkeit zur Teilung, gehört zur „unsterblichen Keimbahn"
(nach WEISMANN). WEISMANN unterscheidet dann auch zwischen
„Keimplasma" und „somatischem Plasma", wovon nur ersteres alle
erblichen Eigenschaften der Art potentiell in sich führen muß. Es hat
sich gezeigt, daß dieser Unterschied, bei Pflanzen jedenfalls, nicht besteht. Es mag bisweilen bequem sein, von somatischen Zellen und somatischem Plasma zu reden, man wird sich immer wieder zu vergewärtigen
haben, daß, wie wir noch sehen werden, eine jede Pflanzenzelle, auch
die somatische Zelle, imstande ist, die ganze Pflanze mit allen ihren
Eigenschaften zu regenerieren, daß sie also auch in sich alle erblichen
Eigenschaften der Art führen muß. Ich komme auf diese Regene-
rationserscheinungen noch zurück, wollte jetzt nur betonen, daß es bei
Pflanzen keinen essentiellen Unterschied zwischen somatischem und
Keimplasma gibt.

---

[1] REINHARDT, M. O.: Jb. Bot. **23** (1892).
[2] ERRÉRA, L.: Bot. Ztg **42** (1884).
[3] VAN WISSELINGH, C.: Beih. bot. Zbl. **23** (1908).
[4] WEISMANN, G.: Die Kontinuität des Keimplasmas als Grundlage einer
Theorie der Vererbung. 1885.

Längenwachstum-Streckung. Wenn von Wachstum schlechthin geredet wird, so hat man meistens das Längenwachstum im Auge. Ein Breitenwachstum kann sich bei flächenartig ausgebreiteten Organen vortun, ganz besonders bei Blättern, es ist aber noch sehr wenig untersucht, hauptsächlich wohl auch weil Methoden zur Messung hier noch fast ganz fehlen. Dahingegen sind diese Methoden für das Längenwachstum sehr ausgearbeitet und es mag darum angebracht sein, darüber hier erst einiges mitzuteilen.

Erstens die Messung des ganzen Wachstums. Wenn es sich dabei um sehr kleine Objekte handelt, so wird man sich natürlich des Mikroskopes bedienen; hier läßt sich dann mit Hilfe eines Okularmikrometers die Verschiebung der Spitze etwa von Pilzhyphen, Pollenschläuchen usw. in einer bestimmten Zeit bestimmen, wobei es übrigens auch nicht sehr schwer hält, die äußeren Umstände, worunter das Wachstum stattfindet, vollkommen zu kontrollieren. Schwerer wird es in solchen Fällen, die Verteilung des Wachstums über die verschiedenen Teile des wachsenden Organes zu messen, da es meistens unmöglich ist, selbstgewählte Marken anzubringen. Man wird sich dann mit zufällig vorhandenen Kennzeichen begnügen müssen, wodurch sich das Wachstum der einzelnen Zonen ermessen läßt.

Sowie es sich um makroskopisch sichtbare Teile handelt, kann man auch jetzt die mikroskopische Messung ausführen, etwa mit einem Horizontalmikroskop. In dieser Weise ist z. B. BLAAUW[1] bei seinen Beobachtungen vorgegangen; die Pflanze stand dabei in einem Thermostaten, wo nicht allein die Temperatur, sondern auch die Feuchtigkeit vollkommen reguliert werden konnte und das Mikroskop war auf die Spitze dieser Pflanze eingestellt, wobei die Beobachtung in langwelligem, etwa rotem Lichte stattfand, weil kurzwelliges Licht, wie wir bald sehen werden, einen starken Einfluß auf das Längenwachstum ausübt.

Man kann aber auch das Wachstum mechanisch vergrößern, etwa wie SACHS das schon vor vielen Jahren getan hat mit seinem „Zeiger am Bogen". Eine leicht drehbare Rolle enthält einen langen Zeiger, dessen Spitze sich an einer Bogenskala entlang bewegt; die Pflanze trägt an ihrer Spitze befestigt einen Seidenfaden, der um die Rolle geschlagen ist und von einem kleinen Gewicht gespannt gehalten wird. Die Rolle dreht sich dann soviel wie das Längenwachstum beträgt und das Ende des Zeigers läßt dieses Wachstum im Verhältnis der Länge des Zeigers zum Strahl der Rolle vergrößert zur Schau kommen. Indessen wird dieser Apparat jetzt wohl kaum mehr benutzt, öfters dagegen noch in einer derartigen Ausführung, daß die Spitze des Zeigers das Wachstum auf eine drehende Trommel aufschreibt. Solche selbstregistrierende „Auxanometer" sind in allerhand Ausführung konstruiert worden, oft auch mit Spiegeln, welche das Wachstum vergrößern. Es kann nicht die Aufgabe sein, hier diese verschiedenen Apparate zu beschreiben, besonders auch weil sie sehr oft allerlei Mängel aufweisen.

---

[1] BLAAUW, A. H.: Z. Bot. **6** (1914).

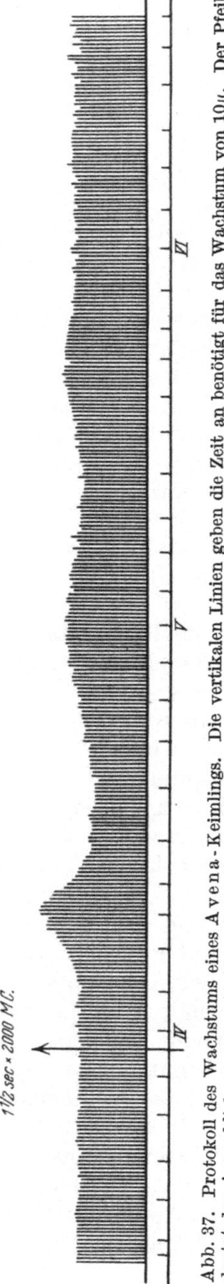

Abb. 37. Protokoll des Wachstums eines A v e n a - Keimlings. Die vertikalen Linien geben die Zeit an benötigt für das Wachstum von 10 μ. Der Pfeil deutet den Augenblick an, worauf während 1½ Sekunde mit 2000 MC. von 3 Seiten belichtet wurde. Daraufhin eine deutliche Lichtwachstumsreaktion.

Nur mögen ein paar Worte den beiden bis jetzt bekannten vollkommensten solcher selbstregistrierender Auxanometer gewidmet sein, nämlich demjenigen KONINGSBERGERS[1] und Fräulein VON UBISCH[2]. Ersterer besteht aus zwei vollkommen geschiedenen Apparaten, dem eigentlichen Auxanometer und dem Registrierapparat. Das Auxanometer kann in einem Zimmer aufgestellt werden, wo man Temperatur, Feuchtigkeit, Beleuchtungsverhältnisse usw. vollkommen regulieren kann, es kann dabei auf einer Klinostatenachse gedreht werden, um die Pflanze der einseitigen Schwerewirkung zu entziehen, und dabei braucht sich kein Beobachter, der störend wirken könnte, in der Nähe zu befinden. Die Registrierung dagegen kann in einem ganz anderen Zimmer stattfinden, wohin die Messungen elektrisch übergebracht werden. Jedesmal nämlich, wenn die Pflanze 5 oder 10 μ gewachsen ist, stößt sie ein Goldblättchen gegen eine Platinspitze; dadurch wird ein Schwachstrom geschlossen, der mittels verschiedener Relais zwei verschiedene Sachen bewirkt: 1. daß der Abstand der Spitze der Pflanze und des Goldblättchens wieder auf 10 μ gebracht wird und 2. daß am Registrierapparat etwas geschieht. Dort schreibt nämlich ein Stift Striche auf einer mit einem Papier versehenen Trommel; ein Sekundenpendel bewirkt, daß dieser Stift jede Sekunde 1 mm weiter vorwärts rückt. Sowie aber die Pflanze durch ihr Wachstum den oben genannten Kontakt macht, geht der Schreibstift nach seinem Anfange zurück und zu gleicher Zeit dreht sich die Trommel um 1 mm. Es wird also jetzt ein neuer Strich gemacht, dessen Länge genau der Zeit entspricht, welche die Pflanze für die Verlängerung von 10 μ braucht. Es entsteht ein Protokoll wie dasjenige der Abb. 37, wo sich der Einfluß einer allseitigen (besser dreiseitigen) Beleuchtung auf das Wachstum einer Haferkeimpflanze bemerklich macht. Jeder Strich gibt also die Zeit an, in welcher der Keimling 10 μ gewachsen

---

[1] KONINGSBERGER, V. J.: Rec. Trav. bot. néerl. 19 (1922).

[2] v. UBISCH, G. und ZACHMANN, E.: Biol. Zbl. 51 (1931).

ist, und diese Zeit ändert sich, wenn die Pflanze Licht erhält. Auf diesen Einfluß komme ich unten noch näher zu sprechen.

Solange die Pflanze vollkommen gerade wächst, arbeitet das Auxanometer mit großer Vollkommenheit. Sobald aber geringe Ablenkungen von der Vertikalen stattfinden, können große Fehler gemacht werden. Dem wurde durch die Anordnung, welche VAN DILLEWIJN[1] u. F. W. WENT anbrachten, vorgebeugt; sie ließen nämlich die Spitze der wachsenden Pflanze innerhalb eines engen Ringes wachsen, wodurch einer Ablenkung vorgebeugt wurde. Indessen kann man dieser Methode wieder vorwerfen, daß die Pflanzen in eine Zwangslage kommen können und deshalb hat man noch nach anderen Methoden zur Registrierung des Wachstums gesucht.

Beim Auxanometer des Fräulein VON UBISCH wird ein dünner Kaktusdorn in die Spitze der wachsenden Pflanze gestochen. An diesem Dorn ist ein Faden befestigt, der andererseits um eine Rolle geschlagen ist, welche sich also beim Wachstum drehen kann. Diese Rolle ist an einem tordierten Metallfaden befestigt, dessen Torsion mehr oder weniger rückgängig gemacht wird, wenn die Pflanze wächst. An dem tordierten Faden ist ein kleiner Spiegel befestigt. Wenn hierauf ein Lichtstrahl geworfen wird, so wird dieser reflektiert und bei der Bewegung des Spiegels wird also auch der reflektierte Strahl seine Lage ändern. Läßt man denselben auf sensibles Papier fallen, das sich auf einer Rolle langsam fortbewegt, so erhält man eine schwarze Linie, welche ein vollkommenes Bild des Wachstums gibt. Nur muß in diesem Falle für eine vollkommen zitterfreie Aufstellung gesorgt werden und auch sonstwo sind bei dieser Aufstellung Schwierigkeiten vorhanden, während man gerade so wie beim KONINGSBERGERschen Auxanometer nie etwas anderes als Totalwachstum eines Teiles messen kann, nie dasjenige von Partialzonen.

Es mag hier gleich bemerkt werden, daß in solchen Fällen, wenn man die äußeren Umstände absolut konstant hält, auch ein vollkommen regelmäßiges Wachstum sich zeigt, daß dann von Pulsationen, wie solche von BOSE[2] behauptet werden, nichts zutage tritt.

In den letzten Jahren ist zur Messung des Wachstums die photographische Methode ganz entschieden in den Vordergrund gekommen, wobei auf einem Film in bestimmten Zeitintervallen ein Bild der wachsenden Pflanze aufgenommen wird, und zwar um Lichteinflüssen auf das Wachstum so viel wie möglich vorzubeugen mit rotem Licht, wozu dann für diese Wellenlänge sensibilisierter Film benutzt wird. Wenn zwar bei der Entwicklung der Kinematographie diese Methode von verschiedenen Seiten zu gleicher Zeit angefaßt wurde, so hat LUNDEGÅRDH[3] wohl als erster dieselbe beschrieben. In letzter Zeit hat sie sich sehr vervollkommnet, wie man das z. B. in der Arbeit NUERNBERGKS u. DU BUYS[4] nachlesen kann. Wenn man die kurzen Belichtungen mit

---

[1] VAN DILLEWIJN, C.: Rec. Trav. bot. néerl. **24** (1927).
[2] BOSE, J. CH.: Plant response. New York und Bombay 1906.
[3] LUNDEGÅRDH, H. G.: Lunds Univ. Årskr., N. F. Avd. 2, **13** (1917).
[4] NUERNBERGK, E. u. DU BUY, H. G.: Rec. Trav. bot. néerl. **27** (1930).

rotem Licht nicht als einen Nachteil ansieht, so hat man bei dieser
Methode nur die Schwierigkeit, daß die aufgenommenen Bilder nicht
immer scharf sind, wenn sich das wachsende Organ in der Richtung der
optischen Achse von der Camera entfernt oder sich dorthin bewegt.
Übrigens kann man selbstverständlich auch hier für absolute Konstanz
der Bedingungen Sorge tragen, auch hier die Pflanze auf dem Klinostaten rotieren lassen, und daneben hat man noch den großen Vorteil,
daß man Marken an der wachsenden Pflanze anbringen und damit nicht
allein das Totalwachstum, sondern auch den Zuwachs der einzelnen
Zonen bestimmen kann. Diese Marken wurden früher nach dem Vorbild von Sachs[1] mit Tusche angebracht. Da dieselben aber leicht ab-
gewaschen wurden, hat man auch Druckerschwärze benutzt, sowohl bei
Stengeln[2] als bei Wurzeln[3].

Es ist aber meistens unmöglich, diesen Marken eine genügende Dünne
zu geben und außerdem werden sie während des Wachsens in die Breite
gedehnt; deshalb arbeitet man jetzt hauptsächlich mit dünnen Glas-
nadeln oder Staniolstreifen, welche mit Paraffinöl am wachsenden Teil
befestigt werden und meistens dabei genügend fest haften.

Es gibt noch verschiedene indirekte Methoden zur Messung des
Wachstums; hiervon nenne ich nur die mikrophotometrische Methode
Cholodnys[4]. Derselbe mißt die Wassermenge, welche von der wachsenden Pflanze absorbiert wird, wenn keine Transpiration stattfinden kann;
diese wird dann dem Wachstum proportional gestellt. Mag diese Methode
auch in gewissen Fällen gute Dienste erweisen können, so kann sie jedenfalls nie allgemein benutzt werden, schon weil man die Transpiration
nicht ohne Schaden für die Pflanze zu viel und auf zu lange Zeit herabsetzen kann.

Jetzt wollen wir uns aber erst die Frage stellen: Wie steht es mit
dem Gesamtlängenwachstum? Kann man überhaupt etwas über seine
Größe aussagen? Es ließ sich von vornherein erwarten, daß die dabei erhaltenen Zahlen bei verschiedenen Pflanzen und Organen äußerst
verschieden sein werden. Das ist auch wirklich der Fall, wie aus den
nachstehenden Zahlen hervorgeht; in dieser Tabelle ist der Gesamtzuwachs pro Minute angegeben für:

Fruchtstiel von *Dictyophora phalloidea* . . .	5	mm
Staubgefäße von Weizen	1,8	„
Sprosse von *Bambusa*	0,4	„
Hyphen von einem Pilz (*Botrytis*)	0,034	„

Diesen Zahlen ist aber wenig Wert beizumessen, da man daneben die
Länge der wachsenden Zone kennen muß und dann den Zuwachs der
Längeneinheit in der Zeiteinheit berechnen kann, eine Zahl, welche man
als Wachstumsgeschwindigkeit andeutet. Die dann erhaltenen Zahlen

---

[1] Sachs, J.: Arb. bot. Inst. Würzburg **1** (1874).

[2] Van Burkom, J. H.: Het verband tusschen den bladstand en de verdeeling
van de groeisnelheid over den stengel. Diss., Utrecht 1913.

[3] Heyn, A. N. J.: Rec. Trav. bot. néerl. **28** (1931).

[4] Cholodny, N.: Planta (Berl.) **7** (1929). Jb. Bot. **73** (1930).

sehen ganz anders aus, wie aus der folgenden Tabelle hervorgeht, welche
den Zuwachs pro Minute in Prozenten der wachsenden Zone angibt für[1]:

Sprosse von *Bambusa* . . . . 1,27 mm
Staubgefäße von Weizen . . . . 60 „
Hyphen von *Botrytis* . . . . 83 „
Pollenschläuche von *Impatiens* . . . . 220 „

Inzwischen sind auch diese Zahlen nicht vollkommen richtig, da, wie
wir gleich sehen werden, die wachsende Zone gewöhnlich nicht gleichmäßig wächst, sondern an irgendeiner Stelle ein Maximum aufweist, von
wo aus das Wachstum nach beiden Seiten abfällt.

Wenn man sich nun weiter abfrägt, ob das Längenwachstum eines
Organes während seiner Entwicklung fortwährend dieselbe Höhe hat,
ob das Wachstum also gleichmäßig vor sich geht, so muß die Frage
verneinend beantwortet werden. In den meisten Fällen fängt das
Wachstum allmählich an, erreicht dann ein Maximum, worauf es sich

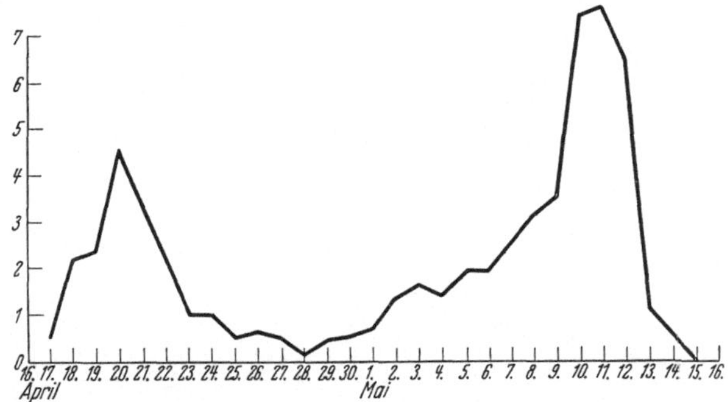

Abb. 38. Wachstum eines Blütenschaftes von T a r a x a c u m an 29 aufeinanderfolgenden Tagen
(nach MIJAKE).

verschieden lange Zeit hält um dann wieder abzufallen. SACHS[2], der
diese Erscheinung zuerst beobachtet hat, bezeichnet sie als die „große
Periode des Wachstums". Stellt man eine Graphik davon dar und trägt
man auf der Abszisse die Beobachtungszeiten, auf der Ordinate die
Zuwachse ein, so erhält man eine Optimumkurve. Nimmt man aber
anstatt der Zuwachse deren Summen, also die erreichte Länge, so erhält
man eine S-Kurve. Hier kann dann angeknüpft werden an dasjenige,
was auf S. 248 u. 249 bei der Einleitung der Behandlung des Wachstums
gesagt wurde. Gleich mag hier aber auch bemerkt werden, daß man hier
nicht mit einer stets gültigen Regel zu tun hat. Nehmen wir etwa mit
MIYAKE[3] das Wachstum eines Blütenschaftes von T a r a x a c u m, so
zeigt die Wachstumskurve zwei Optima, welche geschieden werden durch
einen Teil der Kurve, wo das Wachstum sehr gering ist (Abb. 38). Fragt

---

[1] BÜCHNER: Zuwachsgröße und Wachstumsgeschwindigkeiten bei Pflanzen.
Diss. Leipzig 1901.
[2] SACHS, J.: Arb. bot. Inst. Würzburg 1 (1872).
[3] MIYAKE, K.: Beih. bot. Zbl. 16 (1904).

man, wann dieser Wachstumsstillstand eintritt, so muß die Antwort lauten: während des Blühens. Jedermann, der sich die Pflanze etwas genauer angesehen hat, weiß auch, daß mit der Fruchtbildung ein erneutes Wachstum einsetzt. Ähnliches sieht man bei den Blütenstielen von Tussilago Farfara; dabei muß wohl an eine periodische Bildung der Wuchsstoffe gedacht werden, wovon später die Rede sein soll.

Vollkommen vergleichbar hiermit ist dasjenige was von Erréra[1] bei Phycomyces gesehen wurde beim Wachstum des Sporangienträgers. Derselbe zeigt zwei große Perioden durch einen Wachstumsstillstand

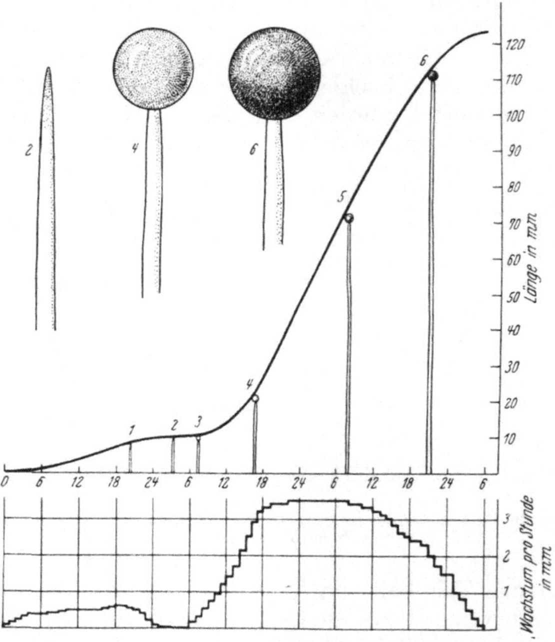

Abb. 39. Wachstum eines Sporangienträgers von Phycomyces; die obere Kurve gibt die Länge, die untere das Wachstum. Ganz oben ist der Zustand in den Stadien 2, 4 und 6 des Sporangienträgers vergrößert wiedergegeben. Auf den Abszissen Stunden, als Ordinate der oberen Abbildung Länge in mm, der unteren Wachstum pro Stunde in mm.

verbunden; das ist nämlich die Zeit, während welcher das Sporangium angelegt wird. Ist dasselbe einmal gebildet, so fängt der Sporangienträger aufs neue zu wachsen an und jetzt selbst viel stärker als vor der Sporangienbildung. Wie Abb. 39 zeigt, erhält man dann ein doppeltes Optimum oder ein doppeltes S. Hier speziell zeigt sich wieder, wie wenig sich in solchen Fällen mit mathematischen Formeln tun läßt.

Vielleicht läge es hier auf der Hand, etwas über das spiralige Wachstum zu sagen, da dasselbe ganz speziell bei den Sporangienträgern von Phycomyces untersucht wurde[2]. Wenn man das ganze Wachstum

[1] Erréra, L.: Bot. Ztg 42 (1884).
[2] Oort, A. J. P.: Proc. Kon. Akad. Wet. Amsterdam 34 (1931).

eines solchen Sporangienträgers beobachtet, so geht es geradlinig vor
sich und oberflächlich erhält man also den Eindruck, als wenn jede
Längslinie des Sporangienträgers auch geradlinig weiterwachsen würde.
Daß es sich aber nicht so verhält, ist klar, sobald man dünne Glas-
nadeln mit Paraffinöl auf dem Sporangium, an der wachsenden Zone
und unterhalb derselben befestigt. Aus der Abb. 40 geht hervor, daß
die Nadel unterhalb der wachsenden Zone unverändert in ihrer Lage
bleibt, während das Sporangium rotiert hat und zwar offenbar, indem
in der wachsenden Region eine spiralige Drehung stattgefunden hat.
Abb. 40*d* zeigt, wie man sich
das Wachstum vorzustellen
hat. Dort wurde der zylinder-
förmige Sporangienträger in
der Längsrichtung aufgeschnit-
ten und flach ausgebreitet;
man sieht jetzt, wie beim
Wachstum ein Punkt allmählich in einer Spirale um die
Zelle herumgeführt wird.

Es wird dabei wohl an einen
Zusammenhang zwischen diesem Spiralwachstum und der
Spiralstruktur der Zellhaut[1]
zu denken sein, wobei letztere
auf eine spezielle Lagerung
der kleinsten Zellhautteilchen
(Micellen, Cellulosemolekeln
usw.) beruhen muß. Aber das
können doch alles nur sekundäre Erscheinungen sein und
in erster Instanz bestände
wohl ein Zusammenhang mit
einer spiraligen Struktur des
Protoplasmas, oder wenn man
an die älteren Beobachtungen
DIPPELS[2] denkt, welcher fest-

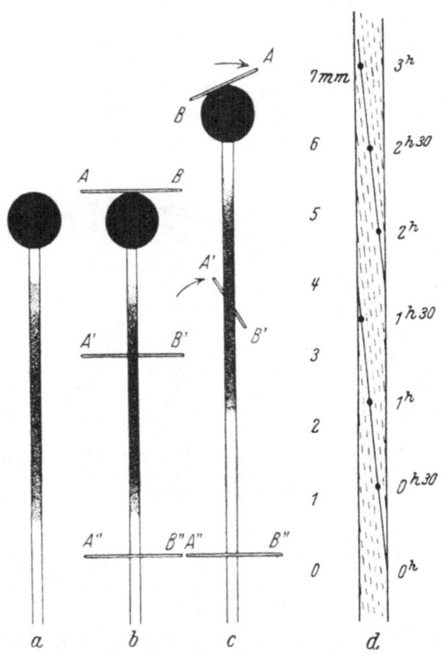

Abb. 40. Sporangienträger von Phycomyces; die
wachsende Zone ist dunkel gehalten. Bei *b* sind Glas-
nadeln als Zeiger angebracht, welche später die Stellung bei *c* erhielten. In *d* die wachsende Region längs-
gespalten und flach gelegt (nach OORT).

stellen konnte, daß ein Zusammenhang besteht zwischen der Protoplasmaströmung und der Struktur der Zellhaut, so würde es sich hier
auch zunächst um die Richtung dieser Protoplasmaströmung handeln.

Wenn man bedenkt, wie oft spiralige Strukturen bei Fasern und
anderen Gebilden höherer Pflanzen angetroffen werden, so wird man
erwarten können, daß Ähnliches auch dort gefunden werden muß. Indessen läßt sich vorläufig nicht voraussagen, wie sich die verhältnismäßig
einfachen Verhältnisse des Sporangienträgers von Phycomyces bei diesen
vielzelligen Gebilden komplizieren werden.

[1] FREY, A.: Jb. Bot. **65** (1928). Verh. schweiz. naturforsch. Ges. **1927**.
[2] DIPPEL, L.: Abh. naturforsch. Ges. Halle **10** (1868).

Aus dem hier Gesagten lassen sich Richtlinien für die weitere Forschung ableiten. Wenn es sich nämlich darum handelt, den Einfluß irgendwelcher äußerer Bedingungen auf das Wachstum zu untersuchen, so wird man immer damit Rechnung tragen müssen, daß auch bei konstanten äußeren Umständen das Wachstum nicht konstant ist, sondern eine große Periode aufweist, deren verschiedenen Werte nun von den gefundenen Zahlen subtrahiert werden müssen. Indessen, auch wenn man diese große Periode bei bestimmten Bedingungen sehr genau kennen würde und wenn man eine Einsicht bekommen hätte in ihre Variabilität, so wäre damit noch nicht sehr viel erreicht. Denn die große Periode selbst wird auch wieder durch die äußeren Umstände bedingt. Das ist z. B. der Fall mit der Temperatur, und das wurde ausführlich auch für das Licht untersucht von SIERP[1]. Wie aus der Kurve der Abb. 41 für Avenakeimlinge hervorgeht, dauert die große Periode am längsten bei Dunkelkeimlingen; sie verkürzt sich um so mehr, je mehr Licht gegeben wurde. Die Zahlen auf der Abszisse stellen nämlich Halbtage vor; im Dunkeln dauert das Wachstum also etwa $4\frac{1}{2}$ Tage, im Licht dahingegen nur $1\frac{1}{2}$ Tage. Wo soll man in solchen Fällen eingreifen, wenn es sich darum handelt, den Einfluß des Lichtes nicht

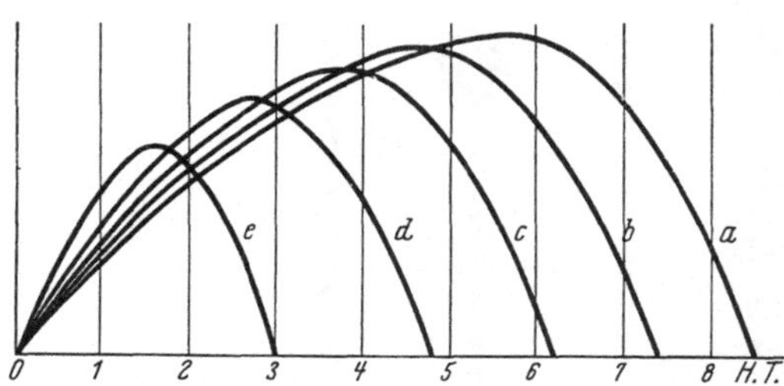

Abb. 41. Große Wachstumsperiode von Avena-Keimlingen; bei *a* im Dunkeln, *b*, *c*, *d* und *e* bei stets größeren Lichtmengen (nach SIERP).

auf die große Periode, sondern auf das Längenwachstum überhaupt zu untersuchen? Man wird sich leicht klarmachen, daß die Sache hier bald sehr kompliziert wird.

Es fragt sich jetzt auch, wie das Wachstum über das wachsende Organ verteilt ist und wir wollen uns dazu erst einmal orientieren über das Wurzelwachstum. Wir können uns dabei beschränken auf die von SACHS angegebenen Zahlen, da diesen eigentlich nichts wesentlich Neues mehr hinzugefügt wurde. SACHS[2] konnte konstatieren, daß die Länge der wachsenden Zone bei Erdwurzeln gewöhnlich gering ist, nicht mehr als etwa 10 mm. Die Basis der Wurzel wächst nicht mehr, die apikalen Teile zeigen ein Wachstum, das nahe der Spitze gering ist, dann allmählich größer wird, und nach der Basis hin wieder kleiner um endlich vollkommen zu erlöschen. Zur Erläuterung gebe ich hier eine Beobachtung von SACHS, wobei das Wachstum von Wurzeln von Vicia Faba in 24 Stunden gemessen wurde, und zwar von Zonen, welche ursprünglich je 1 mm lang waren. Der Zuwachs betrug bei den Zonen:

[1] SIERP, H.: Z. Bot. 10 (1918).
[2] SACHS, J.: Arb. bot. Inst. Würzburg 1 (1874).

I	II	III	IV	V	VI	VII	VIII	IX	X	XI
1,0	5,8	8,2	3,5	1,6	1,3	0,5	0,3	0,2	0,1	0,0 mm.

Zone I war diejenige, welche der Spitze am nächsten lag. Hieraus geht also hervor, daß die ganze wachsende Region dieser Wurzel eine Länge hatte von mehr als 9 und weniger als 10 mm, weiter, daß die Zone des Maximalwachstums bei Beobachtung nach 24 Stunden 2—3 mm von der Spitze entfernt lag. Man muß diese Zeitbeschränkung bei der Schlußfolgerung entschieden machen. Es ist ja klar, daß, wenn man weitere 24 Stunden gewartet hätte bis die Messung stattfand, man die Zone des Maximalwachstums in II, vielleicht selbst in I gefunden hätte. Man wird also diesen Abstand von der Spitze um so größer finden, je kürzere Beobachtungszeiten man gewählt hatte.

Bei der SACHSschen Methode läßt sich die Messung nicht in viel kürzeren Intervallen ausführen. Bei der kinematographischen Aufnahme, wie sie in der letzten Zeit in meinem Institut stattfindet, hat sich aber gezeigt, daß diese keine großen Unterschiede aufweist mit der älteren, roheren Messung.

Die Art und Weise, wie eine Wurzel wächst, läßt sich am leichtesten verstehen aus einer graphischen Darstellung, welche wir N. J. C. MÜLLER[1] verdanken, welche zwar einigermaßen schematisch ist, aber doch wohl nicht viel von dem wahren Verhältnis abweichen wird (Abb. 42). Auf der Abszissenachse werden die Stunden eingetragen, auf der Ordinate die Länge der einzelnen Zonen, und zwar links beim Anfang des Versuchs, rechts nach 24 Stunden, während die Werte dazwischen nicht auf Beobachtung beruhen, sondern interpoliert wurden.

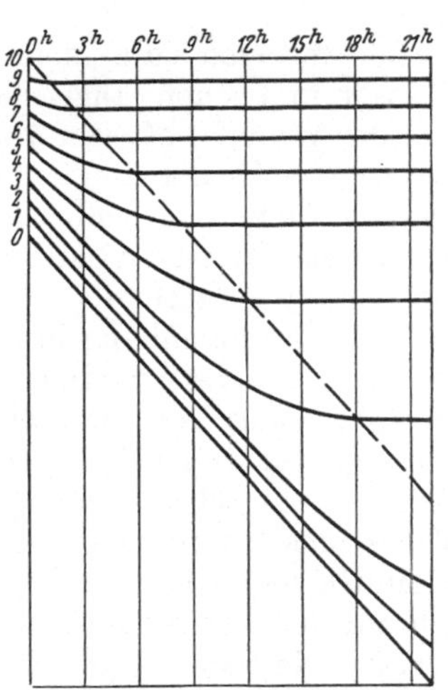

Abb. 42. Wachstum einer Wurzel in 24 Stunden. Links die ursprünglichen 10 Zonen je 1 mm lang, rechts die Endlänge; die gestrichelte Linie gibt die Grenze des erwachsenen Teiles an. Die zwischenliegenden Stundenlinien sind interpoliert (nach N. J. C. MÜLLER).

Je rascher eine Wurzel wächst, um desto weiter liegt die Zone des Maximalwachstums von der Spitze entfernt. Das läßt sich leicht demonstrieren bei kletternden Araceen, welche zwei verschiedene Wurzelarten bilden, nämlich Haft- und Nährwurzeln[2]. Erstere wachsen langsam, letztere rasch; z. B. wurde bei Philodendron melanochrysum gefunden, daß die Länge der wachsenden Region bei einer Nährwurzel 20 mm, bei einer Haftwurzel 11 mm betrug; für das Totalwachstum in 24 Stunden wurde gefunden 22 bzw. 7,7 mm, während der Abstand der Zone des Maximalwachstums von der Spitze 8,5 bzw. 6,5 mm betrug.

Wenn man sich eine einzelne Zone der Wurzel denkt, so wird die-

---

[1] MÜLLER, N. J. C.: Bot. Ztg **27** (1869).

[2] WENT, F. A. F. C.: Ann. Jard. bot. Buitenzorg **12** (1895). — GOEBEL, K. u. W. SANDT: Bot. Abh. **17** (1930).

selbe also anfangs kaum wachsen, dann wird ihr Längenwachstum allmählich größer und größer, um sich daraufhin wieder zu verringern, bis das Wachstum vollkommen erlöscht. Also hier tritt für die einzelne Zone die große Periode zutage, welche also auch wohl für jede Zelle an sich gilt. Wenn man sich vor Augen stellt, wie eine Zelle aus dem meristematischen Zustand heraustritt, bis sie ihre definitive Länge erreicht hat, so ist das oben Gesagte auch wohl verständlich. Nur ist der Begriff definitive Länge nicht ohne weiteres zu verstehen; es müssen dabei jedenfalls wieder erbliche Faktoren eine Rolle mit spielen, da diese Länge für jede Art ziemlich konstant ist. Inwieweit hier die später zu behandelnden Wuchsstoffe eine Rolle spielen, läßt sich noch nicht sagen.

Bei Sprossen kann man ähnliche Beobachtungen anstellen wie bei Wurzeln und schon längst hat sich dabei ergeben, daß deren Wachstum dem der Wurzeln oft sehr ähnlich sieht, nur mit dem Unterschiede, daß hier die wachsende Region viel länger ist und daß auch die Zone des Maximalwachstums viel weiter von der Spitze entfernt ist als wie bei der Wurzel. Indessen hat schon ROTHERT[1], dann aber viel ausführlicher VAN BURKOM[2] gezeigt, daß es sich nicht immer so verhält, und daß hier ein Zusammenhang besteht mit der Art und Weise, wie die Blätter am Stengel befestigt sind. Ist die Blattinsertion klein im Verhältnis zum Stengelumfang, so resultiert ein undeutlich gegliederter Stengel, während dagegen bei stengelumfassenden Blättern die Gliederung des Stengels sehr scharf ausgesprochen ist. Im erstgenannten Falle ist die Wachstumsverteilung derjenigen der Wurzel ähnlich, was wieder mit einem SACHS entlehnten Beispiel gezeigt werden soll. Dasselbe bezieht sich auf das Wachstum gewöhnlicher Bohnenstengel (Phaseolus vulgaris). Die Beobachtungszeit betrug 40 Stunden, während die anfängliche Länge der Zonen 3,5 mm war. Die Spitzenzone ist wieder mit I angedeutet:

Zone I	II	III	IV	V	VI	VII
Zuwachs 2,0	2,5	4,5	6,5	5,5	3,0	1,8 mm

Zone VIII	IX	X	XI	XII	XIII
Zuwachs 1,0	1,0	0,5	0,5	0,5	0,0 mm.

Die Totallänge der wachsenden Region betrug hier also zwischen 42 und 45,5 mm, der Gesamtzuwachs 27,3 mm, während die Zone des Maximalwachstums sich in einer Entfernung von etwa 14 mm von der Spitze befand. Ein ähnliches Wachstum fand VAN BURKOM z. B. beim Flachs, beim Spargel und beim Ginkgo. Dagegenüber kann als extremes Beispiel von stark individualisierten Gliedern ein Stengel von Polygonum sacchalinense genommen werden. Hier hat jedes Glied sein eigenes Wachstumsoptimum, das anfänglich im basalen Teile dieses Gliedes liegt und dann allmählich mehr und mehr spitzenwärts rückt,

---

[1] ROTHERT, W.: Beitr. Biol. Pflanz. 7 (1893).
[2] VAN BURKOM, J. H.: Het verband tusschen den bladstand en de verdeeling van de groeisnelhied over den stengel. Diss., Utrecht 1913.

während der Gesamtzuwachs des Gliedes kleiner wird; am Knoten ist
das Wachstum 0 oder unscheinbar. Wenn man dieses Wachstum graphisch darstellt, so erhält man die Kurve der Abb. 43, wo indessen eine
Umrechnung dazu geführt hat, daß die Internodien alle in gleicher Endlänge eingezeichnet wurden, während jedes Glied in fünf gleiche Zonen
geteilt ist. Auf der Abszissenachse sind diese Zonen aufgetragen, rechts
diejenigen der Spitze am nächsten, als Ordinate die Wachstumsgeschwindigkeit dieser Zonen. Man erhält so, wie man sieht, eine Reihe
von isolierten Kurven; wenn man deren Spitzen verbindet entsteht
eine Kurve, wie man sie bei undeutlich gegliederten Stengeln antrifft.

Man kann eine solche Kurve aber noch in anderer Weise bekommen.
Bekanntlich gibt es Morphologen, welche sich den Stengel aufgebaut

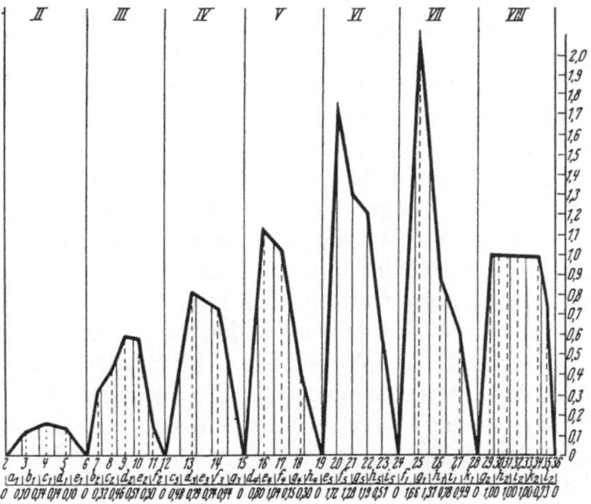

Abb. 43. Wachstum eines Stengels von Polygonum sacchalinense; die Internodien, mit
II—VIII angedeutet, sind alle auf gleiche Länge umgerechnet; *VIII* ist das jüngste Internodium.
Die Ordinaten geben das Wachstum der einzelnen Zonen in jedem Internodium an. An dem Knoten
findet kein Wachstum statt (nach VAN BURKOM).

denken aus Blattbasen, Phyllopodien. Bei solchen deutlich gegliederten Stengeln wie bei Polygonum mit alternierenden Blättern würde
jedes Glied ein Phyllopodium sein. Wenn aber irgendeine andere Spiral-
stellung vorkommt, so würde dieser Caulomtheorie gemäß der Stengel
aus Phyllopodien bestehen, welche in verschiedener Weise mosaikartig
ineinander passen. Denkt man sich jetzt jedes Phyllopodium als selbständig wachsend so wie die oben genannten Glieder und schiebt man
diese ineinander und berechnet dann was daraus für ein Gesamtwachs-
tum resultieren muß, so kommt genau hervor, was bei diesen undeutlich
gegliederten Stengeln beobachtet wird. Inzwischen mag diese Bemerkung hier nur nebenbei gemacht sein, da sie eigentlich mehr für den
Morphologen als für den Physiologen Bedeutung hat.

Andere Pflanzen, welche sich wie Polygonum verhalten, sind z. B.
der Hopfen und Dahlia variabilis; das Wachstum in diesen Fällen

führt uns allmählich zum interkalaren Wachstum, wo wachsende Zonen geschieden sind durch erwachsenes Gewebe. Als Beispiel nenne ich mit van Burkom die Stengel von Equisetum und von Tradescantia. Dort sieht es anfangs so aus wie bei Polygonum, aber bald zeigt sich, daß die Zone des Maximalwachstums im Glied stets an derselben Stelle, nämlich in der Basis, bleibt, während der übrige Teil des Internodiums sein Wachstum einstellt. In der Weise findet man alsbald wachsendes Gewebe, welches sowohl an der Basis als nach der Spitze hin von ausgewachsenen Teilen begrenzt ist.

Wir haben also zuerst apikales, daraufhin interkalares Wachstum besprochen. Es erübrigt sich noch ein paar Worte dem basalen Wachstum zu widmen. Man kann es z. B. leicht bei den Blättern vieler Zwiebelgewächse beobachten, welche den Eindruck machen als würden sie aus der Zwiebel hinausgeschoben; dieses basale Wachstum kann noch fortfahren, während die Spitze des Blattes abstirbt und vertrocknet. Ähnliches sieht man bei der merkwürdigen Gnetacee Tumboa Bainesii (Welwitschia mirabilis) aus den Wüsten von Südwestafrika, welche nur zwei Riesenblätter besitzt, die an ihrer Basis jahrelang weiter wachsen können, während die Spitze zerfetzt wird, abstirbt und vertrocknet. Wie gesagt, hat man aber bis jetzt noch verhältnismäßig wenig Messungen des Blattwachstums ausgeführt, wohl hauptsächlich wegen der damit verbundenen Schwierigkeiten. Vielleicht mag hier aber nur soviel gesagt werden, daß man beim Blatt zwischen dem Wachstum des Blattgrundes und des Oberblattes unterscheidet, wobei aus ersterem eventuell die Blattscheide, Blattpolster und Stipularbildungen hervorgehen, aus letzterem die Blattspreite. Zwischen beiden schiebt sich dann durch interkalares Wachstum oft ein Blattstiel ein. Die Blattspreite hat anfangs oft Spitzenwachstum, welches aber in den meisten Fällen (mit Ausnahme einiger Farne und Meliaceen) bald erlöscht. Die Spitze kann auch frühzeitig in einen Dauerzustand übergehen, besonders bei einigen Lianen, wo Raciborski[1] sie als sogenannte „Vorläuferspitze" beschrieben hat.

Über die definitive Internodienlänge muß noch einiges bemerkt werden. Bekanntlich kann man bei Langtrieben unserer Bäume oft bemerken, daß in jedem Jahre anfänglich sehr kurze Internodien gebildet werden, daraufhin fortwährend längere, bis ein gewisses Maximum erreicht wird, woraufhin nach der Spitze des Jahrestriebes hin wieder einige kürzere Glieder sich anschließen. Diese auffallende Periodizität macht sich auch in anderer Hinsicht geltend, kann aber weiter hier dahingestellt bleiben, da sie mehr eine morphologische als eine physiologische Erscheinung ist. Nur kann die Frage gestellt werden: Wie läßt sich diese verschiedene Länge der Glieder erklären? Beruht das auf einer verschiedenen Zellänge? Aus Untersuchungen Molls[2] geht hervor, daß dem nicht so ist; die mittlere Zellenlänge ist in allen Inter-

---

[1] Raciborski, M.: Flora (Jena) 87 (1900).

[2] Moll, J. W.: De invloed von celdeeling en celstrekking op den groei. Diss., Amsterdam 1876.

nodien dieselbe, aber die Anzahl dieser Zellen ist sehr verschieden und man kann also sagen, daß diese Jahresperiode in der Internodienlänge auf die Zahl der Zellteilungen beruht, also eigentlich gar nicht hier behandelt hätte werden müssen, wenn es nicht auf der Hand lag die definitive Länge dieser Glieder an das Wachstum anschließend zu besprechen.

Über Verzweigung ist physiologisch kaum etwas mitzuteilen; was darüber untersucht wurde gehört zum Gebiete der Morphologie. Nur kann hier bemerkt werden, daß Seitenwurzeln ziemlich weit vom Vegetationspunkt angelegt werden, und zwar in denjenigen Teilen der Wurzel, welche ihre endgültige Länge schon erreicht haben, während Seitensprosse in nächster Nähe des Vegetationspunktes entstehen und auch oft sehr rasch auswachsen können. Die Form des Sproßvegetationspunktes steht damit im Zusammenhang; sie ist um so mehr kegelförmig je später die Seitensprosse angelegt werden. Was dabei als Ursache, was als Folge betrachtet werden muß, hat man bis jetzt nicht entscheiden können.

Übrigens hat man eine unendliche Menge von Beobachtungen über Verzweigung angestellt, wobei man aber fast kaum je über die Beobachtung selbst und die daran sich knüpfenden Theorien herausgekommen ist, während von eigentlich physiologischen Versuchen noch fast keine Spur vorhanden ist. Das ist schon der Fall bei niederen Pflanzen, wo man die Verzweigung wohl noch einigermaßen in der Hand haben kann, etwa bei gewissen Pilzen und Algen. Demgegenüber entstehen bei den Kormophyten die Verzweigungen bekanntlich meistens in den Achseln der Laubblätter; infolgedessen hängt die Verzweigung mit der Blattstellung zusammen, wenn auch lange nicht alle Knospen sich zu Seitenzweigen entwickeln und zweitens, speziell bei Coniferen, viele Blätter der Achselknospen entbehren. Über die Ursachen der Blattstellung weiß man bis jetzt noch nichts Genaues. Es gibt zwar eine Menge Blattstellungstheorien, aber dieselben können hier außer Betrachtung bleiben, da es noch kaum gelungen ist, der Frage experimentell näher zu treten. Solches wird auch große Schwierigkeiten mit sich bringen, da man dann mit den Vegetationspunkten operieren müßte, denen immer sehr schwer beizukommen ist, umgeben wie sie sind von den älteren Blättern und Knospenschuppen.

Einfluß äußerer Faktoren auf das Streckungswachstum. Die früher beschriebenen Methoden zur Messung des Längenwachstums ergeben die Möglichkeit zur Untersuchung des Einflusses äußerer Bedingungen darauf. Indessen hat diese Untersuchung nur erst in verhältnismäßig wenigen Fällen systematisch stattgefunden, sehr oft hat man sich mit äußerst unbestimmten Daten begnügt. Man muß dabei auch bedenken, daß erst in den letzten Jahren die Forderung gestellt wurde, die Pflanzenphysiologie auf eine ebenso genau exakte Basis zu stellen wie Physik und Chemie. Vollkommen wird das wohl nicht gelingen, weil das Material, mit dem experimentiert wird, die lebende Pflanze, nicht genügend konstant zu erhalten ist. Inzwischen ist das dennoch viel mehr möglich als früher gedacht wurde, wenn man nur mit reinem Material, also mit reinen Linien arbeitet, und wenn man die Bedingungen, unter denen die Pflanzen gezogen werden, wirklich vollkommen konstant hält. Dabei wird dann ganz besonders auf Konstanz der Temperatur, der Feuchtigkeitsverhältnisse und des Lichtes geachtet werden müssen. Wenn man mit einzelligen Organismen arbeitet, so kommt man hiermit schon einen entschiedenen Schritt weiter, aber wenn es sich um Streckungswachstum handelt, muß man schon mehr komplizierte Pflanzen zu seinen Versuchen benutzen, und da wird es für den Experimentator eine schwierige Sache, immer vollkommen vergleichbare Entwicklungsstadien für die Versuche zu benutzen. Wir haben ja schon früher von der großen Periode des Wachstums gesprochen, welche man auch unter absolut konstanten äußeren Bedingungen hervortreten sieht. Wir haben auch schon darauf hingewiesen, daß diese Faktoren selbst die Dauer dieser großen Periode beeinflussen, und daß es deshalb nicht tauglich ist, das Wachstum von zwei Haferkeimlingen am 2. Tage miteinander zu vergleichen, wenn dieselben verschiedene Lichtmengen erhalten. Das sind Schwierigkeiten, die man bis jetzt noch nicht vollkommen hat lösen können; bevor wir zur Behandlung der vorhandenen Versuche schreiten, war es aber angebracht, darüber etwas mitzuteilen. Noch eines muß hier erst bemerkt werden, daß nämlich Beobachtungen in der freien Natur, wie wichtig dieselben auch sein mögen, wenn es sich um ökologische Beobachtungen handelt, dennoch oft zu ganz falschen Schlüssen führen können. Ich erinnere dabei an die Beobachtungen von BLAAUW[1] über das Wachstum der Wurzeln einer Cissus-Art im Urwalde beim Berggarten von Tjibodas auf Java. Derselbe fand, daß die Luftwurzeln von Cissus pubiflora var. papillosa bei Tage viel weniger wachsen als nachts; zwischen 4 Uhr nachmittags und 8 Uhr morgens ist das Wachstum 2—3mal stärker als bei Tage. Die Ursache davon wurde dann aber in einem sehr indirekten Einfluß auf die Wurzeln gefunden, nämlich in der am Tage stark gesteigerten Transpiration der beblätterten Pflanzen, also nicht in Licht- oder Temperatureinflüssen, welche sich auf die Wurzel geltend machen würden.

In anderen Fällen aber kann man aus den Beobachtungen in der freien Natur wieder mehr augenblickliche Schlüsse ziehen. Das ist z. B. der Fall mit Beobachtungen, welche auf Ceylon stattfanden, teils in Peradeniya, teils im viel trockeneren Anuradhapura, teils auch im hochgelegenen Garten von Hakgalla bei Nuwara Eliya. Von den zuletzt genannten Beobachtungen sei hier ein Beispiel der Arbeit von SMITH[2] entlehnt. Dasselbe bezieht sich auf das Wachstum von Bambusprößlingen. Wenn man die Wachstumskurven bei Tag und bei Nacht vergleicht mit denen der Temperaturen und der relativen Feuchtigkeit, so sieht man (Abb. 44), daß während der Nacht die Wachstumskurve der Temperatur parallel verläuft; dann ist eben die Feuchtigkeit in Hakgalla so groß, etwa 100 vH, daß nur die Temperatur, welche dann verhältnismäßig

<hr>

[1] BLAAUW, A. H.: Ann. Jard. bot. Buitenzorg 2e sér. 11 (1912).
[2] SMITH, A. M.: Ann. bot. gard. Peradeniya 3 (1906).

niedrig ist, als begrenzender Faktor in Betracht kommt. Während des Tages aber ist die Temperatur hoch, während der Feuchtigkeitsgrad sich senkt, und im Zusammenhang damit verläuft jetzt die Wachstumskurve der Feuchtigkeitskurve parallel. Indessen, in derselben Arbeit findet man andere Beobachtungen, aus denen hervorgeht, daß nicht immer der Zusammenhang mit den äußeren Faktoren in der freien Natur so leicht aus den Kurven herausgelesen werden kann. Wir wenden uns darum jetzt an die Experimente, welche mit allen Kautelen im Laboratorium unternommen wurden.

Am meisten hat man Versuche über den Einfluß des Lichtes ausgeführt. Indessen ist es wohl angebracht, hier erst über den Einfluß der Temperatur zu reden. Dabei treten dann die alten Zahlen von Sachs[1] in den Vordergrund, der hier von Minimum, Optimum und Maximum sprach. Indessen wird man diesen Zahlen jetzt nicht zu viel Wichtigkeit anerkennen müssen, z. B. wenn das Keimungsminimum für Cucur-

bita Pepo auf 13,7° C angegeben wird. Mit unseren mehr exakten Hilfsmitteln untersucht, würden sich wohl andere Zahlen ergeben.

Dahingegen ist wenigstens eine Arbeit in der Ausführung modern, nämlich diejenige Fräulein Talmas[2] über das Wachstum der Keimwurzeln von Lepidium sativum. Ihre Beobachtungen lassen sich am

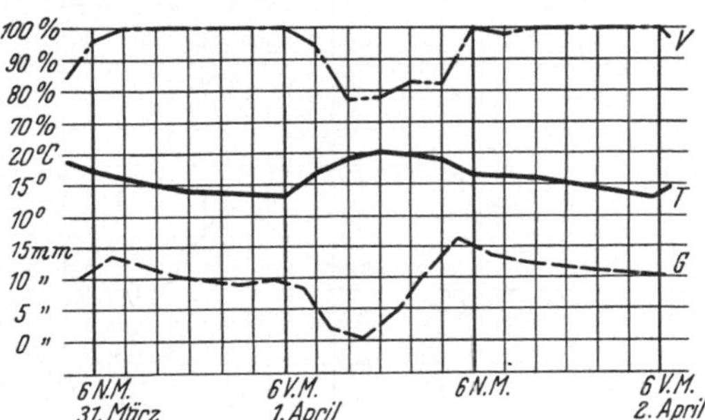

Abb. 44. Wachstum eines Bambusstengels im Garten zu Hakgala auf Ceylon von 6 Uhr abends am 31. März bis 6 Uhr morgens am 2. April. G = Wachstum in mm, T = Temperatur in ° Celsius, V = Feuchtigkeit in Prozent relativer Wasserdampfsättigung (nach A. M. Smith).

besten aus den Kurven der Abb. 45 herauslesen, wo der Zuwachs dieser Wurzeln angegeben wird, wenn die Beobachtungen nach je $3\frac{1}{2}$, 7 und 14 Stunden stattfanden. Die Abszisse gibt die Temperatur an, die Ordinate das Längenwachstum. Die Kurven steigen von 0° an erst mit ihrer Konvexität der X-Achse zugewandt, also einigermaßen nach der Regel von van't Hoff-Arrhenius, dann wird ein Optimum erreicht, das um so niedriger liegt, je länger die Beobachtungszeiten waren, also in Übereinstimmung mit der Blackmanschen[3] Auffassung, daß das Optimum zustande kommt, indem sich ein schädigender Einfluß höherer Temperaturen dem gewöhnlichen Temperatureinfluß summiert, welcher Einfluß um so schädlicher ist, je höher die Temperatur und je länger diese Temperatur auf die Pflanzen eingewirkt hat.

Es leuchtet sofort ein, daß die zur Verfügung stehende Wassermenge einen sehr großen Einfluß auf das Streckungswachstum haben muß;

---

[1] Sachs, J.: Jb. Bot. **2** (1860). Arb. bot. Inst. Würzburg **2** (1872).

[2] Talma, E. G. C.: Rec. Trav. bot. néerl. **15** (1918).

[3] Blackman, F. F.: Ann. of Bot. **19** (1905).

haben wir doch gesehen, daß bei der Streckung in erster Instanz Wasser
beteiligt ist. Jedermann weiß übrigens, daß man Pflanzen zu Krüppeln
erziehen kann, wenn nicht für genügend Wasser gesorgt wird, daß man
also das Wachstum dadurch zurückhalten kann. Man hat versucht,
dieses besser zu bestimmen, indem man Pflanzen in Salpeterlösungen verschiedener Konzentration wachsen ließ. Anfänglich ist dann auch das
Wachstum einigermaßen dem osmotischen Wert der Lösung umgekehrt
proportional, aber sehr bald adaptiert die Pflanze sich an die stärkere
Lösung, indem sie offenbar osmotisch wirksame Stoffe produziert, oder
vielleicht ihre Permeabilität ändert. Das macht es verschiedenen Gewächsen möglich, auch in hochkonzentrierten Lösungen zu leben und
sich zu entwickeln. Man findet ja bisweilen Schimmelpilze in konzentrierten Zuckerlösungen, und noch auffallender, es werden in konzentrierten
Salzlösungen, wie man sie in der Natur hin und wieder antrifft, verschiedene
Organismen[1], wie z. B. Purpurbakterien, gefunden, welche sich in dieser
Umwelt entwickeln können, darin wachsen und sich also dem hohen osmotischen Werte vollkommen angepaßt haben; merkwürdigerweise sind
diese Organismen auch in hohem Grade thermostabil.

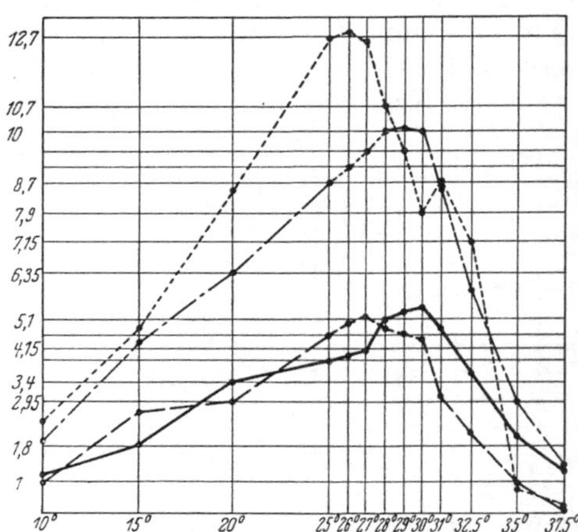

Abb. 45. Wachstum von Lepidiumwurzeln bei verschiedenen Temperaturen. Die gezogene Kurve bezieht sich auf
Beobachtungen nach 3¹/₂ Stunden, die Kurve - - - nach weiteren 3¹/₂ Stunden. Die Kurve ... ist die Summe dieser beiden, also Beobachtung nach 7 Stunden, die Kurve ×× nach
weiteren 7 Stunden, also 14 Stunden. Das Optimum wird
immer niedriger gefunden je länger die Beobachtungszeit
gedauert hat (nach Fräulein Talma).

Am ausführlichsten
ist wohl der Einfluß des
Lichtes untersucht worden. Bei dieser Besprechung schließe ich dabei
mit Vorsatz alles, was ausschließlich mit der Keimung zu tun hat, aus,
also die Frage der Licht- und Dunkelkeimung, da dieselbe meines Erachtens mit dem eigentlichen Wachstum zu wenig zu tun hat. Jahr-
zehntelang hat man im Anschluß an die Erscheinungen beim Etiolement
geglaubt, daß Licht das Längenwachstum überhaupt hemmt. Versuche
von verschiedenen Forschern, z. B. von Sachs ausgeführt, scheinen in
der Tat dafür zu sprechen. Indessen in den letzten 20 Jahren haben
sich andere Einsichten Bahn gebrochen, hauptsächlich wohl, weil man
jetzt viel mehr auf Lichtintensität, Belichtungsdauer usw. achtgibt.

---

[1] Baas Becking, L. G. M.: Contr. Marine Biol. Stanford Univ. Press (Sept.
1930).

Auf den formativen Einfluß des Lichtes kommen wir nachher noch zu sprechen.

Die neue Zeit fängt mit den Untersuchungen Blaauws[1] an. Derselbe hat mit feineren Meßmethoden das Wachstum bei konstanter Temperatur und Feuchtigkeit studiert von Sporangienträgern von Phycomyces nitens, von Hypokotylen von Helianthus, von Wurzeln von Sinapis, Avena und Raphanus. Dieselben wuchsen erst im Dunkeln. Während der Zeit wurde mit rotem Licht beobachtet, dann wurde von vier entgegengesetzten Seiten belichtet; dazu wurde eine Lichtquelle benutzt, deren Intensität in Meterkerzen (MK) ausgedrückt genau bekannt war; das geschah während einer bestimmten Zeit, in Sekunden (S) angegeben. Die Lichtmenge wird dann erhalten durch das Produkt dieser beiden Zahlen und mit dem Worte Meterkerzensekunden (MKS) bezeichnet.

Einige Wurzeln reagieren nicht, andere, z. B. Sinapis, wohl, ebenso Epikotyle von Helianthus und Sporangienträger von Phycomyces, diese aber nicht alle in derselben Art und Weise; es kommt eine Photowachstumsreaktion zustande, welche sich z. B. bei Phycomyces so vollzieht, wie es in der Abb. 46 angegeben ist; auf der Abszisse sind die Zeiten angegeben, auf der Ordinate die Zuwachswerte, mit dem Pfeil ist der Augenblick, wo Licht gegeben wurde, angedeutet. Die Beobachtung geschah zu einer

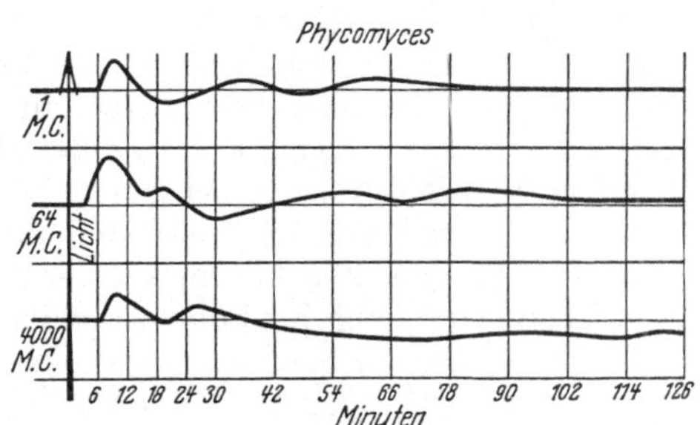

Abb. 46. Photowachstumsreaktion von Sporangienträgern von Phycomyces bei Beleuchtung von 4 Seiten mit 1, 64 und 4000 MK. Beobachtungszeit bis zu 126 Minuten (nach A. H. Blaauw).

Zeit, wo die Kurve der großen Periode der Abszissenachse parallel lief.

Bei der kleinsten Lichtmenge, $^1/_4$ MKS, tritt nach etwa 10 Minuten eine Beschleunigung des Wachstums ein, welche daraufhin in eine Verzögerung übergeht, während etwa 20 Minuten nach der Beleuchtung diese ganze Wachstumsreaktion ausgeklungen ist, das frühere Dunkelwachstum wieder aufgenommen wird. Diese Kurve ist so wenig auffallend, daß es die größte Mühe kostet, sie hier aufzufinden. Nimmt man größere Lichtmengen, so tritt die Reaktion eher auf, sie ist stärker, und es dauert länger, bis sie vollkommen ausgeklungen ist. Nimmt man etwa 210 MKS, so tritt die erste Reaktion nach 3 Minuten zum Vorschein, es dauert aber 30 Minuten, bis alles ausgeklungen ist. Bei noch größeren Lichtmengen wird die Reaktion wieder schwächer; z. B. bei der größten benutzten Lichtmenge, 1 920 000 MKS, war der Anfang der Reaktion nach 6 Minuten bemerklich, die ganze Erscheinung dauerte aber jetzt

---

[1] Blaauw, A. H.: Licht und Wachstum I, II, III. Z. Bot. 6 (1914); 7 (1915). Meded. Landbouwhoogeschool Wageningen 15 (1918).

1 Stunde. Bei fortdauernder Belichtung wird etwas Ähnliches beobachtet, dann kann aber bei nachheriger Verdunkelung eine Dunkelwachstumsreaktion eintreten, wie das von Tollenaar[1] konstatiert und später von anderen bestätigt wurde.

Bei Keimlingen von Helianthus und bei Wurzeln von Sinapis tritt anstatt der Beschleunigung zuerst eine Hemmung des Wachstums auf; indessen ist der Lichteinfluß bei höheren Gewächsen besser untersucht worden bei Avenakeimlingen, und zwar von verschiedenen Forschern. Ich nenne hier nur Sierp u. Seybold[2], F. W. Went[3], van Dillewyn[4] und Filzer[5]. Hier kann man zwei verschiedene Reaktionen unterscheiden, je nachdem die Spitze ($1/_2$—1 mm lang) oder der untere Teil der Koleoptile belichtet wird. Die Spitzenreaktion, welche schon bei geringen Lichtmengen zutage tritt, fängt nicht augenblicklich an, sondern erst etwa 30—40 Minuten nach der Belichtung; dann wird eine Verzögerung des Wachstums sichtbar, welcher eine Beschleunigung folgt. Erst nach etwa 2 oder 3 Stunden ist diese ganze Reaktion beendet. Die sogenannte Basisreaktion dagegen zeigt sich fast augenblicklich — nach etwa 8 Minuten —, es tritt eine scharfe Verzögerung des Wachstums auf, daraufhin eine Beschleunigung, aber in etwa $1/_2$ Stunde ist die ganze Reaktion vorbei. — Es sind hier größere Lichtmengen benötigt, um eine Reaktion zu erhalten, als bei der Spitzenreaktion. Wird endlich die ganze Pflanze belichtet, so erhält man eine Kombination der beiden Reaktionen. Das geht klar hervor aus der Abb. 47, wo die zwei Reaktionen gesondert und diejenige bei Belichtung der ganzen Pflanze angegeben sind.

Während, wie wir bald sehen werden, die Spitzenreaktion wahrscheinlich auf den Einfluß des Lichtes auf den Wuchsstoff zurückzuführen ist, hält van Dillewyn es für wahrscheinlich, daß die Basisreaktion auf einer Permeabilitätsveränderung des Protoplasmas, durch das Licht hervorgebracht, beruhe.

Es mag angebracht sein, hier im allgemeinen einiges zu diesem angeblichen Einfluß des Lichtes auf die Protoplasmapermeabilität zu sagen, da diese eine gewisse Rolle gespielt hat, sowohl bei der Erklärung verschiedener Wachstumserscheinungen, als auch von Bewegungserscheinungen, welche im nächsten Kapitel einer näheren Betrachtung unterworfen werden. Lepeschkin[6] hat zuerst die Behauptung aufgestellt, daß die Permeabilität des Protoplasmas der Blattgelenkzellen von Phaseolus durch das Licht erhöht würde; dasselbe glaubte er beweisen zu können für die Epidermiszellen von Rhoeo discolor und für Spirogyra. Ungefähr zu gleicher Zeit kam Tröndle[7] zu ähnlichen Ergebnissen bei Blattzellen von Buxus sempervirens. Fitting[8] hat

---

[1] Tollenaar, D.: Proc. Kon. Akad. Wet. Amsterdam **26** (1923).
[2] Sierp, H. u. A. Seybold: Jb. Bot. **65** (1918).
[3] Went, F. W.: Proc. Kon. Akad. Wet. Amsterdam **29** (1925).
[4] Van Dillewyn, C.: Rec. Trav. bot. néerl. **24** (1927).
[5] Filzer, P.: Jb. Bot. **70** (1929).
[6] Lepeschkin, W.: Beitr. bot. Zbl. **24** (1909).
[7] Tröndle, A.: Jb. Bot. **48** (1910).
[8] Fitting, H.: Ebenda **56** (1915); **57** (1917).

dann aber zeigen können, daß die angewandte Methodik ungenügend war und deshalb nicht zu so weitgehenden Schlüssen berechtigte. Ich will die daraufhin stattgefundene Polemik hier nicht weiter erörtern, besonders weil vor wenigen Jahren ZYCHA[1] gezeigt hat, daß die bei den besprochenen Versuchen erhaltenen Resultate alle innerhalb der Fehlergrenze liegen.

Übrigens haben BLACKMAN u. PAYNE[2] bei Blattgelenken von Mimosa zeigen können, daß bei plötzlicher Beleuchtung und Verdunkelung die Exosmose der Zellen größer wird. Dazu wurde das elektrische Leitungsvermögen bei der austretenden Flüssigkeit bestimmt. Dagegen erhielt VAN DILLEWYN[3], der in ähnlicher Art gearbeitet hat, bei Hypokotylen von Helianthus annuus eine Permeabilitätsabnahme bei Beleuchtung

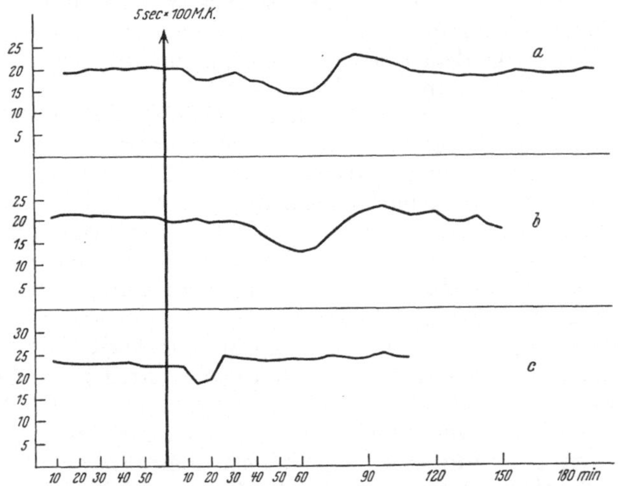

Abb. 47. Photowachstumsreaktion von Avena-Keimlingen, wenn mit 100 MK während 5 Sekunden belichtet wurde (allseitig) zur vom Pfeil angegebenen Zeit. *a* die ganze Pflanze belichtet, *b* nur die Spitze erhielt Licht, *c* nur die Basis belichtet (nach F. W. WENT).

während 200 Sekunden mit einer Lichtquelle von 400 MK. Ich übergehe weitere indirekte Methoden, wie diejenige von BRAUNER[4]. Dagegen muß noch einen Augenblick hingewiesen werden auf mehr direkte Methoden. Erstens diejenige von HOAGLAND u. DAVIS[5]. Dieselben arbeiteten mit Internodialzellen von Nitella, mit denen es möglich war, den Zellsaft einer einzigen Zelle zu analysieren; derart konnte gezeigt werden, daß Ionen von Cl, Br, J und NO_3 im Lichte viel stärker aufgenommen werden als im Dunkeln. Und zuletzt hat LEPESCHKIN[6] vor kurzem die Aufnahme

[1] ZYCHA, H.: Ebenda **68** (1928).
[2] BLACKMAN, V. H. u. S. G. PAYNE: Ann. of Bot. **32** (1918).
[3] VAN DILLEWYN, C.: Rec. Trav. bot. néerl. **24** (1927).
[4] BRAUNER, L.: Z. Bot. **16** (1924).
[5] HOAGLAND, D. R. u. DAVIS, W.: J. gen. Physiol. **6** (1923).
[6] LEPESCHKIN, W.: Amer. J. Bot. **17** (1930).

von Farbstoffen in lebende Zellen untersucht und konstatiert, daß diese Aufnahme im Lichte viel schneller stattfindet als im Dunkeln.

Man muß also jedenfalls der Möglichkeit Rechnung tragen, daß der Einfluß des Lichtes auf das Streckungswachstum der Zelle in erster Instanz auf Permeabilitätsänderungen des Protoplasmas beruht.

Aus einer soeben erscheinenden Mitteilung von CHOLODNY[1] geht hervor, daß die Lichtwachstumsreaktion anders verläuft, wenn eine im Dunkeln aufgewachsene Pflanze plötzlich dem Lichte ausgesetzt wird, als wenn sie allmählich stärkeres Licht erhält. Das wurde speziell konstatiert für abgeschnittene und des Primärblattes beraubte Haferkoleoptilen, welche in Wasser von konstanter Temperatur beobachtet wurden. Es mag hier nur ganz kurz auf diese vorläufige Mitteilung hingewiesen werden, deren volle Konsequenzen erst später gezogen werden können. CHOLODNY glaubt, daß der Unterschied sich erklären läßt, indem den Pflanzen in dem einen Falle ein plötzlicher energetischer Stoß versetzt wurde, in dem anderen Falle nicht.

Nicht alle Spektralbezirke haben den gleichen Einfluß auf das Wachstum; schon SACHS hat gezeigt, daß es sich hier vorwiegend um eine Wirkung der kurzwelligen Strahlen handelt, und immer wieder hat sich herausgestellt, daß Rot keinen merklichen Einfluß hat, ja selbst noch orange Strahlen können ungehindert benutzt werden, wenn man die Beobachtungszeit nicht zu lange wählt. Solche Versuche können mit einer Quecksilberlampe ausgeführt werden, wo man durch Farbfilter bestimmte Strahlen absorbiert. Dabei wird in letzter Zeit auch die frühere ziemlich ungenaue Art der Lichtmessung in Meterkerzen verlassen und anstatt dessen mit Bolometer die Intensität in Ergs pro Sekunde bestimmt. Das ist zuerst geschehen von KONINGSBERGER[2], später mit genaueren Methoden von NUERNBERGK u. DU BUY[3]; für die Zukunft wird man wohl stets in dieser Art vorgehen müssen.

Verschiedentlich wurde auch der Einfluß von X-Strahlen auf das Wachstum untersucht und dabei gewöhnlich eine schädigende Wirkung gefunden[4]. BLAAUW u. VAN HEYNINGEN[5] haben bei Sporangienträgern von Phycomyces eine Radiowachstumsreaktion gefunden, welche der Lichtwachstumsreaktion ungefähr entgegengesetzt ist.

Man hat sich natürlich auch gefragt, ob die Schwerkraft Einfluß auf das Wachstum hat. Veranlassung zu dieser Frage waren die Wachstumskrümmungen, welche unter dem Einfluß der Schwerkraft auftreten können und worüber später berichtet werden wird. Es handelt sich also darum, ob es eine Geowachstumsreaktion gibt. Die darüber angestellten

---

[1] CHOLODNY, N.: Ber. dtsch. bot. Ges. **49** (1931).

[2] KONINGSBERGER, V. J.: Rec. Trav. bot. néerl. **19** (1922).

[3] DU BUY, H. G. u. E. NUERNBERGK: Proc. Kon. Akad. Wet. Amsterdam **32** (1929); **33** (1930). Rec. Trav. bot. néerl. **27** (1930).

[4] Siehe z. B. REICH, L.: Stud. Pl. Phys. Lab. Charles Univ. Prague **3** (1925). — BERSA, E.: Sitzgsber. Akad. Wiss. Wien, Math.-naturwiss. Kl. **135** (1926).

[5] BLAAUW, A. H. u. W. VAN HEYNINGEN: Proc. Kon. Akad. Wet. Amsterdam **28** (1925).

Untersuchungen ergaben widersprechende Resultate, z. B. diejenigen von
CLARA ZOLLIKOFER[1] und KONINGSBERGER[2]; aber in letzter Zeit hat
DOLK[3] wohl mit vollkommener Sicherheit dargetan, daß es bei Haferkeimlingen eine Schwerewachstumsreaktion nicht gibt; er benutzte dabei
das KONINGSBERGERsche Auxanometer mit der oben genannten Verbesserung, daß die Koleoptilspitze von einem Ring umgeben ist, der Ablenkungen aus der Längsrichtung unmöglich macht. Das Wachstum der
Koleoptilen war vollkommen unverändert, wenn man sie vertikal
stellte oder regelmäßig um eine horizontale Achse rotieren ließ; also unabhängig von der Richtung, worin die Schwerkraft wirkt.

Indessen gibt es immerhin mindestens einen Fall, wo die Schwerkraft
ganz entschieden Einfluß hat auf das Längenwachstum, nämlich bei den
Knoten der Gräser. Wenn ein Grasstengel sich lagert, dann kann man
bekanntlich beobachten, daß er sich wieder erhebt, und zwar solange, bis
die Spitze wieder vertikal steht. Diese Erhebung, welche bei den Bewegungen näher besprochen werden soll, findet in den Knoten statt, da
diese anfangen an der Unterseite stärker zu wachsen als an der Oberseite. In vertikaler Stellung findet überhaupt kein Wachstum statt.
Wenn man jetzt einen solchen Grashalm um eine horizontale Achse
langsam regelmäßig drehen läßt, sieht man diese Knoten sich verlängern. Sie nehmen ihr Wachstum also auf, sobald die Schwerkraft
nicht mehr in der Längsrichtung wirkt. Schon SACHS[4] hat solche Versuche ausgeführt, später aber verschiedene andere Untersucher, wovon
ich nur den letzten, JOST[5], nenne.

Mechanische Einflüsse können sich auf das Wachstum geltend machen, z. B. ein Druck als wachstumsverhindernd, während andererseits
bekanntlich wachsende Zellen sehr starke Druckkräfte erzielen können.
Man kann sich davon leicht überzeugen bei Sprengung von Felsen durch
wachsende Wurzeln, übrigens hat PFEFFER[6] diesen Druck auch experimentell bestimmt. Zug kann das Wachstum fördern, aber auch anfänglich hemmend darauf einwirken, wie HEGLER[7] gefunden hat.

Daß es auch eine Thermowachstumsreaktion gibt, ist verschiedentlich hervorgehoben, z. B. von SILBERSCHMIDT[8] für Wurzeln von Lupinus angustifolius. Bei Temperaturwechsel würde erst eine Wachs-
tumsbeschleunigung stattfinden, daraufhin eine Verzögerung und dann
wieder eine Beschleunigung bis zur normalen Wachstumsgeschwindigkeit. ERMANN[9] fand eine Thermowachstumsreaktion bei Avena koleoptilen.

---

1 ZOLLIKOFER, C.: Rec. Trav. bot. néerl. **18** (1922).
2 KONINGSBERGER, V. J.: Ebenda **19** (1922).
3 DOLK, H. E.: Geotropie en groeistof. Diss., Utrecht 1930, dort weitere
Literatur.
4 SACHS, J.: Arb. bot. Inst. Würzburg **1** (1872).
5 JOST, L.: Ber. dtsch. bot. Ges. **42** (1924).
6 PFEFFER, W.: Abh. sächs. Ges. Wiss. Leipzig **20** (1893).
7 HEGLER, R.: Beitr. Biol. Pflanz. **6** (1893).
8 SILBERSCHMIDT, K.: Ber. dtsch. bot. Ges. **43** (1925).
9 ERMANN, C.: Ebenda **44** (1926).

Wir wollen andere äußere Faktoren, welche das Längenwachstum beeinflussen können, hier nicht weiter besprechen, hauptsächlich weil sich zu wenig davon sagen läßt. Man kann schon verstehen, daß bestimmte Nährsubstanzen das Wachstum fördern können, in gewisser Hinsicht kann man hier das schon besprochene Wasser dazu rechnen. Man weiß auch, daß bestimmte Gifte in sehr geringen Dosen verabreicht, das Wachstum fördern können. Das alles gehört aber kaum hierher und mehr unter das Kapitel Ernährung. Man weiß auch, daß die Wasserstoffionenkonzentration eine Rolle bei der Aufnahme der Nährstoffe spielt und deshalb indirekt das Wachstum beeinflussen muß. Man hat weiter viele Experimente angestellt über den Einfluß der atmosphärischen Elektrizität, welche aber sich ziemlich widersprechende Resultate ergaben. Am meisten wird man wohl den Versuchen V. H. BLACKMANS und seiner Schule[1] Zutrauen schenken, aus denen hervorgeht, daß ein Strom von hoher Spannung begünstigend auf das Wachstum wirkt, dabei aber keine Proportionalität zwischen elektrischer Energie und Wachstum gefunden wird, daß geringe elektrische Ladungen die Wachstumsgeschwindigkeit fördern. Ob es sich auch hier um die Bildung bestimmter Substanzen handelt, weiß man nicht.

Nur bringen solche chemische Substanzen, welche das Wachstum günstig oder ungünstig beeinflussen, uns von selbst zur Besprechung der Wuchsstoffe oder Wuchshormone des nächsten Abschnittes.

Es erübrigt hier wohl ebenfalls, etwas über die sogenannten „Auximone" BOTTOMLEYS zu sagen, da es sich wohl herausgestellt hat, daß ihnen nicht die Bedeutung zukommt, welche ihr Entdecker daran knüpfte[2]. Es handelt sich um Substanzen, welche im Humus vorhanden sind, und welche schon in ganz geringen Mengen wachstumsfördernd wirken würden. Es ist wahrscheinlich, daß es sich hier um die Wirkung kleiner Eisenmengen handelt.

Wuchsstoffe — Wuchshormone. Es hat sich in den letzten Jahren gezeigt, daß sowohl die Zellteilung als wie auch die Zellstreckung unter dem Einfluß von bestimmten Substanzen stehen, welche vorhanden sein müssen, wenn auch nur in äußerst geringen Mengen, soll überhaupt Teilung oder Streckung stattfinden.

Sprechen wir zuerst von der Zellteilung, so hat HABERLANDT[3] hier den Weg gezeigt. Es handelt sich dabei um Zellteilungen, welche nach Verwundung auftreten, wie man solche bei angeschnittenen Kohlrabi- oder Kartoffelknollen beobachten kann.

Bekanntlich schließen Wunden bei Pflanzen sich sehr oft ziemlich leicht. Das geschieht z. B. bei Siphoneae derart, daß eine Protoplasmamasse austritt, und daß der übrige Teil sich einfach mit einer

---

[1] BLACKMAN, V. H., A. T. LEGG u. F. G. GREGORY: Proc. roy. Soc. London B. **95** (1923).

[2] Siehe z. B. CLARK, N. A. u. E. M. ROLLER: Soil Sci. **17** (1924). — OLSEN, C.: C. r. Carlsberg **18** (1930).

[3] HABERLANDT, G.: Sitzgsber. preuß. Akad. Wiss., Physik.-math. Kl. **1913** bis **1914, 1919, 1920, 1921, 1922**. Beitr. allg. Bot. **2** (1921).

neuen Zellhaut umkleidet. Bei vielen niederen Pflanzen trocknen Wunden einfach aus, ·bei höheren bildet sich ein Wundgewebe, es sei Wundkork oder ein sehr lockeres Geflecht weißer Zellen, ein sogenannter Wundcallus, worin sich dann später auch wieder Kork bilden kann. Nun hat HABERLANDT bei Kohlrabi und Kartoffeln zeigen können, daß im Gegensatz zu unbehandelten, wenn die Wundfläche mit Wasser genügend abgespült wird, keine oder nur sehr vereinzelte Zellteilungen stattfinden, während diese dagegen in großer Menge auftreten, wenn man die Wundfläche mit einem Brei derselben Pflanzenart bedeckt. Dieser Brei kann auch auf 100⁰ erhitzt werden, ohne seine Wirksamkeit zu verlieren. HABERLANDT spricht hier im Anschluß an Befunde bei Tieren von „Wundhormonen". Ähnliches kann man auch bei Haaren, z. B. von Pelargonium, welche man teilweise abgerieben hat, beobachten. Solche Substanzen sollen auch vom Phloem der Gefäßbündel ausgeschieden werden, wie sich das herleitet aus der Tatsache, daß Kartoffelstücke ohne Phloem keinen Wundkork bilden, daß man diese dagegen zur Korkbildung veranlassen kann, wenn man ein Stückchen einer Kartoffel mit Gefäßbündeln der Wunde anlegt. Übrigens hält HABERLANDT es für sehr wahrscheinlich, daß auch bei der normalen Korkbildung solche Hormone eine Rolle spielen[1], ebenso bei Zellteilungsvorgängen, welche sich im Embryosack abspielen, z. B. dort, wo Adventivembryonie gefunden wird. Übrigens weiß man von diesen Stoffen noch sehr wenig, hat sie auch bis jetzt noch nicht aus den Pflanzen herausbekommen können.

Hierzu muß übrigens bemerkt werden, daß NĚMEC vor kurzem[2] Beobachtungen über bakterielle Wuchsstoffe mitgeteilt hat. Bei einer Nachuntersuchung der HABERLANDTschen Befunde konnte derselbe keine positiven Resultate erhalten außer in denjenigen Fällen, wo sich an der Wundfläche Bakterien angesiedelt hatten. Das führte zu einer Untersuchung des Einflusses von Bakterienkulturen, wie von Bacillus Coli, Bac. Megatherium usw. auf Wunden bei Kohlrabi und ganz besonders bei Wurzeln von Cichorie. In letzterem Falle wurde an der von der Bakterienkultur bedeckten Fläche eine starke Callusbildung bemerklich, während an den nicht von Bakterien bedeckten Teilen kaum Callus entstand. Dagegen fand hier Sproßbildung statt, welche an den von den Bakterien bedeckten Teilen vollkommen fehlte; dort aber entwickelten sich Wurzeln. Daß es sich dabei nicht um die lebenden Bakterien, sondern um von diesen gebildeten Substanzen handelt, geht daraus hervor, daß man dasselbe erreichen kann bei mittels Chloroform abgetöteten Kulturen. Dagegen werden diese bakteriellen Wuchsstoffe durch Hitze vernichtet, sie sind thermolabil.

Vielleicht ist es angebracht hier ein paar Worte über die sogenannten „mitogenetischen Strahlen" anzuschließen. Bekanntlich behauptet

---

[1] HABERLANDT, G.: Sitzgsber. preuß. Akad. Wiss., Physik.-math. Kl. **23** (1921).
[2] NĚMEC, B.: Z. Věstníku Král Čes. Spol Nauk **2** (1929) Ber. dtsch. bot. Ges. **48** (1930).

GURWITSCH[1], daß verschiedene tierische und pflanzliche Gewebe, auch Gewebebrei, kurzwellige Strahlen aussenden, welche die Veranlassung zu Zellteilungen sein würden. Bewiesen ist diese Behauptung bis jetzt nicht, und es wird auch nicht leicht sein den Beweis zu erbringen, weil es sich immer um ein Mehr oder Weniger von Zellteilungen handelt. Prinzipiell ist es ja nicht unmöglich, daß lebende Pflanzen bestimmte Strahlen aussenden, aber andererseits ist bemerkt worden, daß die Wirkung des Zwiebelbreis nicht auf solchen Strahlungen sondern auf dem Senföl beruht, welches bekanntlich sehr flüchtig ist. Indessen scheint es meines Erachtens noch zu früh, über diese viel diskutierte Frage jetzt schon ein Urteil zu fällen; sie kann also hier nur mit diesen paar Worten berührt werden.

Viel besser bekannt ist eine Substanz, welche eine Rolle beim Strekkungswachstum spielt, von der vielleicht wohl gesagt werden kann, daß ohne ihr überhaupt keine Zellstreckung möglich ist. Zwar ist die Sache erst in einigen Fällen genauer untersucht, jedoch ist dieser Wuchsstoff jedenfalls sehr allgemein verbreitet. Ein genaues Studium hat bis jetzt eigentlich fast nur bei Graskoleoptilen stattgefunden. Dort, speziell bei Avena, hat BOYSEN-JENSEN[2] zuerst die Existenz solcher Substanzen poniert, während bald darauf PAÁL[3] diese bewiesen hat. Die Geschichte der Entwicklung des Wuchsstoffbegriffes kann weiter übergegangen werden; wer sich dafür interessiert, findet sie in den Publikationen der letzten Jahre, z. B. von F. W. WENT[4] und von DOLK[5]. Nur soviel kann gesagt werden, daß die Spitze der Gramineenkoleoptilen einen Stoff sezerniert, der von dort nach der Basis hin transportiert wird; entfernt man diese Spitze (etwa 1—2 mm), so hört das Wachstum des Stumpfes auf, fängt aber wieder an, wenn eine Spitze auf den Stumpf gestellt wird, selbst wenn man zwischen diese Spitze und den Stumpf ein wenig Gelatine gebracht hat. Wird dazwischen aber ein Micablättchen gelegt, so wird der Stoff nicht durchgelassen und das Wachstum setzt also nicht wieder ein. Inzwischen müssen diese Versuche innerhalb 2 Stunden ausgeführt werden, denn die Spitze des dekapitierten Stumpfes fängt allmählich an wieder neuen Wuchsstoff zu bilden (man drückt das wohl einmal so aus, daß man sagt eine neue physiologische Spitze werde regeneriert). Die Versuche werden am besten so ausgeführt, daß man die Spitze dem Stumpf einseitig aufsetzt; daraufhin erhält dann nur die eine Flanke des Stumpfes mehr Wuchsstoff, infolgedessen wird ihr Wachstum gefördert, dasjenige der gegenüberliegenden Flanke nicht, und eine Spitzenablenkung tritt ein. Aus verschiedenen Untersuchungen, besonders denen BEYERS[6], CHOLODNYS[7] und SÖDINGS[8], hat sich er-

---

[1] GURWITSCH, ALEX.: Das Problem der Zellteilung physiologisch betrachtet. Berlin 1926.

[2] BOYSEN-JENSEN, P.: Ber. dtsch. bot. Ges. **28** (1910).

[3] PAÁL, A.: Ebenda **32** (1914). Jb. Bot. **58** (1919).

[4] WENT, F. W.: Rec. Trav. bot. néerl. **25** (1928).

[5] DOLK, H. E.: Geotropie en groeistof. Diss., Utrecht 1930.

[6] BEYER, A.: Biol. Zbl. **45** (1925).

[7] CHOLODNY, N.: Jb. Bot. **45** (1926).   [8] SÖDING, H.: Jb. Bot. **45** (1926).

geben, daß diese Substanz nicht spezifisch ist, daß also z. B. Avenaspitzen auch das Wachstum anderer Gramineenkeimlinge beeinflussen können und umgekehrt.

Eine mehr messende Bestimmung des Wuchsstoffes wurde erst möglich als es F. W. Went gelang denselben aus Koleoptilspitzen von

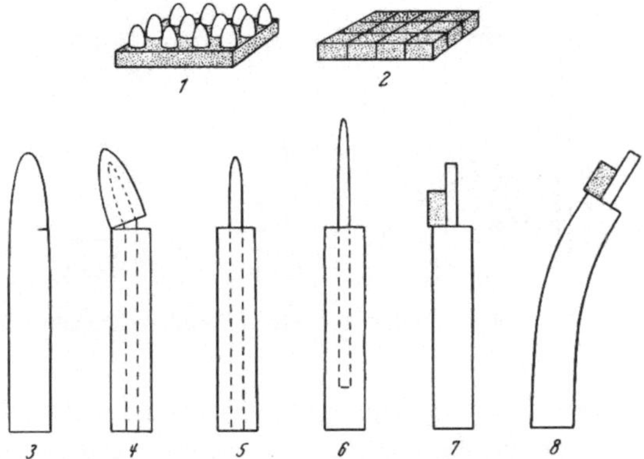

Abb. 48. Methode zur Erhaltung und Dosierung des Wuchsstoffes. 1. Agarblättchen mit 12 Koleoptilspitzen. 2. Die Spitzen entfernt, der Agar in 12 Würfelchen geteilt. 3. Koleoptile mit Einschnitt, wodurch 4 und 5 die Spitze entfernt wird. 6. Das erste Blatt wird teilweise herausgezogen. 7. Ein Agarwürfelchen seitlich auf den Stumpf gesetzt, woraus eine Krümmung resultiert, in 8 abgebildet (nach F. W. Went).

Avena in Agar-Agar oder Gelatine hineindiffundieren zu lassen. Die Art und Weise, wie vorgegangen wird, läßt sich aus der Abb. 48 ersehen. Wenn man Spitzen abschneidet und dieselben auf Plättchen von 3 vH Agar stellt (diese Agarscheibchen können in 90 vH Alkohol aufbewahrt werden, müssen dann aber vor dem Gebrauch gewässert werden), dann diffundiert der Wuchsstoff in den Agar hinein. Werden die Spitzen dann nach etwa 1 Stunde entfernt, so können die Agarplättchen in kleine Würfel geteilt werden und diese Würfelchen werden dann den dekapitierten Koleoptilen einseitig aufgesetzt. Man schneidet dazu erst die

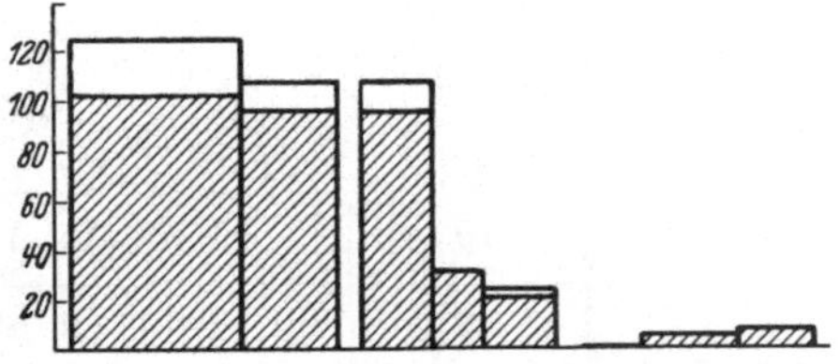

Abb. 49. Wachstum einer Koleoptile von Avena. Auf den Abszissen die Zeit in Minuten, als Ordinate die Wachstumsgeschwindigkeit in 10µ pro Stunde. Der arrirte Teil ist Spitze, der helle Teil Basis. Dort wo die Kurve unterbrochen ist, wurde dekapitiert (nach H. E. Dolk).

Spitze ab, zieht dann das Primärblatt etwas heraus, damit es einerseits durch sein Wachstum das Würfelchen nicht hinwegschiebt, andererseits als Halter, woran man die Würfelchen befestigt, benutzt werden kann. Übrigens ist die Methodik in der letzten Zeit noch wieder verbessert[1].

Dolk hat zeigen können, daß der Wuchsstoff nicht nur das Wachstum fördert, sondern daß ohne Wuchsstoff überhaupt kein Wachstum

---

[1] Van der Wey, H. G.: Proc. Kon. Akad. Wet. Amsterdam **34** (1931).

stattfindet. Wenn man nämlich Haferkoleoptilen dekapitiert, so findet
erst noch einiges Wachstum statt, welches aber bald sehr gering wird,
wie aus der graphischen Darstellung der Abb. 49 hervorgeht. Daß hier
überhaupt noch Streckung sichtbar ist, rührt daher, daß noch immer
etwas Wuchsstoff vorhanden war. Wird jetzt zum zweiten Male deka-

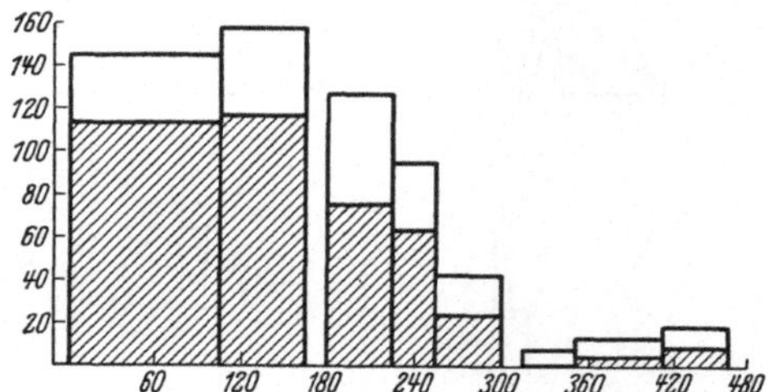

Abb. 50. Wie Abb. 49, aber nach der zweiten Dekapitation wird Wuchsstoff aufgesetzt (nach H. E.
DOLK).

pitiert, so kommt das Wachstum vollkommen zum Stillstand. Es setzt
erst wieder ein nach der oben schon genannten Regeneration des Wuchsstoffes, oder wenn mit Absicht Agar mit Wuchsstoff auf den Stumpf
gebracht wird, wie in dem Fall, der in der Abb. 50 graphisch dargestellt
wurde.

Das geht aus den nachfolgenden Zahlen HEYNS[1] vielleicht noch
besser hervor:

normal	—	9	11	9	8	8	8	8	9	6	7
	6	3	3	1	3	2	2	2	3	1	0
dekapitiert	5	3	3	1	2	2	2	3	8	8	10

Wuchsstoff (unter 3 8 8 10)

normal	—	10	11	11	11	11	11	12	12	12	13	13	11	12	14	11	11
	8	2	0	0	2	1	3	2	2	4	3	5	3	4	4	3	5
dekapitiert	9	3	1	1	6	8	10	11	10	10	11	12	14	13	15	14	11

Wuchsstoff (unter 1 6 8 10 11 10 10 11 12 14 13 15 14 11)

normal	11	13	13	13	12	10	10	11
	4	2	0	2	3	5	3	2
dekapitiert	4	1	2	0	3	5	8	9

Wuchsstoff (unter 5 8 9)

---

[1] HEYN, A. N. J.: Proc. Kon. Akad. Wet. Amsterdam **34** (1931). Rec. Trav.
bot. néerl. **28** (1931).

Dieselben geben in aufeinanderfolgenden halben Stunden das Wachstum von Haferkoleoptilen in Einheiten von 40 μ, und zwar normal und dekapitiert. Es sind drei Serien; in jeder Serie wurde nach dem Vertikalstrich auf die dekapitierten Pflanzen Agar teilweise ohne und teilweise mit Wuchsstoff gegeben. Während im erstgenannten Fall das Wachstum äußerst gering bleibt und nur ganz allmählich wieder einsetzt (infolge Regeneration des Wuchsstoffes), wird dasselbe dort, wo Wuchsstoff zugesetzt wurde, wieder ganz normal, übertrifft bisweilen selbst dasjenige von normalen Pflanzen.

Wenn man das Agarplättchen mit Wuchsstoff auf ein anderes Plättchen ohne denselben legt, so diffundiert der Stoff auch hier hinein und man kann ihn in dieser Weise verdünnen. Es zeigt sich dann, daß bei den Avenakoleoptilen die Ablenkung der Spitze der Wuchsstoffmenge proportional ist, wenn man nur mit großen Verdünnungen arbeitet. Man erhält z. B. folgende Tafel:

Anzahl der Spitzen	Unverdünnt	Einmal verdünnt	Zweimal verdünnt
6	$11,2 \pm 0,5$	$5,5 \pm 0,4$	$2,8 \pm 0,8$
12	—	$11,2 \pm 0,4$	$5,8 \pm 0,4$

Die Zahlen sind hier in Grad Ablenkung von der Vertikalen mit dem berechneten mittleren Fehler angegeben. Hier ergibt sich eine vollkommene Proportionalität zwischen Wuchsstoffmenge und Ablenkung. Im Botanischen Institut in Utrecht werden jetzt also Avenakoleoptilen zur genauen Dosierung des Wuchsstoffes benutzt. Dabei muß indessen darauf geachtet werden, daß bei höheren Konzentrationen ein Hemmungsfaktor auftreten kann; infolgedessen muß immer genügend verdünnt werden.

Daß der Wuchsstoff nicht spezifisch ist, geht schon daraus hervor, daß jetzt fast immer Maiskeimlinge benutzt werden um den Stoff zu erhalten, weil man dann größere Mengen bekommt, während der Kontrollversuch zur Bestimmung der Quantität stets mit Haferkeimlingen ausgeführt wird. Außerdem ist es Fräulein UYLDERT[1] gelungen die Wirkung des Haferwuchsstoffes bei Blütenstielen von Bellis perennis zu zeigen. Wenn man junge Inflorescenzen von Bellis oberhalb genau am Stiel abschneidet, so kommt das Wachstum dieses Stieles zum Stillstand; wird dann von neuem ein Köpfchen darauf befestigt, so wird das Wachstum wieder aufgenommen. Dasselbe kann man nun aber auch erreichen mit aufgesetzten Agarwürfelchen mit Avenawuchsstoff.

Ja, es hat sich vor kurzem aus den Untersuchungen NIELSENS[2] gezeigt, daß auch Pilze Wuchsstoff bilden können — bei ihm Rhizopus suinus, im Utrechter Institut aber auch andere Rhizopusarten. Daneben hat sich hier ähnliches ergeben für Kulturen von Bacillus coli. Dann hat man schon länger gewußt, daß im Malzextrakt, im Speichel und in Diastase Wuchsstoff enthalten ist. Fraglich bleibt dabei

---

[1] UYLDERT, J.: Proc. Kon. Akad. Wet. Amsterdam **31** (1927).
[2] NIELSEN, N.: Planta (Berl.) **6** (1928).

natürlich vorläufig, ob es sich dabei stets um dieselbe Substanz handelt oder ob eventuell verwandte Stoffe hier eine Rolle spielen.

Das bringt uns zur Frage nach der chemischen Natur des Wuchsstoffes. Aus vorläufigen Bestimmungen hat F. W. Went ableiten können, daß derselbe gegen 100°C Erwärmung bestand ist, ebenso gegen Austrocknung, daß Licht keinen Einfluß darauf hat, Nielsen fand denjenigen von Rhizopus ätherlöslich, F. W. Went bestimmte aus der Diffusionsgeschwindigkeit das Molekulargewicht auf etwa 376, also von der Ordnung desjenigen des Rohrzuckers.

Aus den Untersuchungen Dolks[1] und Cholodnys[2] geht hervor, daß die Schwerkraft keinen Einfluß auf die Wuchsstoffmenge in der Haferkoleoptile hat, wenn sie zwar, wie wir nachher sehen werden, wohl die Strömungsrichtung des Wuchsstoffes bestimmt. Für das Licht hat F. W. Went dargetan, daß dasselbe ebenfalls, wie wir später sehen werden, die Strömungsrichtung des Wuchsstoffes beeinflußt, aber daß daneben auch eine gewisse Menge in der Spitze des Haferkeimlings vernichtet wird, oder wenigstens unwirksam gemacht. Das würde speziell in der ersten halben Stunde der Lichteinwirkung stattfinden, später wird das Gleichgewicht mehr oder weniger wieder hergestellt; das Wuchsstoffdefizit schwankte zwischen 7 und 38 vH. Cholodny hat dem widersprochen; er meint, daß auch das in die Länge wirkende Licht nur die Strömungsrichtung, aber nicht die absolute Wuchsstoffmenge würde beeinflussen. Hier ist ein Widerspruch, der sich augenblicklich nicht lösen läßt, wenn zwar erwähnt werden muß, daß Cholodny nirgends Wuchsstoffmengen gemessen hat und nur indirekte Schlüsse aus seinen Versuchen gezogen hat. Die früher behandelten Photowachstumsreaktionen lassen sich nun mit Hilfe des hier genannten Lichteinflusses auf den Wuchsstoff erklären. Wie gesagt, wird bei Belichtung von Dunkelpflanzen erst etwa 20 vH des Wuchsstoffes vernichtet; es fließt also weniger Wuchsstoff wie früher nach den wachsenden Zonen zu und infolgedessen wird das Wachstum gehemmt. Nachher aber wird das frühere Gleichgewicht wieder hergestellt und damit die Wachstumsvergrößerung wieder rückgängig gemacht. Es dauert natürlich einige Zeit bis sich die Wuchsstoffänderungen in der Spitze auch in den weiteren wachsenden Zonen bemerklich machen, und es läßt sich deshalb auch sehr gut verstehen, warum die Spitzenreaktion sich als lange Reaktion darstellt.

Der Wuchsstoff wird in den Koleoptilen mit einer solchen Geschwindigkeit transportiert (nach unveröffentlichten Versuchen van der Weys), daß keine Rede davon sein kann, daß es sich hier um Diffusion handeln könnte; die weitere Forschung wird hier angreifen müssen, um uns instand zu setzen von diesem Transport etwas mehr zu sagen.

Fragt man sich jetzt, wie der Wuchsstoff auf die Zellstreckung einwirkt, so haben uns hier Untersuchungen von Horreus de Haas[3],

---

[1] Dolk, H. E.: Geotropie en groeistof. Diss., Utrecht 1930.
[2] Cholodny, N.: Planta (Berl.) **7** (1929). Jb. Bot. **73** (1930).
[3] Horreus de Haas, R.: Proc. Kon. Akad. Wet. Amsterdam **30** (1928).

Söding[1] und besonders von Heyn[2] viel Wichtiges ergeben. Daraus geht hervor, daß der Wuchsstoff speziell auf die Zellhaut wirkt, wenn auch zwar vielleicht erst auf das Protoplasma; aber nur die Veränderung der Zellhaut läßt sich messen. Die Plastizität (oder Fluidität) der Zellhaut wird erhöht und damit erfolgt eine erhöhte Streckung der Zelle.

Das geht aus den hier folgenden Versuchen hervor. Am leichtesten läßt sich der Einfluß des Wuchsstoffes demonstrieren, wenn man dekapitierte Avenakoleoptilen in horizontale Stellung bringt, darauf einige mit wuchsstoffhaltigem Agar versieht, andere nicht. Wenn man dann leichte Metallreiter, wie solche zum Wiegen benutzt werden, auf das freie Ende der Koleoptilen anbringt, so sieht man diejenigen mit Wuchsstoff durchbiegen. Das hat nichts mit irgendeiner Zunahme des Turgors zu tun, oder mit Steigerung der elastischen Dehnbarkeit der Zellhaut, sondern nur mit einer Vermehrung dieser Plastizität oder Fluidität, wenn man ein anderes Wort benutzen will[2].

Man kann das auch noch in anderer Weise zeigen. Wenn man z. B. Koleoptilen durch daran gehängte Gewichte dehnt, so ergibt sich, daß die plastische Dehnbarkeit nach der Dekapitation abnimmt, und zwar bis etwa 3 Stunden nach der Dekapitation; daraufhin steigt sie wieder, offenbar weil jetzt Wuchsstoff regeneriert wird. Hat man auf dekapitierte Koleoptilen Agar mit Wuchsstoff gesetzt, so ist die Dehnbarkeit größer als ohne solchen Wuchsstoff, wenn sie auch nicht den Wert der normalen Koleoptilen erreicht, offenbar weil die Wuchsstoffmenge immerhin kleiner ist als im Normalfall.

Man kann aber zeigen, daß in solchen Fällen die Maximaldehnung noch gar nicht erreicht ist. Wenn man solche Zellen nämlich in Wasser bringt, so wird die Dehnung weiter gehen, ganz speziell wenn Wuchsstoff vorhanden ist. Die Verlängerung war dabei z. B. 34 gegen 13,4 ohne Zusatz von Wuchsstoff, oder auch normal gegen dekapitiert als 40:28. Wenn man aber dann nachher plasmolysiert, findet man in der Verkürzung keinen Unterschied, im letztgenannten Falle betrug diese z. B. 106 gegen 101. D. h.: die Verlängerung der Zellhaut, welche eine Folge des Wuchsstoffes ist, hängt nicht mit einer Änderung der elastischen Dehnbarkeit dieser Zellhaut zusammen. Der Wuchsstoff ändert dahingegen die nicht elastische Deformierbarkeit, welche man Plastizität oder eventuell Fluidität nennen kann.

Wenn man Koleoptilen abschneidet und dieselben verhindert Wasser aufzunehmen, so findet kein Wachstum statt. Indessen hat der Wuchsstoff dennoch seine Wirkung getan und die Zellhaut plastisch geändert, denn wenn man solche Koleoptilen nachträglich in Wasser bringt, findet eine starke Verlängerung statt, welche nicht auftritt bei vorher der Spitze beraubten Koleoptilen, dagegen wohl bei denen, wo man diese Spitze durch ein Agarblöckchen mit Wuchsstoff ersetzt hat.

---

[1] Söding, H.: Jb. Bot. **64** (1925).

[2] Heyn, A. N. J.: Proc. Kon. Akad. Wet. Amsterdam **33** (1930); **34** (1931). Rec. Trav. bot. néerl. **28** (1931).

Damit fällt die alte SACHSsche Theorie der Zellstreckung, wonach die Zellhaut durch die Turgordehnung elastisch gespannt würde, woraufhin dann durch Intussuszeption oder Apposition die Dehnung wieder aufgehoben würde. LAURENT[1] hat vor vielen Jahren schon darauf hingewiesen, daß es sich beim Sporangienträger von Phycomyces ganz entschieden anders verhält. Er sagt, daß aus seinen Versuchen hervorgeht, daß die Cellulose der Membran beim Wachstum irgendeine Veränderung erleidet, wodurch sie weicher wird („se ramollit"), was er der Wirkung eines Enzyms, das vom Protoplasma abgeschieden würde, zuschreibt.

Bei der Zellstreckung ist also die primär sich ändernde Phase die Erhöhung der Plastizität der Membran durch den Wuchsstoff. Die normale Turgorkraft ist imstande, solche Membranen zu überdehnen, wobei eine irreversible Oberflächenvergrößerung der Zellhaut zustande kommt. Die Erhöhung der elastischen Dehnbarkeit tritt nur auf, wenn Wachstum stattfindet; sie ist als die Folge davon zu betrachten, nicht als die Ursache. Eine Erniedrigung dieser elastischen Dehnbarkeit tritt auf bei Wachstumshemmung; diese Vorgänge sind vielleicht kausal mit dem Vorgang der Substanzvermehrung der Zellhaut verbunden.

Der Wuchsstoff, über den bisher gehandelt wurde, ist jedenfalls nicht die einzige chemische Substanz, welche das Wachstum beeinflussen kann. Sehr wahrscheinlich gibt es deren mehrere, wie wir das noch bei der Behandlung der Korrelationen sehen werden. Vor vielen Jahren hat SACHS schon darauf hingewiesen[2], auch wo er über sogenannte blütenbildende Substanzen handelt, welche unter dem Einfluß ultravioletten Lichtes in den Blättern gebildet und von dort dem Vegetationspunkt zugeführt werden sollen. Indessen, das sind immer doch noch ziemlich hypothetische Substanzen.

Viel reeller ist, was in den letzten Jahren über wurzelbildende Substanzen gefunden wurde. F. W. WENT[3] hat Stecklinge von Acalypha hergestellt bei frühzeitig entblätterten Exemplaren. Diese Stecklinge bilden keine oder fast keine Adventivwurzeln; sind Blätter vorhanden, so entstehen die Wurzeln wohl. Es wurde an die Möglichkeit gedacht, daß aus den Blättern wurzelbildende Substanzen im Bast nach der Basis des Stecklings zuströmen und daß sie dort die Wurzelbildung veranlassen. Tatsächlich gelang es aus Blättern Substanzen herausdiffundieren zu lassen, diese aufzunehmen in Agar-Agar und diesen Agar an entblätterte Stecklinge zu applizieren derart, daß diese anfingen Adventivwurzeln zu bilden. Eine selbe oder wenigstens eine ähnlich wirkende Substanz konnte aus Blättern von Carica Papaya und aus Malz erhalten werden.

In dieser Hinsicht kann auch noch ganz kurz auf Beobachtungen von BURGEFF[1] und von Fräulein VERKAIK[2] hingewiesen werden, aus

---

[1] LAURENT, E.: Bull. Acad. roy. Belg. 3e Sér. 10 (1875).
[2] SACHS, J.: Arb. bot. Inst. Würzburg 2 (1880/1882); 3 (1887).
[3] WENT, F. W.: Proc. Kon. Akad. Wet. Amsterdam 32 (1929).

denen hervorgeht, daß bei einigen **Mucorineae**, das —Mycel eine Substanz abscheidet, welche durch Agar und Celloidin diffundieren kann und welche beim + Mycel die Bildung von Zygophoren veranlaßt. Wenn zwar behauptet werden könnte, daß es sich hier um Substanzen handelt, welche den Sexualhormonen anzugliedern sind, so wird hier doch ganz entschieden Wachstum angeregt und deshalb werden diese Untersuchungen kurz erwähnt.

Zweitens hat Fitting[3] uns gezeigt, daß das Welken von befruchteten Orchideenblüten in verschiedenen Fällen von Substanzen verursacht wird, welche vom Pollen abgeschieden werden. Man könnte hier meinen, daß es sich nicht um eigentliches Wachstum handelt, weshalb diese Substanzen hier keine Erwähnung verdienen würden. Indessen glaube ich sie dennoch ganz kurz nennen zu müssen, da sie meines Erachtens einmal in derselben großen Gruppe von Stoffen zusammengefaßt werden müssen, wie diejenigen, die hier ausführlicher besprochen wurden.

Formative Einflüsse der äußeren Bedingungen. Schon am Anfang dieses Kapitels wurde darauf hingewiesen, daß Wachstum nicht allein eine irreversible Vergrößerung der Pflanze oder ihrer Organe bedeutet, sondern daß diese Vergrößerung stets in sehr genau angegebene Bahnen verläuft, daß eine ganz bestimmte Form resultiert. Ist diese Form nun bei allen Arten ein und für allemal gegeben, oder macht sich auch hier der Einfluß der äußeren Bedingungen geltend? Letzteres ist ganz entschieden der Fall, d. h. die Form eines Pflanzenteils kann wechseln je nach der Natur der äußeren Faktoren, worunter es sich entwickelt. In der Morphologie wird man also der Tatsache Rechnung tragen müssen, daß es keine konstanten Formen gibt und man wird den formativen Einfluß der äußeren Umstände studieren wollen. Es tritt hier die neue Wissenschaft der experimentellen Morphologie zutage, welche sich in den letzten Jahrzehnten entwickelt hat und wovon es fraglich sein mag, ob sie in einem Physiologiebuche behandelt werden soll. Inzwischen verwischt sich hier die Grenze zwischen der Formenlehre und der Lebenslehre und es scheint angebracht, wenigstens einige Hauptsachen hier kurz zu erörtern.

Grundleger der neuen Lehre gibt es verschiedene, in erster Instanz Gaston Bonnier[4], in Deutschland mehr speziell Goebel[5] und Klebs[6]. Bonnier hat sich ganz besonders mit der Hochgebirgsflora beschäftigt; er hat Form und Struktur derselben Art im Hochgebirge und in der Ebene verglichen und ist dann experimentell verfahren, indem er eine

---

[1] Burgeff, H.: Bot. Abh. von K. Goebel **4** (1924).

[2] Verkaik, C.: Proc. Kon. Akad. Wet. Amsterdam **33** (1930).

[3] Fitting, H.: Jb. Bot. **49** (1911).

[4] Bonnier, G.: Recherches sur l'anatomie expérimentale des végétaux. Paris 1896.

[5] Goebel, K.: Einleitung in die experimentelle Morphologie der Pflanzen. Jena 1908.

[6] Klebs, G.: Willkürliche Entwicklungsänderungen bei Pflanzen. Berlin 1913.

Pflanze, welche sich vegetativ vermehren ließ, etwa mit einem Rhizom
versehen war, in zwei Stücke teilte, das eine dann weiter kultivierte in
der Nähe von Fontainebleau, das andere im Hochgebirge bei Chamounix.
Die neugebildeten Teile zeigten sehr bald große Unterschiede schon in
der äußeren Form, aber auch in der mikroskopischen Struktur. Im
Hochgebirge waren die unterirdischen Teile im Verhältnis zu den oberirdischen viel stärker entwickelt als in der Ebene, die Stengelglieder
blieben kurz, zusammengedrängt, dabei der ganze Sproß mehr behaart,
die Blätter kleiner und dicker, die Blüten aber größer und intensiver
gefärbt. Weiter, was die innere Struktur anbetrifft: im Hochgebirge
mehr sklerenchymatische Elemente, die Epidermis mit einer dicken
Cuticula versehen, die Anzahl der Spaltöffnungen vergrößert, in den
Blättern das assimilierende Gewebe kräftiger entwickelt und mit mehr
Chromatophoren versehen usw. Hier konnte im allgemeinen vom Einfluß
des alpinen Klimas gesprochen werden; indessen war das ein ziemlich
komplizierter Begriff, der sich in verschiedene Faktoren spalten ließ:
geringe Luftfeuchtigkeit, niedere Lufttemperatur, starke Bestrahlung.
Man hat jetzt diese Faktoren getrennt untersucht, wobei sich herausstellte, daß jeder für sich in der genannten Richtung seinen Einfluß
geltend machte. Viele spätere Versuche sind besonders angestellt, um
den formativen Einfluß des Lichtes und der Luftfeuchtigkeit zu studieren.

Wenden wir uns in erster Instanz an die Wirkung des Lichtes. Jedermann kennt die Erscheinung des Etiolements, welche sich bei Pflanzen,
die man im Dunkeln aufzieht, bemerkbar macht. Die CO_2-Assimilation
kommt dann natürlich zum Stillstand, und deshalb wird man derartige
Versuche mit solchen Gewächsen ausführen müssen, welche über genügende Mengen von Reservestoffen verfügen oder welche man mit
organischen Substanzen ernähren kann, d. h. daß es sich dann nur um
gewisse Algen handeln kann (wenn man die chlorophyllosen Gewächse
außer Betrachtung läßt).

Wenn man von gewissen Gymnospermen, Farnen und anderen
niederen Pflanzen absieht, so kann man sagen, daß etiolierte Pflanzen
kein Chlorophyll enthalten. Jedermann kennt das bei Kartoffeln, welche
im dunkeln Keller Sprosse gebildet haben, die in mehrfacher Hinsicht
anders organisiert sind wie die im Licht gewachsenen. Dabei handelt
es sich also nicht in erster Instanz um die Nichtbildung des Chlorophylls,
welche uns in diesem Kapitel nicht beschäftigen soll, sondern ausschließlich um die äußere Form und den inneren Bau der etiolierten Pflanze.
Wenn wir von älteren Beobachtungen von BONNET und von DE CANDOLLE
absehen, so finden wir hier grundlegende Untersuchungen von SACHS[1],
daraufhin von G. KRAUS[2], BATALIN[3], PRANTL[4], RAUWENHOFF[5] und aus

---

[1] SACHS, J.: Bot. Ztg **21**, Beih. (1863).
[2] KRAUS, G.: Jb. Bot. **7** (1869/1870).
[3] BATALIN, A.: Bot. Ztg **29** (1871).
[4] PRANTL, K.: Arb. bot. Inst. Würzburg **1** (1874).
[5] RAUWENHOFF, N. W. P.: Verh. en Meded. Kon. Akad. Wetensch. Amsterdam 2e R. **11** (1877).

späterer Zeit von Brotherton u. Bartlett[1], von Trumpf[2] und von Priestley[3].

Verschiedene Pflanzen reagieren dabei nicht alle in derselben Art, aber man kann wohl allgemein sagen, daß im Dunklen bei Dikotylen die Internodien sich strecken und die Blätter dagegen klein und verkümmert bleiben, während bei den Monokotylen gerade die Blätter eine abnormale Länge erhalten. Die innere Struktur vereinfacht sich, indem besonders der Zentralzylinder im Vergleich zur Rinde wenig entwickelt ist und überhaupt alle mechanischen Elemente oft kaum gebildet werden oder stark verkümmern.

Bei der Internodienstreckung handelt es sich in erster Instanz um Zellstreckung, daneben können aber auch sekundäre Zellteilungen auf-

Abb. 51. Erbsenpflanzen, verschiedene Zeit dem Lichte ausgesetzt. Links vollkommen im Dunkeln, rechts im Tageslicht, dazwischen mit täglich je 1, 2, 10 und 60 Minuten Licht (Photographie van Ooststroom).

treten. Ein Verständnis des Zusammenhanges zwischen Lichtwirkung und Form ist aber noch kaum angebahnt.

Man weiß nur soviel, daß schon sehr kurze Belichtungen genügen, um auf die Form ihren Einfluß auszuüben. Man vergleiche dafür nur die Pflanzen der Abb. 51, wo eine Reihe von Erbsenpflanzen photographiert wurden, welche sich bei verschiedener Beleuchtung entwickelt hatten. Alle waren im Dunkeln gekeimt, nach 5 Tagen wurden fünf Töpfe verschiedener Belichtung ausgesetzt, und zwar ein Topf dem Tageslicht (der Versuch fand Anfang Februar statt), vier während je 1 Minute, 2, 10 oder 60 Minuten täglich dem Einfluß von vier 100-Kerzen-Halbwatt-Arga-

<hr>

[1] Brotherton, W. u. Bartlett, H. H.: Amer. J. Bot. 5 (1918).
[2] Trumpf, C.: Bot. Archiv 5 (1924).
[3] Priestley, J. H.: New Phytologist 22 (1923); 24 (1925); 25 (1926).

lampen Philips. Der Versuch dauerte dann 7 Tage, darauf wurden die
Töpfe mit den Pflanzen photographiert. Aus der Abbildung geht klar
hervor, daß schon eine so kurze Belichtung, wie 1 Minute pro Tag, ge-
nügte, um den Habitus der etiolierten Pflanze nicht aufkommen zu
lassen, wenn auch die Wirkung des Lichtes noch nicht vollkommen der
des Tageslichtes gleich zu setzen ist. Je länger die Belichtung gedauert
hat, um so mehr nähert sich die Gestalt derjenigen der gewöhnlichen
grünen Pflanze, wenn sie dieselbe auch nach einer Belichtung während
1 Stunde pro Tag noch nicht vollkommen erreicht hat. Etwas Ähnliches

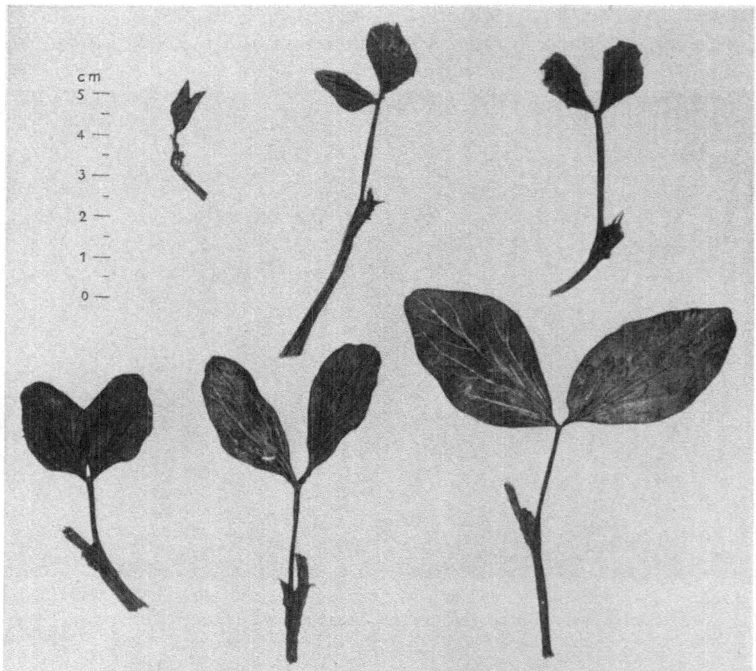

Abb. 52. Blätter von Vicia Faba, von oben links nach unten rechts entwickelt in vollkommener
Dunkelheit, in je 1, 5, 10 und 60 Minuten Licht pro Tag und bei normalem Tageslicht (Photographie
VAN OOSTSTROOM).

geht aus der Abb. 52 hervor. Dort wurde jedesmal das dritte Blatt einer
Pflanze von Vicia Faba photographiert, und zwar für eine Pflanze,
welche sich in konstanter Finsternis entwickelt hatte, und für andere,
welche täglich während je 1 Minute, oder 2, 10, 60 Minuten beleuchtet
waren, mit der schon angegebenen Lichtquelle, oder welche dem Tageslicht waren ausgesetzt gewesen.

Aus verschiedenen Versuchen läßt sich der Schluß ziehen, daß es sich
hier um eine photochemische Wirkung des Lichtes handelt; jedenfalls
scheinen gleiche Lichtmengen denselben Einfluß auf die Entwicklung zu
haben. Nicht vollkommen klar ist, was bis jetzt über die Wirkung der

einzelnen Strahlen mitgeteilt wurde. TRUMPF z. B. gibt an, daß bei
Phaseolus multiflorus rotes Licht auf die Blätter denselben Einfluß
hat als schwaches weißes Licht, auf die Internodien dagegen als Dunkelheit wirkt, während blaues Licht eine gerade entgegengesetzte Wirkung
haben soll.

Hieran anschließend kann auf die Versuche BONNIERS[1] über den Einfluß der kontinuierlichen Beleuchtung hingewiesen werden. Teilweise
wurden diese an unter natürlichen Verhältnissen wachsenden Pflanzen angestellt, und zwar von Spitzbergen und der JAN-MAYEN-Insel, wobei die
dort lebenden Gewächse verglichen wurden mit Individuen derselben Art
aus dem Hochgebirge. Teils wurden eigene Versuche angestellt, wobei
Pflanzen aufgezogen wurden bei künstlichem Lichte (elektrisches Bogen-
licht), und zwar teilweise kontinuierlich beleuchtet, teilweise abwechselnd
12 Stunden hell und 12 Stunden dunkel. Ein Vergleich der beiden Ver-
suchsserien ergab nicht allein für das bloße Auge sichtbare Abweichungen,
sondern auch sehr große Differenzen im anatomischen Bau. Besonder-
heiten können hier außer Betrachtung bleiben, da dieselben besser bei
der Morphologie behandelt werden, nur kann erwähnt werden, daß die
Struktur der Pflanzen sich bei kontinuierlicher Beleuchtung sehr vereinfacht, alles Sklerenchymatische hat eine Neigung zum Verschwinden, das
Parenchymgewebe nimmt stark die Oberhand, und überhaupt nähert
sich das Querschnittsbild merkwürdigerweise sehr demjenigen der etiolierten Pflanze, natürlich mit dem Unterschiede, daß hier Chlorophyll jetzt selbst bis ins Markgewebe sichtbar wird, weshalb BONNIER
hier von einem „étiolement vert" spricht. Die Einwendung, daß es
sich hier um wirkliches Etiolement gehandelt hätte, weil die Lichtmengen zu gering waren, stimmt nicht mit den früher schon genannten
Versuchen, wobei selbst nur 1 Stunde Licht pro Tag fast normale
Pflanzen gibt, und nicht damit, daß die Pflanzen, welche täglich nur
12 Stunden dieses Licht erhielten, die Erscheinung nicht zeigten.

In betreff des farbigen Lichtes verfügen wir über eine große Menge
von Beobachtungen. Indessen sind die meisten derselben nur für praktische Zwecke ausgeführt, wo dann nur nebenbei an wissenschaftliche
Fragen gedacht wurde; es handelte sich darum, die Entwicklung irgendeines Kulturgewächses in bestimmte Bahnen zu lenken, und dazu
wurden dann farbige Gläser benutzt, wobei nur selten eine Analyse der
durchgelassenen Lichtstrahlen stattfand. Ein Beispiel von einer zu
praktischen Zwecken ausgeführten Untersuchung, wobei Lampen von
ganz bestimmter Lichtstärke, deren spektrales Verhalten genau bekannt
war, benutzt wurden, hat vor kurzem die Arbeit ROODENBURGS geliefert[2].

Demgegenüber hat z. B. KLEBS[3] sich ganz bestimmte Fragen über
den formativen Einfluß von Strahlen verschiedener Wellenlänge gestellt

---

[1] BONNIER, G.: Rev. gén. Bot. 7 (1895).
[2] ROODENBURG, J. W. M.: Meded. Labor. Tuinb. plantent. Landb. hoogeschool. Wageningen 14 (1930).
[3] KLEBS, G.: Arch. Entw.mechan. 24 (1907).

und dabei auch sehr auffallende Resultate erhalten, z. B. in betreff der Gestalt der Blüten von Sempervivum; aber auch hierbei läßt sich aus seinen Untersuchungen nicht entnehmen, mit welchen Lichtmengen und mit welchen genau umgrenzten Spektralbezirken hier gearbeitet wurde. Deshalb sind solche Arbeiten bis jetzt auch wichtiger für die Beantwortung morphologischer als kausal physiologischer Fragen. Es läßt sich wohl vermuten, daß hier in erster Instanz stoffliche Veränderungen unter dem Einfluß des Lichtes stattfinden, aber vorläufig hat in der Hinsicht noch keine Untersuchung stattgefunden.

Übrigens tritt in der Natur der Fall sehr oft auf, daß der eine Teil einer Pflanze sich mehr im Schatten, der andere mehr im Lichte entwickelt, und es war schon vor Jahren STAHL[1], der die Beobachtung machte, daß Schatten- und Sonnenblätter eines selben Baumes eine sehr verschiedene Struktur besitzen. Auch übrigens hat sich die Zahl der Fälle, in denen man gesehen hat, daß Organe in ihrer Entwicklung vom Lichte beeinflußt werden, in ungeheurer Menge vermehrt: Nennen wir die Jugendformen, welche auch an älteren Teilen einer Pflanze wieder auftreten, wenn dieselbe verdunkelt wird und die vielen anderen z. B. von GOEBEL beschriebenen Fälle.

Ich unterlasse es, hier weitere Beispiele anzuführen, auch nicht für die niederen Pflanzen, da, wie gesagt, das alles bis jetzt noch zu sehr ins Anekdotische geht. Es sind alles Einzelfälle, wo ein bindendes Glied, welches uns auch nur irgendeine Einsicht in den Zusammenhang mit dem Lichte ergeben würde, fehlt. Oft wird es sich hierbei ja auch um Ernährungsfragen handeln, und es mag angebracht sein, also zweitens den Einfluß der Ernährung auf die Form kurz zu besprechen.

Auch hierüber gibt es viele Publikationen, welche sich aber beinahe stets mehr auf morphologischen als auf physiologischen Standpunkt stellen. Einiges mag hier speziell über sogenannte Anomalien gesagt werden. Es ist bekannt, daß solche monströse Formen ganz besonders bei starker Ernährung auftreten. Das läßt sich sehr leicht zeigen bei den sogenannten Zwischenrassen von HUGO DE VRIES[2]. Bei Dipsacus sylvestris z. B. besteht eine Rasse, welche hin und wieder tordierte Stengel besitzt; wird dieselbe dicht ausgesät, so daß die einzelnen Pflanzen wenig Raum haben und sich deshalb nur dürftig ernähren können, so kann die Anomalie ganz oder fast ganz fehlen. Werden dieselben aber in gut gedüngter Erde weit voneinander gezogen, so daß sie viel Licht erhalten, so treten sehr viele tordierte Stengel auf. Als zweites Beispiel erwähne ich Papaver somniferum polycephalum, eine Rasse, bei der Staubblattanlagen zu kleinen rudimentären Stempeln entwickelt sind. Die Zahl derselben ist wieder in hochgradigem Maße von der Ernährung abhängig. Man kann es so weit bringen, daß fast alle Staubgefäße normal ausgebildet sind, indem man die Pflanzen hungern läßt, und zwar speziell in den ersten Entwicklungswochen, wenn diese Anlagen sich heranbilden; andererseits kann gute Ernährung zu der Zeit Blüten ergeben, wo fast

---

[1] STAHL, E.: Jena. Z. Naturwiss. **16** (1883).
[2] DE VRIES, H.: Die Mutationstheorie I, II. Leipzig 1901, 1903.

keine normalen Staubblätter mehr vorhanden sind. Die Anlage zum abnormalen Wachstum ist in allen diesen Fällen also vorhanden, aber es hängt ganz von der Ernährung ab, ob sie zur Entwicklung kommt oder nicht.

Es mag noch ganz kurz erwähnt werden, daß auch der trockene oder feuchte Standort großen Einfluß auf die Form der gebildeten Teile hat. Im ersten Falle oft gedornte, harte, stark behaarte Pflanzen, während diese Merkmale bei sehr feuchter Kultur verschwinden, oder weniger auf den Vordergrund treten. Verschwinden heißt hier wie überall oben: Solange die neuen Umstände dauern, sobald man die Pflanzen wieder den alten Faktoren aussetzt, wird auch die Form wieder genau so wie früher. Besonders die Versuche BONNIERS haben das ergeben: Alpenpflanzen in die Ebene übergeführt, bekommen gleich die Eigenschaften der Pflanzen der Ebene und umgekehrt, auch wenn die Pflanze jahrhundertelang unter den neuen Umständen gelebt hat.

Chemische Substanzen können ebenfalls formbestimmend wirken, und hier nähern wir uns in der Besprechung wieder demjenigen, was im vorigen Abschnitt über Wuchsstoff behandelt wurde. Vielleicht wirken die bisher genannten äußeren Faktoren zwar auch in letzter Instanz chemisch, aber davon ist bis jetzt noch nichts bekannt.

Wenn hier von chemischen Reizen, welche formativ wirken, gesprochen wird, so denke ich in erster Instanz an den Einfluß von Parasiten, es sei tierischer oder pflanzlicher Art. Es gibt solche, welche das befallene Gewebe einfach töten und die getöteten Zellen als Nahrung benutzen; davon sprechen wir hier nicht. Dahingegen gibt es andere, welche Mißbildungen des Pflanzengewebes ergeben, welche man allgemein mit dem Namen Gallen andeutet.

Ausführlicheres darüber wird man in den Arbeiten über pathologische Anatomie der Pflanzen oder in den Spezialwerken über Gallen antreffen; hier soll nur soviel gesagt werden, als überhaupt zum Verständnis des Wachstums notwendig ist.

Am besten untersucht sind wohl die von Tieren verursachten Gallen, wobei in erster Instanz auf die klassischen Arbeiten BEYERINCKS[1] über die Cynipidengallen hingewiesen werden mag. Dieselben beschäftigen sich speziell mit Eichengallen. Die gewöhnliche Eiche wird von sehr verschiedenen Gallentieren bewohnt, alle zur Gruppe der Cynipiden gehörig; besonders die ersten Entwicklungsstadien wurden von BEYERINCK untersucht. Derselbe beobachtete das erwachsene Weibchen während es auf einer Knospe oder einem jungen Blatte sitzend seine Eier ablegt. Nehmen wir als Beispiel die gewöhnlichsten Gallen der Dryophanta folii, kugelige Gebilde von etwa 2—3 cm Durchmesser, an der Unterseite des Blattes an den Nerven befestigt, meistens grün, später braun werdend und mit den Blättern abfallend. Hieraus kriechen im November die erwachsenen Gallenwespen, lauter Weibchen, hervor, welche parthenogenetisch Eier bilden. Diese Tiere suchen schlafende Knospen an

---

[1] BEYERINCK, M. W.: Verh. Kon. Akad. Wetensch. Amsterdam **22** (1882). Verzamelde Geschriften **1** (1921).

der Basis des Stammes auf, durchbohren diese und legen auf die Spitze des Vegetationspunktes ein Ei, welches dort mit etwas Schleim befestigt wird. Aus dieser Knospe entwickelt sich dann die sehr kleine Galle, welche einer etwas geschwollenen Knospe ähnlich sieht. Die erwachsenen Tiere kommen im Juni zum Vorschein; es sind Männchen und Weibchen, und letztere legen nach der Befruchtung in einen Nerven eines noch nicht ganz ausgewachsenen Blattes, worin sie mit ihrem Legerohr eine Wunde angebracht haben, ein Ei. Hier entwickelt sich aus dem Blattinnern die Galle — etwa einer Adventivwurzel vergleichbar; sie sprengt die Rinde des Nerven und bildet sich zu der oben schon genannten Galle aus. Damit ist der Entwicklungszyklus des Gallentieres geschlossen. Früher, als man den Zusammenhang nicht kannte, wurden die kleinen Knospengallen angesehen als von einer anderen Art verursacht, und man sprach von Spathegaster Taschenbergi. Die Gallen werden jetzt noch immer mit dem Namen Taschenbergi - Gallen angedeutet. Man — ganz speziell BEYERINCK — hat mehrere Arten von diesem Generationswechsel bei den Cynipidengallen der Eiche untersucht. Wir brauchen darauf hier nicht einzugehen; das gehört mehr speziell zur Domäne der Morphologie.

Mehr speziell interessieren uns hier aber einige Fragen: Erstens: Treten bei der Entstehung der Gallen neue Eigenschaften zutage, welche der Eiche nicht eigen sind? Man findet in der Tat Gebilde, welche sonst nicht entstehen und auch Gewebearten, welche man sonst nicht bei der Eiche vorfindet. Aber damit ist nicht gesagt, daß hiermit die erbliche Veranlagung der Pflanze sich geändert hat. Vorläufig wird man so etwas wohl kaum annehmen können und nur vermuten müssen, daß die Kombination der Erbanlagen derart geworden ist, daß daraus der Eiche scheinbar vollkommen fremde Gebilde hervorgegangen sind.

Zweitens kommt natürlich die Frage: Woher rührt diese Veränderung? Ist das etwa nur eine Folge der gemachten Wunde? An sich würde sich das denken lassen, besonders auch, weil, wie BEYERINCK erkannte, verschiedentlich bei der Entwicklung der jungen Insekten Zellen desorganisiert und aufgelöst werden. Man könnte im Anschluß an die HABERLANDTschen Wundhormone sich denken, daß hier ähnliches stattfindet und durch die Verwundung ähnliche Substanzen gebildet wurden, welche dann Veranlassung zur Gallenbildung geben würden. Indessen ist es noch nie gelungen, etwas Derartiges experimentell hervorzurufen, was indessen als Einwendung widerlegt wird durch die Bemerkung, daß wir mit unseren Hilfsmitteln immer viel zu große und grobe Wunden anbringen. Wichtiger ist, daß verschiedene Gallentiere, ja selbst verschiedene Entwicklungsstadien desselben Tieres, an derselben Pflanze so sehr verschiedene Gallen entstehen lassen. Aber auch hier könnte man einwenden, daß diese Wunden ja nie in genau derselben Art und Weise und an denselben Stellen gebildet werden. Dahingegen ist meiner Meinung nach entscheidend, daß BEYERINCK oft den Fall gesehen hat, wo das Tier zwar den Einstich gemacht hat, aber kein Ei abgelegt hat. In solchen Fällen entsteht keine Galle. Es muß also von der sich entwickelnden

Larve ein Einfluß herrühren, und zwar ein Einfluß, der sich während längerer Zeit geltend macht; denn wenn die Larve abstirbt während ihrer früheren Entwicklung, so bleibt auch die Entwicklung der Galle weiter aus. Und es fragt sich jetzt, wie man sich diesen Einfluß denken muß.

Dabei ist schon verschiedentlich hervorgehoben, daß dieser Einfluß stofflicher Natur sein muß, z. B. schon vor langer Zeit von MALPIGHI und später von HOFMEISTER. Aber ausdrücklich ausgesprochen wurde diese Ansicht doch wohl mehr besonders von BEYERINCK[1], welcher hier von Wuchsenzymen spricht, speziell in dem Satze: „Wenn, wie oben erwiesen, Wuchsenzyme das cecidiogene Protoplasma affizieren, so muß das Nämliche der Fall sein, wenn eine Blattanlage aus einem Meristeme entsteht; allein in diesem letzteren Falle ist das Wuchsenzym natürlich ein Product des pflanzlichen Protoplasmas selbst, während es im ersteren durch ein Thier in das Protoplasma der Pflanze gebracht wird." Hier haben wir also nicht nur die HABERLANDTschen Wuchshormone, sondern auch die Wuchsstoffe vorhergesehen.

Sprachen wir bisher von solchen Substanzen, welche von der sich entwickelnden Larve abgeschieden werden, so hat uns BEYERINCK[1] in einem anderen Falle mit Gallen bekannt gemacht, welche von Tenthredineen verursacht werden, wo das Wuchsenzym aber von dem erwachsenen Insekt in die Wunde gebracht wird. Es handelt sich dabei um Gallen, verursacht von Nematus-Arten auf Weiden. Hier wird mit dem Ei eine gewisse Menge Substanz aus der Giftblase in das junge Blatt hineingeführt. Es entsteht nämlich auch dann eine Galle, wenn das Insekt kein Ei ablegt, nachdem die Verwundung gemacht ist, oder wenn es gelingt, mittels einer feinen Nadel das Ei zu durchbohren. Zwar ist die Galle dann kleiner als bei dem normalen Verlauf der Dinge, aber das ist verständlich, wenn man bedenkt, daß die Ernährungsbedingungen jetzt natürlich ganz anders sind, als wenn eine Larve sich entwickelt.

Später hat zwar W. MAGNUS[2] sich dieser Auffassung BEYERINCKS widersetzt, aber es will mir scheinen, daß seine Argumente nicht genügen, um die BEYERINCKsche Vorstellung zu entkräften. Jetzt ganz besonders, wo wir wirkliche Wuchshormone und Wuchsstoffe kennengelernt haben, wird es sich für die Zukunft darum handeln, die Wuchsstoffe, welche die Gallenbildung veranlassen, in die Hände zu bekommen. Es wird aus dem Obigen wohl klar geworden sein, daß jede Insektenart, ja jede Generation einer Insektenart, ihren spezifischen Wuchsstoff wird bilden müssen. Weiter müssen wir es uns versagen, hier in Details zu treten, da alles Weitere auf morphologischem Gebiete liegt, und wir also verweisen müssen nach Zusammenstellungen über Gallen, wie etwa diejenigen KÜSTERS[3] oder HOUARDS[4].

Bei Parasiten aus dem Pflanzenreich handelt es sich wohl um ähn-

---

[1] BEYERINCK, M. W.: Bot. Ztg **46** (1888). Verzamelde Geschriften **2** (1921).
[2] MAGNUS, W.: Die Entstehung der Pflanzengallen. Jena 1914.
[3] KÜSTER, E.: Die Gallen der Pflanzen. Jena 1911.
[4] HOUARD, C.: Les zoocécidies des plantes d'Europe. Paris 1908, 1909, 1913.

liche Verhältnisse. Es gibt solche speziell unter den Pilzen. Besonders
Uredineae und Ustilagineae, Exoasceae usw. verursachen oft ganz
gewaltige Deformationen und Neubildungen. Sie wachsen dann meistens
zusammen mit dem Wirt weiter, wobei bestimmte Gewebe in ihrem
Wachstum gefördert, andere auch gehemmt werden können. Bisweilen
entstehen hexenbesenartige Gebilde, bisweilen anders geförderte Ge-
schwülste, wie man sie besonders beim Brandpilzangriff finden kann.
Bisweilen auch entstehen Teile, welche sich sonst nicht entwickelt haben
würden, wie z. B. die Staubfäden in den weiblichen Blüten des Melan-
drium rubrum beim Befall von Ustilago violacea, wobei dann freilich anstatt Pollen Brandsporen gebildet werden. Eine Beschreibung
dieser Fälle und ihrer Struktur wird man in Lehr- und Handbüchern der
Phytopathologie oder in Küsters Pathologischer Pflanzenanatomie[1]
finden können.. Bis jetzt schlingt sich noch kein gemeinsames erklärendes
Band um alle diese Details, ebensowenig bei den Wurzelgallen durch
Plasmidiophora Brassicae hervorgerufen, bei den Krebsbildungen,
wie „Crowngall" durch Bacillus tumefaciens und andere Bakterien
verursacht. Es liegt aber doch wohl auf der Hand, hier ebenso wohl wie bei
den Gallentieren an stoffliche Beeinflussung zu denken, und es wird sich
wahrscheinlich lohnen, in der Richtung Experimente anzustellen. Es
handelt sich dabei natürlich nicht um die Bildung eventueller Enzyme,
welche tötend auf die Pflanzenzelle einwirken, wie de Bary[2] solche
schon vor Jahren bei Sclerotinia Sclerotiorum auffand. Erinnert
mag hier auch werden an die schon auf S. 283 erwähnten Versuche
Němecs über bakterielle Wuchsstoffe. Zuletzt mag auch auf phanero-
game Parasiten hingewiesen werden, welche bisweilen, wenn auch vielleicht nicht so sehr oft, abnormes Wachstum bei ihren Wirtspflanzen
hervorrufen. Solches findet sich z. B. bei gewissen tropischen Loran-
thaceen, ja schon bei unserer europäischen Mistel.

Es läßt sich vorderhand nicht sagen, ob nicht vielleicht in sehr
vielen anderen Fällen chemische Umstände formativ auf Pflanzen einwirken. Wir werden noch darauf zurückzukommen haben bei der Behandlung der Korrelationen, und alles, was wir bis jetzt von den Wuchs-
stoffen wissen, legt es nahe, auch dort, wo das in erster Instanz nicht so
scheint, dennoch nach einer stofflichen Beeinflussung zu suchen. Weil es
sich erwarten läßt, daß Versuche eigens dazu eingesetzt uns in der Richtung viel Neues bringen werden, habe ich gemeint, hier mit dieser kurzen
Bemerkung schließen zu müssen.

Es muß nun aber weiter betont werden, daß natürlich jegliches
pflanzliche Gebilde während seiner Entwicklung allen möglichen inneren
und äußeren Einflüssen ausgesetzt ist, welche wir nur in sehr seltenen
Fällen näher analysieren können, welche aber jedenfalls immer vorhanden sind. Das Ergebnis dieser Einflüsse läßt sich indessen wohl vor-
hersagen: Es gibt keine zwei erwachsenen Teile einer selben Pflanze,
welche einander vollkommen gleichen. Sind die Umstände, worunter sie

---

[1] Küster, E.: Pathologische Pflanzenanatomie, 3. Aufl. Jena 1925.
[2] De Bary, A.: Bot. Ztg 44 (1886).

aufwachsen, sehr verschieden, so werden die Pflanzenteile auch große Unterschiede aufweisen können, aber meistens sind diese Unterschiede nicht sehr groß, bisweilen selbst erst bei einem genaueren Studium aufzufinden.

Extreme Fälle finden wir natürlich bei den eben besprochenen Alpenpflanzen BONNIERS, welche man mit den Pflanzen der Ebene vergleichen darf, da sie ja aus Teilen desselben Individuums hervorgingen. Und ähnliches darf man natürlich überall dort tun, wo man durch vegetative Fortpflanzung ein Individuum ins Unbegrenzte vermehrt hat, wo man also zu tun hat mit demjenigen, was man als „Klon" andeutet. Ein Studium solcher Klone läßt sich am bequemsten ausführen bei Kulturgewächsen, welche gewöhnlich in dieser Art vermehrt werden, wie z. B. beim Zuckerrohr. Man arbeitet aber eigentlich meistens nicht mit Klonen, sondern mit sogenannten „reinen Linien", von denen zwar angenommen, aber nicht bewiesen ist, daß sie von einem einzigen Individuum, das keine Bastardnatur besitzt, abstammen. Sowie sexuelle Vererbung hinzutritt, wird die Sache gleich komplizierter, weil man dann die Erbfaktoren von zwei Individuen gemischt hat, und darum ist es besser, diese Fälle hier außerhalb der Besprechung zu lassen. Eigentlich handelt es sich hier ja auch nur um die verschiedenen Teile desselben Individuums.

Wenn man irgendein Organ der Pflanze mit den gleichnamigen Teilen desselben Individuums vergleicht, so stellt sich heraus, daß jegliche Eigenschaft davon sehr variabel ist; nennen wir als Beispiel die Blattlänge. Wenn man alle Blätter

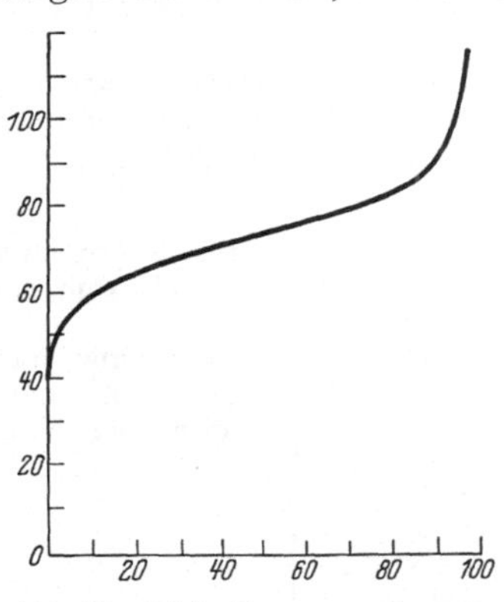

Abb. 53. Originalkurve von GALTON.

eines Baumes in gleichen Distanzen auf einer Horizontalachse nebeneinander stellt, mit dem kleinsten Blatt anfangend und endigend bei dem größten, so erhält man, wenn man die Blattspitzen verbindet, eine sogenannte Ogivalkurve, wie GALTON[1] dieselbe zuerst angegeben. In der Abb. 53 findet man die ursprüngliche Figur GALTONS wiedergegeben (nicht für Blätter); die Kurve steigt erst schnell, dann allmählich langsamer, so daß sie fast horizontal verläuft, dann wieder rascher und zuletzt sehr steil. Daraus läßt sich leicht herauslesen, daß der mittlere Wert am meisten aufgefunden wird, die extremen +- und —-Varianten dagegen selten sind. Dabei ist die Kurve symmetrisch zu beiden Seiten der Mitte oder Mediane.

Man kann die Sache aber auch noch anders darstellen, wenn man nämlich die Blätter in Gruppen von gleicher Länge einteilt und die Zahl der Blätter jeder Gruppe zählt. Werden die Längen dann auf der Abszissenachse eingezeichnet und die genannten Zahlen als Ordinate benutzt, so

---

[1] GALTON, F.: Natural Inheritance. London 1889.

resultiert eine Frequenzkurve, welche zu beiden Seiten erst steil und dann allmählich weniger steil abfällt. Die Abb. 54 gibt diese Kurve, welche zur Ogivalkurve der vorigen Abbildung gehört.

Die so erhaltene Kurve nähert sich der Zufallskurve, welche man erhält beim Entwickeln des NEWTONschen Binomiums $(1+1)^n$. Die Ordinate sind also die Zahlen $1, \dfrac{n}{1}, \dfrac{n(n-1)}{1\cdot 2}, \dfrac{n(n-1)(n-2)}{1\cdot 2\cdot 3}, \ldots$ Es läßt sich wohl verstehen, warum dies der Fall sein muß, wenn sehr viele Faktoren auf die Größe irgendeiner Eigenschaft ihren Einfluß ausüben. Man kann sich das einigermaßen klar machen ohne mathematische Formeln, wenn man sich z. B. etwa fünf verschiedene Umstände denkt, welche irgendeine Eigenschaft, z. B. die Blattlänge oder welche andere auch, entweder günstig oder im Falle sie abwesend sind, ungünstig beeinflussen.

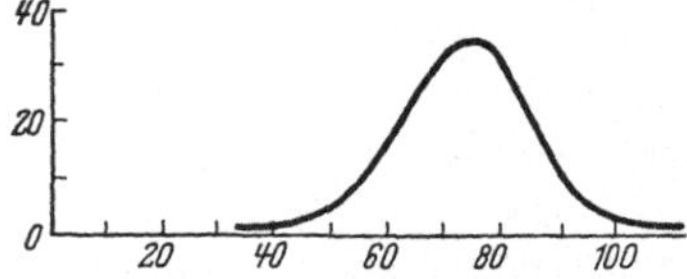

Abb. 54. Frequenzkurve von GALTON (bezieht sich auf denselben Fall wie Abb. 53).

Nennt man diese fünf Umstände bei ihrer Anwesenheit A, B, C, D und E und bei ihrer Abwesenheit a, b, c, d und e, so sind folgende Kombinationen möglich:

A B C D E   also 1 Kombination, wo alles günstig ist

A B C D e
A B C d E
A B c D E   5 Kombinationen mit 4 günstigen und 1 ungünstigen Einfluß
A b C D E
a B C D E

A B C d e
A B c D e
A b C D e
a B C D e
A B c d E   10 Kombinationen mit 3 günstigen und 2 ungünstigen Einflüssen
A b C d E
a B C d E
A b c D E
a B c D E
a b C D E

A B c d e
A b C d e
a B C d e
A b c D e
a B c D e
a b C D e   10 Kombinationen mit 2 günstigen und 3 ungünstigen Einflüssen
A b c d E
a B c d E
a b C d E
a b c D E

A b c d e
a B c d e
a b C d e   5 Kombinationen mit 1 günstigen und 4 ungünstigen Einflüssen
a b c D e
a b c d E

a b c d e   1 Kombination wo alles ungünstig ist

Wenn also die Wahrscheinlichkeit, daß jeder Umstand eintritt, gleich groß ist, so werden die Kombinationen vorkommen im Verhältnis von 1, 5, 10, 10, 5, 1, d. h. als $(1+1)^5$, und offenbar würde man, wenn es sich um n verschiedene Umstände handelte $(1+1)^n$, erhalten. Haben diese Umstände einen entweder günstigen oder ungünstigen gleich großen Einfluß auf die genannte Eigenschaft, so wird sich diese also auch verteilen nach der genannten Zufallskurve.

Indessen wird das wohl nie genau der Fall sein, und deshalb wird die in der Natur gefundene Kurve sich der Zufallskurve nur nähern, indem sie an der einen oder der anderen Seite einen langen Schwanz zeigt. Überhaupt wird die Abweichung meistens noch größer sein, weil die verschiedenen äußeren Umstände nie unabhängig voneinander sind. Sobald

Abhängigkeit auftritt, muß, wie Kapteyn[1] zeigte, eine schiefe Kurve resultieren. Da dieses in der Natur wohl immer der Fall ist, müssen auch stets schiefe Kurven auftreten, wenn zwar diese Schiefheit in den meisten Fällen nicht sehr stark zutage tritt.

Solche kleine Abweichungen von einer mittleren sogenannten normalen Form werden gewöhnlich als „Modifikation" angedeutet. Dieselben spielen eine große Rolle in der Vererbungslehre, ganz speziell weil man dasjenige, was über die Entwicklung der Teile an einem Individuum gesagt wurde, ausdehnen kann auf die Teile bei den verschiedenen Individuen eines Klones; ja, man kann noch weiter gehen, und auch diejenigen Fälle hierin beziehen, wo man die Nachkommen eines einzigen Individuums untersucht, wenn man die Gewißheit hat, daß dieses Individuum keine Bastardnatur besitzt, und wenn Selbstbefruchtung stattgefunden hat. Hat man zwei Pflanzen in Händen, deren Erbfaktoren vollkommen bekannt sind, und weiß man dann, daß diese in der Hinsicht vollkommen gleich sind, so kann die Untersuchung sich auch ausdehnen auf die Nachkommen, durch Kreuzung dieser beiden Pflanzen erhalten. Aber natürlich wird die Sache ganz anders, sowie diese beiden Pflanzen in ihrer erblichen Substanz nicht mehr vollkommen gleich sind, weil dann Kombinationen auftreten, welche ganz außerhalb des Gegenstandes dieses Kapitels liegen.

Wir sind auf dieses Thema gekommen, weil es nur in den seltensten Fällen möglich ist, den Zusammenhang zwischen bestimmten äußeren Faktoren und die Art und Weise des Wachstums zu untersuchen. Meistens kommt man nicht weiter als hier angedeutet wird, d. h. man erhält eine bestimmte Verteilungskurve für die Abweichungen von der Mediane, wovon sich nicht einmal immer sagen läßt, daß sie die Folgen der Wirkung vieler äußeren Faktoren auf das Wachstum sind.

Denn soviel hat sich in den letzten Jahren wohl herausgestellt, daß ähnliche Frequenzkurven entstehen können, auch wenn ganz andere Umstände dabei eine Rolle spielen. Als Beispiel mag genannt werden, daß Nilsson-Ehle und Fräulein Tammes gezeigt haben, daß diese Verteilung einer Eigenschaft auch durch Kombination verschiedener Erbfaktoren zustande kommen kann, besonders wenn es sich um sogenannte multiple Faktoren handelt.

Außerdem hat Johannsen zeigen können, daß selbst wenn man mit unreinem Material arbeitet, also anstatt einer „reinen Linie" eine „Population" in Händen hat, dabei für bestimmte Eigenschaften schöne Newtonsche Frequenzkurven hervortreten können. Er hat das speziell zeigen können, als er eine Anzahl reine Linien von Bohnen durcheinander warf und daraufhin das Gewicht dieser Bohnen bestimmte[2].

---

[1] Kapteyn, J. C.: Skew frequency curves in Biology and Statistics Groningen 1 (1903); 2 (1916). — Siehe weiter Baur, E.: Einführung in die Vererbungslehre, 4. Aufl. Berlin 1930. — Johannsen, W.: Elemente der exakten Erblichkeitslehre, 3. Aufl. Jena 1926.

[2] Johannsen, W.: Über Erblichkeit in Populationen und in reinen Linien. Jena 1903.

Dies alles konnte hier nur ganz oberflächlich angedeutet werden, aber es mußte dennoch kurz in dem Kapitel über Wachstum geschehen. Wer im Laboratorium arbeitet, wo man alle äußeren Faktoren vollkommen in der Hand hat, und wer dort deren Einfluß auf das Wachstum genau studieren kann, braucht sich hierum kaum zu kümmern, aber sowie man Beobachtungen in der freien Natur anstellt, wo man die äußeren Umstände nicht genau analysieren kann, tritt die Zufallskurve in die Erscheinung und darum mußte hier kurz vor ihrem unkritischen Gebrauch gewarnt werden.

Regeneration. Früher wurde schon bemerkt, daß das Wachstum einer jeden Art sich innerhalb gewisser Grenzen bewegt, daß ein Seetang sich nicht zu einer Tanne entwickeln kann und umgekehrt. Wo es sich hier um so verschiedene Pflanzen handelt, wird niemand dies bezweifeln, aber so wie die Arten sich sehr gleichen, oder wie man das ausdrückt, wenn sie nahe verwandt sind, findet man öfters andere Meinungen. Aus dem vorigen Abschnitt hat man ersehen können, daß die Form einer Pflanze nicht unveränderlich ist; äußere Umstände können formativ wirken. Aber das geschieht immer nur innerhalb der Artgrenzen. Wenn man absieht von den verhältnismäßig seltenen Mutationserscheinungen, welche hier nicht besprochen werden sollen, so kann gesagt werden, daß die Abänderungen, welche bei Pflanzen auftreten, sich nur solange manifestieren als die äußeren Umstände, welche diese Abänderungen hervorrufen, konstant gehalten werden. Die Alpenpflanzen BONNIERS besitzen ihren alpinen Habitus nur solange sie dem alpinen Klima ausgesetzt sind; werden sie in die Ebene übergeführt, so werden die neuen Teile sogleich den Habitus der Ebenepflanzen aufweisen. Die bisweilen verfochtene Ansicht, daß solche von den äußeren Faktoren bestimmten Modifikationen vererbt würden, hat sich als unrichtig herausgestellt; ein Beweis für diesen sogenannten „Lamarckismus" ist wenigstens bis jetzt noch nicht erbracht worden. Denn man kann natürlich nicht von Vererbung sprechen, wenn eine gut genährte Pflanze kräftige Samen hervorbringt und diese Samen deshalb irgendeine Abnormalität mehr aufweisen als Samen von Hungerpflanzen.

Wie dem aber auch sein mag, soviel ist sicher, daß die verschiedenen Arten sich durch ihre erblichen Faktoren unterscheiden, daß diese es bestimmen, wenn bei genau gleichen äußeren Faktoren die eine Pflanze ein anderes Wachstum zeigt als die andere. Dabei kann nun aber gefragt werden, ob diese spezifische erbliche Organisation allen Zellen einer Pflanze eigen ist, oder nur den Keimzellen, allenfalls den Zellen der früher schon genannten Keimbahn.

Wie steht es in der Hinsicht also mit den somatischen Zellen? Die Antwort darauf muß lauten, daß dieselben sich von den Zellen der Keimbahn nicht unterscheiden lassen. Diese Schlußfolgerung wird hauptsächlich aus den Regenerationsversuchen gezogen; daraus geht ja hervor, daß theoretisch eine jede Pflanzenzelle imstande ist, das ganze Individuum mit allen seinen erblichen Eigenschaften zu regenerieren, wenn man dazu die richtigen Bedingungen schafft.

Regeneration tritt in der Praxis am meisten auf bei Stecklingen. Wird irgendein Zweig abgeschnitten und in den Boden gepflanzt, so wachsen an der Basis neue Wurzeln hervor und es entsteht eine neue Pflanze. Daß es sich hierbei oft — vielleicht immer — um den Einfluß wurzelbildender Substanzen handelt, welche in den Blattorganen gebildet und der Basis des Stecklings zugeführt werden, haben wir früher schon gesehen.

Nicht immer gelingt diese Bewurzelung ganz leicht und dann besteht natürlich die Gefahr, daß der Steckling, bevor sich Wurzeln bildeten, durch Wassermangel zugrunde geht. Man kann, um dem vorzubeugen, in verschiedener Weise vorgehen. Einmal indem man einen Zweig des Baumes oder Strauches, der den Steckling liefern soll, umbiegt bis ein Teil desselben im Boden festgehalten werden kann. An dieser Biegestelle bilden sich dann öfters Wurzeln; daraufhin wird die Verbindung mit der Mutterpflanze durchgeschnitten und man erhält einen „Ableger", der sofort imstande ist, dem Boden Wasser und anorganische Nährstoffe zu entziehen.

Eine andere Methode besteht darin, daß man einen Klumpen Erde um einen Teil eines Zweiges befestigt und diesen Klumpen z. B. mit Sphagnum fortwährend feucht hält. Sehr oft bilden sich dann Adventivwurzeln und man kann den Stengel basalwärts von diesen Wurzeln abschneiden und den bewurzelten Teil in die Erde einpflanzen. In den Tropen wird ganz besonders oft in dieser Art vorgegangen.

Es handelt sich hier überall entweder um ein Auswachsen von schon vorhandenen Wurzelanlagen oder um Neubildung von Wurzeln in einem gewöhnlich daran vorangehenden sogenannten Callusgewebe: Sehr lockere Zellverbände, welche sich ganz speziell beim Cambium der Holzgewächse bilden, worin leicht zahlreiche Neubildungen entstehen können.

Auch Blätter können als Stecklinge verwendet werden. Jedermann kennt das bei Begonia, Peperomia und anderen Pflanzen. Das Blatt selbst wird dann nicht in der neuen Pflanze aufgenommen, sondern es bildet sich z. B. bei Begonia an der Blattbasis, oder wenn Einschnitte im Blatt gemacht werden, jedesmal an der apikalen Seite des Schnittes (also der basalen des Blattstückes) ein Callusgewebe, worin Knospen und Wurzeln angelegt werden. Es sind also hier eine oder einige wenige Zellen, welche zur Regeneration der ganzen Pflanze führen[1] können.

Bisweilen sind die Knospen an den Blättern schon vorher angelegt. Das bekannteste Beispiel davon bilden die Arten der Gattung Bryophyllum, von denen B. calycinum fast überall in den Tropen besonders an sonnigen, steinigen Orten gefunden wird, B. crenatum, was seine Verbreitung betrifft, auf Madagaskar beschränkt ist. Diese an ihrem Rande gekerbten Blätter enthalten in diesen Einkerbungen Sproßanlagen, welche unter bestimmten Umständen zu jungen Pflanzen auswachsen. Das Wachstum wird in erster Instanz angeregt, wenn die

---

[1] Vgl. z. B. GOEBEL, K.: Flora (Jena) **95** (1905). — HARTSEMA, A. M.: Rec. Trav. bot. néerl. **23** (1926). Flora (Jena) **123** (1928).

Blätter von der Mutterpflanze getrennt werden. Dazu kommen aber eine große Menge von Komplikationen, welche Veranlassung gegeben haben zu einer Anzahl von Publikationen, deren Zahl aber nicht im Verhältnis steht zu den erhaltenen Resultaten. Teilweise sind dieselben vielleicht wohl deshalb einander widersprechend, weil die Untersucher mit verschiedenen Arten gearbeitet haben und diese sich jedenfalls nicht gleich verhalten, teilweise auch weil die Untersuchungen meistens außerhalb der Tropen stattfanden, mit einem verhältnismäßig dürftigen Material in Gewächshäusern aufgezogen, während man um allgemeine Schlüsse zu erhalten über sehr viel Individuen verfügen muß, wie man dieselben nur in den Tropen bekommen kann. Ich verweise hierfür übrigens auf die unten angegebene Literatur[1].

Man kann auch Stecklinge von Wurzeln machen; dieselben regenerieren dann oft aus einem sich bildenden Kallusgewebe neue Sprosse. Es mag daran erinnert werden, daß ich oben Versuche von Němec nannte, welcher bei abgeschnittenen Wurzeln von Cichorium starke Callusbildung und nachherige Wurzelbildung hervorrufen konnte durch Anwendung von Bakterienkulturen, während dagegen dadurch die Sproßbildung gehemmt wurde. Es kommt hier also wieder in den Vordergrund des Interesses die stoffliche Beeinflussung, welche man bei allen solchen Erscheinungen vermuten muß und worauf wir nachher noch zu sprechen kommen.

Zuerst muß aber noch darauf hingewiesen werden, daß die Praxis, wenn es sich um vegetative Vermehrung handelt, oft anders handelt, eben weil, wie gesagt, bei Stecklingen die Gefahr, daß vieles frühzeitig verloren geht, so groß ist. Es wird dann ein Sproß oder eine Knospe auf den Stamm eines anderen Baumes übergebracht. Man kann das in verschiedener Weise ausführen, entweder durch Kopulieren, wobei ein schräg abgeschnittener Zweig des Pfropfreises gegen einen mit derselben Schräge abgeschnittenen Zweig der Unterlage fest verbunden wird, wobei speziell darauf zu achten ist, daß die Cambia genau aneinanderschließen. Zweitens durch Pfropfen in eine keilförmige Öffnung der Unterlage, wobei das Pfropfreis ebenfalls keilförmig zugeschnitten wird derart, daß es genau in den Spalt hineinpaßt. Drittens durch Oculieren, wobei eine Knospe mit einem dreieckigen Gewebeschildchen bis auf das Holz abgeschnitten wird und in eine vorher angebrachte Wunde der Unterlage, welche durch einen T-Schnitt hergestellt wurde, geschoben wird. Wenn in allen diesen Fällen die Verwachsung gelungen ist, bedient sich also das Pfropfreis der Wurzeln der Unterlage, um seine anorganische Nahrung zu beziehen. Aber diese ernährungsphysiologischen Fragen beschäftigen uns in diesem Kapitel nicht, wohl daß jetzt das Edelreis keine Wurzel bildet, wenn es sich der anderen Wurzel be-

---

[1] Siehe z. B. Wakker, J. H.: Onderz. over adventieve knoppen. Diss., Amsterdam 1885. — Loeb, J.: Bot. Gaz. **63** (1917). Regeneration from physicochemical Standpoint. New York 1924. — Ossenbeck, C.: Flora (Jena) N. F. **22** (1927). — Went, F. A. F. C.: Z. Bot. **23** (1930).

dienen kann, auch wo die Verbindung mit einer anderen Wurzel künstlich hergestellt wurde.

Eine ganz kurze Diskussion mag der Frage gewidmet werden, ob es sich bei dieser vegetativen Vermehrung darum handelt neue Individuen zu erhalten, oder ob man einfach das alte Individuum weiter zieht. Wir wollen dabei von der Frage ganz absehen, was man unter einem Individuum zu verstehen hat; hauptsächlich liegt diese Frage ja auch auf dem Gebiete der Erblichkeitsforschung. Aber speziell die Praktiker haben hier sehr oft die Ansicht verfochten, daß vegetative Vermehrung zur Degeneration führen würde. Dabei wird dann oft stillschweigend vorausgesetzt, daß jedem Individuum eine gewisse Altersgrenze gestellt wäre, daß die verschiedenen Glieder eines Klons ein einziges Individuum bilden würden, und daß also diese Glieder ungefähr zu gleicher Zeit Zeichen von Altertumsschwäche zeigen würden. Dieses hypothetische Gebäude steht auf sehr schwachen Füßen. Keine von den hier genannten Behauptungen ist auch nur wahrscheinlich gemacht. Was man unter Degeneration zu verstehen hat, kann auch niemand sagen. Nur hört man das Wort immer und immer wieder benutzen, in dem Augenblick, wo bei einer durch vegetative Vermehrung fortgepflanzten Kulturpflanze irgendeine verheerende Krankheit auftritt, besonders wenn die Ursache dieser Krankheit sich der Forschung vorläufig entzieht. Ein bekannter Fall bildet die sogenannte Serehkrankheit des Zuckerrohrs, welche der fortwährenden Vermehrung durch Stecklinge zugeschrieben wurde, bis gezeigt werden konnte, daß auch aus Samen gezogene Pflanzen die Krankheit oft ebenso leicht zeigen und selbst in verstärktem Maße als die durch Stecklinge vermehrten. Es mag genügen, diesem Problem hier diese paar Worte zu widmen, die Besprechung ist ja übrigens beim Wachstum kaum angebracht. Aber wo über vegetative Vermehrung gehandelt wurde, konnte sie nicht ganz umgangen werden. Zusammenfassend läßt sich also sagen, daß noch niemand den Beweis geliefert hat, daß vegetative Vermehrung zur „Degeneration" führt, wenn man auch ebensowenig imstande ist, die gegenteilige Ansicht zu beweisen.

Chimaeren. Es mag angebracht sein, hier im Anschluß an die Besprechung der Regeneration und der damit zusammenhängenden vegetativen Vermehrung, uns, wenn zwar nur einen Augenblick, mit den sogenannten Chimaeren zu beschäftigen. Chimaeren sind Doppelwesen aus Geweben von zwei verschiedenen Arten oder Rassen bestehend, welche in bestimmter regelmäßiger Art miteinander verwachsen sind. HANS WINKLER[1] gebührt entschieden der Verdienst, die ersten Chimaeren experimentell erzeugt zu haben; mit BAUR[2] ist er jedenfalls der Begründer desjenigen, was man bis jetzt von diesen Doppelbildungen weiß. Es mag hier kurz daran erinnert werden, daß man Solanum nigrum pfropfen kann auf Solanum Lycopersicum. Wenn man dann an der Verwachsungsstelle den S. nigrum-Zweig abschneidet, können sich an der

---

[1] WINKLER, H.: Zusammenfassung in „Untersuchungen über Pfropfbastarde". Jena 1912.
[2] BAUR, E.: Ber. dtsch. bot. Ges. **22** (1904); **27** (1909).

Schnittfläche Adventivsprosse bilden; das sind dann entweder S. nigrum- oder S. Lycopersicum-Sprosse. Nur an der Grenze, wo die beiden Gewebe verwachsen sind, kommt hin und wieder einmal ein Sproß zur Ausbildung, der Gewebe von beiden Arten enthält. Das sind dann meist Mantel- oder Periklinalchimaeren, d. h. daß eine oder zwei oberflächliche Zellschichten der einen, die anderen der anderen Art angehören. Solches ließ sich hier mit großer Sicherheit feststellen, weil die Chromosomenzahl so verschieden ist (bei S. nigrum 72, bei S. Lycopersicum 24), daß man im meristematischen Gewebe ohne irgendeinen Zweifel die Angehörigkeit der betreffenden Zelle feststellen kann. In dieser Art wurde z. B. festgestellt, daß S. tubingense ein S. nigrum ist, dessen Epidermis ersetzt ist durch diejenige von S. Lycopersicum, S. proteus ein S. nigrum, wo nicht nur die Epidermis sondern auch die unmittelbar daran grenzende Zellschicht aus Gewebe von S. Lycopersicum besteht. Erstere ist also was BUDER[1] eine monochlamydische Chimaere nennt, die zweite eine dichlamydische Chimaere. In gleicher Weise ist S. Koelreuterianum ein S. Lycopersicum mit einer Epidermis aus S. nigrum bestehend, während S. Gaertnerianum einen Kern von S. Lycopersicum-Gewebe enthält mit zwei Schichten von S. nigrum-Zellen. In letzter Zeit hat NOACK[2] einige Zweifel ausgesprochen an der Richtigkeit dieser Auffassung. Meines Erachtens sind diese Zweifel durch die Arbeiten LANGES[3] genügend widerlegt; aber auch wenn dies nicht der Fall wäre, so würde das für unsere Besprechung keine Bedeutung haben.

Denn hier handelt es sich darum, daß bei allen Chimaeren bisweilen Rückschläge gefunden werden, und zwar entstehen hier bei den Solanumchimaeren sowohl vollkommene S. nigrum-Sprosse als solche von S. Lycopersicum. Daraus geht hervor, daß eine Epidermis die ganze Pflanze regenerieren kann, daß ihre Zellen also nicht allein die Eigenschaften besitzen, welche sie zur Schau tragen, sondern latent auch alle übrigen erblichen Eigenschaften der Art.

Auch bei den anderen bis jetzt bekannten Chimaeren läßt sich dasselbe konstatieren: bei Crataegomespilus, wo es sich um eine Crataegus handelt mit einer oder zwei Schichten von Mespilus-Gewebe und wo besonders oft Rückschläge nach Crataegus erhalten werden, bei Cytisus Adami, wo ein gewöhnliches Cytisus Laburnum eine Epidermis von Cytisus purpureus erhalten hat und wo ebenfalls beide Arten bekanntlich oft hervortreten. Hier besonders stellt sich also wieder heraus, daß die Epidermis von Cytisus purpureus imstande ist, die ganze Pflanze zu regenerieren.

Wenn eine Meristemzelle einer höheren Pflanze sich also zur Epidermiszelle entwickelt bzw. zur Sclerenchymzelle oder was sonst noch, so liegt das nicht daran, daß diese Zelle sich nicht anders entwickeln kann. Sie enthält alle Potenzen, welche der Art eigen sind und kann

---

[1] BUDER, J.: Z. Abstammgslehre 5 (1911).
[2] NOACK, K. L.: Jb. Bot. 61 (1922).
[3] LANGE, FR.: Planta (Berl.) 3 (1927).

eventuell nach jeder Richtung auswachsen; das haben uns alle bisherigen Erfahrungen gelehrt, sowohl die hier genannten bei den Chimaeren als alles was über den Einfluß äußerer Bedingungen auf das Wachstum gesagt wurde. Wenn sie es dennoch im gewöhnlichen Entwicklungsgange nicht tut, sondern immer dem genau vorgeschriebenen Weg folgt, so liegt das jedenfalls an dem Einfluß der äußeren und inneren Bedingungen, ganz speziell der letztgenannten. Es macht den Eindruck, als wenn die Pflanze dahinstrebt, eine bestimmte Form zu erreichen und verschiedentlich haben Forscher gemeint, dieses zielbewußte Streben als Erklärungsprinzip in den Vordergrund zu stellen; nennen wir als solche REINKE[1] mit seinen „Dominanten“ oder DRIESCH[2] mit seiner „Entelechie“. Meiner Meinung nach wird mit diesen Erklärungsversuchen überhaupt nichts erklärt. Dasjenige, was erklärt werden soll, wird schon als Erklärungsprinzip benutzt und dabei hat man sich der kausalen Erklärung den Weg verschlossen und eine Scheinerklärung angenommen, welche zur Resignation führt und der wirklichen Forschung den Weg versperrt.

Ich möchte nicht mißverstanden werden; ich weiß sehr gut, daß wir von einer Erklärung des Formproblems noch außerordentlich weit entfernt sind, aber vorläufig wird man meines Erachtens gut tun, diese Frage als unlösbar auszuschalten und erst einmal die Analyse soweit zu führen als möglich ist. An eine Synthese auf diesem Gebiete ist vorderhand nicht zu denken; man kann darüber philosophieren, aber das bringt uns der Erkenntnis keinen Schritt näher.

Man könnte vielleicht meinen, daß diese ganze Diskussion mehr der Morphologie gilt und in gewisser Hinsicht ist dem auch so; aber andererseits habe ich schon verschiedentlich bemerkt, daß beim Wachstum auch die Form eine große Rolle spielt; deshalb konnte eine kurze Andeutung dieser Frage nicht ganz umgangen werden.

Korrelation. Eine Gruppe von diesen formbedingenden inneren Umständen hat man mit einem bestimmten Namen belegt. Man spricht nämlich von „Korrelation“, wenn es sich um den Einfluß, den ein Teil einer Pflanze auf die Ausbildung eines anderen Teiles ausüben kann, handelt. Wir haben solche korrelative Einflüsse schon verschiedentlich behandelt ohne das Wort zu benutzen. So z. B., wenn ein Steckling zur Wurzelbildung veranlaßt wird durch die Lostrennung von dem eigenen Wurzelsystem, oder wenn abgeschnittene Blätter von Begonien zur Sproßbildung veranlaßt werden, auch wieder indem der Zusammenhang mit anderen Sprossen unterbrochen wird.

Andere Beispiele könnten in Menge genannt werden; es mögen hier noch einige gegeben werden. Die Anwesenheit der Endknospen eines Triebes ist Veranlassung, daß die Seitensprosse sich nicht entwickeln. Jedermann kennt diese Erscheinung z. B. bei Tannen. Wenn dort durch irgendeine Ursache die Endknospe zugrunde geht, so fängt eine oder es

---

[1] REINKE, J.: Philosophie der Botanik. Leipzig 1905.
[2] DRIESCH, H.: Der Vitalismus als Geschichte und Lehre. Leipzig 1905.

fangen einige der oberen Seitenknospen sich zu entwickeln an, und zwar bilden sie dann keine horizontalen, dorsiventralen Sprosse, wie sie das späterhin im Normalfall getan hätten, sondern die neugebildeten Sprosse wachsen vertikal empor und werden zu radiär gebildeten sogenannten orthotropen Endtrieben.

Oder nehmen wir als Beispiel eine Kartoffelpflanze, welche unter normalen Umständen aus ihren unteren Achselknospen horizontal wachsende Stolonen bildet, deren Spitzen sich zu Knollen entwickeln können. Wird aber der oberirdische vertikale Sproß zum größten Teil abgeschnitten, so entwickeln sich jetzt einige dieser Knospen, welche sonst Stolonen gebildet hätten, zu gewöhnlichen oberirdischen Sprossen.

Oder denken wir an die Fruchtbildung, welche nur dann stattfindet, wenn die Samenknospen sich zu Samen entwickeln, wo also von diesen sich bildenden Samen ein korrelativer Einfluß sich geltend macht auf die Wand des Fruchtknotens, wodurch diese veranlaßt wird sich zur Fruchthaut umzubilden, was bekanntlich oft mit beträchtlichem Wachstum verknüpft ist. Bisweilen wird dieser Einfluß schon bei der Befruchtung vom Pollen ausgeübt, speziell dort, wo sich Früchte ohne Samen bilden; besonders bei bestimmten Kulturgewächsen ist das der Fall.

Es ist wohl klar, daß hier ein Wort „Korrelation" zur Erklärung benutzt wird, das eigentlich sehr wenig aussagt, auch daß hier vieles zusammengewürfelt wird unter diesem einen Begriff Korrelation, was vielleicht sehr wenig miteinander zu tun hat. Aber dennoch werden in letzter Zeit Anfänge einer Erklärung bemerklich, wobei dann unter Korrelation stets an eine stoffliche Beeinflussung der verschiedenen Organe eines selben Individuums gedacht werden muß.

Am meisten ausgearbeitet ist diese Auffassung wohl für die Wurzelbildung. Besonders VAN DER LEK[1] hat in seiner ausführlichen Arbeit über Wurzelbildung an Stecklingen darauf hingewiesen, daß diese in sehr starkem Maße abhängig davon ist ob Blätter — und eventuell die dazugehörigen Achselknospen — vorhanden sind oder nicht. Es handelt sich dabei sowohl um die Entwicklung schon vorhandener Wurzelanlagen als auch um die Bildung neuer Adventivwurzeln aus Callusgewebe, was sich erst nach der Abtrennung des Stecklings entwickelt hat.

Es lag auf der Hand, hier an eine stoffliche Beeinflussung dieser Wurzelbildung durch die Blätter zu denken, und diese Hypothese VAN DER LEKS ist dann später in einem speziellen Fall von F. W. WENT[2] bewiesen. Das wurde oben schon mitgeteilt: bei Acalypha scheiden die Blätter eine wurzelbildende Substanz ab, welche auch von Blättern anderer Pflanzen gebildet wird, ja auch aus Malz extrahiert werden kann und diese Substanz ist es, welche, wenn vorhanden, zur Wurzelbildung führt. Solange der Steckling sich im festen Verband mit der übrigen Pflanze befindet, werden diese wurzelbildenden Substanzen nach

---

[1] VAN DER LEK, H. A. A.: Over de wortelvorming van houtige stekken. Diss., Utrecht, Wageningen 1925.

[2] WENT, F. W.: Proc. Kon. Akad. Wetensch. Amsterdam **32** (1929).

dem normalen Wurzelsystem geführt, wo sie die Entwicklung dieser Wurzeln veranlassen. Sobald aber dieser Zusammenhang unterbrochen ist, werden die wurzelbildenden Substanzen ihren Einfluß auf die in den Stengeln anwesenden Wurzelanlagen geltend machen. Daß es sich bei Bryophyllum calycinum um etwas Ähnliches handelt, konnte wahrscheinlich gemacht werden[1], wenn es auch nicht gelang, sich dort der wurzelbildenden Substanzen zu bemächtigen.

Die Schwierigkeit hier experimentell weiter vorwärts zu kommen liegt wohl meistens daran, daß die Menge der wurzelbildenden Substanzen in den meisten Stecklingen so groß ist, daß es nicht gelingt dieselben davon frei zu machen; infolgedessen wird Zufuhr von neuen Mengen dieser Stoffe keinen Erfolg haben können.

Ich bin mir sehr wohl bewußt, daß diese ganze Vorstellung bis jetzt noch auf recht schwachen experimentellen Daten gegründet ist. Indessen handelt es sich hier um Vorstellungen, welche, wie gesagt, schon vor vielen Jahren von Sachs[2] und von Beijerinck[3] als Resultat ihrer Untersuchungen wahrscheinlich gemacht wurden, und welche jedenfalls wert sind, bei allen weiteren Untersuchungen als heuristischer Erklärungsversuch in den Vordergrund geschoben zu werden. Ich erinnere auch an die schon genannten Ausführungen Fittings über den stofflichen Einfluß, den der Pollen auf die Narbe und weiteren Teile der Blüte haben kann — abgesehen natürlich von dem direkten Einfluß der Befruchtung. Nur in der genannten Weise, indem man hier stets an die Möglichkeit stofflicher Beeinflussung denkt, wird es möglich werden, sich des alten Ballastes, der in dem Worte Korrelation steckt, zu entledigen.

Unter Korrelation kann man auch alles rechnen, was mit dem Begriff Polarität angedeutet wird und was, wie gleich bemerkt werden soll, bis jetzt sich einer Erklärung absolut entzieht. Der Begriff ist in die Botanik zuerst von Vöchting[4] eingeführt worden. Derselbe hat Versuche mit Stecklingen ausgeführt und darauf hingewiesen, daß besonders bei Weiden die Sprosse sich am apikalen Ende, die Wurzeln dagegen an der Basis entwickeln. Dabei ist es gleichgültig, welche Stellung man den Stecklingen gibt, auch wenn sie z. B. umgekehrt aufgehängt werden, bilden sich dennoch die Wurzeln am basalen Ende, während die apikalen Sprosse sich entwickeln. Etwas ähnlich ist es auch mit der Kallusbildung, welche am basalen Pol weit stärker ist als wie an der apikalen Schnittfläche. Schneidet man einen solchen Steckling in zwei, so erhält jeder Teil wieder einen apikalen und einen basalen Pol, welche dieselben Gegensätze zeigen wie der frühere ganze Steckling. Und man kann in derselben Art weiter verfahren, was also zum Schluß führen würde, daß jede Zelle einen polaren Gegensatz zeigen würde.

Dieser polare Gegensatz läßt sich ja auch aus zahlreichen anderen

<hr>

[1] Went, F. A. F. C.: Z. Bot. **23** (1930).
[2] Sachs, J.: Arb. bot. Inst. Würzburg **2** (1880).
[3] Beijerinck, M. W.: Verh. Kon. Akad. Wetensch. Amsterdam **25** (1886).
[4] Vöchting, H.: Über Organbildung im Pflanzenreich. Bonn 1878.

Tatsachen herleiten. Es braucht nur daran erinnert zu werden, daß bei der Teilung der Meristemzellen die eine der beiden so entstandenen Zellen wieder Meristemzelle wird, die andere dahingegen, es sei gleich oder nach weiteren Teilungen, zur erwachsenen Zelle wird. Jedermann weiß, daß dies nicht regellos stattfindet, sondern immer in derselben Richtung und Reihenfolge. Oder denken wir uns die junge Endodermiszelle der Wurzel, welche immer an der Außenseite Wasser aufnimmt, dasselbe aber an der Innenseite in den Zentralzylinder hineinpreßt. Auch hier ein polarer Gegensatz, aber jetzt in radiärer Richtung, wie er sich übrigens auch bei den Zellen des Cambiums äußert.

Vöchting hat uns dann gezeigt, daß auch bei Verwachsungen dieser polare Gegensatz sehr scharf hervortritt[1]. Er hat bei fleischigen Wurzeln Würfel mit glatten Schnittflächen ausgeschnitten und diese darauf wieder in das entstandene Loch gestellt, entweder bei demselben Individuum oder bei einem anderen, wo genau derselbe Ausschnitt gemacht war. Es gelang ihm dann eine völlige Verwachsung zu bekommen, aber nur wenn das Stück in normaler Lage darin gebracht wurde. Wenn man es 180° gedreht hatte, und zwar sei es in der Längsrichtung oder radial, so fand keine Verwachsung statt, im erstgenannten Fall an der oberen und unteren Fläche, im zweiten an der inneren Fläche. Es konnte also auch hier ein apikaler und ein basaler Pol unterschieden werden und Vöchting äußert sich in dieser Art, daß er sagt, daß ungleichnamige Pole leicht verwachsen, gleichnamige hingegen nicht; gleiches gilt dabei übrigens auch für die in radiärer Richtung verlaufenden Pole.

Fraglich ist hierbei, inwieweit diese Polarität in der Organisation der Pflanze fest begründet ist, oder ob etwa äußere Umstände darauf ihren Einfluß gültig machen. Es sind nun speziell die Untersuchungen Massarts[2] gewesen, welche in erster Instanz Licht darauf geworfen haben, daß bei verschiedenen Pflanzen die Polarität sehr verschieden ausgebildet ist. Er hat speziell die zuerst von Vöchting angegebene Methode benutzt, und zwar Stecklinge von zahlreichen Gewächsen aus den verschiedensten Gruppen des Pflanzenreiches, es sei in normaler Richtung, oder invers oder horizontal hingestellt und dabei Wurzel- und Sproßbildung beobachtet. Leider sind die Schlußfolgerungen, wie es scheint, wohl einmal etwas zu rasch gezogen; denn bei der Nachuntersuchung erhält man lange nicht immer dieselben Resultate wie Massart. Immerhin stellt sich dabei aber dennoch wohl heraus, daß der schon genannte klassische Fall Vöchtings, wobei die Wurzeln nur am basalen Pol entstehen, die Sprosse nur am apikalen sich entwickeln, eigentlich als der Ausnahmefall zu betrachten ist. Die Wurzelbildung wird offenbar von sehr verschiedenen Faktoren beeinflußt; dabei spielt der Wassergehalt eine sehr große Rolle, auch andere äußere Umstände, und daneben die Polarität. Es hängt von den vorherrschenden Bedingungen ab, welche von diesen Faktoren dabei die Oberhand bekommen.

---

[1] Vöchting, H.: Über Transplantation am Pflanzenkörper. Tübingen 1892.
[2] Massart, J.: Bull. biol. France et Belg. **51** (1918).

Diese und andere Versuche mahnen also zur Vorsicht, wenn es sich darum handelt zu beurteilen, ob die Polarität von äußeren Einflüssen geändert werden kann.

Versuche darüber sind hauptsächlich bei niederen Pflanzen angestellt, wobei man sich wohl von der Voraussetzung hat leiten lassen, daß dort der polare Gegensatz noch nicht so fest mit der Organisation der Pflanzen verwebt wäre wie bei den höheren Gewächsen. In der Tat gelingt es z. B. bei einer Bryopsis, welche umgekehrt eingepflanzt wird, die Spitze sich zu Rhizoiden entwickeln zu lassen und die farblose Basis zu den blattähnlichen chlorophyllhaltigen Gebilden[1]. In jüngster Zeit ist eine Arbeit über die Polarität von Cladophora erschienen[2], worin Czaja zeigt, daß sich dieselbe erschüttern läßt durch häufiges Zentrifugieren in zwei verschiedenen Richtungen, also nicht, wie man erwarten würde, wenn man die Zentrifugalkraft nur in zentrifugaler Richtung wirken läßt.

Worin die polare Organisation der Zelle, also wohl in erster Instanz diejenige des Protoplasmas, gesucht werden muß, ist vollkommen unbekannt. Nicht die geringste Andeutung einer Erklärung läßt sich bis jetzt geben.

Dickenwachstum. Bekanntlich zeigen Gymnospermen und Dikotylen, nachdem ihr Längenwachstum zum Stillstand gekommen ist, ein nachträgliches Dickenwachstum. Es mag daran erinnert werden, daß hierbei spezielle Meristeme beteiligt sind, das Cambium für die Bildung des sekundären Holzes und sekundären Bastes, das Phellogen für die Korkbildung. Diese vertritt dann die Epidermis, da diese gewöhnlich der Verdickung nicht nachfolgen kann, außer in einigen seltenen Fällen wie bei Acer striatum.

Die Art und Weise, wie das Cambium Holz und Bast bildet, die Entstehung dieses Cambiums selbst, die Zusammensetzung von Holz und Bast, das alles ist von Morphologen oft und sehr ausführlich geschildert worden. Mit der Physiologie des Dickenwachstums sieht es aber sehr schlimm aus. Verständlich ist das ja, weil eine Messung desselben nicht sehr leicht ist. Zwar hat man verschiedentlich mit bestimmten Dickenmessern das Dickenwachstum bestimmt, aber es braucht wohl nicht hervorgehoben zu werden, daß es sich hierbei um Werte handelt, welche sich erst in längeren Zeiträumen erheblich ändern und daß man aus der Dicke an sich noch nichts Sicheres über die Cambiumstätigkeit aussagen kann, da auch eine Wasseraufnahme oder -abgabe der Zellen und Gefäße den Umfang des Stammes beeinflussen kann.

Bekanntlich besteht in unserem Klima und auch in anderen Gegenden mit periodischem Klimawechsel ein Unterschied zwischen dem weitlumigen, dünnwandigen Frühjahrsholz und dem sogenannten Herbstholz, das im Nachsommer gebildet wird. Bei den Dikotylen ist auch

---

[1] Siehe Noll, F.: Ber. dtsch. bot. Ges. 18 (1900). — Winkler, H.: Jb. Bot. **35** (1900).

[2] Czaja, A. Th.: Protoplasma (Berl.) **11** (1930).

noch der Unterschied da, daß Gefäße, und besonders die weiteren Gefäße, ganz speziell im Frühjahrsholz angetroffen werden. Seiner Zeit hat
Hugo de Vries[1] die Meinung ausgesprochen, das Herbstholz entstände,
weil der Druck der peripheren Schichten des Stammes durch die stattfindende Holzbildung allmählich stark zunehmen würde, während dieser
Druck sich während des Winters wieder ausgleichen würde. Indessen
ist man jetzt wohl allgemein anderer Meinung und man hat die Frühjahrsholzbildung in Zusammenhang gebracht mit dem Austreiben der
Knospen, worauf gleich noch zurückzukommen ist.

Eine Betrachtung des Querschnitts eines Stammes hat übrigens auch
zu bestimmten Schlüssen über die Holzbildung geführt. Erstens zeigt
sich dabei gewöhnlich, daß die Jahresringe nicht in ihrem ganzen Umfang überall denselben Durchmesser aufweisen. Gewöhnlich ist der
Jahresring an einer Stelle dicker als wie an anderen; eine Untersuchung
der Baumkrone hiermit im Zusammenhang gebracht hat gezeigt, daß
der Ring dort am dicksten wird, wo die Krone am stärksten entwickelt
ist, wo also die meiste Nahrung, welche dem Stamm zuströmt, in den
Blättern gebildet wird.

Ein Vergleich der aufeinanderfolgenden Jahresringe hat ergeben,
daß dieselben sehr verschiedene Dicke besitzen können. Ein genaues
Studium der Wetterverhältnisse in den Jahren, worin diese Holzmengen
gebildet wurden, hat ergeben, daß ein Sommer, der günstig ist für die
Vegetation mit einem dicken Jahresring zusammenfällt und umgekehrt.
Kapteyn[2] hat diese Daten benutzt, um die Wetterverhältnisse in
früheren Jahrhunderten bei sehr alten Bäumen zu untersuchen, ganz
speziell bei den Sequoias Kaliforniens. Es ist ihm gelungen den Nachweis zu liefern, daß bestimmte periodische Klimaänderungen, welche
gewisse Meteorologen aus den Daten der letzten Jahrzehnte folgern, sich
zurückverfolgen lassen fast bis zum Anfang unserer Zeitrechnung.

Indessen muß man dennoch mit solchen Schlüssen sehr vorsichtig
sein, ganz besonders weil die Bildung des Frühjahrsholzes mit dem
Austreiben der Knospen zu tun hat. Wenn, wie das bisweilen vorkommt,
der Fall sich ereignet, daß die Bäume in einem Jahre zum zweiten Male
ausschlagen — man kann das ganz besonders konstatieren, wenn durch
starken Raupenfraß die Blätter zum größten Teile verschwunden sind —
so wird auch zum zweiten Male in demselben Jahre Frühjahrsholz gebildet und es sieht aus, als wenn in einem Jahre zwei Jahresringe entstanden sind. Zwar bei genauer Betrachtung läßt sich wohl ein Unterschied mit der normalen Jahresringbildung konstatieren, aber es läßt sich
nicht leugnen, daß ein ziemlich inniger Zusammenhang besteht zwischen
dem Anfang der Wirksamkeit des Cambiums und dem Auslaufen der
Knospen.

In Versuchen von Jost[3] ließ sich zeigen, daß, wenn man bei unseren
Bäumen durch Entfernung der Blätter das Ausschlagen der Winter-

---

[1] De Vries, H.: Flora (Jena) **59** (1876).
[2] Kapteyn, J. C.: Rec. Trav. bot. néerl. **11** (1914).
[3] Jost, L.: Bot. Ztg **51** (1893).

knospen (welche sonst erst im nächsten Frühjahr getrieben hätten) hervorruft, das Cambium zu erneuter, kräftiger Tätigkeit veranlaßt wird.

Man hat sich natürlich die Frage vorgelegt, wie man diesen Zusammenhang zu erklären hat. Gewöhnlich wird dabei an einen Einfluß der in den Blättern gebildeten organischen Substanzen gedacht. Indessen, wenn man sich klar macht, daß die Cambiumtätigkeit im Frühling beginnt lange bevor die Blätter in irgendeinem bedeutenden Maße zu assimilieren anfangen, so muß man diesen Erklärungsversuch wohl als verfehlt betrachten. Vor kurzem hat nun COSTER[1] darauf hingewiesen, daß wahrscheinlich die jungen sich entwickelnden Blätter Wuchsstoffe (oder wenn man will Hormone) bilden, welche den Cambiumzellen zuströmen und diese zu erneuter Aktivität veranlassen. Bis jetzt ist es aber noch nicht gelungen, diese Substanzen in die Hände zu bekommen und es wird Aufgabe der Forschung der nächsten Jahre sein, sich über die Richtigkeit dieser Hypothese ein Urteil zu bilden.

Man wird wohl bemerkt haben, daß hier über das Wachstum des sekundären Bastes ebenso wie über dasjenige des Korkes überhaupt nichts gesagt wurde. Man weiß von der Physiologie davon überhaupt noch weniger als wie über das Wachstum des Holzes. Dasselbe kann gesagt werden von dem Dickenwachstum, was einige Liliaceen und Palmen aufweisen. Man sieht, daß hier ein sehr großes Feld für die Untersuchung noch vollkommen brach liegt.

Periodische Erscheinungen beim Wachstum. Ein Wachstum, das ununterbrochen mit derselben Intensität weitergeht, findet sich in der Natur wohl nirgends. Allenfalls könnte man es vielleicht beobachten beim Wachstum eines Pilzfadens, aber auch dieses ist in letzter Instanz beschränkt und wird schließlich gehemmt durch die Bildung von Fortpflanzungszellen. Aber auch wo dies nicht der Fall ist, kann man bei größeren Kulturen von Pilzen ein periodisches Wachstum beobachten, welches selbst auftritt, wenn man die äußeren Umstände so konstant wie nur möglich gehalten hat. Wenn man solche Pilze z. B. in PETRI-Schalen kultiviert auf irgendeinem durchsichtigen festen Nährboden, und die Entwicklung von einer Spore in der Mitte des Nährbodens aus stattfinden läßt, so bilden sich sehr oft konzentrische Wuchsringe, welche man früher wohl dem Einfluß von Tag und Nacht zugeschrieben hat, welche aber auch z. B. bei der Kultur in konstanter Finsternis auftreten.

In letzter Zeit ist darauf hingewiesen, daß man hier eine Erscheinung vor sich hat, welche auch bei leblosen Objekten in den sogenannten „LIESEGANGschen" Ringen zutage tritt. Besonders KÜSTER[2] hat diesen Erscheinungen seine Aufmerksamkeit gewidmet. Hat man 5—10 vH Gelatine auf eine Glasplatte ausgebreitet und trägt man nach dem Erstarren eine etwa 10 vH Na_3PO_4-Lösung auf und läßt man das Ganze

---

[1] COSTER, CH.: Zur Anatomie und Physiologie der Zuwachszonen- und Jahresringbildung in den Tropen. Diss., Wageningen 1927.
[2] KÜSTER, E.: Über Zonenbildung in kolloidalen Medien, 2. Aufl. Jena 1931.

bei Zimmertemperatur langsam eintrocknen, so fällt das Phosphat krystallinisch aus, und zwar liegen die Krystalle in scharf gezeichneten Zonen, die äquidistant zum Rande des aufgetragenen und erstarrten Gelatinetropfens verlaufen. Oder man kann der Gelatine etwas Kaliumbichromat zusetzen und dann einen Tropfen einer $AgNO_3$-Lösung aufsetzen; es entstehen dann von diesem Zentrum aus konzentrische Fällungen von Silberchromat in Ringen, deren Abstand nach außen immer größer wird.

Man kann nun die Ähnlichkeit der Ringe bei einer Pilzkultur mit diesen LIESEGANGschen Ringen feststellen, wenn es sich dabei auch vielleicht nicht um vollkommen denselben Vorgang handelt. Beim Pilz wird wohl die Gelatine beim zentrifugalen Wachstum vom Pilz derart verändert, daß sie eine Zeitlang kein günstiges Substrat für Wachstum oder Sporenbildung ist. Wenn die Bedingungen dann wieder günstiger werden, kann das Wachstum wieder aufgenommen werden. Wenn Ähnliches in der Natur bei Pilzen beobachtet wird, spricht man von Hexenringen.

Indessen hat KÜSTER darauf hingewiesen, daß etwas den LIESEGANGschen Ringen Vergleichbares oft bei Pflanzen beobachtet wird. Als solche braucht nur erinnert zu werden an die Schichtung der Stärkekörner, der verdickten Zellhäute usw. Indessen muß man dennoch mit der Erklärung sehr vorsichtig sein, wie schon daraus hervorgeht, daß bei der Struktur des sekundären Holzes sehr oft Jahresringbildung zutage tritt, welche mit dieser Erscheinung nichts zu tun hat, sondern jedenfalls der Periodizität der äußeren Umstände zugeschrieben werden muß. Wenn also gefragt wird, ob wirklich alle periodischen Erscheinungen beim Wachstum in dieser Weise erklärt werden können, so kann darauf ganz entschieden nein geantwortet werden.

Es gibt verschiedene periodische Äußerungen des Wachstums, welche man entweder einer inneren Periodizität der Pflanze oder dem Wechsel der äußeren Umstände zuschreiben muß. Darüber bestehen bei den Botanikern sehr geteilte Meinungen, die aber leider meistens nicht fest gegründet sind. Man hat sich eben oft damit begnügt, die Erscheinungen in der Natur zu beobachten ohne zum Experiment zu schreiten. Ganz speziell hat man dabei den Gewächsen der Tropen seine Aufmerksamkeit geschenkt, besonders wohl weil dort die Wärmeverhältnisse sich gleichmäßiger gestalten als wie bei uns. Aber wie verschieden dann noch geurteilt wird, geht wohl daraus hervor, daß SCHIMPER[1] eine innere Periodizität überhaupt leugnet, während ungefähr dieselben Tatsachen andere Forscher wie z. B. VOLKENS[2] zum gerade entgegengesetzten Schluß geführt haben. Dasselbe gilt für andere Daten wie z. B. die Jahresringbildung des sekundären Holzes, welche bei manchen tropischen Bäumen fehlt und dort auch teilweise dem gleichmäßigen Klima zugeschrieben wurde. Indessen haben wir hier schon gesehen,

---

[1] SCHIMPER, A. F. W.: Pflanzengeographie auf physiologischer Grundlage. Jena 1898.

[2] VOLKENS, G.: Laubfall und Lauberneuerung in den Tropen. Berlin 1912.

daß diese Tatsache jedenfalls in der periodischen Laubbildung ihre Erklärung finden muß, daß wir also die Fragestellung anderswohin verlegen müssen.

Es will mir scheinen, daß man in dieser Weise der Frage nie näher kommen wird, schon weil es überhaupt kein vollkommen gleichmäßiges Klima auf der Erde gibt. Daß in manchen Gegenden der Tropen eine trockene und regnerische Periode regelmäßig abwechseln, weiß jedermann. Aber dennoch besteht bei vielen die Überzeugung, daß es sich beim äquatorialen Klima anders verhält und dann wird ganz besonders Buitenzorg als der Ort angesehen, der das ganze Jahr hindurch nicht nur eine gleichmäßige Temperatur haben würde, sondern auch immer dieselbe hohe Feuchtigkeit, dieselbe große Regenmenge. Wer die meteorologischen Daten genau betrachtet, weiß, das dem nicht so ist, und daß verschiedene europäische Forscher sich während der kurzen Zeit ihres Besuches haben täuschen lassen, während derjenige, der verschiedene Jahre in Buitenzorg wohnt, sehr wohl weiß, daß auch hier keine vollkommene Gleichmäßigkeit des Klimas vorherrscht, daß man also mit Schlüssen über periodische Wachstumserscheinungen bei diesen Gewächsen — besonders noch wenn sie da nicht zu Hause gehören, sondern dort nur kultiviert werden — sehr vorsichtig sein muß.

Es ist hier nicht anders gestellt als auch sonstwo in der Physiologie. Mag man auch die ersten Beobachtungen in der freien Natur ausführen, man kommt mit der Analyse überhaupt nicht weiter, solange man keine Experimente, wobei man die Bedingungen genau in der Hand hat, anstellt.

Solche Beobachtungen sind uns teilweise von der Praxis geliefert, teilweise auch mit Absicht für diesen Zweck hergestellt. Bei ersteren denke ich ganz besonders an das Frühtreiben unserer Pflanzen in der Gärtnerei. Daß dieselbe es darin weit gebracht hat, weiß jedermann, der sich die Schaufenster unserer Blumenläden im Winter ansieht.

Es kann hier Raummangels wegen nur ganz kurz darüber gehandelt werden; übrigens möge hingewiesen werden auf die Arbeiten von JOHANNSEN[1], MOLISCH[2] usw. Bekanntlich werden bei unseren Holzgewächsen die Knospen, welche im nächsten Frühjahr austreiben sollen, schon im Anfang des Sommers angelegt; sie bleiben dann aber scheinbar im Ruhestadium, bis sie im nächsten Frühling zum Treiben kommen, und es ist dabei fraglich, ob es nur die äußeren Umstände sind, welche diese periodische Entwicklung beeinflussen. Wie steht es damit, wenn man solche Knospen zu einem früheren Zeitpunkt erhöhter Temperatur und genügender Feuchtigkeit aussetzt? Man kann dieselben dann bekanntlich viel früher zum Austreiben bringen, aber nicht zu jeder Zeit. Gelingt das z. B. leicht im Februar oder März, so will das ohne weiteres nicht gehen, wenn man dieselbe Operation im Oktober oder November

---

[1] JOHANNSEN, W.: Das Ätherverfahren beim Frühtreiben, 2. Aufl. Jena 1906.

[2] MOLISCH, H.: Das Warmbad als Mittel zum Treiben der Pflanzen. Jena 1909.

ausführen will. Es wurde hier also an eine periodische Ruhezeit gedacht, welche die Knospen durchzumachen hätten. Indessen hier hat eben der Mensch eingreifen können: JOHANNSEN durch Behandlung mit Ätherdampf während 24 Stunden, andere durch Behandlung mit Äthylen, mit heißem Wasser usw.; es sind alles Verfahren, welche die Ruheperiode dieser Knospen abkürzen können und also eine Knospenentfaltung veranlassen zu Zeiten, wo das sonst nicht möglich ist.

Dabei muß dann wieder die Frage gestellt werden: Innere Periodizität welche nur durch äußere Umstände einigermaßen in gewisser Richtung geändert werden kann, oder eine Periodizität, welche ausschließlich diesen äußeren Umständen zugeschrieben werden muß? Besonders KLEBS[1] hat diese Frage ausführlich behandelt. Es ist ihm gelungen, durch Experimente bei allen Bäumen Mitteleuropas die Periodizität der Knospenentfaltung zu stören, selbst bei der Rotbuche, welche in der Hinsicht den Versuchen wohl den größten Widerstand entgegensetzte. Durch kontinuierliche Beleuchtung hat KLEBS schon im Januar ein Aussprossen der Buchenzweige veranlassen können.

Inzwischen läßt sich daraus noch nicht die KLEBSsche Schlußfolgerung ziehen, daß diese Periodizität vollkommen von den äußeren Umständen bedingt wird, also aitiogenen Ursprunges ist. Man kann sich die Sache auch derart deuten, daß die äußeren Bedingungen die der Pflanze eigene Periodizität in gewisser Hinsicht ändern können. Wie mir scheint, wird man hier ohne sehr grundlegende Arbeiten überhaupt nicht weiter kommen; man hat bis jetzt eigentlich nur ein bißchen herumprobiert, ohne der Sache auf dem Boden zu kommen.

Glücklicherweise hat sich hier in der letzten Zeit eine große Änderung vollzogen, welche veranlaßt wurde durch die von der Praxis gestellten Probleme. Ganz speziell das BLAAUWsche Institut in Wageningen hat sich der Sache angenommen und eine Reihe von Veröffentlichungen darüber in die Welt geschickt, welche unsere Auffassungen in mancher Hinsicht eine Änderung haben ergehen lassen. Ich verdanke der freundlichen Mitteilung einer der Forscherinnen dieses Instituts folgende Übersicht über die dort erhaltenen Resultate[2].

---

[1] KLEBS, G.: Sitzgsber. Heidelberg. Akad. Wiss., Math.-naturwiss. Kl. **3** (1914). Biol. Zbl. **33** (1917). Sitzgsber. Heidelberg. Akad. Wiss., Math.-naturwiss. Kl. **1926.**

[2] BLAAUW, A. H. (teilweise mit anderen): Meded. Landb.hoogeschool Wageningen **18** (1920); **27** (1923). Verh. Kon. Akad. Wetensch. Amsterdam 2e Sect. **23** (1924); **26** (1930). Proc. Kon. Akad. Wetensch. Amsterdam **27** (1924); **28** (1925); **29** (1926); **30** (1927). — LUYTEN, J. C.: Meded. Landb.hoogeschool Wageningen **18** (1921) (mit M. VERSLUYS); **22** (1921) (mit E. DE VRIES). Verh. Kon. Akad. Wetensch. Amsterdam **24** (1926) (mit G. JOUSTRA u. A. H. BLAAUW). Proc. Kon. Akad. Wetensch. Amsterdam **29** (1925); **30** (1926); **30** (1927). — BYHOUWER, J.: Meded. Landb.hoogeschool Wageningen **27** (1924). — VERSLUYS, M. C.: Rec. Trav. bot. néerl. **22** (1925). — MULDER, R. (mit J. LUYTEN): Verh. Kon. Akad. Wetensch. Amsterdam **26** (1928). (Mit A. H. BLAAUW): Proc. Kon. Akad. Wetensch. Amsterdam **29** (1925). — WATERSCHOOT, H. F.: Proc. Kon. Akad. Wetensch. Amsterdam **31** (1927). — ZWEEDE, A. K.: Verh. Kon. Akad. Wetensch. Amsterdam 2e Sect. **27** (1930). — HARTSEMA, A. M., J. LUYTEN u. A. H. BLAAUW: Ebenda **27** (1930).

Bei den für die Gärtnerei wichtigsten Kulturpflanzen waren die im Laufe des Jahres im Innern der Knospen stattfindenden Vorgänge ungenügend bekannt. Man kannte nicht oder nicht genau den Zeitpunkt, wann die verschiedenen Organe gebildet werden, wußte nichts von dem Tempo, worin diese Organbildung geschieht und noch viel weniger wie dieses Tempo z. B. von der Temperatur beeinflußt wird. Ebensowenig war es bekannt, wann die Organanlagen fertig sind und wann das eigentliche Wachstum, die Volumenvergrößerung anfängt, und wie das Weiterwachsen der Organanlagen nun wieder von den äußeren Bedingungen, besonders von der Temperatur, beeinflußt wird.

Um den Einfluß mehrerer Wachstumsfaktoren auf die Organbildung oder auf die Vergrößerung der gebildeten Organe feststellen zu können, war es also zunächst notwendig, die jährliche periodische Entwicklung dieser Organe vom Augenblick des Entstehens bis zur vollen Entwicklung genau kennenzulernen. Dabei wurde bei mehreren Kulturpflanzen dieser jährliche Lebenszyklus unter den gewöhnlichen Kulturbedingungen verfolgt (Hyacinthe, Tulpe, Syringa, Rhododendron, Azalea, Kirsche, Pflaume, Apfel, Birne, Convallaria).

Es ließen sich dabei drei Perioden unterscheiden:

1. die der Blattbildung, 2. die der Blütenbildung und 3. die des Streckungswachstums. Die beiden ersten Perioden finden häufig im Innern der Knospen statt, wenn diese äußerlich eine Ruheperiode durchzumachen scheinen. Es sind diese beiden Perioden auch deshalb interessant, weil mittels intensiver Zellteilungsprozesse alle Organe gebildet werden, welche meistens erst viele Monate später infolge des Streckungswachstums zum Vorschein kommen sollen. Diese später folgende Periode des Zellstreckungsprozesses ist äußerlich viel mehr auffallend und ist wohl auch wegen des schnellen Längenwachstums und der diesen begleitenden Bewegungserscheinungen viel mehr beobachtet und studiert worden, aber es wird dabei doch nur das zum Vorschein gebracht, was vorher in der organbildenden Periode entstanden ist. Die Organbildung und im besonderen die Anlage der Blütenteile gehört physiologisch mit zu den intensivsten und höchsten Leistungen der Pflanzen. In schnellem Tempo werden von einem einfachen, vorher während längerer Zeit nur blätterabspaltenden Vegetationspunkte innerhalb einiger Tage oder Wochen nacheinander die einzelnen Blütenteile gebildet. Dazu ist nicht nur eine intensive Zellteilung und demzufolge auch eine rasche Neubildung der Plasmasubstanzen notwendig, sondern auch eine tiefgehende Differenzierung zu mehreren Zellgruppen, woraus die sowohl was ihre Form als ihre Funktion betrifft so verschiedenen Organe entstehen sollen. Diese Gewebsdifferenzierung im Knospenvegetationskegel ist dem Wesen und dem Vorgehen nach noch gänzlich unbekannt und unverständlich, bedeutet aber für die betreffende Pflanze sicher einen Höhepunkt der jährlichen periodischen Entwicklung. BLAAUW teilt die Periode der Blütenbildung in mehrere Stadien ein, um bei weiteren Untersuchungen den Entwicklungszustand genau angeben zu können. Bei Tulpen und Hyacinthen (jedesmal aber bei einer

bestimmten Varietät) ist nun der Einfluß von elf verschiedenen Temperaturen ($+1\frac{1}{2}^0$ bis $+35^0$ C) während der Blatt- und Blütenbildung und während des Streckungswachstums genau untersucht worden. Dabei zeigt es sich, daß man beim Übergang der Blütenbildung zur Streckungswachstumsperiode bei der Darwintulpe mit zwei sehr verschiedenen Prozessen zu tun hat, denn während für den Blütenbildungsprozeß 17—20^0 C die optimale Temperatur ist, liegt das Optimum des anderen Prozesses sehr viel tiefer, wahrscheinlich noch unterhalb 9^0 (bei der Hyacinthe bzw. ± 25^0 und 13^0 C). Dennoch findet man keinen schroffen Übergang zwischen Zellteilung oder Zellvermehrung und Zellvergrößerung oder Streckung, es nimmt allmählich die Intensität der Zellteilung ab, während die Zellvergrößerungsintensität langsam zunimmt. Während der ganzen Zellstreckungsperiode bleibt dieses tiefe Optimum aber nicht erhalten, sondern es schiebt sich nach und nach höher hinauf, bis es schließlich (zur Zeit, wo die Sprosse aus der Erde zum Vorschein kommen) über 20^9 C hinaus steigt und also den von anderen Lebenserscheinungen bekannten Optimumtemperaturen nahe kommt. Wodurch dieses tiefe Anfangsoptimum bedingt ist, ist noch nicht festgestellt worden. BLAAUW vermutet, daß wir es hier mit einem durch andere Prozesse gehemmten Optimum zu tun haben, wobei allererst an eine Reservestoffmobilisierung zu denken

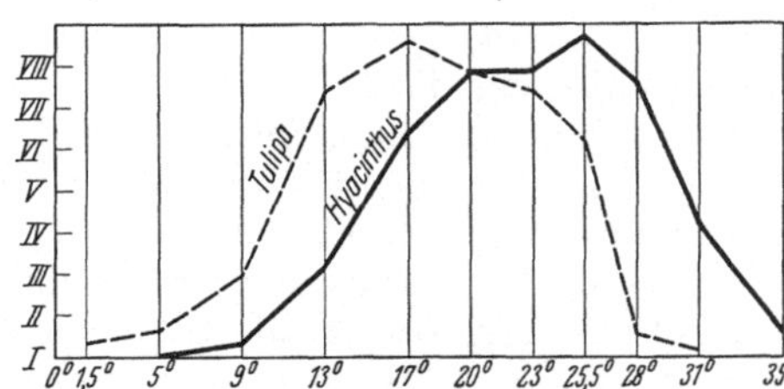

Abb. 55. Schnelligkeit der Blütenbildung in verschiedenen Temperaturen, bei Darwintulpen und Hyacinthen.

wäre in ähnlicher Weise wie durch MÜLLER-THURGAU[1] bei der Kartoffel festgestellt wurde. Die Feststellung dieser optimalen Temperaturen fand eine Verwendung in der Frühtreiberei dieser Blumenzwiebeln.

Besonders auffallend ist der Temperatureinfluß während der Blütenbildung bei Tulpen und Hyacinthen, welche im Juli und August im Anfang der sogenannten Ruheperiode der Zwiebeln stattfindet.

Abbildung 55 zeigt das Resultat dieser Untersuchungen.

Die Ordinate stellen das mittlere Stadium der Blütenbildung vor, welches die Tulpen (gebrochene Linie) nach einer 4wöchigen Behandlung, die Hyacinthen (ausgezogene Linie) nach einer 8wöchigen Behandlung mit den auf der Abszisse angegebenen Temperaturen erreichen. Stadium I — d. h. der Vegetationspunkt befindet sich noch im blattbildenden Stadium, die Blütenbildung hat also noch nicht angefangen — wird sowohl in der minimalen als in der maximalen Temperatur beibehalten. In den zwischenliegenden Temperaturen ist die Blütenbildung mehr oder weniger weit fortgeschritten, für die Darwintulpe ist 17^0 optimal, für die Hyacinthe 25,5^0 C. Es zeigt somit die Kurve, daß die

---

[1] MÜLLER-THURGAU, H.: Landw. Jb. 14 (1885).

Kardinalpunkte für die Blütenbildung der Darwintulpe 4—7⁰ C tiefer liegen als für die Hyacinthe. Die Kurve gibt daher auch den Unterschied des „Temperaturcharakters" dieser beiden Zwiebelgewächse an.

Sowohl bei den maximalen als bei den minimalen Temperaturen findet auch bei längerem Aufbewahren keine Blütenbildung und auch sonst fast keine Entwicklung statt; daher konnten solche Temperaturen zu Hemmungsversuchen verwendet werden, wodurch die normale Periodizität dieser Pflanzen verschoben wurde, d. h. es konnte der Anfang der Blütenbildung und demzufolge auch die Blütezeit nach einem beliebigen Zeitpunkt verschoben werden. Zu den Hemmungsversuchen wurden vorzugsweise niedere Temperaturen verwendet; es trat dabei klar hervor, daß während der Blattbildung, der Blütenbildung oder der Streckungsperiode die Lebensresistenz der Kälte gegenüber sehr verschieden ist. Im blattbildenden Stadium ertrug der Vegetationspunkt die Kälte sehr gut, hatte aber die Blütenbildung schon eingesetzt, so war der Vegetationspunkt viel weniger resistent geworden. Auch liegt die minimale Temperatur für das Zellwachstum tiefer als für die Zellteilung, die Gewebe sind daher im meristematischen Zustand noch besser zu hemmen als später. Deshalb mußten die Hemmungsversuche beginnen ehe das Streckungswachstum eingesetzt hatte und sogar noch bevor die Blütenbildung angefangen hatte.

Als Resultat dieser Untersuchungen über den Einfluß der Temperatur auf Wachstum und Entwicklung bei Tulpen und Hyacinthen ergab sich, daß zwar vieles aber doch nicht alles beeinflußbar, umänderbar ist. Zu ändern ist der Entwicklungszyklus in Bezug auf unsere Zeiteinteilung, wir können diesen Zyklus auf jedem beliebigen Jahreszeitpunkt anfangen lassen. Aber auch insoweit ist der Entwicklungszyklus zu ändern, daß es keine 12 Monate dazu braucht. Tulpen und Hyacinthen können sogar sehr gut mit einer kürzeren Zeit, z. B. 8—9 Monate, auskommen. Infolge der Trockenheit und Wärme in Südeuropa, infolge des kalten Winters in unseren Gegenden wird die Entwicklung gehemmt. Es wird die Periodizität der Tulpen und Hyacinthen also nur deshalb äußerlich vom 12 monatlichen Sonnenjahr beeinflußt, weil die äußeren Bedingungen nur eine bestimmte Möglichkeit darbieten, woran sich die Pflanzen anpassen müssen. Aus inneren Gründen aber können sie, wenn ausschließlich optimale Bedingungen herrschen würden, ihre Periode in 8 oder 9 Monaten durchlaufen. Hier liegt somit eine Grenze, woran weiter nichts mehr durch äußere Bedingungen umzuändern ist. Ebensowenig zu beeinflussen ist die Tatsache, daß die Tulpe einen kälteren Typus darstellt als die Hyacinthe. Demzufolge lag z. B. die Hemmungstemperatur für die Darwintulpe bei —1⁰ C und für die Hyacinthe bei + 5⁰ C. BLAAUW konnte aber noch einen anderen Unterschied zwischen Tulpen und Hyacinthen feststellen; während nämlich der Vegetationspunkt einer Hyacinthe sofort auf das Eintreten der für die Blütenbildung günstigen Temperatur reagiert und dadurch zu jeder Zeit durch Temperaturänderung zur Blütenbildung zu veranlassen ist, wird

der Vegetationspunkt einer Tulpe erst dazu kommen, nachdem alle
Laubblätter fertig geworden sind. Auch daran läßt sich auf experimentellem Wege nichts ändern.

Natürlich läßt sich nicht sagen, daß mit diesen Untersuchungen
schon prinzipielle Fragen über die Periodizität gelöst sind, aber jedenfalls kann mit Sicherheit hervorgehoben werden, daß nur in dieser
Weise dem Problem beizukommen sein wird. Das ergibt aber auch die
Forderung, daß unsere modernen pflanzenphysiologischen Institute mit
allen modernen Hilfsmitteln ausgestattet sein müssen, damit Temperatur, Feuchtigkeitsverhältnisse, Licht usw. absolut konstant reguliert
werden können.

Es gibt noch eine andere Gruppe von periodischen Erscheinungen
in der Entwicklung der Pflanzen, welche es ermöglichen wird, den Ursachen der Periodizität näher zu treten. Wenn bei uns im Frühling auf
einmal alle Obstbäume in Blüte stehen, dann glaubt man hierin den
Einfluß äußerer Faktoren sehen zu müssen, aber es hält außerordentlich schwer, das zu beweisen. Früher hat man zwar versucht, der Sache
näher zu treten, indem man Berechnungen von Temperatursummen
machte[1], aber man hat seit Sachs wohl eingesehen, daß in dieser Art
der Frage nicht näher zu kommen ist. Nur die Phänologen geben
alljährlich ihre langen Listen von Daten, worin das Sprossen der Blatt-
und Blütenknospen usw. unserer Gewächse angegeben werden, womit
aber der Pflanzenphysiologe nichts anzufangen weiß.

Aber in den Tropen ist das gleichzeitige Blühen verschiedener Pflanzen viel auffallender. Sehr bekannt ist es z. B. beim Kaffee, wo eine
ganze Plantage eines Tages in voller Blüte stehen kann, während am
nächsten Tage die Pracht vorbei ist; das wiederholt sich dann mit
unregelmäßigen Intervallen. Gerade die kurze Dauer dieser Blüten
macht die Erscheinung so besonders auffallend. Deshalb ist es ebenfalls
besonders bekannt bei einigen Orchideen, deren Blüten nur kurz dauern;
eine Liste davon wurde von Smith[2] gegeben.

Darunter haben in erster Instanz die Blüten von Dendrobium
crumenatum Veranlassung gegeben zu einer Anzahl Untersuchungen.
Diese im Monsungebiet Südostasiens ziemlich verbreitete epiphytische
Orchidee ist dort in den englischen Kolonien bekannt als Pigeon-Orchid,
auf Java und Sumatra als duifjes (Täubchen) wegen der oberflächlichen
Ähnlichkeit der weißen, stark duftenden Blüten mit einer kleinen Taube.
Die Blüten öffnen sich morgens früh und sind am nächsten Tage ver-
blüht. An bestimmten Tagen findet man nun viele Exemplare der
Pflanze mit Blüten versehen, während es dann wieder viele Tage dauert,
bis aufs neue eine Blüteperiode eintritt. Eine Erklärung wurde angebahnt, als sich herausstellte, daß das Blühen nur an bestimmten Orten
synchron stattfindet, nicht an Orten, welche ziemlich weit voneinander

---

[1] Siehe z. B. de Candolle, A.: Géographie botanique raisonnée. Paris-
Genève 1855.

[2] Smith, J. J.: Ann. Jard. bot. Buitenzorg **35** (1925).

entfernt sind. RUTGERS u. WENT[1] konnten feststellen, daß Pflanzen von
Dendrobium crumenatum, welche von verschiedenen Orten — wo
die Blütezeiten nicht gleich waren — nach Buitenzorg hergebracht
wurden, dort mit den Buitenzorger Pflanzen zusammen zur Blüte gelangten. Es ließ sich zeigen, daß die Knospen sich allmählich entwickeln, aber daß dieselben in einem bestimmten Stadium ihr Wachstum
einstellen. Viele Knospen können es soweit bringen, aber dann muß
irgendein äußerer Reiz vorhanden sein, der das weitere Wachstum auslöst, was bei allen diesen Knospen dann gleichzeitig stattfindet.

Es ist COSTER[2] gelungen, diesen äußeren Reiz zu finden. Es hatte
sich nämlich herausgestellt, daß eine Blütenperiode immer 9 Tage nach
einem starken Regenguß stattfindet. COSTER konnte nun zeigen, daß
es sich dabei um eine Abkühlung der Pflanzen von einigen Grad Celsius
handelt. Ein langsamer wenn auch lange dauernder Regen hat deshalb
auch keinen Erfolg, nur ein starker Regenguß der eine plötzliche Temperaturerniedrigung veranlaßt.

Wenn zwar nicht alle Erscheinungen des synchronen Blühens hiermit
erklärt sind — in europäischen Gewächshäusern z. B. wurden Tatsachen
konstatiert, welche noch rätselhaft bleiben —, so hat COSTER doch wohl
die Hauptursache der plötzlichen Weiterentwicklung der Knospen entdeckt. Damit ist ein Schritt getan, der zusammen mit den Beobachtungen im BLAAUWschen Institut, worüber soeben gesprochen wurde,
die Lösung des Periodizitätsrätsels ganz entschieden näher bringen muß.

---

[1] RUTGERS, A. A. L. u. WENT, F. A. F. C.: Ann. Jard. bot. Buitenzorg **29**
(1916).
[2] COSTER, CH.: Ebenda **35** (1926).

Fünfzehntes Kapitel.

Bewegungen.

Allgemeines. Die Zeit liegt noch nicht so weit hinter uns, als man den Pflanzen Bewegungsvermögen absprach. Noch im 18. Jahrhundert galt der alte Spruch: „Saxa crescunt, plantae crescunt et vivunt, animalia crescunt, vivunt et sentiunt", wobei man in unserer jetzigen Anschauungsweise das „sentire" als das Reaktionsvermögen gegenüber äußere Reize aufzufassen hat.

Wohl hatte man bei bestimmten Pflanzen Bewegungen beobachtet, aber diese wurden gewissermaßen als große Ausnahmen betrachtet. Das hat sich beim Laienpublikum bis auf den heutigen Tag erhalten, weshalb die Sinnpflanze, Mimosa pudica, noch immer mit solcher Verwunderung angestaunt wird.

Aber je mehr man anfing, sich mit Beobachtungen an lebenden Pflanzen zu beschäftigen, um so mehr bahnten neue Anschauungen sich an und man kann sagen, daß zu Anfang des 19. Jahrhunderts die Bewegungen der Pflanzen gegenüber Licht und Schwerkraft, die Rankenbewegungen usw. bei den Pflanzenphysiologen bekannt waren, hauptsächlich wohl durch die Untersuchungen Duhamels, Knights, Dutrochets und anderer. Dennoch war das Staunen allgemein, als in der ersten Hälfte desselben Jahrhunderts mit Hilfe des Mikroskopes entdeckt wurde, daß die niederen Pflanzen Zellen bilden können, welche imstande sind, sich selbständig zu bewegen. Ebenfalls das Mikroskop hatte Amici zur Entdeckung der Bewegungserscheinungen des Protoplasmas innerhalb der Zelle geführt und so rang sich allmählich die Auffassung durch, daß Pflanze und Tier in ihrem Bewegungsvermögen sich oft kaum unterscheiden lassen, in anderen Fällen nur durch die Geschwindigkeit, womit die Bewegungen ausgeführt werden. Es wurde damals schon gesagt: hätte der Mensch ein Mittel, die Bewegungen der Pflanzen hundertfach zu beschleunigen, so würde von einer bewegungslosen Pflanze niemals die Rede gewesen sein.

Heutzutage besitzen wir dieses Mittel im Film. Wird der Zustand der Pflanze mit regelmäßigen Zwischenpausen von einigen Minuten photographiert und werden diese Bilder hintereinander im Kinoapparat vorgeführt, so bekommt man die Bewegung in viel beschleunigtem Tempo zu sehen. Der erste, welcher derartige Aufnahmen gemacht hat, war wohl Pfeffer; indessen geschah das damals fast nur zur Demonstration bei Vorlesungen. Erst viel später hat man dem Gedanken Ausdruck verliehen, daß man durch das Ausmessen dieser Filmbilder die Bewegungen sehr genau studieren kann. Der Gedanke ist zwar schon seit verschiedenen Jahren geäußert, indessen hat aber wohl erst LUNDEGÅRDH denselben ausgeführt und jetzt wird die Methode in jedem größeren botanischen Institute benutzt. Die Schwierigkeit ist dabei, daß man für die Aufnahmen natürlich Licht braucht, daß dieses aber gewöhnlich auf die Bewegungen selbst Einfluß ausübt. Man führt die Manipulation darum jetzt meistens derart aus, daß man Filme benutzt, welche für rote Strahlen sensibilisiert sind und daß man dann mit rotem Lichte die Aufnahmen macht. Wir werden bald noch sehen, daß rotes Licht in den meisten Fällen entweder gar keinen oder nur einen sehr geringen Einfluß auf die Bewegungen ausübt.

Vom Standpunkt der Forschung aus kann man die Langsamkeit der Bewegungen der Pflanzen nur als ein Glück betrachten, es würde sonst wohl kaum an eine Analyse zu denken sein. Wenn man jetzt im Kino z. B. die Entfaltungsbewegungen einer Blatt- oder Blütenknospe oder die Bewegungen der Ranken in kurzer Zeit stattfinden sieht, dann erhält man denselben äußert komplizierten Eindruck wie bei den Bewegungen vieler Tiere, wo auch vorderhand von einer Analyse noch nicht die Rede sein kann. Eben diese Langsamkeit, welche der Forschung in vieler Hinsicht Schwierigkeiten bietet, hat andererseits dazu geführt, daß man die äußeren Faktoren, welche verschiedene Bewegungen bestimmen, viel besser hat kennen lernen, als bei manchen Tieren.

Im Laufe des 19. Jahrhunderts hat man viele sehr exakte Beschreibungen der verschiedenen Bewegungen der Pflanzen gegeben, aber daneben auch versucht, diese Erscheinungen zusammenfassend und ursächlich zu begreifen. In der Hinsicht muß aus der ersten Hälfte des Jahrhunderts wohl in erster Instanz DUTROCHET[1] genannt werden, der den Versuch machte, alle Bewegungen zurückzuführen auf die von ihm entdeckten Turgescenzerscheinungen. Daß wir mit dieser einfachen Erklärung nicht viel weiterkommen, ist jetzt ja wohl klar, obwohl mancher diesen Erklärungsversuch wohl einmal zu viel vergessen hat; aber immerhin hat DUTROCHET mit seinen Arbeiten ein großes Arbeitsfeld eröffnet und niemand wird mehr leugnen, daß man bei vielen Bewegungserscheinungen dem osmotischen Druck des Zellinhaltes Rechnung tragen muß. Jedenfalls hat DUTROCHET auch insoweit das Richtige getroffen, als er die lebende Zelle eine Rolle spielen ließ.

In der Hinsicht bedeuten die Arbeiten HOFMEISTERs[2] einen entschiedenen Rückschritt, indem er alles grob mechanisch zu erklären versuchte. Bekannt ist sein Vergleich der zur Erde sich neigenden Hauptwurzel mit einem etwas erwärmten Stab Siegellack, der sich jetzt infolge seiner Schwere zur Erde hinbiegt. Indessen hat HOFMEISTER daneben aber doch ein Erklärungsprinzip in den Vordergrund gebracht, daß seit der Zeit auch nicht mehr ganz zurückgedrängt werden konnte, nämlich die Imbibition der Zellhäute. Gerade in jüngster Zeit ist, wie wir noch sehen werden, den Zellhäuten viel mehr Aufmerksamkeit gewidmet worden,

---

[1] DUTROCHET, H.: Mémoires. Bruxelles 1837.
[2] HOFMEISTER, W.: Die Lehre von der Pflanzenzelle. Leipzig 1867.

speziell dort, wo bei den Bewegungen der Verteilung des Wuchsstoffes
Rechnung getragen wurde. HOFMEISTER hat dann auch speziell den Bewegungen des Protoplasmas innerhalb behäuteter Zellen seine Aufmerksamkeit gewidmet und er hat dafür eine Erklärung versucht, welche
übrigens ebenso wenig Anklang gefunden hat wie irgendeine „Erklärung", welche von späteren Forschern versucht wurde.

Während HOFMEISTER aber in erster Instanz Morphologe war und
deshalb die Physiologie eigentlich nur als Nebenbeschäftigung betrieb,
war SACHS[1] der eigentliche Begründer der modernen Pflanzenphysiologie. Auch mit den Bewegungserscheinungen hat er sich eingehend beschäftigt und zwar sowohl mit denjenigen freilebender mikroskopischer
Pflanzen, oder Schwärmsporen, oder Spermatozoiden, als mit den
Krümmungsbewegungen. Stand er anfänglich noch auf dem Boden
der HOFMEISTERschen Auffassungen, allmählich hat er sich davon los-
gemacht und zuletzt in magistraler Form die Bewegungen in ihrer Gesamtheit behandelt. Als FRANK[2] dann Anfang der 70er Jahre die geotropischen Erscheinungen in einer solchen Weise besprach, daß SACHS
daraus vitalistische Ketzereien zu spüren vermeinte, hat er sich anfangs
heftig dagegen widersetzt und auch Arbeiten seiner Schüler, welche, wie
diejenigen von HUGO DE VRIES, aus seinem Institut hervorgingen, wurden
in demselben Geiste verfaßt. Aber allmählich ist auch bei SACHS der
Reizbegriff mehr in den Vordergrund gerückt, wenn auch nicht in so
ausgesprochener Form wie nachher bei der Leipziger Schule. In späteren
Jahren hat SACHS dann in seinen Abhandlungen über Stoff und Form[3]
Beobachtungen und Betrachtungen gegeben über stoffliche Beeinflussung
der Pflanzenform, welche damals von der großen Mehrheit der Botaniker sehr ablehnend empfangen wurden, welche aber in der letzten Zeit
wieder sehr an Bedeutung gewonnen haben durch die weiterhin zu besprechenden Erfahrungen über Wuchsstoffe und Wuchshormone.

Inzwischen war 1880 von CHARLES DARWIN zusammen mit seinem
Sohne FRANCIS ein Buch veröffentlicht, das unter dem Titel „The
power of movement in plants"[4] nicht allein eine zusammenfassende
Bearbeitung der Krümmungsbewegungen lieferte, sondern auch den
Versuch, dieselben als abgeleitet von der allgemein vorkommenden
Circumnutation zu betrachten. In dieser letzten Hinsicht hat das Buch
vielleicht nicht viel Glück gehabt, teilweise wohl, weil man mit dieser
Erklärungsart jetzt nicht mehr zufrieden ist. In anderer Hinsicht war
der Einfluß aber groß, nämlich insoweit DARWIN hier hinweist auf die
Analogien, welche zwischen den Reizbewegungen der Pflanzen und denen
der Tiere, besonders des Menschen, vorkommen. Anfangs verursachten
diese Behauptungen ziemlich viel Entrüstung, besonders weil z. B. der
nicht sehr glückliche Ausdruck „brainfunction" (Gehirnfunktion) der

---

[1] SACHS, J.: Z. B. in Vorlesungen über Pflanzenphysiologie. Leipzig 1882.
[2] FRANK, A. B.: Beitr. z. Pflanzenphys.1 (1868). Bot. Ztg **1868**. Die natürliche wagerechte Richtung von Pflanzenteilen. Leipzig 1870.
[3] SACHS, J.: Arb. d. bot. Inst. Würzburg **2** (1882).
[4] DARWIN, CH. u. FR.: The power of movement in plants. London 1880.

Wurzelspitze benutzt wurde. Später aber wurde diese Parallelisierung auch von anderen Forschern weiter geführt und dabei oft in viel stärkerem Maße. Teilweise ist das von NOLL geschehen, weniger stark von PFEFFER, dagegen in starkem Maße von CZAPEK. Man kann nicht sagen, daß damit Klarheit geschaffen worden ist; man hat Begriffe aus der menschlichen Physiologie auf die Pflanzen übertragen, ohne daß hiermit viel gewonnen wurde. Im Gegenteil, das hat oft verwirrend gewirkt und man hat sich mit Scheinerklärungen zufriedengestellt.

Besonders die Einführung des Reizbegriffes hat oft verwirrend gewirkt. Dieser Begriff ist in der menschlichen Sinnesphysiologie entstanden und hat sich von dort in die ganze Biologie eingebürgert. Es hält schwer, genau anzugeben, was man unter einem Reiz versteht; nicht immer wird der Begriff in derselben Art und Weise gefaßt. Am allgemeinsten hält man sich in der Botanik wohl an die PFEFFERsche Auffassung. PFEFFER hat sich über den Begriff Reizung folgendermaßen geäußert[1]: „Reizung liegt vor, wenn der von außen oder von innen ausgehende Anstoß die Veranlassung gibt zu irgendwelchen Aktionen, welche mit den im Organismus disponibeln oder erreichbaren Mitteln ausgeführt oder betrieben werden. Durch die Reizung können ebensowohl Tätigkeiten neu erweckt oder auch die schon vorhandenen Aktionen in neue Bahnen gelenkt werden." Es wird hier also die Auslösung in den Vordergrund gestellt und PFEFFER hat sich verschiedentlich dahin ausgesprochen, daß man dem Reizbegriff jedes mystische Gewand rauben muß. Leider hat dies nicht verhindert, daß Schüler PFEFFERs dennoch das Wort in einem Sinne gebraucht haben, der leicht Veranlassung geben könnte zu Konsequenzen, welche PFEFFER jedenfalls nicht gewollt hat. Deshalb hat man sich auch schon verschiedentlich gegen die Benutzung des Begriffes überhaupt gewehrt, besonders auch, weil so oft das Wort Reiz als Erklärungsprinzip benutzt wird in Fällen, wo unsere Unkenntnis offenbar ist.

Verschiedentlich wird auch die Forderung gestellt, daß Reize dadurch gekennzeichnet sein sollen, daß bei ihnen das WEBER-FECHNERsche Gesetz gelten müsse. Dasselbe hat Bezug auf die Unterschiedsempfindlichkeit der Organismen gegenüber Reize und es besagt, daß ein bestimmtes Verhältnis bestehen muß zwischen der Größe zweier gleichnamiger Reize, soll der Organismus auf den Unterschied reagieren. Wird ein Organismus von einem Reiz R gereizt, so findet eine neue Reaktion erst statt, wenn derselbe auf sagen wir nR erhöht wird, für eine erneute Reaktion ist ein Reiz von n^2R benötigt, so daß sich also ein logarithmisches Verhältnis zwischen Reizgröße und Reaktion ergibt. Bemerkt muß dazu werden, daß dieses Gesetz auch für tierische Reaktionen nur innerhalb bestimmter Grenzen Gültigkeit hat, daß es übrigens nur bei sehr wenigen pflanzlichen Bewegungserscheinungen, wenn überhaupt, anwendbar ist. Diese Spezialfälle sollen später näher be-

---

[1] PFEFFER, W.: Die Reizbarkeit der Pflanzen. Verh. Ges. dtsch. Naturforsch. u. Ärzte. Leipzig 1893.

trachtet werden. Noch eins muß aber zum WEBERschen Gesetz bemerkt werden; wenn man einen Mathematiker befragt über den Verlauf irgend-einer willkürlichen Kurve, so wird derselbe sagen, daß sich darin immer wohl eine Strecke befinden wird, deren Verlauf, es sei genau, oder jeden-falls annähernd, einer logarithmischen Gleichung entspricht. Dann würde also von diesem Gesetz nur in dem Falle viel übrig bleiben, wo wirklich über einem längeren Verlauf der Kurve das logarithmische Verhältnis sich auffinden läßt.

Bei dem Reiz wird also die Energie zur Reaktion nicht vom Reiz geliefert, sondern von der Pflanze selbst, wobei dann auch oft gefolgert wird, daß es kein bestimmtes Verhältnis geben könne zwischen der vom Reiz zugeführten Energiemenge und der Größe der Reaktion. Das BLAAUW-FRÖSCHELsche Gesetz, daß bei dem Phototropismus behandelt wird, hat ergeben, daß es sich wenigstens beim Lichtreiz ganz anders verhält, und spätere Befunde haben, wie gesagt, überhaupt ernsten Zweifel aufkommen lassen, ob man den Reizbegriff zu Recht bestehen läßt, ob man nicht viel besser täte, diesen ganzen Begriff, der oft ver-wirrend wirkt, loszulassen. Indessen, so weit sind wir jetzt ganz ent-schieden noch nicht, wenn auch der Rat notwendig ist, sich gegen das Wort Reiz sehr skeptisch zu verhalten.

Einige Begriffe, welche bei der Auffassung der Bewegung als Reiz-erscheinungen in den Vordergrund treten, mögen hier noch kurz erörtert werden; diese können dann in den weiteren Ausführungen benutzt werden ohne daß es fortwährend notwendig ist, deren Bedeutung aufs neue zu erörtern. Bei der ersten Einwirkung des Reizes auf das lebende Protoplasma spricht man von Perzeption, während dasjenige, was sich beobachten läßt, mit dem Namen Reaktion angedeutet wird. Aus der auftretenden Reaktion wird geschlossen auf eine daran vorangehende Perzeption, welche als solche zwar nicht sichtbar ist, aber dennoch als verschieden von der Reaktion aufgefaßt werden kann, wenn ein zeit-licher oder ein örtlicher Unterschied besteht. Zeitlich, wenn die Reak-tion erst einsetzt, nachdem der Reiz einige Zeit eingewirkt hat, örtlich wenn die Reaktion an einem anderen Orte stattfindet, als dort, wo der Reiz den Pflanzenteil direkt trifft. Vorsicht in der Beurteilung dieser Verhältnisse ist zwar sehr geboten, da es oft schwer hält, die genaue Zeit und den genauen Ort der anfangenden Reaktion anzugeben. Bis-weilen muß man sich beschränken auf die mit bloßem Auge gerade noch sichtbare Reaktion, wobei dieselbe allerdings schon lange vorher ihren Anfang genommen haben kann.

Dieselbe Schwierigkeit macht auch die weiter zu nennenden Begriffe oft schwer faßbar. Erstens wird angenommen, daß der Reiz eine gewisse Größe erreichen muß, ehe derselbe perzipiert werden kann. Diese Größe wird dann angedeutet mit dem Namen „Reizschwelle". Bei dieser Reizschwelle kann die Intensität des Reizes eine Rolle spielen, aber auch die Zeit, während welcher ein Reiz von einer bestimmten Intensität einwirken muß, soll derselbe perzipiert werden. Man kann dann von einer Zeitschwelle oder von einer Perzeptionszeit sprechen, wobei immer zu beachten ist, daß diese Zeit von der Intensität des Reizes nicht unabhängig sein kann.

Das sind aber alles ziemlich theoretische Begriffe, während man sich auf festerem Boden befindet, wenn man von einer Präsentationszeit redet, d. h. von der Zeit, während welcher ein Reiz einwirken muß, damit eine für das bloße Auge eben sichtbare Reaktion ausgelöst wird. Wenn diese Begriffsbestimmung zwar etwas an Genauigkeit zu wünschen übrig läßt, da besonders verschiedene Beobachter nicht vollkommen dasselbe verstehen werden unter „eben sichtbar", so hat sich dennoch herausgestellt, daß sich mit dieser Präsentationszeit sehr gut arbeiten läßt: BLAAUW[1] und FRÖSCHEL[2] haben für Lichtkrümmungen zuerst dargetan, daß die Präsentationszeit der Lichtintensität umgekehrt proportionial ist, d. h. daß das Produkt der Präsentationszeit und der Lichtintensität eine konstante ist. Als sich auch für andere Reize, besonders für die Schwerkraft etwas ähnliches ergab, hat man angefangen, speziell in der deutschen Literatur von einem Reizmengengesetz zu reden. Wir werden darüber hier im allgemeinen Teil nicht weiter sprechen, besonders auch weil dieser Begriff „Reizmenge" nur in dem Fall einige Bedeutung haben kann, wenn es sich um eine Energiemenge handelt. Ich komme darauf noch näher zu sprechen bei der Behandlung der einzelnen verschiedenen Reizvorgänge.

Die Zeit, welche vom Anfang der Reizung an bis zum eben Sichtbarwerden der Reaktion verläuft, wird mit dem Namen Reaktionszeit, angedeutet. Auch hier wieder wird nicht jeder Beobachter für denselben Prozeß den gleichen Wert angeben; das hängt teilweise von der Beobachtungsgabe des Forschers ab, aber auch davon, ob er Instrumente benutzt, welche die Bewegung in vergrößerter Form vorführen. Wir werden später noch sehen, daß man sich die Frage gestellt hat, ob die Reaktion nicht vielleicht doch schon augenblicklich bei Anfang der Reizung beginnt, und nur nicht vom ersten Moment an sichtbar ist.

Zwischen Perzeption und Reaktion schieben sich dann verschiedene Vorgänge ein, welche man im allgemeinen als Reizkette bezeichnet. In den letzten Jahren ist man allmählich zur Überzeugung gekommen, daß dabei stoffliche Vorgänge eine Rolle spielen, und daß also auch ein Stofftransport dabei beteiligt sein kann. Es handelt sich dann um Wuchsstoffe, welche im Kapitel über Wachstum schon Erwähnung gefunden haben. Bisweilen wie bei der Sinnpflanze kann dieser Transport auch über vollkommen abgetötete Teile geleitet werden.

Man spricht weiter von der Erregung oder Excitation der lebenden Substanz unter dem Einfluß des Reizes, wobei man dann eigentlich keine klaren Ideen damit verbinden kann. Jedenfalls kann, wenn der Reiz mit seiner Wirksamkeit aufhört, diese Erregung wieder allmählich verschwinden, oder wie man sagt, sie kann ausklingen. Die Zeit, welche ein Pflanzenteil braucht, bis jede Auswirkung des Reizes ver-

---

[1] BLAAUW, A. H.: Rec. Trav. bot. néerl. **5** (1909).
[2] FRÖSCHEL, P.: Sitzgsber. Akad. Wiss. Wien, Math.-naturwiss. Kl. **117**, 1 (1908); **118**, 1 (1909).

schwunden ist, nennt man die **Relaxationszeit**. Die Länge der Relaxationszeit würde in gewisser Hinsicht ein Maß sein für die Größe der Erregung.

Derselbe Pflanzenteil braucht auf einen Reiz von bestimmter Größe nicht immer in derselben Weise zu reagieren. Man spricht dabei von „**Stimmung**" oder „**Tonus**", was dann den Zustand andeutet, worin der Pflanzenteil sich befindet. Diese Stimmung ändert sich z. B. mit dem Alter des Pflanzenteiles, aber auch unter dem Einfluß von anderen oder denselben Reizen. Das besagt ja auch das oben schon genannte WEBERsche Gesetz, insoweit es sich um dieselben Reize handelt. Eine Pflanze, welche längere Zeit im Dunkeln verblieben ist, wird auf viel geringere Lichtmengen reagieren als dieselbe Pflanze, wenn dieselbe schon eine Zeitlang in hellem Lichte gestanden hat. Aber ein Reiz kann auch Einfluß auf die Perzeption eines anderen Reizes ausüben, wie z. B. Licht die Stimmung für den Empfang des Schwerkraftreizes beeinflussen kann. Wir werden derartige Beispiele verschiedentlich kennen lernen. NOLL[1] hat für diese Beeinflussung den Ausdruck „Heterogene Induktion" eingeführt; viel benutzt wird derselbe nicht. Man wird sich jedenfalls immer vor Augen halten müssen, daß dasjenige, was sich in der Natur abspielt, ein äußerst kompliziertes Geschehen ist, wo alle möglicher Bewegungen und Reize sich durchkreuzen, derart, daß es nur in sehr seltenen Fällen möglich ist, eine vollkommene Analyse der stattfindenden Bewegung auszuführen. Es kann auch nicht die Aufgabe eines Lehrbuches der Pflanzenphysiologie sein, die in der Natur vorkommenden Fälle zu behandeln; selbst wenn das möglich wäre, so würde das dennoch zu einer anekdotischen Naturgeschichte führen. Wohl ist Aufgabe der Physiologie, daß soviel wie nur möglich die verschiedenen Hauptbewegungsarten analysiert werden und auch das Zusammenwirken der verschiedenen Reize, soweit dabei Eigentümlichkeiten zutage treten, welche nicht auf einer einfachen Summierung beruhen. Es wird sich also deshalb auch empfehlen, die Umstände unter denen die Beobachtungen stattfinden, möglichst einfach zu gestalten. Bei vielen Untersuchungen hat man das nicht immer genügend ins Auge gefaßt und viel zu komplizierte Fälle der Untersuchung unterzogen, welche sich jedenfalls noch lange einer näheren Analyse widersetzen werden.

Wenn man eine Einteilung der Bewegungen macht, so kann man darunter allenfalls auch diejenigen besprechen, welche von abgestorbenen Pflanzenteilen ausgeführt werden. Dieselben beruhen dann fast stets auf einer ungleichen Imbibition der verschiedenen Teile dieses Organs und sollen darum hier nur am Schluß kurz erwähnt werden. Wir scheiden diese Bewegungen übrigens aber vollkommen von unserer Betrachtung aus, ebenso wie diejenigen, welche nur passiv ausgeführt werden, etwa vom Winde verursacht. Dann werden solche Bewegungen auch nicht behandelt, welche sich im normalen Wachstum manifestieren, da dieselben in dem darüber behandelnden Kapitel schon genügend

---

[1] NOLL, F.: Über heterogene Induktion. Leipzig 1892.

gewürdigt wurden und solche, welche sich innerhalb der Pflanze beim Stofftransport abspielen. Es läßt sich vielleicht behaupten, daß in dieser ganzen Behandlung etwas Gekünsteltes liegt, aber diese ist unumgänglich notwendig, wenn man irgendeine Übersicht der verschiedenen Bewegungen erhalten will.

Es bleiben also zur Behandlung übrig: die Bewegungen des Protoplasmas innerhalb der Zelle, wobei wieder alle Bewegung, welche mit Kern- und Zellteilung zu tun hat, unbesprochen bleibt, die Bewegungen freilebender Zellen oder Zellkomplexe, welche selbständig ihren Standort wechseln können, und die Krümmungsbewegungen der höheren Pflanzen.

In allen diesen Fällen kann man Unterschied machen zwischen autonomen und aitiogenen oder Reizbewegungen. Bei den autonomen Bewegungen ist die Ursache der Bewegung oder der Änderung der Bewegung in dem bewegenden Teil selbst zu suchen; sie werden also auch ausgeführt, wenn die äußeren Umstände absolut konstant gehalten werden. Es ist sehr fraglich, ob es überhaupt solche vollkommen autonome Bewegungen gibt; die Untersuchung ist deshalb so schwierig, weil, auch wenn es uns gelingen würde, die äußeren Umstände während längerer Zeit vollkommen konstant zu halten, das doch nur für eine ganze Pflanze gilt und nicht für die einzelnen Teile der Pflanzen, welche einander in verschiedener Hinsicht beeinflussen können. Davon werden wir verschiedentlich Beispiele kennen lernen; dort wird diese Frage noch einmal unter die Augen gesehen.

Wenn bei Zellen oder Gruppen von Zellen mit eigener Ortsbewegung die Richtung dieser Bewegung nicht mehr regellos ist, sondern von irgendeiner äußeren Ursache gerichtet wird, so spricht man von Taxis. Dieses Wort wird dann in Zusammensetzungen benutzt, wobei die Ursache der Richtung, welche also hier als Reiz wirkt, als Präfixum benutzt wird. Z. B. wenn es sich um Licht handelt, spricht man von Phototaxis, bei irgendeiner chemischen Substanz von Chemotaxis usw.

Die Bewegungen der Organe höherer Pflanzen, welche sich als Krümmungen demonstrieren, können entweder die Folge sein eines ungleichen Wachstums der zwei Seiten eines Organes; dann spricht man von Wachstumskrümmungen oder mit Hugo de Vries von auxotonischen Bewegungen. Es kann sich aber auch um Turgoränderungen handeln, welche nach einiger Zeit wieder rückgängig gemacht werden, dann spricht man von Variationskrümmungen oder allassotonischen Bewegungen.

Damit soll nicht gesagt werden, daß eine Wachstumskrümmung nie wieder rückgängig gemacht werden kann. Das geschieht dann aber immer derart, daß jetzt die gegenüberliegende Seite zu wachsen anfängt und daß infolgedessen eine Geradestreckung eintritt. Man spricht dann vom Autotropismus oder auch wohl von Rektipetalität. Bei den Variationsbewegungen kann zwar auch die Seite, welche sich erst nicht gedehnt hatte, späterhin einer Dehnung unterworfen sein, aber zu gleicher Zeit wird dann die Dehnung der anderen Seite wieder aufgehoben, während Wachstum natürlich nicht reversibel ist.

Es ist dabei lange fraglich geblieben, was bei diesem Wachstum sich primär ändern würde, ob nicht auch hier in erster Instanz an eine Änderung des Turgors gedacht werden muß. Besonders HUGO DE VRIES[1] hat das ausgesprochen und sich dabei speziell gestützt auf Versuche mit Ranken von Sicyos angulata. Wenn man solche, welche eben angefangen haben, sich infolge eines Kontaktreizes zu krümmen, mit einem Plasmolytikum behandelt, so kann die Krümmung wieder rückgängig gemacht werden und andererseits wenn unter der Luftpumpe Wasser injiziert wird, so wird die Krümmung außerordentlich verstärkt zur Äußerung kommen. Was dabei als Ursache der Krümmung zu betrachten ist, eine Änderung im osmotischen Verhalten des Zellsaftes oder in der Dehnbarkeit der Zellhaut, das ließ sich aus diesem Versuche nicht herauslesen.

Dahingegen haben ERRÉRA und besonders LAURENT[2] wohl zuerst darauf hingewiesen, daß bei einzelligen Organen, welche sich krümmen, die Dehnbarkeit der Membran offenbar eine große Rolle spielen muß, wobei damals nicht unterschieden wurde zwischen elastischer und plastischer Dehnbarkeit. Man denke sich nur einen Sporangienträger von Phycomyces, welcher sich infolge eines äußeren Reizes krümmt, so kann man diese Krümmung nach LAURENT nur erklären durch eine einseitige Änderung der Beschaffenheit der Zellhaut. LAURENT denkt sich dabei eine einseitige Enzymausscheidung, welche dort der Zellhaut eine größere Dehnbarkeit verleihen würde.

Wir haben bei der Besprechung des Wachstums gesehen, daß man sich beim Wachstum eine Änderung der Plastizität der Zellhaut durch den Wuchsstoff denken muß und bei der näheren Behandlung von Phototropismus und Geotropismus wird sich herausstellen, daß auch dort an Dehnbarkeitsänderungen der Zellmembranen zu denken wäre.

Wenn eine Krümmungsbewegung von einem äußeren Reiz ausgelöst wird, kann das in zweierlei Art geschehen. Entweder die Art und Weise wie die Bewegung vollzogen wird, ist von der Art des sich krümmenden Organes vollkommen bestimmt; der äußere Reiz ist nun die Veranlassung, daß immer wieder dieselbe Bewegung ausgeführt wird; z. B. eine Blattfläche, welche sich stets nur in der Symmetrieebene auf und ab bewegen kann. In dem Fall benutzt man das Wort Nastie, welches abgeleitet ist von den später zu besprechenden autonomen Bewegungen Epi- und Hyponastie. Man benutzt dann ein Präfixum, welches die Art des Reizes, der die Bewegung auslöst, andeutet, kann also von Photonastie, Thermonastie usw. reden.

Die zweite Art und Weise, in welcher die Bewegung stattfinden kann, wird zwar selbstverständlich auch bestimmt durch den inneren Bau des sich krümmenden Organes, aber daneben von der Richtung, in welcher der Reiz auf das Organ einwirkt, solcherart, daß diese Krümmung nur dann zustande kommt, wenn der Reiz einseitig einwirkt, nicht dagegen

---

[1] DE VRIES, H.: Arch. Néerl. Sci. exactes et natur. 15 (1880).
[2] LAURENT, E.: Bull. Acad. roy. Belg., 3. sér., 10. Bruxelles 1885.

bei allseitig gleicher Reizung. Während in diesem Falle die Nastie wohl zustande kommt, findet dann keine „tropistische" Krümmung statt. Man verbindet auch hier das Wort Tropismus mit dem Namen der Kraft, welcher die Bewegung auslöst, spricht also vom Phototropismus, Chemotropismus usw. Da aber hier die Richtung der Krümmung auch eine Rolle spielt, kommt dann noch etwas hinzu. Man spricht dann von positivem, negativem oder Transversaltropismus, je nachdem die Krümmung nach der Reizursache hin gerichtet ist, oder davon abgewendet oder einen bestimmten Winkel, oft 90⁰, mit dieser Richtung macht. DARWIN[1] hat dafür eine andere Ausdrucksweise vorgeschlagen, nämlich Tropismus schlechthin für positiver, Apo-Tropismus für negativer und Dia-Tropismus für Transversalkrümmung. Dieser Vorschlag hat übrigens nicht sehr viel Anklang gefunden.

Man kann auch mit SACHS[2] alle positiven und negativen Organe, welche sich also in der Richtung des Reizes stellen „orthotrop" nennen, einen Ausdruck, den PFEFFER später durch parallelotrop ersetzt hat. Alle übrigen Teile sind dann plagiotrop. Gewöhnlich verhält ein Pflanzenteil sich gegenüber verschiedenen richtenden Reizen ähnlich, also orthotrop sowohl gegenüber dem Licht als z. B. der Schwerkraft. Allgemein kann man ausssagen, daß alle dorsiventralen Pflanzenteile plagiotrop sind. In dieser Weise ist z. B. der Hauptstamm der Fichte, welcher vertikal aufwärts wächst, orthotrop, während die horizontalen Seitensprosse plagiotrop sind. Umgekehrt besteht die Meinung, daß nicht alle plagiotropen Teile dorsiventral gebaut sind; z. B. ist die Hauptwurzel eines Wurzelsystems, welche vertikal abwärts wächst, orthotrop, dagegen sind die Seitenwurzeln plagiotrop, während sie dennoch keine dorsiventrale Struktur besitzen; besser wäre es wohl zu sagen, daß sich die Dorsiventralität anatomisch nicht nachweisen läßt. In der letzten Zeit hat man versucht, den Plagiotropismus, speziell wo es sich um die Auslösung des Schwerkraftreizes handelt, durch ein Zusammenarbeiten von positivem und negativem Tropismus zu erklären. Bei der Behandlung des Geotropismus wird näher darauf zurückgekommen werden.

Bei den Versuchen über tropistische Krümmung hat sich ein Apparat als unentbehrlich in den botanischen Instituten herausgestellt, dessen Benutzung von SACHS[2] zuerst vorgeschlagen wurde, nämlich der Klinostat. In letzter Instanz ist dieser nichts anders als eine langsam aber sehr regelmäßig rotierende Achse, welcher man jede willkürliche Stellung zur Vertikalen geben kann. Wenn man nämlich eine Pflanze auf solch einer Achse befestigt und diese Achse senkrecht zur als Reiz wirkenden Kraft stellt, so durchläuft die Pflanze allmählich alle Winkel von 0⁰ bis 360⁰ gegenüber dieser Kraft. Es wird also stets einander reziproke Lagen geben wie 0⁰ und 180⁰, 10⁰ und 190⁰ usw., wo der Reiz gerade entgegengesetzt auf die Pflanze einwirken muß und wo die verschiedenen Krümmungsneigungen sich also gegenseitig werden aufheben. D. h. also

---

[1] DARWIN, CH.: The power of movement in plants. London 1880.
[2] SACHS, J.: Arb. bot. Inst. Würzburg **2** (1879).

der Pflanzenteil wird, wenn er orthotrop ist, keine tropistische Krümmung aufweisen.

Für dorsiventrale Organe gilt das Gesagte meistens nicht, da dieselben an der dorsalen und an der ventralen Seite verschiedene Sensibilität gegenüber dem Reiz besitzen, so daß die gegenseitigen Reizwirkungen sich nicht im Gleichgewicht halten werden. Steht die Achse des Klinostaten nicht senkrecht auf die auslösende Kraft, so braucht bei orthotropen Pflanzenteilen dennoch keine tropistische Krümmung zu resultieren, wenn nur der Pflanzenteil der Achse parallel gestellt ist; das ist aber nicht mehr der Fall, sobald dieser Teil dann auch nur den kleinsten Winkel mit der Achse bildet. Das wird jeder leicht einsehen können, der sich die Sache einen Augenblick näher überlegt; ich komme darauf noch zurück bei der Besprechung des Geotropismus. Was hier über die Theorie der Klinostaten mitgeteilt wird, ist wohl die allgemein angenommene Ansicht. Inzwischen haben einige Forscher eine andere Meinung verteidigt, z. B. CZAPEK[1] und KONINGSBERGER[2]. Dieselben behaupten, daß die Krümmung deshalb nicht ausgeführt wird, weil der Reiz auf dem Klinostaten nicht perzipiert würde, da der Pflanzenteil zu kurze Zeit in jeder Reizlage verbleiben würde. Indessen scheint mir diese Theorie nicht haltbar zu sein, schon deshalb nicht, weil, wie VAN HARREVELD[3] hat zeigen können, schon die geringste Unregelmäßigkeit im Laufe des Klinostaten Veranlassung zu Krümmungen gibt. Dasselbe läßt sich sagen, wenn die Achse der Kraft, welche als Reiz wirkt, nicht genau senkrecht gestellt ist, ganz besonders wenn die Pflanzenteile derart gestellt sind, daß sie in einer zur Klinostatenachse senkrechten Ebene zu liegen kommen.

Aus dem hier Gesagten läßt sich schließen, daß ein Klinostat peinlichst genau arbeiten muß; sonst kann man grobe Versuchsfehler erhalten. Es hat sich herausgestellt, daß kein Klinostat, welcher von einem Uhrwerk mit Feder getrieben wird, dieser Forderung entspricht, ganz speziell, wenn nicht allzu leichte Gegenstände darauf befestigt werden, da die Ausbalancierung dann fast unmöglich wird. Die neueren Klinostaten werden daher alle von einem fallenden Gewichte oder von einem Elektromotor getrieben. Ein solches Instrument, welches sich im Utrechter botanischen Institut vortrefflich bewährt hat, ist der Klinostat DE BOUTER[4]. Derselbe wird von einem Elektromotor getrieben, der dem städtischen Netz eingefügt ist. Um die verschiedene Spannung dieses Netzes zu eliminieren, ist in dem Strom mit Relais eine Sekundenuhr angebracht, welche jede Sekunde einen Widerstand einschaltet, der die Bewegung etwas verlangsamt, während daraufhin dieser Widerstand wieder mechanisch ausgeschaltet wird, womit die Bewegung wieder etwas beschleunigt wird. Durch einige Überführungen wird diese Bewegung vollkommen regelmäßig. Es soll indessen nicht gesagt sein,

---

[1] CZAPEK, FR.: Jb. Bot. **32** (1898).
[2] KONINGSBERGER, V. J.: Rec. Trav. bot. néerl. **19** (1922).
[3] VAN HARREVELD, PH.: Rec. Trav. bot. néerl. **3** (1907).
[4] WENT, F. A. F. C.: Proc. Kon. Akad. Wetensch. Amsterd. **25** (1922).

daß nicht auch andere elektrische Klinostaten sich bewährt haben; ganz speziell kann hier auch der Apparat NUERNBERGKS genannt werden[1]. Von F. DARWIN[2], aber speziell von FITTING[3] wurde ein Apparat in die Reizphysiologie eingeführt, der den Namen „intermittierender Klinostat" erhielt. Der Name kann irreführen; deshalb sei hier vorangestellt, daß dieser Apparat bezweckt, irgendeinen Pflanzenteil in zwei mit der Reizursache verschiedene selbstgewählte Winkel und außerdem während ebenfalls verschiedener regulierbarer Zeiten zu untersuchen. Zwischen diesen beiden Winkeln wird die Pflanze dann schnell rotiert. FITTING hat den gewöhnlichen PFEFFERschen Klinostaten benutzt, um die verschiedenen Stellungen einzuschalten. Indessen hat sich die Unzulänglichkeit des PFEFFERschen Instrumentes hinlänglich ergeben und deshalb wird man jetzt auch besser einen anderen intermittierenden Apparat benutzen. Bei uns hat sich der intermittierende Klinostat von DE BOUTER ausgezeichnet bewährt[4]. Sein Prinzip besteht darin, daß eine Scheibe, welche von einer Sekundenuhr getrieben wird, mit Zähnen versehen ist, welche man derart stellen kann, daß dieselben zu verschiedenen Zeiten einen Quecksilberkontakt herstellen. Der dadurch geschlossene Strom wirkt auf einen Elektromagneten, der einen Hebelarm in Bewegung bringt; das andere Ende dieses Hebels, welches in einen Zahn endet, wird dadurch aus dem Rand einer Scheibe gezogen. Die Bewegung dieser Scheibe, welche von einem Elektromotor getrieben wird, wird jetzt möglich, und zwar so lange bis der Zahn wieder in einen neuen Einschnitt des Scheibenrandes einspringt. Eine nähere Beschreibung des Apparates kann hier übergangen werden, da derjenige, der den Apparat benutzen will, doch die ausführliche Beschreibung nachlesen muß.

Hier sei in dieser allgemeinen einleitenden Besprechung noch einen Augenblick auf den Autotropismus hingewiesen[5]. Wie gesagt, besteht diese Erscheinung darin, daß Pflanzenteile, welche durch abweichendes Wachstum eine andere Form erhielten, sobald die Ursache dieser Veränderung verschwunden ist, den Versuch machen, ihre frühere Gestalt wieder anzunehmen. Man sieht denselben natürlich am besten, wenn durch Rotation auf einem Klinostaten andere Krümmungen ausgeschlossen sind. Es versteht sich, daß man den Autotropismus nur dann antrifft, wenn das Wachstum noch nicht ganz erloschen ist, da sonst die eingetretene Krümmung erhalten bleibt.

Bevor wir eine Erklärung versuchen, mag noch darauf hingewiesen werden, daß es sich hier um einen zwar einfachen, aber immerhin sehr deutlichen Fall handelt, wo wir uns mit dem Problem der Form beschäftigen. In letzter Instanz gehört die Frage des Autotropismus also zur Morphologie, aber dann zur experimentellen Morphologie.

---

[1] NUERNBERGK, E.: Ber. dtsch. bot. Ges. **47** (1929).
[2] DARWIN, F.: Ann. of Bot. **6** (1892).
[3] FITTING, H.: Jb. Bot. **41** (1905).
[4] WENT, F. A. F. C.: Proc. Kon. Akad. Wetensch. Amsterd. **32** (1929).
[5] Siehe PISEK, A.: Jb. Bot. **65** (1926).

Bevor wir zur Analyse des Autotropismus schreiten, müssen wir erst feststellen, daß bei den Wachstumskrümmungen wohl überall der Wuchsstoff eine Rolle spielt. Bei der Besprechung des Wachstums haben wir den Schluß gezogen: Ohne Wuchsstoff kein Wachstum, und es versteht sich also wohl, daß die weitere Folgerung gemacht werden muß: Ohne Wuchsstoff keine Wachstumskrümmung. Untersuchungen, welche beim Phototropismus und beim Geotropismus näher besprochen werden sollen, haben ergeben, daß die Ursache dieser Tropismen in einer ungleichen Verteilung des Wuchsstoffes zu suchen ist. Weil an der einen Seite eines Organs mehr Wuchsstoff vorhanden ist (bzw. transportiert wird) als an der gegenüberliegenden, wächst diese Seite rascher. Warum findet nun aber daraufhin, nachdem der Reiz mit seiner Wirkung aufgehört hat, der umgekehrte Prozeß des Autotropismus statt, der zu einer Rückkrümmung führt?

Wir verdanken den Untersuchungen DOLKS[1] eine Aufklärung in dieser Frage. Derselbe hat erstens untersucht, wie dekapitierte Haferkoleoptilen sich verhalten, wenn man ihnen einseitig Agarwürfelchen mit Wuchsstoff aufsetzt. Wir haben in dem Kapitel über Wachstum schon gesehen, daß sich dann als Folge der ungleichen Wuchsstoffverteilung eine Krümmung offenbart. Diese Krümmung fängt an der Spitze an und läuft von dort allmählich abwärts; infolgedessen krümmen sich jetzt auch die basalen Zonen mehr und mehr. Inzwischen bemerkt man, daß nach einiger Zeit die apikalen Zonen anfangen, sich wieder geradezustrecken und daß diese Geradestreckung auch wieder an der Spitze anfängt und von dort nach der Basis hinabläuft. Wenn man nun genau die Zeit nach Anfang des Versuchs, worin diese Geradstreckung anfängt, bestimmt, so stellt sich heraus, daß dies der Fall ist ungefähr 150 Minuten nach der Dekapitation. Aus den Besprechungen im Kapitel über Wachstum ging hervor, daß bei dekapitierten Keimlingen mit der Spitze auch der Wuchsstoff entfernt wird, daß aber späterhin in der Nähe der Schnittfläche Regeneration dieses Wuchsstoffes stattfindet und daß diese Regeneration eben etwa 150 Minuten nach der Dekapitation anfängt bemerklich zu werden.

Es stellt sich also heraus, daß bei diesen dekapitierten Keimlingen die autotropische Rückkrümmung mit der Regeneration des Wuchsstoffes am apikalen Ende im Zusammenhang steht. Bei der Besprechung des Geotropismus werden wir übrigens weitere Belege für diese Behauptung erhalten. Jetzt fragt es sich nur, ob man denn hierin eine Erklärung des Autotropismus finden kann; das gelingt folgendermaßen.

Wir haben früher schon bei der Behandlung des Wuchsstoffes gesehen, daß dieser die Größe des Wachstums bestimmen kann, daß aber, wenn derselbe in genügender Menge vorhanden ist, andere Umstände begrenzend auftreten können. Ganz speziell handelt es sich dabei um dasjenige, was WENT jr. Zellstreckungsmaterial genannt hat, also um die Substanzen, welche bei der Zellstreckung verbraucht werden, in

---

[1] DOLK, H. E.: Geotropie en groeistof. Diss. Utrecht 1930.

erster Linie Wasser, aber weiter die löslichen Bestandteile des Zellsaftes, diejenigen, welche zur Bildung der Zellhaut benutzt werden usw. Es handelt sich hierbei offenbar um einen sehr komplexen Begriff, den wir aber vorläufig einmal als etwas Einheitliches betrachten wollen.

Wenn nun eine Krümmung in irgendeiner Zone stattfindet, weil an der einen Seite mehr Wuchsstoff vorhanden ist als an der anderen, so wird dort bei dem stärkeren Wachstum auch mehr Zellstreckungsmaterial verbraucht werden als an der anderen Seite. Der Fall kann sich also ereignen, daß nach der Krümmung die konvexe Seite ein Defizit an Zellstreckungsmaterial enthält, während dasselbe dahingegen an der konkaven Seite in unveränderter Menge erhalten geblieben ist. Wenn jetzt zu beiden Seiten wieder gleichmäßig Wuchsstoff zuströmt, so wird infolge dieser veränderten Umstände die früher konkave Seite jetzt mehr wachsen müssen als die früher konvexe, infolgedessen wird die Krümmung geringer werden, bzw. eine Geradestreckung stattfinden, ja selbst eine Überkrümmung nach der anderen Seite hin kann bisweilen zustande kommen.

In dieser Weise läßt sich zurechtlegen, daß sobald nach einer Krümmung, welche auf ungleicher Verteilung des Wuchsstoffes zurückzuführen ist, wieder aufs neue Wuchsstoff zugeführt wird, die Geradestreckung der gebogenen Teile einen Anfang nehmen muß. Wann in intakten Pflanzen diese regelmäßige Wuchsstoffzunahme aufs neue anfängt, wissen wir bis jetzt nicht; wir können hierüber nur etwas erfahren bei dekapitierten Keimlingen und dort stimmt die Zeit des Anfangs der Geradestreckung mit der Regenerierung des Wuchsstoffes.

Bei den Variationsbewegungen, wo es sich um Änderungen des osmotischen Wertes handelt, kann natürlich von einer geänderten Wuchsstoffverteilung nicht die Rede sein; dort wird in erster Instanz an eine veränderte Permeabilität des Protoplasmas zu denken sein. Wir werden das bei der Besprechung dieser Bewegungen noch näher erörtern. Es ist indessen nicht ausgeschlossen, daß dieselbe auch eine Rolle spielt bei den tropistischen Wachstumskrümmungen; das wurde zuerst von TRÖNDLE[1] behauptet. Indessen hat FITTING[2] späterhin zeigen können, daß seinen Zahlen nicht viel Beweiskraft zukommt, ebensowenig wie denen LEPESCHKINS[3]. Wir haben das früher beim Wachstum schon besprochen und auch gesehen, daß vielleicht durch Versuche der letzten Jahre dieser Erklärungsversuch etwas besser begründet wurde als früher der Fall war.

Übrigens läßt sich diese Permeabilitätsänderung als Erklärungsversuch vielleicht noch am meisten in den Vordergrund bringen bei der Lichtreizung der basalen Zonen der Haferkoleoptilen. Bei der Besprechung des Wachstums haben wir gesehen, daß man bei Haferkeimlingen zwei verschiedene Photowachstumsreaktionen unterscheiden kann, von denen die eine nur in der Spitze perzipiert wird, die andere wahr-

---

[1] TRÖNDLE, A.: Jb. Bot. **48** (1910).
[2] FITTING, H.: Jb. Bot. **57** (1917).
[3] LEPESCHKIN, W.: Beih. Bot. Zbl. **24** (1909).

scheinlich in der ganzen Koleoptile, jedenfalls in den mehr basalen Zonen unterhalb der Spitze. Während erstere auf die Abnahme des Wuchsstoffes zu beruhen scheint, deshalb auch nur ganz allmählich sichtbar wird in dem Maße als der Wuchsstoff nach den basalen Zonen hin transportiert wird, verhält es sich anders mit der ersteren. Speziell VAN DILLEWIJN[1] hat die Geschwindigkeit, womit diese Reaktion sichtbar wird in Zusammenhang gebracht mit einer Änderung der Permeabilität des Protoplasmas und seine weiteren Versuche haben Resultate ergeben, welche in der Richtung gedeutet werden können.

Diese etwas langen einleitenden Bemerkungen waren notwendig, bevor wir zur Besprechung der eigentlichen Bewegungserscheinungen schreiten konnten. Vieles wird bei der mehr detaillierten Behandlung besser verstanden werden als in dieser allgemeinen Einleitung möglich war; es wird also verschiedentlich auf das hier Besprochene zurückzugreifen sein.

Die Behandlung wird sich derart gestalten, daß Wachstums- und Variationsbewegungen nicht gesondert behandelt werden, dagegen empfiehlt es sich, den Tropismen und den Nastien einen speziellen Abschnitt zu widmen. Allgemeines kann dabei außer Betracht bleiben, da es in diesen einleitenden Bemerkungen schon genügend behandelt wurde. Es werden also die Tropismen nach einander beprochen und zwar der Phototropismus und der Geotropismus zuerst als diejenigen, welche am besten bekannt sind. Die anderen Tropismen (Thermotropismus, Chemotropismus, Galvanotropismus, Traumatotropismus, Hydrotropismus und Rheotropismus) sollen dann viel kürzer behandelt werden, weil die Zahl der Untersuchungen, welche sich mit diesen beschäftigen, verhältnismäßig gering ist; bisweilen sind nur die ersten Anfänge einer Analyse vorhanden. Daran werden sich dann anschließen die Bewegungen der Ranken und der Schlingpflanzen. Darauf werden autonome Bewegungen und Nastien besprochen, wobei Nyktinastie und Seismonastie ganz speziell in den Vordergrund gebracht werden sollen, dagegen die anderen weniger untersuchten induzierten Nastien nur eine ganz kurze Behandlung erfahren werden.

Daran wird sich dann anschließen die Behandlung der Protoplasmabewegungen in behäuteten Zellen, also Rotation und Zirkulation, Aggregation, Bewegungen der Chromatophoren usw. Ferner die Ortsbewegungen freier Zellen oder Zellgruppen, wie die amoeboide, die Cilienbewegung und die Ortsverlagerung der Diatomeae, Cyanophyceae usw. Daraufhin werden dann Chemotaxis, Phototaxis usw. besprochen. Endlich soll dann noch ganz kurz gehandelt werden über die hygroskopischen und Schleuderbewegungen, welche bei der Ausstreuung von Sporen und Samen oft eine so große Rolle spielen.

Phototropismus. Es ist eine allgemein bekannte Tatsache, daß die Pflanzen im einseitigen Lichte eine bestimmte Stellung gegenüber diesem Licht einnehmen; besonders bei Pflanzen, welche in einem

---

[1] VAN DILLEWIJN, C.: Rec. Trav. bot. néerl. **24** (1927).

Zimmer gezogen werden und nur von der Fensterseite her Licht empfangen, läßt sich das leicht beobachten. Früher hat man diese Erscheinung mit dem Namen Heliotropismus bezeichnet, in den letzten Jahren hat sich dagegen das Wort Phototropismus mehr und mehr eingebürgert, weil es sich doch um eine bestimmte Stellung zum Licht im allgemeinen handelt, unabhängig von der Frage, ob dieses von der Sonne herkommt; man liest jetzt nur selten mehr von Heliotropismus.

Bekanntlich sind viele Stengel bei dem gewöhnlichen Tageslicht positiv phototropisch, viele Blattscheiben transversal phototropisch, während dagegen negativer Phototropismus nicht so leicht zu finden ist. Indessen kann man diesen bei einigen Wurzeln beobachten, z. B. von Sinapispflanzen; die meisten Erdwurzeln sind überhaupt nicht phototropisch. Bei verschiedenen Luftwurzeln hat WIESNER[1] negativen Phototropismus konstatiert; es fragt sich aber, ob das bei einer Nachuntersuchung eine Bestätigung finden wird. Als negativ phototropische einzellige Organe wären die Rhizoide der Lebermoose zu nennen. Wir werden aber bald erfahren, daß es Organe gibt, welche verschieden reagieren können, es sei positiv oder negativ, je nach der Lichtmenge, welche einseitig einwirkt.

Wir wollen uns zuerst den beststudierten Objekten zuwenden und nachsehen, was darüber bis jetzt bekannt wurde, daraufhin kann dann anschließend kurz berichtet werden über dasjenige, was mehr oberflächlich untersucht wurde. Diese beststudierten Objekte sind Keimlinge, in erster Instanz solche von Gramineae; dort wurden wieder am meisten benutzt die Haferkoleoptilen. Daneben dann noch Helianthus- und einige andere Keimlinge und die Sporangienträger von Phycomyces nitens (oder, wie er jetzt wohl heißen soll Ph. Blakesleeanus) und von einigen anderen Mucorineae. Das Studium der Graskeimlinge wurde wohl zuerst ausgeführt von DARWIN[2], dann aber ganz besonders von ROTHERT[3]. Hier ist es die Koleoptile, welche eine sehr hohe Empfindlichkeit gegen einseitige Beleuchtung zeigt, aber nur so lange, bis das erste Blatt hervorbricht.

Es mag wohl noch einmal hervorgehoben werden, daß bei der Keimung der Gräser sich zuerst ein zylindrisches, an der Spitze verjüngtes und dort geschlossenes Gebilde zeigt, welches mit dem Namen Koleoptile angedeutet wird. Im Innern dieser Koleoptile entwickelt sich das erste Blatt, welches späterhin die Koleoptile durchbricht, womit deren Wachstum dann auch zum Stillstand kommt. Unterhalb der Koleoptile kann bisweilen ein sehr deutliches Hypokotyl zur Ausbildung kommen.

Besonders im etiolierten Zustande sind die Koleoptilen, wenn sie aus dem Dunkelzimmer kommen, außerordentlich empfindlich für einseitige Belichtung. Dabei macht sich aber bisweilen die unangenehme Eigenschaft des Hypokotyls bemerklich, lang auswachsen zu können

---

[1] WIESNER, J.: Sitzgsber. Akad. Wiss. Wien, Math.-naturwiss. Kl. 81, Abt. I (1880).

[2] DARWIN, CH.: The power of movement in plants. London 1880. .

[3] ROTHERT, W.: Cohns Beitr. Biol. Pflanzen 7 (1896).

und starke Krümmungen auszuführen, wodurch das Material für die phototropischen Versuche natürlich unbrauchbar wird. Verschiedene Forscher haben versucht, diesen Fehler zu beseitigen, aber erst seit kurzem ist man durch Lange[1] und besonders durch du Buy und Nuernbergk[2] zu dem Schluß gekommen, daß Zufuhr von langwelligen sogenannten Wärmestrahlen oder Erhitzung während vier Stunden, etwa 24 Stunden nach Anfang des Quellens der Samen genügt, um dem Auswachsen des Hypokotyls mit allen seinen unangenehmen Folgen vorzubeugen.

Bekanntlich ist die Koleoptile der meisten Gräser auf dem Querschnitt kein vollkommener Kreis, sondern mehr elliptisch, da die zwei Durchmesser nicht dieselbe Länge haben. Im Zusammenhang damit steht, daß die von der Spitze ausgeführten Nutationen, welche man gewöhnlich für autonom hält, in diesen zwei Richtungen nicht denselben Ausschlag geben. Damit die Nutationen so wenig wie nur möglich die phototropischen Versuche beeinträchtigen, müssen letztere immer derart ausgeführt werden, daß das Licht senkrecht zur langen Achse der Nutation einfällt. Übrigens haben du Buy und Nuernbergk[3] vor kurzem gefunden, daß die Reaktion auf dieselbe Lichtmenge verschieden ist, je nachdem das Licht auf die kurze oder die lange Achse des Querschnittes senkrecht einfällt, was sich vielleicht dadurch erklären läßt, daß die Fläche, welche das Licht empfängt, dann selbstverständlich ungleich ist. Dann mag noch darauf hingewiesen werden, daß die Koleoptile von Avena eine gewisse Dorsiventralität besitzt, wie Bremekamp[4] und Lange[5], später Pisek[6] gefunden haben, und daß diese Veranlassung sein kann zu einer Dorsiventralitätskrümmung, wenn solche Koleoptilen während längerer Zeit auf der horizontalen Klinostatenachse rotiert werden. Diese Dorsiventralität beruht, wie du Buy und Nuernbergk[7] fanden, darauf, daß die vom Korn abgekehrte Seite nur wenige Zellreihen enthält, die dem Korn zugewandte dahingegen viele.

Aber lassen wir diese Details dahingestellt, da sie eigentlich nur bei der Ausführung der Versuche in Betracht kommen und wenden wir uns erst zu diesen Versuchen selbst. Wenn man einen Graskeimling einseitig beleuchtet, krümmt derselbe sich meistens nach der Lichtquelle hin. Dazu braucht das Licht aber nicht dauernd einzuwirken. Man kann die Pflanzen während kurzer Zeit belichten und sie nachher im Dunkeln hinstellen. Auch dann kommt die Krümmung nachher zustande; Perzeption und Reaktion sind dann also geschieden. Man benutzt den

---

[1] Lange, S.: Jb. Bot. **71** (1929).

[2] du Buy, H. G. u. E. Nuernbergk: Proc. Kon. Akad. Wetensch. Amsterd. **32** (1929).

[3] du Buy, H. G. u. E. Nuernbergk: Proc. Kon. Akad. Wetensch. Amsterd. **33** (1930).

[4] Bremekamp, C. E. B.: Ber. dtsch. bot. Ges. **43** (1925).

[5] Lange, S.: Ber. dtsch. bot. Ges. **43** (1925).

[6] Pisek, H.: Jb. Bot. **55** (1926).

[7] du Buy, H. G. u. E. Nuernbergk: Proc. Kon. Akad. Wetensch. Amsterd. **33** (1930).

Ausdruck „Nachwirkung", um die Beeinflussung durch das einseitige
Licht anzudeuten. Es versteht sich, daß nicht jede Lichtmenge diese
Nachwirkung hervorruft. Aus Untersuchungen von BLAAUW[1] und
FRÖSCHEL[2] ist hervorgegangen, daß eine ganz bestimmte Lichtmenge
erforderlich ist zum Hervorrufen einer eben noch sichtbaren positiven
Krümmung, und zwar für Haferkoleoptilen etwa 20 MKS, d. h. wenn
man die Intensität des Lichtes in Meterkerzen angibt und die Dauer der
Beleuchtung in Sekunden, so handelt es sich um das Produkt dieser
beiden Zahlen, also um eine Energiemenge. Es versteht sich, daß diese
Bezeichnung: eben sichtbare Krümmung, nicht scharf umschrieben ist,
daß sie nicht nur für jeden Beobachter etwas anderes bedeuten kann,
sondern auch für den einzelnen Beobachter nicht immer scharf definiert
werden kann. Wenn man mit einem Mikroskop die einseitig belichtete
Koleoptilspitze beobachtet, so sieht man schon lange bevor diese mit
dem bloßen Auge sichtbare Krümmung auftritt, eine Krümmung, welche
sich anfänglich als eine Spitzenasymmetrie bemerklich macht. In der
Tat hat ARISZ[3] schon bei 1,4 MKS den Einfluß des einseitigen Lichtes
feststellen können. Und niemand kann sagen, daß man damit eine
Grenze erreicht hat; es hält außerordentlich schwer, zufällige Asymme-
trien der Spitze, wie sie auch bei den Nutationen auftreten, von dem
wirklichen Phototropismus zu unterscheiden. Es ist also unmöglich anzugeben, daß unterhalb einer bestimmten Lichtmenge eine Reaktion
nicht mehr eintritt, daß hier also ein Schwellenwert bestehen würde.
Theoretisch kann man zwar einen solchen Schwellenwert für den Reiz
fordern, aber es läßt sich bis jetzt experimentell nicht beweisen, daß ein
solcher wirklich zu Recht angenommen wird.

Bevor wir die Frage beantworten, was geschieht, wenn wir mit
anderen Lichtmengen einseitig beleuchten, müssen wir erst wissen, wie
der Verlauf der phototropischen Reaktion stattfindet. Erstens muß
dabei konstatiert werden, daß dieselbe eine Wachstumsreaktion ist; der
von der Lichtquelle abgekehrte Teil wächst schneller als der dem Lichte
zugekehrte. Man kann das durch Messung leicht feststellen. Wenn man
mehr davon wissen will, so muß man die verschiedenen Zonen der
Koleoptile in irgendeiner Weise bezeichnen und dann nachher das Wachstum der einzelnen Zonen an Vorder- und Hinterseite messen. Das ist
von DU BUY und NUERNBERGK[4] geschehen, indem sie mit Paraffinöl
Staniolmarken an die Koleoptile festklebten und dann nachher in bestimmten Zeitintervallen mit rotem Lichte auf für rot sensibilisierte
Filme photographische Aufnahmen machten, welche dann später ausgemessen wurden. In dieser Art hat sich dasjenige bestätigen lassen,
was von ARISZ[5] auf Grund von viel weniger verfeinerten Methoden schon

[1] BLAAUW, A. H.: Rec. Trav. bot. néerl. **5** (1909).

[2] FRÖSCHEL, P.: Sitzgsber. Akad. Wiss., Wien, Math.-naturwiss. Kl. **117**
(1908); **118** (1909).

[3] ARISZ, W. H.: Rec. Trav. bot. néerl. **12** (1915).

[4] DU BUY, H. G. u. E. NUERNBERGK: Proc. Kon. Akad. Wetensch. Amsterd.
32 (1929); **33** (1930). Rec. Trav. bot. néerl. **27** (1930).

[5] ARISZ, W. H.: Rec. Trav. bot. néerl. **12** (1915).

vor vielen Jahren beobachtet war, daß nämlich die Krümmung in der
Spitze anfängt und von dort allmählich herabläuft, wobei die Krümmung
der apikalen Zone dann wieder allmählich zurückgeht. Teilweise wird
das verursacht durch den Geotropismus, der die Krümmung wieder
ganz rückgängig machen kann (siehe auch Arisz a. a. O.); man bekommt
deshalb auch viel stärkere Krümmungen, wenn man nach der Reizung

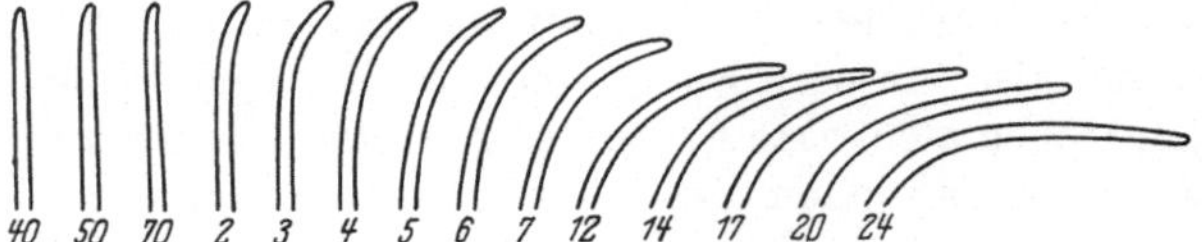

Abb. 56. Aufeinanderfolgende Stadien eines Haferkeimlings, der von rechts während 4 Sekunden
mit einer Lampe von 30 MK belichtet wurde und dann auf der horizontalen Klinostatenachse
rotierte (Temperatur 17,5⁰ C). Die Zahlen geben die Zeit nach der Reizung, die ersten drei in Minuten,
die übrigen in Stunden (nach Arisz).

die einseitige Wirkung der Schwerkraft ausschaltet, indem man die
Keimlinge auf der horizontalen Klinostatenachse rotieren läßt. Abb. 56
hat Bezug auf einen solchen Versuch. Teilweise ist aber die Geradestreckung eine Folge des Autotropismus, den wir im allgemeinen Teil
dieses Kapitels schon besprochen haben.

Aus dem Gesagten geht hervor, daß der Verlauf einer Krümmung
sich nicht allein aus der Ablenkung der Spitze von der Vertikalen beurteilen läßt; es kann ja diese Ab-
lenkung kleiner werden durch die
Geradestreckung der apikalen Zonen,
während zur gleichen Zeit die Krümmung der basalen Zonen noch zunimmt. Indessen hat man die vorhin
genannte Methode der Zonenmessung
erst seit zu kurzer Zeit benutzt, um
daraus jetzt schon weitgehende
Schlüsse ziehen zu können. Deshalb
müssen wir uns hier mit den Resultaten älterer Beobachtungen begnügen, wo der Grad der Krümmung
durch die Ablenkung der Spitze von
der Vertikalen bestimmt wurde.

Besonders Arisz[1] hat Beobach-
tungen über die Spitzenablenkung der
Haferkoleoptile angestellt, wovon Abb. 57 uns ein Bild gibt. Auf der
Abszissenachse sind die Beobachtungszeiten seit dem Anfang der Reizung
aufgetragen, die Ordinaten geben die Spitzenablenkung in Millimetern.
Es wurde gereizt mit einer Lichtmenge von 360 MKS, während die
Temperatur 17,5⁰ C betrug. Man sieht leicht, daß die Reaktion zuerst

Abb. 57. Verlauf der phototropischen
Krümmung eines Avenakeimlings, der mit
360 MKS gereizt war und daraufhin auf
der horizontalen Klinostatenachse rotierte.
Auf der Abs·issenachse die Zeiten nach
Anfang der Reizung, die Ordinaten geben
die Spitzenablenkung in mm (nach Arisz).

---

[1] Arisz, W. H.: Rec. Trav. bot. néerl. **12** (1915).

sichtbar wird nach etwa 10 Minuten, daß sie sich dann allmählich vergrößert, bis sie nach etwa 360 Minuten ihren größten Wert erreicht hat;
daraufhin bleibt sie einige Zeit konstant, um dann rückgängig zu werden
(was in der Abbildung nicht mehr zum Ausdruck kommt). Zweitens
sieht man, daß die Verlängerung der
Kurve rückwärts fast durch den Null-
punkt der Abszisse und Ordinate verläuft. Wenn das wirklich der Fall wäre,
würde also die Reaktion gleich bei Anfang der Reizung einsetzen. Wenn es
nun zwar wahrscheinlich ist, daß irgendeine Veränderung in der Pflanze gleich
nach der Reizung anfängt, so wird das
doch wohl nicht die eigentliche Krümmung sein; wenn wir nachher die
Mechanik der Krümmung analysieren,
werden wir sehen, was sich darüber
weiter sagen läßt.

Wenn man nun ähnlich verfährt
mit anderen Lichtmengen, so erhält
man etwas andere Kurven; wie aus der
Abb. 58 ersichtlich ist, sind es ähnliche
Kurven wie die der Abb. 57, aber jetzt
sind sie für 5, 20, 112 und 700 MKS angegeben. Man sieht, daß die Reaktion
um so später sichtbar wird, je geringer
die Lichtmenge, daß sie auch rascher
abklingt und lange nicht die Höhe er-

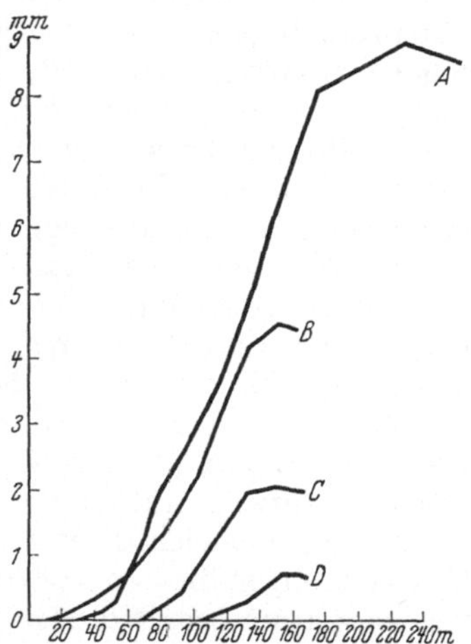

Abb. 58. Verlauf der phototropischen
Krümmung von Haferkeimlingen (Temperatur 17,5° C). Gereizt wurde bei *A* mit
700 MKS, bei *B* mit 112 MKS, bei *C* mit
20 MKS, bei *D* mit 5 MKS. Auf der Abszissenachse die Zeit nach Anfang der
Reizung in Minuten, als Ordinaten die
Spitzenablenkung in mm (nach ARISZ).

reicht wie bei größeren Lichtmengen. Man kann die Maximalablenkung
also einigermaßen als Maß für die Größe der Reaktion benutzen. In
der Weise vorgehend, erhielt ARISZ[1] folgende Werte:

Lichtmenge	Maximale Spitzenablenkung	Lichtmenge	Maximale Spitzenablenkung
7,6 MKS	0,7 mm	100 MKS	5 mm
12,4 „	1 „	140 „	4,7 „
18,1 „	1,6 „	237 „	5,4 „
26,4 „	2,3 „	560 „	4 „
45 „	3 „	1500 „	3 „
65 „	3,3 „	2800 „	1,2 „
75 „	4 „		

Also eine maximale Ablenkung bei 100—237 MKS. Bei größeren
Lichtmengen ist die Krümmung wieder kleiner und endlich gelangt man
zu Werten, die keine Krümmung mehr veranlassen, oder die zu einer
negativen Reaktion führen. Man kann sagen, daß diese negative Krümmung stattfindet bei Lichtmengen von etwa 4000 MKS an. Bei noch

---

[1] ARISZ, W. H.: Rec. Trav. bot. néerl. **12** (1915).

höheren Lichtmengen (mehr als 100000 MKS) tritt wieder eine sogenannte zweite positive Krümmung ein und DU BUY und NUERNBERGK[1]
haben es wahrscheinlich gemacht, daß man noch eine dritte positive
Reaktion unterscheiden kann.

Auch in anderen Fällen hat sich ergeben, daß ein und derselbe
Pflanzenteil positiv oder negativ reagieren kann, je nach der Lichtmenge, womit gereizt wird. Das war zuerst von N. J. C. MÜLLER[2] behauptet worden; dessen Mitteilungen fanden damals keinen Glauben,
aber später wurden sie von OLTMANNS[3] bestätigt. Diese beiden sprachen
indessen nur von der Intensität des Lichtes. Als dann BLAAUW[4] die
Bedeutung der Lichtmenge in den Vordergrund brachte, hat dieser
gleich die verschiedene Reaktion bei den Sporangienträgern von Phycomyces untersucht, während es ihm bei Avenakeimlingen nicht gelang, die negative Reaktion zu beobachten (er erhielt nur das Indifferenz-
stadium). Wie gesagt hat dann ARISZ später die genaue Menge gefunden, in deren Bereich die negative Krümmung stattfindet. Die Angabe von LINSBAUR und VOUK[5], daß etwas Ähnliches bei phototropischen Wurzeln stattfinden würde, hat sich bis jetzt nicht bestätigt.

Es mag vielleicht noch einmal darauf hingewiesen werden, daß bei
Graskeimlingen die erste positive Krümmung auftritt bei Lichtmengen,
welche weit unterhalb denjenigen liegen, welche man gewöhnlich in der
Natur antrifft. Erst die zweite positive Reaktion ist diejenige, welche
außerhalb des Laboratoriums realisiert ist. Das ist auch wohl die Haupt-
veranlassung, weshalb man früher diese erste positive Reaktion nie beobachtet hat; man ist eben nicht genügend mit der Intensität oder mit
der Dauer der Beleuchtung heruntergegangen.

DARWIN[6] hat zuerst darauf hingewiesen, daß Reaktion und Perzeption bei den Graskeimlingen örtlich getrennt sind. Er glaubte, daß nur
die Spitze der Koleoptile für einseitiges Licht reizbar ist, nicht die
jungen Teile, welche sich nachher am stärksten krümmen. Daraufhin
haben die ausführlichen Beobachtungen ROTHERTS[7] uns genau darüber
belehrt, das bei den Gramineen die Perzeption des Lichtreizes sowohl in der Spitze als in den weiteren Teilen der Koleoptile stattfindet,
daß aber die Sensibilität der Spitze viel größer ist als diejenige der mehr
basalwärts gelegenen Zonen. Er benutzte dazu Kappen und Schürzen
aus schwarzem Papier hergestellt, welche ihn in den Stand setzten, entweder nur die Spitze oder nur die Basis, oder beide von entgegengesetzten
Seiten her zu belichten. Später sind von verschiedenen Seiten Untersuchungen ausgeführt, welche den Zweck hatten, das Verhältnis der

[1] DU BUY, H. G. u. E. NUERNBERGK: Proc. Kon. Akad. Wetensch. Amsterd.
32 (1929).
[2] MÜLLER, N. J. C.: Bot. Unters. Heidelberg 1 (1877).
[3] OLTMANNS, F.: Flora (Jena) 83 (1897).
[4] BLAAUW, A. H.: Rec. Trav. bot. néerl. 5 (1909).
[5] LINSBAUR, K. u. V. VOUK: Ber. dtsch. bot. Ges. 27 (1909). — VOUK, V.:
Sitzgsber. Akad. Wiss. Wien, Math.-naturwiss. Kl. 121,1 (1912).
[6] DARWIN, CH.: The power of movement in plants. London 1880.
[7] ROTHERT, W.: Cohns Beitr. Biol. Pflanzen 7 (1894).

Sensibilität von Spitze und Basis zu bestimmen. Es lohnt sich kaum, diese alle hier zu besprechen; darum sei nur die genaueste Untersuchung genannt, diejenige von SIERP und SEYBOLD[1], woraus hervorging, daß schon in einer Zone, welche 2 mm unterhalb der Spitze liegt, die Sensibilität nur $^1/_{36000}$ Teil derjenigen der Spitze beträgt. Der eigentlich sehr sensible Teil dieser Spitze hat eine Länge von kaum 0,25 mm.

ROTHERT hat in seiner schon genannten Arbeit geglaubt, daß für die Unterfamilie der Paniceae eine andere Verteilung der Sensibilität gelten würde als für die übrigen Gräser. Dort würde nur der obere Teil des Keimlings, der hier deutlich als Kotyle gegenüber der hypokotylen Achse abgegrenzt ist, den Reiz perzipieren, während diese letztere gegen einseitige Beleuchtung vollkommen unempfindlich wäre. Spätere Untersuchungen von Fräulein BAKKER[2] — jetzt Frau A. HAZELHOFF-BAKKER — haben ergeben, daß die Sache sich hier ebenso verhält wie bei den anderen Gräsern. Entgegen ROTHERTS Angaben läßt sich feststellen, daß auch hier die Reaktion von der Spitze nach der Basis hin verläuft, aber daß dieselbe in dieser Spitze so bald erlischt, daß man sie leicht übersieht. Andererseits ist auch die Basis reizbar, wenn man zwar hier sehr große Lichtmengen benutzen muß, um zu einer Reaktion zu gelangen.

Verschiedentlich wurden Versuche mit schiefer Belichtung angestellt. Wir besprechen dieselben hier nicht, weil dasjenige, was man daraus schließen wollte, sich nicht bestimmen ließ, nämlich in welchem Verhältnis die Präsentationszeit mit der schiefen Belichtung abnimmt. Man hat selbst gedacht, daß hier irgendein Sinusgesetz sich finden ließe, dabei aber vergessen, daß die hauptsächlich perzipierende Spitze nicht zylindrisch ist, daß sie eine ziemlich komplizierte Form hat, und daß daher, selbst wenn es sich nur um die auf die Oberfläche fallende Lichtmenge handeln würde, diese sich dennoch wohl nicht bestimmen lassen wird.

Es ist eine lang umstrittene Frage, wie man den Phototropismus erklären soll. Schon vor vielen Jahren hat DE CANDOLLE[3] sich eine Erklärung zurechtgelegt. Er wies auf die Etiolierungserscheinungen hin, wobei Stengel ein stark vermehrtes Längenwachstum zeigen. Nun wird bei einer Pflanze, welche einseitiges Licht empfängt, die Hinterseite wenig Licht erhalten und deshalb etwas von diesen Etiolierungserscheinungen zeigen müssen; sie wird sich deshalb mehr verlängern als die Vorderseite und eine positive Krümmung muß daraus hervorgehen. Die negativen Krümmungen können in dieser Art natürlich nicht erklärt werden, aber später hat HOFMEISTER angeführt, daß bei Wurzeln, welche farblos sind und deshalb ziemlich viel Licht durchlassen, das von einer Seite eintretende Licht durch die Wurzelmasse gebrochen wird und dadurch bei diesen zylindrischen Organen eine Brennlinie an

---

[1] SIERP, H. u. A. SEYBOLD: Jb. Bot. **65** (1926); siehe auch LANGE, S.: Ebenda **67** (1927).

[2] WENT, F. A. F. C.: Proc. Kon. Akad. Wetensch. Amsterd. **27** (1924).

[3] DE CANDOLLE, A. P.: Physiologie végétale. 1832.

der Hinterseite entstehen muß. Diese Hinterseite würde deshalb weniger wachsen als die dem Licht zugekehrte Seite und so würde eine negative Reaktion erfolgen.

Dann ist später dieser Erklärungsversuch vergessen worden, aber ein großer Streit ist entbrannt bei der Beantwortung der Frage, ob die Pflanze die Lichtrichtung als solche perzipieren kann oder nicht. Meines Erachtens ist diese Frage ziemlich irrelevant, da es sich auch bei der Lichtrichtung um einen Intensitätsabfall handelt. Aber wie dem auch sein mag, jedenfalls weiß man nur sehr wenig von der Richtung, in welcher das Licht im Innern einer Pflanze sich bewegt, selbst bei einzelligen Organen; um so schlimmer ist es bestellt mit unserer Kenntnis bei mehrzelligen Teilen; ich komme darauf gleich näher zu sprechen.

Als BLAAUW[1] aus seinen Versuchen den Schluß zog, daß eine bestimmte Reaktion von einer bestimmten Lichtmenge ausgelöst wird, unabhängig von der Frage, ob diese Menge durch lange Beleuchtung mit einer kleinen Intensität oder durch kurzwährende Beleuchtung mit starkem Lichte zustande kommt, hat er dabei gleich auf die Ähnlichkeit mit dem BUNSEN-ROSCOEschen Gesetz bei den photochemischen Reaktionen hingewiesen, und sich die Frage vorgelegt, ob nicht in erster Instanz die Veränderung, welche das Licht in den Zellen zustande bringt, auf einem derartigen photochemischen Prozeß beruhen würde. Die Ähnlichkeit war für ihn noch größer als er die Umkehrung der Reaktion bei größeren Lichtmengen, welche von einer nochmaligen Umkehrung gefolgt wird, verglich mit den Solarisationserscheinungen, welche man bei einer photographischen Platte, wenn sehr viel Licht benutzt wird, beobachtet; dabei wird dann das negative Bild in ein diapositives verändert, was bei noch höheren Lichtmengen wieder umkehren kann. Es läßt sich zur Zeit nicht sagen, ob diese Ähnlichkeit nur äußerlich ist, oder ob es sich wirklich um photochemische Reaktionen handelt. Zwar hat seinerzeit CZAPEK[2] behauptet, daß er chemische Veränderungen in gereizten Wurzelspitzen beobachtet habe, wobei speziell die oxydative Fähigkeit der Zelle geändert sein würde, aber seine Beobachtungen haben sich nicht bestätigt und können, vorläufig wenigstens, als unbewiesen betrachtet werden.

Als BLAAUW später die Photowachstumsreaktion, welche im Kapitel über Wachstum besprochen wurde, entdeckt hatte, glaubte er hierin eine Erklärungsmöglichkeit für die phototropischen Krümmungen gefunden zu haben[3]. Er geht dabei aus von der Tatsache, daß wenn ein Lichtstrahl eine Pflanze seitlich trifft, die Vorderseite eine andere Lichtmenge erhält als die Hinterseite; deshalb werden diese beiden Seiten verschiedene Lichtwachstumsreaktionen ausführen und die Kombination dieser beiden würde nun zur Krümmung führen. BLAAUW hat in keinem

---

[1] BLAAUW, A. H.: Rec. Trav. bot. néerl. **5** (1909).
[2] CZAPEK, FR.: Jb. Bot. **43** (1906).
[3] BLAAUW, A. H.: Z. Bot. **6** (1914); **7** (1915). Meded. Landb. hoogeschool Wageningen. 1918.

einzigen Fall diese Theorie beweisen können. Er hat nur die Photowachstumsreaktion von Phycomyces bei verschiedenen Lichtmengen
bestimmt, daraufhin feststellen können, daß Licht, welches einseitig
auf diese Sporangienträger fällt, darin derart gebrochen wird, daß an
der Hinterseite eine Brennlinie entsteht und gemeint, daß deshalb diese
Hinterseite eine Photowachstumsreaktion zeigen muß mit der größeren,
die Vorderseite mit der kleineren Lichtmenge, wobei ich aber auf die
Einwendungen von OEHLKERS[1] hinweisen möchte. Für Helianthuskeim-
linge hat er hervorgehoben, daß umgekehrt die Hinterseite die geringere
Lichtmenge erhalten muß, die Vorderseite die größere Menge und er
glaubt aus den beobachteten Photowachstumsreaktionen die wirklich
stattfindende Krümmung bei einseitiger Beleuchtung berechnen zu
können. Endlich hat er bei Wurzeln konstatiert, daß diejenigen
Wurzeln, welche keine Photowachstumsreaktion zeigen, ebenfalls keine
phototropische Krümmung aufweisen und umgekehrt, daß bei denjenigen
Wurzeln, welche negativ phototropisch reagieren, sich auch eine Photowachstumsreaktion auffinden läßt, daß hier wieder in der Mittellinie der
Hinterseite die am stärksten beleuchtete Stelle zu finden ist und daß diese
also die stärkste Wachstumsabnahme zeigen muß, daß infolgedessen eine
negative Ablenkung das Resultat sein muß. Er hat hier Licht durch verschieden dicke Längsschnitte der Wurzeln auf photographisches Papier
fallen lassen und aus der eintretenden Schwärzung die Menge des absorbierten und reflektierten Lichtes berechnet. Man kann sagen, daß die
aufgefundenen Tatsachen mit der Theorie stimmten, dafür aber noch
keinen Beweis lieferten. Besonders die Beobachtungen an Wurzeln
haben in den Kreisen der Botaniker Aufsehen erregt und der Theorie
wohl viele Anhänger geworben.

Es würde die Grenzen dieses Lehrbuches weit überschreiten, wenn wir
die gewaltige Literatur, welche sich in der Kontroverse für und wider
die BLAAUWsche Theorie angehäuft hat, hier auch nur teilweise zitieren
wollten. Es mag genügen, auf ein Paar Abhandlungen hinzuweisen,
wo man dann die nötigen weiteren Literaturnachweise wird finden können. Von den Anhängern BLAAUWs wäre BRAUNER[2] zu nennen, von den
Gegnern möchte ich auf PISEK[3] und BEYER[4] hinweisen.

Ich will aber kurz die ausführlichen Untersuchungen von VAN DILLE-
WIJN[5] erwähnen, welche wohl die kräftigste Stütze, welche bis jetzt erschienen ist, für BLAAUW gegeben haben. VAN DILLEWIJN hat wieder
zu dem klassischen Objekt gegriffen, zu der Haferkoleoptile und er hat
dort die Photowachstumsreaktionen sowohl der Spitze als der Basis bestimmt. Das wurde ja schon in dem Kapitel über Wachstum kurz mitgeteilt. Des weiteren hat er die BLAAUWsche Methode des Abdruckens
auf photographischem Papier benutzt, um sich ein Urteil zu bilden über

---

[1] OEHLKERS, FR.: Z. Bot. **19** (1926).
[2] BRAUNER, L.: Erg. Biol. 2. Ser. (1927).
[3] PISEK, H.: Jb. Bot. **67** (1928).
[4] BEYER, H.: Planta (Berl.) **2** (1926).
[5] VAN DILLEWIJN, C.: Rec. Trav. bot. néerl. **24** (1927).

die Lichtmenge, welche die Hinterseite einer einseitig beleuchteten
Pflanze erreicht, dasjenige Licht also welches nicht reflektiert oder absorbiert wird. Er glaubt daraus berechnen zu können, daß nur der
30ste Teil des Lichtes, das auf die Vorderseite einer Koleoptile von Avena
fällt, die Hinterseite erreicht. Wenn die BLAAUWsche Wachstumstheorie
richtig ist, so muß also, wenn die Vorderseite eine Lichtmenge 30 erhält,
die Hinterseite davon nur 1 bekommen und die Photowachstumsreaktionen, welche auftreten bei allseitiger Belichtung mit Lichtmengen 30
und 1, müssen jetzt einseitig einsetzen und Veranlassung sein zu ein-
tretender Krümmung. VAN DILLEWIJN hat nun alle möglichen Kombinationen von Lichtmengen untersucht und daraus Schlüsse gezogen auf
die Reaktionen, welche zu erwarten waren. In allen von ihm untersuchten Fällen stimmten diese vollkommen, d. h. dort, wo eine positive
Reaktion berechnet werden konnte, trat diese wirklich auf, ebenfalls
wo die Berechnung angab, daß die Reaktion negativ sein mußte, selbst
wenn sich aus der Betrachtung der Kurven ergab, daß dieser negativen
Reaktion eine positive vorangehen mußte. Immerhin machen sich
dennoch einige Bedenken geltend. Erstens hat VAN DILLEWIJN die Beobachtungen der phototropischen Krümmung nicht selbst ausgeführt,
sondern er benutzt das Material, seiner Zeit von ARISZ zusammenge-
bracht; dieser hat aber selbst davor gewarnt, zu großen Wert auf die
absoluten Zahlen zu legen.

Wichtiger ist aber folgende Einwendung: VAN DILLEWIJN beschäftigt
sich hier fast nur mit der Spitzenreaktion. D. h. er hat auch die Basisreaktion sehr genau studiert und glaubt daraus die Krümmung bei basaler einseitiger Belichtung berechnen zu können, aber die hauptsächliche
phototropische Krümmung hat bei ihm doch mehr speziell mit der
Spitzenreaktion zu tun. Es braucht wohl kaum einer ausführlichen Besprechung, um klarzumachen, daß dieser Lichtabfall, wenn er auch in
dem zylindrischen Teil des Koleoptils gefunden sein möge, jedenfalls
nicht gilt für die äußerste Spitze mit ihrer kegelförmig zulaufenden Gestalt.

NUERNBERGK[1] hat in einer ausführlichen Arbeit auseinandergesetzt,
wie wenig wir von der Lichtverteilung in der Haferkoleoptile eigentlich
wissen; ausführliche Berechnungen und Beobachtungen auf Querschnitten
haben ihm in der Hinsicht einigen Anhalt gegeben zu Betrachtungen,
die wir indessen für die endgültige Entscheidung über die Richtigkeit
der BLAAUWschen Theorie entbehren können.

Wir sagten ja schon, daß VAN DILLEWIJN bei der Basisreaktion an
eine Permeabilitätsänderung des Protoplasten denkt und wir können
darauf hinweisen, daß auch BRAUNER[2] speziell den Einfluß des Lichtes
auf die Plasmapermeabilität in den Vordergrund gebracht hat, aber
dennoch mehr in betreff der photonastischen Krümmungen, weshalb
hier dieser Hinweis auf seine Abhandlungen genügen möge.

---

[1] NUERNBERGK, E.: Bot. Abh., herausgeg. von K. GOEBEL **12** (1927).
[2] BRAUNER, L.: Ber. dtsch. bot. Ges. **42** (1924). Z. Bot. **16** (1924). Jb. Bot.
64 (1925).

Nach dieser Abschweifung wenden wir uns noch einmal nach der BLAAUWschen Theorie. F. W. WENT[1] hat hier dargetan, daß die Sache in dieser Form nicht haltbar ist. Er hat sich die Frage vorgelegt, wie groß die auftretende Krümmung sein wird, wenn man dieselbe aus den Photowachstumsreaktionen der Vorder- und der Hinterseite zu berechnen sucht, und um der BLAAUWschen Theorie vollkommen gerecht zu werden, hat er die Annahme gemacht, daß die Hinterseite absolut kein Licht erhält.

Man braucht dann also nur zu rechnen mit der Photowachstumsreaktion der Vorderseite. Wenn man die dafür erhaltenen Zahlen benutzt, um das absolute Wachstum der Vorder- und Hinterseite einseitig belichteter Haferkeimlinge zu berechnen, so erhält man Zahlen, die zwar eine Krümmung in der erwünschten Richtung ergeben, aber bei weitem nicht so viel, daß daraus auch nur einigermaßen die Reaktion zu erklären wäre. BEYER[2] hat dasselbe Resultat experimentell erhalten, als er das Wachstum von allseitig belichteten Keimlingen mit demjenigen der beiden Kanten eines einseitig belichteten Keimlings verglich.

Gegen die BLAAUWsche Hypothese spricht auch die jüngst erschienene vorläufige Mitteilung von CHOLODNY[3], welcher konstatierte, daß bei Haferkeimlingen die Lichtwachstumsreaktion anders verläuft, wenn den Dunkelpflanzen plötzlich Licht zugeführt wird, als wenn dasselbe allmählich geschieht, während dagegen die phototropische Krümmung bei einseitigem Lichte auftretend in beiden Fällen die gleiche war. „Da die Lichtwachstumsreaktion bei verschiedenen Koleoptilen ungleichartig verlief, fiel die phototropische Krümmung in einigen Fällen mit der Zeit zusammen, wo die Wachstumskurve ansteigt, in anderen, wo sie sinkt, manchmal waren auch die Zuwachse während der Krümmung konstant."

Ich will nicht behaupten, daß man jetzt der BLAAUWschen Erklärung keine Rechnung mehr tragen muß, denn es bleibt immerhin merkwürdig, daß das Zeichen der Reaktion so vollkommen stimmt mit den Beobachtungen, aber jedenfalls ist eine andere Erklärung jetzt mehr und mehr in den Vordergrund getreten.

Diese andere Erklärung stützt sich auf die Beobachtungen von PAÁL[4], BOYSEN-JENSEN[5] und STARK[6] über Wuchsstoffe, ganz speziell darauf, daß ein Transport dieser Stoffe aus der Spitze der Haferkoleoptile nach der Basis hin geleitet wird. BOYSEN-JENSEN[7] hat z. B. zuerst zeigen können, daß bei phototropischer Reizung der Haferkoleoptile sich irgendeine Substanz von der Spitze nach der Basis hinbewegt, da die Reaktion auch stattfindet, wenn abgeschnittene Spitzen wieder auf den

---

[1] WENT, F. W.: Rec. Trav. bot. néerl. **15** (1927).

[2] BEYER, H.: Planta (Berl.) **4** (1927); **5** (1928).

[3] CHOLODNY, N.: Ber. dtsch. bot. Ges. **49** (1931).

[4] PAÁL, A.: Jb. Bot. **58** (1919).

[5] BOYSEN-JENSEN, P.: Ofvers. kongl. danske Vidensk. Selskaps Förhandl. **1911**.

[6] STARK, P. u. O. DRECHSEL: Jb. Bot. **61** (1922).

[7] BOYSEN-JENSEN, P.: Ber. dtsch. bot. Ges. **28** (1910).

Stumpf gesetzt werden, nicht dagegen, wenn zwischen Spitze und Stumpf
ein Glimmerblättchen gelegt wird. Aber vollkommen ausgearbeitet ist
diese Theorie erst durch F. W. Went[1]; er sucht die Erklärung der phototropischen Krümmung in einer durch das Licht hervorgerufenen Polari-
sation des Wuchsstoffes in der Spitze der Haferkoleoptile und daraufhin
in einer ungleichen Verteilung dieses Stoffes in den beiden Seiten des
Keimlings.

Einige Versuche Boysen-Jensens[2] sprechen schon in der Richtung.
Er hat bei Koleoptilen in der Mitte der Spitze einen Längsschnitt angebracht; die phototropische Krümmung findet dann wohl statt, wenn
das Licht parallel der Schnittfläche eintritt, nicht aber wenn es quer
darauf einwirkt, es sei denn, daß die beiden Schnittflächen sich berühren.

F. W. Went hat erstens Keimlinge, welche im Dunkeln aufgezogen
waren, in allseitigem Lichte gebracht oder in Licht, daß in die Längsrichtung der Koleoptile geleitet wurde. In dem Falle wird, wie wir
gesehen haben, eine gewisse Menge Wuchsstoff vernichtet, aber nur
etwa 20 vH, gerade soviel, daß damit der Verlauf der Photowachstumsreaktion sich erklären läßt. Anders aber wird die Sache, wenn man das
Licht einseitig senkrecht auf die Längsachse der Keimpflanzen einwirken läßt. Dann werden auch jetzt wieder diese 20 vH der gesamten
Wuchsstoffmenge verloren, aber daneben findet eine Verschiebung desjenigen Teiles des Wuchsstoffes statt, welcher nicht vernichtet wurde
und zwar derart, daß die Vorderseite viel weniger erhält als die Rückenseite.

Die Versuche wurden in solcher Weise ausgeführt, daß man Spitzen
von Haferkoleoptilen einseitig belichtete; diese wurden darauf abgeschnitten und auf zwei Agarplättchen gestellt, derart, daß die Wuchsstoffmengen von Vorder- und Hinterseite getrennt aufgefangen werden
konnten, indem zwischen den beiden Plättchen die Schneide eines Sicher-
heitsrasiermessers gestellt wurde. Die beiden Agarplättchen wurden
darauf in der früher angegebenen Weise auf ihre Wuchsstoffmengen
untersucht, indem sie einseitig dekapitierten Haferkoleoptilen aufgesetzt
wurden und deren Ablenkungswinkel untersucht. Das Resultat für
1000 MKS findet sich in der untenstehenden Tafel; dabei wurde die
Wuchsstoffmenge der unbelichteten Pflanze gleich 100 gesetzt.

Zeit auf Agar	Lichtseite	Schattenseite	Summe
70 Min.	38	57	95
60 „	26	51	77
90 „	6	62	68
80 „	32	60	92
122 „	33	57	90
Mittelwert 84 Min.	27	57	84

---

[1] Went, F. W.: Rec. Trav. bot. néerl. **25** (1927).
[2] Boysen-Jensen, P.: Planta (Berl.) **5** (1928).

In einem anderen Versuche wurde mit 100 MKS belichtet und die Avenaspitzen auf Agarplättchen gestellt und nach 75 Minuten auf neue Agarplättchen. Das Resultat gibt die folgende Tafel.

	Lichtseite	Schattenseite	Summe	
Erste 75 Min.	6,8	9,6	16,4	hier sind absolute
Zweite 75 „	1,8	15,0	16,8	Zahlen gegeben

Also noch lange Zeit nach der Belichtung bleibt die ungleiche Verteilung der Wuchsstoffmenge an Vorder- und Hinterseite erhalten. Daraus erklärt sich, daß die Reaktion noch so lange Zeit fortschreitet, nachdem die Pflanzen schon wieder im Dunkelzimmer stehen. Auch aus der Notwendigkeit des Wuchsstofftransportes nach den basalen Zonen kann hier gefolgert werden, daß die Reaktion langsam von der Spitze basalwärts fortschreiten muß. Eine einzige Bestimmung wurde mit 10000 MKS gemacht; sie ergab an der Lichtflanke 13,8, an der Schattenflanke 14,4 Wuchsstoff, also keinen Unterschied. Damit stimmt, daß bei dieser Lichtmenge keine oder kaum bemerkliche phototropische Krümmungen auftreten.

Wenn zwar diese Theorie des Phototropismus noch einer weiteren Ausarbeitung wartet, so hat sie dennoch jetzt schon so viel geleistet und sie ist auch in so vollkommener Übereinstimmung mit den nachher zu besprechenden von DOLK und CHOLODNY beim Geotropismus erhaltenen Resultaten, daß es wohl angebracht scheint, dieselbe als die einzig standhaltende Theorie gelten zu lassen und auch in anderen Fällen mit ihrer Hilfe eine Erklärung zu versuchen, auch dort, wo sie bis jetzt noch nicht bestätigt wurde.

Es wäre z. B. angebracht, wenn jetzt auch Versuche GUTTENBERGS[1] und BUDERS[2] in dieser Hinsicht näher geprüft würden. GUTTENBERG fand, daß wenn man Avenakoleoptile derart belichtet, daß die eine Längshälfte sich im Dunkeln befindet, und zwar so, daß die Ebene zwischen Licht und Dunkel parallel der Lichtrichtung verläuft, die Pflanzen sich senkrecht auf die Richtung der Lichtstrahlen stellen. Von BUDERS Versuchen sei derjenige genannt, wo es ihm gelang, mit Hilfe einer Lichtsonde und eines Spiegels das Licht in das Innere einer Haferkoleoptile an einer bestimmten Stelle zu bringen und wo die Krümmung vollkommen in Übereinstimmung war mit der Annahme, daß die Pflanze auf Intensitätsunterschiede reagiert, nicht aber auf Lichtrichtung.

Auch CHOLODNY[3] hat sich hin und wieder mit der phototropischen Krümmung und deren Zusammenhang mit dem Wuchsstoff (oder Wuchshormon, wie er sagt) befaßt; er befindet sich dabei, wie gesagt, in Übereinstimmung mit F. W. WENT, hat aber einige Bedenken, die wir schon beim Wachstum behandelten.

FILZER[4] glaubt bei Lichtkrümmungen zwei verschiedene verursachende

---

[1] VON GUTTENBERG. H.: Beitr. allg. Bot. **2** (1922).
[2] BUDER, J.: Ber. dtsch. bot. Ges. **38** (1920).
[3] CHOLODNY, N.: Biol. Zbl. **47** (1927). Planta (Berl.) **7** (1929).
[4] FILZER, P.: Jb. Bot. **70** (1929).

Faktoren unterscheiden zu müssen, nämlich einerseits die Photowachstumsreaktion, wobei er von einem photoblastischen Prozeß spricht,
andererseits die eigentliche phototropische Krümmung, welche durch
ungleiche Wuchstoffverteilung ausgelöst wird. Er versucht also eine
Synthese zwischen den beiden Theorien, welche sich in den letzten
Jahren gegenseitig bekämpft haben, herzustellen.

Eine Tatsache, welche sich mit den bis jetzt gegebenen Anschauungen nicht gut verträgt, muß hier noch erwähnt werden. Bisweilen
kann man nämlich feststellen, daß einzelne Gewebezellen sich wie einzellige Organe verhalten, das heißt, sich z. B. in die Richtung des einfallenden Lichtes stellen. Das hat LIESE[1] für die Zellen, welche am
Boden der Assimilationskammern von Fegatella und Marchantia
hervorsprossen, auch wohl bei Blattzellen, beobachten können. Diese
Mitteilungen sind bis jetzt nicht gut in Übereinstimmung mit unseren
weiteren Kenntnissen über den Phototropismus der mehrzelligen Teile.
Sie werden darum hier kurz erwähnt, weil eine nähere Untersuchung
dieser Angaben sich wahrscheinlich sehr lohnen wird.

Soweit haben wir uns mit Licht beschäftigt, ohne zu fragen, ob
denn Licht von jeder Wellenlänge dieselbe phototropische Wirkung hat.
Es hat sich herausgestellt, daß dem nicht so ist. Schon aus der Mitte
des vorigen Jahrhunderts findet man eine Anzahl Abhandlungen über
diesen Gegenstand, aber merkwürdigerweise widersprechen diese sich
im stärksten Maße. Während der eine die Maximalwirkung im Blau
annimmt (PAYER, GARDNER), glaubt der andere dieselbe auch im Gelb
(GUILLEMIN) oder Ultraviolet (WIESNER) usw. zu finden. Teilweise sind
diese einander widersprechenden Resultate darauf zurückzuführen, daß
man nicht mit monochromatischem Lichte arbeitete, sondern mit Licht,
das durch irgendeine Lösung filtriert war, z. B. mit Hilfe einer SENEBIERschen Glocke. Aber diese Erklärung ließ doch der Hauptsache nach
im Stich und es war erst BLAAUW, der das Rätsel aufdeckte, da die
verschiedenen Resultate mit Licht von sehr verschiedener Intensität und
sehr verschiedener Einwirkungsdauer erhalten wurden.

BLAAUW hat nämlich ein Spektrum auf eine Reihe von Haferkeimlingen geworfen und dabei gefunden, daß bei kurzer Belichtung nur
im Blau und dem hier angrenzenden Bereiche des Spektrums positive
Krümmung auftrat. Bei lange währender Belichtung kann es aber
derart gehen, daß die Pflanzen im Blau geradebleiben oder kaum reagieren, während dagegen sowohl im Ultraviolett als im Rot positive
Krümmungen zu verzeichnen sind. Es ist dann eben die Lichtmenge
im Blau gerade so groß, daß man ungefähr im Bereich der negativen
Krümmung ist, im Rot und Violett dagegen im Bereich der ersten positiven Krümmung. Durch Bestimmung der Präsentationszeit für die
verschiedenen Wellenlängen ist es BLAAUW gelungen, die Empfindlich-

---

[1] LIESE, J.: Ber. dtsch. bot. Ges. **37** (1919) und Beitr. allg. Bot. **2** (1923).

keit für diese Strahlen, welche offenbar der reziproke Wert dieser Zeit ist, zu bestimmen. So erhält man eine Kurve, welche aber für die Sporangienträger von Phycomyces und die Haferkeimlinge nicht vollkommen gleich ist, indem der Gipfel der Kurve sich etwas verschiebt, wenn zwar der allgemeine Verlauf nicht verschieden ist.

Indessen sind das alles doch nur ganz vorläufige Daten, womit wir uns jetzt nicht mehr begnügen können. Es ist offenbar notwendig, den Energieinhalt des Lichtes von verschiedener Wellenlänge genau zu bestimmen. Den ersten Anlauf dazu hat KONINGSBERGER genommen, der auf Grund seiner Versuche zu ähnlichen Resultaten wie BLAAUW gelangte. Mit viel verfeinerten Methoden haben in letzter Zeit DU BUY und NUERNBERGK gearbeitet, sie benutzten eine Quecksilberlampe und verschiedene Filter, welche wirklich nur eine einzige Lichtart passieren lassen. Der Energieinhalt des Lichtes wurde mit einer MOLLschen Thermosäule genau bestimmt. Sie erhielten dabei folgende bisher noch nicht veröffentlichten Resultate. Im Blau ($\lambda = 436\ \mu\mu$) lag die Reizschwelle bei 0,22 Erg (qcm/Sek.), im Grün ($\lambda = 546\ \mu\mu$) bei 30000 Erg (qcm/Sek.), im Gelb ($\lambda = 578\ \mu\mu$) konnte keine Krümmung erhalten werden, im Violett ($\lambda = 405\ \mu\mu$) war eine Krümmung sichtbar, deren Reizschwelle 0,67 Erg (qcm/Sek.) betrug.

Die Versuche von BACHMANN und BERGAUN[1], wobei von zwei Seiten Licht verschiedener Wellenlänge auf die Pflanzen geworfen wurde, leiden unter dem Umstand, daß durchbelichtet wurde und daher nicht vollkommen vergleichbare Werte verglichen wurden; wir werden gleich sehen, welche Komplikation sich hervortut, wenn man einer Pflanze von zwei Seiten Licht gibt und dann aus der Reaktion beurteilen will, was geschehen ist.

Aus diesen Versuchen geht jedenfalls so viel hervor, daß die Pflanzen auch auf rotes Licht reagieren, wenn auch nur in sehr geringem Maße. In vielen Fällen kann man also ruhig allerlei Manipulationen mit den Pflanzen vornehmen in einem Dunkelzimmer, das von einer roten photographischen Lampe Licht erhält, ja man kann, wie aus den Versuchen NUERNBERGKS und DU BUYS hervorgeht, auch orangefarbiges bis gelbes Licht benutzen. Aber dabei beachte man, daß solche Lampen bei langem nicht immer für andere Wellenlängen undurchlässig sind, daß man also jedesmal prüfen muß, wie es sich bei den benutzten Lampen damit verhält. Es empfiehlt sich außerdem, jedes neue Objekt, mit dem gearbeitet wird, auf seine Reaktion gegenüber Licht von verschiedener Wellenlänge zu prüfen.

In dem allgemeinen Teil wurde kurz der Begriff Stimmung erwähnt; wir werden hier etwas ausführlicher auf diese Sache eingehen. Als wir bis jetzt von Lichtmengen sprachen, welche eine bestimmte Krümmung auslösten, wurde dabei immer stillschweigend vorausgesetzt, daß man Pflanzen prüfte, welche vorher im Dunkeln gestanden hatten. Hat man

---

[1] BERGAUN, F.: Z. Bot. **10** (1930). BACHMANN F. und F. BERGAUN: Z. Bot. **10** (1930).

Kostytschew-Went, Pflanzenphysiologie II.

dieselben aber im Lichte gezogen, dann stellt es sich heraus, daß man viel größere Lichtmengen braucht, um dieselbe Reaktion hervorzurufen. Man sagt dann, daß die Stimmung für Licht oder auch der Tonus durch die Belichtung gewechselt hat. Ausführliche Untersuchungen über diese Stimmungserscheinungen sind von E. PRINGSHEIM[1] ausgeführt worden, haben aber ein äußerst verwickeltes Bild geliefert. Dann ist mehr Klarheit gekommen durch die Arbeit von ARISZ[2], der durch eine bestimmte Versuchsanstellung die Möglichkeit zu einer Analyse geschaffen hat.

Er hat sich gesagt, daß eine Pflanze, welche vorher allseitig Licht empfangen hat, ersetzt werden kann durch eine solche, welche fortwährend rotiert wird bei einer einseitigen Beleuchtung. Wenn man also eine feste Lichtquelle hat und die Pflanze in deren Nähe auf die vertikale Achse eines Klinostaten rotieren läßt, so erreicht man dasselbe, wie bei allseitiger diffuser Beleuchtung. Hört man jetzt mit dem Rotieren auf, dann erhält die Pflanze nur einseitiges Licht und man kann untersuchen, welche Lichtmenge man braucht, um jetzt eine bestimmte Reaktion hervorzurufen. Es stellt sich heraus, daß diese Lichtmenge eine andere ist als bei solchen Pflanzen, welche aus dem Dunkeln der einseitigen Beleuchtung unterworfen werden. ARISZ erklärt sich das folgendermaßen: die Pflanze hat rotiert und dabei kommt jedesmal eine andere Kante vor die Lichtquelle; sobald die Drehung 180° weiter ist, kommt die gegenüberliegende Kante in derselben Stellung und die beiden Reaktionen, welche infolgedessen entstehen würden, werden sich gegenseitig aufheben. Diese Kompensation wird an allen Flanken stattfinden, mit einer einzigen Ausnahme, nämlich derjenigen, welche zuletzt beim Stillstand der Pflanze dem Licht zugekehrt ist. Es hat ja die gegenüberliegende Seite Licht erhalten, sagen wir während einer Zeit t, aber diese Seite während einer Zeit $t + t'$, wenn t' die Zeit ist, währenddessen die einseitige Beleuchtung gewährt hat. Wenn dieser Schluß richtig ist, muß man also den Versuch auch anders anstellen können, nämlich die Pflanzen nicht drehen lassen, sondern denselben von den genannten zwei Seiten Licht geben und zwar von der einen Seite während der Zeit t, von der anderen während der Zeit $t + t'$. Die Versuche haben ergeben, daß man in der Tat dazu berechtigt ist und das Problem der Stimmung wird also zurückgeführt zu einer Untersuchung des Verhaltens von Pflanzen, welche von zwei entgegengesetzten Seiten Licht bekommen, und zwar während verschieden langer Zeit. Es mag sich erübrigen, hier ausführlich über die erhaltenen Resultate zu sprechen. Nur eins kann hervorgehoben werden, daß sich im voraus berechnen ließ, welche Reaktion zum Vorschein kommen würde, durch Summation der beiden Reaktionen, welche jede Lichtmenge für sich würde ausgelöst haben. Anstatt eines immer einigermaßen mystischen Stimmungswechsels des perzipierenden Apparats der Pflanze, hat ARISZ die ganze Erscheinung also zurückgebracht auf einem Zusammenwirken verschiedener Reak-

---

[1] PRINGSHEIM, E.: Cohns Beitr. Biol. Pflanzen **9** (1909).
[2] ARISZ, W. H.: Rec. Trav. bot. néerl. **12** (1915).

tionen. Es versteht sich, daß wir jetzt bei den neueren Auffassungen über die Rolle des Wuchsstoffes bei der phototropischen Krümmung durch diese Schlußfolgerung nicht mehr vollkommen befriedigt sind. Man will jetzt auch das Warum wissen und es wird die zwar schwierige aber jedenfalls sehr lohnende Aufgabe sein, die Verteilung des Wuchsstoffes in der Spitze der Haferkoleoptile bei zweiseitiger und allseitiger mit darauffolgender einseitiger Beleuchtung zu untersuchen.

Bis jetzt sind wir aber noch nicht so weit und darum muß noch einiges über Stimmung hinzugefügt werden. Nicht allein ändert sich die Stimmung, wenn eine Pflanze vor der einseitigen Reizung allseitigem Licht ausgesetzt ist, aber auch während der einseitigen Belichtung, wenn diese nicht zu kurz dauert; z. B. kann ein Sporangienträger von Phycomyces, der aus dem Dunkelzimmer gebracht, einer einseitigen Belichtung unterworfen wird, erst negativ reagieren und später positiv. Darum schon ist es klar, daß man, wenn man mit Dauerbelichtung Versuche anstellt, die Verhältnisse unnötig kompliziert.

Neue Fragen, die hierbei dann noch in den Vordergrund treten, sind die folgenden zwei: Erstens, wie lange dauert es bis der Einfluß einer bestimmten Lichtmenge vorbei ist, mit anderen Worten, wie lange dauert es bis dieser Reiz ausgeklungen ist und zweitens inwieweit lassen aufeinanderfolgende Reize sich summieren?

Die Untersuchungen von ARISZ[1] haben uns über dieses Ausklingen belehrt; er fand z. B., daß wenn Haferkeimlinge mit einer Lichtstärke von 25 MK während 100 Sekunden allseitig beleuchtet werden, der Einfluß dieser Beleuchtung nach etwa 1 Stunde ausgeklungen ist, daß aber schon 1 Minute nach der Belichtung die Pflanzen sich anders verhielten als wenn sie augenblicklich danach untersucht wurden. Es wird sich auch hier lohnen, die ungleiche Verteilung des Wuchsstoffes in der Spitze der Koleoptile zu untersuchen, nachdem verschieden lange Zeit seit der einseitigen Reizung verflossen ist.

Mit der Summierung einzelner kurzer Reize haben sich NATHANSOHN und PRINGSHEIM[2] beschäftigt. Sie haben dabei das TALBOTSCHE Gesetz bestätigt gefunden, d. h. daß, wenn die Ruhepausen nicht zu lang genommen werden, bei einer intermittierenden Reizung der gesamte Reiz ausgedrückt werden kann durch die Summation der einzelnen Reizzeiten. Wenn man also stets wieder während 1 Sekunde Licht gibt und darauf 2 Sekunden dunkel, und wenn man das fortsetzt während einer Zeit t, so wird man dasselbe Resultat erhalten als mit einer dauernden Belichtung mit derselben Lichtquelle während einer Zeit $1/_3\, t$. Auch als das Verhältnis Licht : Dunkel auf 1 : 16 gebracht wurde, blieb die Gültigkeit des Gesetzes noch bestehen.

Soweit haben wir uns fast nur mit Keimlingen, meistens selbst Graskeimlingen beschäftigt, daneben hin und wieder mit den Sporangienträgern von Phycomyces oder mit einigen Wurzeln. Wie gesagt,

---

[1] ARISZ, W. H.: Rec. Trav. bot. néerl. **12** (1915).
[2] NATHANSOHN, A. u. E. PRINGSHEIM: Jb. wiss. Bot. **45** (1908).

ist das geschehen, weil nur dort exakte Untersuchungen vorliegen und weil alles andere mehr oder weniger zufällige Beobachtungen betrifft, welche noch nicht in den Rahmen der besser bekannten Tatsachen eingefügt werden konnten, jedenfalls noch nicht eingefügt sind. Das wird hier weiter keine Besprechung erhalten.

Einiges muß aber noch mitgeteilt werden über den Transversalphototropismus. Man kann denselben sehr schön beobachten beim Thallus mancher Lebermoose, welcher sich oft senkrecht auf das einfallende Licht stellt und welcher von SACHS als ein spezielles sehr klares Beispiel des Plagiotropismus angeführt wird. Dessen Bewegungen sind aber noch lange nicht genügend geklärt und wir wissen jedenfalls mehr von den Blattbewegungen. Viele Blattspreiten stellen sich im Licht derart, daß sie senkrecht auf das einfallende Licht zu stehen kommen; diese Bewegung wird dann vom Blattstiel ausgeführt und ist als Wachstumsbewegung allein bei noch nicht erwachsenen Blättern anzutreffen.

Sobald der Blattstiel einmal seine definitive Größe erreicht hat, ist das Blatt in seine fixe Lichtlage gekommen und WIESNER[1] hat darauf aufmerksam gemacht, daß diese fixe Lichtlage im allgemeinen derart ist, daß die Blattscheibe senkrecht steht zu dem an der Stelle vorherrschenden stärksten diffusen Licht. So lange es noch wächst, führt das Blatt eine Art Pendelbewegung um diesen späteren Ruhestand aus, welche Bewegungen durch die wechselnden äußeren Umstände hervorgerufen werden.

Man kann sich bei Blättern von Tropaeolum leicht davon überzeugen, daß dieselben sich senkrecht auf das einfallende Licht stellen. Die Erscheinung wurde näher studiert von VÖCHTING[2], speziell für Blätter von Malva neglecta. Er konnte dabei aus seinen Versuchen den Schluß ziehen, daß die Reaktion durch den Blattstiel ausgeführt wird, während die Perzeption in der Blattspreite stattfindet. Das ließ sich feststellen durch vergleichende Versuche, wobei einerseits der Blattstiel mit einer Schürze aus schwarzem Papier umgeben wurde, andererseits nur die Blattspreite verdunkelt wurde und wo daraufhin das Licht einseitig auf das Blatt geworfen wurde.

Unter diesem Gesichtspunkt müssen auch die sogenannten Kompaßpflanzen betrachtet werden[3]. Diese, z. B. Silphium laciniatum und Lactuca Scariola zeichnen sich dadurch aus, daß die Blätter sich mit ihren Spreiten ungefähr vertikal stellen, und zwar genau in der Ebene Nord-Süd, so daß also die Fläche senkrecht nach Westen und Osten gerichtet ist. Besonders schön läßt sich das an sonnigen Standorten, z. B. in der Nordamerikanischen Prairie bei Silphium laciniatum beobachten. Wir können das hier aber nicht in Einzelheiten besprechen, da sonst die allgemeinen Gesichtspunkte zu viel aus dem Auge verloren

---

[1] WIESNER, J.: Denkschr. Akad. Wiss. Wien, Math.-naturwiss. Kl. **39** (1878); **43** (1880).
[2] VÖCHTING, H.: Bot. Ztg **46** (1888).
[3] STAHL, E.: Jena. Z. Naturwiss. **15**, N. F. 8 (1881).

würden. Darum mag hier nur noch erwähnt werden, daß es Dolk[1] gelungen ist, die Bewegungen der Blätter von Lactuca Scariola vollkommen in ihre Elemente zu zerlegen, wobei die Epinastie, der Transversalphototropismus und ein autonomes asymmetrisches Wachstum eine Rolle spielen.

Hieran anschließend muß dann aber noch eine andere Frage behandelt werden. Wir haben gesehen, daß man in speziellen Fällen die Perzeption des Lichtes in bestimmten Teilen der Pflanze lokalisiert findet, z. B. in der Spitze der Koleoptile der Gräser oder in der Blattspreite bei manchen Blättern. Es fragt sich jetzt, ob man in dieser Analyse noch weiter vorwärts dringen kann und ob man eventuell bestimmte Zellen oder selbst Teile von Zellen angeben kann, wo diese Perzeption stattfindet. Haberlandt[2] hat den Versuch dazu gemacht, ganz speziell wo es die Perzeption des Lichtreizes durch die Blattspreite betrifft. Er weist darauf hin, daß es die Epidermiszellen sind, welche in erster Instanz die Lichtstrahlen auffangen, und daß die darunterliegenden Zellen schon deshalb viel weniger zur Lichtperzeption geeignet erscheinen, weil sie nicht farblos sind, sondern Chlorophyllkörner enthalten. Eine genaue Untersuchung des Baues der Epidermiszellen führte ihn zu der Ansicht, daß diese immer Einrichtungen haben, welche es veranlassen, daß Licht, welches diese Zellen senkrecht trifft, auf der Innenwand nicht mehr gleichmäßig verteilt ist, sondern gewöhnlich derart, daß die Mitte dieser Wand stärker beleuchtet wird wie die Peripherie. Oft ist das in solcher Weise geschehen, daß in der äußeren Wand linsenartige Vorrichtungen vorhanden sind, es sei durch eine verschiedene Brechbarkeit der Zellhaut, es sei durch papillöse Hervorwölbung dieser Wand, oder in welcher Art denn auch hervorgerufen, wodurch ein scharf umgrenzter Lichtfleck auf die Innenwand entsteht, wobei man selbst Bilder von Gegenständen, die sich außerhalb des Blattes befinden, darin auffinden kann. Das ist alles bekannt genug, auch daß diese Bilder ihren Ort wechseln, wenn das Licht in einer anderen Richtung auf das Blatt auffällt. Besonders dort, wo diese Eigentümlichkeiten in bestimmte Zellen speziell lokalisiert sind, spricht Haberlandt von Lichtsinnesorganen.

Soweit führten also die Beobachtungen der physiologischen Pflanzenanatomie zu einer möglichen Funktion dieser Epidermiszellen als Perzeptionsorgane des Lichtes. Indessen zwischen dieser Möglichkeit und der Wirklichkeit liegt noch ein weiter Weg. Zwar hat Haberlandt einige Versuche in der Richtung ausgeführt, welche aber jedenfalls nicht genügend beweisend sind, und die Einwürfe, welche von anderer Seite gegen seine Theorie gemacht wurden, sind nicht entkräftet. Kniep[3] hat z. B. die Blätter mit einer Schicht Paraffinöl bedeckt, in solcher Art, daß jetzt die Mitte der Zelle verdunkelt war und der Rand die

---

¹ Dolk, H.: Amer. J. Bot. 18 (1931).

² Haberlandt, G.: Jb. Bot. 46 (1909). Sitzgsber. preuß. Akad. wiss., Physik.-math. Kl. Berlin 1916.

³ Kniep, H.: Biol. Zbl. 27 (1907).

hellste Stelle bildete; diese Blätter reagieren genau wie normale. Dann hat NORDHAUSEN[1] durch vorsichtiges Reiben mit Amaryllpulver die Epidermiszellen getötet, wobei die Perzeptionsfähigkeit des Blattes nicht verlorengegangen war.

Indessen, augenblicklich läßt sich in dieser Frage noch kein endgültiger Schluß ziehen; die Bilder, welche die mikroskopische Betrachtung uns zeigt, sind zwar außerordentlich bestechend. Aber es besteht doch noch ein weiter Weg, bis der Beweis für eine derartige Wirkung dieser Linsenapparatur geliefert ist. Man bedenke auch, daß sich das alles bis jetzt wenig in Übereinstimmung bringen läßt mit den Untersuchungen, welche über Graskeimlinge gemacht sind, und wo ganz speziell die äußerste Spitze sich als außerordentlich empfindlich herausgestellt hat, ohne daß es gelungen wäre, hier etwas von Sinnesorganen im Sinne HABERLANDTS zu finden. Wenn das zwar kein zwingender Beweis gegen die Auffassung der Linsen als Sinnesorgane ist, so ist diese Tatsache damit doch nicht in vollkommener Übereinstimmung, ebensowenig, daß man prachtvolle Linsen findet bei Pflanzen, welche überhaupt nicht phototropisch sind, wie z. B. bei den Wurzeln von Podostemonaceae.

Beim Geotropismus werden wir sehen, daß Organe, welche schon erwachsen sind, bisweilen unter dem Einfluß der Schwerkraft ihr Wachstum wieder aufnehmen und geotropische Krümmungen ausführen. Etwas Ähnliches hat man für das Licht bei den Knoten der Commelinaceen, wenn diese einseitig beleuchtet werden, beobachten können[2].

Bemerkt mag noch werden, daß beim Transversalphototropismus die Reaktion bisweilen nicht, oder nicht allein besteht in einer Krümmung des Blattstiels, sondern daß daneben auch Torsionen vorkommen können, welche aber noch sehr unvollkommen studiert wurden[3].

Die transversalphototropischen Blattbewegungen, welche nicht auf Wachstum, sondern auf Turgoränderungen der Gelenke beruhen, wie man solche bei gefiederten Blättern, etwa der Robinia Pseudacacia antrifft, werden besser bei der Photonastie behandelt.

Man hat sich bemüht, beim Phototropismus die Gültigkeit des WEBERschen Gesetzes zu beweisen, Die älteren Angaben von MASSART u. a. können wir übergehen, da die Versuche nicht mit genügender Exaktheit ausgeführt wurden. Aber in letzter Zeit sind genaue Beobachtungen darüber angestellt von E. PRINGSHEIM[4], der daraus den Schluß zieht, daß das Gesetz hier tatsächlich Gültigkeit hat. Er fand nämlich, daß, wenn man Keimpflanzen von zwei antagonistischen Seiten beleuchtet, erst dann eine eben merkliche Krümmung eintritt, wenn die Lichtmengen in einem gewissen Verhältnis zueinander stehen, unabhängig

[1] NORDHAUSEN, M.: Z. Bot. **9** (1907).
[2] SCHREITER, R.: Über Heliotropismus der Stengelknoten. Diss. Leipzig 1909.
[3] Siehe auch SCHWENDENER, S. u. G. KRABBE: Abh. preuß. Akad. Wiss., Physik.-math. Kl. Berlin 1892 und SIERP, H.: Jb. Bot. **55** (1915).
[4] PRINGSHEIM, E.: Z. Bot. **18** (1926).

von der absoluten Größe der Lichtmenge. Diese Unterschiedsschwelle ist sehr verschieden groß bei verschiedenen Keimlingen, am kleinsten bei **Avena**, größer in steigender Reihe bei **Triticum**, **Secale** und **Hordeum**. Wir müssen immerhin bemerken, daß diese Resultate bei Dauerbeleuchtung erhalten wurden, nicht bei kurzwährender Reizung, und daß man deshalb vorläufig auch diesen Versuchen gegenüber sich mit einer gewissen Skepsis verhalten muß.

Gewisse Gifte, wie Äthylen, Acetylen, Äther usw. wirken stark auf die Empfindlichkeit für Lichtreize der Pflanzen ein. O. RICHTER[1] hat uns darüber unterrichtet und seit seinen Untersuchungen ist man vorsichtig mit Versuchen in „Laboratoriumsluft", wo Leuchtgas eine Rolle spielen kann. Ähnliches gilt auch für den Geotropismus, jedenfalls auch für die Absorption von bestimmten anderen Giften, wie z. B. Farbstoffe: Eosin usw., wobei man bisweilen an eine photodynamische Wirkung gedacht hat. Davon scheint indessen wohl keine Rede zu sein, wohl spielt offenbar der Bromgehalt des Eosins eine gewisse Rolle. Ausführlicher kann darüber hier nicht gehandelt werden; man vergleiche die Untersuchungen von BOAS[2], SCHANZ[3] und SIERP[4].

Ebenfalls kann hier ganz kurz erwähnt werden, daß der Einfluß der Temperatur auf den Phototropismus sich den anderen Temperaturwirkungen anreihen läßt. Auch hier Beschleunigung der Reaktion durch die hohen Temperaturen, bis sich ein schädlicher Einfluß geltend macht; infolgedessen entsteht auch hier eine Optimumkurve, wie das aus den Beobachtungen von Fräulein M. DE VRIES[5] hervorgeht.

Geotropismus. Es ist eine allbekannte Erscheinung, daß Hauptwurzeln senkrecht in die Erde hineinwachsen, Stengel dagegen senkrecht hinauf von der Erde hinweg und daß auch andere Teile eine bestimmte Stellung gegenüber der Vertikalen bekommen. Man hat lange darüber philosophiert, woran diese Erscheinungen zugeschrieben werden müssen, aber erst A. T. KNIGHT[6] hat uns vor mehr als hundert Jahren die Erklärung gegeben; es handelt sich hier um eine Wirkung der Schwerkraft. Den Beweis dafür hat KNIGHT durch seine berühmten Zentrifugalversuche geliefert; d. h. er hat gezeigt, daß man die Schwerkraft ersetzen kann durch oder verbinden kann mit der Zentrifugalkraft, also einer in physikalischer Hinsicht vergleichbaren Kraft, welche sich in einer Massenbeschleunigung äußert. Später ist zwar darauf aufmerksam gemacht worden, daß der exakte Beweis von KNIGHT nicht erbracht wurde; dasselbe geschah dann aber Anfang dieses Jahrhunderts von GILTAY[7].

---

[1] RICHTER, O.: Sitzgsber. Akad. Wiss. Wien, Math.-naturwiss. Kl. **121** (1913).

[2] BOAS, FR.: Ber. dtsch. bot. Ges. **43** (1925).

[3] SCHANZ, F.: Ber. dtsch. bot. Ges. **41** (1923).

[4] SIERP, H.: Z. Bot. **13** (1921).

[5] DE VRIES, M.: Rec. Trav. bot. néerl. **11** (1914).

[6] KNIGHT, A. T.: Philosophic. Trans. roy. Soc. Lond. **1806**; auch OSTWALDS Klassiker **62**.　　[7] GILTAY, E.: Z. Bot. **2** (1910).

Wir werden bald näher über diese Zentrifugalversuche zu sprechen kommen, müssen aber vorher erst einiges andere behandeln. Zuerst wollen wir feststellen, daß es sich hier um Wachstumserscheinungen handelt, welche in bestimmter Weise von der Schwerkraft beeinflußt werden. Lege ich eine Hauptwurzel horizontal, so wächst die Oberseite stärker als die Unterseite und die Wurzel krümmt sich so lange, bis die Wurzelspitze wieder vertikal nach dem Mittelpunkt der Erde hin gerichtet ist: die Hauptwurzel ist positiv geotropisch. Nehmen wir irgendeinen Stengel oder einen Graskeimling, der ebenfalls in horizontale Stellung gebracht wird, so wächst umgekehrt die Unterseite stärker als die Oberseite und eine negativ-geotropische Reaktion setzt ein. Ebenfalls kann man etwas Ähnliches beobachten bei plagiotropen Organen, z. B. Rhizomen von Convallaria, Seitenwurzeln erster Ordnung, usw., welche eine Wachstumskrümmung zeigen, wenn sie aus ihrer normalen Lage herausgebracht werden und zuletzt wieder denselben Winkel wie früher mit der Lotlinie bilden, es sei denn, daß dieser Winkel 90° ist, oder kleiner. In solchen Fällen spricht man mit Frank[1] von transversal-geotropischen Teilen. Rotation auf dem Klinostaten wird im allgemeinen die transversal-geotropische Krümmung nicht verschwinden lassen, während solches wohl der Fall ist bei den positiv und negativ geotropischen Organen, falls die Klinostatenachse horizontal steht, oder falls bei schräger Achse die Teile parallel der Achse gestellt sind. Wir sahen das schon bei der allgemeinen Besprechung der Bewegungen.

Die Tatsache, daß bei einer und derselben Pflanze die verschiedenen Teile sehr verschieden auf die Schwerkraft reagieren, so daß die Art ihrer Reaktion in erster Instanz von der inneren Struktur des Teiles bestimmt wird, war Veranlassung dazu, daß die Schwerkraft hier als Reiz aufgefaßt wurde. Sehen wir uns z. B. eine gewöhnliche Bohnenpflanze an, welche horizontal hingelegt wurde, so führt dieselbe eine Anzahl von Krümmungen aus, infolgedessen der Stengel zuletzt wieder vertikal aufwärts wächst, die Hauptwurzel vertikal abwärts und die Seitenwurzeln schräg abwärts, wobei sie einen bestimmten Winkel, mit der Lotlinie bilden; dieselbe Kraft hat also bei derselben Pflanze mindestens drei ganz verschiedene Reaktionen ausgelöst. Später hat man dann diese Auffassung des Geotropismus als Reizreaktion näher begründet, als man anfing zwischen Perzeption und Reaktion zu unterscheiden.

Vorläufig lassen wir jetzt bei der Besprechung des Geotropismus die plagiotropen Teile außer Betracht und beschäftigen uns erst einmal etwas näher mit den soviel besser untersuchten orthotropen Organen.

Wenn man eine Pflanze auf einem Zentrifugalapparat derart befestigt, daß die Achse dieses Apparates vertikal steht und wenn Stengel und Wurzel ebenfalls in diesen Stand gebracht werden, so wachsen diese natürlich senkrecht weiter, so lange der Apparat nicht im Gang gebracht ist. Dreht man jetzt die Achse, dann wächst die Wurzel schräg nach

---

[1] Frank, A.: Die natürliche wagerechte Richtung der Pflanzenteile. Leipzig 1870.

außen, der Stengel schräg zur Achse hin, und je schneller die Drehung
stattfindet, desto mehr nähert sich der Stand dieser Teile der Horizontalen, ohne diese je zu erreichen. Jetzt wird ja die Zentrifugalkraft in
horizontaler Richtung ihre Wirkung ausüben; diese kombiniert sich
aber mit der Wirkung der Schwerkraft. Letztere ist selbstverständlich
konstant, die Zentrifugalkraft wechselt aber mit der Geschwindigkeit
der Drehung der Achse und Stengel und Wurzel werden sich jetzt in die
Resultante dieser beiden Kräfte einstellen. Wird die Drehung in solcher
Weise reguliert, daß die Zentrifugalkraft der Schwerkraft gleich ist,
so werden die Teile sich derart stellen, daß sie einen Winkel von 45^0
mit der Lotlinie bilden. Wird aber der Zentrifugallapparat mit seiner
Achse horizontal gestellt, so heben sich die gegenseitigen Reaktionen
der Schwerkraft auf, und die Zentrifugalkraft kann. ihre volle Wirkung
entfalten, derart, daß jetzt Stengel und Wurzel senkrecht auf die Achse
zu bzw. davon hinwegwachsen.

Man kann hier nicht, wie beim Phototropismus, die Intensität der
Kraft, welche als Reiz wirkt, wechseln lassen, da die Schwerkraft natürlich immer denselben Wert hat (von für unseren Zweck unmerklichen
örtlichen Unterschieden abgesehen); zwar kann man an ihrer Stelle
wie gesagt die Zentrifugalkraft benutzen und diese wechseln lassen.
Aber durch einen Kunstgriff gelingt es dennoch, der wirksamen Komponente der Schwerkraft verschiedene Werte zu geben.

Um das zu verstehen, müssen wir erst etwas über das SACHS-FITTING-
sche Sinusgesetz sagen. SACHS[1] hat zuerst ausgesprochen und FITTING[2]
hat das dann später bewiesen, daß, wenn ein orthotroper Pflanzenteil
irgendeinen Winkel mit der Lotlinie bildet, die Wirkung der Schwerkraft dem Sinus dieses Winkels proportional ist, daß also, wenn man
die Schwerkraft in zwei Komponenten entbindet, nur diejenige Komponente, welche senkrecht auf das betreffende Organ gerichtet ist, eine
geotropische Wirkung hat. FITTING hat den Beweis in folgender Art
geliefert: Wenn man einen Stengel oder eine Wurzel auf einem Klinostaten mit horizontaler Achse derart rotieren läßt, daß der Teil einen
Winkel mit dieser Achse bildet, so werden die antagonistischen Reizungen sich kompensieren, der Stengel oder die Wurzel wachsen geradlinig weiter; das heißt also, daß die Reizung in einem Winkel x^0 unterhalb der Horizontalen derjenigen in einem Winkel x^0 oberhalb dieser
Achse genau gleich sein muß. Die Sache wird aber ganz anders, wenn
die Achse schief steht; dann können die Winkel zu beiden Seiten der
Horizontallinie nicht mehr gleich sein. Denken wir uns, daß die Achse
einen Winkel von 30^0 mit der Horizontalen macht und die Pflanze auch
wieder einen Winkel von 30^0 mit der Achse, so werden die beiden ent-
ferntesten Winkel, welche die Pflanze bei der Rotation mit der Horizontalen macht 0^0 und 60^0 sein. Jetzt treten wohl Krümmungen auf und
zwar derart, daß diejenige Reizung offenbar am stärksten ist, deren Win-

---

[1] SACHS, J.: Arb. bot. Inst. Würzburg 2 (1879).
[2] FITTING, H.: Jb. Bot. 41 (1905).

kel sich am meisten der Horizontalen nähert, also am meisten der 90^0 Ablenkung von der Lotlinie.

Diese Versuche lieferten aber noch keine quantitativen Ergebnisse; um dazu zu gelangen, hat FITTING den intermittierenden Klinostaten benutzt; dabei können immer zwei verschiedene Stellungen verglichen werden, wobei man nicht nur den Ablenkungswinkel, sondern auch die Dauer der Reizung willkürlich ändern kann. FITTING hat nun durch Probieren die Zeiten derart gewählt, daß die Reizungen in verschiedenen Winkeln sich gerade das Gleichgewicht halten, d. h. daß die Pflanze ohne Krümmung weiter wächst. Er hat z. B. miteinander verglichen, Winkel von 90^0 und 45^0 mit der Lotlinie. Jetzt fand er, daß wenn die Zeiten gewählt wurden im Verhältnis 15 : 9, eine Krümmung im Sinne der 90^0 eintrat, dagegen eine im Sinne des 45^0 Winkels, wenn das Verhältnis 13 : 11 war. Keine Krümmung trat ein bei dem Verhältnis 14 : 10, d. h. 1 : 0,714. Nun stimmt das mit dem umgekehrten Sinusverhältnis, denn sin 90^0 : sin 45^0 = 1 : 0,707.

Also die Wirkung der Schwerkraft ist dem Sinus des Ablenkungswinkels von der Vertikalen proportional. Diese Größe hat den Maximalwert beim Winkel von 90^0, also in der horizontalen Stellung, dagegen ist sie 0 in der Vertikalen, also auch in inverser Stellung. Daß letzteres der Fall ist, läßt sich nicht sehr leicht beweisen, weil, wie wir noch sehen werden, Stengel und Wurzel fortwährend geringe autonome Bewegungen, sogenannte Nutationen, ausführen und infolgedessen irgendein Teil, der invers senkrecht gestellt wird, stets wieder aus der Vertikalen herausgebracht wird. Da nun aber schon der kleinste Winkel genügt zur Auslösung einer geotropischen Reaktion, so wird diese stattfinden. Deshalb hat CZAPEK[1] den Versuch derart ausgeführt, daß die Wurzeln eingegipst in inverse Stellung gebracht wurden. Wenn dann nachher der Gips entfernt und die Wurzel auf den Klinostaten mit horizontaler rotierender Achse gebracht wurde, blieb sie gerade weiter wachsen.

FITTING hat in derselben Arbeit auch feststellen können, daß in der Nähe der Vertikalen die Pflanzen imstande sind, viel kleinere Winkelunterschiede wahrzunehmen als in der Nähe der Horizontalen. Es wurde nämlich gefunden, daß wenn diejenige der beiden Stellungen, die den kleinsten Winkel mit dem Horizont bildet, von der Horizontalen abweicht um etwa 0^0, 8^0, 15^0, 35^0, 50^0, 85^0, die Grenze der geotropischen Unterschiedsempfindlichkeit bei Vicia Faba beträgt bzw. 10^0, 6^0, 4^0, 2^0, 1^0, $^1/_2{}^0$. Das ist selbstverständlich, wenn man bedenkt, daß es sich hier nicht um die Winkel selbst handelt, sondern um deren Sinuswerte. Jedenfalls geht hieraus eine praktische Schlußfolgerung hervor, nämlich die, daß man Teile auf dem Klinostaten mit horizontaler Achse besser nicht rotieren lassen muß in einer Ebene senkrecht auf diese Achse, denn die geringste Ungenauigkeit in der Einstellung der Achse wird sich dann rächen. Wir werden aber bald sehen, daß bei dieser Aufstellung bisweilen dennoch Krümmungen vorkommen können, auch wenn die Achse

---

[1] CZAPEK, FR.: Jb. Bot. **27** (1895); **32** (1898).

sehr genau horizontal steht und die Drehung des Klinostaten vollkommen
regelmäßig ist.

Letztere Forderung muß unbedingt gestellt werden. VAN HARREVELD[1]
hat gezeigt, daß die meisten der älteren Klinostaten irgendeine Unregelmäßigkeit in ihrem Lauf zeigen und daß demnach bei längerer Rotation
alle möglichen orthotropen Pflanzenteile geotropische Krümmungen
ausweisen. Bei den neueren Klinostaten hat man das nicht zu befürchten,
aber aus den mitgeteilten Tatsachen geht hervor, daß sehr kleine Reize
sich auf dem Klinostaten summieren können. Wir kommen darauf gleich
näher zu sprechen. Jetzt möchte ich nur noch bemerken, daß diese
Beobachtungen zugunsten derjenigen Klinostatentheorie sprechen,
welche annimmt, daß ein Reiz auf dem Klinostaten zwar perzipiert wird,
daß die Reaktion aber nicht zur Äußerung kommt, weil nach einiger Zeit
ein antagonistischer Reiz die gegenteilige Wirkung ausübt.

Aus dem Vorhergehenden läßt sich also folgern, daß man die Intensität der Reizung bei der Schwerkraft wechseln lassen kann zwischen
den Werten von $M \times g$ und 0, wenn M die Masse des Körpers ist, und g
die Beschleunigung der Schwerkraft. Die Intensität der reizenden Kraft
beträgt ja $Mg \times \sin \alpha$. Frau RUTTEN-PEKELHARING[2] hat nun die
Präsentationszeit für verschiedene Größen des Reizes und zwar bei
Haferkeimlingen und bei Wurzeln von Lepidium sativum bestimmt.
Es hat sich dabei herausgestellt, daß die Präsentationszeit der Intensität
des Reizes umgekehrt proportional ist. Das geht z. B. aus den folgenden
Zahlen hervor. Erstens wo bei Avenakoleoptilen mit verschiedenen
Zentrifugalkräften experimentiert wurde.

Zentrifugalkraft	Präsentationszeit	Produkt $Mg \times t$
58,43 Mg	5 Sekunden	292
23,86 ,,	13 ,,	310
10,08 ,,	31 ,,	304
3,00 ,,	100 ,,	300
1,04 ,,	310 ,,	322
0,76 ,,	415 ,,	315
0,25 ,,	1300 ,,	325
0,08 ,,	3900 ,,	312

Zweitens mit verschiedener Reizgröße der Schwerkraft auch für
Avenakoleoptilen:

Ablenkungswinkel	Produkt $Mg \cdot t \cdot \sin \cdot \alpha$	Ablenkungswinkel	Produkt $Mg \cdot t \cdot \sin \cdot \alpha$
90°	269	40°	284
60°	282	30°	270
120°	288	20°	251
45°	259	159°	262

Man sieht, daß diese Produkte ungefähr gleich sind. Daß keine
vollkommene Gleichheit gefunden wurde, wird wohl veranlaßt, erstens

---

[1] VAN HARREVELD, PH.: Rec. Trav. bot. néerl. **3** (1907).
[2] RUTTEN-PEKELHARING, C. J.: Rec. Trav. bot. néerl. **7** (1910).

durch die Schwierigkeiten der Versuchsanstellung. Als Frau Rutten ihre Versuche ausführte, war man noch nicht so wie jetzt überzeugt von der Notwendigkeit der absoluten Konstanz der äußeren Umstände; erst nachher hat z. B. Rutgers[1] zeigen können, welchen Einfluß die Temperatur auf die Präsentationszeit ausübt. In der Tat haben nachher sowohl Tröndle[2] als Schneider[3] bewiesen, daß diese Unregelmäßigkeiten der Hauptsache nach bei peinlich genauem Arbeiten verschwinden. Zweitens aber wäre es möglich, daß sich hier auch ein Einfluß der Längskomponente fühlbar macht, worauf gleich zurückzukommen sein wird.

Schon früher hatte Bach[4] ähnliche Resultate erhalten, während Maillefer[5] mit einer anderen Methodik ungefähr zu gleicher Zeit ebenfalls zum Schluß kam, daß für den Geotropismus für eine bestimmte Reaktion das Produkt aus Kraft und Zeit einen konstanten Wert haben muß. Das alles sieht also demjenigen ähnlich, was Blaauw und Fröschel zuerst für den Phototropismus konstatiert hatten und von vielen Seiten hat man daraus ein „Reizmengengesetz" gefolgert. Es würde sich also bei jeder Reizwirkung um zwei Faktoren handeln, nämlich um die Zeit während welcher der Reiz seine Wirkung ausübt und um die Größe der als Reiz wirkenden Kraft. Das Produkt dieser beiden Größen wäre dann eine Konstante, wenn eine bestimmte Reaktion resultieren soll.

Indessen will mir scheinen, daß man hierin erstens viel zu früh verallgemeinert hat und zweitens, daß der Begriff „Reizmenge" eigentlich inhaltlich nicht gut zu verstehen ist. Beim Lichte läßt sich das sehr gut begreifen, weil dort die Lichtmenge (Intensität $\times$ Zeit) einen energetischen Begriff ausdrückt. Aber schon hier bei der Schwerkraft kann man nur unter Annahme von Hilfshypothesen sich einen Begriff bilden von demjenigen, was hier unter „Reizmenge" zu verstehen ist. Ob die Schwerkraft während einer Sekunde oder während 2000 Jahren auf einen stillstehenden Körper ihren Einfluß ausübt, muß ohne irgendwelche Bedeutung sein; der Endzustand ist in beiden Fällen genau der gleiche. Nur dann, wenn die Schwerkraft auf Teilchen, welche sich in Bewegung befinden, einwirkt, läßt sich unter dem Produkt $Mg \times t$ etwas Energetisches denken. Wir kommen also zur Schlußfolgerung, daß die Versuche der Frau Rutten[6] und die daran anschließenden uns die Idee aufzwingen, daß beim Geotropismus die Perzeption der Schwerkraft auf sich bewegende Teilchen beruhen muß.

Wir kommen hiermit zur Frage nach der Perzeption des Schwerereizes und man kann dann erstens feststellen, wie schon aus dem Gesagten hervorgeht, daß es eine Präsentationszeit gibt, d. h. daß man eine bestimmte Zeit reizen muß, um nachher eine Reaktion zu erhalten. Es

---

[1] Rutgers, A. A. L.: Rec. Trav. bot. néerl. 9 (1912).
[2] Tröndle, A.: Jb. Bot. 60 (1921).
[3] Schneider, E.: Proc. Kon. Akad. Wetensch. Amsterd. 28 (1925).
[4] Bach, H.: Jb. Bot. 44 (1902).
[5] Maillefer, A.: Bull. Soc. Vaud. Sci. natur. 46 (1910).
[6] Rutten-Pekelharing, C. J.: Rec. Trav. bot. néerl. 7 (1910).

gibt also einen Unterschied in Zeit zwischen Perzeption und Reaktion; indessen kann man sich auch hier, ebenso wie beim Phototropismus die Frage stellen, ob die Reaktion nicht eigentlich schon viel früher anfängt als man das bei Betrachtung mit dem bloßen Auge sehen kann. Das ist in der Tat so, aber andererseits setzt sich die Reaktion viel länger fort als der Reiz einwirkt. Am besten geht das alles hervor aus Beobachtungen über den Verlauf der Krümmung, welche also vergleichbar sind mit demjenigen, was auf S. 342 für den Phototropismus behandelt wurde.

Man hat den Verlauf der Krümmung auch hier, ebenso wie bei der phototropischen Reaktion genau verfolgt. Das ist selbst schon vor längerer Zeit mit den einigermaßen primitiven Hilfsmitteln der damaligen Zeit geschehen, so besonders von SACHS und NOLL. In letzter Zeit hat man aber auch hier mit photographischen Aufnahmen in kurzen Intervallen auf Filmen, welche für rotes Licht sensibilisiert waren, viel mehr erreichen können; speziell konnte festgestellt werden, wo die Krümmung ihren Anfang nimmt und wie sie fortschreitet.

Ich muß dann besonders die Untersuchungen DOLKs[1] nennen, welcher mit Haferkeimlingen gearbeitet hat. Dieselben wurden erst einige Zeit in Horizontalstellung gebracht und dann auf einem intermittierenden Klinostaten mit horizontaler Achse rotiert. Jede vierte Minute wurde eine photographische Aufnahme gemacht,

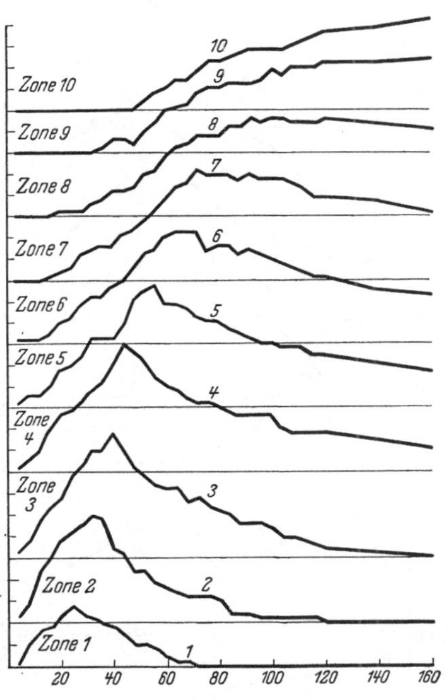

Abb. 59. Verlauf der geotropischen Krümmung eines Haferkeimlings, der während 15 Minuten horizontal gestanden hatte, für die verschiedenen Zonen gesondert angegeben. Auf der Abszissenachse die Zeit seit Anfang der Reizung in Minuten, als Ordinaten der reziproke Wert des Krümmungsradius, also die Stärke der Krümmung (nach DOLK).

während 2 Minuten; in dieser Zeit standen die Keimlinge horizontal, daraufhin wurde rotiert, dann verblieben die Koleoptilen während 2 Minuten in der antagonistischen Reizlage, worauf nach Rotation von neuem eine Aufnahme gemacht werden konnte. Von jeder Zone von 2 mm Länge wurde dann nachher der Krümmungsradius bestimmt und dessen reziproker Wert als Ordinate in eine Kurve eingezeichnet, wobei auf der Abszissenachse die Zeiten eingezeichnet wurden. Abb. 59 gibt den Verlauf einer Krümmung, nachdem 15 Minuten in horizontaler Lage

---

[1] DOLK, H. E.: Geotropie en groeistof. Diss. Utrecht 1930.

gereizt worden war. Die erste Zone ist diejenige, welche 2 mm unterhalb der Spitze lag; an der Spitze selbst konnte die Krümmung wegen deren konischen Gestalt nicht gemessen werden. Man sieht, daß die Krümmung in der Spitze anfängt und sich allmählich auf tiefere Zonen erstreckt, während die Krümmung der apikalen Zonen allmählich durch den Autotropismus zurückgeht; auch dieser Rückgang verläuft daraufhin basalwärts, hat aber nach 160 Minuten Zone 8, 9 und 10 noch nicht erreicht. Man kann die Kurve auch anders angeben, wie in der Abb. 60, wo als Abszissen die einzelnen Zonen der Wurzel, mit der Spitze anfangend, benutzt wurden, und wo die Ordinaten wieder die Krümmung angeben; die aufeinanderfolgenden Kurven geben den Zustand nach je 20 Minuten.

Wenn man diesen Verlauf mit demjenigen der phototropischen Reaktion vergleicht, so ergibt sich eine gewisse Ähnlichkeit, indessen mit dem Unterschied, daß die geotropische Krümmung viel früher auftritt und daß sie viel rascher basalwärts schreitet, während übrigens auch die autotropische Rückkrümmung viel eher einsetzt. Wir werden bald bei der Besprechung der Rolle des Wuchsstoffes beim geotropischen Reizvorgang eine Erklärung dieser Unterschiede geben.

Gibt es auch örtlich eine Verschiedenheit zwischen Perzeption und Reaktion? Das ist eine viel umstrittene Frage gewesen, worüber eine sehr große Literatur besteht, von der wir nur einiges in den Vordergrund bringen können. Nachdem CIESIELSKI[1] zuerst auf die Bedeutung

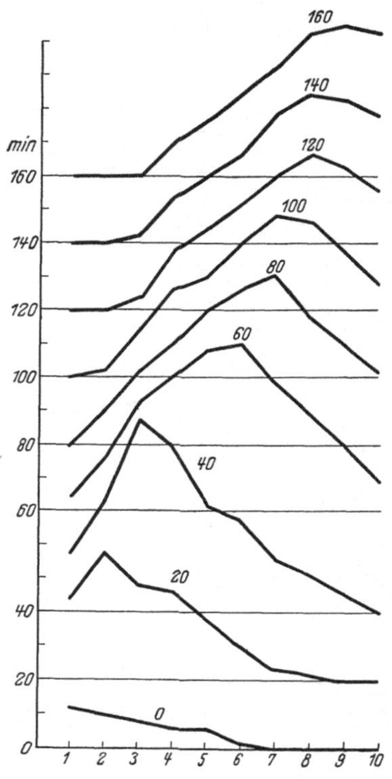

Abb. 60. Verteilung der geotropischen Krümmung über eine Haferkoleoptile nach verschiedenen Reaktionszeiten. Es ist dieselbe Pflanze worauf Abb. 59 Bezug hat. Auf der Abszissenachse sind die Zonen angedeutet, Ordinaten sind die reziproken Werte der Krümmungsradien. Die Zeit ist angegeben vom Ende der Reizung (welche 15 Minuten währte) an (nach DOLK).

der Wurzelspitze für die Perzeption des Schwerereizes aufmerksam gemacht hatte, ohne indessen viel Anklang gefunden zu haben, hat dann DARWIN[2] diese Frage im Mittelpunkt des Interesses gebracht. Er dekapitierte Wurzeln und konnte zeigen, daß diese nicht mehr auf den Schwerkraftreiz reagieren, daß die Reaktion aber wohl zustande kommt, wenn die Spitze einige Zeit nach der Reizung abgeschnitten wird. Daraus wurde der

[1] CIESIELSKI, TH.: Cohns Beitr. Biol. Pflanzen 1 (1875).
[2] DARWIN, CH. a. FR.: The power of movement in plants. London 1880.

Schluß gezogen, daß die Wurzelspitze das eigentlich perzipierende Organ
ist, während die Reaktion im mehr basalem Teile der Wurzel ausgeführt
wird. Diese Schlußfolgerung wurde erst heftig angefochten, aber später
allgemein akzeptiert, merkwürdigerweise auf Grund von Versuchen,
deren Unrichtigkeit sich später herausgestellt hat. Bei den Versuchen
DARWINS blieb die Schwierigkeit bestehen, daß man den Einfluß der
Wunde nie ausschließen kann und man begrüßte deshalb mit Freuden
eine neue Methode, welche von PICCARD[1] eingeführt und dann von
v. GUTTENBERG[2] ausführlich benutzt wurde. Diese Methode besteht
darin, daß Wurzeln oder Koleoptilen derart schräg an der Spitze der
Achse des Zentrifugalapparates befestigt werden, daß die Spitze gerade
in gegengesetzter Richtung von der Zentrifugalkraft gereizt wird als der
basale Teil des Organs. Indem man die
Länge dieser Spitze wechseln läßt, kann
man aus der später auftretenden Krümmung Schlüsse über die Verteilung der
geotropischen Empfindlichkeit über die
Wurzel oder die Koleoptile ziehen.

Dabei hat sich dann herausgestellt,
daß die Spitze am empfindlichsten ist,
daß aber auch die übrigen Teile eine
wenn zwar geringe, nach der Basis hin
mehr und mehr verschwindende Empfindlichkeit besitzen. Ich komme darauf
gleich näher zu sprechen, möchte aber
erst noch eine andere Methode der Versuchsanstellung, welche in gewissen Fällen
benutzt wurde, nennen. FR. DARWIN[3]
konnte nämlich zeigen, daß Keimlinge
von Phalaris, Setaria und Sorghum,
wenn sie mit der Spitze fixiert in horizontale Lage gebracht werden, während
die Basis sich frei bewegen kann, keine

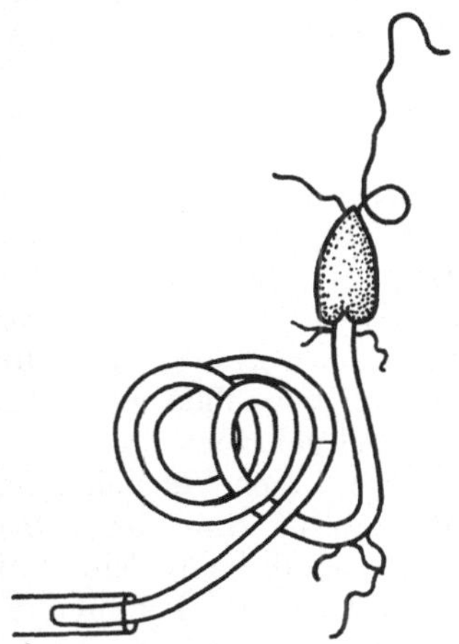

Abb. 61. Keimling von Sorghum
mit der Spitze in horizontaler Lage
festgehalten; die Krümmung geht
ununterbrochen weiter (nach FR.
DARWIN).

fixe Gleichgewichtsstellung erreichen (Abb. 61), sondern fortfahren
sich zu krümmen. Die Erklärung wäre dann die, daß die Spitze speziell reizbar ist, daß dieselbe in der Reizstellung verbleibt und deshalb die Reaktion fortdauert. Später hat sich herausgestellt, daß
man doch auch der Basis Empfindlichkeit zuschreiben muß und man
hat auch nach einer anderen Erklärung gesucht. Aber wir wollen
das alles nicht weiter besprechen, weil bei allen diesen Versuchen
der Verteilung des Wuchsstoffes nicht genügend Rechnung getragen
ist; das konnte auch nicht der Fall sein, weil man nichts vom Wuchsstoff
wußte; aber jetzt wird die Erklärung teilweise anders lauten müssen.

---

[1] PICCARD, A.: Jb. Bot. **40** (1904).
[2] v. GUTTENBERG, H.: Jb. Bot. **50** (1907).
[3] DARWIN, FR.: Ann. of Bot. **5** (1899).

Verschiedentlich war darauf hingewiesen, daß Graskeimlinge, denen man die Spitze genommen hat, nicht mehr geotropisch reagieren und daß man diese Erscheinung der Abwesenheit des Wuchsstoffes zuschreiben kann. Anderseits hat man geglaubt, daß durch den Reiz spezielle Tropohormone gebildet würden, welche dann durch ihren Einfluß auf das Wachstum die Krümmung veranlassen würden. Dolk[1] hat zeigen können, daß dekapitierte Haferkoleoptilen ihre geotropische (und phototropische) Empfindlichkeit durch die Dekapitation verlieren, daß diese aber nach 150 Minuten zurückkehrt, genau zu derselben Zeit, wo die Regeneration des gewöhnlichen Wuchsstoffes stattfindet. Das Bestehen der Tropohormone wurde daraufhin sehr unwahrscheinlich, als es F. W. Went gelang, einem dekapitierten Haferkeimling die Empfindlichkeit gegen die Schwerkraft wieder zurückzugeben, indem er die Spitze ersetzte durch ein Agarblöckchen mit gewöhnlichem Wuchsstoff. Inzwischen hatte Cholodny[2] die Theorie aufgestellt, daß der Wuchsstoff durch die Schwerkraft polar beeinflußt würde. Es stützte sich auf Versuche, wobei die Wurzelspitze bei dekapitierten Wurzeln durch eine Koleoptilspitze ersetzt wurde, woraufhin dann die geotropische Reaktion einsetzte. Ebenfalls konnte er Versuche mit Hypokotylen von Lupinus, aus denen man den Zentralzylinder herausgebohrt hatte, anstellen; diese hatten durch diese Manipulation ihre Krümmungsfähigkeit verloren. Dieselbe kehrte aber wieder zurück, als Koleoptilspitzen von Mais, oder Agarblöckchen mit Wuchsstoff in den hohlen Stengel gebracht wurden.

Bei diesen Versuchen kann man allenfalls noch behaupten, daß der Wuchsstoff die unentbehrliche Bedingung für das Wachstum ist und daß deshalb beim Fehlen dieses Stoffes auch die geotropische Reaktion nicht zustande kommen kann, daß aber der Wuchsstoff mit dieser Reaktion selbst übrigens nichts weiter zu tun hat.

Daß es sich aber anders verhält, haben die Versuche Dolks[3] bewiesen. Er hat erstens zeigen können, daß die Totalmenge des Wuchsstoffes in den Spitzen von Maiskoleoptilen (beim Hafer verhält es sich nicht anders) dieselbe ist beim vertikalen und beim horizontalen Stand der Koleoptile. Wenn man aber Maiskoleoptilen in einer horizontalen Stellung hält, dann nach einiger Zeit die Spitze abschneidet und den Wuchsstoff von der unteren und der oberen Seite gesondert auffängt, zeigt sich, daß die erstere davon mehr enthält. In der folgenden Zusammenstellung auf S. 369 findet man einige Belege.

Der Wuchsstoff wird also ungleich verteilt und infolgedessen muß das Wachstum an der Unterseite größer, an der Oberseite aber geringer sein, als bei vertikalen Koleoptilen.

Hieran anschließend wurde untersucht, wie lange es dann nachher dauert, bis nach der Reizung die ursprüngliche Verteilung des Wuchs-

---

[1] Dolk, H. E.: Proc. Kon. Akad. Wetensch. Amsterd. **29** (1926).

[2] Cholodny, N.: Jb. Bot. **65** (1926). Biol. Zbl. **47** (1927). Planta (Berl.) **6** (1928).

[3] Dolk, H. E.: Geotropie en groeistof. Diss. Utrecht 1930.

Zeit, während welcher die Spitzen horizontal standen	Anzahl Spitzen	Wuchsstoffmenge	
		oben	unten
2700 Sekunden	5	12,4	19,5
1800 ,,	4	9,6	14,0
1800 ,,	4	10,5	16,2
1800 ,,	4	13,4	16,7
1800 ,,	4	8,3	22,5
1800 ,,	4	6,3	11,2
1800 ,,	4	2,5	8,5
900 ..	4	4,6	8,7
1800 ,,	4	2,6	6,6
900 ,,	4	2,5	5,3
1800 ,,	4	3,2	7,0
1800 ,.	6	12,7	14,6
1800 ,,	6	12,3	16,7

stoffes wieder hergestellt ist. Dazu wurden die Pflanzen nach der Reizung auf der horizontalen Achse eines Klinostaten rotiert und erst daraufhin die Verteilung des Wuchsstoffes untersucht. Die nächste Tafel gibt das Resultat.

Zeit in horizontaler Stellung	Anzahl Spitzen	Rotationszeit auf dem Klinostaten	Zeit auf Agar	Wuchsstoffmenge	
				oben	unten
1800 Sekunden	6	64 Minuten	105 Minuten	5,0	4,7
1800 ,,	7	60 ,,	90 ,,	5,8	5,6
1800 ,,	7	60 ,,	90 ,,	6,7	7,0
1800 ,,	7	60 ,,	90 ,,	6,8	6,6
1800 ,,	7	60 ,,	90 ,,	5,3	5,7
1800 ,,	7	60 ,,	90 ,,	11,0	10,6
1800 ,,	7	60 ,,	90 ,,	12,0	12,3

Es stellt sich also heraus, daß schon eine Stunde nach Ablauf der Reizung — auch wenn dieselbe $1/_2$ Stunde gedauert hat — jeglicher Einfluß auf die Wuchsstoffverteilung ausgeklungen ist.

Man könnte sich nun vielleicht noch denken, daß die Schwerkraft in diesen Spitzen ihren Einfluß nicht auf den Transport des Wuchsstoffes, sondern mehr speziell auf dessen Produktion ausübt. Indessen haben weitere Versuche gezeigt, daß diese Annahme äußerst unwahrscheinlich ist.

Diese weiteren Versuche hat DOLK ausgeführt mit Koleoptilzylindern von Avena. Er schnitt erst die Spitze in einer Länge von 1 mm hinweg, und nahm dann die darauffolgenden 2 mm, welche einen kleinen Zylinder bilden. Nun wurde auf diesen Zylinder ein Agarplättchen mit Wuchsstoff aufgesetzt und darunter ein ähnliches Agarplättchen, aber ohne Wuchsstoff. Dieser wurde dann durch das Zylinderchen transportiert und zwar überall in der gleichen Menge, wenn der Zylinder vertikal stand. Das war aber nicht mehr der Fall, wenn man die ganze Einrichtung um 90^0 drehte, wodurch also die Achse des Zylinders eine horizontale Lage bekam. Wurde jetzt die Wuchsstoffmenge der Ober- und Unterseite wieder getrennt aufgefangen, so ergab sich, daß durch die Unterseite mehr Wuchsstoff transportiert war, als durch die Oberseite.

Anders als beim Phototropismus wird bei der geotropischen Reizung der Wuchsstoff also nicht nur in der Spitze polarisiert, sondern auch mehr basalwärts findet stets wieder ein Transport von oben nach unten statt, der sich dem longitudinalen Transport addiert. Damit erklärt sich der viel schnellere Verlauf der Krümmung basalwärts. Es kommt aber dann noch etwas hinzu, daß nämlich die Empfindlichkeit für den Schwerereiz in den basalen Zonen verhältnismäßig viel größer ist als beim Phototropismus.

In derselben Arbeit hat DOLK den exakten Beweis hiervon geliefert. Wenn man nämlich die Spitze einer Koleoptile durch ein Agarwürfelchen ersetzt und diese Spitze verschieden lang nimmt, läßt sich die Präsentationszeit des übriggebliebenen Stumpfes bestimmen und damit die Empfindlichkeit. Das Resultat läßt sich in der nebenstehenden Tafel zusammenfassen.

Länge der abgeschnittenen Spitze	Präsentationszeit in Minuten
0 (Kontrolle)	4
1 mm	5—10
2 „	15—20
3 „	20
4 „	20—25
5 „	35
6 „	35—40
7 „	60
8 „	70
9 „	80
10 „	100—110

Das sind alles Werte, die bei lange nicht vernachlässigt werden dürfen, und die von einer ganz anderen Größenordnung sind wie diejenigen beim Phototropismus.

Noch eins muß hier über diese Versuche gesagt werden, nämlich, daß die Krümmung beim Geotropismus auch viel rascher zurückläuft als beim Phototropismus. Das erklärt sich aus dem schon genannten raschen Abklingen des Einflusses der Schwerkraft auf den Wuchsstoff, worauf also die normale Wuchsstoffverteilung und wie wir S. 336 sahen, der Autotropismus wieder einsetzt. Das konnte noch näher bewiesen werden durch ein Studium der geotropischen Reaktion bei Keimlingen, welche gleich nach der Reizung dekapitiert wurden und wovon die Krümmung jetzt photographisch festgelegt wurde in der vorhin schon genannten Art. Man sieht dann nämlich, daß im Gegensatz zu den nicht dekapitierten Keimlingen, die Krümmung in den apikalen Zonen vorläufig nicht zurückgeht und daß die Geradestreckung durch Autotropismus (alle Versuche wurden ausgeführt auf einer rotierenden horizontalen Achse des Klinostaten) erst nach 140 Minuten anfängt, d. h. gerade so lange als es dauert, bis der Wuchsstoff in den dekapitierten Keimlingen wieder regeneriert wird.

Die inneren Vorgänge bei der Perzeption des Schwerereizes sind uns noch vollkommen unbekannt. Der erste Angriff zur Untersuchung dieser inneren Vorgänge ist jetzt gegeben mit der Untersuchung des Wuchsstoffes. Es fragt sich, ob man augenblicklich mehr sagen kann. Wenn es gelingen würde, chemische Unterschiede zwischen den zwei Seiten eines gereizten Sprosses zu finden, so handelt es sich dann doch wohl um ein weiteres Glied der Reizkette. Was CZAPEK[1] darüber berichtet hat, ließ

---

[1] CZAPEK, FR. u. v. BERTEL, R.: Jb. Bot. 48 (1906).

sich nicht bestätigen; viel mehr Wahrscheinlichkeit haben die Untersuchungen Warners[1], woraus hervorzugehen scheint, daß der Zuckergehalt zu beiden Seiten eines horizontal gelegten Stengels ungleich wird. Dann kann hier auch vielleicht erwähnt werden, daß Overbeck[2] einen Unterschied gefunden hat in der Turgordehnung bei geotropisch gekrümmten Wurzeln und zwar nur beim Anfang der Krümmung, welche man alsdann auch durch Plasmolyse rückgängig machen kann. Das kann sich vollkommen mit der Meinung decken, daß der Wuchsstoff als primäre Wirkung der Zellmembran eine größere Dehnbarkeit verleiht, wie das speziell für den Geotropismus von DE Haas[3] dargetan wurde, wobei dann daran zu erinnern wäre, daß Heyn[4] gezeigt hat, daß es sich hier um eine Änderung der plastischen Dehnbarkeit handelt.

Wohl lohnt es sich, noch einen Augenblick uns mit der Frage zu beschäftigen, was wohl die primäre Wirkung der Schwerkraft in der Zelle sein würde. Nun wurde von Noll[5] die Vermutung ausgesprochen, daß in den Pflanzenzellen sich etwas Ähnliches wie die Statolithen der tierischen Gleichgewichtsorgane würde finden lassen, wenn er zwar glaubte, daß diese Statolithen mit unseren jetzigen Hilfsmitteln nicht gesehen werden können.

Dann sind ungefähr zu gleicher Zeit zwei Forscher auf den Gedanken gekommen, daß es sich in der Pflanzenzelle um bewegliche Stärkekörner handeln könne, welche jedesmal die tiefste Stelle in der Zelle einnehmen würden und derart die Rolle von Statolithen spielen würden. Es waren Němec[6] und Haberlandt[7], ersterer hauptsächlich im Betreff der Wurzeln, letzterer speziell für Stengel. In den Wurzeln würden es ganz speziell die zentralen Zellen der Calyptra (in der sogenannten Columella) sein, welche den Schwerkraftreiz perzipieren und dementsprechend Statolithenstärke enthalten. Wir hatten ja schon gesehen, daß es speziell die Wurzelspitze ist, welche die Schwerkraft perzipiert, wenn es zwar angebracht ist, jetzt mit unseren neuen Auffassungen über den Wuchsstoff die ganze Sache noch einmal von Grund aus zu untersuchen.

Was den Stengel anbetrifft, weiß man schon sehr lange, daß demselben eine solche Lokalisation der Perzeption in der Spitze und auch überhaupt abgeht, daß die perzipierende Zone vielmehr diffus verteilt ist. Haberlandt hat dann Versuche angestellt mit Stengeln, welche er der peripheren Schichten beraubte, oder denen er — stets im noch unausgewachsenen Teile — das Mark ausbohrte. Er schloß aus diesen Versuchen, daß die Perzeption der Schwerkraft hier auf bestimmte Gewebe lokalisiert ist, ganz speziell in der Nähe der Stärkescheide. Immerhin muß bemerkt werden, daß die schon erwähnten Versuche Cholodnys

[1] Warner, Th.: Jb. Bot. **68** (1928).
[2] Overbeck, Fr.: Z. Bot. **18** (1926).
[3] de Haas, R. H.: Proc. Kon. Akad. Wetensch. Amsterd. **32** (1928).
[4] Heyn, A. N. J.: Rec. Trav. bot. néerl. **28** (1931).
[5] Noll, Fr.: Heterogene Induktion. Leipzig 1892.
[6] Němec, B.: Jb. Bot. **36** (1901).
[7] Haberlandt, G.: Jb. Bot. **38** (1903); **42** (1905); **45** (1908).

auch eine andere Deutung zulassen, nämlich, daß es sich um ein Defizit an Wuchsstoff handeln würde. Wie dem auch sein mag, HABERLANDT hat darauf hingewiesen, daß in den jungen Stengeln ganz speziell die Stärkescheide bewegliche Stärke enthält und demgemäß zur Perzeption der Schwerkraft geeignet sein würde.

Diese Theorie hat eine ungeheure Menge von Untersuchungen hervorgerufen und hat deshalb jedenfalls ihren heuristischen Wert bewiesen. Es ist eine Unmöglichkeit, in einem kurzen Lehrbuch auch nur einigermaßen den Inhalt dieser gewaltigen Literatur zu referieren. Es mag genügen, darauf hinzuweisen, daß die kräftigsten Argumente pro HABERLANDT und NĚMEC wohl enthalten sind in der Arbeit von Fräulein ZOLLIKOFER[1]; sie konnte zeigen, daß bei verdunkelten Keimlingen von Compositen die Statolithenstärke verschwunden war und damit auch die Empfindlichkeit für den Schwerereiz, während die Pflanzen noch phototropisch reagierten. Als die Stärke im Lichte regeneriert war, stellte sich auch die geotropische Reizbarkeit wieder ein. Es liegt also eine zeitliche Übereinstimmung zwischen den beiden Erscheinungen vor; das beweist zwar nicht, daß die eine von der anderen bedingt wird, aber es gibt doch eine Wahrscheinlichkeit dafür ab.

Indessen sind doch auch manche Gründe gegen diese Theorie anzuführen. Das Ausschlaggebende ist meines Erachtens wohl dasjenige, was oben schon genannt wurde, daß nämlich die Konstanz des Produktes mgt sin α nur erklärt werden kann, wenn man annimmt, daß die Schwerkraft auf bewegliche Körperchen ihren Einfluß ausübt. Als solche können die Stärkekörner nicht betrachtet werden, da, wenigstens nach dem zuletzt formulierten Wortlaut der Theorie, auch der Druck der Statolithen an sich schon den Schwerereiz repräsentieren würde. Andere Argumente sind die, daß in der Wurzel nicht ausschließlich die Calyptra geotropisch reizbar ist, daß man, wie gesagt bis jetzt auch noch gar nicht bewiesen hat, daß wirklich nur die Stärkescheide den Reiz bei Stengeln perzipiert, daß es jedenfalls Teile ohne Statolithenstärke gibt, welche geotropisch reizbar sind. Letzteres ist auch der Fall bei geotropisch reizbaren Pilzen, welche es in Menge gibt, sowohl bei den Phycomyceten, wo z. B. die Sporangienträger von Mucor und Phycomyces negativ geotropisch sind, als bei den höheren Pilzen, wo jedermann wohl einmal den starken negativen Geotropismus der Stiele der Hutpilze beobachtet hat. Es läßt sich bis jetzt übrigens auch kaum einsehen, wie die Statolithentheorie sich im Einklang bringen läßt mit den Entdeckungen der letzten Jahre über die Rolle des Wuchsstoffes beim Geotropismus. Man wird augenblicklich also höchstens sagen können, daß die Statolithenstärke bei der geotropischen Reizung mitwirkt, daß diese aber auch ohne diese Körperchen zustande kommen kann.

Vielleicht ist es angebracht, hier ein paar Worte zu sagen über die Theorie, daß bei der Geoperzeption eine Verschiebung elektrischer La-

---

[1] ZOLLIKOFER, C.: Beitr. allg. Bot. **1** (1918).

dungen eine Rolle spielen soll, wie das zuerst ausgesprochen wurde von SMALL[1], später auch von anderen, worunter ich nur CHOLODNY[2] und JOST[3] nenne. Es ist auch wohl hier die Stelle, eine Untersuchung von BRAUNER[4] zu erwähnen; derselbe konnte zeigen, daß bei allen Pflanzenorganen und Geweben, wenn man ihre Lage im Raum ändert, elektrische Potentialdifferenzen auftreten und zwar derart, daß die Unterseite, sowohl bei Sprossen als bei Wurzeln, positiv elektrisch wird gegen die Oberseite, wobei die Größe des Potentialgefälles schwankt zwischen 4 und 9 Millivolt. Allerdings muß hieran zugefügt werden, daß es sich hier nicht um vitale Phänomene, sondern um membran-elektrische Phänomene handelt. Es wäre aber immerhin möglich, daß sich hier ein Zusammenhang zwischen diesen elektrischen Erscheinungen und der anderen Verteilung des Wuchsstoffes finden ließ.

Ganz kurz muß hier auch hingewiesen werden auf das Resultat der intermittierenden Reizung. Darüber hat zuerst FITTING[5] Untersuchungen angestellt: im Anschluß daran hat GÜNTHER-MESSIAS[6] dann kürzlich weitere Resultate erhalten, welche wohl hauptsächlich dazu geführt haben, daß man annehmen muß, daß während der Reizung sich eine Hemmung fühlbar macht, welche schon während der Präsentationszeit sehr stark ist, dagegen bei sehr kurzer Reizdauer, etwa $1/3$ der Präsentationszeit, nicht auftritt. Die Versuche wurden ausgeführt mit Hypotrotylen von Helianthus annuus und es war möglich, bei intermittierender Reizung die Summe dieser Reizungen kleiner zu machen als bei Dauerreizung. Man kann auf diese Weise die Präsentationszeit auf etwa $1/4$—$1/2$ der normalen Zeit verkürzen, wenn man in der Zwischenzeit rotiert. Die Reize werden aber geschwächt, wenn man in der Zwischenzeit zwischen den Reizungen nicht rotiert, sondern die Pflanzen in normaler Stellung hält, noch mehr in inverser Stellung. Wenn man die Ruhezeiten verlängert, wird die Reaktion allmählich geringer, aber auch hier zeigt sich derselbe Einfluß von Rotation, normaler und Inversstellung. Man bekommt nämlich noch eine Reaktion bei 50vH der Pflanzen, wenn das Verhältnis von Reiz:Ruhe 1:22 beträgt bei Rotation, 1:11 bei normaler Stellung und 1:6 bei Inversstellung, während der Zeit zwischen den Reizungen.

Bis jetzt haben wir nur von einer einzigen Art Geotropismus bei einem bestimmten Organ gesprochen. Es fragt sich aber, ob hier nicht etwas Ähnliches gefunden wird wie beim Phototropismus, wo das Zeichen der Reaktion sich mit der Intensität der Reizung ändern kann. Hierüber ist positiv wenig bekannt, eigentlich gibt es hier nur die Versuche von JOST und STOPPEL[7], welche durch hohe Schleuderkräfte bei

[1] SMALL, J.: New Phytologist **5** (1920).
[2] CHOLODNY, N.: Beih. Bot. Zbl. **39** (1923).
[3] JOST, L.: Ber. dtsch. bot. Ges. **42** (1924).
[4] BRAUNER, L.: Jb. wiss. Bot. **66** (1927); **68** (1928).
[5] FITTING, H.: Jb. Bot. **41** (1905).
[6] GÜNTHER-MESSIAS, M.: Z. Bot. **21** (1928).
[7] JOST, L. u. STOPPEL, R.: Z. Bot. **4** (1912).

Wurzeln negativen Geotropismus hervorgerufen haben, wobei nur fraglich ist, ob man es hier mit vergleichbaren Reaktionen, mit wirklichem negativem Geotropismus, zu tun hat, da die Reaktion auch bei dekapitierten Wurzeln zustande kam. Theoretisch ist, wie wir bei den plagiotropen Teilen sehen werden, die Annahme gemacht worden, daß positiver und negativer Geotropismus in jedem Organ gleichzeitig vorhanden sein sollen.

Das bringt uns auch zur Besprechung der Wirkung der Längskomponente. Aus den früher besprochenen Versuchen Fittings schien zwar hervorzugehen, daß dieselbe ohne Wirkung ist, indessen stimmten die eben genannten Versuche über intermittierende Reizung damit nicht ganz und überhaupt hat sich gezeigt, daß man sich die Sache viel zu einfach gedacht hat, als man die Längskomponente für wirkungslos ansah. Zuerst hat Bremekamp[1] theoretisch die Bedeutung der Längskomponente hervorgehoben, dann ist dieselbe experimentell bewiesen durch Martha Riss[2]. Sie hat Schleuderkraft kombiniert mit der gewöhnlichen Schwerkraftreizung und hat dieselbe in der Längsachse der Organe wirken lassen, teils in normaler Richtung, teils invers. Man stellt also z. B. die Achse der Zentrifuge vertikal, befestigt die Pflanze horizontal und zwar derart, daß ihre Längsachse im Radius des Schleuderns liegt, entweder mit der Spitze oder mit der Basis nach der Achse gekehrt. Die Schwerkraft wirkt dann normal mit einem Winkel von 90°, die Zentrifugalkraft, wie gesagt, longitudinal, es sei normal oder invers. Dabei hat sich nun gezeigt, daß die Längskraft zwar nicht tropistisch wirkt, aber wohl tonisch, derart, daß sie einen hemmenden Einfluß auf die Reaktion hat, wenn sie in der normalen Richtung einwirkt, dagegen in inverser Richtung beschleunigend wirkt. Später haben dann mit teilweise anderer Versuchsaufstellung Bremekamp[3], von Ubisch[4], Coelingh[5] und Zimmermann[6] ähnliche Resultate bekommen. Aus den Versuchen Dolks[7] geht hervor, daß die Wirkung der Längskraft sich äußert in einer Hemmung oder Förderung eines vorhergehenden Impulses und daß dieser Einfluß um so größer ist, je länger die Schwerkraft ihre Reizwirkung hat ausgeübt. Er benutzte für seine Versuche Haferkoleoptilen, welche während verschieden langer Zeit horizontal gestellt wurden; daraufhin standen sie 10 Minuten entweder in normaler oder in inverser Stellung und weiter wurden sie auf der Horizontalachse klinostatiert. Das Verhältnis der Krümmungen zwischen den normal und invers gestellten betrug als die Reizung 5 Minuten dauerte 57,8:66,4, 10 Minuten 86,7:136,4 und 15 Minuten 60,6:94,0. Daraus erklärt es sich, warum man bei den kurzen Präsentationszeitbestimmungen von der Längskraft nichts oder fast nichts bemerkt, während man bei längerer Reizung einen

---

[1] Bremekamp, C. E. B.: Rec. Trav. bot. néerl. 9 (1912).
[2] Riss, M. M.: Jb. Bot. 53 (1913).
[3] Bremekamp, C.E.B.: Proc. Kon. Akad. v. Wetensch. Amsterdam 23 (1915).
[4] v. Ubisch, G.: Jb. Bot. 64 (1925).
[5] Coelingh, W.: Proc. Kon. Akad. v. Wetensch. 30 (1927).
[6] Zimmermann, W.: Jb. Bot. 63 (1924), 66 (1927).
[7] Dolk, H. E.: Geotropie en groeistof. Diss. Utrecht (1930).

Optimalbetrag findet bei einem Winkel von 135° anstatt 90°. METZNER[1] hat eine Formel gegeben, worin die Wirkung der Quer- und Längskraft beide zur Geltung kommt. Der geotropische Effekt G soll gleich sein

$$G = gt \sin \alpha - gt \sin \alpha \cdot k \cdot \cos \alpha = gt \sin \alpha (1 - k \cos \alpha).$$
Induktion Hemmung

worin k eine Konstante darstellt für die geotonische Wirkung.

Aus dieser Längskraft erklärt sich auch, warum Krümmungen auftreten, wenn man Wurzeln senkrecht zur Klinostatenachse rotieren läßt; wie Abb. 62 erläutert, erfolgt stets eine Krümmung im Sinne derjenigen Horizontallage, aus der die Wurzel in die Inverslage hineingedreht wird. Wenn die Wurzeln in die Inverslage kommen, wird die vorhergehende geotropische Induktion verstärkt, die entgegengesetzte Induktion wird bei der darauffolgenden Normalstellung dagegen gehemmt.

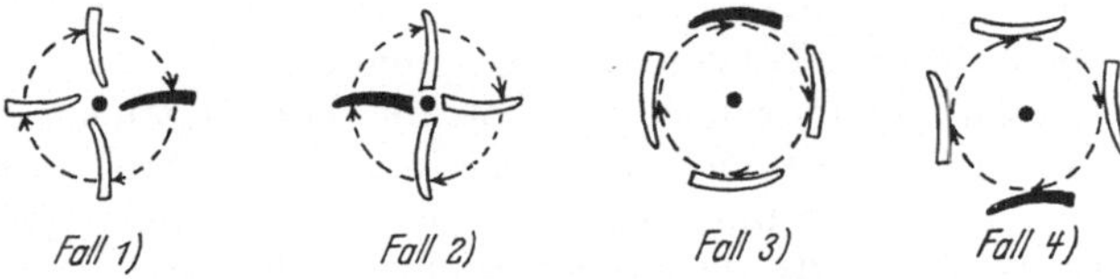

Abb. 62. Kressewurzeln bei Rotation senkrecht zur horizontalen Klinostatenachse. Der schwarze Punkt in der Mitte ist die Klinostatenachse, der gestrichelte Pfeil gibt die Bewegungsrichtung. Schematisch sind die vier möglichen Fälle der Anordnung angegeben und die dabei auftretenden Krümmungen. Schwarz angegeben ist diejenige Reizlage, die zur Krümmung führt (nach ZIMMER-MANN).

Wir haben so wenig wie nur möglich spezielle Fälle der Reaktion besprochen, weil es darauf ankam, allgemeingültige Gesetze und Regeln zu finden. Darauf muß aber doch jetzt eine Ausnahme gemacht werden, wo es die Knoten der Gräser betrifft. Bekanntlich sind diese Gebilde hauptsächlich als Blattknoten — in der Scheide — entwickelt, wenn auch nicht bei allen Gräsern in gleichem Maße. Wird ein Grasstengel horizontal gelegt, wie das z. B. in der Natur beim liegenden Getreide der Fall ist, so erhebt er sich negativ geotropisch, aber nicht wie bei anderen Stengeln gleichmäßig im noch wachstumsfähigen Teil, sondern ausschließlich in den Knoten, welche speziell an der Unterseite wieder zu wachsen anfangen. Das geht oft so weit, daß die Oberseite einigermaßen zusammengepreßt wird, wie man das an den dabei auftretenden Querrunzeln sehen kann. Besonders SACHS[2] hat darüber Messungen angestellt. Dazu kommt dann, daß ein Grasstengel, der auf der horizontalen Klinostatenachse rotiert wird, in den Knoten wieder zu wachsen anfängt, wenn er auch übrigens das Wachstum schon aufgegeben hat. Hier wirkt also die Querkomponente der Schwerkraft wachstumsfördernd, während wir früher bei orthotropen Organen keine Geowachstumsreaktion haben konstantieren können. So wie die Gräser verhalten sich auch andere Pflanzen mit Knoten, auch wo es sich um wirkliche Stengelknoten handelt, wie z. B. Tradescantia. Wenn man diese auch viel-

---

[1] METZNER, P.: Jb. Bot. 71 (1929).
[2] SACHS, J.: Arb. bot. Inst. Würzburg 1 (1872).

leicht besser unter den plagiotropen Organen behandelt, so mag hier
doch erwähnt werden, daß MIEHE[1] hat zeigen können, daß die geotropische Aufrichtung dieser Gelenke nur stattfindet, wenn das obere
Internodium nicht abgeschnitten wird. Aus noch unveröffentlichten
Untersuchungen von Fräulein UYLDERT in meinem Institute geht hervor,
daß dabei Wuchsstoffe eine Rolle spielen, ebenso bei Stengeln von Dian-
thus und Galeopsis Tetrahit.

Plagiotrope Teile. Die bekanntesten Beispiele plagiotroper, also
der Schwerkraft gegenüber transversal geotropischer Organe, welche aber
physiologisch radiär sind, findet man unter den Rhizomen, besonders
denjenigen, welche vollkommen horizontal im Boden wachsen, wie denjenigen von Polygonatum und welche sich, sobald sie aus ihrer normalen Lage herausgebracht werden, krümmen. Rhizome von Circaea,
Adoxa usw. wachsen unverändert weiter, auch wenn man sie 180° um
ihre Achse gedreht hat; Torsionen treten nicht auf.

Unter diesen radiär-transversal-geotropischen Organen bilden die
Seitenwurzeln erster Ordnung die bestuntersuchten Objekte, diejenigen
zweiter und höherer Ordnung sind gewöhnlich gar nicht geotropisch,
sondern wachsen in jeder beliebigen Richtung weiter.

Wenn man das Wurzelsystem einer dikotylen Pflanze betrachtet,
sieht man, daß die Hauptwurzel senkrecht hinunterwächst, während die
Seitenwurzeln erster Ordnung mit dieser Hauptwurzel einen gewissen
Winkel bilden. Die Richtung, worin sie aus der Hauptwurzel hervorgegangen sind, behalten sie bei. Es handelt sich hier um geotropische
Bewegungen, was man leicht zeigen kann, da bei veränderter Stellung
diese Wurzeln eine Krümmung ausführen, gerade so lange, bis sie wieder
in ihre ursprüngliche Richtung weiterwachsen, also denselben Winkel mit
der Lotlinie bilden wie vorher. Dasselbe was hier von den Seitenwurzeln
erster Ordnung gesagt wird, gilt übrigens auch für einige Adventivwurzeln, besonders für die Nährwurzeln der kletternden Araceae. Übrigens befinden die Seitenwurzeln sich nicht nur in Ruhelage, wenn sie
diesen Winkel mit der Vertikalen machen, sondern auch, wenn sie vertikal aufwärts oder abwärts wachsen, in der Hinsicht also erinnernd an
Hauptwurzeln, wenn zwar diese Lage bei den Seitenwurzeln keine stabile
Ruhelage ist; das wurde von CZAPEK[2] dargetan.

In den letzten Jahren hat man wieder zurückgegriffen auf die ältere
Erklärung des Transversalgeotropismus, wie dieselbe versucht war von
HUGO DE VRIES und anderen. Dieselbe hat damals keinen Anklang ge-
funden, sondern wurde verdrängt von der FRANKschen Vorstellung[3].
Bei der Besprechung der Nastie kommen wir auf diese andere Erklärung
zurück, müssen aber jetzt doch etwas davon sagen. SACHS[4] nahm an,

---

[1] MIEHE, H.: Jb. Bot. 37 (1902).
[2] CZAPEK, FR.: Sitzgsber. Akad. Wiss. Wien, Math.-naturwiss. Kl. 104 (1895).
[3] FRANK, A. B.: Die natürliche wagerechte Richtung von Pflanzenteilen.
Leipzig 1870 und Bot. Ztg 31 (1871).
[4] SACHS, J.: Arb. bot. Inst. Würzburg 1 (1873/74).

daß den Seitenwurzeln ein schwacher positiver Geotropismus zukommt;
gegenüber FRANK konnte er zeigen, daß die Seitenwurzeln nach ihrer
Umkehrung nicht allein ihren geotropischen Eigenwinkel zurücker-
halten, indem sie sich krümmen, sondern daß man außerdem durch
starke Zentrifugalkräfte diesen Eigenwinkel verkleinern kann.

NOLL[1] hat dann später die Richtung der Seitenwurzeln als die Resultante von zwei Wirkungen aufgefaßt. Die eine wäre der gewöhnliche
positive Geotropismus, die andere eine Eigenschaft, welche er mit dem
Namen Exotropismus andeutete. Dieser wäre eine autonome richtende
Kraft, welche die Seitenwurzeln dazu bringen würde, radial von der
Hauptwurzel ab zu wachsen. Dieser etwas mystische Begriff ist von
NOLL übrigens auch zur Erklärung der Stellung gewisser Blüten benutzt
worden. Es will mir scheinen, daß mit diesem Worte nicht viel gewonnen
ist; es ist nichts anderes als der Ausdruck desjenigen, was beobachtet
wird, ohne daß hierin eine Erklärung zu finden wäre. Ebensowenig ist
das der Fall mit seinem Begriffe Morphaesthesie, welcher andeutet, daß
die Pflanze eine spezielle Sensibilität für die eigene Form besitzt und daß
sie deshalb durch Exotropismus, Autotropismus usw. probiert, diese
Form soviel wie nur möglich beizubehalten. Daß die Pflanze, sowie alle
Lebewesen eine solche Eigenschaft besitzt, wird niemand leugnen, der
über das Grundproblem der Morphologie auch nur einen Augenblick
nachgedacht hat, aber wenn man hier ein Wort dafür einsetzt, so erklärt
man damit nichts. Es ist doch eben der Zweck unserer Wissenschaft,
an Stelle dieser etwas nebligen Begriffe eine Analyse auszuführen, welche
uns weiter bringt, wobei dann natürlich als vielleicht nie erreichter End-
zweck die Synthese in weiter Ferne liegt. Wie wir schon gesehen haben,
hat man das ja schon beim Autotropismus probiert.

CZAPEK[2] hat dann in einer früheren Publikation die Meinung verteidigt, daß Seitenwurzeln sowohl positiv als transversalgeotropisch sein
würden. Er konstatierte, daß Seitenwurzeln auch in vertikaler Stellung
sich, wenn zwar langsam, allmählich in den Grenzwinkel hinaufkrümmen.
Das würde dann eine Folge des Transversalgeotropismus sein und dieser
würde sich nur dann äußern können, wenn die Wurzel durch Nutation
aus ihrer vertikalen Stellung herausgebracht würde. Wenn man nämlich solche Wurzeln in Glasröhren in Zwangslage vertikal hält und sie
nachher befreit auf der horizontalen Klinostatenachse rotieren läßt, so
krümmen sie sich nicht.

Die CZAPEKsche Auffassung, woran er selbst übrigens später nicht
mehr festgehalten hat, nähert sich der jetzt am meisten verbreiteten,
welche wir hauptsächlich der Arbeit LUNDEGÅRDHS[3] verdanken. Derselbe glaubt aus seinen Beobachtungen den Schluß ziehen zu müssen, daß
in jeder Wurzel sowohl positiver wie negativer Geotropismus vorhanden
ist, welche zusammen mit dem hemmenden Einfluß der Längskompo-

---

[1] NOLL, FR.: Bot. Zbl. **60** (1894).
[2] CZAPEK, FR.: Jb. Bot. **27** (1895).
[3] LUNDEGÅRDH, H. G.: Die Ursachen der Plagiotropie und die Reizbewegungen der Nebenwurzeln **1/2** (1917).

nente der Schwerkraft genügen würden, um die Stellung im Grenzwinkel zu erklären. Daß diese Längskomponente einen hemmenden Einfluß auf die geotropische Reaktion haben kann, sahen wir schon früher.

Der negative Geotropismus würde die Veranlassung dazu sein, daß Seitenwurzeln aus der vertikalen Stellung sich allmählich wieder dem Grenzwinkel zu krümmen. Für diesen negativen Geotropismus würde die Präsentationszeit 2—5 Stunden sein, und die Reaktionszeit ebenso wie das Ausklingen würde viel länger dauern als für den positiven Geotropismus. Deshalb würde sich dieser negative Geotropismus nur dann äußern können, wenn der positive durch die Längskomponente gehemmt wird, d. h. in Stellungen von -90^0 bis zum Grenzwinkel. Auf dem Klinostaten wird der vorher induzierte positive Geotropismus natürlich nicht gehemmt, weshalb der negative Geotropismus sich dort nicht äußern kann. Der Unterschied mit dem positiven Geotropismus geht wohl besonders daraus hervor, daß dort die Präsentationszeit etwa 12 Minuten beträgt (alles bei Pisum sativum), die Reaktionszeit 30 bis 40 Minuten. Das Sinusgesetz gilt hier auch bei intermittierender Reizung, weil bei diesen kurzen Reizungen die Wirkung der Längskraft sich nicht äußern kann. Also ist die horizontale Lage optimale Reizlage; wenn man z. B. intermittierend gleich lang bei 0^0 und bei 135^0 reizt, so geschieht die Ablenkung im Sinne der 0^0-Lage. Wenn man nach der geotropischen Reizung die Wurzel in die Lage -90^0 bringt, so wird die geotropische Krümmung gehemmt, nach 40 Minuten wird sie selbst vollkommen aufgehoben.

LUNDEGÅRDH hat auch versucht, seine Theorie auf dorsiventrale Seitenzweige überzubringen, wobei er besonders mit solchen von Coleus experimentiert hat. ZIMMERMANN[1] hat sich dabei angeschlossen und speziell für Ausläufer von Fragaria vesca und Rhizome von Ranunculus repens zu beweisen gesucht, daß man ihre Stellung erklären kann durch Zusammenwirken von positivem und negativem Geotropismus mit der tonischen Wirkung der Längskraft. RAWITSCHER[2] hat das bestritten; er hat außer mit den zuletzt genannten Objekten auch experimentiert mit den dorsiventralen Sprossen von Tradescantia zebrina und fluminensis. Er glaubt neben dem negativen Geotropismus keinen positiven Geotropismus annehmen zu müssen, sondern was LUNDEGÅRDH und ZIMMERMANN dafür halten, erklären zu können durch Epinastie.

Wir kommen später noch auf die Epinastie zu sprechen, müssen jetzt aber feststellen, daß man unter Epinastie eine autonome Bewegung dorsiventraler Organe versteht, deren Rückenseite stärker wächst als die ventrale Seite. LUNDEGÅRDH und ZIMMERMANN halten diese Bewegung hier für eine ausklingende positive Geotropie, während RAWITSCHER nur so weit geht, daß seiner Meinung nach die Schwerkraft eine physio-

---

[1] ZIMMERMANN, W.: Jb. Bot. **63** (1924); **66** (1927).
[2] RAWITSCHER, F.: Z. Bot. **15** (1923); **17** (1925).

logische Dorsiventralität induziert, worauf dann weiter die Epinastie eintritt, die man füglich Geoepinastie nennen kann.

Bei der Besprechung der Nastien wird noch ein Augenblick hierauf zurückzukommen sein; jetzt kann nur konstatiert werden, daß augenblicklich in dieser verwickelten Frage noch keine Einstimmigkeit erhalten wurde und daß es besser scheint, sich vorläufig des Urteils zu enthalten.

RAWITSCHER[1] will auch bei Wurzeln den Begriff des negativen Geotropismus ersetzen durch den der Epinastie und da diese von der Schwerkraft induziert wird, spricht er von Geoepinastie. Dazu muß noch bemerkt werden, daß andere Forscher sich dieser Ansicht nicht anschließen; z. B. ZIMMERMANN[2], der übrigens das Ganze für einen Wortstreit hält. Wie wir früher schon sahen, haben die Versuche von JOST u. WISZMANN[3] ergeben, daß dieselbe Wurzel positiv oder negativ geotropisch sein kann je nach der Größe der reizenden Kraft; bei hohen Zentrifugalkräften zeigten normal positiv geotropische Wurzeln sich als negativ geotropisch, wenn zwar zugegeben werden muß, daß die Reaktion nicht von derselben Zone ausgeführt wird. Wenn wir die Untersuchungen der letzten Jahre zusammenfassen, so wären speziell RAWITSCHER[4], Fräulein v. UBISCH[5] (mit JOST), ZIMMERMANN[2], METZNER[6] und DOLK[7] zu nennen. Dabei ist, wie gesagt, von verschiedenen Autoren immer wieder das Zusammenwirken von positivem und negativem Geotropismus in denselben Organen betont worden; ich kann diese Auffassung augenblicklich nicht widerlegen; sie hat aber für mich etwas sehr unbefriedigendes. Die Schwierigkeit wird einigermaßen gehoben, wenn man anstatt dessen von Geonastie (Geohyponastie und Geoepinastie) spricht. Dahingegen ist der Einfluß der Längskraft durch zahllose Versuche gut begründet, auch daß diese Längskraft hemmend einwirkt, wenn sie in der normalen Richtung wirkt, beschleunigend hingegen, wenn sie invers auf das Organ ihren Einfluß ausübt.

ZIMMERMANN hat nämlich zeigen können, daß orthotrope Organe, wie z. B. Hauptwurzeln, wenn sie in einer Ebene senkrecht auf der horizontalen Klinostatenachse rotieren, eine Rotationskrümmung ausführen können. Das hängt von der Reihenfolge der geotropischen Impulse ab; wir sahen das schon auf S. 375. Wenn nämlich die Lage senkrecht zur Schwerkraft gefolgt wird durch die inverse Lage, so wird die erstgenannte Reizung verstärkt. Man muß die Objekte also in einer Ebene rotieren lassen, welche der Klinostatenachse senkrecht gestellt ist. v. UBISCH hat vorausgesetzt, daß die Längskraft proportional dem Cosinus des Ablenkungswinkels ihre hemmende Wirkung ausüben würde,

[1] RAWITSCHER, F.: Z. Bot. **15** (1923); **17** (1925).
[2] ZIMMERMANN, W.: Jb. Bot. **63** (1924); **66** (1927).
[3] JOST, L. u. H. WISZMANN: Z. Bot. **16** (1924).
[4] RAWITSCHER, F.: Z. Bot. **23** (1930).
[5] v. UBISCH, G.: Jb. Bot. **64** (1925); **66** (1927).
[6] METZNER, P.: Jb. Bot. **71** (1929).
[7] DOLK, H. E.: Geotropie en groeistof. Diss. Utrecht 1930.

was dann später von METZNER in der schon mitgeteilten Weise formuliert wurde:

$$G = gt \sin \alpha - gt \sin \alpha \cdot k \cdot \cos \alpha = gt \sin \alpha \, (1 - k \cos \alpha).$$

DOLK hat aber darauf hingewiesen, daß, je kürzer die geotropische Induktion gedauert hat, um so geringer auch die geotonische Wirkung ist, weshalb auch bei sehr kurzen Reizungen, also z. B. während der Präsentationszeit das Sinusgesetz volle Gültigkeit hat.

Nehmen wir indessen dieses „erweiterte Sinusgesetz" einmal vorläufig als den Ausdruck der Tatsachen bei orthotropen Organen an, so kann man es noch mehr erweitern, um es auch den plagiotropen Teilen anzupassen. Es muß dann sowohl der positive als auch der negative Geotropismus in die Formel aufgenommen werden, oder sagen wir besser der Haupt- und der Nebengeotropismus. Es würde dann die folgende Formel Gültigkeit haben:

Hauptgeotropismus   Nebengeotropismus

$$Pl = gt \sin \alpha \, (1 - k_1 \cos \alpha) - gtp \sin \alpha \, (1 + k_2 \cos \alpha).$$

Pl würde die plagiotrope Reaktion sein, k_1 und k_2 sind Konstanten, p das Verhältnis der Stärke des Nebengeotropismus zum Hauptgeotropismus. Die stabile Gleichgewichtslage würde dann bestimmt durch dasjenige, was METZNER den Plagiotropismusfaktor nennt $P = \dfrac{1-p}{k}$.

Das würde dann auch die Formel für alle geotropischen Reaktionen sein, auch bei orthotropen Organen. Man muß dann voraussetzen, daß dort ebenfalls zwei geotropische Sensibilitäten zu gleicher Zeit vorkommen können. Allein würde die eine, der Nebengeotropismus sich kaum äußern, nur z. B. bei der Hauptwurzel bei sehr starken Zentrifugalkräften, oder auch vielleicht, wenn dieselbe im feuchten Raum nicht senkrecht sondern schräg abwärts wächst.

Man kann diese Beziehungen nach METZNER alle mit graphischen Darstellungen verdeutlichen, wie dieselben in der Abb. 63 gegeben wurden. Die obere Abbildung bezieht sich nur auf den Hauptgeotropismus. Es wird die Reaktion angegeben für verschiedene Werte des Koeffizienten k. Wenn $k = o$, erhält man die vollkommene Sinuskurve, die Längskraft kommt überhaupt nicht zum Ausdruck. In der unteren Abbildung sind Haupt- und Nebengeotropismus beide eingetragen als gestrichelte und punktierte Kurve, während die gezogene Kurve das Resultat beiden Zusammenwirkens ist. Es würde aber diese Abbildung zu viel verwickelt haben, wenn man dort ebenfalls verschiedene Koeffizienten eingezeichnet hätte; darum wurde hier nur der eine Fall wiedergegeben, wo $k_1 = k_2 = 1$ und $p = 0,5$ ist.

Fast noch schlimmer sieht es aus mit der Erklärung der Bewegungen von Blüten und Früchten, wobei nicht allein Krümmungen, sondern auch Torsionen, die bei Stengeln und Blattgebilden nur verhältnismäßig selten angetroffen werden, eine Rolle spielen. Dazu kommt, daß hier sehr viele Umstimmungen stattfinden; man denke nur an die Aquilegiablüten, welche nickend sind, während nachher die Frucht auf geradegestrecktem Stiel steht, oder an die nickenden Papaverknospen, während die geöffnete Blüte auf geradem Stiel sitzt und solcher Fälle wären noch eine Menge zu nennen.

Ein paar Beispiele mögen erläutern, um welche Probleme es sich hier handelt; Allgemeines läßt sich bis jetzt fast gar nicht angeben. Bei unseren einheimischen Orchis-Arten findet man bei den geöffneten Blüten ein tordiertes Ovarium; diese Drehung um 180°, welche die Blüte während des Knospenzustandes ausführt, wird durch die Schwerkraft induziert. Man kann das leicht einsehen, wenn man einen jungen Blütenstand auf der horizontalen Klinostatenachse rotieren läßt, wobei die Torsion nicht zur Ausführung kommt. Nehmen wir ein anderes, uns von NOLL[1] geliefertes Beispiel, so können wir feststellen, daß die Blütenstiele von Aconitum Napellus auf die Schwerkraft reagieren. Kehrt man einen Blütenstand um, so führt jeder einzelne Stiel eine Krümmung aus, wobei die Blüten wieder in gerader Stellung gegenüber der Lotlinie gebracht werden. Dann wird aber noch eine komplizierte Drehung ausgeführt, wodurch die Öffnung der Blüte nach außen, von der

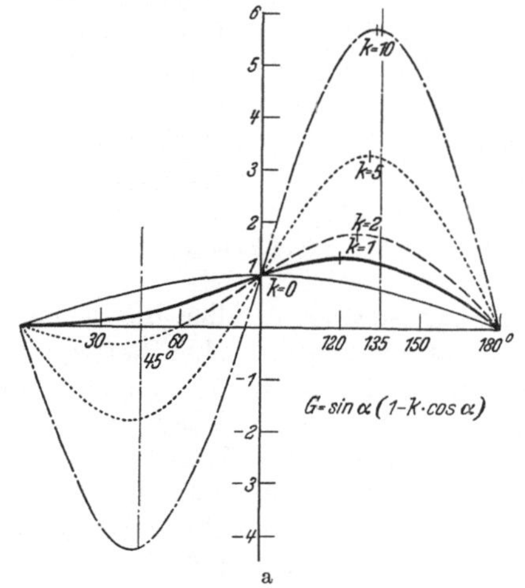

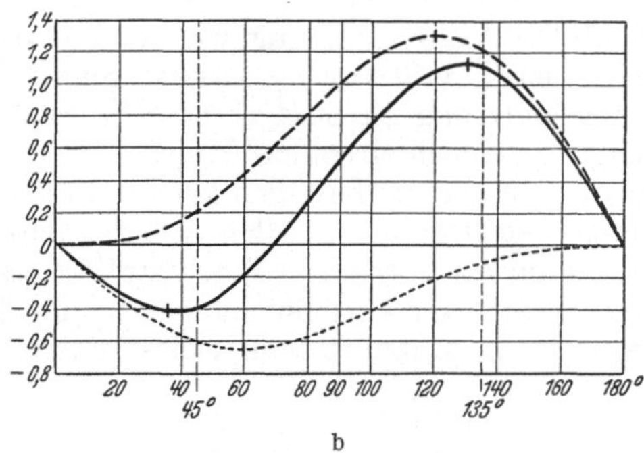

Abb. 63 a und b. Graphische Darstellung des erweiterten Sinusgesetzes. Obere Abbildung nur für den Hauptgeotropismus für verschiedene Größe des Längskraftkoeffizienten. Auf der Abszissenachse die Reizlagen in Graden, die Ordinaten geben die Reaktionsgröße, und zwar für verschiedene Werte von $k = o$ (also die Sinuskurve) $= 1$ (optimale Reizlage bei 120°) $= 2$ (optimale Reizlage bei 126°) $= 5$ (optimale Reizlage bei 131°) und $= 10$ (optimale Reizlage bei 133°). Untere Abbildung das Zusammenwirken von positivem und negativem Geotropismus bei plagiotropen Organen in dem Fall wo $k_1 = k_2 = 1$ und $p = 0,5$. Abszisse = Reizlagen, Ordinaten = Reaktionsgrößen. Oberhalb der Nullinie bei der gezogenen Kurve = Überwiegen des Hauptgeotropismus. Gestrichelte Kurve = Hauptgeotropismus, punktierte Kurve = Nebengeotropismus (nach METZNER).

Achse hinweg gekehrt wird, so daß sie vollkommen den normalen Stand annimmt. Bei dieser letzteren sogenannten Exotropie denkt sich

---

[1] NOLL, FR.: Arb. bot. Inst. Würzburg **3** (1887).

NOLL, wie gesagt, daß man es mit einer autonomen Bewegung zu tun hat; was z. B. von CORNEHLS[1] geleugnet wird.

Das sind alles verhältnismäßig einfache Fälle, aber meistens ist die Sache viel verwickelter, indem verschiedene Reize zu gleicher Zeit auf die Blüte einwirken und die Lage beeinflussen. Manche von diesen Bewegungen wurden schon vor vielen Jahren von VOECHTING[2] studiert, in letzter Zeit sind mit modernen Hilfsmitteln speziell Untersuchungen ausgeführt am Papaver durch SCHULZ[3], FITTING[4] und RAWITSCHER[5], an Tropaeolum von OEHLKERS[6], an Geraniaceae von SCHWIEKER[7], an Tussilago Farfara von C. ZOLLIKOFER[8] und an Cyclamen von KOSCHANIN[9].

Es hält schwer, in allen diesen Fällen eine Entscheidung zu treffen, ob man es mit geotropischen Bewegungen zu tun hat oder auch mit Epinastie und letztere dann vielleicht wieder bestimmt durch eine Dorsiventralität, welche von der Schwerkraft (oder bei Tussilago vom Lichte) induziert ist. Resultate, welche generalisiert werden können, lassen sich bis jetzt auch kaum anführen. Vielleicht lohnt es sich aber, darauf hinzuweisen, daß Stimmungsänderungen bisweilen im Zusammenhang stehen mit der An- oder Abwesenheit von Blütenknospe oder Frucht, wie bei Papaver. Ganz speziell übt die Befruchtung oft einen Einfluß auf die Stimmung, wie bei Tussilago aus. Bei Digitalis und Althaea hat SCHMITT[10] zeigen können, daß die geotropische Stimmungsänderung im Stiel verursacht wird durch die wirkliche Befruchtung; geschlechtsfremder Pollen, auch wenn Pollenschläuche in das Narbengewebe treiben, hat keinen Einfluß. Es liegt auf der Hand, in diesen und ähnlichen Fällen an eine stoffliche Beeinflussung zu denken, und dann an etwas dem Wuchsstoffe Vergleichbares; indessen sind bis jetzt noch keine Untersuchungen in der Richtung eingesetzt, wenn sie zwar für die Zukunft wohl vieles versprechen.

Wir haben schon verschiedentlich über den Einfluß verschiedener Reize aufeinander und auf die Stimmung gesprochen, wollen aber noch einmal uns mehr speziell mit der Frage nach dem Zusammenwirken von Licht und Schwerkraft beschäftigen.

Frau RUTTEN-PEKELHARING[11] hat bei ihren früher schon genannten Versuchen probiert, Licht- und Schwerereiz zu summieren, indem sie von beiden die Reizzeit unterhalb der Präsentationszeit verkürzte und

[1] CORNEHLS, G.: Jb. Bot. **67** (1927).
[2] VOECHTING, H.: Die Bewegungen der Blüten und Früchte. Bonn 1882.
[3] SCHULZ, H.: Jb. Bot. **60** (1921).
[4] FITTING, H.: Jb. Bot. **61** (1922).
[5] RAWITSCHER, F.: Jb. Bot. **67** (1927).
[6] OEHLKERS, F.: Jb. Bot. **61** (1922).
[7] SCHWIEKER, F.: Bot. Arch. **6** (1924).
[8] ZOLLIKOFER, C.: Planta (Berl.) **4** (1927). Vjschr. schweiz. naturforsch. Ges. Zürich **73** (1928). Z. Bot. **21** (1929).
[9] KOSCHANIN, N.: Glas d. kgl. serb. Akad. **95** (1921).
[10] SCHMITT, E.: Z. Bot. **14** (1922).
[11] RUTTEN-PEKELHARING, C. J.: Rec. Trav. bot. néerl. **7** (1910).

nun die Summe derart nahm, daß dieselbe zu einer Reaktion führen müßte, wenn überhaupt Summation stattfindet. Dieselbe trat aber nicht auf und sie hat daraus den richtigen Schluß gezogen, daß die Perzeption der Schwerkraft etwas prinzipiell Verschiedenes sein muß, von derjenigen beim Lichtreiz; daran wird nichts geändert durch die später zutage getretene Übereinstimmung in der ungleichen Verteilung des Wuchsstoffes. Denn offenbar lassen die beiden Vorgänge, welche daran vorangehen, sich nicht summieren.

Man kann aber auch anders vorgehen, in der Weise, wie BREME-KAMP[1] das getan hat, wobei man eine Summation der Reaktionen zustande bringt. Weil die Reaktionszeit beim Geotropismus viel kürzer als beim Phototropismus ist, wird dabei erst mit einseitigem Licht gereizt während einer Zeit unterhalb der Präsentationszeit und etwa 50 Minuten nachher in derselben Weise mit Schwerkraft. Die beiden Reaktionen, die jede für sich nicht sichtbar wären, summieren sich dann zu einer wahrnehmbaren Krümmung. Man kann die Reizung auch von zwei opponierten Seiten stattfinden lassen; wenn man dann länger als die Präsentationszeit reizt, erhält man dabei die Differenz der beiden Reaktionen. Das gilt aber nur, wenn man mit geringen Lichtmengen arbeitet; benutzt man mehr Licht, so hat dieses einen Einfluß auf die geotropische Stimmung und zwar unabhängig davon, ob dieses Licht einseitig oder allseitig zugeführt wird. Alle Versuche BREMEKAMPS sind mit Avena-Koleoptilen ausgeführt und es läßt sich also die Hoffnung aussprechen, daß sich dieselben in Zukunft durch eine Analyse des Verhaltens des Wuchsstoffes werden erklären lassen.

Soweit man etwas Derartiges voraussagen kann, sieht es nicht aus, als wenn wir die Stimmungsänderungen bei plagiotropen Organen bald näher werden analysieren können. Zum erstenmal wurden dieselben durch die Untersuchungen STAHLS[2] über das Rhizom von Adoxa bekannt. Derselbe konnte feststellen, daß dieses Rhizom infolge seines Transversalgeotropismus im Dunkeln horizontal wächst, daß aber Zutritt von Licht Veranlassung ist, daß diese Reaktion in einen positiven Geotropismus umgeändert wird und das Rhizom dann also senkrecht in die Erde hineinwächst. Diese Untersuchung schließt sich dem an, was wir über Krümmungsbewegungen der Blüten bemerkt haben.

Viel komplizierter gestalten sich die von MASSART[3] studierten Verhältnisse, wo die Belichtung der oberirdischen Teile der Pflanze sich auf den Geotonus des Rhizoms bemerklich macht, derart, daß dessen Transversalgeotropismus in eine positive Reaktion umgeändert wird, wenn diese Teile zu rasch dem Licht ausgesetzt werden und umgekehrt in eine negative Reaktion, wenn die Sprosse sich im Dunkeln entwickeln. In dieser Art würden solche Pflanzen instand gesetzt werden, ihre Rhizome immer in einem bestimmten Niveau zu halten, also stets den-

---

[1] BREMEKAMP, C. E. B.: Proc. Kon. Akad. Wetensch. Amsterd. **17** (1915). Rec. Trav. bot. néerl. **18** (1921).

[2] STAHL, E.: Ber. dtsch. bot. Ges. **2** (1884).

[3] MASSART, J. Bull. Jard. bot. de l'Etat Bruxelles **2** (1903).

selben Abstand zur Oberfläche des Bodens innezuhalten. Es wird sich entschieden lohnen, diese Untersuchungen einmal weiterzuführen mit den modernen Mitteln der Reizphysiologie und dabei ganz besonders seine Aufmerksamkeit den stofflichen Wanderungen und den Änderungen, welche damit verknüpft sind, zuzuwenden.

Zuletzt mag noch ganz kurz darauf hingewiesen werden, daß NAVEZ[1] vor kurzem bei Vicia Faba einen Zusammenhang zwischen Atmung und Geotropismus gefunden hat, der indessen sich noch nicht leicht in die bis jetzt bekannten Tatsachen einfügen läßt.

Thermotropismus. Die übrigen Tropismen sind viel weniger untersucht als Photo- und Geotropismus; der allgemein herrschenden Auffassung gemäß, würden sie auch in der Natur eine viel geringere Rolle spielen. Wir werden die einzelnen Tropismen der Reihe nach kurz vorführen und mitteilen, was sich allgemein über sie sagen läßt.

Der Thermotropismus kann in letzter Instanz nicht verschieden sein vom Phototropismus, wo es sich im Grunde in beiden Fällen um Zufuhr strahlender Energie handelt und nur die Wellenlänge dieser Strahlen verschieden ist. Wir haben schon gesehen, daß Strahlen mit großer Wellenlänge nur einen sehr geringen Einfluß auf das Pflanzenwachstum ausüben, daß man im Rot fast keinen Phototropismus beobachten kann. Es versteht sich also wohl von selbst, daß dies für Wärmestrahlen in noch viel höherem Maße gilt, und daß die Versuche in dieser Hinsicht ausgeführt, sehr zweifelhafte Ergebnisse geliefert haben. Es ist bemerkt worden, daß sich dieser Thermotropismus vom Phototropismus unterscheiden würde, weil hierbei die Temperatur der Pflanze erhöht werden würde. Ich glaube kaum, daß man darin einen Unterschied wird sehen können. Es handelt sich in allen Fällen um die Aufnahme einer gewissen Energiemenge durch die Pflanze. Ob dabei die Temperatur erhöht wird oder nicht, ist nebensächlich, und spielt erst eine Rolle bei den weiteren Vorgängen der Reizkette.

Man kann zwar die Frage anders stellen und untersuchen, was geschieht, wenn von einem Pflanzenteil die eine Seite stärker erhitzt wird als die andere. Dann wird das Wachstum bei dieser verschiedenen Temperatur eine andere Größe erreichen und infolgedessen kann eine Krümmung auftreten; es will mir aber scheinen, daß man diese schwerlich zu den Tropismen rechnen kann.

Leider kann man diese beiden Vorgänge äußerst schwierig auseinander halten, es wäre denn durch Präsentationszeitbestimmungen. Aber das gerade geht hier kaum, weil diese Zeiten jedenfalls sehr lang sein werden und die Reaktion schon während dieser Zeit einsetzen wird.

Wenn wir die Literatur über den Thermotropismus durchsuchen, finden wir wohl zuerst die Versuche WORTMANNS[2], wenn wir von einigen älteren Angaben von SACHS und VAN TIEGHEM absehen. Derselbe sah bei Sporangienträgern von Phycomyces, welche er der strahlenden Hitze einer schwarzen metallenen Platte aussetzte, Krümmungen auf-

---

[1] NAVEZ, A. E.: J. gen. Physiol. **12** (1929).
[2] WORTMANN, J.: Bot. Ztg **41** (1883); **43** (1885).

treten, wobei er die Temperatur in ihrer Nähe mit einem Thermometer bestimmte. Bei einer Temperatur oberhalb 20° C fand er einen negativen Thermotropismus (hier wären auch ähnliche Versuche von GRASER[1] zu erwähnen); dasselbe wurde auch bei Keimpflanzen von Linum und Lepidium gefunden. Dann hat WORTMANN weiter experimentiert mit Wurzeln, womit auch die sorgfältigsten Untersuchungen der letzten Jahre, diejenigen von COLLANDER[2] und SIERP[3] ausgeführt wurden. Ersterer brachte Wurzeln von Pisum in feuchte Sägespäne, die sich zwischen zwei Wassermassen verschiedener aber konstanter Temperatur befanden. Erst trat dabei stets eine negative Krümmung auf, welche aber nachher von einer positiven gefolgt wurde. Die Wurzelspitze hat keinen Einfluß; dekapitierte Wurzeln reagieren gerade so wie intakte. Eine Erklärung der beobachteten Tatsachen ist aber sehr schwierig, besonders weil diese Versuche in feuchter Luft und in Wasser nicht gelingen; es läßt sich nicht sagen, inwieweit Konvektionsströme dabei eine Rolle spielen. Es ist von verschiedener Seite gefragt worden, ob es sich hier in erster Linie nicht vielleicht um Feuchtigkeitsunterschiede handelt.

Dann kommt noch hinzu, daß in verschiedenen Versuchen auch die Frage in den Vordergrund tritt, ob man sich unter- oder oberhalb des Temperaturoptimums für das Wachstum des bestimmten Organes befindet; dabei ist aber bis jetzt keine Rücksicht genommen auf die neueren Auffassungen F. F. BLACKMANS über die Einwirkung der Temperatur auf Lebenssprozesse. Das macht es auch fraglich, ob man hier weiter kommen wird, so lange nicht bessere Untersuchungsmethoden gefunden werden.

Mitteilungen ECKERSONS[4], wonach bei den thermotropischen Krümmungen der Wurzeln Permeabilitätsänderungen eine Rolle spielen würden, gründen sich auf die ältere Methode LEPESCHKINS, welche von FITTING wohl endgültig widerlegt wurde; sie können deshalb übergangen werden.

Noch eins muß hier bemerkt werden. Unter dem Namen Thermotropismus wurden auch Bewegungen von Blütenstielen erwähnt, wie diejenigen von Anemone, Tulipa usw. Dieselben wurden von VOECHTING[5] untersucht. Es ist indessen fraglich, ob es sich hier nicht vielmehr um Thermonastie handelt, ob diese Blütenstiele, wenigstens in ihrem physiologischen Verhalten, nicht als dorsiventral betrachtet werden müssen.

Galvanotropismus. Auch hier ist noch sehr wenig mit Sicherheit bekannt. ELFVING[6] hat wohl zuerst beschrieben, daß Wurzeln, welche sich in einem konstanten, ziemlich starken Strom befinden, sich nach

[1] GRASER, M.: Beih. Bot. Zbl. **36** (1919).
[2] COLLANDER, R. Öfvers. Finska Vetensk.-Soc. Förhandl. **61**, A (1918).
[3] SIERP, H.: Ber. dtsch. bot. Ges. **37** (1919).
[4] ECKERSON, S.: Bot. Gaz. **58** (1914).
[5] VOECHTING, H.: Jb. Bot. **21** (1890).
[6] ELFVING, FR.: Bot. Ztg. **40** (1882).

dem + Pol hinwenden, also positiven Galvanotropismus aufweisen. GASSNER[1] hat sich dann später dahin ausgesprochen, und andere haben sich ihm angeschlossen, daß man es hier überall mit Schädigungen der Wurzeln zu tun hat, also, wenn man will, mit Traumatotropismus.

Anderseits wurde aber das Vorkommen negativ galvanotropischer Krümmungen konstatiert, welche dann im Gegensatz zu den vorigen nicht als traumatotropisch angesehen werden können. Zwar ist es fraglich, ob hier der Strom an sich wirkt und nicht viel eher eine Ansammlung von durch Elektrolyse entstandener Produkte[2]. GASSNER hat dabei zeigen können, daß bei dieser Reaktion die Wurzelspitze eine Rolle spielt. Später hat dann BERSA[3] durch Umrechnung der von GASSNER gegebenen Zahlen das Resultat erhalten, daß das Produkt aus Präsentationszeit und Stromdichte konstant ist; Stromdichte ist dann gleich dem Verhältnis Stromstärke : Stromquerschnitt.

In der vor einigen Jahren erschienenen Arbeit von NAVEZ[4] wird wieder ganz entschieden dafür eingetreten, daß die Krümmung die Folge der Produkte der Elektrolyse sein soll. Wird diese verhindert, so beobachtet man keine Reaktion, werden frische Wurzeln in eine Flüssigkeit gebracht, wohindurch man vorher den Strom geleitet hat, so erfolgt eine Krümmung, wenn diese zwar nicht gerichtet ist.

Chemotropismus. Beim Chemotropismus sind, wie der Name schon andeutet, chemische Substanzen Veranlassung dazu, daß ein Pflanzenorgan aus seiner normalen Wachstumsrichtung abgelenkt wird. Bei vier verschiedenen Gruppen von Teilen ist diese Reaktion ziemlich genau untersucht, nämlich bei Pollenschläuchen, Pilzhyphen, Wurzeln und den oberirdischen Teilen von Keimlingen.

Die Erscheinung läßt sich am bequemsten bei Pollenschläuchen beobachten. Wenn man auf einer 10 vH Gelatinplatte Pollenkörner aussät und dann ein Stückchen der Narbe derselben Pflanzen auf diese Gelatine bringt, sieht man leicht, daß die sich entwickelnden Pollenschläuche alle nach dieser Narbe hinwachsen oder aus ihrer schon angenommenen Wachstumsrichtung abgelenkt werden. Diese Erscheinung ist auch schon oft im Film aufgenommen und so einem größeren Auditorium vor Augen geführt. Es braucht dabei nicht immer die eigene Narbe zu sein, welche diesen Einfluß hat und deshalb wurde es als wahrscheinlich betrachtet, daß irgendwelche allgemein vorhandenen Stoffe diese Reaktion auslösen. MIYOSHI[5] konnte zeigen, daß es sich hier in vielen Fällen um Zuckerarten, in erster Linie Rohrzucker handelt; er stellte auch fest, daß verschiedene Samenanlagen Rohrzucker abscheiden, so daß es angebracht ist, diesen Zucker als Anlockungsmittel zu betrachten, welcher das Hineinwachsen des Pollenschlauches in den

---

[1] GASSNER, G.: Bot. Ztg **64** (1906).
[2] Siehe auch BAYLISS, J.: Ann. of Bot. **21** (1907).
[3] BERSA, E.: Österr. bot. Z. **70** (1921).
[4] NAVEZ, A. E.: J. gen. Physiol. **10** (1927).
[5] MIYOSHI, M.: Flora (Jena) **78** (1894); siehe auch MOLISCH, H.: Sitzgsber. Akad. Wiss. Wien, Math.-naturwiss. Kl. **1889**.

Griffelkanal und dessen weiteres Wachstum veranlaßt. Übrigens gibt es auch Pollen, welcher nicht auf Zucker reagiert, wie z. B. LIDFORSS[1] für Narcissus Tazetta hat beweisen können; dort handelt es sich um Proteinstoffe.

Untersuchungen über den Chemotropismus der Pilzfäden, ganz besonders in den frühen Keimungsstadien der Sporen, verdanken wir in erster Instanz MIYOSHI[2]. Er säte Pilzsporen aus auf die Epidermis speziell von Tradescantiablättern, welche er vorher mit der Substanz, deren Wirkung er untersuchen wollte, injiziert hatte und beobachtete, ob die Pilzfäden in die Spaltöffnungen hineinwuchsen. Ähnliche Resultate erhielt er bei Benutzung von durchlöcherten Glimmerblättchen, welche auf eine mit der zu untersuchenden Substanz versehenen Gelatineschicht gelegt waren.

Es stellte sich nun heraus, daß in erster Instanz Zuckerarten positiv chemotropisch wirksam sind, daneben auch Pepton, Asparagin, Ammoniumphosphat usw. Indifferent erwiesen sich z. B. Dextrin und Glycerin, während sich als negativ chemotropisch herausstellten Säuren und Basen, aber auch Kaliumnitrat.

Indessen hängt das Zeichen der Reaktion auch von der Konzentration ab: 50 vH Rohrzucker wirkt z. B. bei Mucorineae abstoßend, 20 vH schon bei Saprolegnia. Es fragt sich indessen, ob man es in solchen Fällen nicht vielfach mit einseitiger Entziehung von Wasser zu tun hat, also mit der Erscheinung, welche von MASSART[3] den Namen Osmotropismus erhalten hat. Aus den Zahlen MIYOSHIs geht hervor, welche geringe Konzentrationen schon eine positive Reaktion hervorzurufen vermögen, z. B. bei Mucor Mucedo 0,01 vH d-Glucose, 0,05 vH NH_4NO_3.

Was wir vom Chemotropismus der Wurzeln wissen, verdanken wir hauptsächlich PORODKO[4]. Derselbe hat Wurzeln von Lupinus, Helianthus usw. zuerst in Agar, später speziell im feuchten Raum wachsen lassen und dann besonders die Wurzelspitze mit verschiedenen chemischen Substanzen einseitig gereizt. Dabei entstehen bei niederen Konzentrationen positive, bei höheren negative chemotropische Reaktionen, denen bei noch höherer Konzentration schädigungspositive Krümmungen folgen können. Die Empfindlichkeit ist dabei speziell in der äußersten Wurzelspitze lokalisiert. Die Intensität der Reizung wird durch die Konzentration der Lösung und die Dauer der Einwirkung bestimmt. PORODKO glaubt aus diesen Beobachtungen ableiten zu können, daß $c^n t$ = konst., wobei c die Konzentration, t die Zeit darstellt, und n ungefähr gleich 2,5—3,0 ist.

Diese chemotropischen Reizungen findet man nur bei Elektrolyten, wobei die Kationen die negative, die Anionen die positiven Reaktionen auslösen sollen; die Wirksamkeit der Kationen würde sich umgekehrt

[1] LIDFORSS, B.: Z. Bot. 1 (1909).
[2] MIYOSHI, M.: Bot. Ztg 52 (1894).
[3] MASSART, J.: Archives de Biol. 9 (1889).
[4] PORODKO, TH. M.: Jb. Bot. 49 (1911); 64 (1925).

proportional ihrem elektrolytischen Lösungsdruck ändern, diejenige der Anionen proportional ihrer lyotropen Wirkung.

Eine besondere Form des Chemotropismus, wobei die Reizung durch ein Gas stattfindet, ist mit dem Namen Aerotropismus angedeutet. SAMMET[1] hat konstatieren können, daß hier die Wachstumszone derjenige Teil der Wurzel ist, welcher den Reiz perzipiert, daß die Krümmungen hauptsächlich positiver Natur sind, und daß dabei Stickstoff keinen Einfluß hat, wohl Sauerstoff, Wasserstoff, Kohlensäure und Dämpfe von Alkohol, Äther usw.

Mehr den Aerotropismus der oberirdischen Teile von Keimpflänzchen hat besonders POLOWZOW[2] studiert, wobei speziell gegen Diffusionsströme von Kohlensäure Krümmungen auftreten und zwar zuerst positiv, dann negativ. Sie hat dabei Beobachtungen mit dem Mikroskop angestellt, woraus sie den Schluß zieht, daß es bei dieser Reizung keine Latenzzeit gibt, daß dahingegen augenblicklich bei dem Anfang der Reizung die Reaktion auch anfängt sichtbar zu werden.

Unter dem allgemeinen Gesichtspunkt des Chemotropismus kann man auch die Erscheinungen bringen, welche zuerst von BURGEFF[3] beschrieben wurden, über die Fernwirkung, welche + - und — -Myzelien von Mucorineae aufeinander ausüben. Aus der Veröffentlichung von Fräulein VERKAIK[4] geht hervor, daß es sich hierbei um stoffliche Einflüsse handelt. Wenn man zwischen einem + - und einem — -Myzel von Mucor Mucedo einen Streifen Kollodium bringt, so kann man die „Sexualstoffe" hier hineindiffundieren lassen und später damit das Mycel mit dem anderen Zeichen dazu bringen, Zygophoren zu bilden. Das wurde schon kurz erwähnt beim Kapitel Wachstum.

Natürlich könnte man auch bei den Krümmungen, welche nach einseitiger Wuchsstoffverteilung auftreten, von Chemotropismus sprechen. Dann wird aber diese chemische Substanz nicht von außen zugeführt, sondern innerhalb der Pflanze findet die ungleiche Verteilung statt. Wenn in letzter Instanz alle Tropismen auf ungleicher Wuchsstoffverteilung beruhen, würde man überhaupt alle Tropismen auf Chemotropismus zurückzuführen haben, was jedenfalls nicht praktisch ist. Es ist also wohl besser, sich hier bei diesem Begriff zu beschränken auf den Einfluß chemischer Substanzen, welche von außen einseitig einwirken, wobei vorläufig ganz dahingestellt sein mag, ob dabei auch die Wuchsstoffverteilung innerhalb der Pflanzen eine Rolle spielt.

Traumatotropismus. Beim Traumatotropismus haben wir es mit Krümmungen zu tun, welche als Folge von irgendwelcher Verwundung auftreten. Es wäre vielleicht möglich, dieselben unter die Chemotropismen zu behandeln, weil in erster Instanz die Substanzen der getöteten Zellen dabei eine bestimmte Rolle spielen, aber es scheint dennoch angebracht,

---

[1] SAMMET, R.: Jb. Bot. 41 (1905).
[2] POLOWZOW, W.: Untersuchungen über Reizerscheinungen bei Pflanzen. Jena 1909.
[3] BURGEFF, H.: Bot. Abh., herausgeg. von K. GOEBEL 4 (1924).
[4] VERKAIK, C.: Proc. Kon. Akad. Wetensch. Amsterd. 33 (1930).

dieselben hier für sich zu besprechen, auch weil das oft nur Vermutungen sind.

Der Begriff wurde von DARWIN[1] aufgestellt, ganz speziell für Erscheinungen, welche er bei Wurzeln beobachtete. Wenn man die Spitze einer Wurzel einseitig beschädigt, es sei indem man mechanische oder chemische Mittel oder Hitze benutzt, so krümmt sich die Wurzel von der beschädigten Stelle hinweg, sie ist also negativ traumatotropisch.

Bei Keimpflanzen hingegen sind positiv traumatotropische Krümmungen beobachtet, welche besonders von STARK[2] studiert wurden. Wenn man einseitig Querschnitte, Stiche, usw. anbringt, so krümmt sich die Pflanze nach der verwundeten Stelle hin, wobei die Krümmung sich oft weit von der verwundeten Stelle ausbreitet, meistens basalwärts, aber auch wohl apikalwärts, auch wenn ein einseitiger Einschnitt gemacht wurde, worin ein Glimmerblättchen angebracht wurde. STARK konnte weiter zeigen, daß man den Einfluß der Verwundung bei einer Koleoptilspitze erweckt, nach Abschneiden dieser Spitze und nachdem diese Spitze auf einen anderen Koleoptilstumpf aufgesetzt ist, dorthin überbringen kann, so daß alsdann dort die Krümmung auftritt. Später konnte dann, teilweise durch BEYER[3], aber besonders durch die Untersuchungen GORTERS[4] und TENDELOOS[5], gezeigt werden, daß in verschiedenen Fällen diese sogenannten traumatotropischen Krümmungen sich bei Graskeimlingen erklären lassen durch eine ungleiche Verteilung des Wuchsstoffes. Denn wenn einseitig ein Einschnitt in die Koleoptile gemacht wird, so wird an dieser Seite der Wuchsstofftransport gehemmt sein, während er dahingegen an der antagonistischen Seite ungehindert weitergeht. Die letztgenannte Seite wird also stärker wachsen und infolgedessen entsteht eine Krümmung, welche nach der Wunde hingerichtet ist, also scheinbar positiver Traumatotropismus.

Diese Erklärung gilt aber nur für die ersten $2^1/_2$—3 Stunden nach der Verwundung, weil nachher Wuchsstoff regeneriert wird; dadurch kann die Reaktion dann rückgängig gemacht werden und selbst zu einer negativen Krümmung führen. Es fragt sich, ob man in dieser Weise alle sogenannten traumatotropischen Krümmungen erklären kann. Vorläufig kann diese Frage natürlich nur für die untersuchten Avena-Koleoptilen beantwortet werden. Da hat nun vor kurzem eine Untersuchung von WEIMANN[6] eingesetzt, wo diese Frage aufgeworfen wurde. Derselbe kam für die positiv traumatotropischen Krümmungen zu demselben Resultat, wodurch dieselben also als solche ausgeschieden wurden. Dahingegen glaubte er, daß die später auftretenden negativen Krümmungen rein traumatotroper Natur sind; welche Rolle Wuchsstoffe

---

[1] DARWIN, CH. a. FR.: The power of movement in plants. London 1880.
[2] STARK, P.: Jb. Bot. 57 (1917); 60 (1921).
[3] BEYER, A.: Biol. Zbl. 45 (1925).
[4] GORTER, CHR. J.: Proc. Kon. Akad. Wetensch. Amsterd. 30 (1927).
[5] TENDELOO, N.: Proc. Kon. Akad. Wetensch. Amsterd. 30 (1927).
[6] WEIMANN, R.: Jb. Bot. 71 (1929).

dabei spielen, läßt sich seiner Meinung nach vorläufig noch nicht übersehen. Diese Versuche sind bis jetzt noch nicht bestätigt worden.

Hydrotropismus. In einem klassischen Versuch hat SACHS[1], sich dabei stützend auf frühere Versuche JOHNSONS[2], schon vor vielen Jahren den Hydrotropismus der Wurzeln bewiesen und dieser Versuch ist seitdem von hunderten Botanikern wiederholt, immer mit demselben Resultat. Wenn man nämlich Bohnen in feuchten Sägespähnen wachsen läßt innerhalb eines Zylinders, dessen Boden aus grobem Tüll besteht, so wachsen die Wurzeln in dieser Masse infolge ihres positiven Geotropismus senkrecht abwärts. Sobald sie dann aber außerhalb dieses Tülls kommen, wird ihre Wachstumsrichtung geändert, wenn der Zylinder schräg aufgehängt ist und deshalb auch der Tüll einen Winkel mit der Vertikalen macht von sagen wir 45°. Sie werden dann nach der feuchten Fläche des Tülls abgelenkt und während sie weiter wachsen schmiegen sie sich demselben an. Oft ist auch der Geotropismus Veranlassung, daß sie immer von neuem vertikal abwärts wachsen, um dann sich abermals der feuchten Fläche hinzuwenden und so einen schlangenartigen Verlauf aufzuweisen.

Um dieses Resultat zu erhalten, muß der Zylinder aber schief aufgehängt sein und zweitens darf die Luft, worin die Wurzeln aus dem Tüll kommen, nicht mit Wasserdampf gesättigt sein; sonst wachsen die Wurzeln senkrecht abwärts. Es handelt sich also, wie SACHS angab, um positiv hydrotropische Krümmungen, welche hervorgerufen werden, wenn der Feuchtigkeitsgehalt zu beiden Seiten der Wurzel ungleich ist. SACHS hat auch schon angegeben, daß man es hier mit einer ganz anderen Erscheinung zu tun hat als wenn etwas welke Wurzeln einseitig befeuchtet werden. Dieselben nehmen dann sehr rasch Wasser auf, die Turgescenz, welche verlóren gegangen war, stellt sich an der einen Seite wieder her, und infolgedessen krümmen sich die Wurzeln von der nassen Stelle hinweg; es ist aber klar, daß man hier nicht von negativem Hydrotropismus reden darf.

Nachdem DARWIN[3] zuerst darauf hingewiesen hatte, daß die Perzeption des Reizes beim Hydrotropismus höchst wahrscheinlich durch die äußerste Wurzelspitze stattfindet, wurde dieses Verhalten von andern wie z. B. MOLISCH[4] näher untersucht, die wirklich das vorhergesehene Resultat erhielten. Eine detaillierte Untersuchung verdanken wir dann HOOKER[5], der feststellen konnte, daß die Wurzelspitze zwar nicht die einzige empfängliche Stelle ist, daß aber dennoch die Sensibilität dort am größten ist, und daß dieselbe nach der Basis hin allmählich geringer wird. Die Reaktion verläuft indessen sehr langsam; sie braucht 6 Stunden, ehe eine Krümmung sichtbar wird. Das Feuchtigkeitsgefälle, worauf die Wurzeln am besten reagieren, ist 0,4 vH pro Zentimeter bei 20° C. Das Maximum ist 0,5 vH, die Minimumdifferenz, worauf noch Reaktion

[1] SACHS, J.: Arb. bot. Inst. Würzburg **1** (1872).
[2] JOHNSON, H.: Edinburgh New Philosophic. Mag. **6** (1829).
[3] DARWIN, CH. a. FR.: The power of movement in plants. London 1880.
[4] MOLISCH, H.: Sitzgsber. Akad. Wiss. Wien, Math.-naturwiss. Kl. 88 (1883).
[5] HOOKER, jun., H. D.: Ann. of Bot. **29** (1915).

erfolgt, 0,2 vH. Krümmungen treten indessen nur auf, wenn die relative Feuchtigkeit der Atmosphäre zwischen 70 und 100 vH liegt. HOOKER ist übrigens der Meinung, daß alles, was Hydrotropismus genannt wird, ebensogut unter den Osmotropismus gebracht werden könnte.

Auch in anderen Fällen hat man Hydrotropismus feststellen können, so ganz besonders bei den Sporangienträgern von Phycomyces. Es war ERRÉRA[1], der in einer posthumen Arbeit zeigen konnte, daß die frühere Vorstellung einer Fernwirkung von Metallen auf diese Organe unrichtig ist. Die beobachteten Erscheinungen beruhen auf dem Hydrotropismus, der übrigens schon früher beschrieben war. Meist reagieren diese Sporangienträger negativ und man hat auch in dieser Weise zu erklären versucht, daß in Kulturen von Phycomyces, welche auf dem Klinostaten mit horizontaler Achse rotieren, die Sporangienträger sich senkrecht zur Oberfläche des rotierenden Substrates stellen. Wenn man die Rotation im absolut feuchten Raum stattfinden läßt, wird diese Erscheinung denn auch nicht beobachtet. Ebenfalls schreibt man diesem Hydrotropismus die Erscheinung zu, daß die Sporangienträger im dunklen Raum nicht genau vertikal aufwärts wachsen, sondern einigermaßen divergieren. Das soll dadurch verursacht sein, daß jeder Sporangienträger infolge seiner Transpiration durch einen feuchten Raum umgeben ist, der nun abstoßend wirken soll auf die nächsten umgebenden Sporangienträger.

WALTER[2] hat zeigen können, daß die Sporangienträger von Phycomyces auf Schwankungen der Luftfeuchtigkeit mit einer Wachstumsreaktion reagieren. Bei zunehmender Feuchtigkeit steigt das Wachstum zuerst langsam, dann rascher an. Er hält nun die hydrotropischen Krümmungen für Erscheinungen, welche dadurch zustande kommen, daß bei einseitiger Reizwirkung Intensitätsunterschiede an den entgegengesetzten Flanken vorhanden sind, woraus ein ungleiches Wachstum resultiert. Die Erklärung ist also analog derjenigen BLAAUWs für den Phototropismus. Wenn diese Erklärung auch richtig sein mag bei Sporangienträgern von Phycomyces, so kommt man damit noch nicht weiter bei den hydrotropischen Krümmungen der Wurzeln.

Man kennt auch positiv hydrotropische einzellige Teile, wie die Rhizoide von Marchantia polymorpha und anderer Lebermoose und ebenfalls diejenigen der Farne. Der Hydrotropismus der Keimstengel höherer Pflanzen ist bis jetzt noch kaum bewiesen.

Es muß übrigens bemerkt werden, daß es Forscher gibt, wie z. B. BREMEKAMP[3], welche dem Hydrotropismus überhaupt die Existenzberechtigung absprechen und den Satz zu beweisen suchen, daß wenigstens in vielen Fällen, dasjenige was man Hydrotropismus genannt hat, eine Folge eines Berührungsreizes ist, also auf Haptotropismus beruht.

---

[1] ERRÉRA, L.: Rec. l'Inst. bot. LÉO ERRÉRA **6** (1906).
[2] WALTER, H.: Z. Bot. **13** (1921).
[3] BREMEKAMP, C. E. B.: Handel. 19e Nederl. Natuur- en Geneesk. Congres 1923 und South-African J. Sci. **21** (1924).

Rheotropismus. JÖNSSON[1] entdeckte, daß Wurzeln im Wasserstrom sich entgegen der Richtung des Stromes entwickeln. Man nennt das positiven Rheotropismus. Die ausführlichste Untersuchung über diesen Gegenstand verdanken wir NEWCOMBE[2], der allerlei Wurzeln prüfte und dabei fand, daß besonders unter den Gräsern und den Cruciferen viele sehr sensible Pflanzen angetroffen werden, daß aber selbst bei Varietäten derselben Art das Reaktionsvermögen sehr stark wechseln kann. Eine Anzahl Pflanzen besitzen Wurzeln, welche absolut nicht reagieren. Er fand bei Wurzeln von Raphanus sativus, daß das Optimum der Krümmung auftrat bei einer Geschwindigkeit von 100—500 cm pro Minute; kommt man unter diesem Wert, z. B. bei 50 cm pro Minute, so ist die Reaktion viel geringer und die Winkel sind viel kleiner. Wird die Geschwindigkeit größer, etwa 1000 cm pro Minute, so wird die Reaktion negativ, d. h. die Wurzeln wachsen in der Richtung des Stromes. NEWCOMBE betrachtet das als eine mechanische Folge des Reizes. Nicht allein die Wurzelspitze ist empfänglich, auch weitere Teile der Wurzel, bei Raphanus über eine Länge von etwa 15 mm, während die wachstumsfähige Zone eine Länge von 6 mm hat.

Auch bei Keimlingen hat man bei Benutzung eines Wasserstrahles[3] positiven Rheotropismus konstatieren können. Hier, wie übrigens auch bei Wurzeln ist die Vermutung ausgesprochen, daß es sich um die Perzeption eines Druckes handeln würde, so daß wir Verwandtschaft vermuten könnten mit dem jetzt zu behandelnden Haptotropismus. Indessen hat sich aus den Versuchen SEN-GUPTAS[4] gezeigt, daß entgegen den Angaben HRYNIEWIECKIS[5] reines Wasser niemals Rheotropismus veranlaßt, daß man dahingegen durch Zusatz sehr geringer Mengen gewisser Salze diesem Wasser wieder die Fähigkeit geben kann, Rheotropismus zu erregen. Es ist aus diesen Versuchen wohl klar, daß es sich hier überall um chemotropische Reize handelt, daß es reinen Rheotropismus vielleicht überhaupt nicht gibt.

Haptotropismus (Thigmonastie). Der Haptotropismus oder Thigmotropismus ist die Eigenschaft der Pflanzenorgane, nach einseitiger Berührung eine Krümmung auszuführen. Während man früher glaubte, daß dieser Haptotropismus nur bei ganz besonders organisierten Pflanzenteilen, wie Ranken und Tentakeln der Insectivoren gefunden wird, weiß man seit den Untersuchungen VAN DER WOLKS[6], daß dem nicht so ist. Er zeigte, daß auch Haferkeimlinge auf Berührung reagieren, was nachher von WILSCHKE[7] und FIGDOR[8] bestätigt werden konnte. Eine all-

---

[1] JÖNSSON, BENGT: Ber. dtsch. bot. Ges. 1 (1883).

[2] NEWCOMBE, FRED. C.: Bot. Gaz. **33** (1902).

[3] STARK, P.: Jb. Bot. **57** (1916).

[4] SEN-GUPTA, J.: Z. Bot. **21** (1929).

[5] HRYNIEWIECKI, B.: Schriften der Naturhist. Gesellsch. Dorpat 1908.

[6] VAN DER WOLK, P. C.: Proc. Kon. Akad. Wetensch. Amsterd. 14 (1911).

[7] WILSCHKE, A.: Sitzgsber. Akad. Wiss. Wien, Math.-naturwiss. Kl. **122** 1 (1913).

[8] FIGDOR, W.: Sitzgsber. Akad. Wiss. Wien, Math.-naturwiss. Kl. **124**, 1 (1915).

gemeine Behandlung dieser Fragen gab dann speziell STARK[1], auf dessen
Arbeiten gleich näher eingegangen werden soll. Inzwischen kann bemerkt werden, daß auch bei verschiedenen Pilzen und Algen hapto-
tropische Krümmungen konstatiert wurden, z. B. von ERRÉRA[2] für
Phycomyces, von STARK für Coprinus usw. Bei Wurzeln war
schon von SACHS[3] Reizbarkeit für Kontakt beobachtet worden, diese
wurde dann später von NEWCOMBE[4] ausführlicher untersucht.

Man kann vielleicht sagen, daß überhaupt wohl alle lebenden Zellen
empfindlich sind für Berührungsreiz, daß aber nur in gewissen Fällen etwas
hiervon durch ausgeführte Krümmungen bemerklich wird, wobei dann
meistens die Reizung sehr stark sein muß, damit überhaupt etwas von
einer Reaktion zutage tritt. Wie wir noch sehen werden, führt nur in
den sehr spezialisierten Fällen, etwa der Ranken, auch die leiseste Berührung zu einer Krümmung. Dort, z. B. bei den Tentakeln von Drosera
ist oft auch eine ausgesprochene Dorsiventralität beobachtet; infolgedessen wird die Art und die Richtung der Krümmung dann bestimmt
durch die Art des reagierenden Organes und das hat KNIEP[5] dazu geführt, hier von Haptonastie zu reden; in anderer Zusammensetzung
würde das also Thigmonastie werden. Mir scheint es wohl festzustehen,
daß man es hier überall mit Erscheinungen derselben Art zu tun hat,
mögen diese nun mehr oder weniger ausgebildet sein; es ist also nicht
angängig, einige unter Haptotropismus, andere unter Haptonastie zu
besprechen. Es ist einigermaßen Geschmackssache, welchen Namen
man wählen will. Es scheint aber wohl angebracht, diese Krümmungen
an einer Stelle zu behandeln, wo sie gewissermaßen den Übergang der
Tropismen zu den Nastieen bilden, besonders auch, weil es sich hier zeigt,
daß der Unterschied zwischen den beiden Bewegungsarten nicht so groß
ist, als das oft angenommen wird.

Beschäftigen wir uns erst etwas eingehender mit den weniger spezialisierten haptotropischen Krümmungen, speziell mit den Untersuchungen STARKS über diese Erscheinungen. Da sind es denn hauptsächlich Keimpflanzen, welche für die Beobachtungen benutzt wurden.

Die Reizung fand durch Reibung mit einem Stäbchen statt; es stellte
sich heraus, daß im Gegensatz zu demjenigen, was wir für Ranken
sehen werden, dafür auch Gelatinestäbchen oder ein Wasserstrahl benutzt werden konnten. Letzteres hat also vielleicht Ähnlichkeit mit
dem schon besprochenen Rheotropismus. Es wurde weiter beobachtet,
daß bei lokaler Reibung nicht nur die geriebene Stelle, sondern auch
andere wachstumsfähige Strecken darüber hinaus, Krümmungen ausführen können; die Reizleitung kann bei älteren Pflanzen selbst die
Internodiengrenzen überschreiten. Dikotylenkeimlinge sind dabei
meistens über die ganze Länge sensibel, während die Sensibilität bei

[1] STARK, P.: Jb. Bot. 57 (1916); 58 (1919); 60 (1921).
[2] ERRÉRA, L.: Bot. Ztg 42 (1884).
[3] SACHS, J.: Arb. bot. Inst. Würzburg 1 (1873).
[4] NEWCOMBE, FRED. C.: Beih. Bot. Zbl. 17 (1904).
[5] KNIEP, H.: Handwörterbuch der Naturwissenschaften 8 (1913).

Monokotylenkeimlingen mehr lokalisiert sein kann, wenn zwar nicht
so ausgesprochen als wie für den Photo- und den Geotropismus. Dagegenüber geht die Sensibilität bei Graskeimlingen nicht verloren, wenn
die Spitzen weggeschnitten sind, während dagegen bei Dikotylen-
keimlingen die Reaktionen stark gedämpft sind, wenn sie dekapitiert
werden. Es hält also schwer, hier an einen Zusammenhang mit Wuchs-
stoffen zu denken; es wäre jedenfalls sehr der Mühe wert, wenn die Erscheinung in der Hinsicht einmal näher untersucht würde.

STARK hat die Stärke der Reizung durch Zählung der Streichzahl
bestimmt; ob man wirklich hierin ein Maß für die Reizstärke hat, scheint
mir noch fraglich. Inzwischen hat sich wohl so viel ergeben, daß gesagt
werden kann, daß je stärker die Reizung, desto größer auch die Zahl der
reagierenden Individuen, desto größer der Ablenkungswinkel und desto
kürzer die Reaktionszeit ist, aber alles nur bis zu einer oberen Grenze.

Besonders dort, wo STARK die Gültigkeit des WEBERschen Gesetzes
meint beweisen zu können, wird man vorläufig sich noch etwas skeptisch
verhalten müssen. STARK konnte zeigen, daß ein Keimling gerade bleibt,
wenn auf beiden Seiten gleich oft gestrichen wird. Ändert man das Verhältnis der Streichzahlen, dann tritt von einem gewissen Punkt an eine
Reaktion im Sinne der stärkeren Streichzahl auf. Als Maß für die
Unterschiedsempfindlichkeit wurde die Menge der Individuen gewählt,
die eine Reaktion ergaben, wobei sich dann herausstellte, daß diese
Menge gleich ist (in vH), wenn der relative Unterschied der Streichzahlen
konstant gehalten wird. Bei dieser Schlußfolgerung muß man aber
immer bedenken, daß die beiden Reize auf ganz verschiedene Teile einwirken, nämlich die beiden antagonistischen Oberhäute, nicht auf ein
und dasselbe Sinnesorgan und daß es sich also wahrscheinlich um eine
Summation verschiedener Reaktionen handelt. Daß die Empfindlichkeit für absolut gleiche Unterschiede um so geringer wird, je mehr die
Reize an sich ansteigen, ist eigentlich etwas so Selbstverständliches, daß
man dort wohl kaum von einem Gesetz sprechen kann.

Wenden wir uns jetzt zu den Ranken, welche ganz speziell kontakt-
empfindlich sind und welche bei vielen Kletterpflanzen eine Rolle als Haft-
organe spielen. Aus der Morphologie ist bekannt, daß sehr verschiedene
Teile zu Ranken metamorphosiert sein können, z. B. Wurzeln bei
Vanilla und den kletternden Melastomataceen, Blattstiele bei
Tropaeolum, Clematis und Nepenthes, Blattspitzen bei Gloriosa
und Flagellaria, Teilblättchen der gefiederten Blätter bei Vicia und
Lathyrus, ganze Blätter bei anderen Lathyrusarten und bei Pisum,
Sprosse bei Vitis und Passiflora, usw. Das alles gehört nicht zu
unserem Gebiete der Botanik, wohl dagegen die Art und Weise, wie diese
Ranken auf Kontaktreize reagieren. Dabei mögen dann zuerst die
stärkstreizbaren besprochen werden; erwähnt mag dabei werden, daß
wir die ersten Untersuchungen über Rankenbewegungen DARWIN[1] verdanken, daran schließen sich solche an über den Mechanismus der Krüm-

---

[1] DARWIN, CH.: The movements and habits of climbing plants. London
1873.

mung von HUGO DE VRIES[1]. PFEFFER[2] hat uns dann in seinen Untersuchungen speziell eine Methode kennengelernt, wodurch die Manipulationen bei den Versuchen sehr vereinfacht wurden, während wir die eingehendsten Beobachtungen FITTING[3] verdanken, der wohl die meisten der jetzt für die Ranken bekannten Tatsachen ans Licht gebracht hat.

Wir werden also vorläufig nur Tatsachen, welche an Ranken von Passiflora und Cucurbitaceae, wie Sicyos und Cyclanthera gefunden wurden, einer Besprechung unterwerfen. Dann muß erst konstatiert werden, daß die Ranken im Knospenzustande eingerollt sind mit der Unterseite konvex; sie sind also, wie wir später sehen werden, hyponastisch. Dann tritt Epinastie auf, d. h. die Oberseite fängt an stärker zu wachsen als die Unterseite, und das geht so lange weiter, bis sich die Ranke ungefähr geradegestreckt hat, oder bis die Spitze ganz wenig hakenförmig gekrümmt ist. Wenn die Ranke später keine Stütze ergriffen hat, kann sich diese Krümmung weiter fortsetzen bis zur stark spiraligen Alterseinrollung.

Sobald die Ranke sich entrollt hat, fängt sie an eine sogenannte rotierende Nutation auszuführen; diese erinnert an die Bewegung der Schlingpflanzen, welche wir bald näher besprechen werden. Diese Bewegung besteht darin, daß eine Kante stärker wächst als die übrigen und daß diese stärker wachsende Kante sukzessiv um die Ranke herumläuft. Infolgedessen beschreibt die Ranke einen Kegelmantel, die Spitze wird im Kreis herumgeführt, oder besser gesagt in einer langsam aufsteigenden Spirale. Die Achse des Kegels ist zuerst schräg nach oben gerichtet, allmählich senkt sie sich zur Horizontalen und wenn sie schräg abwärts gerichtet ist, hört die Nutation auf. Das sehr ansehnliche Wachstum, das dabei stattfindet, ist hauptsächlich auf die basalen Teile der Ranke beschränkt.

Gewöhnlich wird diese kreisende Nutation für eine autonome Bewegung angesehen, welche also nur durch innere Umstände veranlaßt wird; nur in der letzten Zeit werden andere Stimmen gehört, wie diejenige GRADMANNS[4], welche einer aitiogenen Beeinflussung das Wort reden; dabei würde dann speziell die Schwerkraft eine Rolle spielen, was aber von LINSBAUER[5] widersprochen wurde.

Wenn jetzt eine Ranke in dem Stadium, worin sie sich entrollt hat, wobei sie etwa $1/_3$ ihrer definitiven Länge erreicht hat, in Berührung kommt mit einem festen Körper, so führt sie eine Reaktion aus, worauf gleich näher eingegangen werden soll. Es muß unbedingt ein fester Körper sein, Flüssigkeiten haben, wie PFEFFER fand, keinen Einfluß, selbst Quecksilber nicht, es sei denn, daß sich in der Flüssigkeit kleine feste Teilchen befinden, von denen die Reaktion ausgelöst wird. Es handelt sich dabei aber noch um etwas anderes, denn 10—14 vH Gelatine

[1] DE VRIES, H.: Arch. Néerl. Sci. ex. et natur. 15 (1880).
[2] PFEFFER, W.: Unters. bot. Inst. Tübingen 1 (1885).
[3] FITTING, H.: Jb. Bot. 38 (1903).
[4] GRADMANN, H.: Jb. Bot. 60 (1921), 65 (1926).
[5] LINSBAUER, K.: Planta (Berl.) 1 (1925).

hat keinen Einfluß; daraus ließ sich übrigens die praktische Folgerung
ziehen, daß man Ranken mit Pinzetten oder Glasstäbchen, die mit einer
genügend dicken Gelatineschicht überzogen sind, anfassen kann, ohne
daß eine Krümmung auftritt. Ein konstanter Druck eines festen Körpers
löst auch keine Reaktion aus, nur wenn stoßweise Druckwirkungen ausgeübt werden, findet eine gleich zu beschreibende Reaktion statt.

PFEFFER hat schließlich aus allen seinen Versuchen den Schluß gezogen: „Zur Erzielung einer Reizung müssen in den sensiblen Zonen der
Ranke diskrete Punkte beschränkter Ausdehnung gleichzeitig, und in
genügend schneller Aufeinanderfolge von Stoß oder Zug hinreichender
Intensität betroffen werden. Dagegen reagiert die Ranke nicht, sobald
der Stoß alle Punkte eines größeren Flächenstückes mit ungefähr gleicher
Intensität trifft." An sich können die reizenden Körper dabei äußerst
leicht sein, worauf DARWIN schon hingewiesen hat; PFEFFER konnte
selbst noch bei Berührung mit Baumwollfäden von 0,00025 mg eine
Krümmung erhalten. Alle Umstände müssen dann so günstig wie nur
denkbar sein, z. B. die Temperatur soll in der Nähe des Optimums liegen.
Übrigens ist der Einfluß dieser äußeren Verhältnisse auf die Krümmungsbewegungen der Ranken noch wenig untersucht.

Man hat sich die Frage vorgelegt, was denn eigentlich primär bei
solch einem Kontaktreiz geschieht und dabei wurde in erster Instanz
an Deformationen des Protoplasmas der Epidermiszellen gedacht. Das
würde dann besonders dort stärker auftreten, wo dünnere Stellen
der äußeren Zellhaut vorhanden sind, sogenannte Fühltüpfel, wie das
namentlich von HABERLANDT[1] näher ausgeführt wurde. Immerhin gibt
es äußerst sensible Ranken, welchen diese Fühltüpfel fehlen, so daß
sie jedenfalls keine unentbehrliche Bedingung der Reizung sein können.

Es gibt nun Ranken, welche allseitig in gleichem Maße reizbar sind,
aber diejenigen, worüber hier gehandelt wird, sind ausgesprochen dorsiventral und sie reagieren mit einer Krümmung nur dann, wenn die ventrale Seite berührt wird; diese Krümmung bleibt dann nicht beschränkt
auf die berührte Stelle, sondern es findet eine Leitung nach anderen
Teilen der Ranke statt. Indessen sind solche Ranken auch an anderen
Seiten reizbar; sie reagieren auf den Reiz aber in ganz anderer Weise, wie
das von FITTING dargetan wurde. Wird allein die Oberseite einer solchen
Ranke berührt, so geschieht nichts, wenn man Ober- und Unterseite
einem Kontaktreiz unterwirft, so tritt auch keine Krümmung auf, während dieselbe, wie gesagt, wohl hervorgetreten wäre, wenn nur die Unterseite berührt wird. Kontakt der Oberseite hemmt also das Auftreten der
Reaktion und das geht so weit, daß, wenn man auf der Unterseite eine
ziemlich lange Strecke reizt und bei einem Teil davon auch die Oberseite
berührt, nur dieser Teil sich nicht krümmt. Auch bei solchen Ranken,
welche beiderseits auf Kontaktreiz mit einer Krümmung reagieren, geschieht genau dasselbe wie bei den Cucurbitaceenranken, wenn Ober-

---

[1] HABERLANDT, G.: Sinnesorgane im Pflanzenreiche zur Perzeption mecha-
nischer Reize. Leipzig, 2. Aufl. 1906.

und Unterseite zu gleicher Zeit berührt werden, d. h. es tritt keine sichtbare Reaktion zutage.

Von DE VRIES war behauptet worden, daß die Krümmung in erster Instanz auf Turgorveränderung beruht, worauf dann später diese Änderung durch Wachstum fixiert würde. Er schloß das aus Plasmolyseversuchen, wobei die Krümmung in der ersten Zeit zurückging, später nicht mehr. Andere Forscher erhielten etwas abweichende Resultate und FITTING hat darauf hingewiesen, daß die plasmolysierende Flüssigkeit oft außerordentlich schwer in die Ranke eindringt. Andererseits hat DE VRIES durch Injektion von eben sich krümmenden Ranken mit Wasser (was unter der Luftpumpe ziemlich leicht gelingt) gesehen, daß die Krümmung sehr viel stärker wird.

Wenn es auch bis jetzt noch nicht gelungen ist, bei Ranken das Vorhandensein und die Wirkung eines Wuchsstoffes nachzuweisen, so liegt

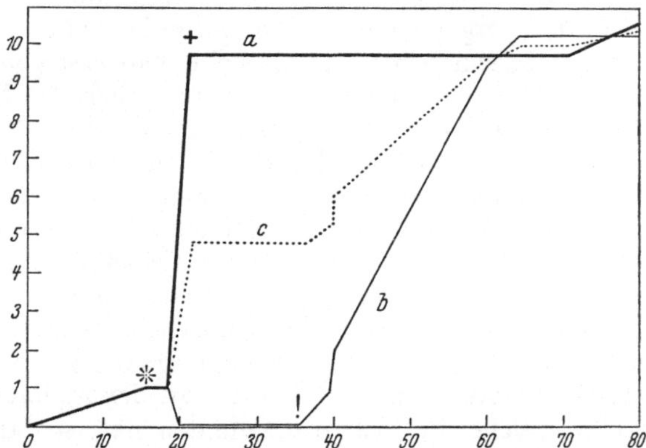

Abb. 64. Ranke von Sicyos. Längenwachstum nach Reizung, der Oberseite *a*, der Unterseite *b*, und der Mittelzone *c*. * Gereizt, + Krümmung beendigt. Auf der Abszisse Zeit in Minuten, die Ordinaten Zuwachsgrößen (nach FITTING).

es doch auf der Hand, daß auch hier die neueren Ansichten über Wachstum zur Erklärung herangezogen werden müssen. Dann muß also erwartet werden, daß primär auch hier die plastische Dehnbarkeit der Zellhaut erhöht wird, welche dann durch den Druck des Zellinhaltes gedehnt wird. Dieser Druck war in den Versuchen von DE VRIES dann wohl nicht maximal und erreichte erst einen größeren Wert, als die Ranken künstlich instand gesetzt wurden, mehr Wasser aufzunehmen. Indessen liegt hier ein weites Feld der Bearbeitung für spätere Forscher offen.

FITTING hat durch sehr genaue Messungen das Wachstum der Ober- und Unterseite und der Mittellinie einer sich krümmenden und sich darauf wieder geradestreckenden Ranke messen können. Er hat die erhaltenen Resultate in einer Kurve dargestellt, welche in Abb. 64 reproduziert wurde. Man sieht, daß nach der Reizung innerhalb sehr kurzer Zeit die Oberseite sich stark verlängert hat, daß diese dann aber ihr Wachstum einstellt und sich nicht mehr verlängert. Die Unterseite bleibt vorderhand unverändert, oder verkürzt sich selbst etwas (vielleicht durch den Druck der Oberseite?); dann fängt auch die Unterseite zu wachsen an, bis die Ranke wieder gerade geworden ist. Die Mittelzone macht zwei Wachstumsperioden durch mit einer Pause dazwischen, die erste ist die eigentliche Reaktion auf die Reizung, in der zweiten kommt der Autotropismus zum Ausdruck. Es mag dabei erwähnt werden, daß genau dieselbe Rückkrümmung auch auftritt, wenn eine Ranke mechanisch gebogen und eine Zeitlang in dieser Zwangslage gehalten wurde. Sie kann also ganz dem Begriff des Autotropismus eingereiht werden.

Bis jetzt haben wir nur über einen kurzwährenden Reiz gehandelt, der gleich nach der Reizung wieder weggenommen wurde. Was geschieht nun aber, wenn die Ranke sich einer Stütze bleibend angelegt hat, wie wir das in der Natur so oft geschehen sehen, wenn die Ranke mit ihrer rotierenden Nutation irgendeine Stütze gefunden hat, welche dem Nutieren ein Halt zugerufen hat. Dann sieht man erst genau dasselbe geschehen, als was hier oben beschrieben wurde, auch das Rückgängigwerden der Krümmung. Während dieses letztgenannten Prozesses werden aber stets neue Punkte mit der Stütze in Berührung kommen. Infolgedessen findet immer wieder neue Reizung statt und auch wieder neue Krümmung, wobei die Ranke sich allmählich um die Stütze festlegt, bis sie ihr Wachstum einstellt. Diese Verschiebung der Ranke an der Stütze entlang konnte FITTING feststellen, indem er bestimmte Punkte auf der Ranke markierte und deren Fortschreiten näher studierte.

Wenn die Ranke jetzt in solcher Art festgelegt ist, an der einen Seite mit ihrer Befestigungsstelle an der Pflanze, an der anderen Seite mit derjenigen Stelle, welche die Stütze umwunden hat, so fängt der dazwischen liegende Teil an sich schraubenförmig (korkzieherähnlich) einzurollen, derart, daß die beiden festen Punkte sich einander nähern. Das ist nur dann möglich, wenn ein Kehrpunkt angelegt wird, oder eventuell eine unpaarige Anzahl Kehrpunkte. Dieses Einrollen geht sehr eigentümlich vor sich, indem die Pflanze fast rhythmisch hin und her gezogen wird. Indessen ist diese ganze Erscheinung noch nicht genügend untersucht worden; wahrscheinlich werden sich hier besonders beim Studium von Filmbildern noch manche ungeahnte Resultate ergeben.

Ebensowenig ist noch von der nachherigen, oft eintretenden Verholzung der Ranke bekannt; wie TREUB[1] gezeigt hat, ist sie in bestimmten Fällen, bei den Hakenkletterern Uncaria, Artabotrys usw. selbst die Hauptreaktion, dann tritt ein stark vermehrtes, sekundäres Dickenwachstum auf.

Es hat übrigens keinen Sinn, hier alle Verschiedenheiten in der Entwicklung der Ranken zu behandeln; wir suchen ja nur das Allgemeine daraus zu schälen. Man kann wohl sagen, daß sich alle möglichen Über-

---

[1] TREUB, M.: Ann. Jard. bot. Buitenzorg **3** (1882/83).

gänge zwischen den besprochenen äußerst sensiblen Ranken und den im Anfang dieses Abschnittes erwähnten für Kontakt reizbaren Keimpflanzen werden finden lassen. In vielen Fällen ist das physiologisch ja auch noch gar nicht untersucht; für Blattstiele verweise ich auf die Arbeit von STARK[1]. Nur wäre hier vielleicht allein noch Cuscuta zu erwähnen, da dieselbe nach den Untersuchungen von PEIRCE[2] in ihrer Jugend windende Stengel hat, welche später eine Kontaktreizbarkeit aufweisen, die derjenigen der Ranken in vieler Hinsicht ähnlich sieht.

Wenden wir uns zuletzt noch zu den Insectivoren, wo die Bewegungen, wie gesagt, von KNIEP entschieden als haptonastisch gedeutet wurden. Oben wurde schon bemerkt, daß die Grenzen zwischen diesen Erscheinungen sich nicht genau angeben lassen, auch wenn man die extremen Fälle leicht genug unterscheiden kann. Von den Insectivoren, um welche es sich hier handelt, wurde in dieser Hinsicht fast nur Drosera rotundifoli speziell von DARWIN[3] und später von PFEFFER[4] genau untersucht; weiter verweise ich auf HOOKER[5].

Die Blattspreiten unserer einheimischen Drosera rotundifolia sind mit Tentakeln besetzt. Diese Tentakel sind gestielte Drüsen mit einem Köpfchen, das Schleim absondert, welcher kleine, zufällig auf dem Blatt geratene Insekten festhält. Die Tentakel auf der Mitte des Blattes sind kurz gestielt, nach dem Rande zu werden die Stiele länger und dabei ist der ganze Tentakel mehr radial vom Blatte hinweggestreckt und etwas zurückgebogen.

Diese Randtentakel sind reizbar durch Kontakt, während auch hier Gelatine keinen Einfluß hat. Die Krümmung findet immer derart statt, daß die Krümmung nach der Blattspreite hin erfolgt; sie fängt an der Basis an und schreitet von dort weiter nach oben hin. Wird die Mitte des Blattes gerieben, oder werden eventuell die mittleren Tentakel berührt, so strahlt der Reiz von dort aus und die Tentakel krümmen sich tropistisch nach der gereizten Stelle hin.

Die Reizung muß hier mehrmals wiederholt werden, soll ein Erfolg sich zeigen. Außerdem ist für die Aufnahme des Reizes die Anwesenheit der Drüsenköpfchen notwendig. Das läßt auf eine stoffliche Beeinflussung schließen, um so mehr als für die Aggregation, wie wir noch sehen werden, ein solcher Stoff gefunden wurde[6].

Windepflanzen (Cyclonastie, Lateralgeotropie). Wenn die Bewegungen der Windepflanzen hier gesondert behandelt werden, so geschieht das hauptsächlich deshalb, weil die Meinungen darüber noch so wenig geklärt sind, daß man noch nicht einmal mit vollkommener Sicherheit sagen kann, ob dieselben als autonome oder als aitiogene Bewegungen anzusehen sind. Bei diesem Sachverhalt ist es wohl das Beste,

---

[1] STARK, P.: Jb. Bot. **61** (1922).
[2] PEIRCE, G.: Ann. of Bot. 8 (1894).
[3] DARWIN, CH.: Insectivorous plants. London 1875.
[4] PFEFFER, W.: Unters. bot. Inst. Tübingen **1** (1885).
[5] HOOKER, H. D.: Bull. Torrey bot. Club **43** (1916); **44** (1917).
[6] COELINGH, W. M.: Proc. Kon. Akad. v. Wetensch. Amsterd. **32** (1929).

erst eine Beschreibung der ausgeführten Bewegungen zu geben und erst daraufhin etwas über die Erklärungen, welche man versucht hat, zu sagen.

Jedermann weiß, daß Schlingpflanzen Stengel haben, denen die nötige Festigkeit abgeht, die sich also an Stützen in die Höhe wirken müssen, wobei sie diese Stützen dann mit einer Art von schlangenartiger Bewegung umschlingen. Der Stengel der Windepflanze bewegt sich in einer langsam aufsteigenden Spirale um die Stütze; diese muß dabei vertikal oder beinahe vertikal stehen; eine Ausnahme auf diese Regel hat MIEHE[1] uns aber für Akebia quinata kennengelernt. Die Spitze des windenden Stengels hat dabei eine horizontale oder fast horizontale Stellung, in losen Windungen umschlingt sie die Stütze. Später werden diese Windungen enger, der Stengel wird fester an die Stütze gedrückt.

Jede Art windet immer in einer ganz bestimmten Richtung, die meisten Arten (z. B. Calystegia) links, einige (z. B. Humulus, Lonicera) rechts. Bei einer linkswindenden Pflanze bewegt sich die Spitze von oben betrachtet entgegen dem Sinne des Zeigers eines Uhrwerkes, bei einer rechtswindenden umgekehrt. Man kann auch sagen, daß wenn man sich an dem Stengel der Windepflanzen von unten hinauf um die Stütze herumbewegt, diese bei linkswindenden Pflanzen sich an der linken, bei rechtswindenden an der rechten Seite befindet. Oder endlich wenn man eine Schlingpflanze betrachtet, sieht man den nach dem Beschauer zugekehrten Stengel von links oder rechts unten ansteigen, je nachdem man es mit einer links- oder rechtswindenden Pflanze zu tun hat. In Ausnahmefällen kann dieselbe Art rechts oder links winden; als solche Pflanzen sind nur bekannt Loasa lateritia, Bowiea volubilis und das nur unter ganz bestimmten Bedingungen windende Solanum Dulcamara.

Der Ausdruck rechts und links wird hier in gerade gegengesetztem Sinne gebraucht als in der Mechanik. Es gibt Botaniker, welche sich darum mehr dem gewöhnlichen Sprachgebrauch anschließen; hier in diesem Lehrbuch tun wir das indessen nicht, da sonst wohl zu große Verwirrung daraus hervorgehen würde.

Bemerkt mag noch werden, daß bei dem Geradestrecken und Andrücken der älteren Stengelteile gegen die Stütze dieser Stengel sehr oft tordiert wird. Dort, wo man das äußerlich nicht sieht, kann man die Torsion dennoch sichtbar machen, indem man vor der Streckung eine Kante des Stengels mit chinesischer Tusche markiert. Man findet nachher diese Tuschelinie um den Stengel herumlaufen. Es läßt sich leicht zeigen, daß die Torsion eine mechanische Notwendigkeit ist; man braucht nur einen spiralig gewundenen Gummischlauch auszuziehen; wenn man vorher die eine Kante mit irgendeiner farbigen Linie bezeichnet hat, so läuft jetzt diese Linie um den Schlauch herum.

Was geschieht nun, wenn eine Windepflanze keine Stütze findet? Dann führt die mehr oder weniger horizontal stehende Spitze auch jetzt

---

[1] MIEHE, H.: Jb. Bot. **56** (1915).

eine kreisende Bewegung aus, wobei also die Spitze in eine Spirale aufwärts geführt wird, die so gebildeten Windungen strecken sich später wieder gerade. Bemerkt mag noch werden, daß der Keimling diese kreisende Bewegung noch nicht zeigt, sondern vertikal aufwärts wächst. Derselbe hat schlechthin negativen Geotropismus und dasselbe gilt für den älteren Stengel in dem Stadium, wo er sich in der angegebenen Weise streckt.

Kann die Umwindung der Stütze durch die kreisende Bewegung erklärt werden? Es will mir scheinen teilweise ja, besonders wenn es sich um dünne Fäden als Stütze handelt. Wir kommen darauf gleich zurück, wollen jetzt nur feststellen, daß man keine „Greifbewegung" Schwendeners[1] usw. nötig hat. Jedenfalls braucht man dazu nicht eine Kontaktempfindlichkeit wie bei den Ranken. Das ist wohl zuerst von Darwin[2] und Hugo de Vries[3] bewiesen worden, wenn sich auch späterhin, speziell durch die Untersuchungen Starks[4] gezeigt hat, daß die Windepflanzen, wie die meisten anderen Pflanzen, auf Kontakt reagieren. In gewisser Hinsicht hatte Mohl[5] also recht, als er vor vielen Jahren diese Behauptung aufstellte; diese Empfindlichkeit hat aber mit der eigentlichen Windebewegung nichts zu machen. Man vergleiche darüber auch die Beobachtungen, welche Brenner[6] bei Tamus ausführte.

Was uns aber eigentlich besonders interessiert, ist diese kreisende Bewegung und natürlich fragt man sich, ob dieselbe mit der rotierenden Nutation der Ranken verglichen werden kann. Ganz entschieden kann das nicht in jeder Hinsicht, denn die Ranke kann mit ihrer Hilfe keine Stützen umwinden. Aber dennoch ist eine große Ähnlichkeit nicht zu verkennen; wie wir bei den Ranken schon sahen, hat diese Gradmann dazu geführt, auch bei den Ranken an einen Einfluß der Schwerkraft zu denken; er spricht, wie wir noch sehen werden, in beiden Fällen von Überkrümmungsbewegungen.

Aber lassen wir die Ranken hier weiter außer Betracht und beschäftigen wir uns jetzt nur mit der kreisenden Bewegung der Windepflanzen. Man kann mit einem Modell sich einigermaßen vorstellen, wie dieselbe stattfindet. Wenn man nämlich einen Gummischlauch auf einen vertikal stehenden Stab befestigt und dann das freie Ende mit etwas Blei beschwert, so daß es eine horizontale Stellung bekommt, so kann man dieses freie Ende im Kreis herumführen. Wenn man dann an diesem Ende einen Zeiger befestigt hat, und zwar derart, daß dieser im Ruhezustand nach unten schaut, so sieht man, daß während der Umkreisung

---

[1] Schwendener, S.: Sitzgsber. preuß. Akad. Wiss., Physik.-math. Kl. Berlin 1881.

[2] Darwin, Ch.: On the movements and habits of climbing plants. London (1865).

[3] de Vries, H.: Arb. bot. Inst. Würzburg **1** (1873).

[4] Stark, P.: Jb. Bot. **57** (1917).

[5] Mohl, H.: Über den Bau und das Winden der Ranken und Schlingpflanzen (1827).

[6] Brenner, H.: Verh. naturforsch. Ges. Basel **23** (1912).

dieser Zeiger ebenfalls einen Kreis von 360⁰ beschreibt und zwar steht er, wenn die Spitze des Schlauches 90⁰ nach rechts bewegt wird, nach links gerichtet, ist die Spitze in der opponierten Stellung, so zeigt der Zeiger nach oben und 90⁰ weiter nach rechts. Also der Schlauch erfährt während der Umkreisung der Spitze um 360⁰ eine Drehung um die eigene Achse in entgegengesetztem Sinne und zwar auch von 360⁰.

Man kann sich also umgekehrt auch leicht vorstellen, daß wenn man ein Mittel hätte, bei diesem Schlauch eine Seitenkante sich verlängern zu lassen, und wenn diese Seitenkante um den Schlauch herumlief, die Schlauchspitze eine kreisende Bewegung in umgekehrtem Sinne ausführen mußte. Das ist nun eben dasjenige, was tatsächlich bei den Windepflanzen stattfindet. Man kann mit Marken und Messung des Abstandes dieser Marken den Beweis führen, das am umgebogenen Teil des Stengels tatsächlich eine Seitenkante im Wachstum gefördert ist und daß diese Kante um den Stengel herumläuft, bei den Linkswindern im Sinne des Uhrzeigers, bei den Rechtswindern im gegenteiligen Sinne.

Soweit besteht wohl ungefähr Einstimmigkeit unter den Forschern, welche sich mit den Windepflanzen beschäftigt haben, aber damit hört dieselbe auch auf. Schon über die Frage, ob die kreisende Bewegung autonom ist oder nicht, besteht keine Übereinstimmung. Für die Autonomie trat DARWIN[1] ein, teilweise auch BREMEKAMP[2]. Letzterer führte den sehr brauchbaren Namen Cyclonastie für diese Bewegung ein; er versteht darunter dann eine Eigenschaft, welche sich darin äußert, daß ein Krümmungsbestreben in tangentieller Richtung um den Stengel herum wandert. Er hält diese Cyclonastie aber nicht für absolut autonom, indem seiner Meinung nach die Geschwindigkeit dieser Wanderung durch die Schwerkraft beeinflußt wird.

Von den äußeren Umständen, welche eventuell diese Bewegung beeinflussen könnten, müssen wir das Licht wohl ausschalten. Wenn zwar NEWCOMBE[3] meinte, daß die Pflanzen die Fähigkeit zu winden im Dunkeln in kurzer Zeit verlieren, so hat TEODORESCO[4] gezeigt, daß alle von ihm untersuchten Pflanzen monatelang im Dunkeln weiter winden können, wenn man nur darauf acht gibt, daß die Basis der Pflanze Licht erhält, so daß nur der eigentliche windende Teil des Sprosses sich im Dunkeln befindet. Worin dieser Lichteinfluß auf der Basis besteht, weiß man nicht; TEODORESCO glaubt, daß es sich wohl nicht um Nahrungsfragen handeln kann, weil Dioscorea batatas mit viel Reservenahrung sich genau so verhält.

Dagegen wird ziemlich allgemein ein Zusammenhang gesucht zwischen der kreisenden Bewegung und der Schwerkraft. Erstens, weil eine Schlingpflanze, welche man in umgekehrter Stellung wachsen läßt, sich mit der Spitze ihres Stengels von der Stütze losmacht, den Stengel negativ geotropisch in den älteren noch wachsenden Teilen aufrichtet und

[1] DARWIN, CH.: Climbing plants. London (1865).
[2] BREMEKAMP, C. E. B.: Rec. Trav. bot. néerl. **9** (1912).
[3] NEWCOMBE, F. C.: Jb. Bot. **56** (1915).
[4] TEODORESCO, E. C.: Rev. gén. Bot. **37** (1925).

dann in umgekehrter Richtung die Stütze zu umwinden anfängt. Zweitens weil Rotation auf der horizontalen Klinostatenachse das Winden verhindern würde; indessen muß bemerkt werden, daß gerade diese Klinostatenversuche sehr wenig überzeugend sind und einander widersprechende Resultate ergeben haben. Benutzt man aber sehr genau wirkende Klinostaten, so bleibt die rotierende Nutation beim Rotieren bestehen.

Neben dieser Cyclonastie kennt man nun Krümmungen, welche sich zeigen, wenn der Stengel in Zwangslage horizontal gestellt wird, wobei die sogenannte Flankenkrümmung BARANETZKIS[1] auftritt, welche dieser für Geotropismus ansieht, was ihn und speziell auch NOLL[2] zur Theorie des Lateralgeotropismus geführt hat. Die Schwerkraft soll hier derart wirken, daß eine Flanke des Stengels in ihrem Wachstum gefördert wird, diese Flanke würde dann um den Stengel herumlaufen. Der vertikale Teil des Stengels ist, wie wir schon sahen, negativ geotropisch, der horizontale Teil wäre nach der Vorstellung NOLLS transversalgeotropisch. Inzwischen hat BREMEKAMP ausgeführt, daß für die letztere Annahme jeder Grund fehlt; daß sie sich nicht krümmt, würde einfach die Folge davon sein, daß sie von der darunterliegenden Zone in eine Art von Klinostatenbewegung versetzt wird.

Die horizontale Lage der Stengelspitze wird auch anders erklärt, nämlich durch das Eigengewicht der Spitze zusammen mit der geringen Festigkeit des Stengels, wobei dieses Gewicht so groß ist, daß das autonome Wachstum die Spitze nicht selbständig heben kann, wie das von NIENBURG[3] hervorgehoben wurde.

Wie verschieden übrigens noch über das Windeproblem gedacht wird, kann man daraus ersehen, daß in den letzten zehn Jahren verschiedene Forscher darüber gearbeitet haben, und daß diese dabei zu sehr verschiedenen Resultaten gekommen sind. Es kann keine Aufgabe sein, hier darauf ausführlich einzugehen; darum mag folgendes genügen.

UHLELA[4] hat kurze Stengelspitzen von Windepflanzen auf der horizontalen Klinostatenachse rotieren lassen, und diese wurden dabei gerade. Daraufhin wurden dieselben, es sei durchlaufend, oder intermittierend geotropisch gereizt und zwar während verschieden langer Zeiten und bei verschiedenen Temperaturen. Aus den Resultaten, welche später auch von JOST u. v. UBISCH[5] erhalten wurden, konnte geschlossen werden, daß es zwei geotropische Reaktionen gibt, eine negative und eine lateralgeotropische. Dieselben sind nicht nur in verschiedenen Teilen des Stengels lokalisiert: erstere mehr basalwärts, letztere mehr nach der Spitze hin, sondern ihre Reaktionszeit ist auch verschieden und sie würden

---

[1] BARANETZKI, F. J.: Mém. Acad. imp. Sci. St.-Pétersbourg, 7. sér., **31** (1883).

[2] NOLL, F.: Bot. Ztg **43** (1885). Sitzgsber. niederrh. Ges. Natur- u. Heilkde **1901**.

[3] NIENBURG, W.: Flora (Jena) **102** (1911).

[4] UHLELA, V.: Botan. Notiser **1920**.

[5] JOST, L. u. G. VON UBISCH: Sitzgsber. Heidelberg. Akad. Wiss., Math.-naturwiss. Kl. **1926**.

in verschiedenem Maße von der Temperatur beeinflußt. Die Präsentationszeit wäre nach JOST u. VON UBISCH für die Lateralkrümmung 10 Sekunden, für den negativen Geotropismus 90 Sekunden.

GRADMANN[1] glaubt das Winden erklären zu können durch seine Theorie einer Überkrümmungsbewegung. Der windende Stengel würde nur negativ geotropisch sein, dabei würde diese Bewegung aber über die Vertikale hinaus zu einer Überkrümmung führen; die Pflanze wäre dann bestrebt, diesen überkrümmten Stengel automatisch wieder geradezustrecken. Dabei würde dann die Reaktionszeit so lange dauern, daß die geotropisch gereizte Unterseite sich im Augenblick, worauf die Krümmung anfinge, schon um 90^0 verschoben hätte.

RAWITSCHER[2] hat die GRADMANNsche Auffassung bestritten; er glaubt, daß bei Windepflanzen das freie Nutieren eine autonome Bewegung ist, welche in der mehr basalwärts liegenden Zone ausgeführt wird, in derjenigen Zone also, wo auch der negative Geotropismus lokalisiert ist. Dahingegen würde beim windenden Stengel die apikale Lateralgeotropie zur Äußerung kommen, während das basale Wachstumsmaximum sich nicht zeigen würde.

Bei Untersuchungen, welche in meinem Institut im Gang sind, hat sich wohl ungefähr die Überzeugung gefestigt, daß die Auffassung RAWITSCHERs richtig ist, daß also die freie Nutation autonom ist; diese würde dann als Cyclonastie angedeutet werden können, ohne dabei die Vorstellung BREMEKAMPS anzunehmen, daß die Schwerkraft auf die Geschwindigkeit des Herumlaufens einen Einfluß ausübt. Diese Cyclonastie würde genügen, um das Umschlingen dünner Fäden, oder das Winden eines Asparagusstengels zu erklären, aber nicht das Umwinden dicker Stützen bei den besser windenden Pflanzen wie Ipomaea, Convolvulus usw. Dort würde die Verhinderung der Bewegung durch die Stütze Ursache sein, daß der Lateralgeotropismus zur Äußerung kommt, weil damit die Rotation der Spitze zum Stillstand gebracht wird. Es mag aber noch betont werden, daß man bisher vielleicht viel zu rasch generalisiert hat, wo es sich zeigt, daß verschiedene Windepflanzen sich nicht ganz gleich verhalten, daß es sich deshalb empfiehlt, jede einzelne Art so vollkommen wie nur möglich in ihrem Verhalten beim Windeproblem zu studieren.

Autonome Bewegungen — Nastien. Autonome oder spontane oder endonome Bewegungen nennt man solche, welche auch ausgeführt werden, wenn keine äußere Reizursache angegeben werden kann. Es wird dann an innere Ursachen gedacht. Indessen muß man sich klarmachen, daß es äußerst schwer hält, eine Pflanze unter absolut konstanten äußeren Bedingungen zu ziehen, besonders da auch die Vorgeschichte schon Einfluß haben kann. Während man z. B. früher sich bei der Kultur von Haferkeimlingen nicht darum kümmerte, unter welchen Be-

---

[1] GRADMANN, H.: Z. Bot. **13** (1921). Jb. Bot. **60** (1921); **61** (1922); **65** (1926); **66** (1927); **68** (1928).

[2] RAWITSCHER, F.: Z. Bot. **16** (1924). Ber. dtsch. bot. Ges. **44** (1926); **45** (1927). Z. Bot. **21** (1929); **22** (1930).

dingungen die Körner ihre erste Behandlung erhielten, z. B. ob im Licht, oder im Dunkeln, ob bei konstanter oder wechselnder Temperatur, so hat man jetzt wohl eingesehen, daß man von Anfang an auf die Konstanz der äußeren Bedingungen zu achten hat. Je mehr es gelingt, diese Konstanz einzuhalten, um so geringer sind auch die Ausschläge von vielen spontanen Bewegungen, wenn man auch jetzt noch nicht sagen kann, daß es solche Bewegungen eigentlich gar nicht gibt und daß sie immer induziert sind.

Die meisten dieser autonomen Bewegungen werden, soweit sie durch ungleiches Wachstum hervorgerufen werden, auch mit dem Namen Nutationen angedeutet. Darunter ist dann eine speziell als Circumnutation allgemein bekannt geworden. Der Name stammt von DARWIN[1] her, der diese Bewegung als die ursprüngliche, allen Pflanzen zukommende betrachtete, woraus sich dann alle übrigen Bewegungsarten würden herleiten lassen. Wenn man die Spitze eines wachsenden Stengels betrachtet, so beobachtet man, daß diese in einem Kreis herumgeführt wird, wenn zwar dieser Kreis sehr unregelmäßig ist. Das läßt sich z. B. in solcher Art sichtbar machen, daß man einen dünnen Glasfaden als Zeiger an die Stengelspitze befestigt und das Ende dieses Fadens (das durch einen kleinen roten oder schwarzen Lacktropfen angegeben wird) auf eine horizontale sowie auf eine vertikale Glasplatte projiziert. Man sieht dann, daß die Spitze nicht geradlinig weiter wächst, sondern daß sie fortwährend aus der Lotlinie abgelenkt wird, wobei sie im großen und ganzen eine Schraubenlinie beschreibt, also in Horizontalprojektion einen Kreis. Im großen und ganzen, denn die Bewegung geschieht oft ruckweise, aber zuletzt kommt die Stengelspitze doch wieder ungefähr in derselben Lotlinie zu stehen. Bei dorsiventralen Teilen ist die Figur, welche die Spitze des Teiles beschreibt, kein Kreis, sondern eine Ellipse, deren lange Achse mit der Symmetrieebene des Teiles zusammenfällt. Das findet man z. B. bei Blättern, aber auch wieder mit manchen Abweichungen. Im extremen Falle wird diese Ellipse zu einer geraden Linie, indem die kurze Achse der Ellipse sich dem Nullwert nähert.

Gerade so wie bei Stengeln findet man die Circumnutation z. B. auch bei Wurzeln, bei Sporangienträgern von Phycomyces usw. Man hat übrigens in den letzten Jahren ein viel besseres Mittel, sich solche Circumnutationen anzusehen, indem das Wachstum irgendeines Stengels in regelmäßigen Zeitabschnitten photographiert und dann nachher der Film in beschleunigtem Tempo projiziert wird. Jederman hat solche Filme wohl einmal im gewöhnlichen Kino gesehen und einen Eindruck der hin- und herpendelnden Bewegungen der wachsenden Teile erhalten.

Es muß also hier eine Zone stärksten Wachstums um den Stengel herumlaufen, wenn das auch nicht sehr regelmäßig geschieht. Es läßt sich übrigens wohl einsehen, daß wenn einmal irgendeine kleine Ungleichheit in den äußeren Bedingungen an der einen Seite ein verstärktes Wachstum hervorgerufen hat, solches unwiderruflich zu einer auto-

---

[1] DARWIN, CH. u. FR.: The power of movement in plants. London 1880.

tropischen Gegenkrümmung an der gegenüberliegenden Kante führen muß und infolgedessen zu einer Circumnutation.

Wir wollen von den Nutationen noch besonders hervorheben diejenigen der Graskoleoptilen, weil diese bei den Beobachtungen der tropistischen Krümmungen dieser Keimlinge oft ziemliche Schwierigkeiten bereiten. Darauf wurde ja schon früher hingedeutet. Auch mag noch darauf hingewiesen werden, daß die rotierende Nutation der Ranken und die Cyclonastie der Windepflanzen als eine sehr regelmäßig verlaufende Circumnutation betrachtet werden kann, solange man immerhin nicht annimmt, daß die Schwerkraft mit diesen Bewegungen irgendwas zu tun hat.

Es gibt bei einigen mit Gelenken versehenen Blättern auch Bewegungen, welche für spontan gehalten werden, und sich den hier genannten anschließen, welche aber von Turgoränderungen hervorgerufen werden. Das bekannteste Beispiel findet man bei Desmodium gyrans. Hier sind die Blätter unpaarig gefiedert mit großem Endblättchen und einem einzigen Paar sehr kleiner Seitenblättchen, wovon oft nur eins entwickelt ist. Wenn die Temperatur oberhalb 16^0 C und unterhalb 42^0 C liegt, sieht man diese kleinen Blättchen stoßweise Bewegungen ausführen, am schnellsten bei etwa 30^0 C, wobei die Spitze ungefähr in einem Kreis herumgeführt wird. Je niedriger die Temperatur, um so mehr wird dieser Kreis zur Ellipse und endlich zur geraden Linie[1]. Was hier in sehr auffallendem Maße stattfindet, findet sich bei vielen anderen Blättern viel weniger hervortretend; schon bei dem Endblättchen derselben Pflanze, dann bei Oxalis und Trifolium und überhaupt bei den zusammengesetzten Blättern der Leguminosen und Oxalideen, wo PFEFFER[2] sie ausführlich studiert hat. Es lassen sich aus diesen Bewegungen vielleicht an der einen Seite die später zu besprechenden photo- und thermonastischen Bewegungen herleiten, an der anderen Seite ist es angebracht darauf hinzuweisen, daß diese Bewegungen stets in bestimmten Bahnen sich abspielen und deshalb hinleiten zu den nastischen Bewegungen.

Als solche kennt man in erster Instanz die von HUGO DE VRIES[3] zuerst unterschiedene Epinastie und Hyponastie. Bei der erstgenannten wächst die Dorsalseite eines dorsiventralen Organes stärker als die Ventralseite, bei der letztgenannten ist das Wachstum der Dorsalseite gerade das geringere. Am besten kann man diese Bewegungen bei sich entfaltenden Knospen beobachten und sie bilden dann auch das typische Beispiel für dasjenige, was GOEBEL Entfaltungsbewegungen genannt hat[4]. Bekanntlich sind in der Knospenlage die Ventralseiten der Blätter stärker entwickelt als die Dorsalfläche, bei Farnen und Cyca-

---

[1] MOLISCH, H.: Ber. dtsch. bot. Ges. **22** (1904) und HOSSEUS: Beeinflussung der auton. Variationsbewegungen durch äußere Faktoren. Diss. Leipzig 1903.

[2] PFEFFER, W.: Die periodischen Bewegungen der Blattorgane. Leipzig 1875.

[3] DE VRIES, H.: Arb. bot. Inst. Würzburg **1** (1872).

[4] GOEBEL, K.: Die Entfaltungsbewegungen der Pflanzen und deren teleologische Deutung, 2. Aufl. Jena 1924.

deen z. B. selbst so stark, daß sie dabei eingerollt sind; diese Hyponastie geht bei der Entfaltung der Knospe in Epinastie über. Auch hier wieder sind diese Bewegungen am leichtesten sichtbar zu machen mit Hilfe des Filmes. Jederman hat im Kino wohl einmal in solcher Weise eine sich entfaltende Knospe der Roßkastanie gesehen.

Es sei noch hervorgehoben, daß die Epinastie eine Bewegung ist, welche nicht allein Blättern zukommt, sondern auch bei anderen Teilen gefunden werden kann. Als solche nannten wir früher schon Blüten und Wurzeln, daneben findet man sie oft auch bei Sprossen, z. B. sehr ausgeprägt bei den Seitensprossen von Atropa Belladonna, beim Thallus der Lebermoose usw. Ich erinnere dann auch daran, daß wir bei den Ranken sahen, daß diese ursprünglich hyponastisch eingerollt sind, daß sie sich dann epinastisch entrollen und späterhin, wenn sie keine Stütze gefunden haben, sich noch weiter einrollen können.

Diese Bewegungen finden nur bei wachsenden Organen statt und stellen sich in der Hinsicht im Gegensatz zu den soeben genannten von Gelenkpolstern ausgeführten Bewegungen. Während die mit letztgenannten versehenen Blätter ihr ganzes Leben lang keine fixe Lage annehmen, sondern stets hin und her pendelnde Bewegungen ausführen, ist das anders bei der Mehrzahl der Blätter. Diese erhalten eine fixe Lage, wobei indessen nicht nur Hyponastie und Epinastie eine Rolle spielen, sondern auch der Phototropismus, der Geotropismus und eventuelle andere Tropismen.

Wie läßt sich nun in speziellen Fällen eine Analyse ausführen, so daß man angeben kann, worauf die fixe Lage bei einer bestimmten Art beruht? Das ist nicht so einfach, wie es sich vielleicht ursprünglich denken läßt. Man könnte ja glauben, daß man nur im Dunkeln zu beobachten hat, um den Phototropismus auszuschließen. Aber in vielen Fällen kommt dann die Epinastie nicht oder nur teilweise zur Äußerung. Das besprechen wir gleich näher; jetzt sollte nur die Schwierigkeit der Untersuchung angegeben werden. Ebenso schwer hält es den Geotropismus auszuschließen. Man kann nämlich bei Benutzung des Klinostaten bei diesen dorsiventralen Teilen die einseitige Wirkung der Schwerkraft nicht aufheben, da Ventral- und Dorsalseite in verschiedenem Maße sensibel sind. Es würde nur dann gelingen, wenn man das Verhältnis dieser beiden Sensibilitäten kannte und das eben weiß man nicht, wenn man die Analyse ausführen will. Nun haben wir aber vor einiger Zeit durch KNIEP[1] eine Methode kennengelernt, durch die man die Epinastie auf dem Klinostaten dennoch rein zum Ausdruck bringen kann. Diese besteht darin, daß man die Blätter mit ihrer Spreite vertikal stellt, und sie dann in dieser vertikalen Ebene auf der horizontalen Achse des Klinostaten rotieren läßt. Die Methode ist in gewisser Hinsicht eine Vervollkommnung derjenigen von DE VRIES, welcher ohne den Klinostaten zu benutzen, Blattspreiten vertikal hinstellte, wobei dann, wie er bemerkte, die Schwerkraft und die Epinastie (wenn man letztere als eine die Krüm-

---

[1] KNIEP, H.: Jb. Bot. **48** (1910).

mung veranlassende Ursache hinstellt) in Flächen, welche sich senkrecht kreuzen, ihre Wirkung ausüben und wo also durch Vergleich der dann ausgeführten Bewegung mit der normalen und mit derjenigen bei inverser Lage Schlüsse gezogen werden können über die Umstände, welche diese Bewegungen veranlassen.

DETMER[1] hat wohl zuerst Zweifel geäußert über die autonome Natur der Epinastie; er hält es für notwendig, hier von Photoepinastie zu reden. Indessen ließ sich das nicht sagen, weil die oben genannte Analyse in früheren Jahren wohl in keinem einzigen Falle vollkommen ausgeführt wurde; später hat man ausgedehnte Versuche dazu angestellt. Wir können diese Spezialfälle hier nicht behandeln, da sie fast mehr zur Öcologie als wie zur Physiologie gehören, möchten aber als Beispiele auf die Arbeiten verweisen, die in jüngster Zeit aus dem Rostocker Botanischen Institut unter GUTTENBERGS Leitung hervorgegangen sind. Als solche nenne ich die Untersuchungen von MÖLLER[2] über die Blattbewegungen von Coleus, von FREYTAG[3] über die Plagiotropie der Blätter von Tropaeolum majus und von HENNINGS[4] über die Plagiotropie der Coleus-Seitensprosse.

Diese Arbeiten haben wohl zu der Schlußfolgerung geführt, daß die Epinastie meistens kein autonomer Prozeß ist, sondern als ein induzierter Zustand aufgefaßt werden muß. Das junge Blatt von Coleus dagegen ist ursprünglich epinastisch und dann noch nicht tropistisch reizbar. Wenn letztere Reizbarkeit auftritt, wird die Epinastie ausgeschaltet, dagegen tritt sie wieder auf, wenn das Blatt desorientiert wird. Wir sahen früher schon, daß aus den Arbeiten LUNDEGÅRDHS, ZIMMERMANNS und RAWITSCHERS sich herauslesen läßt, daß die Epinastie als die Folge einer geotropisch induzierten Dorsiventralität betrachtet werden kann. Das Primäre wäre dann die durch die Schwerkraft induzierte Dorsiventralität und erst das Sekundäre die Epinastie.

Es stellt sich also wohl heraus, daß es immerhin sehr fraglich ist, ob es überhaupt vollkommen autonome Bewegungen gibt und deshalb mag hier einiges angeschlossen werden über epinastische Bewegungen, welche derart von äußeren Reizen beeinflußt werden, daß man besser eine andere Bezeichnung wählt und von Photonastie, Thermonastie, Geonastie usw. redet.

Es wäre dann in erster Linie wohl die Photonastie zu nennen. Diese macht sich z. B. bemerklich bei Wurzelrosetten, etwa von Plantago, deren Blätter im Schatten sich schräg aufwärts stellen, dagegen dem Boden angedrückt, wenn sie sich in der vollen Sonne entwickeln. Man kann hier sprechen von einer Epinastie, welche nur bei starkem Lichte zur vollen Äußerung kommt, aber auch einfach den Ausdruck Photonastie benutzen.

---

[1] DETMER, W.: Bot. Ztg **40** (1882).
[2] MÖLLER, E.: Planta (Berl.) **7** (1928).
[3] FREYTAG, H.: Planta (Berl.) **12** (1930).
[4] HENNINGS, F.: Planta (Berl.) **12** (1930).

Wir können aber auch von Photonastie reden, wenn wir beobachten, daß die Teilblättchen eines gefiederten Leguminosenblattes eine verschiedene Lage annehmen, je nach der Lichtmenge, von welcher sie bestrahlt werden, wobei also die Bewegung von den Gelenkpolstern der einzelnen Blättchen ausgeführt wird. Fraglich bleibt dann nur, inwiefern man die nachher zu besprechenden Schlafbewegungen auch als photonastische bezeichnen will. Wir werden das nicht tun, sondern dort von Nyktinastie reden. Demgegenüber würde dann dasjenige was man bei den Blättern „Tagesschlaf“ nennt, vielleicht von der Lichtmenge beeinflußt werden[1].

Bemerkenswert ist, daß diesen letztgenannten Blättern auch das Vermögen zukommt, auf Temperaturschwankungen zu reagieren, wobei Temperaturzunahme ähnlich wirkt wie Vermehrung von Licht, Abkühlung wie Verdunkelung. Das bringt uns zur Besprechung der Thermonastie, welche man ganz ausgesprochen besonders bei Blüten antrifft. Bekanntlich gibt es viele Blüten oder Blütenstände, welche auf Lichtwechsel durch Öffnen oder Schließen antworten und zwar sehr verschieden. So verschieden, daß Linné seiner Zeit seine Blumenuhr zusammenstellen konnte, deren Wert wohl nicht sehr groß war, aber die dennoch darauf hinweist, daß man fast zu jeder Tageszeit sich öffnende oder sich schließende Blüten finden kann. Jederman kennt Nachtblüten, wie die „Königin der Nacht“ Cereus grandiflorus, oder die Nachtkerze: Oenothera-Arten, dagegenüber typische Tagblüter, welche sich oft schon früh schließen, wie z. B. Tragopogon schon um 11 Uhr morgens. Das alles ist bis jetzt physiologisch noch wenig untersucht, außer einigen Blüten, worüber bei der Nyktinastie noch etwas gesagt werden soll[2].

Dahingegen sind die thermonastischen Bewegungen der Blüten besser bekannt, ganz speziell bei Blumen von Tulipa und Crocus, wo jedermann sie wohl einmal gesehen hat, der solche Blüten aus der Kälte in das warme Zimmer gebracht hat. Bekanntlich öffnen sich beide in der Wärme, also bei Temperaturerhöhung, schließen sich wieder in der Kälte. Dabei reagiert Crocus schon bei einem Temperaturwechsel von 0,5° C, allerdings dann nur schwach, Tulipa erst bei größerer Differenz. Dagegen geschieht das Öffnen stark und rasch, wenn der Temperaturunterschied größer ist. Daraufhin erfolgt dann aber automatisch wieder ein Schließen. In all diesen Fällen findet Wachstum statt, was man leicht durch Messung feststellen kann. Aus den Untersuchungen Wiedersheims[3], der das Wachstum der Perigonblätter von Tulipa und Crocus gemessen hat, und zwar der Ventral- sowohl wie der Dorsalseite, geht hervor, daß hier Verhältnisse vorliegen, welche in sehr starkem Maße an diejenigen bei Ranken erinnern, was besonders bei dem Vergleich von

---

[1] Siehe Kosanin, M.: Einfluß von Temperatur und Ätherdampf auf die Lage der Laubblätter. Diss. Leipzig 1905. — Jost, L.: Jb. Bot. **31** (1898). — Nuernbergk, E.: Bot. Abh. v. Goebel 8 (1925).

[2] Siehe Oltmanns, F.: Bot. Ztg **53** (1895).

[3] Wiedersheim, W.: Jb. Bot. **40** (1904).

Abb. 65 mit Abb. 64 für Ranken stark hervortritt. Es ergibt sich nämlich, daß bei Temperaturerhöhung augenblicklich ein verstärktes Wachstum der Oberseite der Perigonblätter einsetzt, welches nach einiger Zeit von einem stärkeren Wachstum der Unterseite gefolgt wird. Die Mittellinie zeigt dabei auch ein beschleunigtes Wachstum.

Die Übereinstimmung mit Ranken wird nöch größer, wenn man bedenkt, daß diese ebenfalls thermonastische Bewegungen ausführen können und zwar nicht allein solche Ranken, welche wegen ihrer einseitigen Reizbarkeit auch thigmonastisch genannt werden können, sondern auch allseitig reizbare, welche dann aber auf Temperaturerhöhung nastisch reagieren, also eine Dorsiventralität aufweisen, welche beim Kontaktreiz nicht zutage tritt.

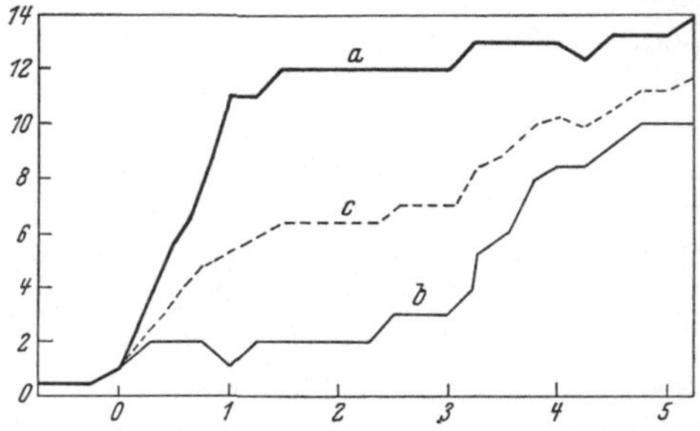

Abb. 65. Wachstum eines Perigonblattes von Crocus bei Erhöhung der Temperatur von 9,3° C auf 20,8° C. *a* Innenseite, *b* Außenseite, *c* Mittellinie. Auf der Abszissenachse die Zeit in Stunden, die Ordinaten geben das Wachstum (nach WIEDERSHEIM).

In letzter Zeit sind von BÜNNING[1] Beobachtungen über Thermonastie bei Blüten veröffentlicht, worin er mitteilt, daß Erhöhung der Temperatur die elastische Dehnbarkeit der Zellmembranen an der Oberseite von Perigonblättern erhöht, während das bei den Zellen der Unterseite in viel geringerem

Maße stattfindet. Dahingegen soll bei Erniedrigung der Temperatur dieser Vorgang ausschließlich an der Unterseite stattfinden, wobei dann indessen das Protoplasma eine Rolle spielen würde im Gegensatz zu der Wirkung der Temperaturerhöhung. Wenn die Angaben BÜNNINGS bestätigt werden, so soll dann wahrscheinlich anstatt von elastischer von plastischer Dehnbarkeit gesprochen werden.

Nyktinastische Bewegungen. Schlafbewegungen bei Pflanzen sind schon seit vielen Jahren bekannt, besonders bei gefiederten Blättern, deren Teilblättchen die Bewegung ausführen. In ganz allgemeinem Sinne kann gesagt werden, daß solche Blattspreiten nachts ungefähr vertikal stehen, bei Tage dagegen um die horizontale Lage schwanken. Außerdem findet man diese Bewegungen auch oft bei Blüten, z. B. bei manchen Blütenkörbchen der Compositen, wie Bellis perennis, Calendula usw. Beschreibungen findet man z. B. bei STOPPEL[2] und bei STOPPEL und KNIEP[3].

DARWIN[4] hat seiner Zeit eine Zusammenstellung aller Fälle von

---

[1] BÜNNING, E.: Planta (Berl.) 8 (1929).
[2] STOPPEL, R.: Z. Bot. 2 (1910).
[3] STOPPEL, R. u. H. KNIEP: Z. Bot. 3 (1911).
[4] DARWIN, CH. u. FR.: The power of movement in plants. London 1880; siehe auch weiter bei GOEBEL, K.: Die Entfaltungsbewegungen der Pflanzen und deren teleologische Deutung, 2. Aufl. Jena 1924.

Schlaf- oder nyktinastischen Bewegungen bei Blättern, welche damals bekannt waren, gegeben. Diese Zahl hat sich inzwischen erheblich vermehrt. Es hat keinen Sinn, hier auch nur den Versuch einer solchen Aufzählung zu machen. Nur soviel soll gesagt werden, daß es sich teilweise um Bewegungen wachsender Blätter handelt, welche also nicht mehr ausgeführt werden, sobald das Blatt erwachsen ist. Meist wird dann vom Blattstiel eine Wachstumskrümmung ausgeführt, derart, daß die Blattspreite nachts entweder senkrecht abwärts oder senkrecht aufwärts gerichtet ist. Die eine Art einer Gattung kann dabei anders reagieren wie die andere (z. B. Polygonum Convolvulus gegenüber aviculare); übrigens finden sich solche Bewegungen bei Pflanzen der verschiedensten Familien (Amarantaceen, Balsaminaceen, Solanaceen usw.).

Viel besser untersucht sind die nyktinastischen Bewegungen derjenigen Blätter, welche mit Gelenken versehen sind, und welche daher ihr Bewegungsvermögen zeitlebens behalten. Man findet diese sowohl bei den einfachen Blättern, z. B. der Marantaceen, wie bei den zusammengesetzten der Leguminosen, Oxalideen, Marsilea usw. Bei diesen letzteren können dann sowohl das Gelenk des allgemeinen Blattstieles als diejenigen der einzelnen Fiederblättchen eine Bewegung ausführen und auch hier wieder gibt es Pflanzen, welche bei Verdunkelung den allgemeinen Blattstiel senken, andere welche ihn heben, solche wo die Blättchen sich heben, andere wo sie sich senken, wobei dann von einem Blattpaar die Dorsalflächen einander zugekehrt sein können oder die Ventralflächen. Das sind Einzelheiten, welche zwar von Fall zu Fall studiert werden müssen, aber für die allgemeine Physiologie verhältnismäßig wenig Interesse darbieten.

Dahingegen sind die allgemeinen Fragen, welche sich hier anknüpfen, von großer Wichtigkeit. Erstens kann man fragen, wie die Gelenke solche Bewegungen ausführen können. Da es sich hierbei offenbar um ähnliche Sachen handelt wie bei den anderen Variationsbewegungen, kann eine Besprechung davon hier unterbleiben, weil bei der Seismonastie darauf näher eingegangen werden soll. Dahingegen ist von hervorragendem Interesse die Frage nach der äußeren Veranlassung dieser nyktinastischen Bewegungen. Darüber sind sehr viele Publikationen erschienen, welche unsere Einsicht zwar sehr erheblich gefördert haben, aber dennoch manche Fragen ungelöst ließen.

Es handelt sich hier hauptsächlich darum, ob diese Bewegungen als autonom oder aitiogen betrachtet werden müssen. Beide Meinungen sind schon seit mehr als 100 Jahren mit Scharfsinn verteidigt worden und noch immer scheint es, als wenn der Streit nicht zu Ende geführt ist. Dennoch will es mir vorkommen, daß die Waage sich mehr und mehr zugunsten der autonomen Auffassung senkt.

Zuerst muß bemerkt werden, daß man die Bewegungen dieser Laubblätter seit PFEFFER registriert, am zweckmäßigsten wohl mit der Apparatur, welche von BROUWER und Fräulein KLEINHOONTE benutzt wurde[1]. Ein Faden wird an die Blattspreite befestigt, während das andere Ende über eine Rolle geführt wird und mit einer Glasnadel versehen ist, welche auf eine drehende berußte Trommel ihre Bewegungen aufschreibt; ein kleines Gewicht hält diesen Faden gespannt, während dieser vorher einige Male gedreht wird, damit der Zeiger gegen die Trommel angedrückt bleibt. Wenn das Blatt sich in seiner höchsten Lage befindet, ist der Zeiger also ganz unten und umgekehrt.

Wenn auch verschiedene Leguminosen zu den Beobachtungen benutzt wurden, so hat sich doch gezeigt, daß einige Arten dazu ganz besonders geeignet sind, weil sie allerhand Manipulationen leicht ertragen, ohne daß die Blätter Schaden davon erleiden. Es sind ganz besonders die Primärblätter von Phaseolus multiflorus und diejenigen von Canavalia ensiformis, mit denen experimentiert wurde; dieselben senken sich bei Abend, haben ihren tiefsten Stand etwa um Mitternacht, während sie bei Tage waagerecht stehen, ihren höchsten Stand

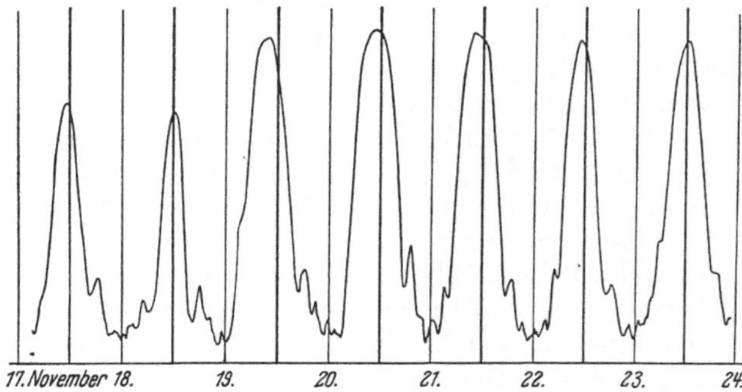

Abb. 66. Nyktinastische Bewegungen eines Blattes von Canavalia ensiformis vom 17. bis zum 24. November. Die dicken Linien 12 Uhr nachts, die schwachen 12 Uhr mittags. Die Spitze der Kurve ist Nachtstand, also die tiefste Stellung des Blattes und umgekehrt (nach G. BROUWER).

etwa gegen Mittag erreichen. In den Kurven wird also umgekehrt die Spitze Nachtstellung, die niedrigste Lage Tagesstand. Wenn man von einer normalen Pflanze ihre Bewegungen registrieren läßt, so erhält man eine regelmäßig auf- und niedersteigende Kurve, deren Maxima und Minima stets zu denselben Tageszeiten eintreten, wie in der nebenstehenden Abb. 66.

Man kann dasselbe erreichen, wenn man das Tageslicht durch eine künstliche Lichtquelle ersetzt, welche nicht einmal sehr stark zu sein braucht. Man hat es dann in der Hand, die anderen äußeren Umstände vollkommen konstant zu halten und nur Licht und Dunkel wechseln zu lassen. Auf diese Weise gelingt es, der Pflanze eine ganz andere Periode aufzuzwingen, ganz besonders wenn man die Licht-Dunkelperioden verkürzt; man kann dann hinunter gehen bis zu etwa 3 Stunden Dunkel — 3 Stunden Licht. Man kann aber auch die Dunkel- und Lichtperioden

---

[1] BROUWER, G.: De periodische bewegingen van de primaire bladeren by de kiemplanten van Canavalia ensiformis. Diss. Utrecht 1926. — KLEINHOONTE, A.: Arch. néerl. Sci. ex. et natur., sér. III, 5 (1929).

verlängern und zwar in letzter Instanz soweit, daß die Pflanze in vollkommener Dunkelheit oder in konstantem Lichte weiter gezogen wird. Dabei werden die periodischen Bewegungen der vorhergegangenen Licht-Dunkelzeiten beibehalten, bis die Pflanze zuletzt oft Schaden empfindet von den abnormen Umständen, worunter sie gezogen wird.

Wir wollen aber dasjenige, was bisher bekannt wurde, in anderer Weise vorführen, nämlich solcher Art, daß die Argumente der Verfechter und der Gegner des Autonomismus oder der aitiogenen Reaktion einander gegenübergestellt werden. Es ist dabei nicht immer leicht, Verfechter einer bestimmten Meinung zu zitieren, da verschiedene derselben ihre Meinung im Laufe der Jahre gewechselt haben. Das war z. B. der Fall bei PFEFFER, teilweise auch bei Fräulein STOPPEL und verschiedenen anderen.

Wir müssen dazu dann noch bedenken, daß die Verfechter der Annahme, die nyktinastischen Bewegungen seien aitiogenen Ursprungs noch verschieden geurteilt haben über die äußeren Umstände, welche diese Bewegungen auslösten. Erstens wird natürlich gedacht an den natürlichen Tages- und Nachtwechsel, d. h. von Licht und Dunkelheit; PFEFFER z. B. war ursprünglich der Meinung, daß man hiermit alle Bewegungen erklären könne. Später hat er aber, teilweise angeregt durch SEMON[1], das Autonome dieser Bewegungen mehr in den Vordergrund gestellt[2], wobei er sich auch mehr der Meinung von SACHS anschloß. An zweiter Stelle ist gedacht worden an irgendeine Kraft, welche periodisch mit Tag und Nacht wechselt, deren Art aber bis jetzt noch nicht mit Sicherheit anzugeben wäre. ROSE STOPPEL[3] hat wohl zuerst auf die Möglichkeit dieser Annahme hingewiesen, wobei dann in erster Linie an den periodisch wechselnden Ionisierungsgrad der Luft gedacht wurde. Inzwischen haben schon ihre eigenen Untersuchungen, sowie diejenigen von SCHWEIDLER und SPERLICH[4], von CREMER[5] und von STERN und BÜNNING[6] wohl klar gezeigt, daß es sich hier um diesen Faktor nicht handeln kann.

Machen wir uns einmal klar, was sich zugunsten und gegen diese verschiedenen Ansichten sagen läßt. Erstens für und wider der Auffassung, daß Tag- und Nachtwechsel als Ursache zu betrachten sind; dann muß man also die periodischen Bewegungen, welche normale Pflanzen während kürzerer oder längerer Zeit in konstantem Licht oder konstanter Finsternis ausführen, als eine Nachwirkung, eine Folge des vorhergegangenen Lichtwechsels auffassen. Man kann in der Tat, wie gesagt, durch eine umgekehrte Periode von Licht und Dunkelheit die Bewegung auch leicht umkehren und außerdem durch schnelleren oder

---

[1] SEMON, R.: Die Mneme als erhaltendes Prinzip im Wechsel des organischen Geschehens. Leipzig 1904. und Biol. Zbl. **25** (1905); **28** (1908).

[2] PFEFFER, W.: Die periodischen Bewegungen der Blattorgane. Leipzig 1875 und Abh. sächs. Ges. Wiss., Math.-physik. Kl. **30** (1907).

[3] STOPPEL, R.: Z. Bot. **12** (1920). Planta (Berl.) **2** (1926).

[4] SCHWEIDLER, E. u. A. SPERLICH: Z. Bot. **14** (1922).

[5] CREMER, H.: Z. Bot. **15** (1923).

[6] STERN, K. u. E. BÜNNING: Ber. dtsch. bot. Ges. **47** (1929); **48** (1930).

langsameren Lichtwechsel, innerhalb gewisser Grenzen, die Pflanzen synchrone Bewegungen ausführen lassen. Wenn man dann aber konstantes Licht oder konstante Finsternis eintreten läßt, so erscheint der tägliche Rhythmus wieder; es würde also der bei der Keimung angenommene Rhythmus wieder in den Vordergrund treten, kräftiger sein als der später aufgezwungene. Unerklärt bleibt dann aber, warum von Anfang an im Dunkeln aufgewachsene Pflanzen dennoch eine ungefähr tägliche Periode aufweisen und warum Canavaliapflanzen, welche von Anfang an bei einem Lichtwechsel von 8 Stunden aufgezogen wurden, daraufhin in konstantem Licht oder in konstanter Finsternis dennoch einen wenn zwar nicht sehr ausgesprochenen, doch aber deutlichen 24-stündigen Rhythmus zeigen.

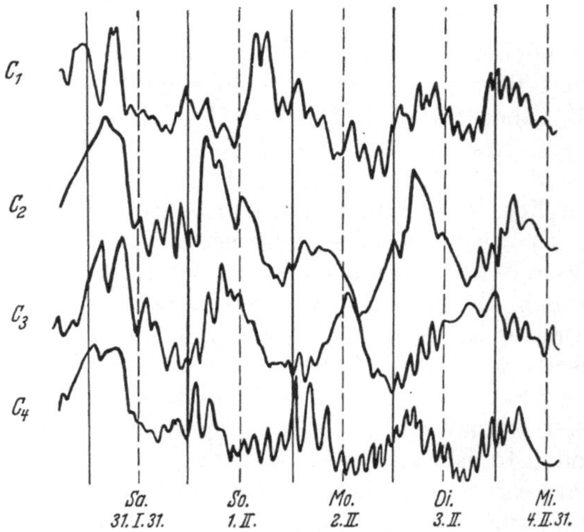

Das ließe sich alles sehr gut vereinbaren mit einem unbekannten Faktor x, der mit Tag und Nacht wechseln würde. Damit wäre dann in Übereinstimmung, daß etiolierte Pflanzen, welche von Anfang an in Dunkelheit aufgezogen wurden, eine tägliche Periode haben würden, wobei die Maxima alle zu gleicher Zeit eintreten; dasselbe würde bei konstantem Licht der Fall sein. Indessen hat sich das bei Untersuchungen

Abb. 67. Nyktinastische Bewegungen von 4 verschiedenen Canavaliapflanzen an 5 aufeinanderfolgenden Tagen. Diese Pflanzen waren bei absolut konstanter Temperatur, bei konstanter Belichtung aufgewachsen. Die Bewegungen sind unregelmäßig und nicht synchron (Aufnahmen von A. KLEINHOONTE).

von Fräulein KLEINHOONTE, welche mit der größten Sorgfalt ausgeführt wurden, nicht bestätigen lassen. Man vergleiche nur die Abb. 67, bei der von einer täglichen Periode nicht die Rede sein kann, wo jedenfalls die Bewegungen nicht synchron verlaufen. STERN und BÜNNING haben zeigen können, daß die einander widersprechenden Resultate teilweise erklärt werden können durch die Tatsache, daß auf die Konstanz aller Bedingungen nicht genügend geachtet wurde. Sehr geringe Temperaturschwankungen von einigen Zehntel Grad können schon genügen, um die Pflanzen zu synchronen Bewegungen zu veranlassen, ebenso im Dunkeln eine äußerst schwache Beleuchtung, auch mit rotem Lichte. Ähnliches hat Fräulein KLEINHOONTE erfahren und sobald sie diesen Möglichkeiten Rechnung trug, hat sie es in der Hand gehabt, zwei Pflanzen, denen entgegengesetzte Bewegungen aufgezwungen waren (die eine schrieb also normale Kurven, die andere hatte nachts Tagesstellung, bei Tage dagegen Nachtstellung), bei konstantem Lichte weiter zu ziehen derart, daß sie ihre Bewegungen unverändert weiterführten und also fortwährend entgegengesetzte Kurven schrieben.

Die Versuche CREMERS scheinen in entgegengesetztem Sinne zu reden, indem derselbe in einer tiefen Grubenschacht die etiolierten Pflanzen ohne Periode fand. Aber er erwähnt dennoch geringe Bewegungen mit kleiner Amplitude, sagt davon zwar: „Wir dürfen aber annehmen, daß es sich hier um rein autonome Bewegungen handelt, zumal dieselben bei gleichzeitig registrierten Objekten einen ganz verschiedenen Gang haben können." Also dasselbe was oben bemerkt wurde bei der Besprechung der Abb. 67. Wie dieselben Pflanzen sich an derselben Stelle bei wechselnder Beleuchtung und Dunkelheit verhielten, wird nicht angegeben.

Man kann bei einer Pflanze die Periode durch umgekehrte Beleuchtung und Verdunkelung leicht umkehren, schon in 24 Stunden; ja selbst gelingt es schon, wenn man während einer Nacht durchbeleuchtet und daraufhin konstante Finsternis eintreten läßt. Die Bewegung verläuft dann an den nächsten Tagen gerade umgekehrt. Die Umkehrung einer umgekehrten Periode in die normale verläuft nicht anders als diejenige einer normalen in eine umgekehrte Periode. Es läßt sich nichts beobachten, woraus der Schluß gezogen werden könnte, daß in dem einen Fall der äußere unbekannte Faktor günstig wirkt, im anderen Falle eine Gegenwirkung ausübt.

Wenn man Pflanzen von Phaseolus oder von Canavalia auf der horizontalen Achse eines Klinostaten rotieren läßt, so treten die periodischen Schlafbewegungen nicht auf und die Blätter legen sich infolge ihrer starken Epinastie mit ihren Blattspitzen gegen den Stengel. Sobald das Rotieren aufhört und die Pflanzen wieder normal stehen, fängt die nyktinastische Bewegung wieder an; hat man vorher der Pflanze in konstanter Finsternis eine umgekehrte Bewegung aufgezwängt, so wird dieselbe jetzt wieder angenommen, auch wenn die Rotation einige Tage gedauert hat. Der innere Rhythmus wird während dieser Rotation also weiter fortgeführt, auch wenn sich derselbe dabei äußerlich gar nicht manifestiert.

Die Periode bei etiolierten Pflanzen und bei denjenigen, welche in konstantem Lichte gezogen wurden, beträgt auch nicht immer genau 24 Stunden, z. B. ist sie für etiolierte Canavaliapflanzen 25 Stunden, für Phaseolus in konstantem Lichte 22 Stunden. Ein schwacher äußerer Reiz ist dann aber rasch imstande, den 24stündigen Rhythmus wieder hervortreten zu lassen.

Man kann dabei überhaupt sowohl die in konstanter Dunkelheit als die in konstantem Lichte aufgewachsenen Pflanzen als hypersensibel betrachten, infolgedessen der geringste Reiz eine starke Reaktion hervorrufen kann. Fräulein KLEINHOONTE hat das bei etiolierten Keimlingen zeigen können durch eine kurze Belichtung; selbst 1 Minute genügt zur Reaktion. Und zwar hemmt diese kurze Belichtung die Senkung, während sie die steigende Variationsbewegung begünstigt. Man sieht das z. B. in der Abb. 68, wo die Pflanze im Dunkeln eine normale Kurve schreiben kann. Dann wurde abends während der Senkung je 1 Minute lang Licht gegeben, worauf das Dunkelmaximum der Kurve — also eigentlich die niedrigste Lage — sich verschob, und zwar so weit, daß nach 4 Tagen die Nachtstellung um 12 Uhr mittags eingetreten war.

Es mag dabei noch einmal gesagt sein, daß gerade solche hypersensible Pflanzen nicht allein außerordentlich leicht auf geringe Temperaturschwankungen reagieren, sondern auch auf Lichtreize, und zwar, merkwürdigerweise gerade auf langwelliges Licht. Rotes Licht wirkt also wie weißes, während blaues Licht kaum irgendeinen Einfluß ausübt. Es ist hier also gerade umgekehrt als bei der phototropischen Sensibilität.

Wenn man Pflanzen bei einem 8stündigen Licht- und Dunkelrhythmus zieht, so zeigen sie oft unter verschiedenen Umständen eine fast

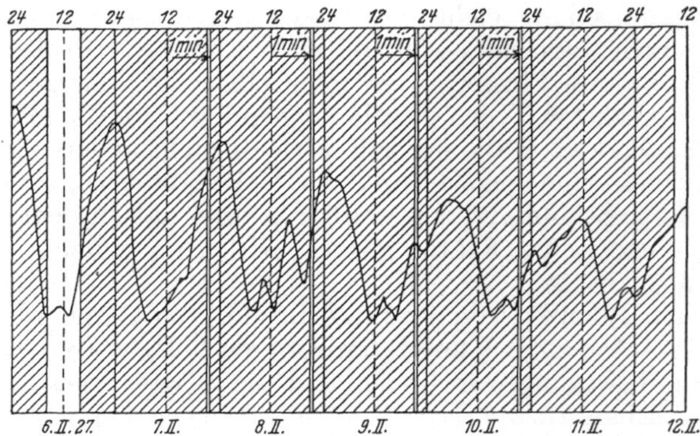

Abb. 68. Nyktinastische Bewegung eines Blattes von Canavalia ensiformis vom Abend des 6. Februar an in konstanter Finsternis, wobei die normale Bewegung weiter fortgesetzt wurde. Dann wurde vom 7. an abends um 10 Uhr während 1 Minute belichtet. Verschiebung der ganzen Kurve, bis sie am 11. ganz umgekehrt ist (nach A. KLEINHOONTE).

tägliche 24stündige Periode. Wenn man alles Vorhergehende einmal zusammenfaßt, so kann man sich die Erklärung dieser Erscheinungen etwa in folgender Art zurechtlegen.

Erbliche Faktoren bedingen örtliche Veränderungen der Turgorspannung, welche durch abwechselnde Beleuchtung mit einer gewissen Regelmäßigkeit verlaufen. Diese Änderungen zeigen sich in ihrer vollkommensten Form, wenn entweder der Wechsel eine Periode von 24 Stunden hat, oder wenn die Summe von einigen Licht-Dunkelperioden gerade 24 Stunden beträgt. Die genannten Änderungen werden dann genau in das Schema von Relaxationsschwingungen passen. Bei jedem anderen abnormalen Lichtwechsel greift man fortwährend in den Chemismus ein, verzögert oder verschnellt diesen, aber nur für solange, als der abnorme Lichtwechsel dauert. Wird dagegen jetzt konstantes Licht oder konstante Finsternis angewandt, so kommt der alte Rhythmus in mehr oder weniger idealer Form bald wieder zurück.

Die autonomen Bewegungen, welche erblich eine Periode von 24 Stunden besitzen, treten ganz spontan auf, wie vor allem aus dem Verhalten von solchen Pflanzen hervorgeht, welche man in konstantem Lichte kultiviert. Man kann in solchen Fällen die Bewegungen mit seinen Augen entstehen sehen, ohne daß irgendein bestimmter Reiz auf die Pflanzen eine Wirkung ausgeübt hätte. Die Pflanze besitzt also die erbliche Fähigkeit zur Ausführung periodischer Bewegungen und zwar von solchen mit einem Rhythmus von 24 Stunden.

Vor kurzer Zeit wurde von UMRATH[1] gezeigt, daß bei sensitiven Mimosen der Übergang der Blätter in Schlafstellung durch Erregungsvorgänge begleitet wird; man kann diese Erregung schon bei der bloßen Betrachtung beobachten. Abends führen die Blättchen nämlich Bewegungen aus, als wenn sie durch einen Stoß gereizt würden, wobei ihre Wiederausbreitung stets langsamer erfolgt, bis die Schlafstellung erreicht ist (über den Stoßreiz sprechen wir im nächsten Abschnitt). Diese Erregungsvorgänge lassen sich aber auch in anderer Weise zeigen, nämlich durch elektrische Spannungsänderungen, wie solche auch zutage treten bei der Stoßreizung. Schon etwa 1 Stunde vor dem Übergang in die Schlafstellung sind Erregbarkeit und Leitungsgeschwindigkeit erhöht. UMRATH glaubt, daß ein ähnliches Verhalten sich auch bei manchen nicht sensitiven Pflanzen wird finden lassen.

Die Frage, ob man bei diesen nyktinastischen Bewegungen der Pflanzenblätter und -blüten wirklich in dem Sinne von Schlaf sprechen darf, den man auch bei Tieren anwendet, hat augenblicklich wohl wenig Sinn. JOST hat wohl zu Recht angeführt, daß es sich bei den Pflanzen nicht um Ermüdungserscheinungen handelt, sondern um Bewegungen, welche unter Energieaufwand ausgeführt werden. Man lese übrigens dasjenige, was Fräulein STOPPEL hierüber zusammengestellt hat[2].

Noch eins muß hier in betreff der nyktinastischen Bewegungen bemerkt werden. Mit Absicht habe ich mich bei der Besprechung der Bewegungserscheinungen nicht beschäftigt mit der Beantwortung der Frage, ob solchen Bewegungen irgendein Nutzen für die Pflanze zukommt. Man gerät dabei sehr leicht auf Wege, welche der Naturwissenschaft fern liegen und verfällt leicht in teleologische Betrachtungen, welche der Naturforscher vermeiden sollte. Wenn schon, würden solche Fragen auch in letzter Instanz mehr von dem Ökologen als von dem reinen Physiologen Beantwortung fordern.

Indessen, die frühere Naturbetrachtung, ganz besonders als sie im Banne der Darwinistischen Auffassung stand, hat solche Betrachtungen nicht gescheut und darum ist es vielleicht nützlich, derselben ein paar Worte zu widmen, weil es sich besonders für die Nyktinastie so klar zeigen läßt, welchen Gefahren man dann ausgesetzt ist, speziell wenn vorausgesetzt wird, daß solchen Bewegungen irgendein Nutzen zukommen muß und dann nach diesem Nutzen gesucht wird. Ganz be-

---

[1] UMRATH, K.: Planta (Berl.) **13** (1931).

[2] STOPPEL, R.: In Handbuch der normalen und pathologischen Physiologie herausgeg. von BETHE, v. BERGMANN, ELLINGER **17**, 3. Berlin 1926.

sonders hier, weil sich zeigen läßt, daß auch die größten Naturforscher sich dabei geirrt haben. Ich denke dabei ganz besonders an DARWIN, der in den nyktinastischen Bewegungen einen Schutz gegen Nachtfrost erblickte, indem die Ausstrahlung der Blätter in vertikaler Stellung viel geringer ist als im horizontalen Stande; das konnte er auch experimentell beweisen. Nur eins wurde dabei vergessen, nämlich daß die große Mehrzahl der Pflanzen mit nyktinastischen Blättern in den Tropen heimisch ist, wo von zu starker Abkühlung nachts nicht die Rede sein kann. Ebensowenig hat übrigens die Theorie STAHLS[1] standgehalten; derselbe sah wohl ein, daß die Erklärung DARWINS unhaltbar war, dagegen hat er aber auf einen Einfluß auf die Transpiration geschlossen. Daß dieser Einfluß besteht, wird wohl nicht geleugnet werden können, aber der daraus für die Pflanze hervorgehende Nutzen ist äußerst problematisch; seine Besprechung gehört übrigens auch nicht in dieses Kapitel.

Seismonastie. Es handelt sich hierbei um Bewegungen, welche als Reaktion auf Stoß oder Erschütterung ausgeführt werden, und wobei die Richtung vollkommen bestimmt ist durch die Organisation der Pflanze. Stets werden diese Bewegungen durch Turgoränderung ausgeführt, ganz speziell scheint die Permeabilität des Protoplasmas rasche Veränderungen zu erleiden.

Die Bewegungen werden von sehr verschiedenen Pflanzen und Pflanzenteilen ausgeführt. Man kann eine lange Reihe machen, wobei man auf der einen Seite die so äußerst reizbare Sinnpflanze stellen kann, während dann mit allmählichen Übergängen als letzte Glieder der Reihe die Blütenstände der Kompositen sich befinden würden, da dieselben, wie z. B. diejenigen von Bellis perennis ihre Körbchen schließen, die Strahlenblüten nach innen biegen, wenn man sie lange sehr heftig schüttelt. Es ist ganz klar, daß es sich hier nie um irgendeine nützliche Bewegung handeln kann und man wird dadurch zur Skepsis geneigt bei der „Erklärung" auch in denjenigen Fällen, wo die Bewegungen rasch ausgeführt werden, wie bei Mimosa pudica. Am meisten liegt es noch auf der Hand, den nachher zu besprechenden Staubblattbewegungen irgendeine Bedeutung anzuweisen für die Überbringung des Pollens. Indessen auch dort wird man sehr vorsichtig mit seinen Schlüssen sein müssen, da es sich hier vielfach um äußerst langsame Bewegungen handelt. Aber wir können das alles als zum Gebiete der Öcologie gehörig außer Besprechung lassen.

Betrachten wir zunächst einmal, wie es sich bei der Sinnpflanze, Mimosa pudica, verhält. Diese, ursprünglich südamerikanische, aber jetzt überall in den Tropen als Unkraut verbreitete Pflanze hat äußerst sensible Blätter. Dieselben besitzen einen langen Blattstiel mit stark entwickeltem basalem Gelenkpolster; sie sind gefiedert und haben zwei Joche, welche so dicht aufeinander sitzen, daß die Blätter fast den Eindruck erwecken, vierzählig zu sein. Jede Fieder ist selbst auch wieder gefiedert; sie trägt eine große Zahl von Blattpaaren und endet in einer

---

[1] STAHL, E.: Bot. Ztg. **55** (1897).

sterilen Spitze. Im ungereizten Zustande ist der Blattstiel schräg aufwärts gerichtet, die Fieder erster und zweiter Ordnung sind flach ausgebreitet, infolgedessen stehen die Blättchen alle in einer fast wagerechten Ebene.

Bei starker Erschütterung senkt sich der Hauptblattstiel, bis er schräg nach abwärts gerichtet ist, die Fieder erster Ordnung bewegen sich in ihrer Fläche derart, daß der Winkel, den sie mit dem allgemeinen Blattstiel machen, sich verkleinert, die Blättchen zweiter Ordnung drehen sich mit ihrer Basis derart, daß ihre Fläche senkrecht zur oberen Blattfläche und nach innen gekehrt zu stehen kommt, während die Nerven der Blättchen etwas schräg aufwärts neigen. Die Blättchen bedecken dich dabei dachziegelähnlich.

Wenn die Erregung geringer ist, wird es möglich, diese verschiedenen Bewegungen voneinander zu trennen und also z. B. nur den Hauptblattstiel sich senken zu lassen. Das kann man z. B. veranlassen, wenn man das Blattgelenk an der ventralen Seite leicht berührt. HABERLANDT[1] hat ausgeführt, daß dort einige Borsten sich befinden, welche bei Berührung mit ihrer Basis verbogen werden, wobei die Zellform dieser Basalzellen sich deformiert, womit dann der Reiz zustande gekommen wäre. Die Oberseite des polsterförmigen Gelenkes ist für Berührung nicht reizbar.

Wenn eine Reizung sattgefunden hat, so wird alsbald wieder die frühere ungereizte Lage angenommen; darauf kann wieder gereizt werden, aber jedes weitere Mal nimmt die Empfindlichkeit der Blätter gegen Stoßreiz ab, bis sie zuletzt in eine Art Starrezustand kommen, woraus sie sich allmählich wieder erholen können. Es gibt auch eine vorübergehende Wärmestarre, wenn die Blätter bei einer Temperatur von über 40⁰ C verweilen, und eine Starre durch Narkose hervorgerufen, wie z. B. durch Chloroform- oder Ätherdämpfe.

Die Temperatur hat großen Einfluß auf das Zustandekommen dieser Bewegungen derart, daß sie unterhalb 15⁰ C gar nicht zur Beobachtung kommen, während die günstigste Temperatur etwa 25—30⁰ ist. Bei niederen Temperaturen findet oft die Senkung des allgemeinen Blattstieles wohl noch statt, während die übrigen genannten Bewegungen vollkommen oder fast vollkommen zum Stillstand kommen.

Es versteht sich, daß eine so auffällige Bewegung, wie diejenige der Blätter der Sinnpflanze schon sehr lange bekannt war. Sie wurde aber meistens als ein Wunder angestaunt, da man sie für etwas ganz apartes ansah, dem weiter im Pflanzenreiche nichts Ähnliches an die Seite zu stellen wäre. Und deshalb läßt es sich auch verstehen, daß tierische Physiologen wie BRÜCKE[2] und PAUL BERT[3] Untersuchungen daran an-

---

[1] HABERLANDT, G.: Sinnesorgane im Pflanzenreiche. Leipzig 1906.

[2] v. BRÜCKE, E.: Arch. Anat. u. Physiol. **1848**; auch OSTWALDS Klassiker der exakten Wissenschaften **95**.

[3] BERT, P.: Mém. Soc. Sci. Bordeaux **7** (1870).

stellten. Erst später haben pflanzliche Physiologen sich der Sache angenommen, und da ist an erster Stelle wohl PFEFFER[1] zu nennen.

PFEFFER hat ganz besonders Beobachtungen über das basale Blattgelenk angestellt. Er konstatierte, daß bei der Reizung die ventrale Hälfte dieses Gelenkes im Volum abnimmt, daß dagegen der osmotische Druck an der Oberseite sich vermehrt und dadurch der Blattstiel seine Senkung ausführt. Wenn man bei einem abgeschnittenen Blatte reizt, sieht man einen Flüssigkeitstropfen an der Schnittfläche hervortreten, welcher nach der Reaktion wieder eingesaugt wird. PFEFFER zeigte, daß dieser Tropfen aus der unteren Hälfte des Gelenkes herkommt, und daß dieselbe Erscheinung auch bei intakten Blättern auftritt, wobei dann aber die Flüssigkeit in die Intercellularen aufgenommen wird. Dadurch wird dann zu gleicher Zeit die Luft aus diesen Intercellularen verschwinden und infolgedessen das Gelenk eine dunkelgrüne Farbe bekommen.

PFEFFER glaubt aus seinen Beobachtungen den Schluß ziehen zu können, daß bei Reizung die ventrale Hälfte des Blattgelenkes ihren Turgor teilweise verliert, indem der Zellsaft teilweise hinausgestoßen wird; das würde dann die Folge einer Permeabilitätsvergrößerung des Protoplasmas sein. Nach der Reizung würde diese ausgetretene Flüssigkeit allmählich wieder aufgenommen werden und damit der ursprüngliche Zustand wieder hergestellt.

Bemerkt mag werden, daß Mimosa pudica auch Schlafbewegungen ausführt, und daß die Nachtstellung sehr viele Ähnlichkeit hat mit der Stellung nach einem Stoßreiz. Indessen handelt es sich dabei dennoch nicht um dieselbe Bewegung, was schon daraus hervorgeht, daß Reizung der unteren Gelenkhälfte bei schlafenden Pflanzen zu einer weiteren Senkung des Blattstieles führt, und daß die Biegungsfähigkeit dieses Gelenkes in der Nachtstellung ungeändert ist oder abnimmt, während sie nach Stoßreiz zunimmt.

Es. handelt sich bei den Bewegungen der Sinnpflanze um Reaktion auf Stoß; statischer Druck wirkt ebensowenig wie bei Ranken. Aber während dort mehrere gleichzeitige oder aufeinanderfolgende Stöße notwendig sind, ist das bei Mimosa anders. Jede Formänderung der Zellen des reizbaren Gelenkstieles löst eine Bewegung aus, also auch Regentropfen oder andere Flüssigkeiten, welche bei Ranken unwirksam sind.

Die Sinnpflanze reagiert aber in ähnlicher Weise auch auf andere Reize als Stoß, z. B. auf Verwundung. Wenn man einen Teil einer Blattfläche abschneidet oder abbrennt, so erfolgt eine starke Reaktion. Man könnte also dann von Traumatonastie reden. Ebenso können chemische Substanzen die Bewegung auslösen; auf diese Chemonastie kommen wir noch zu sprechen. Auch nach elektrischer Reizung erfolgt die gleiche Reaktion (Elektronastie). Dabei hat man dann den Reiz dosieren können[2] und dabei hat sich herausgestellt, daß derselbe einen

---

[1] PFEFFER, W.: Jb. Bot. 9 (1873). Abh. sächs. Ges. Wiss., Math.-physik. Kl. 16. Leipzig 1890.

[2] BRUNN, J.: Cohns Beitr. Biol. Pflanzen 9 (1908) und STEINACH, E.: Pflügers Arch. 125 (1908).

gewissen Schwellenwert überschreiten muß, daß dann aber auch die Reaktion voll ausgeführt wird, daß hierfür also, wie bei manchen tierischen Reaktionen das „Alles- oder Nichts-Gesetz" gilt. Außerdem hat sich gezeigt, daß unterschwellige elektrische Reize sich summieren lassen, falls sie sich in nicht zu langen Zeiträumen folgen (weniger wie 6 Sekunden). Die Größe des Schwellenwertes ist übrigens, wie sich leicht verstehen läßt, von den äußeren Umständen, ganz besonders von der Temperatur, abhängig.

Wenn man bei einer Mimosa einen Wundreiz anbringt, indem man ein Stück eines Blattes abschneidet, so kann man bei günstigen Außenbedingungen beobachten, daß der Reiz sich fortpflanzt. Zuerst klappen die Fiederblättchen in der Nähe der Wunde zusammen, dann allmählich die mehr basalwärts sich befindlichen. Daraufhin pflanzt der Reiz sich weiter fort, wobei oft erst der primäre Blattstiel sich senkt und dann erst die Stiele zweiter Ordnung sich zusammenbiegen und zugleich die Fiederblättchen daran zusammenklappen, jetzt aber von der Basis zur Spitze fortschreitend. Wenn die Temperatur, die Feuchtigkeit usw. alle günstig sind, so kann sich der Reiz weiter fortpflanzen nach den anderen Blättern, wobei dann aber zuerst der Hauptblattstiel sich senkt. Man kann übrigens diesen Wundreiz auch vom Stamm oder von der Wurzel ausgehen lassen, wenn die Verwundung nur tief genug ist und andererseits kann auch ein gewöhnlicher Stoßreiz weiter geleitet werden, wenn nur die Außenbedingungen günstig genug sind.

Die Geschwindigkeit dieser Reizleitung wurde je nach den herrschenden Bedingungen und der Stärke der Reizung verschieden gefunden, bisweilen nur einige Millimeter pro Sekunde, aber auch bis zu 100 mm pro Sekunde. Also eine Fortpflanzung des Reizes größer als bei jeglicher anderer pflanzlichen Reizleitung, aber dennoch weit hinter derjenigen eines tierischen Nerven zurückstehend.

Es fragt sich natürlich, wie diese Reizleitung stattfindet. Darüber ist viel untersucht worden, aber die Untersucher sind zu sich ziemlich widersprechenden Ergebnissen gelangt. Die Lösung dieses Rätsels ist wohl die von SNOW[1] und BALL[2] gegebene, daß es sich nämlich um zwei verschiedene Arten der Reizleitung handelt, deren eine jedenfalls teilweise durch die wasserleitenden Teile stattfindet, die andere aber durch das lebende Gewebe insbesondere des Markes.

Ganz besonders bedeutend in der Hinsicht sind die Beobachtungen RICCAS[3]; derselbe konnte feststellen, daß bei der Reizleitung eine bestimmte Substanz eine Rolle spielt. Wenn man nämlich einen Mimosasproß abschneidet und denselben mit dem stehengebliebenen Teil des Stammes durch ein Glasrohr, das mit Wasser gefüllt ist, verbindet, so findet die Fortpflanzung des Reizes durch dieses Wasser hindurch statt. Daß es sich hier um eine stoffliche Beeinflussung handelt, geht besonders

---

[1] SNOW, R.: Proc. roy. Soc. Lond., Biol. Ser., 98 (1925).
[2] BALL, M. G.: New Phytologist 26 (1927).
[3] RICCA, U.: Nuovo Giorn. bot. ital. 23 (1916).

daraus hervor, daß dieses Wasser daraufhin imstande ist die Reaktion auszulösen.

Man kann das am besten zeigen in der von FITTING[1] angegebenen Weise. Man schneidet Blätter von Mimosa beim Gelenk ab, und sieht dann gleich die Reaktion auftreten. Nach einiger Zeit ist die Normalstellung wieder erreicht. Wenn man dann das Blatt mit seinem Stiel in ein wenig Wasser stellt, wohindurch Reizleitung stattgefunden hat, oder auch in eine Abkochung von Mimosa blättern oder irgendeinem anderen wässerigen Extrakt der Pflanze, so tritt die Reizstellung ein; das wiederholt sich nach einiger Zeit, nachdem das Blatt sich wieder erholt hat, und dasselbe Spiel kann noch mehrere Male in derselben Weise weitergehen. Aus diesen Versuchen geht jedenfalls hervor, daß die Substanz, worum es sich hier handelt, kochbeständig ist. Auch Speichel hat dieselbe Wirkung, ebenfalls gewisse Monaminosäuren und Anthrachinonderivate.

Daß bei der Reizleitung von Mimosa auch Potentialunterschiede sich bemerklich machen, hat besonders UMRATH[2] gezeigt; derselbe konnte elektrische Ströme registrieren, wobei indessen dahingestellt sein mag, ob diese primär als Ursache der verschiedenen Reizerscheinungen auftreten, oder Nebenerscheinungen sind, welche sich dabei sekundär sichtbar machen.

Auch andere Arten von Mimosa sind reizbar, wenn auch bisweilen in geringerem Grade, z. B. M. Spegazzinii, M. sensitiva, M. invisa usw. Ebenfalls andere Leguminosen wie Neptunia oleracea und Desmanthus-Arten. Wie schon gesagt wurde, ist die seismonastische Reizbarkeit aber überhaupt weit verbreitet, wenn sie auch oft nur nach starker Erschütterung zutage tritt. Mehr vergleichbar mit den Leguminosenblättern sind diejenigen der Oxalideen, speziell der Biophytum-Arten. Die Blätter dieser Pflanzen sind einfach paarig gefiedert; nach Stoß senken sich die Blättchen und klappen zusammen, während der allgemeine Blattstiel sich hebt[3]. Diese Hebung kann sich nach der darauffolgenden Senkung noch ein paarmal mit kleinerer Amplitudo wiederholen, so daß also eine Art oszillierende Bewegung eintritt. Übrigens sind diese Pflanzen aber lange nicht so eingehend untersucht wie Mimosa pudica.

Auch die besonders von MACFARLANE[4] untersuchte Bewegung der Venusfalle, Dionaea muscipula mag hier ganz kurz erwähnt werden. Bei dieser insectivoren Pflanze der Vereinigten Staaten besteht das Blatt aus zwei Hälften, welche um den Mittelnerven zusammenklappen können, wobei die Randzähne ineinander greifen. Das geschieht bei Berührung der Blattoberfläche, aber ganz besonders der Borsten, welche zu dreien auf jeder Hälfte der Blattspreite gefunden werden. Wenn auch die Bewegung geradeso wie diejenige der Mimosa auf einen Stoßreiz (und auch auf Verwundung, elektrische Reizung, Heizung) hin erfolgt,

---

[1] FITTING, H.: Jb. Bot. **72** (1930).
[2] UMRATH, K.: Planta (Berl.) **4** (1927); **5** (1928); **7** (1929).
[3] HABERLANDT, G.: Ann. Jard. bot. Buitenzorg, Suppl. **2** (1898).
[4] MACFARLANE, J. M.: Contrib. Bot. Labor. Univ. Pennsylv. **1** (1902).

so wird sie nach den Untersuchungen Browns[1] hier dennoch ganz anders ausgeführt, nämlich durch sehr rasches Wachstum der Ventralseite des Mittelnerven. Die Bewegung steht offenbar, wie diejenige der Droseratentakel im Dienste des Insektenfanges. Deshalb ist es vielleicht angezeigt, hier die Bewegung der Schläuche der Utricularia-Arten zu nennen, welche nach Berührung bestimmter Borsten sich plötzlich vergrößern und damit einen Wasserstrom hineinsaugen, womit dann eventuell kleine Wassertiere gefangen werden.

Bei den Blüten findet man reizbare Narben bei Torenia, Martynia, Mimulus, und überhaupt bei Scrophulariaceen, Bignoniaceen, Acanthaceen, Pedalineen. Die beiden Narbenschenkel stehen im unberührten Zustande weit aufgeklappt; werden sie aber an der Innenseite berührt, so klappen sie zusammen, wobei eine Verkürzung der ganzen Narbe aber ganz besonders dieser Innenseite stattfindet. Daß diese Bewegungen irgendeine Bedeutung für die Pflanze haben, wurde bis jetzt nicht bewiesen.

Viel besser untersucht wurden die Bewegungen der reizbaren Staubfäden. Man findet diese bei zahlreichen Pflanzenfamilien (Cacteen, Portulacaceen usw.); aber ganz besonders hat man sich beschäftigt mit denen der Cynareen unter den Compositen, mit denjenigen der Berberis-Arten und der Sparmannia africana. Bei Cynareen[2], z. B. Centaurea, sind die fünf Staubbeutel zu einer Röhre, welche den Griffel umgibt, verwachsen, die Filamente dagegen sind frei. Werden diese berührt, so verkürzen sie sich, dadurch wird die ganze Röhre heruntergezogen und die Borsten an der Außenseite des Griffels fegen die Pollenkörner aus den sich nach innen öffnenden Antheren. Diese Einrichtung wird als für die Bestäubung der Pflanze durch Insekten dienstlich angesehen. Die Kontraktion fängt oft innerhalb einer Sekunde nach der Reizung an, vollzieht sich dann in etwa 10 Sekunden, während nach etwa 1 Minute die ursprüngliche Lage wieder erreicht wird. Es hat sich auch hier gezeigt, daß bei der Berührung das Parenchym des Filamentes Flüssigkeit verliert, welche in die Intercellularräume eintritt. Pfeffer berechnete, daß der osmotische Druck des Zellinhaltes sich nach der Reizung um 1—3 Atmosphären verringert. Es muß offenbar eine starke Vergrößerung der Permeabilität des Protoplasmas stattgefunden haben.

Während man bei den Cynareenstaubfäden eigentlich keine Reizleitung findet, tritt diese bei anderen Staubfäden in den Vordergrund. Dort ist die Bewegung bisweilen auch tropistisch, ausgeprägt nastisch dagegen bei Berberis, wo sie sich bei Berührung nach innen krümmen und bei Sparmannia, wo die Krümmung nach außen stattfindet.

---

[1] Brown, W. H.: Amer. J. Bot. 3 (1916); auch v. Guttenberg, H.: Flora (Jena) 118/119 (1925).

[2] Juel, O.: Bot. Studier till Kjellmann 1 (1906). — Linsbauer, K.: Sitzgsber. Akad. Wiss. Wien, Math.-naturwiss. Kl. 114, 1 (1905); 115, 1 (1906). — Small, J.: Ann. of Bot. 31 (1917).

Ganz besonders Sparmannia ist in der letzten Zeit von Bünning[1]
ausführlich untersucht und mag deshalb noch etwas eingehender geschildert werden, auch nach noch nicht veröffentlichten Untersuchungen
aus dem Utrechter botanischen Institute. Wenn man diese Staubfäden
durch eine zurückspringende Feder mechanisch reizt und die Bewegung
sogleich kinematographisch registriert, so zeigt sich, daß es eigentlich
keine Latenzzeit gibt, sondern augenblicklich (jedenfalls innerhalb
$^1/_{16}$ Sekunde) die Reaktion stattfindet. Diese ist zuerst stark, und wird
dann allmählich schwächer. Wie aus Abb. 69 hervorgeht, scheint es sich

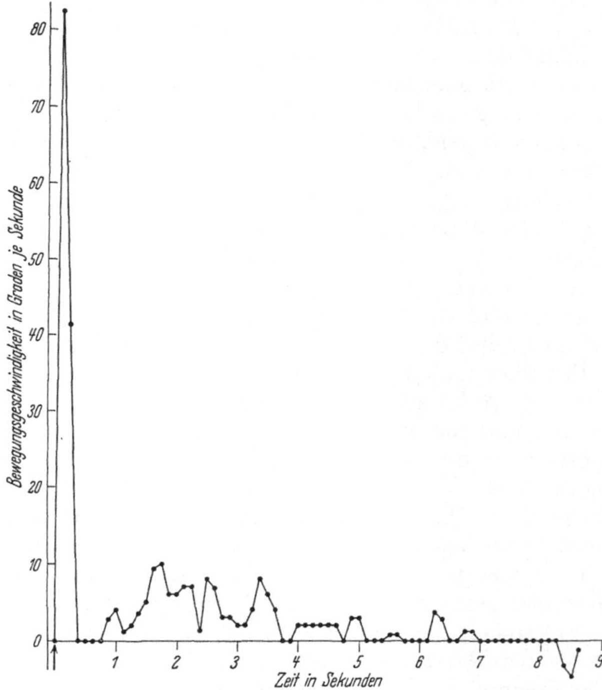

Abb. 69. Darstellung der Bewegung nach Stoßreiz eines Staubfadens von Sparmannia africana.
Photographisch aufgenommen und auf dem Film ausgemessen. Abszissenachse: Zeit nach der Rei-
zung in Sekunden, Ordinaten: die Bewegungsgeschwindigkeit in Graden pro Sekunden (Aufnahme
Dijkman).

dabei um stoßweise Bewegungen zu handeln. Zuletzt tritt Ruhe ein,
woraufhin dann die Rückkrümmung einsetzt und zwar mit derselben
Geschwindigkeit, womit die Reaktion beendet wurde, nur in umgekehrter
Richtung.

BÜNNING hat zeigen können, daß es sich hier um eine Permeabilitätsänderung des Protoplasmas handelt, wobei nach der Reizung erst Zellsaft ausgestoßen wird (es konnte mit Reagentien gezeigt werden, daß

---

[1] BÜNNING, E.: Z. Bot. **21** (1929). Proc. Kon. Akad. Wetensch. Amsterd.
23 (1930). Protoplasma (Berl.) **11** (1930).

es sich hierbei nicht um Wasser, sondern um Vakuolenflüssigkeit handelt). Diese wird vorläufig durch die Zellhaut aufgenommen, infolgedessen zeigt letztere deutliche Quellungserscheinungen; späterhin kommt der Zellsaft auch in Tropfen auf der Außenseite der Zellen zum Vorschein. Diese Exosmose der Außenseite hat dort eine Verkürzung der Zellen zur Folge; infolgedessen wird der Staubfaden eine Bewegung nach außen ausführen. Bünning denkt sich, daß bei der Leitung des Reizes dieser Vorgang allmählich in den verschiedenen Epidermiszellen vor sich geht und daß dabei die stoßweise Reaktion zustande kommt. Wenn dann nachher bei der Endosmose wieder Flüssigkeit aufgenommen wird, tritt Rückkrümmung ein.

Die Ursache der Permeabilitätsänderung wäre durch einen verschiedenen Koagulationszustand des Protoplasmas zu erklären. Dafür spricht, daß man durch Hydratation eine Verkleinerung des Reaktionsvermögens verwirklichen kann. Es hat sich gezeigt, daß die Anionen der bekannten Hofmeisterschen Reihe

$$SO_4 < NO_3 < Cl < Br < J < SCN$$

das Reaktionsvermögen in derselben Reihenfolge herabsetzen, worin sie die Hydratation von hydrophilen Kolloiden vermehren.

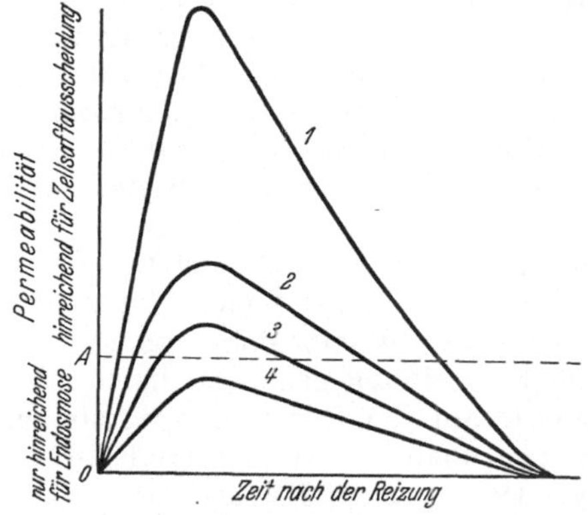

Abb. 70. Schematische Darstellung der Permeabilitäts-änderung nach Stoßreiz in den Zellen des Staubfadens von Sparmannia africana. Auf der Abszisse die Zeit nach der Reizung, als Ordinaten die Permeabilität und zwar in den Kurven 1—4 bei steigender Hydratation des Protoplasmas. Unterhalb der punktierten Linie nur Endosmose, oberhalb Exosmose (nach Bünning).

Man kann sich das alles mit einer schematischen Darstellung deutlicher vor Augen führen, wenn man, wie in der nebenstehenden Abb. 70 auf der Abszisse die Zeit und als Ordinate die Permeabilität nach der Reizung angibt, wobei die Kurven 1—4 sich auf zunehmende Hydratation des Protoplasma beziehen. Unterhalb der punktierten Linie würde nur Endosmose, oberhalb derselben Exosmose stattfinden. Die Latenzzeit wäre also um so größer, je stärker die Quellung und während dieser Zeit müßte Endosmose, also Krümmung nach innen zu, beobachtet werden können.

Wir befinden uns hier auf einem einigermaßen hypothetischen Boden. Indessen war es dennoch angezeigt, etwas davon zu sagen, weil es sich bei vielen Reizerscheinungen, wo keine Änderung der Wuchsstoffverteilung eine Rolle spielt, wahrscheinlich um Permeabilitätsänderungen des Protoplasmas handelt und weil diese wohl nirgends so leicht studiert werden können wie bei seismonastischen Bewegungen, mehr speziell bei den Reizbewegungen der Staubfäden.

Protoplasmaströmung. In behäuteten Zellen findet oft eine Bewegung des Cytoplasmas statt, welche mit dem Namen Protoplasmaströmung angedeutet wird, weil sie der Strömung eines Flusses oder Baches ähnlich sieht. Übrigens kann man etwas derartiges selbst bei unbehäuteten Zellen leicht beobachten, wie z. B. in den Plasmodien der Myxomyceten, wo das Körnerplasma sehr oft eine strömende Bewegung und zwar bald in dieser, bald in gegenüberliegender Richtung zeigt. Wir wollen dieselbe aber weiter außer acht lassen und uns nur mit der Strömung innerhalb behäuteter Zellen beschäftigen. Dabei wird dann unterschieden zwischen Rotation und Zirkulation. Bei der Rotation ist die Bewegungsrichtung ebenso wie die Geschwindigkeit konstant, vorausgesetzt, daß die äußeren Umstände nicht wechseln; bei der Zirkulation sieht man sowohl die Richtung als wie die Geschwindigkeit des Stromes sich fortwährend ändern. Dabei kann dann noch unterschieden werden zwischen Zirkulation des Wandbelegs und zentraler Zirkulation. Diese Zirkulation interessiert uns aber vorläufig nicht sehr, da man ihr durch Versuche nicht näher kommen kann, eben wegen ihrer Wechselfälligkeit.

Ganz anders bei der Rotation, welche man speziell in langgedehnten Zellen, wie den Internodialzellen der Characeen, Wurzelhaaren, Blattzellen von Vallisneria spiralis, Elodea canadensis usw. antrifft. Die Entdeckung durch Corti im Jahre 1774 machte viel Aufsehen; seit dieser Zeit haben sich viele Untersucher an eine Erklärung herangewagt, aber leider bis jetzt ohne irgendwelchen Erfolg. Es ist nur gelungen, die Erscheinung genau zu beschreiben, und den Einfluß äußerer Umstände auf die Rotation festzustellen. Schon Amici hat damit angefangen, später haben mehrere Forscher die Erscheinung genauer studiert, wie Dutrochet[1], Nägeli[2] u. a. Von neueren Untersuchungen wären ganz speziell diejenigen von Hörmann[3], Ewart[4], Fitting[5] und Hille Ris Lambers[6] zu nennen.

Betrachten wir erst einmal den Einfluß der Temperatur; die Messungen haben ganz speziell bei Characeen stattgefunden, wo man ziemlich leicht im Wasserstrom lebende Zellen lange am Leben erhalten kann, also unter vollkommen natürlichen Verhältnissen. Man ist dann imstande, Wasser von jeder beliebigen konstanten Temperatur zu benutzen und die Geschwindigkeit der Rotation zu messen. Dabei stellen sich dann aber verschiedene Schwierigkeiten in den Weg, indem nämlich die Hautschicht des Cytoplasmas mit der daran grenzenden, die Chloroplasten enthaltenden Schicht sich in Ruhe befindet, während die augenblicklich darauffolgende Schicht lebhafte Strömung zeigt,

---

[1] Dutrochet, H.: Ann. des Sci. natur., 2. sér. (Bot.) **9** (1838).

[2] v. Nägeli, C.: Beitr. z. wiss. Bot. **2** (1860).

[3] Hörmann, G.: Studien über die Protoplasmaströmung bei den Characeen. Jena 1898.

[4] Ewart, A. J.: On the physics and physiology of protoplasmic streaming in plants. 1903.

[5] Fitting, H.: Jb. Bot. **64** (1925); **67** (1927).

[6] Hille Ris Lambers, M.: Temperatuur en protoplasmastrooming. Diss. Utrecht 1926.

wovon die Geschwindigkeit aber nach dem Zentrum der Zelle zu allmählich abnimmt. Man wird also gewöhnlich wohl diese äußerste sich noch bewegende Schicht für seine Messungen auswählen. Dabei ist indessen noch einiges zu bedenken: das vollkommen hyaline Plasma kann man nicht sehen; man beurteilt die Strömung also an den mitgenommenen Teilchen und deren Geschwindigkeit wird von ihrer Größe abhängig sein. Bei Nitella geht der Strom an der einen Seite der Zelle schraubenförmig hinauf, an der anderen Seite herunter; an der Grenze dieser beiden Strömungsrichtungen liegt eine sogenannte neutrale Linie (oder besser Fläche, welche der Zellhaut senkrecht gestellt ist), welche sich nicht

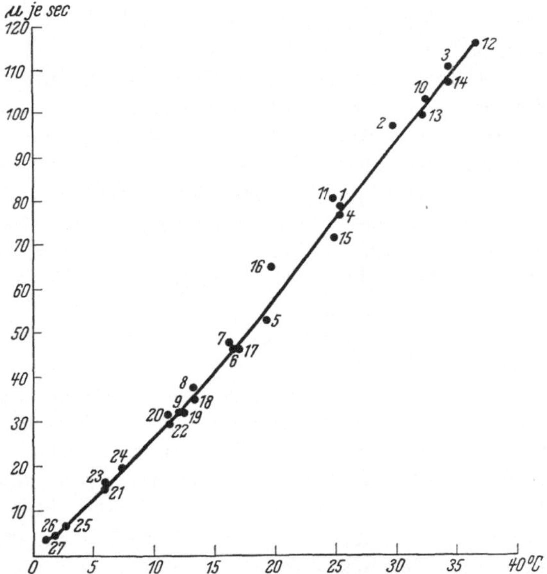

Abb. 71. Einfluß der Temperatur auf die Rotationsgeschwindigkeit des Protoplasmas bei Nitella. Als Abszisse die Temperatur, als Ordinate die Rotationsgeschwindigkeit in μ pro Sekunde. Die Zahlen an der Kurve geben die Ordnung an, worin die Beobachtungen stattfanden (nach HILLE, RIS, LAMBERS).

bewegt und welche dabei leicht durch ihren Mangel an Chloroplasten kenntlich ist. Diese neutrale Linie bildet also eine schräg verlaufende Schraube.

Wenn man nun den Zusammenhang zwischen der Temperatur (als Abszisse) und der Rotationsgeschwindigkeit (als Ordinate) in einer Kurve angibt, wie in Abb. 71, so erhält man eine fast gerade Linie (oder eine ganz wenig gegen die horizontale Achse konvexe Linie), also Proportionalität.

Aus Versuchen von ROMIJN[1] geht hervor, daß plötzliche Temperaturänderungen keinen Einfluß haben, wenn man von niederer nach höherer

---

[1] ROMIJN, G.: Proc. Kon. Akad. Wetensch. Amsterd. 34 (1931).

Temperatur übergeht; die Pflanze stellt sich augenblicklich auf die Geschwindigkeit der höheren Temperatur ein. Umgekehrt aber kann sich eine vorübergehende Verzögerung zeigen, wenn man plötzlich von der höheren auf die niedere Temperatur kommt, falls der Sprung nur groß genug ist.

Verschiedentlich, z.B. von EWART und HILLE RIS LAMBERS ist dieser Temperatureinfluß im Zusammenhang gebracht mit der Viskosität des Protoplasmas, ohne daß es diesen Autoren gelungen ist, das zu beweisen. Aus den genannten Untersuchungen ROMIJNS geht hervor, daß die Viscosität des Plasmas bei Nitella syncarpa ein Maximum besitzt bei etwa 20^0 C, während sie oberhalb dieser Temperatur wieder abnimmt; das läßt sich aus der Form der Plasmolyse ableiten.

Die Proportinalität zwischen Temperatur und Rotationsgeschwindigkeit besteht nur innerhalb bestimmter Grenzen; kommt man oberhalb von etwa 40^0, so macht sich ein Zeitfaktor bemerklich, der die Geschwindigkeit herunterdrückt und zwar in einer ersten Periode rasch, dann sehr langsam und schließlich wieder sehr rasch. Nach der ersten Periode kann die frühere Geschwindigkeit sich wieder herstellen, wenn die Pflanze bei einer unschädlichen Temperatur zurückgebracht wird, die zuletzt genannte Änderung ist irreversibel.

Ebenso wie bei hohen, aber noch nicht tödlichen Temperaturen eine „vorübergehende Wärmestarre", wie SACHS sie genannt hat, eintreten kann, so gibt es auch eine „vorübergehende Kältestarre". Wenn die Temperatur unterhalb 14^0 erniedrigt wird, so findet man eine stärkere Verzögerung der Rotation als oberhalb dieser Temperatur, so daß die Temperaturkurve einen Knick aufweist. Das läßt sich vielleicht im Anschluß an Untersuchungen von L. ARISZ[1] und DE JONG[2] als die Folge einer Gelatinierung auffassen. Diese Gelatinierung würde sich in eine primäre und eine sekundäre Aggregierung scheiden lassen, wobei die sekundäre erst eintritt, wenn die primäre abgelaufen ist. Das würde den Knick in der Temperaturkurve, der sehr oft beobachtet werden kann, wohl vollkommen erklären.

Nitella ist jedenfalls das am besten untersuchte Objekt und es erübrigt sich also wohl, noch von anderen Zellen zu reden; soweit sich aus den Beobachtungen sehen läßt, verhält die Sache sich dort übrigens, mutatis mutandis, ähnlich. Dahingegen ist es notwendig, noch mit einigen Worten die Erscheinungen der Chemodinese zu besprechen; diese wurden besonders von FITTING[3] sehr eingehend untersucht.

In Pflanzenschnitten sieht man sehr oft, daß augenblicklich nach der Herstellung des Schnittes keine Protoplasmaströmung bemerkbar ist, daß dieselbe aber nach einiger Zeit einsetzt. FITTING hat zeigen können, daß es sich hier um chemische Beeinflussung handelt. Wenn er Schnitte von Vallisneria in absolut reines destilliertes Wasser brachte, trat die Strömung nicht auf. Wenn man aber Blattextrakte und selbst

---

[1] ARISZ, L.: Sol-en geltoestand van gelatine oplossingen. Diss. Utrecht 1914.
[2] DE JONG, H. G.: Het agarsol. Diss. Utrecht 1921.
[3] FITTING, H.: Jb. Bot. **54** (1925); **57** (1927).

Extrakte von Filtrierpapier in sehr großer Verdünnung benutzt, so wird die Bewegung ausgelöst. Eine nähere Untersuchung ergab, daß eine ganze Menge von organischen Substanzen hierfür verantwortlich zu stellen sind. Es hat keinen Sinn, hier alle Gruppen von solchen Substanzen zu nennen, nur muß betont werden, daß es sich hier in erster Instanz um Aminosäuren handelt, ganz speziell in der α-Stellung. Als Beispiel mag erwähnt werden, daß eine Lösung von Asparaginsäure, Asparagin, Glutaminsäure usw. bis zu $0{,}0^6 25$—$0{,}0^6 1$ mol, gleich 1 : 30 —80 Mill. Verdünnung schon auslösend auf die Bewegung wirkt; FITTING spricht hier von Chemodinese.

Daß erst nach einiger Zeit die Strömung in Pflanzenschnitten auftritt, war seiner Zeit für PFEFFER Veranlassung, sich gegen die Annahme von HUGO DE VRIES[1] zu wenden, welcher der Rotation und Zirkulation eine Bedeutung beim Stofftransport in den Pflanzen zuwies. Diese Hypothese braucht an dieser Stelle nicht diskutiert zu werden, nur kann darauf hingewiesen werden, daß DE VRIES die sehr allgemeine Verbreitung dieser Bewegungen betont hat und daß darüber die Erfahrungen an frischen Schnitten erhalten, sehr wenig aussagen.

Temperatur und chemische Subtanzen sind nicht die einzigen äußeren Faktoren, welche die Protoplasmaströmung beeinflussen. Von anderen mag noch das Licht genannt werden, was man z. B. betont findet in der schon genannten FITTINGschen Arbeit, weiter auch elektrische Ströme, während in letzter Zeit selbst ein magnetisches Feld verantwortlich gemacht ist für die Strömung innerhalb behäuteter Zellen[2].

Die Ursache der Strömung ist bei Nitella verschiedentlich in der ruhenden Hautschicht und in den darin liegenden Chlorophyllkörnern gesucht. Indessen ist man mit keiner Erklärung auch nur etwas weiter gekommen. Selbst zu Arbeitshypothesen haben diese Erklärungen nicht geführt. Übrigens wird eine solche „Erklärung‘‘ doch auf alle möglichen Fälle von Protoplasmaströmung Anwendung finden müssen.

Es erübrigt sich, in dieser allgemeinen Physiologie spezielle Fälle von protoplasmatischer Strömung näher zu besprechen. Nur möchte ich für ein Objekt eine Ausnahme machen, nämlich für die sogenannte Aggregation in den Tentakelzellen der Blätter von Drosera-Arten und einigen anderen Insectivoren. Man könnte dieselbe auch als gesonderte Erscheinung behandeln; sie fügt sich aber vielleicht besser hier ein. Die Zellen des genannten Tentakelstieles enthalten einen ziemliche dicken Wandbeleg von Protoplasma und eine zentrale Vakuole mit rotem Zellsaft. Wird das Blatt durch Eiweißernährung gereizt, so macht sich bald eine schnelle Protoplasmazirkulation bemerklich. Zu gleicher Zeit wird die Vakuole in verschiedene, meistens in viele kleinere, geteilt, welche oft von der Strömung mitgerissen werden. Dabei nimmt das Totalvolum der Zellflüssigkeit ab; es tritt offenbar Flüssigkeit aus der Vakuole in das umgebende Protoplasma, welches sich also stärker

---

[1] DE VRIES, H.: Bot. Ztg **43** (1885).
[2] SSAWOSTIN, P. W.: Planta (Berl.) **11** (1930).

imbibiert. DARWIN[1] hat die Erscheinung entdeckt und ihr den Namen
Aggregation gegeben; er hat dabei aber nicht genau unterschieden
zwischen dieser wirklichen Aggregation und Fällungserscheinungen
innerhalb des Zellsaftes. HUGO DE VRIES[2] hat das klargemacht und eine
äußerst genaue Beschreibung der Erscheinung gegeben. Die ausführlichste Untersuchung aus neuerer Zeit ist diejenige ÅKERMANS[3], während zuletzt Fräulein COELINGH[4] uns einige neue Tatsachen mitgeteilt hat.

Die Reizung der Tentakelzellen kann zwar mechanisch stattfinden,
oder auch durch Erhitzen auf etwa 60° C., aber nur sehr unvollkommen.
Ganz anders aber wird es, wenn man bestimmte chemische Substanzen
benutzt; wenn man z. B. einen Tentakel in eine Pepsinlösung oder in
Liebigs Fleischextrakt legt. Es hat sich dabei gezeigt, daß für das Eintreten der Aggregation zwei Substanzen notwendig sind. Die eine schafft
die Bedingung, welche die Aggregation möglich macht; dieselbe wird
vom Tentakelköpfchen abgeschieden und kann daraus mit Wasser gelöst werden; man findet sie übrigens auch im Speichel und in gewissen
Orthophosphaten. Die andere löst erst die Bewegung aus; dabei treten
Aminosäuren in den Vordergrund, ganz besonders Asparagin, wo die
Reizschwelle bei etwa 0,008 vH liegt und Leuzin, wo dieser Wert ungefähr 0,015 vH beträgt.

Was tritt hier aus der Vakuole heraus? Ganz entschieden nicht der
Zellsaft als solcher, denn z. B. die Anthocyane bleiben innerhalb der
Vakuole. Es ist aber auch wohl kein reines Wasser, das herausge-
preßt wird, da ja ÅKERMAN gefunden hat, daß der osmotische Wert
bei der Grenzplasmolyse sich bei der Aggregation vergrößert. Auch
Fräulein COELINGH erhielt ähnliche Resultate.

Wir wenden uns jetzt zu anderen Bewegungen innerhalb behäuteter
Zellen, welche nicht spontan, sondern nur infolge von äußeren Reizen
auftreten, wobei dahingestellt sein mag, ob die vorhin beschriebene
Strömung als vollkommen autonom zu betrachten ist.

Erstens kann man Bewegungen beobachten als Folge von Verwundung. Es handelt sich dabei um die sogenannten traumatotaktischen
Bewegungen von Zellkernen[5]. Wenn man bei Zwiebelschuppen die Epidermis durch einen Schnitt oder einen Stich verwundet, so sieht man
nach einiger Zeit in der der Wunde benachbarten Zellen eine Kernver-
lagerung stattfinden, welche den Kern zeitweise an die der Wunde
angrenzenden Zellwand führt. Ob die zu gleicher Zeit einsetzende Protoplasmaströmung dabei aktiv beteiligt ist oder nicht, weiß man nicht.
Man kann hier aber natürlich leicht an Chemodinese denken, um so

[1] DARWIN, CH.: Insectivorous plants. London 1875.
[2] DE VRIES, H.: Bot. Ztg **44** (1886).
[3] ÅKERMAN, Å.: Bot. Notiser **1917**.
[4] COELINGH, W. M.: Over stoffen, die invloed uitoefenen op de aggregatie
bij Drosera. Diss. Utrecht 1929.
[5] TANGL, F.: Sitzgsber. Akad. Wiss. Wien, Math.-naturwiss. Kl. **90**, 1 (1884).
— NĔMEC, B.: Reizleitung und reizleitende Strukturen. Jena 1901.

mehr, als es auch wirkliche chemotaktische Bewegungen von Zellkernen gibt, welche bei demselben Objekte von verschiedenen chemischen Stoffen ausgelöst werden[1]. Wenn dabei Protoplasmaströmung auftritt, so geschieht das so langsam, daß sie sich nicht bemerklich macht, höchstens durch die Verlagerung des Zellkernes. Aber auch hier ist nicht mit Sicherheit festgestellt, ob diese Bewegung aktiv vom Kerne ausgeführt wird.

Ähnliches läßt sich auch von den Bewegungen der Chloroplasten sagen, wenn diese zwar viel genauer untersucht wurden, ganz besonders von SENN[2]. Wir können dabei ihre sogenannte Thermotaxis und Chemotaxis außer Betracht lassen, da sonst die Grenzen dieses Lehrbuches überschritten würden, wenden uns aber ganz besonders an ihre phototaktischen Bewegungen, von denen SENN glaubt, daß sie dieselben selbständig ausführen, also nicht vom Cytoplasma in Bewegung gesetzt werden.

Am einfachsten lassen sich diese bei niederen Algen studieren, wo man große Chloroplasten und einzelne Zellen hat, am klarsten beim sogenannten Mesocarpustypus (bei Mesocarpus und Mougeotia). Dort findet sich nur ein einziger Chloroplast in der Zelle, der die Gestalt einer rechteckigen Platte hat. Diese Platte stellt sich senkrecht auf Licht von nicht zu hoher Intensität, bei intensivem Licht dagegen dreht sie sich 90⁰, so daß sie Profilstellung einnimmt und das Licht also an der schmalen Seite eintritt. Einen Unterschied zwischen den beiden Breitseiten gibt es nicht, da in Flächenstellung der Stand unverändert bleibt, wenn man das Licht plötzlich 180⁰ dreht.

Bei den Blättern der höheren Pflanzen wird die Sache äußerst kompliziert, indem man hier überall Luftmengen antrifft, welche die Lichtstrahlen brechen oder total reflektieren. Es läßt sich deshalb leicht verstehen, daß man bei Injektion dieser Luftwege mit Wasser, wobei die Lichtverteilung innerhalb des Blattes vollkommen verändert wird, ganz andere Lagerungen der Chlorophylkörner erhält als im normalen Zustand.

Die Sache ist getrübt worden durch die Einführung einer Reihe von Bezeichnungen für die verschiedenen Stellungen der Chrorophyllkörner, welche sich kaum im Gedächtnis behalten lassen. Ich erwähne davon nur die „Diastrophe“, wobei die Chloroplasten sich bei mittlerer Lichtintensität in eine Ebene, welche der Lichtrichtung senkrecht ist, stellen und die „Parastrophe“, wobei diese Ebene bei Besonnung, überhaupt bei hoher Lichtintensität, in der Lichtrichtung liegt. Wenn man sich anstatt gesonderter Chloroplaste diese vereinigt denkt zu einer einzigen Platte, so hat man den Fall von Mesocarpus vollkommen realisiert. Daneben kommt hier nun aber etwas hinzu, daß nämlich die Chlorophyllkörner sich im Dunkeln gegen diejenigen Scheidewände legen, die an andere Parenchymzellen anstoßen, die sogenannte „Apostrophe“. SENN glaubt, daß es sich dabei um eine Art von Chemotaxis handelt.

Die Verlagerung der Chlorophyllkörner läßt sich oft auch ohne

---

[1] RITTER, G.: Z. Bot. **3** (1911).

[2] SENN, G.: Gestalts- und Lageveränderung der Pflanzenchromatophoren. Leipzig 1908 und Z. Bot. **11** (1919).

Mikroskop beobachten, indem z. B. die dunkelgrüne Farbe eines Blattes
bei direkter Besonnung heller wird; das war lange bekannt und schon
von SACHS beschrieben. Man kann also den Schatten irgendeines Gegenstandes an einem besonnten Blatt noch sehen, wenn der Gegenstand
entfernt wird.

Weitere Ortsbewegungen des Cytoplasmas, welche z. B. mit der Kernteilung zusammenhängen, sind physiologisch noch ganz ungeklärt;
meistens werden dieselben ja auch nur an fixierten und tingierten Schnitten durch Vergleich aufeinanderfolgender Stadien studiert. Am lebenden Objekt ist in der Hinsicht noch äußerst wenig beobachtet, selbst
wenn es sich um die Beeinflussung dieser Teilung entweder durch die
Hormone HABERLANDTs oder durch mitogenetische Strahlung handelt,
worüber übrigens unter „Wachstum" Näheres angegeben worden ist.

Die Bewegungen der pulsierenden Vakuolen seien hier auch ganz
kurz angedeutet, da sie bei pflanzlichen Objekten bis jetzt kaum studiert
worden sind und nur bei gewissen niederen Tieren eine eingehendere
Behandlung erfuhren. Möglicherweise sind übrigens alle Fälle, wo
Flüssigkeit ausgepreßt wird, wie bei der Tropfenausscheidung bei Pilzen
und gewissen höheren Gewächsen, damit in Zusammenhang zu bringen.

Lokomotorische Bewegungen. Unter den niederen Pflanzen gibt
es manche, welche selbst, oder von denen wenigstens gewisse Entwicklungsstadien imstande sind, eigene Ortsbewegungen auszuführen. Früher
wurde das angesehen als eine Fähigkeit, welche nur Tiere besitzen,
weshalb nicht allein Myxomyceten, sondern auch Bakterien als Tiere
betrachtet wurden, weshalb auch gesprochen wurde von der „Pflanze
im Moment der Tierwerdung." Aus der Zeit stammt auch noch die
Bezeichnung „Zoöspore" für Schwärmspore. Außer bei diesen Schwärmsporen findet man Bewegung bei manchen Gameten, welche deshalb
Planogameten genannt werden, ganz speziell bei den männlichen Zellen,
den Spermatozoiden der Algen, Pilzen, Bryophyten und Pterido-
phyten und einiger Gymnospermen. Man unterscheidet dabei einige
Typen von Bewegungen, welche hier kurz besprochen werden mögen.

Erstens die sogenannte amöboide Bewegung, welche sich bei den
Myxamöben und den Plasmodien der Myxomyceten beobachten läßt;
also bei Protoplasten ohne Zellhaut, welche als scheinbar halbflüssige
Masse eine Art kriechende Bewegung ausführen, wobei Teile des Körpers (Pseudopodien) ausgestülpt und dabei wieder andere eingezogen
werden. Es ist keine gleichmäßige homogene Masse, welche weiter
kriecht, was besonders bei Plasmodien hervortritt, welche oft in ihrem
Äußeren, wie DE BARY schon bemerkt hat, dem Gefäßsystem eines
tierischen Mesenteriums vergleichbar sind. Dabei kann man eine sehr
deutliche hyaline Hautschicht unterscheiden, welche sich von dem
Körnerplasma abhebt. Es macht den Eindruck, als wenn die Bewegung
von diesem hyalinen Plasma ausgehe und als würde das Körnerplasma
später passiv hineingezogen; dieser Eindruck entspricht aber den Tatsachen sicher nicht. Im Innern des Plasmodiums beobachtet man sehr
oft Strömungen, welche ihre Richtung ändern und wobei auch oft

Teile, welche erst in Ruhe sind, später in die Bewegung mit einbegriffen werden, so daß sich keine vorgebildeten Kanäle finden, worin die Strömung stattfindet. Bei Amöben hat RHUMBLER[1] gefunden, daß oft ein Axialstrom nach dem vorwärts kriechenden Ende hin gerichtet ist, welcher sich hier fontänenartig spaltet, um nahe an der Peripherie wieder rückwärts zu verlaufen. Dagegenüber hat JENNINGS[2] in anderen Fällen gesehen, daß die Amöbe nur mit einem Fuße dem Substrat angeheftet ist und daß hier die Strömung ausschließlich nach dem Vorderende gerichtet ist und nicht zurückgeht. VOUK[3] hat konstatieren können, daß Plasmodien außerdem rhythmische Kontraktionen ausführen; außer aus diesen Messungen geht das auch aus Filmaufnahmen hervor, welche man mit stark gesteigerter Geschwindigkeit projiziert.

Man hat oft, aber bis jetzt ohne Erfolg versucht, die amöboiden Bewegungen zu erklären. Am meisten Anklang hat dabei wohl noch BÜTSCHLI[4] gefunden. Demselben ist es gelungen, durch Verreiben von altem Olivenöl mit K_2CO_3 Ölseifenschäume zu erzeugen, welche in Wasser gebracht Bewegungen ausführen, die eine oberflächliche Ähnlichkeit mit denen von Amöben zeigen. Aber weiter als zu dieser oberflächlichen Ähnlichkeit ist man nicht gekommen; BÜTSCHLI selbst hat sich davon überzeugt, daß z. B. eine Bewegung des umgebenden Wassers bei Amöben nicht beobachtet wird, während sie bei diesen Öltropfen wohl auftritt. Man hat bei der Erklärung die Oberflächenspannung von Flüssigkeiten und auch den Druck fester gelatinierender Randschichten hinzugezogen, aber, wie gesagt, ohne daß dabei sonderliche Aufklärung erhalten wäre.

Bei anderen Kriechbewegungen wird die Bewegung durch extracellulares Protoplasma verursacht, so bei den pinnaten Diatomaceen, wo angenommen wird[5], daß durch den Zentralknoten Protoplasma außerhalb der Schale kommt, dann an der Raphe entlang fließt und an deren Ende eine schraubenförmige Bewegung entstehen läßt. Dahingegen würde bei Cyanophyceen und ganz besonders bei Oscillaria eine Ausscheidung von Schleim stattfinden[6], welcher hier in einer zur Fadenachse schräg geneigten Richtung maximal quellen würde, wodurch eine fortschreitende Bewegung mit Drehung um die Längsachse entstehen würde. Über die Schaukelbewegungen der Desmidien, welche auch durch Schleimmassen zustande kommen sollen und über die langsam fortschreitende Bewegung der Spirogyrafäden weiß man noch viel weniger.

Viel mehr studiert wurde die Geißelbewegung. Dort handelt es sich um dünne fadenförmige Anhangsgebilde des Protoplasmas, welche zu 1, 2 oder mehr bis vielen vorhanden sind und welche durch ihre Be-

---

[1] RHUMBLER, L.: Z. Zool. **83** (1905).

[2] JENNINGS, H. S.: Publ. Carnegie Inst. Washingston **16** (1904).

[3] VOUK, V.: Sitzgsber. Akad. Wiss. Wien, Math.-naturwiss. Kl. **119**,1. (1910).

[4] BÜTSCHLI, O.: Untersuchungen über die mikroskopischen Schäume. Leipzig (1892).

[5] MÜLLER, O.: Ber. dtsch. bot. Ges. **15** (1895); **26** a (1907); **27** (1908).

[6] FECHNER. R.: Z. Bot. **7** (1915). — NIENBURG, W.: Z. Bot. **8** (1916).

wegungen die Zellen instand setzen, Schwimmbewegungen auszuführen. Gewöhnlich findet diese in bestimmter Richtung fortschreitende Bewegung unter fortwährender Rotation der Zelle statt, bisweilen bleibt das Hinterende in der Bewegungsrichtung vorwärtsschreitend, während das Vorderende eine Spirallinie beschreibt, bisweilen auch bewegt sich die ganze Zelle in einer fortschreitenden Schraubenlinie, deren Achse dann die Bewegungsrichtung angibt. Diese Geißeln können als kurze Cilien und dann gewöhnlich in großer Anzahl vorhanden sein oder als längere eigentliche Geißeln oder Flagellen. Erstere finden sich im Pflanzenreiche nicht sehr verbreitet, als Beispiel können die Schwärmsporen von Vaucheria genannt werden, die dicht besetzt sind mit diesen kurzen Cilien, welche eine Bewegung ausführen, welche schräg zur Längsachse der Schwärmsporen gerichtet ist und welche in der einen Richtung schneller als in der anderen stattfindet, wodurch sie den Schwärmern eine fortschreitende Bewegung mit Drehung um die eigene Achse verbunden, erteilen.

Meistens aber findet man längere Flagellen oder Geißeln, z. B. bei den Schwärmsporen der Algen. Diese können birnförmig sein und dann an ihrem spitzen Ende zwei, bisweilen vier Geißeln tragen. Oder das Ende ist unbegeißelt, aber etwas davon entfernt findet sich ein Kranz von kurzen Geißeln. Auch findet man bisweilen zwei Flagellen, welche seitwärts angeheftet sind, wovon das eine nach vorne gerichtet ist, das andere den Eindruck macht, daß es nachgeschleppt wird. Bei Bakterien kommt bisweilen eine einzige polare Geißel vor, oder ein ganzes Büschel sitzt dem Ende auf; man spricht dann von lophotricher Begeißelung; oder der ganze Körper ist ringsum mit Flagellen besetzt, in welchem Falle man von peritricher Begeißelung redet. Gerade die Bakterien sind ein Beispiel der vielen Schwierigkeiten, welche man bei der Beobachtung dieser Gebilde empfinden kann. Während der Bewegung sieht man diese Geißeln nämlich überhaupt nicht und wenn die Zelle zur Ruhe kommt, werden sie leicht abgeworfen. Daraus erklärt es sich, daß man die Bakterien lange für geißellos angesehen hat, bis es Löffler[1] gelang, eine Methode ausfindig zu machen, mit der man dieselben an fixierten Zellen nach Beizung tingieren kann, woraufhin dann A. Fischer[2] beweisen konnte, daß man sie stets findet, wenn mit genügender Vorsicht fixiert wird, daß sie aber sonst außerordentlich leicht abgeworfen werden.

Gerade in der allerletzten Zeit hat sich dann auch wieder gezeigt, wie gering unsere Kenntnis dieser Gebilde noch ist, indem für die so oft beobachteten Spermatozoiden von Sphagnum bewiesen werden konnte[3], daß deren Struktur, ganz speziell diejenige der Geißeln, weit komplizierter ist als man bisher vermutet hatte.

In den letzten Jahren hat man etwas mehr über die Geißelbewegung ermitteln können durch Benutzung des Paraboloidkondensors zur

---

[1] Löffler, F.: Zbl. Bakter. **6** (1889).
[2] Fischer, A.: Jb. Bot. **27** (1895).
[3] Muhldorf, A.: Beih. Bot. Zbl. **47**, 1. Abt. (1930).

Dunkelfeldbeleuchtung[1]. Man sieht auch dann die Geißeln während
ihrer Bewegung selbst zwar nicht, aber wohl den Raum, den sie durch-
schwingen oder umschwingen. Aus der beigegebenen Abb. 72, welche
der Arbeit METZNERS entnommen ist, wird man z. B. erkennen, wie die
Schwingung der Geißeln bei bipolar begeißelten Spirillen stattfindet.

Hier stellt sich nämlich heraus, daß an beiden Polen des schraubig-
gewundenen Körpers je ein aus vielen (bis 25) Einzelgeißeln zusammen-
gesetztes Geißelbüschel vorhanden ist. Diese Einzelgeißeln sind während
der Bewegung immer zu einem einheitlichen Strang, der „Geißel" vereinigt. Bei normalen schwimmenden Spirillen arbeiten beide Geißeln
im gleichen Sinn mit gleicher Kraftentfaltung. Der vordere Schwingungs-
raum ist eine nach hinten geöffnete breite Glocke, der hintere besitzt
Kelchform. Bei der Bewegungsum-
kehr werden beide Geißeln im gleichen Augenblick umgeschaltet. Bisweilen kann man sich denken, daß
die Basis der Geißel einen Kegelmantel durchläuft, während die mehr
biegsame Spitze in einer Spirale
herumgeführt wird.

Man hat die Bewegung auch studieren können mit Hilfe eines Stro-
boskopes, wobei rasch aufeinander
folgende Lichtblitze zur Beleuchtung
des Präparates benutzt werden; die
Frequenz dieser Lichtblitze kann
man regeln. Ist diese dabei gleich der
Frequenz irgendeines beobachteten
rhythmischen Vorgangs, so scheint
die Bewegung aufgehoben; es ist klar,
daß man in dieser Weise imstande
ist, die Frequenz dieses Vorgangs zu
bestimmen.

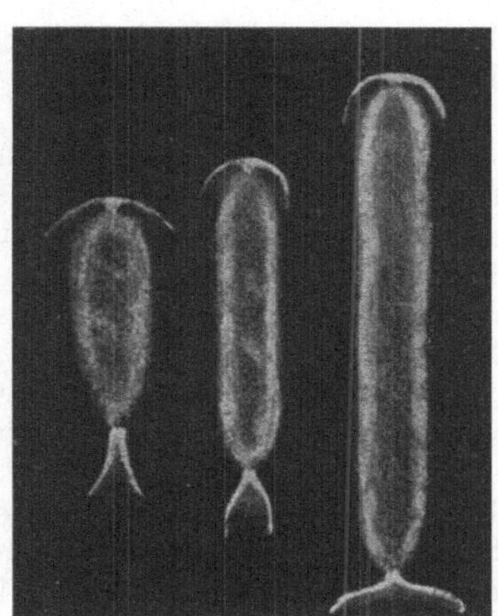

Abb. 72. Schwimmende Exemplare von bipolar begeißelten Bakterien im Dunkelfeld
beobachtet bei 1000facher Vergrößerung,
1 und 2 Spirillum undula, 3 Spirillum volutans (nach METZNER).

Indessen sind wir auch in diesen Fällen weit davon entfernt, auch nur
etwas über die Ursachen dieser Bewegungen aussagen zu können. Theorien darüber aufgestellt, haben nicht standgehalten oder sind noch so
hypothetisch, daß es sich wohl erübrigt, darüber hier in einem Lehr-
buche zu handeln.

Dahingegen hat man sehr ausgedehnte Beobachtungen über die Richtung dieser lokomotorischen Bewegungen, ganz speziell über den Einfluß, den äußere Reize darauf ausüben, angestellt. Man spricht dann von
Taxis, wobei ein Präfixum die Art des Reizes andeutet; es wird also
zwischen Photo-, Chemo-, Rheotaxis usw. unterschieden.

Bevor wir die Taxien gesondert behandeln, muß etwas über die
allgemeinen Bedingungen, unter denen diese Bewegungen stattfinden,

---

[1] ULEHLA, VL.: Biol. Zbl. **31** (1911). — BUDER, J.: Jb. Bot. **56** (1915). —
METZNER, P.: Ebenda **59** (1920). Z. Bot. **22** (1929).

gesagt werden. Es handelt sich dabei also um die äußeren Faktoren, welche als notwendige Bedingungen zu betrachten sind, ohne welche die Lokomotion überhaupt nicht ausgeführt wird. Das ist z. B. der Fall bei der Anwesenheit von Wasser; infolgedessen können auch plasmolysierende Lösungen eine Trockenstarre hervorrufen. Starrezustände können auch eintreten bei Sauerstoffentziehung (wenn es zwar auch anaerobe Bakterien gibt, welche lokomotorische Bewegungen ausführen), bei der Einwirkung von Äther, Chloroform und anderen narkotisch wirkenden Mitteln, während der Temperatureinfluß auf die Geschwindigkeit der Bewegung ebenfalls nach dem gewöhnlichen Schema verläuft. Diese Geschwindigkeit kann übrigens, wie begreiflich ist, je nach dem Objekt sehr verschieden sein, z. B. bei den Spermatozoiden der Farne etwa 20 μ in der Sekunde, bei Spirillum volutans mehr als 100 μ in der Sekunde, bei den Schwärmern von Fuligo varians selbst 1 mm in derselben Zeit.

Wenn jetzt über die Taxis im allgemeinen etwas gesagt wird, so muß erst bemerkt werden, daß die Einwirkung derartig sein kann, daß sich die bewegende Zelle mit ihrer Längsachse in die Richtung dieses Reizes einstellt. Man kann dann mit ROTHERT[1] von strophischer Taxis, mit PFEFFER[2] von Topotaxis reden; oder die Zellen werden von einer bestimmten Konzentration des Reizes zurückgestoßen, führen eine „Schreckbewegung" aus. Man spricht dann von apobatischer Taxis bzw. von Phobotaxis. Es gibt Beobachter, welche alle Bewegungen als phobische erklären wollen[3]; dagegenüber hat z. B. METZNER eine Erklärung der topischen Bewegungen versucht, wenn eine chemische Substanz reizend wirkt[4]. Nehmen wir eine Zelle, deren Geschwindigkeit pro Sekunde 10mal ihre Körperlänge beträgt. Die Cilien, welche sowohl eine rotierende als eine fortstoßende Kraft ausüben, bewegen sich metachron mit einer Geschwindigkeit von 20 bis 30 Schlägen pro Sekunde. Wenn eine chemische Substanz eine örtlich lokalisierte beschleunigte Cilienbewegung hervorruft und wenn der Zellkörper in der Zeit, welche zwischen Perzeption und Reaktion verläuft, 180^0 um seine Achse rotiert, so muß er sich nach dem Reizzentrum hinwenden.

Von allen Taxien ist wohl die Chemotaxis am ausführlichsten untersucht. Die grundlegenden Studien darüber verdanken wir PFEFFER[5], der sich dabei teilweise mit Bakterien beschäftigte, teilweise mit Spermatozoiden von Farnen und Moosen. Die von PFEFFER angewandte Methodik bestand darin, daß er die betreffenden Zellen unter Deckglas beobachtete und dann eine Capillare zwischen Deckglas und Objekt-

---

1 ROTHERT, W.: Flora (Jena) **88** (1901).
2 PFEFFER, W.: Pflanzenphysiologie **2** (1904).
3 Siehe PRINGSHEIM, E.: Die Reizbewegungen der Pflanzen. Berlin 1912.
4 METZNER, P.: Beitr. allg. Bot. **2** (1923).
5 PFEFFER, W.: Unters. Bot. Inst. Tübingen **1** (1884).

träger in die Flüssigkeit schob, welche an der einen Seite geschlossen, an der anderen offen war und welche die betreffende Flüssigkeit enthielt. Es wurde dann untersucht, ob die beweglichen Zellen sich in der Nähe der Öffnung der Capillare anhäufen und die Capillare allmählich anfüllen, oder sich davon hinwegbewegen. Im ersteren Falle hat man es also mit positiver, im zweiten mit negativer Chemotaxis zu tun.

Bei Bakterien kann man in dieser Weise z. B. mit 1proz. Fleischextrakt positive, mit angesäuertem Fleischextrakt negative Chemotaxis hervorrufen. Übrigens darf hieraus nicht zu rasch der Schluß gezogen werden, daß die positive Chemotaxis nur denjenigen Substanzen zukommt, welche als Nahrung oder sonstwo vorteilhaft für die Bakterien sind, während schädliche Stoffe negativ wirken würden. Als Beispiel kann darauf hingewiesen werden, daß Sublimat, dem Fleischextrakt zugesetzt, ohne irgendeine Wirkung ist, während Äther selbst positive Chemotaxis veranlaßt.

Ganz besonders sind viele Bakterien sehr empfindlich gegen Sauerstoff; diese Eigenschaft wurde später von ENGELMANN in seiner Bakterienmethode benutzt und nachher von BEIJERINCK[1] ausführlich untersucht. Derselbe hat eine Methode ausgearbeitet, wobei man auch ohne Benutzung des Mikroskopes diese sogenannte Aerotaxis studieren kann. Wenn man in Reagenzröhren etwas Wasser bringt und eine Erbse hineinlegt, so bildet sich in dem Wasser bald eine Bakterienmasse, welche sich bei einer bestimmten Sauerstoffspannung anhäuft, und dort als ein heller Nebel in der Flüssigkeit sichtbar ist. Diese Trübung kann ihren Ort wechseln, wenn die Sauerstoffspannung der Atmosphäre verändert wird und damit die Konzentration des Sauerstoffs in der Flüssigkeit. Man bekommt hier also den Eindruck, daß die Bakterien ein gewisses Optimum der Sauerstoffspannung aufsuchen, sich von der stärkeren Konzentration abwenden, nach der schwächeren hingegen sich hinzubewegen. Ähnliche Figuren kann man erhalten, wenn man ein Deckglas derart auf den Objektträger legt, daß die Flüssigkeitsschicht auf der einen Seite dicker ist als wie an der anderen, daß also eine keilförmige Flüssigkeitsmenge entsteht. Dort wird der Sauerstoff natürlich leichteren Zutritt haben an der breiten Seite des Keiles als dagegenüber und es entstehen auch hier was BEIJERINCK „Atmungsfiguren" genannt hat.

PFEFFER hat bei diesen Bakterien die minimale Konzentration bestimmt, welche noch chemotaktisch wirkt, also dasjenige was mit dem Namen „Reizschwelle" angedeutet wird. Dieselbe wurde für verschiedene Substanzen sehr auseinanderliegend gefunden, z. B. für Pepton auf 0,001 vH, dagegen für Harnstoff auf 0,1 vH und für Traubenzucker selbst auf mehr als 1 vH. Indessen ist es fraglich, ob man es hier mit genau bestimmbaren Größen zu tun hat, ob unterhalb dieser sogenannten Schwelle wirklich keine Reaktion mehr stattfindet. Erfahrungen späte-

---

[1] BEIJERINCK, M. W.: Zbl. Bakter. **14** (1893). Auch Verz. Geschr. **3**. — ENGELMANN, TH. M.: Bot. Ztg. **40** (1882).

rer Zeit haben ergeben, daß man auch niedrigere Werte als die hier angegebenen finden kann, was den Wert dieser Zahlen natürlich stark herabsetzt. Eine selbe Substanz kann übrigens, wie wir schon beim Sauerstoff sahen, bei niedrigen Konzentrationen positiv, bei höheren negativ chemotaktisch wirken, wobei diese negative Chemotaxis ebenfalls ihren Schwellenwert haben soll. Soviel hat sich dabei aber auch herausgestellt, daß die Zelle sich an die höhere Konzentration gewöhnen kann, daß also eine Konzentration, welche erst negativ wirkte, später positiven Erfolg haben kann.

Für die Schwärmsporen der Myxomyceten hat eine ausführliche Arbeit Kusanos[1] uns manches Neue gebracht. Bei diesen wird positive Chemotaxis durch H-Ionen, negative durch OH-Ionen veranlaßt. Die Reizschwelle lag hier für Schwefelsäure bei 1:20000, für Salzsäure bei 1:10000, für Essigsäure bei 1:1000 Mol. Bei höheren Konzentrationen wirken diese H-Ionen abstoßend. Alkalien wirken stets abstoßend, entsprechend ihrem Gehalt an OH-Ionen und dabei in noch viel geringeren Konzentrationen als die Säuren. Bemerkt mag noch werden, daß Kusano bei der Beobachtung der Bewegungen feststellen konnte, daß diese in hohem Grade phobisch sind; die Schwärmsporen werden also durch niedere H-Ionenkonzentrationen abgestoßen.

Am ausführlichsten hat Pfeffer wohl die Bewegungen der Spermatozoide der Farne untersucht. Dieselben sind chemotaktisch empfindlich gegen Äpfelsäure. Die Reizschwelle wurde gefunden bei 0,001 vH, aber auch hier kann gesagt werden, daß dieselbe nicht konstant ist. Nimmt man eine stärkere Lösung, so kann man in kurzer Zeit oft viele Spermatozoiden in der Capillare fangen; Pfeffer erhielt einmal nach einer halben Minute schon 60 Stück innerhalb der Capillare. Pfeffer hat auch berechnet, daß bei der genannten Reizschwelle sich nur 0,000000028 mg Äpfelsäure in der Capillare befindet; allerdings wäre das Gewicht eines Spermatozoids noch das 14fache dieses Wertes.

Pfeffer hat nun aus seinen Beobachtungen den Schluß gezogen, daß in der Natur die Archegonien Äpfelsäure abscheiden und daß derart die Spermatozoiden zur Eizelle geführt werden. Besonders der Schleim, der sich beim Öffnen des Archegoniumhalses aus den Kanalzellen bildet, würde äpfelsäurehaltig sein, denn während dieser Schleim an sich positiv chemotaktisch wirkt, tut er das nicht mehr, wenn die Spermatozoiden in einer Äpfelsäurelösung liegen. Pfeffer glaubte in dieser Art selbst die Äpfelsäurekonzentration des Schleimes auf 0,3 vH bestimmen zu können.

Er hat sich dazu einer Methode bedient, welche auf der Gültigkeit des Weberschen Gesetzes fußt. Wenn man nämlich Spermatozoiden von Farnen in eine Äpfelsäurelösung legt, so muß man die Konzentration in der Capillare höher machen, wenn man noch eine Anziehung dadurch erzielen will. Pfeffer fand z. B., daß wenn die homogene Lösung, worin die Spermatozoiden lagen, einen Gehalt hatte von

---

[1] Kusano, S.: J. Coll. Agricult. Tokyo **2** (1909).

0,0005 vH, die Reizschwelle in der Capillare lag bei 0,015 vH, dagegen
von 0,001 „ „ „ „ „ „ „ „ 0,03 „
„ 0,01 „ „ „ „ „ „ „ „ 0,3 „
„ 0,5 „ „ „ „ „ „ „ „ 1,5 „

Also muß die Lösung in der Capillare eine 30 mal stärkere Konzentration besitzen als diejenige, wovon die Spermatozoiden homogen umspült werden. Das würde also eine Äußerung des sogenannten WEBERschen Gesetzes sein, welches sich auf die Unterschiedsempfindlichkeit für Reize bezieht, und welches wie wir früher schon sahen, besagt, daß diese Unterschiedsempfindlichkeit einen konstanten Wert besitzt unabhängig von der Stärke des Reizes. Immerhin gilt das Gesetz doch nur innerhalb bestimmter Grenzen und auch hier wurden dieselben von PFEFFER bestimmt auf 0,0005 bis 0,9 vH.

Aber es lassen sich doch gegen diese absolute Gültigkeit manche Bedenken anführen. Erstens wird dieser Konzentrationsunterschied nur im ersten Augenblick der Einbringung der Capillare vorhanden sein, sehr bald bildet sich natürlich eine Diffusionszone mit einem bestimmten Konzentrationsgefälle. Es ist also begreiflich, daß SHIBATA[1] verschiedene Werte für das genannte Verhältnis erhielt, als er Capillaren verschiedener Weite benutzte. Indessen ist es viel schlimmer, daß es sich hier nicht um topische, sondern um phobische Bewegungen handelt. Das hat HOYT[2] schon ausgeführt und das kann übrigens jeder leicht selbst beobachten, der den Versuch ausführt. Die Spermatozoiden werden von der niederen Konzentration abgestoßen und kommen so gewissermaßen zufällig in die Capillare hinein.

Ich bin also auch hier einigermaßen skeptisch in betreff der Gültigkeit des WEBERschen Gesetzes, wenn ich auch natürlich keinen Augenblick bestreiten will, daß jedenfalls in der Capillare eine sehr deutlich höhere Konzentration herrschen muß als außerhalb derselben, soll von einer anziehenden Wirkung überhaupt die Rede sein.

BULLER[3] hat dann beweisen können, daß außer der Äpfelsäure und ihrer Salze auch noch verschiedene andere Substanzen chemotaktisch auf Farnspermatozoiden einwirken können und SHIBATA[1] hat das bei einer ganzen Menge verschiedener Stoffe feststellen können. Er nimmt dabei drei verschiedene Arten chemotaktischer Sensibilität an, eine für die Anionen der Äpfelsäure und verwandter Dikarbonsäuren, eine für OH-Ionen, eine für H- und Metallionen und für Alkaloiden. Da diese drei Gruppen von Substanzen die gegenseitige Sensibilität nicht aufheben können, müssen sie unabhängig voneinander sein. Innerhalb derselben Gruppe aber findet wohl die Abschwächung der gegenseitigen chemotaktischen Wirkung statt. PFEFFER hatte übrigens auch schon für einige andere Substanzen die chemotaktische Wirkung geprüft und dabei z. B. angegeben, daß bei der Malleinsäure die Unterschiedsschwelle 50 mal beträgt, gegen 30 mal bei der Äpfelsäure.

---

[1] SHIBATA, K.: Jb. Bot. **49** (1911).
[2] HOYT, W. D.: Bot. Gaz. **49** (1910).
[3] BULLER, R.: Ann. of Bot. **14** (1900).

Übrigens ist von Pfeffer auch für Bakterien eine Gültigkeit des Weberschen Gesetzes angenommen, während verschiedentlich auch dort für verschiedene Substanzen eine verschiedene Sensibilität wahrscheinlich gemacht wurde, z. B. von Rothert[1], von Kniep[2] und von Pringsheim[3]. Kniep hat z. B. für ein bestimmtes von ihm Bacillus Z genanntes Bacterium konstatiert, daß es drei verschiedene Sensibilitäten besitzt, die eine für Asparagin, die unabhängig ist von der sauren oder alkalischen Reaktion der Nährflüssigkeit, die zweite für Phosphate, durch H-Ionen hervorgebracht, die andere für NH_4Cl, NH_4NO_3 und andere Ammonsalze, welche auf OH-Ionen beruht. Pringsheim glaubt diese verschiedene Sensibilität auch noch dadurch nachweisen zu können, daß unterschwellige Reize sich hierbei nicht summieren, während das wohl der Fall ist, wenn es sich um Substanzen handelt, welche dieselbe Sensibilität beeinflussen.

Wir können übrigens noch darauf hinweisen, daß Reizbarkeit durch Äpfelsäure auch den Spermatozoiden von Salvinia, Isoetes, Selaginella und Equisetum zukommt, während es bei den Lykopodien die Citronensäure ist, welche anziehend wirkt. Bei Laubmoosen hat Pfeffer eine Reizwirkung des Rohrzuckers beobachtet, bei Marchantia Lidforss[4] eine von Proteinstofen, Åkerman[5] daneben von K-, Rb- und Cs-Ionen.

Die grundlegenden Untersuchungen über Phototaxis verdanken wir Strasburger[6] und Engelmann[7]. Phototaxis findet sich nicht allein bei vielen grünen Flagellaten, Volvocineen und Schwärmsporen, und bei Purpurbakterien, sondern auch bei manchen farblosen Arten. Engelmann konnte bei Chromatium typische Schreckbewegung beobachten. Wenn man einen hellen Fleck im Beobachtungsfeld des Mikroskopes anbringt, so sieht man die Zellen denselben ohne jegliche Ablenkung durchwandern, aber vor der Dunkelheit zurückprallen; sie führen eine ,,Schreckbewegung" aus. Diese kommt bald zur Ruhe und es tritt eine neue Vorwärtsbewegung auf. In dieser Weise können also durch phobische Reaktion viele Zellen in dem Lichtfleck gefangen werden, wenn sie zwar nur zufällig hineinkommen.

Buder[8] hat diese phobischen Reaktionen bei Purpurbakterien dann weiter studiert und konstatiert, daß bei Thiospirillum jenense nicht nur absolute Dunkelheit, sondern auch ein starker Lichtabfall als Reiz wirkt, schon eine plötzliche Herabminderung der Intensität von

---

[1] Rothert, W.: Jb. Bot. **39** (1903).

[2] Kniep, H.: Jb. Bot. **43** (1906).

[3] Pringsheim, E.: Die Reizbewegungen der Pflanzen. Berlin 1912.

[4] Lidforss, B.: Jb. Bot. **41** (1905).

[5] Åkerman, Å.: Z. Bot. **2** (1910).

[6] Strasburger, E.: Wirkung des Lichts und der Wärme auf Schwärmsporen. Jena 1871.

[7] Engelmann, Th. W.: Pflügers Arch. **29** (1882).

[8] Buder, J.: Jb. Bot. **56** (1915); **58** (1919).

20 auf 18 MK, während dagegen eine Zunahme ohne irgendeine Wirkung ist. Das gilt für geringe Intensitäten während dagegen bei sehr hohen Intensitäten (1000 und 2000 MK) gerade starkes Licht die Bewegung zur Umkehrung bringt und dagegen eine Herabminderung der Intensität keinen Einfluß hat.

METZNER[1] ist es gelungen, ein farbloses Bacterium phototaktisch zu machen durch die Einwirkung photodynamischer Substanzen (Eosin usw.). Bei Gegenwart photodynamisch-aktiver Farbstoffe, und bei Anwesenheit von Sauerstoff wird im Lichte nämlich bei Spirillum volutans die Geißelbewegung zum Stillstand gebracht, wohl, wie METZNER meint, indem die Rohstoffe dabei entzogen werden, welche die Energie für die Geißelbewegung liefern müssen. Bei rechtzeitiger Unterbrechung der photodynamischen Wirkung ist völlige Erholung der Geißeltätigkeit möglich.

Wenn man nun aber sehr schwache photodynamische Wirkungen zustande kommen läßt, so können bei örtlichem steilen Lichtgefälle phototaktische Bewegungen ausgeführt werden.

Die Bewegungen der grünen Schwärmer können verschieden sein, wenn es sich um intensive oder geringe Lichtmengen handelt. In der Natur kann man sehr oft Anhäufungen von Schwärmsporen an einer bestimmten Stelle in irgendeinem Gewässer antreffen. Das ist dann die optimale Lichtlage, wobei sie sich vom stärkeren Licht negativ phototaktisch entfernen und dem schwächeren Lichte zueilen, aber umgekehrt auch wieder der noch geringeren Lichtmenge entfliehen und sich deshalb an dieser bestimmten Stelle anhäufen. Inzwischen war auch schon bekannt, daß diese Anhäufung ihren Ort wechseln kann, daß, wie man sagte, die Lichtstimmung sich veränderte; das alles wurde ausführlich und genau von OLTMANNS[2] untersucht. Nicht allein Kohlensäure oder andere schwache Säuren können diese Änderung des Reaktionsvermögens ergeben, sondern besonders auch das Licht selbst; eine Schwärmspore, welche sich im Dunkeln befunden hat, kann negativ reagieren gegenüber Licht, welches einen positiven oder gar keinen Einfluß auf Schwärmsporen hat, welche sich schon einige Zeit einem bestimmten Lichte angepaßt haben.

Der Einfluß der Außenfaktoren auf die phototaktische Stimmung hat vor kurzem eine ausführliche Untersuchung erfahren von MAINX[3]. Derselbe fand, speziell bei Volvox und verwandte Gattungen, daß die verschiedensten Außenfaktoren Stimmungsänderungen hervorrufen können, z. B. die Veränderung der H-Ionenkonzentration, die Temperatur, Anästhetika. Diese Wirkung klingt in einigen Stunden ab, wenn die Veränderung des Außenfaktors aufgehoben wird. Sonst kommt nach 1—2 Tagen die ursprüngliche Stimmung zurück; es findet also eine „Gewöhnung" statt. Licht selbst wirkt ebenfalls stimmungsändernd,

---

[1] METZNER, P.: Jb. Bot. **49** (1920).

[2] OLTMANNS, F.: Flora (Jena) **75** (1892); **83** (1897). Z. Bot. **9** (1917).

[3] MAINX, F.: Arch. Protistenkde **68** (1929).

aber das geht sehr langsam vor sich und auch die Nachwirkung dauert
viel länger. Mit dem Alter ändert sich die Stimmung ebenfalls.

Eine Erklärung dieser Stimmungsänderungen, wie ARISZ diese für
den Phototropismus gegeben hat, läßt sich vorläufig selbst noch nicht
vermuten, aber wir sind auch noch sehr weit entfernt von einer Erklärung dieser phototaktischen Erscheinungen selbst.

BUDER[1] hat für Schwärmer, welche topisch reagieren, eine solche
Erklärung versucht, wobei vorangestellt sei, daß diese, wenn positiv,
ihre Vorderseite der Lichtquelle zukehren. Sind sie negativ, so kehren
sie ihr Hinterende der Lichtquelle zu; wenn man sie dann in ein kon-
vergierendes Lichtbüschel bringt, so bleiben sie sich dennoch von der
Quelle entfernen, aber kommen dabei in fortwährend helleres Licht,
bis sie den Brennpunkt überschritten haben. Hier ist also wohl der
Beweis geliefert, daß es sich um die Beobachtung einer Lichtrichtung
handelt. BUDER denkt sich dabei, daß der Augenfleck, eine oft rot
pigmentierte Stelle, eine Rolle spielt; wenn das Licht darauf fällt, wird
es einen Schatten auf das darunterliegende Protoplasma werfen, und
wenn dieser Schatten seinen Ort wechselt, so würde das von der Pflanze
empfunden werden, und der Schwärmer würde sich wieder derart stellen,
daß der Schatten an der bestimmten Stelle zurückkommt. Schwierig
für diese Erklärung ist es aber, daß sich der Schwärmer um seine Achse
dreht, also auch der Schatten eine Bahn beschreiben wird. BUDER erklärt sich das derart, daß es sich hier um eine Anzahl Einzelreizungen
handelt, welche sich bei der Drehung immer wiederholen und sich derart
summieren können, wenn nur die Drehung rasch genug stattfindet.

Wir lassen die phototaktischen Bewegungen der Diatomeae, Des-
midaceen, Myxomyceten hier wieder außer Besprechung, wollen aber
noch einen Augenblick verweilen bei denjenigen der Cyanophyceae,
ganz speziell der Oscillaria und der Nostoc Hormogonien, welche
etwas besser untersucht wurden, besonders von HARDER[2]. Hier konnte
unterschieden werden zwischen einer Licht- und einer Beschattungs-
präsentationszeit. Oscillaria und auch Nostoc reagiert nämlich einigermaßen wie Thiospirillum auf Abnahme der Beleuchtungsstärke. Die
Dauer während welcher man beschatten muß, um eine Umkehrung der
Bewegung zu erhalten, hängt von der vorherigen Dauer der Belichtung
ab, wobei nicht die Lichtmenge, sondern die Intensität die größte Rolle
spielt. Es scheint zu speziell, hierauf näher einzugehen, nur mag gesagt
werden, daß die hier beobachteten Tatsachen einigermaßen erinnern an
dasjenige, was bei der Photonastie gefunden wurde, jedenfalls mehr als
an die Erscheinungen beim Phototropismus.

Was die anderen Taxien betrifft, kann nur ganz kurz darauf hingewiesen werden, daß MASSART[3] bei Bakterien das Vorkommen von

[1] BUDER, J.: Jb. Bot. **58** (1917).
[2] HARDER, N. R.: Z. Bot. **10** (1918); auch NIENBURG, O. K.: Ebenda **8**
(1916).
[3] MASSART, J.: Bull. Acad. roy. Belg., 3. sér., **22** (1891).

Osmotaxis hat beweisen können; er konnte nämlich positive Chemotaxis durch Lösungen verschiedener Stoffe aufheben und zwar dann, wenn diese Lösungen isosmotisch waren.

Hydrotaxis wurde für die Plasmodien der Myxomyceten von Stahl[1] bewiesen, dieselben sind in jungem Zustande positiv hydrotaktisch, bewegen sich nach der feuchten Stelle hin, während sie später, wenn sie zur Sporangienbildung übergehen werden, ihr Reaktionsvermögen ändern, trockene Stellen aufsuchen, also negativ hydrotaktisch werden.

Von Thermotaxis, Geotaxis, Thigmotaxis, Rheotaxis, wollen wir hier weiter nicht reden und nur noch ein Paar Worte der Galvanotaxis widmen. Hiervon spricht man, wenn man beobachtet, daß Organismen sich es sei nach dem positiven Pol eines elektrischen Stromes hin bewegen (positive Galvanotaxis) oder, was selten vorkommt, zum negativen Pol (negative Galvanotaxis). Übrigens kann die Erscheinung auch bei demselben Organismus umkehren.

Diese galvanotaktischen Bewegungen sind bis jetzt mehr bei niederen Tieren als bei Pflanzen untersucht; ich verweise ganz speziell auf die Arbeiten von Jennings[2] und seiner Schule; dabei ist es dann immer fraglich, ob diese ganze Galvanotaxis nicht in letzter Instanz etwas sekundär ist, hervorgerufen durch die chemischen Änderungen, welche der Strom in der Flüssigkeit veranlaßt; dann würde es sich ja nur um chemotaktische Prozesse handeln. Diese Meinung ist besonders von Loeb in den Vordergrund gestellt worden. Beiläufig mag bemerkt werden, daß es sich hier nicht um Kataphorese handeln kann, weil nur lebende Organismen diese Erscheinungen zeigen, und weil übrigens, wie gesagt, verschiedene Organismen verschieden reagieren.

Übrigens mag noch darauf hingewiesen werden, daß bei vielen von diesen Beobachtungen, speziell den älteren, nicht genügend auf die H-Ionenkonzentration der Umgebung geachtet worden ist. Das ist besonders von Spruit[3] in einer ausführlichen Arbeit gezeigt worden.

Hygroskopische und Schleuderbewegungen. Es gibt eine ganze Reihe von Bewegungserscheinungen im Pflanzenreiche, wobei die Bewegung es sei von toten Teilen ausgeführt wird und wohl hauptsächlich auf Wasserverlust oder Wasseraufnahme beruht, es sei wo es sich um Öffnen oder Schließen von Früchten oder Sporenkapseln oder Wegschleudern von Samen oder Sporen handelt und wo gewöhnlich ein Spannungszustand, unter dem Einfluß des Turgors entstanden, von irgendeiner sehr geringfügigen Ursache ausgelöst wird. Es kann nicht die Aufgabe dieses Buches sein, diese Bewegungen im einzelnen zu behandeln, da man dann fast das ganze Pflanzenreich hindurch Fälle von

---

[1] Stahl, E.: Bot. Ztg **42** (1884).
[2] Jennings, H. S.: Amer. J. Physiol. **2** (1899); **3** (1900).
[3] Spruit, C.: De invloed van electrolyten op de tactische bewegingen van Chlamydomonas variabilis. Diss. Utrecht 1919.

verschiedener Anpassung nennen könnte. Nur einiges, was mehr prinzipiell ist, mag hier kurz hervorgehoben werden.

Die hygroskopischen Bewegungen beruhen oft auf einer ungleichen Quellung. Bei der Besprechung der Imbibition ist an anderer Stelle schon hervorgehoben, daß dabei Wasser unter Volumvergrößerung aufgenommen wird, daß umgekehrt bei Wasserverlust Schrumpfung stattfindet. Wenn zwar diese Quellungserscheinungen sowohl beim Protoplasma und seiner Einschlüsse als bei der Zellhaut gefunden werden, so handelt es sich jetzt ausschließlich um die Quellung der letzgenannten Membran.

Erstens kann sich der Fall ereignen, daß die beiden Seiten der Membran sich in verschiedenem Maße imbibieren und deshalb auch in verschiedenem Maße ihr Volum verändern, wobei der Unterschied wohl auf der kolloidchemischen Natur dieser beiden Seiten beruhen mag. Als Beispiel können die Sporen der Equisetum-Arten genannt werden. Die äußere Schicht der Zellhaut, das Exosporium, löst sich nämlich in vier Streifen von der übrigen Zellhaut los, diese bleiben aber an einer Stelle mit der übrigen Haut verbunden. In dieser Weise entstehen die vier sogenannten Elateren. Wenn diese befeuchtet werden, so quellen sie an der Außenseite stärker als innen und infolgedessen krümmen sie sich und legen sich um die Sporen herum; beim Austrocknen breiten sie sich umgeehrt wieder aus. Diese Bewegungen finden selbst statt, wenn die Luftfeuchtigkeit sich ändert; man kann z. B. durch Anhauchen die Elateren zum Zusammenballen bringen, während sie sich gleich darauf wieder ausbreiten. Weil daran eine Ortsveränderung der Sporen sich paart, so glaubt man, daß diese Bewegungen etwas mit der Verbreitungsweise der Pflanzen zu tun haben.

Bei langgedehnten Zellen ist die Quellung in den verschiedenen Richtungen des Raumes ungleich, bei Holz- und Bastfasern z. B. derart, daß bei der Imbibition die Länge die geringste Zunahme zeigt, dagegen in der Querrichtung der radiale Durchmesser mehr zunimmt als der tangentiale. Bei Schrumpfung infolge von Wasserverlust ist das Verhalten natürlich dementsprechend umgekehrt. Dabei mag dann noch daran erinnert werden, daß die Längsachse, worin bei Quellung die geringste Verlängerung stattfindet, oft schräg gerichtet ist gegenüber der wirklichen Längsachse, aber dahingegen zusammenfällt mit der Richtung der Streifen, der spaltenförmigen Tüpfel oder des optischen Elastizitätsellipsoides. Offenbar hängt sie zusammen mit der Lagerung der Zellulosemoleküle in der Zellhaut. Das braucht indessen hier nicht behandelt zu werden; wir begnügen uns mit der Feststellung der Tatsachen. Diese werden aber begreiflich machen, daß die Quellung bestimmter Organe sehr verschieden sein kann, je nach der Lagerung der Zellen, besonders je nach der Richtung, worin die Längsachse der Zellen verläuft. Das führt dann bei der Wasseraufnahme oft zu einer verschiedenen Volumzunahme der zwei Seiten eines Organes, also zu Krümmungen, und selbst zu Torsionen.

Es kann wie gesagt nicht meine Aufgabe sein, diese verschiedenen

Krümmungen und die Art und Weise wie sie zustande kommen, hier zu besprechen. Nur ganz kurz mag einiges erwähnt werden. Bei den Zapfen der Kiefer und Tanne öffnen sich die Schuppen bei trockenem Wetter, schließen sich dagegen bei Feuchtigkeit, weil die Unterseite eine stärkere Quellung zeigt als wie die Oberseite. Sogenannte Srohblumen — Blütenkörbchen verschiedener Kompositen-Gattungen, wie Helichrysum — schließen sich beim Befeuchten, öffnen sich wieder, wenn sie austrocknen. Dasselbe findet statt bei der sogenannten Jerichorose: Anastatica hierochuntica, einer Crucifere aus den Steppengebieten des südöstlichen Mediterrangebietes, welche beim Austrocknen ihre holzigen Stengel einkrümmt und sich zusammenballt, wodurch sie vom Winde verweht werden kann. Wird sie befeuchtet, so quellen die Stengel an der Innenseite stärker als außen und die Pflanze öffnet sich, wobei sie also an der Stelle liegen bleibt, wo dann ihre Samen keimen können. Überhaupt spielen diese Bewegungen eine gewisse Rolle bei der Verbreitung und Aussäung der Samen. Schon das Aufspringen trockener Früchte findet infolge einer ungleichen Schrumpfung der verschiedenen Teile der Fruchthaut statt, die Klappen suchen sich nach außen umzubiegen und das führt zuletzt zu einem Durchreißen an der Stelle des geringsten Widerstandes. Bisweilen geschieht dieses Öffnen mit einer solchen Kraft, daß die Samen dabei herausgeschleudert werden, wie z. B. bei den Teilfrüchtchen von Geranium oder bei den Hülsen vieler Papilionaceen, wobei sich die beiden Klappen dann noch oft tordieren.

Die bekanntesten Beispiele der Torsionen, welche bei der Schrumpfung auftreten können, bieten die Teilfrüchte von Erodium, die Grannen von Stipa pennata, oder die Grannen von Avena-Arten, besonders Avena sterilis. Hier glaubt man in diesen Bewegungen Einrichtungen zu erkennen, welche es den betreffenden Pflanzen erlauben, sich in den Boden einzubohren.

Die anatomische Struktur dieser Gebilde gibt oft eine Erklärung der so eigentümlichen Quellungs- oder Schrumpfungserscheinungen; verschiedene Untersucher haben sich damit beschäftigt, ganz besonders STEINBRINCK, in dessen Ausführungen man nähere Einzelheiten wird finden können[1].

Bisweilen spielt auch die Kohäsion des Wassers eine Rolle bei diesen Öffnungs- und Schließbewegungen; ganz besonders hat sich das herausgestellt bei den Öffnungsbewegungen der Sporangien der Polypodiaceen. Diese gestielten Sporangien haben im reifen Zustand eine einschichtige Wand, welche im allgemeinen aus dünnhäutigen Zellen besteht, worüber aber eine Reihe von stark verdickten Zellen, der sogenannte Annulus vom Stiel ab nicht ganz um das Sporangium herum verläuft. Die Annuluszellen besitzen eine dünne Außenwand, dagegen stark verdickte Innen- und Seitenwände. Dieselben enthalten im reifen Zustande Wasser; wenn sie dieses Wasser beim Austrocknen verlieren,

---

[1] Man vgl. z. B. die Zusammenstellung in Naturwiss. Rdsch. **26** (1911).

stülpen sich die Außenwände nach innen, es entsteht eine Spannung, welche zu einem Riß führt, wobei der Annulus sich nach außen umbiegt, dann aber oft mit einem plötzlichen Ruck zurückschnellt, wobei die Sporen hinweggeschleudert werden. Die Adhäsion des Wassers an die Membran und seine Kohäsion sind nämlich so groß, daß sie die äußere Zellhaut beim Verdunsten nach innen ziehen, wobei das Wasser aber innerhalb der Zelle in starke Zugspannung kommt. Zuletzt findet eine Durchbrechung der Wassermenge statt und der Annulus schnellt zurück. Auch hier hat STEINBRINCK[1] die Hauptsachen dieser Kohäsionsbewegungen richtig erkannt; später haben dann URSPRUNG[2] und RENNER[3] unabhängig voneinander für die Kohäsion des Wassers in diesen Annuluszellen den hohen Wert von 350 Atm. gefunden.

In vielen anderen Fällen findet man, daß bei der Entleerung von Sporen oder Samen ein Schleudermechanismus eine Rolle spielt, der vom Turgor veranlaßt wird. Auch hier mögen einige Beispiele genügen. Erstens die Mucorineen-Gattung Pilobolus, wo der Sporangienträger unterhalb des Sporangiums blasenförmig angeschwollen ist. Sobald dessen osmotischer Druck einen gewissen Wert überschritten hat, tritt ein ringförmiger Riß an einer präformierten Stelle auf und das ganze Sporangium wird hinweggeschleudert, oft mehrere Dezimeter weit. Da sich der Sporangienträger unter dem Einflusse des Lichtes phototropisch krümmt, so werden die Sporangien in gewisser Richtung abgeschossen und, wenn aufgefangen, können sie später genau angeben, welches die Krümmung des Sporangienträgers gewesen ist. Deshalb hat man in letzter Zeit Rhizopus-Arten mehrfach zu phototropischen Untersuchungen benutzt[4].

Etwas anders verhält sich die Sache bei manchen Sporen der Ascomyceten, wo der Ascus durch den osmotischen Druck stark gedehnt wird, sich dabei allmählich verlängert, bis an der Spitze ein Riß entsteht, wodurch die Sporen hinweggeschleudert werden.

Bei den Geweben der höheren Gewächse können Spannungszustände entstehen, indem der Turgor bestimmter Zellen sehr hoch ist, dadurch eine Spannung hervorgerufen wird, welche auch hier zu einer Zerreißung von Geweben und einem Hinwegschleudern eventuell von Samen führt. So steht es z. B. bei den Früchten der Gattung Impatiens, bei verschiedenen Cucubitaceen-Früchten, wie diejenigen von Momordica Elaterium und Cyclanthera explodens[5].

Man kann natürlich unter diesem Haupte auch die Bewegungen der Schließzellen der Spaltöffnungen besprechen, welche aber an anderer Stelle ausführlich behandelt werden, oder die Bewegungen der Klappen der Utricularia, welche ebenfalls anderswo besprochen werden.

---

[1] STEINBRINCK, C.: Ber. dtsch. bot. Ges. **16** (1897).
[2] URSPRUNG, A.: Ber. dtsch. bot. Ges. **33** (1915).
[3] RENNER, O.: Jb. Bot. **56** (1915).
[4] PRINGSHEIM, E. G. u. CZURDA, V.: Jb. Bot. **66** (1927). — VAN DER WEIJ, H. G.: Proc. Kon. Akad. Wetensch. Amsterd. **32** (1929).
[5] HILDEBRAND, F.: Jb. Bot. **9** (1873).

Sehr bekannt sind auch die Einrichtungen in den Blüten verschiedener Orchideen, speziell der Catasetum-Arten, wobei die Pollinien weggeschleudert werden, welche Bewegungen von v. Guttenberg[1] ausführlich untersucht wurden; dieselben stehen hier speziell im Dienste der Bestäubung. Das alles gehört aber mehr der Blüten- und Fruchtöcologie an, als der Physiologie und es soll also diese kurze Andeutung hier genügen.

Es versteht sich, daß alle Bewegungen, welche den Pflanzen von außen aufgezwungen werden, wie die Folgen des Windes, hier ganz außer Betrachtung blieben, obgleich sie für das Leben der Gewächse, ganz speziell für die Transpiration, von großer Bedeutung sein können.

---

[1] v. Guttenberg, H.: Sitzgsber. Akad. Wiss. Wien, Math.-naturwiss. Kl. **117**. 1. (1908); **119**. 1. (1910). Ber. dtsch. bot. Ges. **33** (1915). Jb. Bot. **56** (1915); **68** (1928). Planta (Berl.) **1** (1926).

Sachverzeichnis.

Lehrbuch der Pflanzenphysiologie. Von Dr. **S. Kostytschew,** ordentliches Mitglied der Russischen Akademie der Wissenschaften, Professor der Universität Leningrad. In zwei Bänden.
Erster Band: **Chemische Physiologie.** Mit 44 Textabbildungen. VIII, 568 Seiten. 1925. RM 27.—

Pflanzenatmung. Von Dr. **S. Kostytschew,** ordentliches Mitglied der Russischen Akademie der Wissenschaften, Professor der Universität Leningrad. (Band VIII der „Monographien aus dem Gesamtgebiet der Physiologie der Pflanzen und der Tiere".) Mit 10 Abbildungen. VI, 152 Seiten. 1924. RM 6.60

Untersuchungen über die Assimilation der Kohlensäure. 7 Abhandlungen. Aus dem chemischen Laboratorium der Akademie der Wissenschaften in München. Von **Richard Willstätter** und **Arthur Stoll.** Mit 16 Textfiguren und einer Tafel. VIII, 448 Seiten. 1918. RM 20.—

Die physikalische Komponente der pflanzlichen Transpiration. Von **A. Seybold.** (Monographien aus dem Gesamtgebiet der wissenschaftlichen Botanik, Band II.) Mit 65 Abbildungen. X, 214 Seiten. 1929. RM 26.—

Elektrophysiologie der Pflanzen. Von Dr. **Kurt Stern,** Frankfurt a. M. (Band IV der „Monographien aus dem Gesamtgebiet der Physiologie der Pflanzen und der Tiere".) Mit 32 Abbildungen. VII, 219 Seiten. 1924. RM 11.—; gebunden RM 12.—

Die Regulationen der Pflanzen. Ein System der ganzheitbezogenen Vorgänge bei den Pflanzen. Von Professor Dr. **E. Ungerer,** Privatdozent an der Technischen Hochschule Karlsruhe. (Band X der „Monographien aus dem Gesamtgebiet der Physiologie der Pflanzen und der Tiere".) Zweite, erweiterte Auflage. XXIV, 364 Seiten. 1926. RM 22.80; gebunden RM 24.—

Die Reizbewegungen der Pflanzen. Von Dr. **Ernst G. Pringsheim,** Privatdozent an der Universität Halle a. d. S. Mit 96 Abbildungen. VIII, 326 Seiten. 1912. RM 12.—

Lehrbuch der Pflanzenphysiologie auf physikalisch-chemischer Grundlage. Von Dr. **W. Lepeschkin,** früher o. ö. Professor der Pflanzenphysiologie an der Universität Kasan, jetzt Professor in Prag. Mit 141 Abbildungen. VI, 297 Seiten. 1925. RM 15.—; gebunden RM 16.50